国防科技图书出版基金

"十三五"国家重点出版物出版规划项目

现代电子战技术丛书

红外对抗技术原理

Principle and Technology of Infrared Countermeasure

王大鹏　吴卓昆　王东风　编著

国防工业出版社

·北京·

图书在版编目(CIP)数据

红外对抗技术原理/王大鹏,吴卓昆,王东风编著
.—北京:国防工业出版社,2021.10
ISBN 978 - 7 - 118 - 12277 - 0

Ⅰ.①红… Ⅱ.①王… ②吴… ③王… Ⅲ.①红外对
抗 Ⅳ.①TN976

中国版本图书馆 CIP 数据核字(2021)第 187072 号

※

国防工業出版社出版发行

(北京市海淀区紫竹院南路 23 号　邮政编码 100048)
三河市腾飞印务有限公司印刷
新华书店经售
*
开本 710×1000　1/16　印张 39½　字数 696 千字
2021 年 10 月第 1 版第 1 次印刷　印数 1—2000 册　定价 188.00 元

国防书店:(010)88540777　　书店传真:(010)88540776
发行业务:(010)88540717　　发行传真:(010)88540762

致 读 者

本书由中央军委装备发展部**国防科技图书出版基金**资助出版。

为了促进国防科技和武器装备发展,加强社会主义物质文明和精神文明建设,培养优秀科技人才,确保国防科技优秀图书的出版,原国防科工委于 1988 年初决定每年拨出专款,设立国防科技图书出版基金,成立评审委员会,扶持、审定出版国防科技优秀图书。这是一项具有深远意义的创举。

国防科技图书出版基金资助的对象是:

1. 在国防科学技术领域中,学术水平高,内容有创见,在学科上居领先地位的基础科学理论图书;在工程技术理论方面有突破的应用科学专著。

2. 学术思想新颖,内容具体、实用,对国防科技和武器装备发展具有较大推动作用的专著;密切结合国防现代化和武器装备现代化需要的高新技术内容的专著。

3. 有重要发展前景和有重大开拓使用价值,密切结合国防现代化和武器装备现代化需要的新工艺、新材料内容的专著。

4. 填补目前我国科技领域空白并具有军事应用前景的薄弱学科和边缘学科的科技图书。

国防科技图书出版基金评审委员会在中央军委装备发展部的领导下开展工作,负责掌握出版基金的使用方向,评审受理的图书选题,决定资助的图书选题和资助金额,以及决定中断或取消资助等。经评审给予资助的图书,由中央军委装备发展部国防工业出版社出版发行。

国防科技和武器装备发展已经取得了举世瞩目的成就,国防科技图书承担着记载和弘扬这些成就,积累和传播科技知识的使命。开展好评审工作,使有限的基金发挥出巨大的效能,需要不断摸索、认真总结和及时改进,更需要国防科技和武器装备建设战线广大科技工作者、专家、教授,以及社会各界朋友的热情支持。

让我们携起手来,为祖国昌盛、科技腾飞、出版繁荣而共同奋斗!

国防科技图书出版基金
评审委员会

国防科技图书出版基金
第七届评审委员会组成人员

"现代电子战技术丛书"编委会

编委会主任 杨小牛

院 士 顾 问 张锡祥　凌永顺　吕跃广　刘泽金　刘永坚

　　　　　　　王沙飞　陆　军

编委会副主任 刘　涛　王大鹏　楼才义

编 委 会 委 员

（排名不分先后）

　　　　许西安　张友益　张春磊　郭　劲　季华益　胡以华

　　　　高晓滨　赵国庆　黄知涛　安　红　甘荣兵　郭福成

　　　　高　颖

丛 书 总 策 划 王晓光

丛书序

新时代的电子战与电子战的新时代

广义上讲,电子战领域也是电子信息领域中的一员或者叫一个分支。然而,这种"广义"而言的貌似其实也没有太多意义。如果说电子战想用一首歌来唱响它的旋律的话,那一定是《我们不一样》。

的确,作为需要靠不断博弈、对抗来"吃饭"的领域,电子战有着太多的特殊之处——其中最为明显、最为突出的一点就是,从博弈的基本逻辑上来讲,电子战的发展节奏永远无法超越作战对象的发展节奏。就如同谍战片里面的跟踪镜头一样,再强大的跟踪人员也只能做到近距离跟踪而不被发现,却永远无法做到跑到跟踪目标的前方去跟踪。

换言之,无论是电子战装备还是其技术的预先布局必须基于具体的作战对象的发展现状或者发展趋势、发展规划。即便如此,考虑到对作战对象现状的把握无法做到完备,而作战对象的发展趋势、发展规划又大多存在诸多变数,因此,基于这些考虑的电子战预先布局通常也存在很大的风险。

总之,尽管世界各国对电子战重要性的认识不断提升——甚至电磁频谱都已经被视作一个独立的作战域,电子战(甚至是更为广义的电磁频谱战)作为一种独立作战样式的前景也非常乐观——但电子战的发展模式似乎并未由于所受重视程度的提升而有任何改变。更为严重的问题是,电子战发展模式的这种"惰性"又直接导致了电子战理论与技术方面发展模式的"滞后性"——新理论、新技术为电子战领域带来实质性影响的时间总是滞后于其他电子信息领域,主动性、自发性、仅适用于本领域的电子战理论与技术创新较之其他电子信息领域也进展缓慢。

凡此种种，不一而足。总的来说，电子战领域有一个确定的过去，有一个相对确定的现在，但没法拥有一个确定的未来。通常我们将电子战领域与其作战对象之间的博弈称作"猫鼠游戏"或者"魔道相长"，乍看这两种说法好像对于博弈双方一视同仁，但殊不知无论"猫鼠"也好，还是"魔道"也好，从逻辑上来讲都是有先后的。作战对象的发展直接能够决定或"引领"电子战的发展方向，而反之则非常困难。也就是说，博弈的起点总是作战对象，博弈的主动权也掌握在作战对象手中，而电子战所能做的就是在作战对象所制定规则的"引领下"一次次轮回，无法跳出。

然而，凡事皆有例外。而具体到电子战领域，足以导致"例外"的原因可归纳为如下两方面。

其一，"新时代的电子战"。

电子信息领域新理论新技术层出不穷、飞速发展的当前，总有一些新理论、新技术能够为电子战跳出"轮回"提供可能性。这其中，颇具潜力的理论与技术很多，但大数据分析与人工智能无疑会位列其中。

大数据分析为电子战领域带来的革命性影响可归纳为**"有望实现电子战领域从精度驱动到数据驱动的变革"**。在采用大数据分析之前，电子战理论与技术都可视作是围绕"测量精度"展开的，从信号的发现、测向、定位、识别一直到干扰引导与干扰等诸多环节，无一例外都是在不断提升"测量精度"的过程中实现综合能力提升的。然而，大数据分析为我们提供了另外一种思路——只要能够获得足够多的数据样本（样本的精度高低并不重要），就可以通过各种分析方法来得到远高于"基于精度的"理论与技术的性能（通常是跨数量级的性能提升）。因此，可以看出，大数据分析不仅仅是提升电子战性能的又一种技术，而是有望改变整个电子战领域性能提升思路的顶层理论。从这一点来看，该技术很有可能为电子战领域跳出上面所述之"轮回"提供一种途径。

人工智能为电子战领域带来的革命性影响可归纳为**"有望实现电子战领域从功能固化到自我提升的变革"**。人工智能用于电子战领域则催生出认知电子战这一新理念，而认知电子战理念的重要性在于，它不仅仅让电子战具备思考、推理、记忆、想象、学习等能力，而且还有望让认知电子战与其他认知化电子信息系统一起，催生出一种新的战法，即，

"智能战"。因此，可以看出，人工智能有望改变整个电子战领域的作战模式。从这一点来看，该技术也有可能为电子战领域跳出上面所述之"轮回"提供一种备选途径。

总之，电子信息领域理论与技术发展的新时代也为电子战领域带来无限的可能性。

其二，"电子战的新时代"。

自1905年诞生以来，电子战领域发展到现在已经有100多年历史，这一历史远超雷达、敌我识别、导航等领域的发展历史。在这么长的发展历史中，尽管电子战领域一直未能跳出"猫鼠游戏"的怪圈，但也形成了很多本领域专有的、与具体作战对象关系不那么密切的理论与技术积淀，而这些理论与技术的发展相对成体系、有脉络。近年来，这些理论与技术已经突破或即将突破一些"瓶颈"，有望将电子战领域带入一个新的时代。

这些理论与技术大致可分为两类：一类是符合电子战发展脉络且与电子战发展历史一脉相承的理论与技术，例如，网络化电子战理论与技术(网络中心电子战理论与技术)、软件化电子战理论与技术、无人化电子战理论与技术等；另一类是基础性电子战技术，例如，信号盲源分离理论与技术、电子战能力评估理论与技术、电磁环境仿真与模拟技术、测向与定位技术等。

总之，电子战领域100多年的理论与技术积淀终于在当前厚积薄发，有望将电子战带入一个新的时代。

本套丛书即是在上述背景下组织撰写的，尽管无法一次性完备地覆盖电子战所有理论与技术，但组织撰写这套丛书本身至少可以表明这样一个事实——有一群志同道合之士，已经发愿让电子战领域有一个确定且美好的未来。

一愿生，则万缘相随。

愿心到处，必有所获。

杨小牛

2018 年 6 月

杨小牛，中国工程院院士。

前 言

1800 年,英国天文学家威廉姆·赫胥尔利用自制的望远镜在太阳光中发现了红外辐射。一百多年后的 1905 年,阿尔伯特·爱因斯坦将普朗克的量子化概念进一步推广,提出了光电效应方程,为红外探测器件的发明奠定了理论基础。从此,红外应用技术逐渐普及开来,到了 20 世纪 50 年代,第一枚红外制导导弹在战场上得到应用,红外探测与红外对抗这对相生相克的孪生技术开始呈螺旋上升式蓬勃发展。特别是近 20 年来,大规模红外焦平面阵列和新型激光器的出现,使该领域的技术进步精彩纷呈:红外制导导弹具有系统简单、操作方便、能全向攻击、发射后不管、命中率高等特点,相关技术发展迅速,导弹装备量大,应用广泛,是各种军用平台的重要威胁;红外侦察能掌握战场态势的发展和瞬时变化的情报信息,是获取未来战场主动权的关键,其能精确、实时地采集情报信息,是进行光电情报信息采集的先进技术装备,具有隐蔽性好、瞄准精度高等特点。红外制导武器和侦察设备种类繁多,特点各异,对从事电子对抗研究工作者而言,要想对抗搞得好,必须把作战对象研究透彻,这是行业特点,也是提高技术水平的精要。电子战工作者最能体会"知己知彼"的重要性。红外对抗技术正是在最近十几年内强烈的需求牵引下逐渐丰富和完善起来的,它是多个学科的综合和集成的交叉学科,应国防工业出版社"现代电子战技术"丛书主编杨小牛院士的鼓励和邀请,笔者试图将参加工作以来的一些经验和体会编撰成书,既是对 20 多年的工作进行总结,又希望能够起到承前启后的作用。

简言之,红外对抗技术是指为降低、削弱和破坏敌方军用红外信息系统、红外制导武器作战效能,使其不能完成作战目的而采用的手段、措施和方法。红外对抗目标主要是红外精确制导武器以及红外预警探测、红外侦察、红外跟瞄火控、红外夜视等探测设备。红外对抗的目的是使敌在情报侦察、预警感知、跟踪定位、制导及火力打击等环节减低或丧失能力进而使敌在战争中的整体或其中某一环节作战能力减弱或丧失。红外对抗应用主要包括红外侦察、红外干扰、红外假目标、红外激光致盲和攻击摧毁等多种手段。我们根据近 20 年来国内外红外对抗技术的发展,概要分析了红外对抗目标和对象的薄弱环节,针对不同体制的红外制导武器提出了相应的对抗方法和解决方案,从经典的物理概念出发,利用科研实践中获得的经验,总结整理了目标特性、告警、跟踪、瞄准、干扰和摧毁等一系列关键环节的基本方法,从试验数据中分析得出一些原理性的结论,以简明扼要的物理原理和数学推导解释对抗中的试验现象,并试图总结出规律性的知识,从而进一步指导装备技术的发展。同时,对国内外的装备技术特点也进行了归纳和分析,试图提出一些前瞻性的技术发展趋势。

红外对抗技术还是有着较大的技术发展潜力的。在新军事变革条件下的信息化战争中,作战力量的指挥、协同、控制、打击和管理,都需要红外信息的采集、处理、传递和使用。红外信息作为制信息权和精确制导武器的重要组成部分,可直接影响战争的进程和结局,而争夺信息权成为制空权、制海权的必要前提,它已成为现代条件下局部高技术战争的制高点。红外对抗装备的发展特点是战略意义重、作战对象广、技术含量高、发展速度快。对于红外对抗技术来说,就是要根据不断变化的作战对象和作战环境,研究相应的红外对抗新技术和新方法。归纳起来,红外对抗技术主要用于以下几个方面:①武器平台信息支援和自卫。为各种作战飞机、水面舰艇、装甲车辆、卫星和弹道导弹提供红外自卫手段,提高平台生存力和保障作战效能的充分发挥。飞机、大型水面舰艇和坦克、装甲车等军用平台的最大威胁来自于红外精确制导武器,发展安装于平台上的导弹高精度逼近告警技术,明确导弹来袭时机,利用红外定向对抗装备、红外伴飞诱饵和大面源红外诱饵、红外灵巧假目标、红外烟幕、多光谱光电伪装器材等,是对抗红外制导武器、提高平台生存能力最有效的对抗手段。②光电侦察预警卫星对抗。利用卫星轨道预测和光电跟瞄技术、相应波段的激光干扰技术、大气层外假目标欺骗干扰技术以及干扰效果评估技术,为光电侦察和红外预警卫星的综合对抗装备研制提供条件。③区域目标与重点目标防护。21 世纪以来,对地攻击精确制导武器获得了一些新的进展,多模/多色导引与复合制导技术是目前制导技术发展的热点,在精确制导武器中得到更为广泛的应用,数据链红外图像制导技术、抗干扰技术、小型化技术以及高空高速技术等一系列关键技术也得到持续发展,已经成为红外对抗技术的重要研究对象,也为红外对抗技术的应用开拓了发展空间,地面高价值目标的防护离不开红外对抗技术。④基于反伪装反隐身的红外侦察警戒。通过研究新体制探测技术，拓展天基平台、空基平台红外侦察和告警技术应用，面对卫星拦截器和空天导弹的威胁，实现对动能杀伤拦截器来袭威胁告警；在坦克、装甲车辆装备红外告警和观瞄，发展告警、跟瞄一体化技术，目标和背景态势感知和综合识别技术，多手段、多光谱融合技术和发展远距离与高精度相关的技术，对隐身目标进行预警、告警、跟踪都是红外对抗技术发挥作用的重要应用领域。⑤战术固体/灵巧红外激光对抗。在攻击方面，红外对抗技术为强激光攻击武器的应用提供支持，探索干扰激光在机动条件下对高速运动目标实现干扰的相关关键技术，是红外对抗技术研究的重要课题。

　　本书共 8 章：第 1 章主要描述了红外对抗技术的基本内涵，包括概念和范畴、作战对象技术发展特点、红外对抗技术体系和涉及的基础物理知识；第 2 章通过对目标辐射与背景模型的归纳和对红外告警的种类以及器件的介绍，分析了告警系统的基本设计方法和参数表征；第 3 章红外跟踪瞄准技术介绍了系统基本组成、工作原理、平台架构和提高系统精度的技术途径，给出了系统设计与控制策略以及静态与动态参数测试方法；第 4 章对红外制导系统的信号级干扰提出了对点源制导、圆锥扫描和十字叉、双色制导、红外成像制导、景象匹配制导的干扰方法以及数字和半实物仿真方法；第 5 章红外定向对抗干扰技术对近年发展很快的系统性对抗装备的集成方法进行了分析和描述；第 6 章高能红外激光对抗介绍了国外典型的红外激光武器的现状，对损伤效应和大气传输以及光束质量评价进行了归纳整理；第 7 章给出了对不同体制红外制导导弹红外诱饵的干扰原理与数学模型以及红外诱饵的设计配方，总结了抗人工干扰与红外诱饵对抗技术的主要发展方向和思路；第 8 章叙述了红外对抗作战效能评估与测试方法。第 1、2、4、5 章由王大鹏编写，第 3、6 章由吴卓昆编写，第 7、8 章由王大鹏、王东风共同完成。

　　本书在编写过程中得到了童志鹏院士、杨小牛院士的鼓励和指导，高贤伟所长对全书进行了审校，阎秀生和许强两位首席专家、时成文工程师对本书提出了宝贵的修改意见，敬致谢忱！本书引用了国内外同行的部分研究成果，在此对原创者一并致谢！另外，衷心感谢国防工业出版社对本书出版的支持和帮助，尤其是王晓光编辑、张冬晔编辑的鼓励和大力支持。

　　本书编写虽力求严谨周密，然而内容广博，涉及学科繁杂，再加作者学识有限，遗漏和谬误之处在所难免，深望同行先进惠予教正。

编著者
2020 年 10 月

CONTENTS

目 录

Contents

第1章

红外对抗技术的
基本内涵

红外制导和红外侦察武器已经得到广泛应用,若要打赢高技术战争,还必须有相应的对抗手段,因此,红外对抗技术应运而生。红外对抗技术是指为降低、削弱和破坏敌方军用红外信息系统、红外制导武器作战效能,使其不能完成作战目的而采用的手段、措施和方法[1]。这些手段和方法利用经典的物理原理,已经逐渐形成了具备自身特点的技术体系。红外对抗技术既是对传统光电技术的继承和发展,又有一些独特的研究方法。

与电子对抗其他领域一样,红外对抗方法的产生严重依赖于作战对象的发展,红外对抗是一门最能够体现"知己知彼"的科学。找到作战对象的薄弱环节是进行科学研究的第一关。本章首先介绍了红外对抗的基本概念和研究范围,列举了目前较为典型的作战对象,提出了红外对抗的技术体系,归纳了一些热门的关键技术和研究方向。同时,为了读者阅读方便,概要地介绍了红外物理的一些常用的基本物理原理和基础红外知识。

1.1 红外对抗的概念和范畴

红外对抗技术应用红外侦察、红外干扰、红外假目标、红外激光致盲和攻击摧毁等多种手段,获取战场情报,攻击敌方的侦察预警系统、红外精确制导武器系统,使侦察迷盲、武器失控[2]。在新军事变革条件下的信息化战争中,作战力量的指挥、协同、控制、打击和管理,都需要红外信息的采集、处理、传递和使用。争夺信息权成为制空权、制海权的必要前提,它已成为现代条件下局部高技术战争的制高点。红外信息作为制信息权和精确制导武器的重要组成部分,可直接影响战争的进程和结局,红外信息控制的显著特点是战略意义重、作战对象广、技术含量高、发展速度快。对于红外对抗技术来说,就是要根据不断变化的作战对象和作战环境,研究相应的红外对抗即红外信息控制的新技术和新方法。

红外对抗主要作战目标是红外精确制导武器以及红外预警探测、红外侦察、红外跟瞄火控、红外夜视等光电设备。红外对抗的目的是使敌方在情报侦察、预警感知、跟踪定位、制导及火力打击等环节减低或丧失能力,进而使敌方在战争中的整体或其中某一环节作战能力减弱或丧失。红外对抗作为电子战暨光电对抗的一个重要分支,其作战对象基本上可分为红外制导武器和红外侦察设备两大类,涵盖陆、海、空、天各种平台。

红外对抗技术主要研究内容包括红外对抗总体技术、红外干扰/进攻技术、红外防护技术以及为实现作战目的所采取的光电侦察、告(预)警和跟踪瞄准技术。

1.2 红外对抗的作战对象

1.2.1 红外精确制导武器

红外对抗的首要作战对象是红外精确制导武器。红外精确制导武器不断发展,抗干扰能力不断提高,波段不断丰富,近年来与其他制导手段的复合能力不断加强。各类红外精确制导武器的技术进步与红外对抗技术发展始终是互为前提条件和螺旋式上升的过程。

21世纪以来,红外制导武器技术发展更为迅速,除制导的精度、距离等技术指标不断提升外,还采取了多波段、多光谱或与激光、雷达、全球定位系统(Global Positioning System,GPS)等复合制导的方式,降低了传统对抗装备的有效性。采取GPS制导、惯性制导、末段红外制导(包括红外双色制导)以及人在回路中的人工判断修正等多种方式组合,已经成为远程进攻性武器的标准配置,其中红外制导方式又采取多种抗干扰措施,如光谱滤光、目标识别、记忆跟踪、光谱鉴别、速率鉴别等抗干扰措施,使现有的一些干扰措施效能逐渐下降,只有随着制导武器的发展,见招拆招,快速跟进发展新型干扰技术才能在对抗中获取优势。此外,红外精确制导武器正向着高空、高速、隐身和低可观测性方向发展,对其告警探测、侦察跟踪瞄准的难度进一步加大,这也是对抗技术发展的重要瓶颈之一。这种时间上的滞后,或者可称为时间代差,在作战状态下是十分致命的。因此,红外对抗技术仅仅局限于跟随式发展是不够的,通过对制导技术发展趋势的了解和预判,进行预测性发展是有必要的。

目前,"非接触"作战思想大行其道,各军事强国都在发展智能化程度高的信息化武器系统/平台和远程精确打击武器、隐身平台和先进的无人平台,对重点目标和信息系统构成了极大的威胁。卫星侦察已经成为军事大国高边疆战略的关键,无人机作为一类新型的装备,既可作为侦察平台也可作为精确制导武器平台,一些无人作战平台如无人车、无人舰船装载的武器等也对现有红外对抗措施形成较大挑战。

1.2.1.1　空空导弹

现役战术空空导弹基本上是 20 世纪 90 年代中期出现的第三、第四代空空导弹(图 1.1),分两种类型:一是中距空空导弹,射程为 20 ~ 100km,以雷达制导为主,二是近距格斗空空导弹,以红外制导为主,其有效射程一般为 10 ~ 20km,用于空中近距交战中攻击对方飞机。21 世纪初研制和服役的第四代成像型空空导弹具备更强的发现、鉴别、锁定目标和抗干扰能力。

第三代红外导弹大多采用具有亚成像光机扫描技术或者脉冲编码技术的导引头,抗干扰能力比调幅/调频调制盘型制导导弹显著提高,普遍应用了光谱鉴别技术、波门和预报技术、空间滤波和脉宽鉴别技术、计算机编程处理技术、速率鉴别技术等一系列抗干扰措施。典型型号有俄罗斯的 P - 27T1 中距红外制导导弹、法国"魔术"- 2 导弹等。

第四代红外制导导弹的特点是采用光机扫描成像或凝视成像进行红外成像制导,可采用与飞行员头盔瞄准具联动的离轴发射、推力矢量控制等技术,不仅扩大了探测距离,而且大大提高了抗诱饵干扰能力。第四代空空导弹的典型型号有法国的"米卡"MICA 中距红外制导导弹,美国的"响尾蛇"AIM - 9X 近距格斗导弹,英国的"先进"近程空空导弹 ASRAAM,欧洲几国合作研制的 IRIS - T"彩虹"近距格斗导弹,南非与巴西联合研制的 A - DATOR、俄罗斯的 P - 77、RVV - MD 导弹,日本的 AA - 5 空空导弹等,据称以色列的"怪蛇"- 5 等导弹甚至采用了双色成像技术。显而易见,红外成像制导已成为导弹的主流技术体制和发展方向,并且空空导弹导引头正在由单一的制导体制向复合制导体制发展,如美国对 AIM - 120 的改进,俄罗斯 P - 77 导弹的研制,其中一种十分重要的方法就是射频(指令)制导与红外制导复合以提高命中率和抗干扰能力。法国的 MICA 则采用雷达导引和红外导引可互换方式。

(a)　　　　　　　　　(b)　　　　　　　　　(c)

图 1.1　几种典型的空空导弹外形图

1.2.1.2 面空导弹

面空导弹已发展了三代,具有较好的抗干扰能力,是飞机低空执行任务时的严重威胁,分中高空、中远程及中低空、中近程等种类。其中便携式导弹大多采用红外导引等方式(图1.2),具有很强的抗干扰能力,已实现初步的智能化,可有效威胁高倍马赫数的飞行器。例如:美国的"毒刺"(Stinger)FIM - 92B/C、"拉姆"(RAM)RIM - 116,日本的"短萨姆"(Tan SAM)、"凯科"等。"毒刺"(Stinger - POST)FIM - 92B/C单兵肩射导弹,采用被动红外/紫外双色寻的制导方式,利用4.1 ~ 4.4μm和0.3 ~ 0.55μm两个波段,抗干扰能力很强;"凯科"导引头采用可见光与红外双波段(0.38 ~ 0.76μm和3 ~ 5μm内)。俄罗斯的SAM - 16/18,采用了红外双波段,提高了抗干扰能力。

(a)   (b)

图1.2   几种典型的便携式地空导弹外形图

1.2.1.3 巡航导弹与反舰导弹

远程智能化精确打击巡航导弹采用各种新型制导技术,在整个制导过程中分别或部分采用惯性制导、地形等高线匹配、GPS 修正、景象匹配、红外成像末制导等。激光雷达、数据链图像传输等技术已经在巡航导弹发展型号中应用。高空高超声速巡航导弹已经开始装备。

早期巡航导弹主要采用地形匹配修正惯导,规划复杂,装订好数据需要4 ~ 6个月的时间,在后来发展的型号中,全程采用几次地形匹配或者用其他修正方式,制导方式采用景象匹配制导和红外成像制导,使规划过程大大简化,同时也提高了命中精度,一种典型的舰基巡航导弹的攻击过程如图1.3 所示。

通过整理文献[3],对巡航导弹制导技术的发展进行归纳整理,美国巡航导弹典型制导技术发展过程如图1.4 所示。

水面舰艇的主要威胁是反舰导弹。从对抗角度看,反舰导弹是巡航导弹的分支。现代反舰导弹具有超低空掠海机动飞行、隐身、高速的战术技术特性,制导体制多为复合制导(雷达、红外、毫米波、激光、电视)。在光电制导方面,红外成像制导是重要发展方向。典型的反舰导弹有:美国"战斧"海军型号和AGM - 86 反舰型号,属于红外成像寻的导弹;日本90式 SSM - 1B,属于红外成像寻的导弹,装备

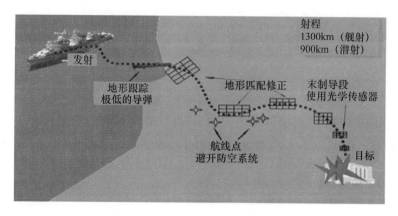

图 1.3　巡航导弹的攻击过程示意图

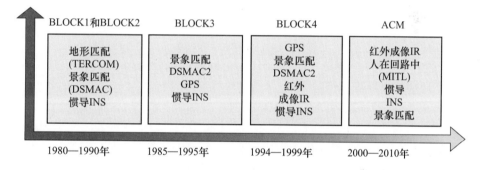

图 1.4　美国巡航导弹典型制导技术发展过程

护卫舰和导弹快艇;中国台湾的"雄风",通过主动雷达/红外成像双模制导,装备"成昆"FFG-7、PFG-2 和"拉法叶"级护卫舰。

　　无论是巡航导弹还是反舰导弹,红外成像末制导都是一个重要的制导环节。

1.2.1.4　空地导弹、炸弹

　　由于地面目标和背景电磁特性的影响,空地导弹大量采用光电制导,主要光电制导方式包括激光、电视、红外成像制导。例如,美国 AGM-130A/B/C 采用电视/红外成像制导,装备轰炸机和战斗机。美国"幼畜"(Maverick)AGM-65 系列中,A、B 型采用电视制导(0.38~0.76μm),C、E 型采用激光制导(1.06μm),D、F、G 型采用红外成像制导,曾经装备 F-4、F-16、F-111、A-10、AH-64 等多种战术飞机。美国"电子间谍"(Ferret),采用毫米波/红外成像制导(8~14μm),曾装备 E-3、E-8、RC-7 等飞机。美国模块式制导滑翔炸弹 GBU-15(V),采用红外成像或电视 + 双路数据传输,曾装备 F-4E、F-111F、B-52 等飞机。"斯拉姆"增强型(SLAM-ER)AGM-84H,采用红外成像制导(8~14μm)。联合直接攻击弹

药(Joint Direct Attack Munition, JDAM), C 型为红外成像制导(8 ~ 14μm)。日本 93 式 ASM - 2, 采用红外成像制导(8 ~ 14μm), 曾装备 F - 4EJ、F - 1 飞机。

1.2.1.5 反坦克导弹、炸弹

红外制导是反坦克导弹、炸弹的主要制导方式。比如, 美国"海尔法"(Hellfire) AGM - 114 系列, A、B、F(改型"海尔法")和"海尔法"AGM - 114K 等, 装备 AH - 64"阿帕奇"直升机、AH - 1"眼镜蛇"及 AH - 1W"超眼镜蛇"直升机。单兵便携式导弹"标枪"(Javelin), 红外成像制导(8 ~ 14μm)。日本重型"马特"KAM - 9 也采用红外制导, 管式发射。反坦克导弹一般是地面发射或者直升机发射, "三点式"红外导引方法是主流。

1.2.2 红外侦察设备

红外对抗的另一重要作战对象是红外侦察设备, 包括战略侦察和战术侦察两种。

1.2.2.1 红外战略侦察

1) 光学侦察卫星

在天基光学侦察方面, 美军光学成像卫星、海洋监视卫星, 形成以"锁眼"(KH)系列卫星为代表的光学成像卫星、以"伊科诺斯"(IKONOS)卫星(图 1.5)为代表的高分辨力商业遥感卫星等组成的天基侦察传感器信息网, 其对地分辨力已分别达到 1m 和 0.1m, 可侦察辨认军事基地、桥梁、飞机、舰船、道路、港口、车辆等, 能为其作战计划的制定提供全面、精确、完整的信息, 为其作战的指挥控制提供实时的战场态势信息。日本、中国台湾研制并发射多颗光学侦察卫星, 具备进行动态航天侦察监视的能力。

典型的光学侦察卫星有:美国的 KH - 11/12/8X, 法国的 SPOT 系列卫星, 日本光学照相侦察卫星 IGS - 3A/4A, 中国台湾"中华"系列卫星。美国 KH 系列光学侦察卫星的主要光电探测设备有:红外相机、电荷耦合器件(Charge - Coupled Device, CCD)相机、多光谱相机、多光谱扫描仪和电视摄像机。KH - 12 卫星在约 300km 轨道高度时, 其:可见光相机的地面分辨力可达 0.1m, 能在光线不足或全黑的条件下拍摄地面目标;CCD 相机普查分辨力为 1 ~ 3m, 详查分辨力为 0.1 ~ 0.15m;多光谱相机对地面景物的分辨力已可达 5 ~ 10m;多光谱扫描仪能提供 24 个波段以上的照片, 地面分辨力为 20m 左右;电视摄像机地面分辨力可高达 0.1m。

2) 红外预警卫星

红外战略预警:利用卫星探测对方导弹阵地的部署情况, 初步确定可能的攻击

图 1.5　IKONOS 卫星拍摄的我某机场照片

方向,对弹道导弹发射、中段飞行跟踪和落点进行预测,其预警信息可用于为攻击作战部队指示导弹发射点,以摧毁对方的导弹阵地;确定反导武器系统的最佳部署位置,使其能够发挥最大作战能力;向可能的被攻击目标发出警报,以便及时采取各种被动防御措施,如对抗、疏散、隐蔽、加固等。即:利用预警卫星探测对方导弹的发射,确定其发射地点和时间,初步判断出导弹类型、初始弹道、落点和到达落点的时间等,其预警信息可用于引导反导武器系统的搜索雷达,以便及时地在更远的距离探测到威胁目标,为实施反导作战赢得所需的准备时间;根据对发射点的判断,引导攻击部队摧毁对方导弹发射阵地;根据对落点的判断,向被攻击地区发布警报,以便采取相应的被动防御措施[4]。

在天基红外预警探测方面,美国的国防战略支援计划(Defense Support Program,DSP)卫星已经部署到第四代,新型的天基红外预警系统(Space – based Infrared System,SBIRS)正在部署,如图 1.6 所示可监视全球的洲际弹道导弹发射场[5-6]。该系统能够对洲际弹道导弹、潜射弹道导弹和战区弹道导弹分别提供 25min、15min 和 5min 的预警时间。SBIRS 传感器扫描速度快,灵敏度较 DSP 预警卫星(图 1.7)高 10 倍,并具有穿透大气的观察能力和探测更小导弹发射的能力。对弹道导弹发射点定位和弹着点预测的地理坐标精度将由 10km 提高到千米级,探测识别的实时性由原来的几分钟提高到近实时的程度。

DSP 系统通常由 3~5 颗运行在地球同步轨道上的卫星和若干地面接收处理系统组成,DSP 地面接收处理系统包括设在澳大利亚的海外地面站(Ocean Ground Station,OGS)、一个位于欧洲的地面站、美国本土地面站和若干移动地面终端(Mobile Ground Terminal,MGT)组成。3 颗星的典型定点位置是:第一颗在印度洋上空(东经 60°),用以监视俄罗斯和中国的洲际弹道导弹发射场;第二颗在巴西上空(西经 70°),用以探测核潜艇从美国东海岸以东海域的导弹发射;第三颗在太平洋

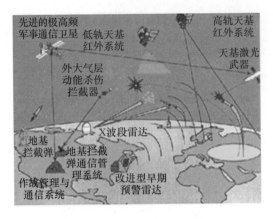

图 1.6　SBIRS 组网功能示意图

图 1.7　DSP 预警卫星

上空(西经 135°),用以探测核潜艇从美国西海岸以西海域的导弹发射。亚太地区的地面跟踪测控站分别位于澳大利亚松树谷、努伦加和关岛[7]。

　　DSP 是以探测导弹助推段喷焰为主,为远程战略导弹预警而设计的,对于助推段时间较短的战术导弹预警则显得力不从心。为此,美国正在发展新型导弹预警卫星系统——天基红外预警系统(SBIRS)。

　　SBIRS 由两部分组成:高轨道部分,包括 4 颗地球同步轨道卫星和 2 颗大椭圆轨道卫星;低轨道部分,包括 20～30 颗近地轨道小卫星,组成一个覆盖全球的卫星网,主要用于跟踪在中段飞行的弹道导弹和弹头,并能引导拦截弹拦截目标[8],如图 1.8 所示。SBIRS 的作战任务包括:为国家作战管理中心提供导弹预警信息;跟踪导弹全过程,为反导系统指引目标;收集导弹特征、现象和其他有价值的目标情报;战场描述,评估毁伤效果、跟踪红外事件,提高战场感知能力。

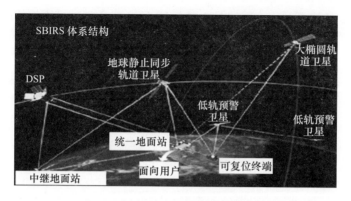

图 1.8　SBIRS 体系架构示意图

（1）天基红外的高轨道部分（SBIRS - High，含 GEO 和 HEO）。

天基红外系统高轨道部分是以 DSP 卫星为基础发展的，4 颗地球静止同步轨道卫星（Geostationary Earth Orbit Satellites，GEO）（图 1.9）用于监视全球大部分地区，2 颗大椭圆轨道卫星（Highly Elliptical Orbit Satellites，HEO）主要监视高纬度地区，即近地点，也是针对经过该区域的弹道导弹的弹道而设计的。地面系统包括一个基于本土地面站的任务控制站（MCS），一个备份的 MCS，一个生存能力强的 MCS，若干海外地面中继站、移动终端和通信链路。

图 1.9　SBIRS GEO 卫星

天基红外的高轨道卫星上装有一台高速扫描型探测器和一台与之互补的凝视型探测器。扫描型探测器用一个一维线阵推扫地球的北半球和南半球，对导弹在发射时所喷出的尾焰进行初始探测。然后，它将探测信息提供给凝视探测器。凝视探测器是一个分辨力很高的二维探测阵列，通过对探测的发射导弹画面拉近放大，对目标进行跟踪。红外焦平面器件可以凝视、快速成像，用多层滤波装置可迅速从一个波段转换到另一个波段,这与以前用于战术预警和打击评估的扫描、慢速成像和单波段传感器相比有很大改进,可大大提高传感器获取图像的时效性。卫星上所用的扫描型探测器具有比 DSP 快得多的扫描速度,它同高分辨力凝视型探测器相结合,会使天基红外系统卫星的扫描速度和灵敏度比 DSP 卫星高 10 倍以上。这些改进使得天基红外系统对"飞毛腿"导弹发射的探测能力比 DSP 卫星强得多。

(2) 天基红外的低轨道部分(SBIRS – Low,STSS 太空跟踪与监视系统)。

低轨道部分的卫星具有全过程跟踪导弹的能力(不仅在主动段),可为导弹防御系统提供精确的目标数据。此外,低轨预警卫星(LEO)还有助于 SBIRS 的其他功能,如技术情报侦察和战场描述等。每颗卫星包含两个红外传感器,一个使用短波红外进行宽视场扫描发现导弹助推段喷焰,另一个位于两轴平台上的窄视场凝视传感器用于跟踪发现的目标,并一直跟踪到其中段和再入段,星上计算机根据跟踪信息计算出导弹的弹道,预测其落点,并将信息下传。

天基红外系统的高、低轨道部分相结合后,具有能看穿大气层和几乎在导弹刚一点火时就能探测到其发射的本领,它可在导弹发射后几十秒内将警报信息传送给地面部队。目标相距 1000km 时,低轨道卫星中长波红外与长波红外的空间分辨力约为几十米量级,弹头成像为点目标,可见光传感器约为米量级。在深空冷背景下,对室温、弹头大小的物体探测距离可达数万千米。

低轨卫星与高轨卫星相互配合提供全球覆盖监视,主要任务是对导弹进行中段跟踪,为导弹防御系统提供目标识别信息。由于其高度较低,可提供较高的分辨力,也有助于导弹预警、技术侦察和战场描述任务的完成。

2002 年,低轨卫星系统 SBIRS – Low 改名为空间跟踪与监视系统(Space Tracking and Surveillance System,STSS)。STSS 计划由 21 ~ 28 颗处于不同轨道面的卫星构成网络,覆盖全球所有区域,星载跟踪相机可对飞行中段的导弹进行持续不断的长时间跟踪,并可获得导弹飞行的大量详细数据,具有导弹发射预警、导弹全程精确跟踪与定位、导弹属性判断、真假目标(诱饵)识别、预估导弹轨道和弹头攻击地点等多种能力。STSS 预警卫星将极大提升美军现有天基导弹预警能力,从而使弹道导弹防御系统能够具备更早和更准确的拦截能力、更智能的探测和拦截行动、更大的防护区域、更高的拦截概率。

(3) 空基红外预警系统。

预警机加装红外预警系统已经成为一种趋势。机载预警及控制系统(Airborne Warning and Control System,AWACS)和 E – 2C 预警机加装红外搜索跟踪系统(Infrared Search/Track System,IRST),使预警飞机拥有搜寻、捕获和跟踪短程弹道导弹的能力。飞行高度为 35000 英尺(1 英尺 ≈ 0.3048m)的

AWACS 预警机能够用装在旋转圆顶上的 IRST 探测 300 ~ 400km 范围内的战术弹道导弹。

以"眼镜蛇球"(Gobra Ball)预警机为例,简要叙述其组成和作战原理:该预警系统属于美国空军,有两种主要探测传感器。中波红外探测阵列(Mediumwave Infrared Register Array,MIRA)有两组,每组都由 6 台红外摄像机组成,其视场相互略有交叠,产生略小于 180°的全景红外图像。实时可见光系统,使用了 8 个捕获和 5 个跟踪传感器组合,记录可见光图像。另在机翼前沿上方还有一大口径跟踪系统,在拍摄小目标时有较高的分辨力。该系统能在 400km 处导弹升空后几秒内就可以探测到它的尾焰,并对导弹进行跟踪。它能精确确定发动机熄火点、弹道曲线、预测拦截碰撞点等。将 DSP 卫星群的红外预警数据与"眼镜蛇球"的 MIRA 的信息结合起来,一旦探测到导弹发射,就能立即确定导弹的弹道,并计算出导弹飞行的三段路线图,以更加精确地预测拦截碰撞点位置[9]。

另外还有门警(Gate Keeper)系统:美国海军为其战术导弹防御(Tactical Missile Defense,TMD)系统研制的探测系统,有两个主要传感器子系统。红外搜索跟踪器,采用层状结构双波段 960×6 碲镉汞阵列,波段 3.5 ~ 5μm 和 8 ~ 12μm,以 40(°)/s 的速度对地面进行搜索扫描。曾采用中红外凝视焦平面阵列(128×128 元,光伏锑化铟)摄像机,实现角度跟踪器和激光测距。

1.2.2.2 红外战术侦察

美国、日本、中国台湾等不断增强地面和空中监视侦察能力,美军已装备了多种型号的侦察机,"全球鹰"无人侦察机飞行高度达 18500m,航速为 650km/h,续航时间为 9.5h,活动半径为 5560km,能将所获合成孔径雷达、可见光及红外侦察信息实时传输给地面接收站。E – 2T 或 E – 2C 加装红外搜索与跟踪监视系统后,预警机还具备对巡航导弹的预警探测能力。

无人机动侦察是利用无人机和无人侦察车等平台,精确导航到敌方阵地附近进行侦察,经无线通信网络将情报信息回传指挥控制中心,结合影像处理技术对多传感器信息进行融合处理,进行态势分析和威胁等级评估,并对光电目标位置进行精确测定。可通过多组信息融合处理技术提高系统定位精度,将信息通过数据链路传输给指挥控制系统,由指挥控制系统采取有效的措施进行攻击,达到"制敌先机"的目的。无人机动侦察是导航、定位、图像情报和信息传输等新技术的完美结合。

典型的无人侦察一般采用可见光、红外和激光测距组合的应用方式,并可实时传输图像信息,如美国空军"全球鹰"(Global Hawk)RQ – 4 高空长航时无人机、"捕食者"(Predator)中空长航时无人机,美国陆军"猎人"(Hunter)RQ – 5、"火力侦察兵"(Fire Scout)、"影子"200(Shadow 200)、"蜂鸟"(Hummingbird)A – 160 无人直升机,美国海军"先锋"(Pioneer)无人机、"鹰眼"(Eagle Eye)无人机、X-47无人机,美国海军陆战队"龙眼"(Dragon Eye)背负式无人机、"龙勇士"(Dragon Warrior)垂直起降无人机等,均采用此种方式。

MQ-1"捕食者"A"天球"(Skyball)采用16~160倍变焦镜头,可从8km的斜距提供18km×18km的覆盖区域,并可识别出距离4.8km处的士兵,另有1个前视红外传感器,可安装超光谱相机等进行无人机动侦察。

"全球鹰"RQ-4是目前进行无人侦察的主力机型,如图1.10所示。其采用成套集成的传感器组件,主要用于为战地指挥官提供高分辨力、近实时的图像,以便根据战场态势情况进行决策。"全球鹰"装备的是由雷声公司研制的综合传感器系统,包括位于机头下方的组合式光电/红外传感器,和其后方的I/J波段合成孔径雷达。它通过卫星通信系统与地面控制站(GCS)相链接[10]。

图1.10 "全球鹰"RQ-4无人侦察机

传感器系统的特点是采用一体化综合设计,共享硬件设备,包括电子设备、处理器和配电设备。系统整体质量小、体积小、性能高,操作人员可根据任务需要灵活选择雷达、红外和可见光波长图像。

"全球鹰"无人侦察机装备的光电/红外传感器主要用于获取可见光波段和红外波段的图像,如图1.11所示。可见光凝视型焦平面阵和中波红外凝视型焦平面阵列共用一个框架和共孔径光学系统。主光学系统为卡塞格伦式望远系统,大F数长焦系统口径为280mm,焦距为1750mm。其中可见光传感器为柯达公司生产的KAI-1010CCD(电荷耦合器件)摄像机,其主要特点是体积小、质量小、功耗低、灵敏度高、抗冲击振动和寿命长,这使它在无人机中日益获得广泛应用,在昼间图像情报探测设备中占主要地位。CCD电视摄像机不仅用于监视、侦察和获取实时图像情报任务,而且用于辅助地面操作员遥控驾驶。

由于"全球鹰"光电系统采用了步进凝视成像的技术,解决了用较小的探测器阵列同时满足分辨力和广域搜索幅宽这两个相互矛盾的要求。光学系统以小角度

图 1.11　"全球鹰"无人侦察机装备的光电/红外传感器

增量进行扫描,在每个固定位置驻留数毫秒,然后步进到下一个位置。这样产生的图像近实时下传到地面站后经过解压缩、调制传递函数修正,以及图像拼接后可形成较大的幅宽或者搜索图像。由于每帧图像驻留时间较长,提高了信噪比,其结果要优于线列扫描探测器阵列如图 1.12 所示。

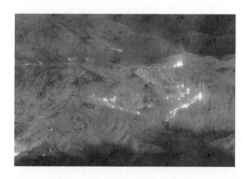

图 1.12　RQ-4 2008 年于加州北部野外拍摄的场景

　　通过采用步进凝视扫描技术,"全球鹰"无人侦察机可见光传感器在广域搜索模式下最低俯角可达 30°,可对"全球鹰"无人侦察机航路两侧 18～28km 内的目标进行搜索。而在其他模式如聚束模式下,最低俯角为 45°,可对航路两侧 20km 内的目标进行高分辨力成像。

　　"全球鹰"无人侦察机装备的红外传感器是在 AN/AAQ-16B 直升机红外传感器系统的基础上改进而来的,采用了 640×480 元的锑化铟中波红外凝视焦平面阵列,工作波段为 3.6～5.0μm,像元尺寸为 20μm,可进行夜间照相侦察和监视。其特点是体积小、质量小、可靠性好,而且凝视扫描比线阵推扫具有更高的灵敏度和分辨力以及更远的作用距离。它和可见光传感器组合,能提供高分辨力的昼夜图像。"全球鹰"无人侦察机光电/红外传感器的详细设计参数、性能及物理指标如表 1.1 所列。

表1.1　"全球鹰"无人侦察机光电/红外传感器技术参数

	可见光		红外	
传感器设计参数				
光学系统	卡塞格伦			
光学器件口径	280mm			
光学器件焦距	1750mm			
探测器	柯达 KAI – 1010CCD 的 Basler A201b 工业摄像机		雷声公司的锑化铟中波红外凝视焦平面阵列	
阵列规模	1018×1008 元		640×480 元	
像元尺寸	9μm		20μm	
帧频	30Hz			
波长	$0.55 \sim 0.8\mu m$		$3.6 \sim 5.05\mu m$	
像元瞬时视场	5.1μrad		11.4μrad	
阵列视场	$0.3° \times 0.3°(5.1\mu rad \times 5.2\mu rad)$		$0.4° \times 0.3°(7.3\mu rad \times 5.5\mu rad)$	
能视域	方位 75°~105°和 255°~285°,滚转 ±80°,俯仰 ±15°			
传感器性能				
模式	聚束	广域搜索	聚束	广域搜索
分辨力	斜距 28km、俯角 45°时 NIIRS6.9	在规定的面积覆盖率下 NIIRS6.1	斜距 28km、俯角 45°时 NIIRS5.7	在规定的面积覆盖率下 NIIRS5.1
成像尺寸	2km×2km	条带宽度 10km	2km×2km	条带宽度 10km
覆盖能力	>1900 点/天	138000km²/天	>1900 点/天	138000km²/天
传感器物理指标				
质量	132kg			
空间尺寸	0.357m³			
平均功耗	995W			

　　表征可见光/红外传感器性能的主要指标包括美国国家图像解译度等级(National Imagery Interpretability Rating Scale,NIIRS)、广域搜索面积覆盖率,以及地理定位精度等。对照可见光和红外载荷的 NIIRS 分级表,"全球鹰"无人侦察机光电/红外侦察载荷的能力如表1.2所列。

　　光电/红外传感器获得的数据可通过卫星或微波中继通信以 50Mb/s 的速度实时传输到地面站,信息经过处理后再由地面站操作人员分发到战场作战人员或指挥官等多个终端用户。

表1.2 "全球鹰"无人侦察机光电/红外传感器任务能力

	可以完成的任务	不能完成的任务
可见光传感器	辨认小型或中型直升机的型号； 辨认预警/地面控制拦截/目标截获雷达天线的形状为抛物面、切尖抛物面还是矩形； 辨别中型卡车上的备胎； 辨别SA-6、SA-11和SA-17的导弹弹体； 辨认"光荣"级舰艇上SA-N-6导弹垂直发射器的每一个顶盖； 辨认轿车和加长旅行车	辨认战斗机上的附件和整流罩（如"米格"-29、"米格"-25）； 辨认电子设备车上的舱门、梯子和通风口； 发现反坦克导弹的发射架； 发现导弹发射控制井顶盖的铰接机构细节； 舰艇上深水炸弹发射器的每根发射管； 辨认铁轨上的各个轨枕
红外传感器	区分单垂尾或双垂尾战斗机； 识别大型（约75m）无线电中继塔的金属栅格结构； 发现堑壕内的装甲车辆； 发现SA-10阵地内的升降式雷达天线车； 识别大型商船烟囱的形状； 识别室外网球场	发现大型轰炸机机翼上的吊挂物（如反舰导弹、炸弹等）； 区分热车状态的坦克和装甲人员运输车； 根据天线形式和间距区分FIX FOUR和FIX SIX阵地； 区分二轨和四轨SA-3发射架； 识别潜艇上的导弹发射筒顶盖； 识别内燃机车上处于热车状态的发动机排气口

注：以上数据参照参考文献[2]。

1.2.3 红外对抗作战对象的技术发展特点

1.2.3.1 红外精确制导武器

1）新型精确制导武器不断出现,抗干扰能力不断提高

采用波段不断丰富,双波段、多波段以及复合制导能力不断加强。除制导的精度、距离等技术指标不断改善外,更主要的是采取了更多的多波段制导方式,降低了对抗有效性。尤其是高空、高速、隐身制导武器的涌现,现有手段对其探测、干扰、攻击的难度进一步加大。

2）红外制导技术的发展带来高命中率和强抗干扰能力

红外制导导弹具有系统简单、操作方便、能全向攻击、发射后不用管、命中率高等特点,发展迅速,装备量很大,应用广泛,是各种军用平台的重要威胁之一。从空空导弹的发展脉络来看,可以较清晰地将红外制导导弹技术发展划分为四代（图1.13）。

第一代红外导弹主要采用调幅式调制盘,基本没有抗干扰措施。这些导弹种类繁多,大多采用1~3μm的硫化铅探测器,除了采用一些诸如空间滤波、特殊的滤光片外,基本不具备抗红外干扰能力。

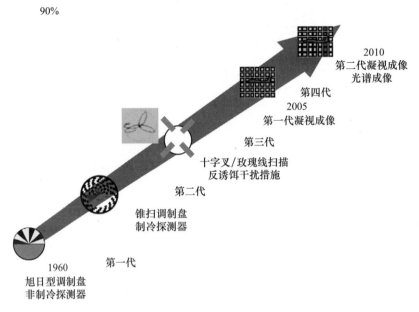

图 1.13　红外制导导弹的发展历程

　　第二代红外导弹主要解决全向攻击问题,大多采用调频式调制盘,或者采用固定调制盘加上简单光机扫描(如圆锥扫描)的导引头光学系统,抗红外诱饵干扰能力仍较弱。这些导弹大多采用 $3\sim5\mu m$ 的锑化铟探测器,具有全向攻击能力。这一代红外制导导弹的抗干扰能力较弱,一般 $1\sim2$ 枚传统的红外诱饵即可将其诱偏。有兴趣的读者可查阅参考文献[11]。

　　第三代红外导弹主要解决抗诱饵干扰问题,主要采用具有亚成像光机扫描技术或者脉冲编码技术的导引头,抗干扰能力显著提高。由于元器件技术的发展,这些导弹上普遍应用了光谱鉴别技术、波门和预报技术、空间滤波和脉宽鉴别技术、计算机编程处理技术、速率鉴别技术等一系列抗干扰措施。新型抗干扰措施的应用大大降低了传统红外诱饵的作战效能,使得数量有限的机载红外诱饵难以满足作战需求;同时,如果缺少导弹逼近告警系统的支持,飞行员只能依靠感觉盲目投放红外诱饵,则红外诱饵就更难以对其实施干扰。

　　第四代红外制导导弹的特点是采用光机扫描成像或凝视成像进行红外成像制导,并采用与飞行员头盔瞄准具联动的离轴发射技术、推力矢量控制技术等高技术,不仅扩大了探测距离,而且大大提高了抗诱饵干扰能力。红外成像制导体制号称可以对抗传统红外诱饵干扰,已成为红外制导导弹的主流技术体制和发展方向。

　　此外,双色制导导弹发展速度也较快。通常,对空导弹大多采用 $1\sim3\mu m$

和 3 ~ 5 μm 双波段,对地导弹大多采用 3 ~ 5 μm 和 8 ~ 12 μm 双波段。目前,对空导弹导引头正在由单一的制导体制向复合制导体制发展,其中一种十分重要的技术途径就是从红外多波段制导来提高命中率和抗干扰能力。无论是空空导弹还是地空导弹,单发命中率一般超过 70%、双发命中率超过 90% 已经是基本要求。

3)基于无人平台的"非接触"作战

在"非接触"作战思想的影响下,在智能化信息化武器系统的支持下,先进的无人驾驶飞行器,可以携带多枚精确制导武器,自由灵活地打击重点目标和高价值地面系统,每次针对敌指挥员的斩首行动,都是这些武器系统综合运用的教科书式解读,往往带来震撼性的效果。总之,无人机作为一类新型的精确制导武器装载平台方兴未艾,另外,一些无人作战平台如无人车、无人舰船可以达到类似的作战效果,同时也对现有红外对抗措施形成较大挑战。

4)装备红外制导设备的战略武器系统,具备更精确的打击能力

在导弹拦截系统中,弹道导弹突防面临的主要威胁是外大气层动能杀伤拦截器(Exoatmospheric Kill Vehicle,EKV),主要作战特点是在外层空间作战,能将弹道导弹在大气层外摧毁,如图 1.14 所示。EKV 是美国国家导弹防御系统(National Missile Defense,NMD)中的最终杀伤单元,所有的信息系统都为了这一最终的战术动作服务。目前美国已试验的攻击导引头主要有三种:休斯公司研制的 256 × 256 元的 HgCdTe 焦平面阵列红外导引头、波音北美公司研制的 EKV 硅掺砷红外导引头、波音北美公司 EKV 可见光导引头。应用红外导引头是动能拦截弹制导的主要方式,双波段甚至三波段是 EKV 的主要制导模式。另外,"标准"和 THAAD 系列高空拦截弹也开始装备红外末制导系统,以提高拦截精度。

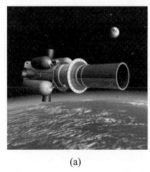

(a)　　　　　　　　　　(b)

图 1.14　美国雷声公司的 EKV 动能拦截器

5)红外瞄准与激光测距结合使激光制导武器具备高空高速投放能力

GBU – 10/12/24/56 等宝石路系列制导炸弹为激光制导/GPS 双模制导方式,

射程为十几千米,制导精度小于1m;CBU-105炸弹一般采用布撒器投放,攻击对象主要为机场跑道和地面停放的飞机,采用传感器引爆方式,附带风修正后射程可达16km,制导精度可达25m。精确制导弹药若具备发射条件,在高空高速的状态下投放,射程还将有适当增加。而在配备新型光电瞄准吊舱后,将具备6000m以上高度发现并锁定目标的能力,因此两者配合将使得飞机可在更远距离外投放精确制导弹药。

美军已经升级光电瞄准吊舱,将吊舱中256×256元的HgCdTe红外成像器件更换为第三代640×512元HgCdTe中波凝视红外成像器件,在提高图像分辨力的基础上,可将目标识别和跟踪的距离提高25%,另外,还可能将吊舱中的激光器改用二极管泵浦,并增加1.57μm激光波长(人眼安全)、提高发射能量,以提升作用距离和精度。

AAQ-28 LITENING瞄准系统由美国诺斯罗普·格鲁曼公司研制(图1.15),其电视摄像(可见光图像)和前视红外的图像可以融合,并采用先进的图像处理电路和软件以提高目标识别和跟踪距离,降低目标跟踪误差,可为"联合直接攻击弹药"(JDAM)系列提供目标的精确方位。AAQ-33 SNIPER瞄准系统是美国洛克希德·马丁公司研制的新一代光电瞄准吊舱,采用640×512元红外成像焦平面阵列,有广角、精确和聚焦等多种工作模式,拥有-155°~35°的操作视场,允许飞行员在使用激光照射器照射地面目标的同时进行大角度脱离,且光电瞄准吊舱依然能继续跟踪目标[12]。

图1.15 美国诺斯罗普·格鲁曼公司的AAQ-28 LITENING瞄准系统

1.2.3.2 红外侦察与火控系统

掌握战场态势的发展和瞬时变化的情报信息是获取未来战场主动权的关键,实现这一目标,需要能精确、实时地采集情报信息的系统装备,光电侦察系统是进行光电情报信息采集的技术装备;现代战争中的作战武器具有超低空突防、高速高机动、隐身性能强的特点,对指挥系统的反应时间、射击精度提出更高的要求,光电火控系统具有隐蔽性好、瞄准精度高的特点,满足强电磁干扰环境下的作战需求,其技术发展特点如下。

(1) 多功能集成。

军用红外系统一直都是用来执行一种功能的单功能系统。有用于导航或瞄准的前视红外(Forward Looking Infrared, FLIR)系统,用于探测和跟踪飞机的红外搜索跟踪系统(IRST)以及用于自行保护的导弹逼近告警系统(Infrared Missile Warning System, IRMWS)和分布孔径红外态势感知系统(Distributed Aperture Infrared System, DAIRS)等。

这些系统的功能可分为三大类:目标探测告警(判断有没有目标)、目标态势感知(是不是目标)、目标瞄准识别(是什么目标)。通常,告警需要全方位视场内的目标来袭信息,态势感知需要得到目标和背景的详细光学信息,瞄准识别需要很高的空间角度分辨力,视场要求的不同决定了多种功能不能兼顾。但对一个战斗平台来说,从时间上看,这些功能并没有同时使用,集成有多个功能的系统是目前的发展重点,使之能够按一定的顺序(先告警再感知然后识别)完成以上三大功能,就完全可以替代以上多个单一功能的专用红外传感器系统。这种系统不仅是一个高性能的多功能一体化综合传感器系统,而且是一个高性能/价格比、高可靠性、高可支持性、可生存性的系统。未来技术发展方向是研究一种视场宽范围快速变换的方法,分别在不同时间满足不同的功能,就可以实现多种军事需求的功能集成。

集成的功能包括红外大视场导弹探测告警、小视场跟踪瞄准和目标识别、单站被动定位测距、在全视场扫描覆盖完成后进行战场态势评估。

机载光电侦测、火控通常包括 IRST、FLIR、激光测距机和头盔目标指示器等,实现对空、对地侦测和引导攻击功能。美国先进瞄准前视红外吊舱(Advanced Targeting Forward Looking Infrared Pod, ATFLIR)把第三代中波红外瞄准和导航、前视红外、可见光摄像机、激光测距机和目标指示器、激光点跟踪器集成到一个吊舱中,提高了远距离目标识别能力。

(2) 采用分布式孔径实现全景态势感知和全空域警戒能力。

美国装备在 F－22 战斗机上的光电分布式孔径系统(Electro Optical Distributed Aperture System, EODAS),可以实现连续的高分辨力全空间覆盖,功能包括导弹逼近告警、下视红外型目标瞄准指示、杀伤效果评定及导航,如图 1.16 所示。系统可与头盔瞄准系统耦合,使飞行员能下视、侧视或后视,由 6 个红外传感器组成,每个传感器覆盖 90°×90°视场,与一个或多个头盔显示器配合。像元数可达到 1024×1024 元,多个传感器视场无缝链接。俄罗斯装备在 Su－35 上的态势感知系统与 DAIRS 体制相当。

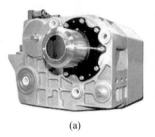 

(a)　　　　　　　　　　　　(b)

图 1.16　光电分布式孔径系统 EODAS

　　光电分布式孔径系统(EODAS)依靠安装在机身特定部位的 6 个红外成像传感器搜集 360°范围内的各种信息,为飞行人员提供一个 4π 空间视野,实现了在雷达不开机的情况下对周围战场态势的感知,可以对目标进行远距离放大确认,传感器数据经过数据融合显示在飞行员的广角头盔显示器上,如图 1.17 所示。

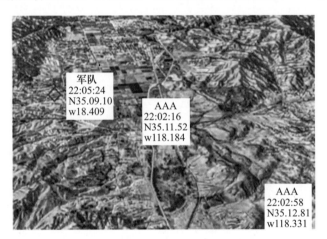

图 1.17　EODAS 拍摄的图像

　　(3) 采用主、被动结合,可见光与红外双波段数据融合是舰载光电警戒、火控系统的发展趋势。

　　舰载光电侦测、火控通常包括 IRST、激光测距器实现对空、对海侦测功能。

　　美国 TISS 光电传感器系统主要用于探测、识别和跟踪小型水面和低空目标,诸如水面浮雷、小型舰船和低空飞机等。辅助作用包括夜间导航和舰船驾驶、搜索、救生、海军拦截、缉毒、港内警戒以及防备作战蛙人等,系统可与装在巡洋舰、护卫舰和两栖突击舰上的舰载火控系统配套使用。TISS 将 CCD 电视摄像机、热成像传感器和人眼安全激光测距仪集成在一个球形转塔内。探测方位 360°,俯仰 −30° ~75°,稳定精度为 15μrad。电视摄像机和红外传感器至少有两个视场,在俯仰方向的最小覆盖角度分别为 3.5°（宽）和 1.75°（窄）。CCD 摄像机工作在 600～1100nm 波段。红外传感器采用 InSb 探测器，工作在 3～5μm 频带上，像元阵列为 512×512 元，可增加 8～12μm 波段 HgCdTe 探测器以便进行红外双波段工作。激光测距仪的脉冲重复率大于 1Hz，使用寿命发射可达 100 万次。

洛克希德·马丁公司的舰载红外警戒系统（Shipboard Infrared Safeguard System，SIRST）可提高对低空飞机和掠海导弹的探测能力，装有桅杆的传感器头采用 3～5μm 红外探测器。该系统最终可以扩大至双波段并使用焦平面阵列（Focal Plane Array，FPA）探测器，IRST 探头以 60r/min 的速度旋转以提供 360°连续警戒和跟踪，视场约 2°～2.5°。

日本海上自卫队采购美国研制的 AN/AAQ‑22 舰载/机载前视红外设备，由美国 FLIR 系统公司生产。该设备设计用于目标探测、导航及跟踪，采用 8～12μm 探测器阵列、双视场系统，分辨力为 0.93mrad（宽视场）和 0.16mrad（窄视场）。

（4）红外焦平面阵列的技术成熟度提升以及生产成本的有效控制，使地面光电侦测、火控系统和单兵观瞄夜战设备越来越依赖红外成像技术。

车载火控系统主要包括坦克、装甲车等战斗车辆的火控系统。单兵观瞄设备主要有微光夜视、红外夜视、瞄准具、望远镜等。

美国陆军主战坦克大量装备的 TIS 红外成像仪系统能处理 2400m 的目标。美国的小型武器火控系统（Small Arm Force Control System，SAFCS）包括日间光学瞄准具、人眼安全激光测距机、弹道计算机、传感器、光学控制装置、视频显示器和可调安装瞄准具，大视场的优质光学设备可提高目标识别能力，视场 6.6°×5°，动态视场 16°，瞄准精度 ±25mrad，距离 100～9999m。

光电瞄准系统（Electro Optical Target System，EOTS）设备舱由 7 块表面镀膜的蓝宝石隐身光窗拼接而成，如图 1.18 所示，以减少雷达散射截面（Radar Cross Section，RCS）（正面 RCS 值仅 $0.1m^2$）；EOTS 主要负责对地攻击，是世界上首个集第三代前视红外 FLIR 和红外搜索跟踪系统 IRST 于一体的光电系统，EOTS 的隐身和气动特性保证了飞机的全向攻击能力。EOTS 由可见光摄像机、红外成像、激光测距机、点跟踪器、激光指示器组成，全重 90.7kg（200lb），拍摄图像如图 1.19 所示，具备可见光高分辨力成像、自动跟踪、红外搜索和跟踪、激光指示、测距和激光点跟踪等功能，并且可以在雷达干扰状态下，实现目标的远距离跟踪、识别、探测和预警。EOTS 还将作为一种远程 IRST 系统，用来探测和识别空中目标，实现对敌方飞机与导弹超远距离识别、跟踪和瞄准，从而增加预警距离和己方攻击及反应时间，提高自我生存能力。

AN/AAQ‑22 舰载/机载前视红外设备用于目标探测、导航及跟踪。采用 8～12μm 探测器阵列、双视场系统，分辨力 0.93mrad（宽视场）和 0.16mrad（窄视场）。

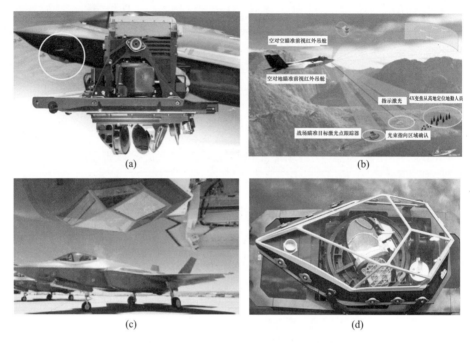

图 1.18　F - 35 战斗机上的 EOTS

图 1.19　EOTS 拍摄的图像

　　"虎眼"传感器组件,含红外、可见光电视、激光测距等功能,具备更强的低空突防、夜间和复杂恶劣气候条件下的精确打击目标的能力,还安装一部红外搜索跟踪系统,使飞行员能够对远距离空中威胁进行侦察与评估。

法国 DIBV – 10 VAMPIR 舰载红外双波段警戒系统(图1.20)能为战舰提供飞机、反舰导弹等预警信息,并为舰载雷达或光电火控系统指示目标。VAMPIR 系统工作波段为 $3 \sim 5\mu m$、$8 \sim 12\mu m$,双波段探测器采用 288×4 元焦平面阵列(FPA),对亚声速导弹作用距离可达 16km,对超声速导弹作用距离可达 27km,对典型战斗机作用距离可达 18km。

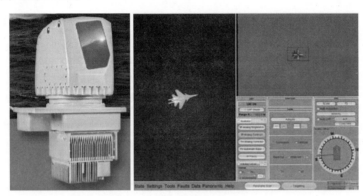

图1.20　法国 DIBV – 10VAMPIR 舰载红外双波段警戒系统

1.3　红外对抗技术体系

1.3.1　红外对抗技术应用方向

红外对抗技术主要涉及以下 5 个应用方向[13 – 15]。

1.3.1.1　武器平台信息支援和自卫

为各种作战飞机、水面舰艇、装甲车辆、卫星和弹道导弹提供红外自卫手段,提高平台生存力和保障作战效能的充分发挥。飞机、大型水面舰艇和坦克、装甲车等军用平台的最大威胁来自于红外精确制导武器,据统计,70% 以上的军用平台被红外制导武器摧毁。发展安装于平台上的导弹高精度逼近告警技术,明确导弹来袭时机,利用红外定向对抗装备、红外伴飞诱饵和大面源红外诱饵、红外灵巧假目标、红外烟幕、多光谱光电伪装器材等,为对抗红外制导武器、提高平台生存能力提供更有效的手段。

1.3.1.2　光电侦察预警卫星对抗技术

针对星载红外设备的技术体制和技术参数,研究其工作任务及工作原理、工作过程中的薄弱环节和对抗原理,确定对抗措施的具体技术指标,利用卫星轨道预测和光电跟瞄技术、相应波段的激光干扰技术、大气层外假目标欺骗干扰技术以及干扰效果评估技术，为光电侦察和红外预警卫星的综合对抗装备研制提供条件。

1.3.1.3 区域目标与重点目标防护技术

红外精确制导武器能够大幅度提高武器系统作战效能，增强常规威慑和陆、海、空、天、电磁作战能力，目前已经广泛应用于各种武器系统中。21 世纪以来，对地攻击精确制导武器获得了一些新的进展：多模与复合制导技术作为目前制导技术发展的热点，在精确制导武器中得到更为广泛的应用；为进一步提高导弹性能，还在积极研制新型多色导引头；数据链红外图像制导技术、姿控轨控技术、抗干扰技术、小型化技术以及高空高速技术等一系列关键技术也得到持续发展。毫米波雷达/红外成像双模导引头、毫米波主动雷达/红外成像/激光半主动三模导引头的干扰等都是红外对抗技术的重要研究对象。这些针对地面目标的攻击武器的大量装备，为红外对抗技术的应用拓展了发展空间，也是重要的应用方向，地面高价值目标的防护离不开红外对抗。

1.3.1.4 基于反伪装反隐身的红外侦察警戒

红外探测设备的作用距离一般较近，在复杂背景下的探测概率和虚警率指标与军事需求尚有差距，还要解决大视场与探测灵敏度之间的矛盾。通过研究新体制探测技术，拓展天基平台、空基平台红外侦察和告警技术应用，面对卫星拦截器和空天导弹的威胁，实现对动能杀伤拦截器来袭威胁告警；坦克、装甲车辆装备红外告警和观瞄，发展告警、跟瞄一体化技术，目标和背景态势感知和综合识别技术，多手段、多光谱融合技术和发展远距离与高精度相关的技术，对隐身目标进行预警、告警、跟踪都是未来红外对抗技术发挥作用的重要应用领域。

1.3.1.5 战术固体/灵巧红外激光对抗

在攻击方面，解决高能高光束质量激光干扰源技术、耐强光辐射光学发射系统设计技术、距离自适应汇聚光学技术、精密跟瞄技术、自适应光学以及大功率高效致密能源等关键技术，为强激光攻击武器的应用提供技术支持。同时，深入探索干扰激光在机动条件下对高速运动目标实现干扰的关键技术，研究抗扰动平台技术，扩展激光干扰的应用条件，为发展随队车载、舰载战术激光攻击装备、机载远程大功率激光对抗装备奠定技术基础。

1.3.2 红外对抗技术要达到的能力

针对威胁，若要实现成功对抗，需在技术领域实现如下能力：

（1）实现由 10km 距离跨越到 100km 以远红外探测，毫弧度到微弧度级动对动跟踪瞄准能力；

（2）实现半径 20～50km 的大区域联合防空反导能力；

（3）实现对低轨 1200km 内的光学侦察卫星和导弹预警卫星对抗能力和对高轨卫星对抗的技术突破,实现对隐身平台和无人平台的对抗能力；

（4）将平均干扰功率由目前的千瓦级提高到万瓦级,初步具备损伤敌传感器能力；

（5）突破中波全固态激光干扰技术,实现对各种作战平台抗全光谱精确打击的防护能力。

红外对抗技术体系与应用框架如图 1.21 所示。

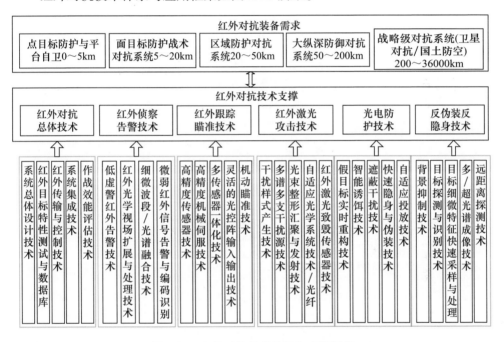

图 1.21　红外对抗技术体系与应用框架

（1）红外对抗总体技术:解决光电对抗系统规模大、系统内设备相互关系复杂、军事需求变化快、无法形成与之对应的体系作战概念问题。

（2）红外侦察告警技术:解决大视场高分辨力机载红外告警技术、大范围地面激光告警、低虚警率紫外告警、地面 100km 外导弹目标红外告警侦察等技术,加强作用距离提高的技术储备,提高复杂背景下的探测概率和虚警率等指标。

（3）红外跟踪瞄准技术:解决微弧度跟踪瞄准、动对动跟瞄、卫星跟瞄、机电一体化跟瞄与发射等技术。

（4）红外激光攻击技术:解决高功率光源、光学汇聚、多光谱产生与控制、光束质量控制、激光大气传输、光与材料器件相互作用等技术。

（5）光电防护技术：解决智能投放、大面积高效防护、新型材料制备等技术。

（6）反伪装反隐身技术：解决复杂背影抑制与微弱信号提取、目标特征识别和多/超光谱探测识别等技术。

1.3.3 红外对抗关键技术及重点研究方向

1.3.3.1 武器平台信息支援和自卫

武器平台信息支援和自卫系统包括多波段红外高精度告警、目标瞄准与识别、目标精确跟踪、多波束红外激光合成干扰、宽谱红外诱饵与防护器材、综合一体化与信号处理等技术，如图1.22所示。

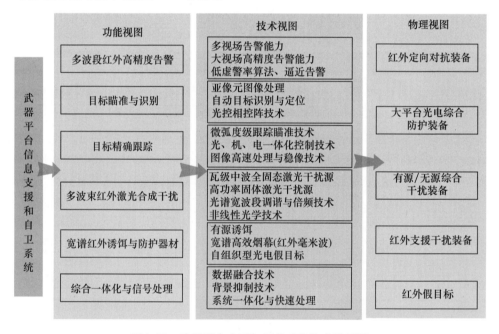

图1.22 武器平台自卫与红外对抗技术关系图

1.3.3.2 光电侦察预警卫星对抗技术

光电侦察预警卫星对抗系统功能包括：光学大气传输与动态补偿、光学传输与控制、目标精确跟踪、激光干扰源光谱控制、指挥与控制等，如图1.23所示。

1.3.3.3 区域与重点目标防护技术

区域与重点目标防护系统涉及战场态势感知、新型导弹制导干扰、多波段激光有源干扰、宽谱无源干扰、区域防护干扰资源配置以及对抗总体技术，如图1.24所示。

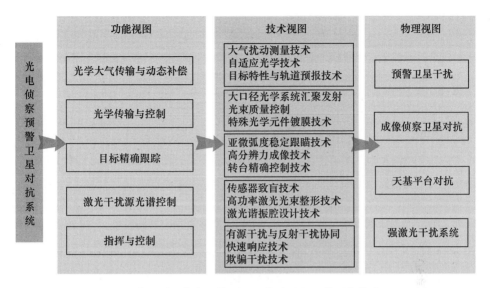

图 1.23　光电侦察预警卫星对抗涉及的红外对抗技术

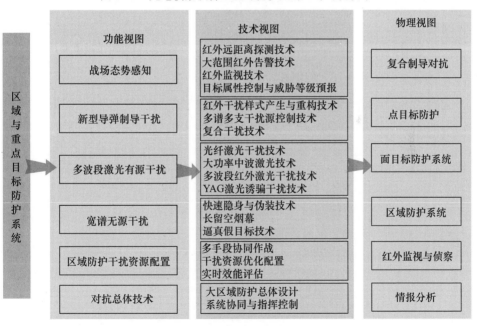

图 1.24　区域与重点目标防护涉及的红外对抗技术

1.3.3.4　基于反伪装反隐身的红外侦察警戒技术

基于反伪装反隐身的红外侦察警戒系统包含目标特性、背景抑制、光学系统、扫描与监视、信号与图像情报处理、平台适应性等技术群组成，如图 1.25 所示。

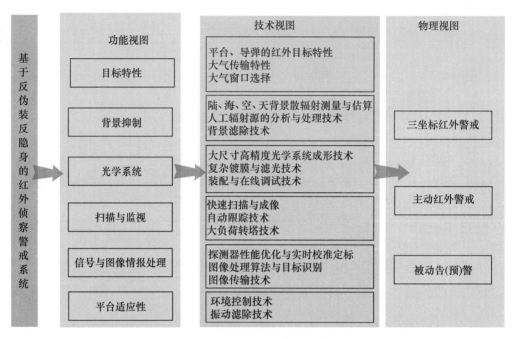

图1.25　基于反伪装反隐身的红外侦察警戒涉及的红外对抗技术

1.3.3.5　战术固体/灵巧激光对抗技术

战术固体/灵巧激光武器系统包含导弹告警与跟瞄、激光干扰源产生与控制、高精度跟瞄、动中扰作战效能评估与测试等技术。

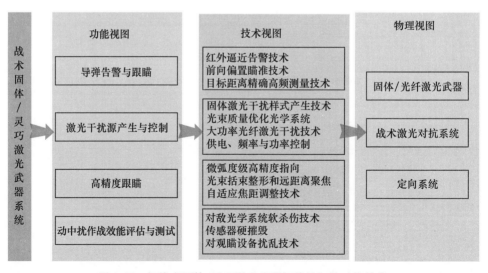

图1.26　与战术固体/灵巧激光武器相关的红外对抗技术

28

1.3.4　红外对抗技术特点

红外对抗技术的特点主要表现在以下几个方面[16]。

1）防护范围大、系统更复杂

为满足大型目标防御的要求,防护范围由点、面目标向区域防护扩展,使系统变得更加复杂,往往涉及红外、可见光、激光、毫米波等多种对抗手段组成的有机对抗组合体。

2）作战距离远、功率要求高

红外干扰尤其是激光干扰已经从目前的数十千米级范围向数十千米级甚至更远的距离延伸,以满足对抗中距制导武器的威胁,因此带来了从干扰源、光束质量、传输路径效应到作战对象的干扰效能等一系列技术问题。

3）探测距离远、处理能力强

基于反伪装反隐身的光电侦察预警系统已经越来越依赖于光学系统的设计和对背景杂散光的处理,采用的主要方法是增大光学增益、提高扫描速度和信息处理速度,采取优化的降低噪声的处理方法。而这些先验知识的获得完全依赖于设计条件和对目标和背景知识的掌握程度。

4）谱段跨度大、作战目标多

制导武器制导波段已经从早期的可见光、短波红外发展到中长波红外。最近10年来,中波红外应用逐渐扩展,除了用于空空导弹外,在空地导弹和空舰导弹、巡航导弹上也广泛应用,相应的对抗光源的发展明显不能满足军事需求,尤其在新一代平台上,功耗、质量、隐身性能都有很高的技术要求。宽谱变频激光源是主要发展方向之一。其中的主要关键技术是光功能变换技术,如倍频技术和非线性光学变换技术等。为了满足作战对象谱段增加的对抗需求,需要研究宽谱段激光干扰源及干扰样式、光谱检测与控制、干扰源能量分布与光谱测试环境。同时,针对众多体制不同、波段复杂的作战对象,建设信息化的效能评估环境,构建满足实战化要求的复杂电磁环境,根据不同的干扰判据和准则,进行系统的数据处理和分析。

5）跟踪瞄准精度高、攻击目标准

光电对抗的跟踪瞄准与传统的火控不同:首先是作战对象不同,光电火控的作战对象是飞机、坦克等目标,而光电对抗的跟踪瞄准主要是各种制导武器和光电观瞄、卫星等设备;由于目标的机动性更强,机动范围更大,作战距离更远,光电对抗观瞄设备要求跟踪精度更高,跟踪瞄准更稳定;光电观瞄设备一般要求动对动瞄准,并要维持一段时间,将激光能量维持在导弹某一点上,设计和研发以及测试、装调的难度更大;在任何主动或攻击性的光电对抗系统中都需要跟踪瞄准系统。

1.4 红外对抗技术的基础物理知识

1.4.1 红外辐射的参量

下面按照国家的标准和国际红外界通用的术语,给出度量红外辐射参量的定义[17-20]。

(1) 辐射功率 P:以辐射形式发射、传播或接收的功率,单位为 W。

(2) 光谱辐射功率 P_λ:波长为 λ 时,单位波长间隔内的辐射功率,单位为 W·μm^{-1}。波长为 λ 和 $\lambda + d\lambda$ 间隔内的辐射功率 dP 为

$$dP = P_\lambda d\lambda \tag{1.1}$$

(3) 辐射出射度 M:辐射源在单位面积上向半球空间发射的功率,单位为 W·cm^{-2}。

(4) 光谱辐射出射度 M_λ:波长为 λ 时,单位波长间隔内的辐射出射度,单位为 W·cm^{-2}·μm^{-1}。波长为 λ 和 $\lambda + d\lambda$ 间隔内的辐射出射度 dM 为

$$dM = M_\lambda d\lambda \tag{1.2}$$

当辐射源的辐射面的两个方向的尺寸远小于它到观测点的距离 R 时,此辐射源可近似看成是点辐射源。一般情况下,当长或宽小于 $\frac{1}{10}R$ 时,将辐射源当作点源来处理,计算距离 R 处的照射情况的误差不大于 1%。

点源假设的实质在于将辐射面发射的能量集中于一点发出,它的辐射参量主要有辐射强度和光谱辐射强度两个。

(5) 辐射强度 I:辐射源在单位立体角内的辐射功率,单位为 W/sr。

立体角 ω 是衡量顶点在球心的一个角锥体所包围的空间,以球面度(sr)度量,是一个无量纲单位,如图 1.27 所示。

图 1.27 中,S 是球面为(角)锥体所截取的那部分面积。

一个整球面的总面积为 $4\pi R^2$,所以一个整球面有 4π 个球面度,半球为 2π 个球面度。圆锥的立体角与锥顶角 2α 的关系可用下式来表示:

$$\omega = 2\pi(1 - \cos\alpha)$$

当 α 角值不超过 15°时,立体角和平面角的关系可以简化为

$$\omega = \frac{\pi}{4}(2\alpha)^2 \tag{1.3}$$

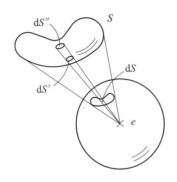

图1.27 立体角的定义

式中:α 角以 rad 为度量单位,当 $\alpha < 10°$ 时,按式(1.3)计算立体角的误差不大于 1%。

如果立体角表示的空间为一个角锥体,两平面角分别为 2α 和 2β,则

$$\omega = 4\alpha\beta \qquad (1.4)$$

当辐射源在立体角内均匀辐射时,辐射强度为

$$I = \frac{P}{\omega} \qquad (1.5)$$

(6)光谱辐射强度 I_λ:波长为 λ 时,单位波长间隔内的辐射强度,单位为 W · sr^{-1} · μm^{-1}。波长为 λ 和 $\lambda + \mathrm{d}\lambda$ 间隔内的辐射强度为

$$\mathrm{d}I = I_\lambda \mathrm{d}\lambda \qquad (1.6)$$

(7)辐射亮度 L:辐射源在单位面积上向单位立体角内发出的辐射功率,单位为 W · cm^{-2} · sr^{-1}。

(8)光谱辐射亮度 L_λ:波长为 λ 时,单位波长间隔内的辐射亮度,单位为 W · cm^{-2} · sr^{-1} · μm^{-1}。波长为 λ 和 $\lambda + \mathrm{d}\lambda$ 间隔内的辐射强度为

$$\mathrm{d}L = L_\lambda \mathrm{d}\lambda \qquad (1.7)$$

(9)辐射照度 H:被照射物体单位面积上接收到的辐射功率,单位为 W · cm^{-2}。

(10)光谱辐射照度 H_λ:波长为 λ 时,单位波长间隔内的辐射照度,单位为 W · cm^{-2} · μm^{-1}。波长为 λ 和 $\lambda + \mathrm{d}\lambda$ 间隔内的辐射强度为

$$\mathrm{d}H = H_\lambda \mathrm{d}\lambda \qquad (1.8)$$

容易混淆的是:亮度是针对发射物角度而定义的,照度是从被辐射物角度来度量的。

当辐射源的尺寸与距离相比不是一个小量时,H 的计算不能当作点源来计算,此时的辐射源称为扩展源或面源。口外辐射参量关系如表1.3所列。

表 1.3　红外辐射参量关系表

辐射参量名称	定义	符号	单位
辐射功率	以辐射形式发射、传播或接收的功率	P	W
光谱辐射功率	波长为 λ 和 $\lambda + \mathrm{d}\lambda$ 间隔内的辐射功率 $\mathrm{d}P = P_\lambda \mathrm{d}\lambda$	P_λ	$\mathrm{W} \cdot \mu\mathrm{m}^{-1}$
辐射出射度	单位面积上向半球空间发射的功率	M	$\mathrm{W} \cdot \mathrm{cm}^{-2}$
光谱辐射出射度	波长为 λ 和 $\lambda + \mathrm{d}\lambda$ 间隔内的辐射功率 $\mathrm{d}M = M_\lambda \mathrm{d}\lambda$	M_λ	$\mathrm{W} \cdot \mathrm{cm}^{-2} \cdot \mu\mathrm{m}^{-1}$
辐射强度	辐射源在单位立体角内的辐射功率	I	W/sr
光谱辐射强度	波长为 λ 和 $\lambda + \mathrm{d}\lambda$ 间隔内的辐射强度 $\mathrm{d}I = I_\lambda \mathrm{d}\lambda$	I_λ	$\mathrm{W} \cdot \mathrm{sr}^{-1} \cdot \mu\mathrm{m}^{-1}$
辐射亮度	辐射源单位面积上向单位立体角内发出的辐射功率	L	$\mathrm{W} \cdot \mathrm{cm}^{-2} \cdot \mathrm{sr}^{-1}$
光谱辐射亮度	波长为 λ 和 $\lambda + \mathrm{d}\lambda$ 间隔内的辐射强度 $\mathrm{d}L = L_\lambda \mathrm{d}\lambda$	L_λ	$\mathrm{W} \cdot \mathrm{cm}^{-2} \cdot \mathrm{sr}^{-1} \cdot \mu\mathrm{m}^{-1}$
辐射照度	单位面积上接收到的辐射功率	H	$\mathrm{W} \cdot \mathrm{cm}^{-2}$
光谱辐射照度	波长为 λ 和 $\lambda + \mathrm{d}\lambda$ 间隔内的辐射强度 $\mathrm{d}H = H_\lambda \mathrm{d}\lambda$	H_λ	$\mathrm{W} \cdot \mathrm{cm}^{-2} \cdot \mu\mathrm{m}^{-1}$

上述 5 个定义和 5 对参量,是红外对抗工程技术人员必须掌握和灵活应用的基础知识。

1.4.2　有关红外辐射的五个重要定律

1.4.2.1　普朗克定律及其近似式

经典理论指出,任何物体都有电磁波辐射。军用红外武器系统均是依靠探测目标红外辐射或反射的红外辐射而工作的,因此,在研制红外对抗系统、确定其技术指标时都需要了解红外辐射的基本规律、目标和背景。

1900 年,普朗克(Max Planck)发现了黑体辐射的基本定律。普朗克指出,黑体的光谱辐射出射度 M_λ 与波长 λ 和温度 T 的关系为

$$M_\lambda = \frac{\partial M}{\partial \lambda} = \frac{2\pi hc^2}{\lambda^5} \frac{1}{\mathrm{e}^{\frac{hc}{k\lambda T}} - 1} \qquad (1.9)$$

式中:h 为普朗克常量,$h = (6.6260755 \pm 0.0000040) \times 10^{-34} \mathrm{J} \cdot \mathrm{S}$;$k$ 为玻耳兹曼常数,$k = (1.380658 \pm 0.000012) \times 10^{-23}$ J/K;c 为光速,$c = (2.99792458 \pm 0.000000012) \times 10^{8} \mathrm{m/s}$;$\lambda$ 为波长;T 为温度。

将上面的物理常数代入式(1.9),可以写成

$$M_\lambda = \frac{c_1}{\lambda^5} \cdot \frac{1}{\mathrm{e}^{c_2/\lambda T} - 1} \qquad (1.10)$$

式中:c_1 为第一辐射常数,$c_1 = 3.741832 \times 10^4 \mathrm{W} \cdot \mathrm{cm}^{-2} \cdot \mu\mathrm{m}^4$;$c_2$ 为第二辐射常数,$c_2 = 1.438786 \times 10^4 \mu\mathrm{m} \cdot \mathrm{K}$。

根据式(1.10),可以画出任何温度黑体光谱辐出度曲线。对于飞机、导弹而言,800 ~ 1500K 是一个重要的温度范围,它包含了喷气发动机尾喷管热金属的温度范围。

普朗克定律还有其近似表达式。

1986 年,维恩(W. Wien)从分析实验数据的基础上,给出一个经验公式:

$$M_{\lambda, W} = \frac{\alpha c^2}{\lambda^5} e^{-\frac{\beta c}{\lambda T}} \tag{1.11}$$

式中:α、β 为常数。

除了低频部分外,式(1.11)与实验曲线吻合得不错。

在 1900—1905 年间,瑞利(J. W. Rayleigh)和金斯(J. Jeans)用经典电磁理论及统计物理学处理了空腔辐射后,得到下面的表达式:

$$M_{\lambda, R} = \frac{2\pi c}{\lambda^4} kT \tag{1.12}$$

式(1.12)在低频部分与实验曲线吻合得不错。

实际上,式(1.11)、式(1.12)都可以从普朗克定律简化而来:当 λ 较小时,式(1.10)即可简化为式(1.11);当 λ 较大时,式(1.10)即可简化为式(1.12)。

从误差上分析,一般情况下,利用近似公式得到的数值误差不大,不影响工程使用,因此,在实际使用时,可根据实际情况采用简化后的公式,便于计算。

1.4.2.2　维恩位移定律

利用普朗克定律画出不同温度黑体的光谱辐射出射度曲线后,可以发现每一个温度对应的 $M_\lambda - \lambda$ 曲线都有一个峰值,随着温度的升高,此峰值向短波方向移动。

如果将式(1.10)对 λ 求偏导,并令之等于零,求出其 λ 值,此时的 λ 即为峰值波长 λ_m,则

$$\frac{\partial M_\lambda}{\partial \lambda} = -\frac{5c_1}{\lambda^6} \cdot \frac{1}{(e^{c_2/\lambda T} - 1)} + \frac{c_1}{\lambda^5} \cdot \frac{e^{c_2/\lambda T}}{(e^{c_2/\lambda T} - 1)^2} \cdot \frac{c_2}{T\lambda^2}$$

令上式等于 0,经过整理后可得

$$e^{c_2/\lambda_m T} - 1 = \frac{c_2}{5\lambda_m T} e^{c_2/\lambda_m T}$$

令 $x = \frac{c_2}{\lambda_m T}$,上式变为

$$\left(1 - \frac{x}{5}\right) e^x = 1$$

上式是超越方程,利用迭代法可解得

$$x = 4.9651$$

即

$$\frac{c_2}{\lambda_m T} = 4.9651$$

则

$$\lambda_m T = 2897.8 (\mu m \cdot K) \tag{1.13}$$

式(1.13)就是维恩位移定律,利用此式即可求出对应温度下黑体的最大辐射的波长。

1.4.2.3 斯忒藩 - 玻耳兹曼定律

普朗克定律指出了温度为 T 的黑体的光谱辐射出射度沿波长分布规律,如果将式(1.9)沿波长从 $0 \to \infty$ 积分,就可求得温度为 T 的黑体在单位面积上向半球空间辐射出的总功率,即黑体的总辐射出射度 M。

$$M = \int_0^\infty M_\lambda d\lambda$$

斯忒藩 - 玻耳兹曼(Stefan - Boltzmann)定律则指出了黑体为

$$M = \sigma T^4 \tag{1.14}$$

式中:σ 为斯忒藩 - 玻耳兹曼常数,$\sigma = (5.67051 \pm 0.00019) \times 10^{-8} W \cdot m^{-2} \cdot K^{-4}$。

1879 年,斯忒藩首先发现了此关系,1884 年玻耳兹曼做出了理论证明。实际上,式(1.14)同样可以从普朗克定律推导出来。由于推导过程较为繁琐,本书不在此详述,有兴趣的读者可以参阅参考文献中的相关书籍。

斯忒藩 - 玻耳兹曼定律给出了波长从 $0 \to \infty$ 的总辐射功率。但在实际红外工程问题中,经常遇到的问题是要计算某一波段 $\lambda_1 \sim \lambda_2$ 范围内的辐射出射度 $M_{\lambda_1 \sim \lambda_2}$。

从 $M_{\lambda_1 \sim \lambda_2}$ 的本意讲,它应为

$$M_{\lambda_1 \sim \lambda_2} = \int_{\lambda_1}^{\lambda_2} M_\lambda d\lambda = \int_0^{\lambda_2} M_\lambda d\lambda - \int_0^{\lambda_1} M_\lambda d\lambda$$

但是,上式在实际积分时比较困难。为了简化计算过程,可对上式进行变换。现对上式两边除以 M 得

$$\frac{M_{\lambda_1 \sim \lambda_2}}{M} = \frac{\int_0^{\lambda_2} M_\lambda d\lambda}{M} - \frac{\int_0^{\lambda_1} M_\lambda d\lambda}{M}$$

将式(1.14)和式(1.10)代入上式,可得

$$\frac{M_{\lambda_1 \sim \lambda_2}}{\sigma T^4} = \frac{\int_0^{\lambda_2} \frac{c_1}{\lambda^5} \cdot \frac{1}{e^{c_2/\lambda T} - 1} d\lambda - \int_0^{\lambda_1} \frac{c_1}{\lambda^5} \cdot \frac{1}{e^{c_2/\lambda T} - 1} d\lambda}{\sigma T^4}$$

$$= \frac{1}{\sigma} \Big[\int_0^{\lambda_2 T} \frac{c_1}{(\lambda T)^5} \cdot \frac{1}{\mathrm{e}^{c_2/\lambda T} - 1} \mathrm{d}(\lambda T) - \int_0^{\lambda_1 T} \frac{c_1}{(\lambda T)^5} \cdot \frac{1}{\mathrm{e}^{c_2/\lambda T} - 1} \mathrm{d}(\lambda T) \Big]$$

$$= \frac{1}{\sigma} \Big[\int_0^{\lambda_2 T} f(\lambda T) \mathrm{d}(\lambda T) - \int_0^{\lambda_1 T} f(\lambda T) \mathrm{d}(\lambda T) \Big] \tag{1.15}$$

令

$$\begin{cases} F_{\lambda_1 \sim \lambda_2} = \dfrac{M_{\lambda_1 \sim \lambda_2}}{\sigma T^4} \\[2mm] F_{0 \sim \lambda_2} = \dfrac{1}{\sigma} \displaystyle\int_0^{\lambda_2 T} f(\lambda T) \mathrm{d}(\lambda T) \\[2mm] F_{0 \sim \lambda_1} = \dfrac{1}{\sigma} \displaystyle\int_0^{\lambda_1 T} f(\lambda T) \mathrm{d}(\lambda T) \end{cases} \tag{1.16}$$

可得

$$F_{\lambda_1 \sim \lambda_2} = F_{0 \sim \lambda_2} - F_{0 \sim \lambda_1} \tag{1.17}$$

$F_{0 \sim \lambda}$ 实际上就是波长从 $0 \to \lambda$ 黑体总辐射的百分比，所以 $F_{0 \sim \lambda}$ 也称为黑体分数。由于其数值计算十分繁琐，实际使用时都通过查黑体辐射函数表得到。

求得 $F_{\lambda_1 \sim \lambda_2}$ 后，就可以求出 $M_{\lambda_1 \sim \lambda_2}$：

$$M_{\lambda_1 \sim \lambda_2} = F_{\lambda_1 \sim \lambda_2} \times \sigma T^4 \tag{1.18}$$

1.4.2.4　兰伯特定律

兰伯特（J. H. Lambert）定律描述了黑体辐射源向半球空间内的辐射亮度沿高低角的变化规律。兰伯特定律规定，若面积元 $\mathrm{d}F$ 在法线方向的辐射亮度为 L_N，则它在高低角 θ 的方向上的辐射亮度为

$$L_\theta' = L_N \cos\theta \tag{1.19}$$

因此兰伯特定律也称为兰伯特余弦定律。

兰伯特定律还有一种表达形式，将辐射亮度定义为辐射源的单位投影面积（指面积元 $\mathrm{d}F$ 在与 θ 表示的射线相垂直的方向投影的单位面积）在 θ 方向的单位立体角内的辐射功率。按这种方式定义辐射亮度时，设在 θ 方向的辐射亮度为 L_θ，则

$$L_\theta \mathrm{d}F \cdot \cos\theta = L_\theta' \mathrm{d}F = L_N \cos\theta \mathrm{d}F$$

可得

$$L_\theta = L_N \tag{1.20}$$

式（1.20）说明，在任意方向的辐射亮度均相等且等于法线方向的辐射亮度，符合此规律的辐射面称为兰伯特面。

对于绝对黑体，非常符合兰伯特定律。对于不光滑物体，经验证明这一定律可适用于 $\theta = 0° \sim 60°$ 的情况，常用 ε_θ（称为方向发射率）表示物体不同方向的发射

率,它表示某材料在 θ 方向的辐射亮度与黑体辐射亮度之比。

已经测得的实验数据表明,金属导体和非导体材料的方向辐射特性是不同的。对于非导体材料,在 $\theta = 0° \sim 60°$ 范围内, ε_θ 变化不大;当 $\theta > 60°$ 后, ε_θ 就明显地减小。对金属材料,从 $\theta = 0°$ 开始,在一个范围内的 ε_θ 是常数,然后随 θ 的增加而增加,在接近 $\theta = 90°$ 的极小角度范围内, ε_θ 又有减小。实验表明,物体半球平均发射率与法向发射率之比,对高度磨光的金属表面约为 1.20,对其他光滑表面的物体约为 0.95,对表面粗糙的物体约为 0.98。

根据兰伯特定律可以推算出兰伯特面的单位面积向半球空间内辐射出去的总功率(即辐射出射度 M)与该面元的法向辐射亮度 L_N 之间的关系:

$$M = \int_\Omega L_N \cos\theta \mathrm{d}\Omega \tag{1.21}$$

在球坐标系下,有

$$\mathrm{d}\Omega = \frac{r^2 \sin\theta \mathrm{d}\theta \mathrm{d}\varphi}{r^2} = \sin\theta \mathrm{d}\theta \mathrm{d}\varphi$$

式中: θ 为面元与 Z 轴的投影夹角; φ 为面元与 X 轴的投影夹角。

将上式代入式(1.21),得

$$M = \int_0^{2\pi} \int_0^{\frac{\pi}{2}} L_N \cos\theta \sin\theta \mathrm{d}\theta \mathrm{d}\varphi = \int_0^{2\pi} \int_0^{\frac{\pi}{2}} L_N \frac{\sin 2\theta}{4} \mathrm{d}(2\theta) \mathrm{d}\varphi = \pi L_N \tag{1.22}$$

考虑 $L_\theta = L_N$,式(1.22)表明,符合兰伯特定律的辐射源,在任意方向的辐射亮度 L 均等于法线方向的辐射亮度且等于 M/π。

这个结论与一般想象有差别。一般想象,由于兰伯特面的各个方向的亮度均相等,而半球共有 2π 球面度,所以认为单位立体角内的辐射功率应为 $M/2\pi$,这是不正确的。其主要原因在于忽略了兰伯特定律的第二种表达式中定义辐射亮度的特点。

若辐射源的线尺寸不满足点源的要求,即辐射面的线尺寸相对于它到观测点的距离 R 不是很小时,此种辐射源称为扩展源。扩展源在入射物体上形成的辐照度 H 的计算与点源不同,在计算中需要利用兰伯特定律。在此不予详细论述,有兴趣的读者可参阅相关参考书籍。

1.4.2.5 基尔霍夫定律

上述主要介绍的是黑体辐射源的辐射定律。但在实际中需要进行红外辐射计算的物体基本上都不是黑体。对于非黑体而言,如果用 ε 表示非黑体的辐射出射度 M' 与同温度的黑体辐射出射度 M 之比,即

$$\varepsilon = \frac{M'}{M} \tag{1.23}$$

则称 ε 为发射率。由于同一温度下黑体的辐射出射度最大,因此非黑体的发射率是 0~1 之间的一个值。根据辐射源的 ε 随波长变化的情况,辐射源可分为三类:①黑体 $\varepsilon(\lambda)=\varepsilon=1$;②灰体 $\varepsilon(\lambda)=\varepsilon$,为常数(小于 1);③选择性辐射体 ε 随波长而变。

自然界中几乎所有物体的辐射都有选择性。具有粗糙表面的固体的选择性最小,大多数工程材料的辐射具有很小的选择性,它们可以看作灰体。灰体的辐射也和黑体一样具有连续光谱,且其光谱曲线的形状与黑体类似,在相同温度下灰体和黑体具有相同的峰值波长。

气体辐射的选择性,例如水汽和二氧化碳气体,在某些波长范围内发射率大,而在另一些波长范围内则发射率小。例如,二氧化碳气体在 $2.7\mu m$、$4.3\mu m$ 波长附近的发射率很大。

基尔霍夫(Kirchhoff)发现,在任意给定温度的热平衡条件下,任何物体的辐射出射度 M' 与吸收率 α 之比都相同,并且恒等于同温度下绝对黑体的辐射出射度,即

$$\frac{M'}{\alpha}=M, \frac{M'}{M}=\alpha \qquad (1.24)$$

式(1.24)称为基尔霍夫定律。

将式(1.23)与式(1.24)相比,可以发现,任何不透明材料的发射率在数值上等于同温度的吸收率,即 $\varepsilon=\alpha$,因而好的吸收体也是好的发射体。由于黑体的吸收率最大,因此黑体的发射率也最大,等于 1。由斯忒藩 - 玻耳兹曼定律,黑体的辐射出射度为

$$M=\sigma T^4$$

因而非黑体的辐射出射度就可表示为

$$M'=\varepsilon\sigma T^4 \qquad (1.25)$$

影响发射率的因素:对于固体材料而言,影响其光谱发射率的因素较多,其中主要与材料、温度、波长及表面粗糙度等有关。绝大多数金属材料在 $\lambda=0.65\mu m$,及表面无氧化物覆盖时发射率均小于 0.4,只有少数金属如钨、锰、钛的发射率高于 0.5。但是金属或合金在具有氧化物表面及非金属材料的发射率则较高,在温度低于 350K 时,一般大于 0.7。例如,飞机、导弹蒙皮常用的材料铝,在表面氧化时,温度在 80~500K 范围内的法向总发射率为 0.76。

温度、波长等对物体的发射率也有影响。对于军用目标而言,其蒙皮主要采用金属材料制作,因此计算时需要关注所用金属在抛光、氧化等不同状态下的发射率。

1.5 本章小结

本章从四个方面阐述了红外对抗技术的基本内涵。首先介绍了红外对抗技术的基本概念和研究范围,以及在电子对抗中的地位和作用;其次描述了红外对抗的作战对象,包括红外精确制导武器和红外侦察设备,并且对作战对象的技术发展特点进行了归纳和总结;接着提出了红外对抗技术体系,红外对抗技术应用方向,红外对抗技术要达到的能力和红外对抗关键技术及重点研究方向,梳理了红外对抗技术特点;最后为读者概要归纳红外对抗技术的基础物理知识,包括红外辐射的参量和有关红外辐射的五个重要定律。

参考文献

[1] 侯印鸣. 综合电子战:现代战争的杀手锏[M]. 北京:国防工业出版社,1999.

[2] 熊群力. 综合电子战[M]. 2版. 北京:国防工业出版社,2008.

[3] 中国航天工业总公司(世界导弹大全)修订委员会. 世界导弹大全[M]. 北京:军事科学出版社,1998.

[4] 范晋祥,郭云鹤. 美国弹道导弹防御系统全域红外探测装备的发展、体系分析和能力预测[J]. 红外,2013,12(6):15-18.

[5] 刘克俭,等. 美国未来作战系统2009年增订版[M]. 北京:解放军出版社,2010.

[6] 浦甲伦,崔乃刚,郭继峰. 天基红外预警卫星系统及其探测能力分析[J]. 现代防御技术,2008,6(3):23-25.

[7] 刘桂清,刘刚,等. 激光对DSP卫星探测器干扰效能研究[J]. 激光与红外,2007,4(12):12-14.

[8] 李小将,金山,等. 美军SBIRS GEO-1预警卫星探测预警能力分析[J]. 激光与红外,2013,5(23):17-19.

[9] 倪树新. 机载红外预警探测系统[C]//全国夜视技术交流会暨全国瞬态光学与光电子技术交流会,2005:55-60.

[10] 季晓光,李屹东. 美国高空长航时无人机RQ-4"全球鹰"[M]. 北京:航空工业出版社,2011.

[11] 王小鹏. 军用光电技术与系统概论[M]. 北京:国防工业出版社,2011.

[12] 蒙源愿. 红外制导与对抗技术[M]. 北京:总装炮兵防空兵装备技术研究所,2008.

[13] 闫宗广. 电子对抗战术学[M]. 北京:解放军出版社,1998.

[14] 李明,刘澎,等. 武器装备发展系统论证方法与应用[M]. 北京:国防工业出版社,2000.

[15] POLLOCK D H. 红外与光电系统手册卷7:光电对抗系统[M]. 黄印泉,译. 天津:航天工业总公司第三研究院八三五八所,1998.

[16] 王东风. 红外定向干扰系统测试系统研制与试验试飞验证研究[D]. 长春:吉林大学, 2011:45 – 50.

[17] 杨宜和,岳敏. 红外系统[M]. 2 版. 北京:国防工业出版社,1994.

[18] 潘君骅,陈进榜,杨永刚,等. 计量测试技术手册[M]. 北京:中国计量出版社,1997.

[19] 白长城. 红外物理[M]. 北京:电子工业出版社,1989.

[20] 刘承,张登伟,张彩妮,等. 光学测试技术[M]. 北京:电子工业出版社,2013.

第 2 章
对目标红外辐射的 告警技术

红外对抗往往在刹那间完成,作战效能严重依赖于对战场态势的准确判断和对作战时机的精确把握。红外告警是利用红外探测器进行光电转换,在复杂的背景环境中准确及时地提供来袭目标信息,从而为对抗手段的应用提供信息支持的行为。光电对抗领域的告警可分主动告警和被动告警,其中被动告警又按照波段和样式分为紫外告警、可见光告警、红外告警、激光辐射告警等。从国外装备数量上看,目前红外告警设备处于重要地位。

红外对抗效能依赖于告警系统。一般的对抗系统对红外告警设备的主要功能要求为:能够对来袭导弹发射主发动机尾焰告警;对导弹逐渐接近目标时能够进行无间断连续告警;在远距离发射的导弹主发动机停火时刻,能够利用气动加热辐射进行告警,提高对目标的探测概率,同时为系统是否进行干扰提供决策依据;可以对交会速度进行初步分析和判断,以便进行干扰目标分配或者剔除假目标干扰,能够判断导弹在受干扰后的运动轨迹变化情况,为干扰效果评估和进行对抗目标再分配提供依据。另外,先进的红外告警系统还应具备战场态势感知和描述功能。

告警距离是红外告警的重要技术指标。与红外告警系统的作用距离相关的因素较多,如目标的辐射特性、大气的传输特性、告警系统参数的选择和设计以及传感器系统的装调效果等,都会直接影响告警。从作战角度来说,告警距离是一个简单的指标,但为了实现这一指标,要依据作战要求,经过综合选择反复比较甚至通过大量的试验数据的统计才能设计出更好的技术实施方案。告警距离与目标的红外辐射关系较大,原则上,对于同一套告警系统,目标辐射越强,告警距离越远。由于导弹来袭的方向是不确定的,又要求告警设备有较大的光学视场,而大视场系统的光学口径较小,光学增益也较小,从而导致系统灵敏度的降低,告警视场和告警距离之间的矛盾是告警系统设计者需要认真权衡的技术难题。

就目前已经装备的告警系统而言,告警体制可以采用凝视体制和扫描体制。凝视体制系统简单,容易设计和装调,但是要兼顾大视场和告警距离两个相互制约的指标的要求又难以实现;扫描体制包括线阵器件并扫和面阵器件分步凝视扫两种。

从广阔的视角来看,对红外目标辐射的探测又可分为告警系统和预警系统,告警系统和预警系统的区别仅仅是作战距离和信号处理时间的需求差异而已。从作战对象上看,告警系统主要针对战术导弹,预警系统主要针对弹道导弹、巡航导弹、战略轰炸机等目标。

2.1　目标红外辐射与背景

2.1.1　导弹目标的红外可探测性

2.1.1.1　战术导弹的可探测性

按照导弹运动过程,战术导弹告警可以分为导弹发射告警和导弹逼近告警。导弹发射告警是指在导弹点火发射的瞬间,导弹靠动力推进,由初始速度达到最大速度的过程中,推进剂燃烧排放气体,高温气体产生红外辐射,告警器对尾焰进行探测。燃烧充分的尾焰的主要辐射由水蒸气分子和二氧化碳分子的振动和转动跃迁产生分立的线光谱组成,即为一特定波长的辐射,由于尾焰内部的高温和碰撞,探测的光谱产生了展宽。同时,由于水蒸气分子和二氧化碳分子的自吸收情况的存在,在尾烟辐射的光谱图上产生了有趣的凹陷现象。导弹逼近告警是在导弹发动机熄火后,利用尾喷管的余热辐射和导弹高速运动冲压空气产生的导弹蒙皮发热辐射,并且根据辐射强度的变化情况看导弹是否逼近被保护目标来进行实时定性分析[1]。理想的红外告警器应该兼具导弹发射告警和导弹逼近告警两种功能。

导弹红外辐射强度在很大程度上取决于导弹发动机的类型和尺寸,一般认为尾焰红外辐射强度与燃料的燃烧速度成正比,也就是与发动机的推力成正比,经验公式为

$$I = kN, I = kN^{\alpha} \tag{2.1}$$

式中:I 的单位为 W/sr;N 的单位为 N;k 和 α 与光谱带有关。

实际上发动机的推力是随时间变化的,并且有的导弹发动机还有一级发动机和二级发动机之分,即主推力和次级推力,除了主推力阶段(发射、加速、保持、熄火等)外,在每个阶段推力都有可能变化,理论上,通过推力变化产生的辐射强度变化也可以进行导弹类型的初步判断。不同导弹的主推力发动机燃烧时间不同,几种典型便携式地空导弹发动机的燃烧时间和速度参数如表 2.1 所列。

表 2.1　几种典型便携式地空导弹发动机的燃烧时间和速度参数

导弹名称	制导波段	加速时间/s	维持时间/s	燃尽距离/km	射程/km	最大速度/Ma	平均速度/Ma
"尾刺"–POST	红外/紫外	2	4	3	7	2.3	1.5
"尾刺"–1	红外中波	2.2	—	1	6.5	2.6	1.3
SA–7	红外短波	2.2	6.1	3.5	4	1.5	1.2
SA–13	红外中波	—	4.5	3	10	2.4	1.5
SA–16	红外短、中波	—	8	3.5	5	1.7	1.2

注:资料来源为老乌鸦协会(Association of Old Crows,AOC)报告。准确性无法求证,仅供参考。

但是,在导弹迎头来袭时,导弹尾焰的主要高温区往往被弹体所遮挡,幸运的是弹体尺寸往往不能够全部遮挡住尾焰的扩展。导弹尾焰主要成分的发射率依据 H. C. HOTTEL 法确定[2-3]。

含有 CO_2 和 H_2O 的气体的发射率可表示为

$$\varepsilon = \varepsilon_{CO_2} + \varepsilon_{H_2O} - \Delta\varepsilon = \varepsilon_{CO_2}^* C_{CO_2} + \varepsilon_{H_2O}^* C_{H_2O} - \Delta\varepsilon \qquad (2.2)$$

式中:$\varepsilon_{CO_2}^*$ 为气体总压为 1atm(1atm = 101325Pa)并当 CO_2 的分压近似为零时 CO_2 的发射率;C_{CO_2} 为气体总压不等于 1atm 且 CO_2 的分压不等于零的修正系数;$\varepsilon_{H_2O}^*$ 为气体总压为 1atm 并当 H_2O 的分压近似为零时 H_2O 的发射率;C_{H_2O} 为气体总压不等于 1atm 且 H_2O 的分压不等于零的修正系数;$\Delta\varepsilon$ 为由于 CO_2 和 H_2O 的光谱带互相重叠而引入的修正量。发射率和修正系数是气压和辐射传输路程长度的函数,并与温度有关。

但是,采用 H. C. HOTTEL 法只能计算均质的气体尾焰全波段的辐射,对飞机或者导弹的非均匀流场,气压、密度、温度差异较大的条件下的计算误差很大。因此,采用数值计算方法具有较重要的工程意义[4]。整个数值计算方法包括以下几个方面的内容。

(1) 计算出流场内压力、温度和密度分布;

(2) 辐射组分摩尔浓度的分布计算;

(3) 建立分子辐射谱线随温度、波长变化的数据库;

(4) 辐射几何学计算;

(5) 选择性辐射体的远场大气传输计算;

(6) 辐射在吸收、散射以及自身辐射性介质中传输的微积分方程的建立和解;

(7) 发动机的参数。

随着观察角度的变化,辐射强度依据下列公式简单计算:

$$I_\theta = I_{90}\sin(\theta + \varphi) \qquad (2.3)$$

式中:I_{90} 为光束观察角 $\theta = 90°$ 下的光强;θ 为被观测导弹的方位角;φ 为补偿角,取决于导弹及其尾焰的几何形状,是一个小的修正项。

气体总压为 1atm 时 $\varepsilon_{CO_2}^*$、$\varepsilon_{H_2O}^*$ 图分别如图 2.1、图 2.2 所示。

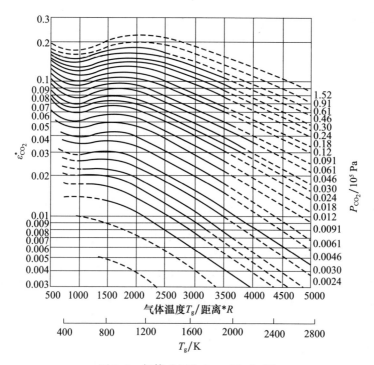

图 2.1　气体总压为 1atm 时 $\varepsilon^*_{CO_2}$ 图

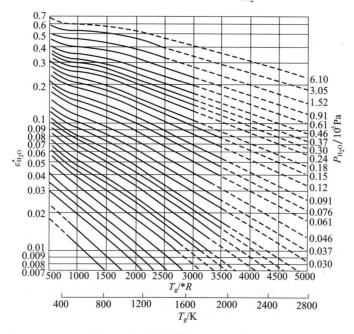

图 2.2　气体总压为 1atm 时 $\varepsilon^*_{H_2O}$ 图

国外典型的战术导弹的红外辐射特性如表2.2所列(来自国外技术资料,仅供参考)[5-6]。

表2.2 外军典型战术导弹的红外辐射特性

目标	观察条件	辐射强度/(W/sr)	
		$3\sim5\mu m$	$8\sim14\mu m$
空射巡航导弹	0°	5	15
	30°	12	76
	45°	22	120
	90°	30	172
	180°	98	48
"爱国者"	前向	1800(3)~750(5)	220(8)~120(10)
	侧向	5000(3.9)~4500(4.2)	3400(8)~350(10)
"不死鸟"	前向	300(3)~230(5)	80(8)~40(10)
	侧向	$(1.2\sim1.3)\times10^3$,最大4500(4.2μm)	500(8)~40(10)
中距空空导弹(AMRAAM)	前向	110(3)~70(5)	28(8)~11(10)
	侧向	800(3)~1200(5),最大2000(4.2μm)	310(8)~140(10)

2.1.1.2 战略目标的可探测性

红外告警系统可探测的战略目标包括弹道导弹、巡航导弹和战略轰炸机。

1)弹道导弹

弹道导弹在点火发射后,火箭发动机需要在200s左右将导弹加速到数千米/小时的速度,这需要很大的推力,会在短时间内剧烈燃烧,产物包括高温水蒸气和二氧化碳,同时释放出巨大的热能,并伴随着强烈的红外辐射[7-8]。除了水蒸气和二氧化碳的辐射带以外,推进剂燃烧的产物还有一些固体颗粒,使弹道导弹的红外辐射光谱变得很复杂,但是对辐射强度贡献份额最大的还是水蒸气在2.7μm的辐射带和二氧化碳在4.3μm附近的辐射带。由于大气吸收主要也是这个谱带,因此经过一段大气路程后,对观察者的表观辐射强度会急剧下降。对星载红外预警系统来说,采用这两个谱段来探测却是最佳选择:弹道导弹冲出大气层后,由于大气对地物辐射在这两个窄谱带的吸收,从大气层外观测,地球却成了较干净的背景。此时,对预警系统来说,弹道导弹就成了在干净背景下较突兀的目标了,信背比很大,探测到目标相对容易。

针对弹道导弹的红外告警可以发挥作用的另一个时机是导弹再入段。弹道导弹进入大气层后,由于高速运动,冲压大气分子,造成气体分子快速运动,产生高温,形成辐射,即气动加热辐射。气动加热辐射是高速运动目标在大气层中运动时难以避免的。除了弹道导弹外,空天飞行器、临近空间飞行器、高速无人机等,由于气动加热辐射的存在,致使其在红外警戒系统面前,都是很难隐身的。

2) 巡航导弹

巡航导弹主要采用涡轮喷气发动机、涡轮风扇发动机或者火箭冲压发动机。大部分巡航导弹速度虽然不快,仅仅为亚声速飞行,但是由于飞行时间较长,气动加热辐射不容忽视。以国外某种巡航导弹为例,通过对其红外辐射理论模型的仿真,包括巡航导弹发动机外罩与喷管辐射、弹体气动加热辐射、弹体蒙皮辐射、导弹尾焰辐射,计算结果表明,巡航导弹在 $3 \sim 5\mu m$ 和 $8 \sim 12\mu m$ 波段的红外辐射为告警设备的研究提供了理论支持。巡航导弹中波、长波红外辐射特性仿真计算软件操作界面与尾喷管排气温度分布如图 2.3 所示。根据巡航导弹中波、长波红外辐射特性仿真计算软件,巡航导弹红外辐射特性仿真计算结果如表 2.3 所列。

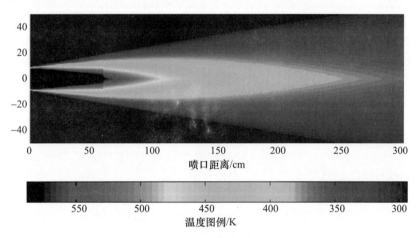

图 2.3　巡航导弹尾喷管排气温度分布

表 2.3　巡航导弹红外辐射特性仿真计算结果

波段/μm	3.7 ~ 4.8	7.7 ~ 10.3
迎头辐射强度/(W/sr)	10	10 ~ 25
两侧辐射强度/(W/sr)	20 ~ 50	50 ~ 125
尾部区域辐射强度/(W/sr)	10 ~ 20	15 ~ 30

可见,巡航导弹虽然尺寸和质量较大,但是红外辐射却相对较小(采用火箭冲压发动机的高超声速巡航导弹除外)。

3) 战略轰炸机

一些大型运输机的红外辐射特性和飞行特点与轰炸机类似,可将运输机与轰炸机归为同类探测目标。轰炸机的作战特点包括:作战效能大、攻击性强,可以携带制导炸弹、空面导弹、常规炸弹等武器;突击力强、航程远等,是航空兵实施空中突击的主要机种;质量大,发动机多为 4 发,红外辐射强;作战半径大,可大纵深突袭,威胁较大。国外典型轰炸机的红外辐射特性如表 2.4 所列(外方资料,无法证实准确性)。

表 2.4　国外典型的轰炸机的红外辐射特性

目标	观察条件	辐射强度/(W/sr)	
		$3 \sim 5\mu m$	$8 \sim 14\mu m$
B-52 轰炸机	正前方	3	1900
	下前方	215	12000
	后下方	1800	3000
	正尾向	$2(3) \sim 200(5)$	$(1.5 \sim 2) \times 10^3$
B-1 轰炸机	0°	6	800
	45°	24	1500
	90°	50	2000
	180°	150	1100

2.1.2　目标的红外辐射模型

　　军用目标(包括飞机和导弹)的红外辐射主要包括四部分:尾喷管辐射、尾焰的辐射、反射太阳和背景天空的红外辐射以及蒙皮气动加热的红外辐射[9-11]。

　　喷管的辐射是灰体辐射,发射率为 0.8 ~ 0.9,从不同方向观察,喷管的有效温度是不同的。目标在加力燃烧辐射时,在发动机后方的喷管中,这一部分管壁温度将迅速升高,喷管口附近的管壁温度将显著高于喷管内部的温度。

　　气流和喷焰经过了充分燃烧,中间不含炭粒。气流和喷焰辐射是气体的分子辐射,由于汽油、煤油等燃料燃烧后产生的主要是 CO_2 和气态 H_2O,因此气体辐射主要在 $1.9\mu m$、$2.7\mu m$ 和 $4.3\mu m$ 的 CO_2 及气态 H_2O 的分子发射带内。高温气体分子的发射带大大宽于环境温度相同的分子的吸收带,经过一段大气路程后,气流和喷焰的光谱的发射带均被分成两个峰,中间被大气所吸收。气体分子辐射对空间各向同性,整体气团辐射的强弱主要取决于气团分子的温度和能看到的辐射分子数量。一定厚度的、经过充分燃烧的气流和喷焰对其他物体的红外辐射是不遮挡的,也就是透明的、互不相干的,只在分子吸收带处受吸收的影响。一定厚度的气流或喷焰,其辐射总强度和辐射分子数量呈线性叠加关系,但在喷焰和气流的轴线方向附近,由于 CO_2 和 H_2O 分子在传输路径上密度大量增加,导致一定程度的附加吸收,如图2.4所示为一些典型目标的辐射图像。

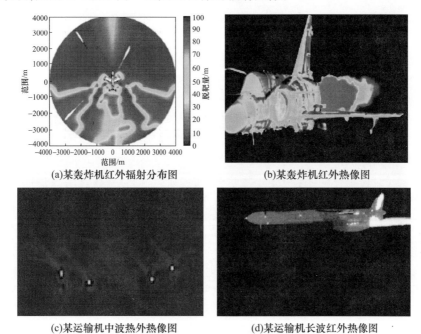

(a)某轰炸机红外辐射分布图 　　　　　(b)某轰炸机红外热像图

(c)某运输机中波热外热像图 　　　　　(d)某运输机长波红外热像图

图2.4 一些典型目标的辐射图像

除此之外,还有反射太阳光和蒙皮(主要是头部)的气动加热辐射。反射太阳光的谱段是太阳光谱与蒙皮材料反射率的函数;蒙皮气动加热主要取决于空气密度和飞行器的冲压空气速度。

定义目标的红外辐射由尾喷管红外辐射 I_1、尾焰的辐射 I_2、气动加热辐射 I_3、蒙皮辐射 I_4 四部分组成,即总辐射为

$$I = I_1 + I_2 + I_3 + I_4 \tag{2.4}$$

为计算目标的红外辐射强度,需要知道弹体表面的温度分布,需要准确地研究目标的几何尺寸和材料光学、热力学特性。通过对许多零散数据的分析和整理,构造目标的三维有限元模型。通过有限元法,计算目标的总辐射。

(1)喷管红外辐射模型。

$$I_1 = \frac{\varepsilon D^2}{4}\cos\alpha \int_{\lambda_1}^{\lambda_2} M_\lambda(T)\,\mathrm{d}\lambda \tag{2.5}$$

式中: I_1 为辐射强度(W/sr); ε 为发射率,无量纲单位; D 为喷管直径; α 为视线角度; M_λ 为光谱辐射出射度; T 为喷管温度(K)。

(2)尾焰的辐射模型。

$$I_2 = I_{1.9} + I_{2.7} + I_{4.2} + I_{4.4} \tag{2.6}$$

例如:

$$I_{4.4} = \frac{\varepsilon(L \times D)}{0.85\pi}[1 - a(\alpha)][B(\alpha)]\int_{\lambda_1}^{\lambda_2} W_{\lambda(T)} d\lambda \qquad (2.7)$$

式中:L 为尾焰长度;D 为尾焰直径;ε 为 CO_2 气体发射率。

(3)气动加热辐射模型。

任何一个在大气中高速运动的物体都会由于与空气分子摩擦造成气体激烈运动而变热。当速度在 $2Ma$ 以上时引起的高温,会产生红外告警系统设计者感兴趣的足够的辐射。而这一速度下,正好是冲压空气的压缩使加力燃烧发动机排出气体的温度开始降低。

当空气流过物体时,有一部分贴近于表面,称为附面层,在这层内,由于紧贴着表面,流动受到了影响。附面层内的流动,既可以是层流,也可以是紊流。在层流中,空气平滑地横切过表面。在紊流中,空气受到剧烈的扰动,或者是离表面不同距离的各层之间受到混杂。一般说来,飞行物不同位置的雷诺数不同,在飞行物前部的气流是层流,但在飞行物后部或者几何结构特殊部位常常变成了紊流。

在飞行物前面,空气气流变到完全静止的任意点,称为驻点。在这一点,运动着的空气气流的动能,以高温和高压的形式转变成了势能,这一温度称为驻点温度,由下式给出:

$$T = T_0\left[1 + \frac{r(\gamma - 1)Ma^2}{2}\right] \qquad (2.8)$$

式中:T 为驻点温度(K);T_0 为周围大气的温度(K);r 为恢复系数,层流为 0.82,紊流为 0.87,取决于雷诺数;$\gamma = 1.4$,为空气的比定压热容与比定容热容之比;Ma 为马赫数。

当 $Ma \leqslant 10$ 时,式(2.7)是正确的,当 $Ma > 10$ 时,空气分子开始离解。对于层流和同温层,气动加热表面的温度可由下式求出:

$$T = 216.7[1 + 0.164Ma^2] \qquad (2.9)$$

对目标而言,空气动力加热辐射主要产生在目标头部,尤其导弹经过一定时间飞行,与背景相比,导弹头部的温度仍是一个重要的变量,确定了温度,便可计算蒙皮的辐射。但是式(2.8)和式(2.9)没有考虑飞行物自身辐射和外界辐射传导对其温度的影响,更精确的导弹气动加热温度模型见式(2.24)。

由气动加热的辐射模型可求得气动加热全波段辐射:

$$I_3 = A\varepsilon\sigma T^4 \qquad (2.10)$$

式中:A 为面积;ε 为发射率;σ 为斯忒藩 - 玻耳兹曼常数。

(4)蒙皮反射辐射模型:

$$I_4 = \rho I_{in} \qquad (2.11)$$

式中:I_{in} 为来源于太阳、天空背景和地物的辐射;ρ 为反射率。

2.1.2.1　尾焰辐射流场的计算

尾焰的辐射与导弹主发动机性能的基本参数有关,这些参数包括:发动机总长、发动机直径、最大推力、巡航推力、风扇二级压缩比、低压压气机压缩比、高压压气机压缩比、总压缩比、风扇旁通比、推力/空气吸量比、燃油型号、耗油率、低压轴转速、高压轴转速等。可以采用显/隐格式对定常、抛物化、雷诺平均的 N‐S 方程进行数值求解,以给出数值的流场参数。

由发动机喷出的燃气流所满足的射流混合方程为

连续方程:

$$\frac{\partial}{\partial x}(\rho \mu \gamma) + \frac{\partial}{\partial r}(\rho \mu \gamma) = 0 \tag{2.12}$$

流向(轴向)动量方程:

$$\frac{\partial}{\partial x}\left[(p + \rho \mu^2)r\right] + \frac{\partial}{\partial r}(\rho \mu \upsilon r) = \frac{\partial}{\partial r}\left[r(\tau^{xr} - \rho \mu' \upsilon')\right] \tag{2.13}$$

流向(径向)动量方程:

$$\frac{\partial}{\partial r}\left[(p + \rho \mu^2)r\right] + \frac{\partial}{\partial x}(\rho \mu \upsilon r) = \frac{\partial}{\partial r}\left[r(\tau^{xr} - \rho \mu' \upsilon')\right] +$$
$$(\tau_{xr} + \tau'_{xr})(\mu + \mu') + (\tau_{xr} + \tau'_{xr})(\upsilon + \upsilon') \tag{2.14}$$

组分方程:

$$\frac{\partial}{\partial x}(\rho \mu \varphi r) + \frac{\partial}{\partial r}(\rho \mu \varphi r) = \frac{\partial}{\partial r}\left[r\left(\frac{\gamma}{P_r}\frac{\partial \phi}{\partial r} - (\rho \phi' \upsilon')\right)\right] \tag{2.15}$$

式中

$$\phi = (\alpha_1 - \alpha_{1E})/(\alpha_{1J} - \alpha_{1E}) \tag{2.16}$$

根据式(2.12)~式(2.16)计算燃气流红外辐射。

在数值流场的基础上,采用广泛应用于飞行物尾焰红外辐射计算的单线组谱带模型方法,对导弹的红外辐射进行理论计算。根据谱带模型理论,在波数间隔 $\omega_1 \sim \omega_2$ 范围内,气体的辐射亮度为

$$\bar{L} = \int_{\omega_2}^{\omega_1} I(\omega)\mathrm{d}\omega \tag{2.17}$$

式中

$$I(\omega) = -\int_0^L B(\omega, T)\frac{\mathrm{d}\bar{\tau}(\omega, T)}{l}\mathrm{d}l \tag{2.18}$$

式中:$B(\omega, T)$ 为普朗克黑体辐射函数;$\bar{\tau}(\omega, T)$ 为透过率;l 为光线传输路径。

当有 m 种分子发生跃迁时,总透过率为各透过率之乘积,总辐射亮度为

$$L(\omega) = -\int_0^L B(\omega, T)\bar{\tau}(\omega, l)\sum_{i=1}^m \frac{1}{\bar{\tau}(\omega, T)}\frac{\mathrm{d}\bar{\tau}_l(\omega, T)}{\tau}\mathrm{d}\omega \tag{2.19}$$

式中

$$\bar{\tau}_l(\omega, l) = \sum_{i=1}^{m} \bar{\tau}_l(\omega, l) \qquad (2.20)$$

式中:m 为对波数 ω 有贡献的分子振动跃迁的数目。

对透过率采用统计带模型理论表示:

$$\bar{\tau}_l(\omega, T) = \exp\left(-\frac{\overline{W_l}(l)}{\delta_i}\right) \qquad (2.21)$$

式中:$\overline{W_l}$ 为等价宽度;δ_i 为谱线平均间隔。

利用上述理论方法对在标准大气条件下"战斧"巡航导弹尾喷焰红外辐射进行了计算,主要参数如表 2.5 所列。

表 2.5 标准大气条件下"战斧"巡航导弹尾喷焰红外辐射计算中的主要参数

环境温度	15℃
飞行高度	60m
飞行马赫数	0.7
飞行姿态	水平

根据上述模型计算了巡航导弹在水平方向几个典型方位 $3 \sim 5\mu m$ 的尾焰红外辐射强度,计算结果如表 2.6 所列。

表 2.6 巡航导弹尾焰红外尾焰辐射强度计算结果

角度	15°	30°	60°	90°	120°	150°
辐射强度/(W/sr)	397.72	16.56	15.90	15.52	15.34	14.74

2.1.2.2 气动加热辐射的数值计算

导弹整流罩气动加热温度的计算方法参考如下步骤[12-13]。

1) 模型的建立

设导弹头锥是圆锥形,锥顶角为 β,将头锥分成有恒定斜高 $h = D_n/2n\sin(\beta/2)$ 的 n 段,其中 D_n 是头锥直径(图 2.5),第 n 段与头锥的距离为 $X_n = (n-1)h$,而相应温度用 T_n 表示。

对于实际为半球形结构的导弹头罩,则可把整个头罩沿纵向分成许多小段,每一小段为一个环带。如果分得足够细,则一个环带可以近似视为一段锥形结构,如图 2.6 所示。

2) 导弹蒙皮热传递方程

假定导弹蒙皮的厚度很小,即不考虑蒙皮深处的热传递效应,它的温度变化率给定为

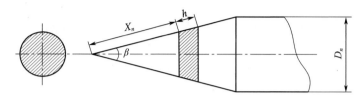

图 2.5　温度计算用的导弹头锥模型

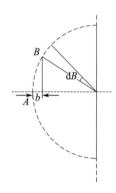

图 2.6　导弹头部之分段近似

$$\frac{dT}{dt} = \frac{1}{c_p \rho d} \frac{dQ_{tot}}{dt} \tag{2.22}$$

式中:T 为蒙皮温度;c_p 为蒙皮的比热;ρ 为蒙皮密度;d 为蒙皮厚度;dQ_{tot}/dt 为弹体结构的总传热率。

导弹头锥的热平衡可以写为

$$Q_{tot} = Q_a + Q_{sw} + Q_{dr} + Q_{sc} + Q_s + Q_{es} - Q_r - Q_i \tag{2.23}$$

式中:Q_r 为辐射制冷;Q_i 为内部制冷;Q_a 为空气动力加热;Q_{sw} 为激波辐射;Q_{dr} 为分解或复合加热;Q_{sc} 为表面组合加热(壁燃烧、熔化等);Q_s 为太阳加热;Q_{es} 为地球和天空辐照。

因为在所要考虑的马赫数范围内($Ma < 1$),式(2.23)中 Q_{sw}、Q_{dr} 和 Q_{sc} 对 Q_{tot} 的影响不是主要的,Q_i 项与弹体内部结构的联系很密切,而且它的影响是间接的,以后也不再讨论。假若将 Q_{es} 项的影响限制到大气辐照,则式(2.22)可改写为

$$G_p \rho d \frac{dT}{dt} = aKx^{b-1} \left(\frac{\rho_0 v}{\mu} \right)^b \left\{ T_0 \left[1 + \frac{r(\gamma - 1)Ma^2}{2} \right] - T \right\} + \alpha(fH_s + H_a) - \varepsilon \sigma T^4$$

$$\tag{2.24}$$

式中:x 为到锥顶点的距离,参照图 2.5 所示;α 为蒙皮吸收率;K 为大气热导率;γ

为大气的绝热指数,一般取 1.4;r 为边界层层间热传递的恢复因子,在低空飞行中取 0.85;T_0 为大气温度;v 为自由流速度;f 为垂直于太阳光线的面积修正因子;H_a 为大气辐照度;H_s 为太阳辐照度;Ma 为自由流马赫数;μ 为大气黏度;σ 为斯忒藩 – 玻耳兹曼常数;ε 为蒙皮发射率。

而系数 a 和 b 与边界层气流特性有关,$a = 0.3$,$b = 0.5$,适于层流;$a = 0.22\beta^{0.33}$,$b = 0.8$,适于紊流。β 单位为 rad。式(2.24)中右边第 1 项说明空气动力加热,而其余项分别为太阳加热、天空辐照和辐射制冷。

3)蒙皮温度的计算

在要解决的问题中,我们关心的是导弹飞行时达到的稳态温度,因此并不需要得到式(2.24)的准确解。可以认为,当导弹在经过一定时间飞行后,它的蒙皮温度是恒定的,即 $\mathrm{d}T/\mathrm{d}t = 0$,将此式代入式(2.24),得

$$T_\infty^4 + \frac{aKx^{b-1}\left(\frac{\rho_0 v}{\mu}\right)^b}{\varepsilon\sigma}T_\infty - \frac{aKx^{b-1}\left(\frac{\rho_0 v}{\mu}\right)^b T_b}{\varepsilon\sigma} - \frac{\alpha(fH_s + H_a)}{\varepsilon\sigma} = 0 \qquad (2.25)$$

式中:$T_b = T_0\left[1 + r(\gamma - 1)Ma^2/2\right]$ 为边界层有效温度。解 $T_\infty = T_\infty(x)$ 与 c_p、ρ、d 无关。

4)大气辐射的估算

式(2.25)中的 H_s 和 H_a 受各种复杂因素的影响,变化很大。先不考虑太阳的辐射,假设在夜间飞行中的导弹弹体,蒙皮温度不包括气动加热部分,式(2.25)就变为

$$c_p\rho d\frac{\mathrm{d}T}{\mathrm{d}t} = \alpha H_a - \varepsilon\sigma T^4 \qquad (2.26)$$

在蒙皮温度恒定后,有

$$\alpha H_a = \varepsilon\sigma T_0^4$$
$$H_a = \frac{\varepsilon\sigma T^4}{\alpha} \qquad (2.27)$$

将式(2.27)代入式(2.25)中,有

$$T_\infty^4 + \frac{aKx^{b-1}\left(\frac{\rho_0 v}{\mu}\right)^b}{\varepsilon\sigma}T_\infty - \frac{aKx^{b-1}\left(\frac{\rho_0 v}{\mu}\right)^b T_b}{\varepsilon\sigma} - T_0^4 = 0 \qquad (2.28)$$

解式(2.28)就可以得出导弹头锥部分各位置的气动加热温度。

5)计算机仿真计算结果

在实际计算中,式(2.24)的微分形式要改为 ΔT 的形式。在图 2.6 中,当 $\mathrm{d}\theta$ 很小时,线段 x 可视为圆的切线,则 x 的长度为 AB 之间的弧长:

$$x \approx R \arccos\left(\frac{R-h}{R}\right) \tag{2.29}$$

例如,"战斧"巡航导弹的直径为 527mm,巡航飞行速度 $Ma = 0.7$,气流按紊流看待;假设气温 $20℃$,导弹蒙皮的红外发射率为 0.7,按照式(2.28)就可分段计算出整流罩的温度。

从图 2.7 可以清楚地看出,导弹整流罩的温度分布差异实际上非常小,粗略的计算可以把它当成一个温度恒定的辐射体。

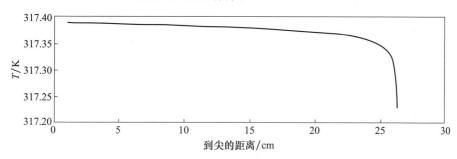

图 2.7　导弹整流罩气动加热温度分布

6) 讨论

(1) 端点温度。从式(2.28)中可看出,当接近导弹头罩的顶点时,x^{b-1} 会变成无穷大,则式(2.28)的解也为无穷大,这是不符合实际情况的,因此在设计算法时应把这一点去掉。

同时也可看出,当 $h = R$ 时,式(2.28)的解为 T_0。这是因为在这一点上导弹不存在迎风的面积,从而也不存在气动加热的效应。

(2) 蒙皮热传递。在给出蒙皮上任一点的温度变化率式(2.24)时,没有考虑蒙皮本身的热传递,即热量会从温度较高的顶部流向后部,这种效应会使导弹头罩的温度进一步均匀化。而从图 2.7 的仿真结果中看出,导弹头罩的温度随位置的变化很小,还不到 $1℃$,因此蒙皮热传递对计算结果的影响很小,可以忽略不计。

(3) 步长的选择。整个计算是将头罩分成小段进行的。从理论上说,步长越小,求出的温度精确度越高。而根据实际的计算结果,步长取 1mm 与 1cm 相比较,除了绘制曲线的"分辨力"有所提高外,温度的差异几乎无法分辨,图 2.7 的曲线是取 1mm 步长计算的。

(4) 太阳辐射的影响。前面的计算假设导弹是在夜间飞行,故不受太阳辐射的影响,而在白天,阳光的照射必须要考虑,它会使导弹的上半部分温度升高。

导弹的蒙皮材料对不同波段的吸收率是不一样的,但是也不需要对阳光中所有的波段都加以计算,典型的太阳光谱辐照度如图2.8所示。

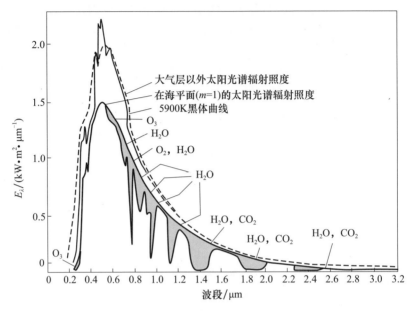

图2.8　太阳的光谱辐照度

从图2.8中可以看出,太阳辐射的大部分能量集中在 0.2 ~ 3.2μm 内。利用低频谱分辨力传输算法软件(LOW Resolution Transmission,LOWTRAN)计算的结果,大约91.8%的太阳辐射能量都集中在这个波段内,如果加上辐射在透过大气层时水汽对长波辐射造成的衰减,这个比例还会更高些。

再利用 LOWTRAN7 的计算,假设天气晴朗无云,能见度 10km,太阳天顶角 30°,阳光的辐射和导弹轴线垂直,这时太阳辐射在海平面附近形成的辐照度为

$$H_s = 0.0557 \mathrm{W/cm^2}$$

将 H_s 代入式(2.28),可以解出有太阳辐射时的导弹整流罩气动加热温度分布如图2.9所示。

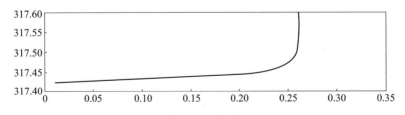

图2.9　有太阳辐射时导弹整流罩气动加热温度分布

将图 2.7 和图 2.9 比较,可以发现太阳辐射造成的温升十分有限,不超过 0.5℃,而且这种温升主要发生在导弹的上半部,地基侦察系统真正探测的是它在阳光下的"阴影"部分。可以认为,阳光辐射造成的温升对探测导弹没有太大的帮助。因此,在计算中,可以忽略太阳辐射的影响。

(5) 导弹头罩辐射计算。如果已知头罩的温度,则可以计算出在不同的观察角度时,它的红外辐射情况。

仍以导弹为例,它的头罩是一个半球形结构,如果已知它的半径 R 和观察角度 θ,则可以把整个头罩分成许多小段,每一小段为一个环带[14]。在某一波段内它的总红外辐射为

$$P = \int_0^R \left(\varepsilon \int_{\lambda_1}^{\lambda_2} M_\lambda(T) \, d\lambda \right) dS(h) \tag{2.30}$$

式中:M_λ 为光谱辐出度,可根据普朗克定律计算;$dS(h)$ 为小环带的面积;λ_1、λ_2 为要计算的波段上、下限;ε 为蒙皮材料的发射率。

在距顶点距离为 h 的一个小段内,情形如图 2.10 所示。

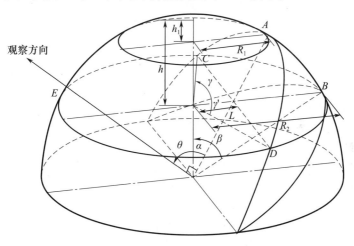

图 2.10　半球形头罩

半球每个小面元的计算可根据几何学进行。当 $h \leqslant h_1$ 时,有

$$dS = 2\pi R \, dh \tag{2.31}$$

当 $h > h_1$ 时,有

$$dS = 2\pi R \frac{(2\pi - 2\gamma)}{2\pi} dh = 2R(\pi - \gamma) \, dh \tag{2.32}$$

且

$$\beta = \arccos\left(\frac{L}{R}\right) \tag{2.33}$$

$$L = (R - h)\tan\alpha \qquad (2.34)$$

$$\alpha = \frac{\pi}{2} - \theta \qquad (2.35)$$

而在观察角度的辐射强度为

$$I = \frac{P}{S\pi}A \qquad (2.36)$$

式中:S 为在某一角度观察到的透照面积,表达式为

$$S = \int_0^R \mathrm{d}S(h) \qquad (2.37)$$

A 为投影面积,和观察角度有关,表达式为

$$A = \frac{\pi}{2}R^2(1 + \sin\alpha) \qquad (2.38)$$

当 $\theta > 90°$ 时,只能看到头罩的一小部分,则

$$\mathrm{d}S = 2R\gamma\mathrm{d}h \qquad (2.39)$$

已经计算出了头罩的分段温度,这样就可以得出总的辐射强度。

(6) 导弹弹体蒙皮辐射计算结果。导弹在飞行时,如果不考虑太阳照射的影响,最终它的温度将和气温平衡。因此在某波段内的辐射强度为

$$I = \int_0^R \varepsilon \frac{M(T,\lambda)}{\pi}A\mathrm{d}S(h) \qquad (2.40)$$

式中各参数的意义同上。

导弹的弹体为一圆柱体,从侧面看,实际为一矩形,在各个方向的投影面积为

$$A = DL\sin\theta \qquad (2.41)$$

式中:D 为矩形的宽,也就是弹体的直径;L 为弹体长度。

设导弹的全长为 5.56m,减去头罩的长度,有

$$L = 5.56\mathrm{m} - R/2 = 5296.5\mathrm{mm} \qquad (2.42)$$

将弹体与头罩的辐射相加,就达到总体的蒙皮辐射分布,如图 2.11 ~ 图 2.14 所示。

喷口辐射是导弹的主要辐射源之一。以涡扇发动机为例,喷口排气温度为 315℃,喷口直径约为弹体直径的 1/3。由于喷管内的高温和高压,可以把喷口近似看成一个温度为 315℃、直径为喷口直径的黑体圆盘,这样就可以计算它的红外辐射。

(7) 导弹喷管红外辐射。

应该说明的是,用这种方法计算出的喷口辐射比实际值要偏小,这是因为它忽略了喷口内的高温高压燃气的辐射,也忽略了喷管内壁的辐射。

喷管的辐射是灰体辐射,发射率为 0.8 ~ 0.9,从不同方向观察,喷管的有效温

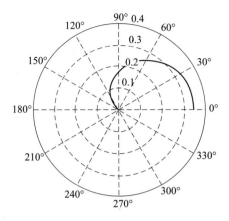

图 2.11 导弹蒙皮辐射强度随观察角度的变化(3.7~4.8μm)

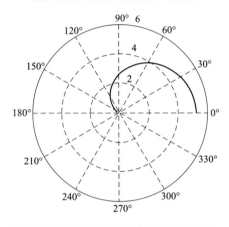

图 2.12 导弹蒙皮辐射强度随观察角度的变化(7.7~10.3μm)

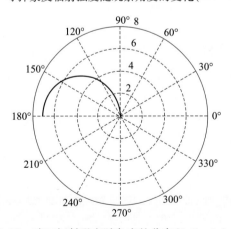

图 2.13 喷口辐射强度随角度的分布(3.7~4.8μm)

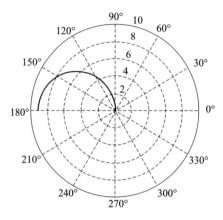

图 2.14   喷口辐射强度随角度的分布($7.7 \sim 10.3 \mu m$)

度是不同的。导弹发射时,由于火箭发动机加力燃烧,在喷管中管壁温度将迅速升高,喷管口附近的管壁温度将明显高于喷管内部的温度。

无论是对于飞机还是导弹目标,均可以根据初始条件和边界条件对红外辐射进行分析和计算,误差的大小主要取决于选取项的差异和步长的设置。以上模型是对飞机对象的红外辐射特性的计算和分析方法。

2.1.3   背景红外特征与大气传输[15-21]

红外告警系统需要处理好对系统有影响的背景。在飞机目标中,影响最大的是云层干扰,对于巡航导弹探测近于平视(或下视),地面背景干扰比较严重。此外,还有其他干扰,如散射的太阳辐射、地球边缘的背景等。这些背景在探测系统中表现为起伏的噪声,要克服背景噪声,建立各种天气情况下的背景数据库是有必要的。对典型天气状况和不同季节的背景进行研究,使探测系统能够适应不同的外界环境。通过建立导弹辐射特性和背景数据库,一方面提供较高信杂比的探测波段;另一方面给探测系统识别导弹提供比对数据[15-16]。

背景数据库应该包括的内容有以下几种。

(1)天空光谱辐射:天空背景红外辐射是散射的太阳辐射和大气成分的发射所引起的,由太阳散射区和热发射区组成。

(2)云层辐射:云层既影响太阳散射又影响热区发射,在滤除背景信号时,必须考虑云层的影响。

(3)地表面的辐射:包括平原、山地、沙漠等不同地形地貌的背景辐射。

(4)背景的辐射:亮度经常发生很大的变化,瞬时目标与背景的对比度是很难预测的,需要用统计的方法来描述,可以用功率谱密度函数来推导。

（5）大气传输：大气传输包括针对导弹辐射探测波段内的大气消光吸收和大气湍流等衰减和不稳定效应。

2.1.3.1 背景辐射

背景辐射从总体上可分为天空背景辐射、地面背景辐射和水面背景辐射，下面分别进行简述。

1）天空背景辐射

天空背景辐射可分为阳光辐射、大气本身热辐射和云辐射。阳光辐射主要是由于瑞利散射，发生在可见光和近红外波段；如前所述，太阳辐射的绝大部分也处于这个波段，因此在告警设备中使用的 $3.7 \sim 4.8\mu m$ 和 $7.7 \sim 10.3\mu m$ 波段，阳光辐射的影响可以忽略。

云辐射的情况比较复杂。不同云的发射率大约在 0.3~1 之间；云温度的变化也很大，一般低于气温几度到几十度。

大气热辐射随角度的不同变化很大。在地面告警设备所要面对的低仰角情况下，由于大气的厚度很大，它的辐射可近似看成气温的黑体辐射。仍以 20℃ 的大气为例，可以计算出相应波段的背景亮度：

$$\begin{cases} L_{3.7 \sim 4.8} = 9.685 \times 10^{-5}/\mathrm{W} \cdot \mathrm{cm}^{-2} \cdot \mathrm{sr}^{-1} \\ L_{7.7 \sim 10.3} = 2.205 \times 10^{-3}/\mathrm{W} \cdot \mathrm{cm}^{-2} \cdot \mathrm{sr}^{-1} \end{cases} \qquad (2.43)$$

2）地面背景辐射

地面的情况比天空更复杂。地面辐射也可分为太阳反射和自身热辐射，和天空辐射一样，对阳光的反射主要发生在 $3\mu m$ 以下的波段，而在我们感兴趣的波段主要是热辐射。

地表的发射率随着土壤、岩石、建筑材料或植被而不同，一般干燥土壤的发射率可能在 0.9 以上，草地在中红外波段的发射率大约为 0.16。在有植被的地方，地表温度要比气温稍低；但在土壤裸露的地方和城市里，夏季的地表温度可能比气温高很多。

要对地面红外辐射背景给出一个统一的模型是不可能的。笼统地说，在气温凉爽时，地面背景辐射不会比天空辐射更强，但由于地表物体发射率和粗糙度的不同，在探测器上形成的输出可能不是均匀的图像，因此会妨碍对目标进行正确识别。

3）水面背景辐射

水面背景辐射也是由阳光反射和热辐射组成。如果忽略反射的阳光，水的红外发射率在 0.95 以上，如果有杂质还会更高些。水面辐射的最大问题是上面的波纹会造成辐射的起伏，这会严重影响对目标的识别。好在一般探测设备都架设在较高的地方，因此导弹是处在水平线之上的位置，可以利用一定的算法来消除波纹的影响[17]。

2.1.3.2　大气传输

大气传输以光谱透过率来表达[17-20]。透过率除了与实际的天气情况有密切的关系外,还与目标的红外辐射情况有关。在某一波段内的平均透过率为

$$\bar{\tau} = \frac{\int_{\lambda_1}^{\lambda_2} I(\lambda)\tau(\lambda)\mathrm{d}\lambda}{\int_{\lambda_1}^{\lambda_2} I(\lambda)\mathrm{d}\lambda} \tag{2.44}$$

式中:$I(\lambda)$为目标的光谱辐射强度;$\tau(\lambda)$为大气的光谱透过率;λ_1、λ_2为要计算的波段上、下限。

为了计算水平大气传输的透过率,可以利用标准大气的透过率表格,这些数据在经典的书籍或手册中都可以查到。手册中给出了大气中水汽和CO_2的透过率,这是在低海拔条件下造成大气传输衰减的最主要因素。得到了大气中的水汽含量、路程等信息后,就可在表格中插值计算透过率。市场上也有以美国测量的大气数据而修正的软件可以使用,如 LOWTRAN、中频谱分辨力传输算法软件(Moderate Resolution Transmission, MODTRAN)、快速大气信息码(Fast Atmospheric Signature Code, FASCODE)等。但是鉴于大气传输受空气成分严重影响的原因,掌握一些基础的大气传输的物理知识对红外对抗系统工程师而言是有必要的。

红外辐射在通过大气时都会被吸收、散射、反射与漫射。对大气吸收与散射导致的衰减进行分析计算是研究大气传输的关键。大气传输是一个复杂的函数,它取决于波长、大气组分、传输路径、高度、季节条件,并随大气的温度与密度而变化。

大气传输的光谱透过率和衰减系数之间的关系可用布盖尔－朗伯定律表示,即

$$\tau_a(\lambda) = \exp[-\sigma(\lambda)R] \tag{2.45}$$

式中:$\tau_a(\lambda)$为波长为λ时的大气透过率;$\sigma(\lambda)$为波长为λ时的衰减系数;R为光传输距离。

考虑大气中的吸收、散射和气象变化的影响,大气光谱透过率为

$$\tau_a(\lambda) = \tau_1(\lambda) \cdot \tau_2(\lambda) \cdot \tau_3(\lambda) \tag{2.46}$$

式中:$\tau_1(\lambda)$为吸收衰减制约的大气光谱透过率;$\tau_2(\lambda)$为散射衰减制约的大气光谱透过率;$\tau_3(\lambda)$为气象变化衰减制约的大气光谱透过率。

辐射通过大气所发生的衰减现象是以下三种作用所引起的:大气分子的吸收;大气分子的散射;霾、雨雾、雪及云的颗粒所引起的散射。因此要首先了解大气的组成,然后研究它们对辐射的衰减作用。

2.1.3.3　大气的组成及分子吸收

地球大气由氮、氧、水蒸气、二氧化碳、甲烷、一氧化碳、臭氧多种气体以及各种

各样的悬浮粒子组成。大气的主要成分是氮(体积比为78%)和氧(体积比为20%),水蒸气占总量的1%左右,二氧化碳只占0.03% ~0.05%。

大气分子对红外辐射的吸收是选择性吸收,这些吸收峰与分子共振频率是相应的。分子的振动与自旋的共振频率都在红外区域,并且集中在2 ~15μm。吸收红外辐射的主要因素是水蒸气,它主要集中在2 ~3km大气层以下;虽然CO_2只占大气体积的0.03% ~0.05%,但它是红外辐射衰减的另一重要原因,它在空气中的分布比水蒸气均匀。大气中臭氧含量很少,它主要位于10 ~40km范围中,特别是集中在20 ~30km高度上,而在20km以下的大气层中,臭氧对辐射的吸收影响非常小,因此在20km以下,臭氧的衰减作用可以忽略不计。另外,在下层大气中,氧化氮、一氧化碳等气体的吸收,通常都可以忽略。

对于水蒸气透过率$\tau_{H_2O}(\lambda)$可引用"可凝结水量"的概念,可凝结水量ω由底面积为$1cm^2$和长度等于光传播路程R的水蒸气圆柱体中所含水蒸气凝结成液态水后的水柱长度来度量。对于单色辐射,根据布盖尔-朗伯定律,水蒸气透过率为

$$\tau_{H_2O} = \exp(-\alpha_\lambda \omega) \tag{2.47}$$

式中:α_λ为水蒸气的单色线性吸收系数。

由可凝结水量ω,根据《激光与红外技术手册》查海平面水平路程上的水蒸气光谱透过率表,可得到不同波长时所对应的$\tau_{H_2O}(\lambda)$,图2.15为可降水分分别为1mm和20mm时的水蒸气透过率。水蒸气在2.7μm的吸收带是系统设计时关注的谱带。

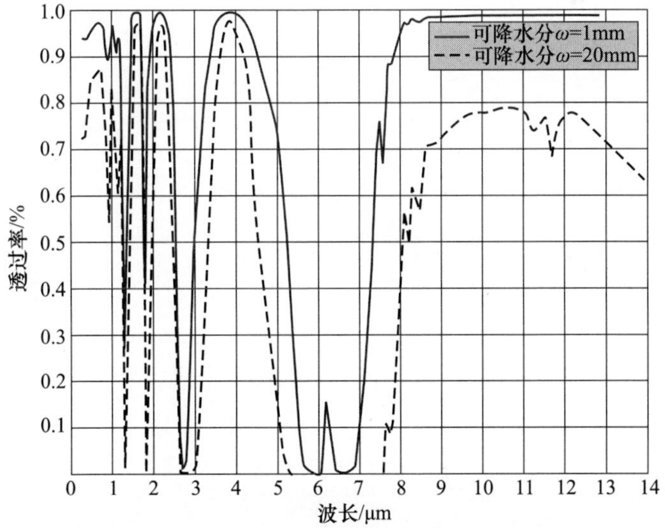

图2.15 不同可降水分时的水蒸气透过率

除水蒸气以外,CO_2 是大气中吸收辐射能量最多的成分。在不同的高度,CO_2 在大气中的浓度是不变的,而且在大气中的分布随时间变化很小,因此,由 CO_2 吸收所造成的辐射衰减可以认为与气象条件无关,$\tau_{CO_2}(\lambda)$ 只与辐射通过的距离有关。图 2.16 为传输距离分别为 1km 和 20km 时 CO_2 透过率。如上所述,水蒸气、CO_2 分子产生最强的选择性红外辐射吸收,红外对抗关注的 CO_2 主要吸收峰为 4.3μm,因此,红外透过率计算结果应该是水蒸气透过率 $\tau_{H_2O}(\lambda)$ 和 CO_2 透过率 $\tau_{CO_2}(\lambda)$ 的乘积,即

$$\tau_1(\lambda) = \tau_{H_2O}(\lambda) \cdot \tau_{CO_2}(\lambda) \tag{2.48}$$

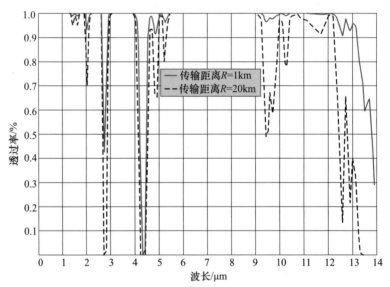

图 2.16 不同传输距离的 CO_2 透过率

2.1.3.4 不同高度时分子吸收修正经验公式

本节介绍吸收随高度而改变的修正经验公式。

水蒸气对辐射的吸收会随气温和气压而变,因此对于高空的情况需要进行修正。修正时,只需用修正系数乘以该高度的水平距离,就得到等效海平面距离,并以此等效海平面距离计算沉积水厚度(可凝结水量)。修正系数 β_{H_2O} 可由下式确定:

$$\beta_{H_2O} = \left(\frac{P}{P_0}\right)^{1/2}\left(\frac{T_0}{T}\right)^{1/4} \tag{2.49}$$

式中:P_0、T_0 为海平面上的气压和气温;P、T 为给定高度上的气压和气温。

温度的影响很小($\leqslant 4\%$),可以忽略不计,因此,一般取高度修正系数为

$$\beta_{H_2O} = (P/P_0)^{1/2} \tag{2.50}$$

假设 ω_e 表示辐射传输路程中按吸收本领折算成大气近地层水汽的等效可降水分的有效厚度，ω_H 表示 H 高度下可降水分层的实际厚度，则有

$$\omega_e = \omega_H \beta_{H_2O} \tag{2.51}$$

经过实际测定结果，得到不同高度上水蒸气和 CO_2 高度修正系数。β_{H_2O} 可以通过查表得到，或者在实际应用中，得到具有足够精度的近似值，可由以下经验公式确定：

$$\beta_{H_2O} = e^{-0.0654H} \tag{2.52}$$

对于 CO_2，类似可得到下列经验公式：

$$R_e = R_H' e^{-0.19H} \tag{2.53}$$

式中：H 为辐射传输高度（单位为 km）；R_H' 为在高度 H 上辐射传输的距离；R_e 为按吸收本领折算成近地层的有效距离。

由式（2.51）～式（2.53），可根据可降水分层的已知厚度和 H 高度上辐射传输的距离计算出吸收本领折算成近地层的有效距离。

2.1.3.5　大气密度随高度而降低的修正

1）水平、倾斜路程中水蒸气量变化引起的修正

对于标准大气来说，湿度随高度的分布服从下面的经验公式：

$$H_{a,H} = H_{a,0} e^{-\beta H} = H_{a,0} e^{-0.45H} \tag{2.54}$$

式中：$H_{a,H}$ 为高度 H 处的绝对湿度；$H_{a,0}$ 为近地处或海平面处的绝对湿度。

综合考虑水蒸气的吸收本领和水蒸气量随高度的变化，可将高度为 H 的辐射沿水平传输路程可凝结水量的有效厚度表示为

$$\omega_e = \omega_0 R \cdot H_r e^{-0.45H} \cdot e^{-0.0654H} = \omega_0 R \cdot H_r e^{-0.5154H} \tag{2.55}$$

在倾斜路程中可降水分的有效厚度可由下面的方法计算。位于高度 h 处的大气元层 dr（图 2.17）中的可降水分的有效厚度为

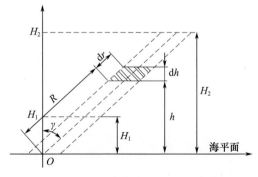

图 2.17　辐射传输中（倾斜路线）吸收物质层有效厚度

$$d\omega_e = \omega_0 H_r e^{-0.5154h} dr \tag{2.56}$$

式中：h 为高度的瞬时值，$h = R\cos\gamma$；γ 为地面（海平面）法线与辐射传输方面之间的夹角。

在不考虑地面曲率的情况下，对式（2.56）积分可求得从高度 H_1 到 H_2 的倾斜路程上大气中可降水分的有效总厚度为

$$\omega_e = \omega_0 H_r \int_{H_1}^{H_2} e^{-0.5154R\cos\gamma} dr$$

$$= \omega_0 H_r \frac{e^{-0.5154H_1} - e^{-0.5154H_2}}{0.5154\cos\gamma} \tag{2.57}$$

当 $H_1 = 0$，$H_2 = H$，有

$$\omega_e = \omega_0 H_r \frac{1 - e^{-0.5154H}}{0.5154\cos\gamma} \tag{2.58}$$

特殊情况下，当 $\gamma = 0$ 时，就可以由式（2.57）求得垂直路程上的可降水分。

2）水平、倾斜路程中空气和 CO_2 质量引起的修正

空气压强随高度按指数变化规律为

$$P_H = P_0 e^{-0.123H} \tag{2.59}$$

可按下式把距地面（海平面）高度为 H 的水平路程折算成近地水平路程：

$$R_H' = R_H e^{-0.123H} \tag{2.60}$$

式中：R_H 为高度 H 时的辐射传输距离；R_H' 为等效近地水平路程。

在倾斜路程的情况下，与式（2.57）、式（2.58）类似，可得到折算成近地层辐射路程的公式。

在 $H_1 \sim H_2$ 时，有

$$R_H' = \frac{e^{-0.123H_1} - e^{-0.123H_2}}{0.123\cos\gamma} \tag{2.61}$$

综合考虑 CO_2 的吸收本领和质量随高度的变化，得到折算成近地层的路程有效长度为

$$R_e = R_H e^{-0.123H} \cdot e^{-0.19H} = R_H e^{-0.313H} \tag{2.62}$$

在倾斜路程的情况下，类似得到折算成近地层的路程有效长度为

$$R_e = \frac{e^{-0.313H_1} - e^{-0.313H_2}}{0.313\cos\gamma} \tag{2.63}$$

对于高度为 $0 \sim H$ 的情况下，即 $H_1 = 0$，$H_2 = H$，则

$$R_e = \frac{1 - e^{-0.313H}}{0.313\cos\gamma} \tag{2.64}$$

同理，可求得垂直路程上大气 CO_2 的有效总厚度。

2.1.3.6　大气分子和微粒的散射

大气中传输的辐射通量,同样经受空气分子散射(大气分子散射和微粒散射),微粒散射仅存在于大气中的地球表面灰尘、烟雾、水滴、盐粒等不同粒子的散射。分子散射可以作较精确的计算,而微粒散射与大气状态有关。

长波段散射分子和微粒的散射可用米氏(G. Mie)理论来解释。若分子或微粒的尺寸小于波长,则是遵守 λ^{-4} 规律的瑞利散射;对于尺寸比波长大的微粒可看作非选择散射。因此,采用标准气象能见度 D_v 确定的试验数据来计算光谱透过率。

气象能见度 D_v 表征大气的模糊度,并且是白天能看见天空背景下水平方向上角尺度大于 30′ 模糊物体的最大距离。它代表了大气的透射性能在可见光区的指定波长 λ_0 处(通常取 $\lambda_0 = 0.555\mu m$ 或 $\lambda_0 = 0.61\mu m$)目标和背景之间对比减弱的程度。在这些波长处,大气的吸收为零,因而影响透射的原因只是散射这一种因素。

眼睛感知的最小对比度(阈值对比度)为 2%,因此,所谓的气象能见度 D_v 就是目标对比度为 1 时,通过大气后感知的对比度为 0.02 的距离,即

$$K_v(D_v) = K_v(0)\,e^{-\alpha_v D_v} \tag{2.65}$$

当式(2.65)中的 $K_v(0) = 1$,$K_v(D_v) = 0.02$ 时,则

$$\alpha_v = -\frac{1}{D_v}\ln\frac{K_v(D_v)}{K_v(0)} = 3.91/D_v \tag{2.66}$$

由实测结果确定,衰减系数与散射 $\alpha_p \sim \lambda^{-q}$ 有关,因此,依赖大气分子微粒散射的光谱系数 $\alpha_p(\lambda)$ 可用下式得到,即

$$\alpha_p(\lambda) = \alpha_v\left(\frac{\lambda_0}{\lambda}\right)^q = \frac{3.91}{D_v}\left(\frac{\lambda_0}{\lambda}\right)^q \tag{2.67}$$

式中:λ_0 取 $0.555\mu m$ 或 $0.61\mu m$。能见度特别好(如 $D_v > 50km$)时,$q = 1.6$;中等能见度($D_v = 10km$)时,$q = 1.3$;如果大气中的霾很厚,以致能见度很差($D_v < 6km$),则可取 $q = 0.585\,D_v^{1/3}$;对于 $0.3 \sim 14\mu m$ 区间,一般可取 $q = 1.3$。

从而由式(2.67)求得纯粹由散射导致的透过率为

$$\tau_2(\lambda) = \exp(-\alpha_p R) = e^{-\frac{3.91}{D_v}\left(\frac{\lambda_0}{\lambda}\right)^q \cdot R} \tag{2.68}$$

式中:λ 为传输波长;R 为辐射传输距离。

因为气象(雾、雨、雪)粒子尺寸通常比红外辐射波长大得多,所以根据米氏理论,这样的粒子产生非选择的辐射散射。

雾粒的尺寸各有不同。虽然在雾中有衰减,但随波长的变化,比在大气分子和粒子散射时要弱些,而不比 $8 \sim 14\mu m$ 透过窗口小,通常它比可见光区小 $2 \sim 2.5$ 倍。

雨和雪的辐射衰减与雾的衰减有区别,是非选择性的。因此,对于决定与其强度相关的雨、雪的衰减系数可采用在 $10.6\mu m$ 波长得到的经验公式:

$$\alpha_r = 0.66 J_r^{0.66} \tag{2.69}$$

$$\alpha_s = 6.5 J_s^{0.7} \tag{2.70}$$

式中:J_r、J_s为与气象条件有关的降雨、降雪强度(mm/h)。

根据布盖尔 – 朗伯定律,雨的衰减所导致的透过率为

$$\tau_3' = \exp\ (\ -\alpha_r \cdot R) \tag{2.71}$$

雪的衰减所导致的透过率为

$$\tau_3'' = \exp\ (\ -\alpha_s \cdot R) \tag{2.72}$$

式中:R为辐射传输距离。

综上所述,利用上述算法,查阅有关的经验数据,就可以顺利地进行多种情况下透过率的较准确计算。图 2.18 就是在温度为 10℃、相对湿度为 50%、中等能见度情况下计算出的光分别以 $\gamma = 0°$、$\gamma = 60°$通过整个大气层的透过率曲线。

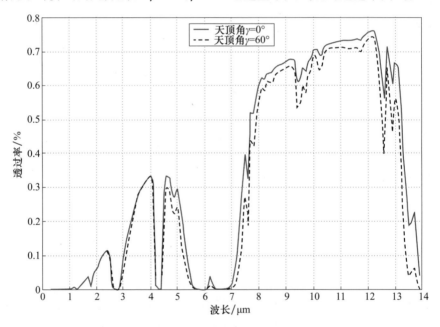

图 2.18 光线以不同天顶角穿越大气层的透过率

2.1.3.7 大气湍流

大气流体的不规则的随机运动形成大气湍流,大气湍流会导致目标辐射的强度起伏、光束抖动、像闪烁、畸变等。

1)辐射强度起伏

大气湍流对光传输造成的影响通常用光对数振幅方差表示:

$$\sigma_\chi^2 = 0.31\, C_n^2 k^{\frac{7}{6}} L^{\frac{11}{6}} \tag{2.73}$$

式中:C_n^2 为折射率结构常数($\mathrm{m}^{-2/3}$);k 为波数($2\pi/\lambda$);L 为传播距离(m)。弱湍流 $C_n^2 < 6.4 \times 10^{-17} = \mathrm{m}^{-2/3}$;中等强度湍流 $6.4 \times 10^{-17} = \mathrm{m}^{-2/3} < C_n^2 < 2.5 \times 10^{-13} = \mathrm{m}^{-2/3}$;强湍流 $C_n^2 > 2.5 \times 10^{-13} = \mathrm{m}^{-2/3}$。假设探测路程上的大气湍流为弱起伏,则可取 $C_n^2 = 10^{-17} = \mathrm{m}^{-2/3}$。

可以计算探测路程 100km 上,探测中心波长 4.2μm 没辐射,大气湍流效应引起对数振幅方差为

$$\sigma_\chi^2 = 0.069$$

$I(t)$ 为大气湍流作用下接收面上的目标辐射电磁波强度,设 I_0 为无大气湍流情况下的接收面上辐射电磁波强度,则辐射的对数强度起伏定义为

$$\ln I = \ln \frac{I(t)}{I_0} \tag{2.74}$$

对数强度起伏方差可以描述光强起伏范围,即

$$\sigma_{\ln I}{}^2 = \langle \ln I - \langle \ln I \rangle \rangle^2 \approx 4\sigma_\chi^2 \tag{2.75}$$

则

$$\sigma_{\ln I}^2 = 0.27$$

2）光强分布

按照雷托夫(Rytov)理论,大气湍流导致的对数光强起伏符合正态分布。设经过大气湍流扰动后光强分布的中值强度为 I_z,则 $\ln I$ 的置信区间为

$$\ln I \in [\ln I_z - 2\sigma \ln I, \ln I_z + 2\sigma \ln I] \tag{2.76}$$

则

$$I(t) \in [I_z \mathrm{e}^{-2\sigma \ln I}, I_z \mathrm{e}^{2\sigma \ln I}]$$

即

$$I(t) \in [0.36 I_z, 2.7 I_z]$$

可取中值辐射强度

$$I_z = I_0/2.7$$

同样可以计算出 200km 路程上的中值辐射强度为

$$I_z = I_0/7.4$$

在计算探测距离时,可参考上述理论进行分析,代入的辐射强度数据就是弱大气湍流作用下的目标最小辐射强度。

2.1.3.8　闪烁频谱

大气湍流对目标辐射传输的作用相当于特定频谱的调制。经验数据表明,对于洁净湍流大气弱起伏条件下,调制频率为 10～100Hz,强起伏条件下调制频率为 100～1000Hz,属于低频调制。

红外探测器的积分时间设定为 0.5 ~ 2ms, 所以无法利用延长积分时间来消除目标闪烁, 所以只能在后期的信号处理中, 设计相应算法解决目标闪烁问题。

2.2 红外告警系统的种类

按照使用方式划分, 红外告警装备可以分为机载和地基两类。机载包括战斗机载、运输机(轰炸机)载和直升机载等, 主要针对空空导弹和地空导弹的告警。地基(含舰基)主要针对空地导弹、巡航导弹、反舰导弹的告警[22-23]。

按照技术体制划分, 红外告警可以采用两种体制, 即面阵凝视型和线阵扫描型。当然, 根据使用要求, 凝视阵列扫描以及线面结合和三坐标体制也开始应用。其中, 凝视型以美国的 AAR 系列为代表(图 2.19), 线阵扫描型以法国的 DDM(又称 SAMIR)为代表(图 2.20)。凝视体制系统简单, 比较容易设计和装调, 但是要兼顾大视场和一定告警距离两个相互制约的指标的要求, 适合于平台自卫; 扫描体制包括线阵器件并扫和面阵器件分步凝视扫描两种, 既可以满足大视场的要求, 又可以解决远距离的需求。

图 2.19　美国机载威胁告警器 AN/AAR - 44A

图 2.20　法国的 SAMIR 红外告警器

机载红外告警接收器对飞机周围环境进行扫描, 为飞行员提供快速可靠的导弹威胁告警, 系统具有高探测概率和低虚警率。

AN/AAR - 44A 能提供 360°立体角覆盖, 整个飞机只需要两个 AN/AAR - 44A: 一个向上看, 另一个向下看。AN/AAR - 44A 提供对导弹 5km 以上的远距离探测和毫秒级快速反应, 对所有导弹实现精确告警、实现超半球视场覆盖、被动多色红外探测、低虚警概率、多目标威胁同时探测告警, 快速、准确、互不干扰、大范围敏感。

SAMIR 包括两个传感器(每个传感器集成一个多元双光谱探测器, 使用集成的斯特林制冷器)、一个高速信号处理器和一个显控单元, 能够提供全景视角, 具有高的探测概率和低的虚警率。

特点及常规参数如下：

（1）接口为 MIL – STD – 1553B 数据总线，串行数据链接。

（2）红外传感器质量为 9kg，尺寸为 295mm × 170mm × 160mm，功耗为 100W。

（3）信号处理单元易于配置。

PAWS 是以色列 Elisra 公司研制的一种凝视型红外导弹逼近告警系统，能提供导弹逼近告警、全景显示、碰撞规避、小武器开火告警和探测等功能（图 2.21），并形成系列产品，全部红外系列产品的特点是高度超级精确、实时识别入侵导弹方向，甚至从近距离发射。Elisra 公司的红外系列产品如下：

(a)　　　　　　　　　　　　(b)

图 2.21　PAWS——被动无源导弹告警系统（以色列）

（1）PAWS——被动导弹逼近告警系统，用于直升机保护；

（2）PAWS – 2——被动导弹逼近告警系统，用于战斗机的保护；

（3）SPIRS——用于运输机的保护；

（4）LORICA——用于商业飞机的保护；

（5）SWAD——用于白天/夜晚高价值基础设施和战略地区的保护；

（6）EXPLIR——用于爆炸物的位置保护。

目前，Elisra 公司已经把它的机载红外解决方案的优点组合在一起构成一种有力的地面应用：用于战车保护的"TANDIR"。

AIM 公司（Infrarot – Module）和 Fraunhofer IAF 公司制造了世界第一个基于 InAs/GaSb 超晶格探测器的双色红外告警器，能提供强大的探测能力、探测距离和低虚警率。EDAS 电子防御公司和 Thales 公司联合开发欧洲 A400M 大型军用运输机的多色红外警戒系统，能同时工作于 3 ~ 5μm 内的两个波段，采用 288 × 384 焦平面阵列（FPA）。EADS 防御电子公司 CEO 兼总裁伯恩哈德·格沃特（Bernhard Gerwert）称，装备 MIRAS 导弹告警器后，A400M 将拥有世界上最现代化的自我保护系统，这将增强飞机执行任务的效能，并保证机组人员的安全。

2.2.1　红外告警系统器件红外 FPA(焦平面阵列)

凝视型红外告警设备一般采用面阵器件,器件规模为 320×240 元、640×480 元甚至 1280×960 元等,线阵扫描系统采用 288×4 元、480×6 元以及 960×8 元等。明确探测目标的红外辐射特性,信号与背景的辐射比,即信背比,在哪个波段比较突出,在作战过程中波段内是否有明显的虚警源或干扰源,这是选择告警波段的依据;线阵扫描还是凝视器件的选择依据是告警时间、告警视场、体积质量优化的结果。有时候为了达到战术使用要求,可以中波和长波红外相结合,也可以线阵和面阵相结合,同时解决远距离探测和识别的问题,甚至可以与激光测距相结合,同时具备测向和测距的能力。近年来,半导体器件技术水平发展较快,光学工艺和技术、信号和图像处理技术随之迅速提升,为实现红外预警、远距离红外侦察提供了可行性。

下面介绍两种典型器件的具体参数。这些参数是设计告警设备的基础,也是优化其他参数的前提条件。典型的探测器技术性能指标如表 2.7 所列。

表 2.7　典型的探测器技术性能指标

线阵器件(480×6 元探测器)		面阵器件(640×512 元中波探测器)	
波段	3.7~4.8 元μm,7.7~10.3μm	波段	3.7~4.8μm
阵列形式	480×6 元	探测器间距	15μm
探测器材料	HgCdTe/光伏二极管	两种电荷工作容量模式	边积分边读出模式/积分后读出模式
探测器间距	25.4μm×24.9μm	动态输出范围	>2.5V(>80dB)
探测器尺寸	25μm×28μm	可选择的输出速率	每路最高 8MHz
电荷工作容量模式	0.25pC 到 2pC(用户可选择 8 种放大状态)	帧频	可调至最高 400Hz(4 路输出,8MHz)
动态输出范围	接近 3V(>74dB)	随机窗口	最小 64×1
典型输出速率	最高 140kHz	积分时间	可选,由帧频/输出速率决定
视频输出速率	每路可以达到 5MHz	质量	<600g
积分时间	典型值为 20μs,可选,由帧频/输出速率决定	工作温度	-45~71℃

(续)

线阵器件（480×6元探测器）		面阵器件（640×512元中波探测器）	
质量	<2100g	焦平面阵列工作温度	100K
工作温度	−55~71℃	占空因数	≥90%
冷屏的 F 数	可定制	冷屏的 F 数	$f/2,f/4$
冷却时间/输入功率	4mn/60W@20℃，8mn/60W@71℃	冷却时间/输入功率	5mn30s/12W@20℃，8mn/13W@71℃
稳定状态制冷器输入功率	13W@20℃，33W@71℃	稳定状态制冷器输入功率	<6.2W@20℃，<8.5W@71℃
D^* 峰值 RMS	$1×10^{12}$J	D^* 峰值 RMS	$5.6×10^{11}$J
平均像元 NETD	27mK	像元 NETD（平均）	16mK,80Hz(*)；8mK,90Hz(*)
固定模式噪声	≤5% RMS	固定模式噪声	≤5% RMS
信号响应率一致性	≤3% RMS	信号响应率一致性	≤5% RMS
邻近串扰（光学及电学）	≤2.3%	邻近串扰（光学及电学）	≤5% RMS
阵列可用性（D^* > $0.5×$平均D^*）	99%	阵列可用性（D^* > $0.5×$平均D^*）：	99.5%，典型值；即瞎元率小于5‰
焦平面阵列工作温度上限	最高 90K	焦平面阵列工作温度上限	100K
使用范围	适合于地面车辆/飞机/直升机等军用环境条件下的应用		

除了碲镉汞器件外,最近研制成功的二类超晶格器件,也具备良好的应用前景,并且具备利用大规模阵列产生高清红外告警图像的优势条件。

2.2.2 红外告警光机系统

2.2.2.1 凝视光学系统

一般采用 $3~5\mu m$ 面阵红外焦平面探测器作为传感器,以透射式广角光学成像实现 $75°×60°$ 大视场空域覆盖。为满足系统告警距离和精度指标要求,选用 $640×512$ 元中波红外焦平面探测器,主要参数如下:靶面像素 $640×512$ 元,靶面尺寸为 $9.6mm×7.68mm$,单个像素尺寸为 $15\mu m×15\mu m$,冷屏 $F# = 2$。选择大规模焦平面阵列,除了能够提高告警距离外,还能够提供足够高的空间分辨力,使目标指示精度有保障。

例如,一种红外告警光学系统初步设计参数:成像视场角为75°×60°(对角线视场为90°);光学系统焦距为6.3mm;F数为2(与探测器冷屏匹配);光学系统透过率不小于0.75。为了达到100%冷光阑效率,光学系统采用二次成像的方法实现光学系统的出瞳和制冷探测器的冷屏光阑重合,并使入瞳位置位于镜头第一片透镜附近,使体积达到最小化。系统光路图如图2.22所示。

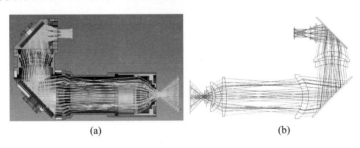

(a) (b)

图2.22　一种红外告警光学系统光路图

在光学系统结构上,一次成像系统结构偏离对称结构太远,对于大视场系统的设计来说,光学总长不好压缩,镜头尺寸较大,渐晕严重,所以选用二次成像型结构,并用多个反射镜折转光路,使镜头长度与探测器的长度接近,压缩了长度,可减小体积。

光学设计往往经过多轮优化后,将各种像差校正好,轴上区域成像质量接近衍射极限,轴外图像边缘部分像差相比轴上变化也不应该很大,能够满足系统成像和精度要求即可。一种典型的光学设计结果及成像质量表征曲线如图2.23所示。

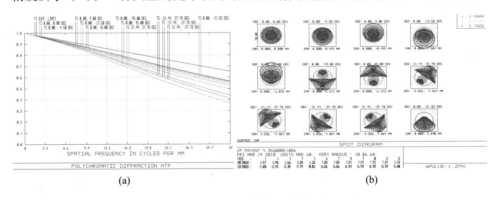

(a) (b)

图2.23　光学设计结果及成像质量

2.2.2.2　机械结构

光路中采用两个反射镜折转光路,反射镜以45°位置安装,光路转折90°,经过两次折转后,大大减小了长度。在结构设计上,选用合理的参数,并用平行光管自准的方法校正,保证光轴折转角度精度,并最小化光轴位移误差。为了校正探测器的响应非均匀性,在探测器窗口前设计了挡板机构,用步进电机带动,需要校正时切入光路中,完成校正后离开光路。将前三片镜片作为调焦组,用直流电机带动,适应近距离成像和解决环境温度变化时图像虚焦问题。

安装结构:为了减小体积,设计上将读出电路、电源转换电路和信号处理电路分别装在探测器两侧,探测器与镜头用一转接板连接,探测器在转接板上还可以前后微调,以适应镜头后截距的变化。镜头、探测器、电路板等部件用转接板固定在一起组成机心部分。机心部分与外壳部分用连接板固定,连接板与机壳之间用硅橡胶进行减振。机心部分可以单独成为一整体进行系统联合调试,如图 2.24 所示。机壳部分设计有连接法兰,用于系统与装载平台安装,设计完成后的外形如图 2.25 所示。

图 2.24　一种告警系统内部安装图

图 2.25　一种红外探测器及告警器外形图

2.2.2.3　扫描系统

为了满足探测距离要求和信息实时处理的需要,告警系统也可选择线阵扫描的方法来实现大空域目标探测。机载红外告警系统的体积、质量受到载机平台安装环境的限制,需要采用大视场小口径的光学系统。整机系统由 4 个独立的告警器组成,每个告警器覆盖 90°×(±30°)视场,组合起来达到 360°×(±30°)告警空域。

采用在红外成像物镜前加上一个具有四反射面转鼓的方法来实现大空域覆盖。

转鼓的每一反射面与其旋转轴各有一夹角,在转鼓旋转扫描时自动完成方位和俯仰扫描。转鼓扫描时每一反射面实现的方位扫描范围设计指标为 90°,俯仰扫描范围设计指标为 15.2°。方位角的覆盖是由转鼓转动扫描完成的,而俯仰角的覆盖是在转鼓扫描过程中由转鼓反射面与转轴的夹角共同实现的。转鼓反射面与俯仰扫描范围关系参见表 2.8,反射面倾角与光线入射角关系如图 2.26 所示。

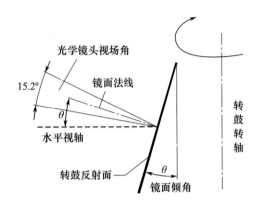

图 2.26　转鼓反射面倾角与光线入射角关系示意图

若以水平线为出射光线方向,则入射光线与其夹角即为 2θ。所以,放置在水平面上的光学镜头所能看到的视角范围(以水平面为基准)为 $2\theta \pm \omega$(ω 为光学镜头的半视场角)。

表 2.8　转鼓反射面与俯仰扫描范围关系

转鼓反射面倾角 $\theta/(°)$	11.25	3.75	-3.75	-11.25
俯仰范围/(°) (以水平面为基准)	14.9~30.1	-0.1~15.1	-15.1~0.1	-30.1~14.9

设计中防止漏扫,系统视场在俯仰方向上共覆盖了 60.2° 范围,保证每个反射面还有一定角度的覆盖重叠区域。

根据告警系统技术指标要求,探测距离大于 10km,告警空域方位 90°,俯仰 ±30°,若采用响应波段为 3 ~5μm 和 8 ~12μm 的线阵 480×6 元制冷探测器(靶面规格为 12.2mm,冷屏 F# 为 1.268),成像物镜视场角按 $2\omega = 15.2°$ 设计,可以计算得出光学系统焦距 $f' = 45.7$mm,入瞳直径 $D = 36$mm,探测器像元垂直方向瞬时视场为 0.55mrad,可以保证一定的告警精度。

转鼓的转速设计为 60r/min,告警系统的空域搜索时间为 1s,即完成一周水平视场扫描时间为 1s,以满足实时性的要求。

将参数和技术方案要求输入光学设计应用软件进行优化计算,使误差评价函数降到最小值,判断计算结果是否满足系统技术指标要求。如果不满足指标要求则重新选择初始结构参数进行优化计算,直到找到满足系统技术指标要求的最佳设计结果。

为了最大限度地抑制杂散光辐射,光学系统需达到 100% 冷光阑效率。设计上可采用二次成像的方法实现光学系统的出瞳和制冷探测器的冷屏光阑重合,这样设计有利于保证入瞳位置和扫描反射镜位置大致重合,使整个系统体积达到最小化。

一种红外双波段告警光学系统如图 2.27 所示。

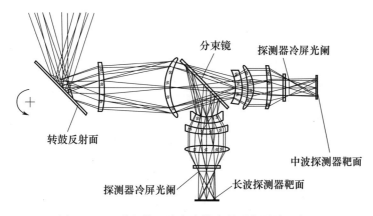

图 2.27 一种红外双波段告警光学系统设计示意图

2.2.2.4 线面结合光机系统

线面结合光机系统主要用于地面防空及领空/领海监视,对来袭的敌方作战飞机、空地导弹、巡航导弹等威胁目标进行探测及告警。

地基红外告警探测系统可以部分替代常规雷达的功能,实施对空情报侦察,探测来袭目标,确定目标航迹,实现目标定位。系统可以采用固定方式安装,也可以车载或者舰载,具备一定的机动能力。系统可以在常规雷达受到电磁压制干扰、静默时,替代雷达工作。由于全系统完全采用被动方式工作,敌方侦察系统对其发现概率较低,隐蔽性强,采用红外波段工作,除具备全天候工作能力外,还不易受干扰。

相对雷达来说,红外系统的探测距离没有优势,目前美国机载红外预警系统的最远工作距离可以达到 400km,一般常规探测设备(如 AAS - 42)的探测距离在空对空的情况下可以达到 185km。舰载或者岸基系统对来袭导弹的低空探测距离为 20km 左右,对飞机的探测距离可以达到 50 ~ 60km。

若要实现远距离地对空探测,又要实现较高的空间分辨力,则需要在探测传感器和光学系统两个主要方面想办法,主要解决办法是:提高传感器的灵敏度;根据目标和背景特点,对信号处理算法进行优化组合。

在探测器一定的条件下,提高传感器的灵敏度的主要技术途径是增大光学系统孔径,提高光学增益,同时提高空间分辨力。但是在提高光学系统孔径的同时,降低了光学系统的瞬时视场,给光机扫描系统提出了更高的要求。系统中既要达到较远探测距离,又要实现较大空域扫描,在系统设计时需要折中考虑。

目前的信号处理算法较多,但是各种算法在不同的探测系统中的使用条件和优缺点不尽相同。地空探测系统在低仰角时,又将面临地面复杂背景的影响,因此,采用哪些处理算法,对系统性能的影响很大。

红外线阵扫描成像和面阵分步凝视探测技术,对红外辐射强度大于300W/sr、飞行高度为10km左右的作战飞机实现远距离探测,此时对目标的探测仰角约为5°~6°。在低仰角探测时,由于大气对目标的红外辐射衰减较大,探测设备实现目标远距离探测的技术难度也相应增加。系统整机设计充分考虑低仰角探测特点,在红外探测组件选择、探测体制、光学系统设计、信号处理电路设计、红外图像处理算法软件等方面进行优化设计,实现目标远距离探测。对于高超声速导弹和再入大气层的弹道导弹,由于这些目标具有较强的红外辐射和较大的探测仰角(对红外目标的大气衰减较小),地基红外探测设备对此类目标亦能实现远距离探测,地基系统设计时要兼顾全方位、大俯仰探测能力。

(1)采用多波段探测手段,提高探测概率,降低虚警。

由于探测对象包含飞机、导弹甚至无人机等飞行器,这些空中目标的红外辐射强度与背景杂波的对比度在不同波段是不同的,因此,采用不同波段探测距离可能会有很大差异,为了兼顾对多种飞行器的告警,采用中波和长波两个波段(或更多)进行探测并进行数据融合,提高探测系统性能。

(2)线阵扫描与分步凝视相结合。

采用双波段线阵进行快速扫描,解决探测距离和大空域的矛盾,为系统提供目标的可能方位;采用面阵器件的双目(或双站)光学系统,进行分步凝视扫描,对可疑目标进行识别和测距,提供目标批次、架次和距离信息。

系统一般采用车载或舰载形式,安装传感器和光学系统以及转台在方舱外,信息处理、图像处理和显示分系统以及电源放置于方舱内。车上安装调平分系统和GPS定位/指北分系统。传感器和光学系统安装于半球型保护罩内,平时封盖,对系统进行保护,工作时打开。光学系统包括扫描系统和跟踪测距光学系统,扫描采用大口径双色线扫方式,置于转台的中央。跟踪系统采用中波面阵凝视器件,分置于转台的两侧,相距几米左右的距离,实现单站测距、目标精确定向和对目标的编批和识别。地基红外告警系统总体组成框图如图2.28所示。升空平台探测原理样机组成框图如图2.29所示。

为实现较远的探测距离,设计采用大口径、小视场红外光学系统(图2.30),在物镜前加上45°反射镜(扫描镜),在目镜后加上一个成像物镜,构成扫描成像光学系统。扫描镜在水平方向进行周视扫描,在俯仰方向进行匀速摆动扫描,从而实现景物空间螺旋扫描。这种结构必须加入光学消旋元件,实时消除图像旋转。地基红外双波段告警光学系统设计示意图参见图2.31。

根据探测距离和探测空域的设计要求,若采用响应波段为 8 ~ 12μm 的线阵 480 ×6 元制冷探测器,靶面规格为 12. 2mm,冷屏 *F#* 为 1. 27。光学系统垂直方向瞬时视场按 2°设计,可以计算得出探测器像元垂直方向瞬时视场为 0. 073mrad、光学系统焦距 $f' = 350$mm,入瞳直径 $D = 276$mm。

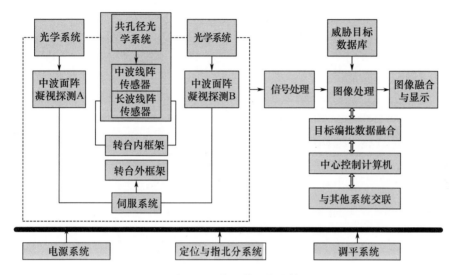

图 2.28　一种地基红外告警系统总体组成框图

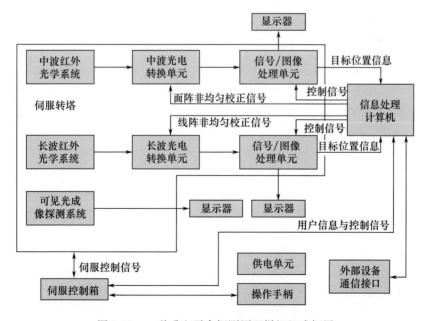

图 2.29　一种升空平台探测原理样机组成框图

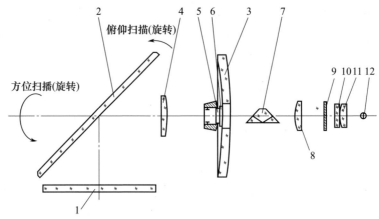

1—窗口；2—反射镜；3—主镜；4—次镜；5，6—准直透镜组；7—消像旋组件；
8—中继透镜；9—均匀性校正挡板；10，11—聚焦透镜；12—探测器像面。

图 2.30　大口径、小视场红外光学系统示意图

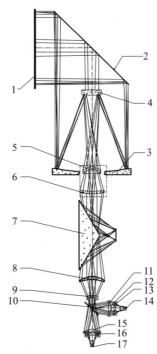

1—窗口；2—反射镜；3—主镜；4—次镜；5,6—准直透镜组；7—消旋组件；8,9—中继透镜；10—分束镜；
11,12,13—中波聚焦透镜；14—中波探测器像面；15,16—长波聚焦透镜；17—长波探测器像面。

图 2.31　一种地基红外双波段告警光学系统设计示意图

2.2.2.5　光机设计时需要注意的问题

在红外探测系统中,采用不同探测器共用一套光学系统方式,对目标实施双波段探测,有助于提高系统探测概率并降低虚警率。光学探测系统必须能够快速扫描较大的空域,对目标及时发出告警。大空域快速扫描中涉及的问题较多,主要有探测距离、搜索视场、瞬时视场、搜索速度、探测器像元驻留时间、信号处理速度等。搜索系统必须在战术指标的要求下,确定以上各项技术指标。

设计高增益高分辨力的超远程探测光学系统,主要解决总视场和瞬时视场的匹配问题,解决 F 数、视场、焦距以及光学材料和光学精密加工等技术方案问题。除此之外,还要解决冷屏反射、鬼影效应以及绝热化设计问题;解决扫描镜扫描方式问题;解决光学消旋及补偿、系统图形噪声抑制、热散焦以及补偿等问题。

（1）光学系统的设计依据。主要有 F 数、视场、焦距以及光学材料是否容易获得,除此之外,还必须满足冷屏效率、倒影效应以及绝热化方法等的严格要求。

（2）光学材料的选择。一般应用于红外波段的光学材料主要有以下四种:半导体材料,如硅和锗;硫化物玻璃如 ZnS;氟化物如 MgF_2（单晶或多晶）;尖晶石（$MgAl_2O_4$）等。设计要求:高折射率指数、低色散、低吸收、与抗反射涂层兼容、低热系数、高表面硬度、高机械强度以及不易被水溶解。

（3）扫描镜技术。根据方位及俯仰角的搜索视场,扫描镜要按照要求的方式进行扫描。

（4）光学消旋器。图像旋转是光束被反射镜转向时发生的,即物空间中的垂直线并不与探测器保持恒定的角度关系,用光学消旋器进行补偿,这一点可以利用传统三反光学系统的设计方法。

（5）鬼影效应（冷反射）。冷反射是由于被冷却的探测器在系统折射（反射）表面的内部后向反射而再被探测器探测到的一种现象。这种冷图像被叠加到信号或部分热背景上,从而形成系统图像噪声。减少冷反射的设计方法包括:用光阑限制或降低焦平面的有效辐射冷量的面积;用高效抗反射涂层减少透镜的表面反射;优化光学系统设计,从而使返回的冷量散焦;使所有的平面窗口倾向于一个角度,以增大入射角。通过使用一个热源或通过电子视频信号补偿,便可以减少冷反射的影响。

（6）绝热化。热效应是光电系统所固有的,因为大多数材料都具有较大的 $\partial n / \partial T$。本系统使用时所处的环境会遇到大动态范围的高低温变化的影响,因此,要考虑折射率随温度的变化对成像系统的影响。单个薄透镜在空气中所引起的热散焦可表示为

$$\Delta f = \left(\alpha f - \alpha_m L - \frac{f}{n-1} \frac{\partial n}{\partial T} \right) \Delta T \tag{2.77}$$

式中:α 为折射媒质的热膨胀系数;f 为焦距;α_m 为框架的热膨胀系数;L 为系统的总长度;n 为透镜的折射率;ΔT 为温度变化。

（7）解决办法。提供自动机电调焦;用有效的 $\partial n/\partial T$ 为零的透镜组合材料使透镜绝热化;用具有不同热膨胀系数的透镜框架使透镜绝热化,可以通过被动移动对散焦进行补偿。

2.2.3　伺服系统

伺服系统是针对扫描系统而言的,另外调焦和校正结构也采用伺服机构来完成相应功能。

2.2.3.1　地基系统的伺服控制

光学系统俯仰方向瞬时视场较小,控制系统采用方位、俯仰电机带动光学扫描镜,对景物空间进行水平方向的周视扫描和俯仰方向的摆动扫描,完成空间景物成像和目标空域探测。伺服系统主要由伺服控制计算机、伺服控制器、伺服电机、驱动器、汇流环、轴承和位置检测传感器等部分组成,并通过 RS-422 串行接口实时输出伺服方位、俯仰信息。系统一般能够实现两种工作方式:

（1）螺旋扫描工作方式。方位电机进行周视扫描,俯仰电机一定范围进行匀速摆动扫描。摆动扫描范围可由控制软件设置修改,若俯仰电机转速为 $2(°)/s$,每秒完成 $360°×4°$ 的空域目标探测,完成 $360°×10°$ 的空域搜索时间为 3s。

（2）周视扫描工作方式。俯仰角度固定(由软件设置),方位电机进行匀速周视扫描,0.5s 完成一次 $360°×2°$ 的空域目标扫描探测,图像处理帧间积累间隔时间为 0.5s。方位电机每转动一周输出一次方位同步脉冲控制信号以便进行目标方位/俯仰告警信息确认。伺服系统设计采用基于 DSP 技术为核心的数字控制器、高精度光栅位置传感器、永磁式直流力矩电机为主要伺服元件。控制方式采用位置、速度双闭环的工作方式,将伺服系统设计成含有两个积分环节的 Ⅱ 型系统,这样既可提高系统的稳定精度,又可改善系统的动态性能,原理框图如图 2.32所示。

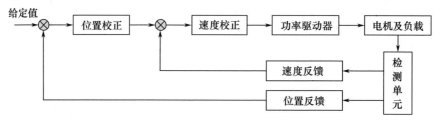

图 2.32　伺服控制系统双闭环控制原理框图

在控制方法上,采用经典控制理论与现代控制理论相结合、传统数字比例积分微分(Proportion Integration Differentiation,PID)控制与复合控制(前馈 + 反馈控制)相结合以及信号数字滤波技术,可解决系统带宽与机械谐振频率的矛盾、电机快速启动与制动平滑的矛盾,复合控制原理示意图如图 2.33 所示。

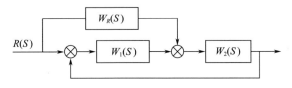

图 2.33　复合控制原理示意图

2.2.3.2　机载系统的伺服控制

机载系统的伺服控制系统相对较简单,只需要电机带动转鼓进行水平匀速旋转即可。电机转速设计为 360(°)/s,在转动的过程中需要将光栅传感器输出的转鼓位置信息实时传给信号处理单元。转鼓位置信息与转鼓光学反射面扫描的空间区域相对应,信号处理单元根据转鼓位置确认有效扫描的红外图像,经过图像处理后,输出目标方位/俯仰告警信息。

单个告警器完成 90° ×(±30°)的空域搜索时间为 1s,图像处理帧间积累间隔时间为 1s。告警器调焦与校正伺服系统主要由控制模块、功率驱动模块、光电编码器、电机组成,如图 2.34 所示。

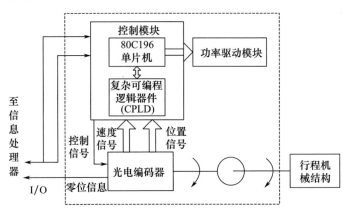

图 2.34　调焦伺服系统组成框图

控制模块实现的功能是与信号处理器通信,获得开机、关机及系统自检等信息,通过数字 PID 调节,输出脉宽可调的脉宽调制(Pulse Width Modulation,PWM)信号,给功率驱动模块以驱动电机稳速运行,在电机启动时通过串口向信号处理器发送启动信息。

功率驱动模块对 PWM 信号进行整形,电流放大,从而驱动电机,并检测电机的电流,实现电流闭环控制,具有过流、过压、过温自动保护和及时抑制电压扰动等功能。

光电编码器作为行程测量元件,与电机同轴安装,获得电机的绝对位置信息,由串口及并口传送到控制模块。另外采用的编码器通过内部解调,可以得到电机的位置反馈信息,并由串口将其传送给控制模块。伺服系统利用并口与信号处理器进行通信,接收来自信号处理器的开机、关机、系统自检等命令信息,上报系统启动信息、工作状态信息。

2.2.4 信息处理

2.2.4.1 信号采集电路设计

信号采集原理示意图如图 2.35 所示。

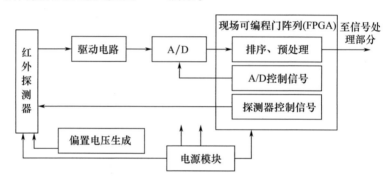

图 2.35 信号采集原理示意图

红外探测器将光信号转化为电信号,经过信号驱动、放大以及差分变换到A/D转换芯片。通过 FPGA 产生控制信号 A/D 转换芯片将模拟信号转换成为 14 位或 16 位数字信号。数字信号直接驱动到 FPGA 芯片中,完成 FPGA 对信号采集后,进行数据的排序整理,然后进行非均匀性校正等算法处理,经过处理后送出数字信号。

信号采集系统由 5 部分电路组成:①红外探测器部分;②信号读出驱动及 A/D 转换部分;③FPGA 及其外围电路部分;④对外输出接口电路部分;⑤电源部分。

2.2.4.2 告警信号处理电路设计

告警信号处理电路硬件组成框图如图 2.36 所示。

信号处理部分以高速数字信号处理器 TMS320C6416 为核心,结合现场可编程

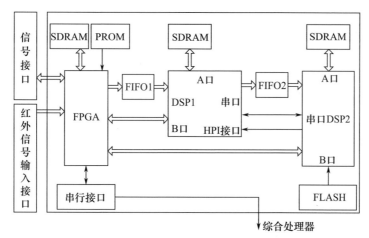

SDRAM—同步动态随机存储器；PROM—可编程只读存储器；
DSP—数字信号处理器；FIFO—先进先出。

图 2.36 告警信号处理电路硬件组成框图

门阵列（FPGA），构成实时红外信号处理硬件平台，数据处理以高速度的 FPGA 器件对信号进行整理，再通过 TMS320C6416，对图像信号进行实时的目标提取，同时还具有标准的扩展接口，能够再进行各种扩展应用设计。

2.2.4.3 数字图像处理与目标信号检测算法

告警系统需探测距离远和视场大的特点，经计算，一般空空或地空红外制导导弹的几何尺寸小于光学系统在 10km 处的空间分辨力，因此，理论上导弹在成像平面内仅表现为 1 个像素点源。考虑光学系统的点扩散函数的影响，以及大气扰动和飞行振动的存在，可以认为告警系统所能探测的 8～10km 距离处的导弹成像大小占 2～3 个像素，是典型的小目标。

红外图像的背景一般可分为大气云层背景、海面杂波背景和地面起伏背景等。背景强度一般很高，同时，探测器的噪声也很强。在低信噪比情况下，目标的强度相对较低，往往淹没在强背景噪声里，并且由于小目标缺乏几何形状、纹理结构等特征，可供检测识别系统利用的信息很少[24-26]。因此，为了突出小目标，提高信噪比，从而提高目标检测概率，对红外小目标图像进行检测前的背景抑制和噪声削减是十分必要的。

红外小目标图像可以用以下的模型描述：

$$f(x,y) = f_T(x,y) + f_N(x,y) + f_B(x,y) \tag{2.78}$$

式中：(x,y) 为像素点的坐标；$f(x,y)$ 为红外图像的灰度值；$f_B(x,y)$ 为背景图像灰度值；$f_T(x,y)$ 为目标点灰度值；$f_N(x,y)$ 为噪声图像灰度值。

背景图像 $f_B(x,y)$ 是大面积平缓变化场景,像素之间有强相关性,占据图像空间频率的低频分量。小目标 $f_T(x,y)$ 亮度较背景图像高,与背景图像不相关,是图像中的孤立亮斑,是图像中的高频部分。噪声图像 $f_N(x,y)$ 是红外传感器内部产生的各类噪声的总和,它与背景图像不相关,是图像中的高频部分,均值可近似为0、方差为 σ^2 的高斯白噪声,它在空间上的分布是随机的,所以 $f_N(x,y)$ 的空间分布没有相关性。

1)背景抑制

为了提高目标的信噪比,需要对图像进行背景抑制滤波(即图像预处理)和分割,然后再检测。以下四种背景抑制方法均能较好地起到提高信噪比的作用,可根据实际图像数据选择一种或几种组合使用。

(1)高通滤波。由于图像背景主要包含低频信息,而噪声和小目标处于频谱的高频段内,因此高通滤波器可以起到抑制低频信号的作用。

(2)Top – Hat 算子。形态学中的高通滤波算子,利用该算子通过选择合适的结构元,就可以将需要的目标从复杂的背景中提取出来。

(3)小波分解。根据 Mallat 算法,对图像进行小波多分辨分解,可以理解为图像在两个垂直取向的空间频率上进行分解和重构的过程。利用求得的阈值分别对 LH、HL 和 HH 去噪。用去噪后的小波系数重构图像,得到图像 $f'(x,y)$,杂散噪声将被消除,而由于小目标具有一定的空间尺度,所以该区域内的灰度值将会较好地保留。取出 $f'(x,y)$ 中的峰值点,作为小目标的中心。

(4)Wiener 滤波。Wiener 滤波器是一种在平稳条件下采用最小均方误差准则得出的最优滤波。方法就是寻找一个最佳的线性滤波器,使得均方误差最小,实质上是求解 Wiener – Hopf 方程。由于 Wiener 滤波器具有低通特性,因此,它能保留具有低频特性的起伏背景 $f_B(x,y)$,同时抑制噪声 $f_N(x,y)$ 以及消除具有高频特性的目标。因此,背景对消后图像 $\Delta f(x,y)$ 为一含目标 $f_T(x,y)$ 和噪声 $f_N''(x,y)$ 的图像,从而可通过阈值检测法将目标检测出来。

2)噪声去除

图像 $f(x,y)$ 经上述背景抑制算法处理后,剩余少量强噪声点和小目标。为进一步降低虚警,选择面积比目标小的结构元:

$$\boldsymbol{B}_2 = \begin{bmatrix} 1 & 1 \\ 1 & 1 \end{bmatrix}$$

对背景对消后的图像 $\Delta f(x,y)$ 进行形态开运算,除去面积小于 $\boldsymbol{B}_2$ 的虚假目标点。

3)目标检测

通过上述分析,已经获得了背景对消后的图像 $\Delta f(x,y)$,遗下的问题是如何基于一些点目标特性把 $f_T(x,y)$ 同噪声 $f''_N(x,y)$ 区分开来。

算法流程图如图 2.37 所示。

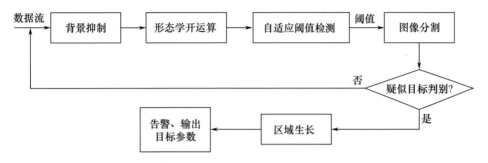

图 2.37　图像处理与目标检测算法流程图

2.3　影响红外告警系统性能的参数

2.3.1　探测距离计算方法

2.3.1.1　面阵大视场凝视体制

1）有效通光孔径 D_o

假设视场角为 $75°×60°$，采用 $320×256$ 元焦平面阵列（FPA）器件。

探测器的每个像素像元尺寸为 $30\mu m×30\mu m$，波段宽度取 $3.7\sim4.8\mu m$，灵敏度 D^* 值为 $3×10^{11}cm\cdot Hz^{1/2}/W$，F# 为 2。

首先确定光学系统每个像素对应的有效通光孔径：

总视场为 $75×17.45=1308.75mrad$，则每个像元对应 $1308.75/320=4.09mrad$。

焦距 $f'=D_{PIXL}/\theta_{PIXL}=30\mu m/4.09mrad=7.33mm$。

$D_o=f'/F\#=7.33/2=3.67mm$。

2）系统带宽

带宽与目标在 FPA 上的驻留时间有关，每秒钟提取 100 幅图像，则帧时间为 $10ms$，驻留时间 $1ms$，带宽为 $785Hz$，则

$$\Delta f=\frac{\pi}{2}\cdot\frac{1}{2\tau_a}$$

3）探测距离

根据 R.D. 小哈得逊的红外探测距离公式[23]：

$$S = \left[\frac{I_{\Delta\lambda} \cdot \tau_a \cdot \tau_0 \cdot A_0 \cdot D^*}{(A_d \cdot \Delta f)^{\frac{1}{2}} \cdot (V_S/V_N)} \right]^{1/2} \qquad (2.79)$$

式中:τ_a 为大气透过率,取 0.4;τ_0 为光学系统透过率,取 0.7;A_d 为探测器像元面积,$30\mu m \times 30\mu m$;V_S/V_N 为满足一定探测概率和虚警率的信噪比,取 10;$I_{\Delta\lambda}$ 为目标波段内红外辐射强度;A_0 为入瞳面积。

计算得

$$S = 1.02 \sqrt{I_{\Delta\lambda}} \ (km)$$

2.3.1.2 线阵扫描体制

确定传感器各种参数的方法:从下列方程可以看到有关的参数,该方程式确定了来袭导弹探测的距离[23]:

$$R^2 = \frac{\pi}{2\sqrt{2}} \times \frac{\Delta I \times \tau_A(\Delta\lambda, R)}{SNR} \times \sqrt{\frac{t_{HFOV}}{HFOV}} \times \frac{D}{\sqrt{VIFOV}} \times \frac{\tau_0 \times D^* \times \sqrt{N_{TDI}}}{F\#} \qquad (2.80)$$

式中:SNR(Signal Noise Ratio,信噪比)为达到给定的探测概率和虚警率所要求的探测器信噪比,取 10;ΔI 为相对于背景测得或模拟的目标固有辐射强度对比,这个值主要取决于来袭导弹的作战状态及其相对于传感器瞄准线的方位角(W/sr);$\tau_A(\Delta\lambda, R)$ 为探测系统和目标之间的大气透过率,该值取决于所要求的作战距离、目标轨迹、地理位置和当地气候条件;R 为探测系统到目标的距离(km),该值由对抗系统要求决定;t_{HFOV} 为扫描水平视场(HFOV)所需的时间(s),该值取决于对抗系统和采用的虚警减少算法,为 1/6s;HFOV 为水平视场(rad),为 $90°$;D 为光学系统入射孔径的直径(cm),取 7;VIFOV 为探测器像素的垂直瞬时视场(rad);τ_0 为光学系统的透过率;D^* 为探测器阵列的平均探测率(cm·$Hz^{1/2}W^{-1}$),即琼斯(Jones),为 2.6×10^{11} Jones;N_{TDI} 为时间延迟积分(在水平方向)中探测像元的数目,取 6。

考虑各种条件变化等影响,探测距离必须进行冗余设计。由于线阵器件可以进行机械扫描,在满足大视场的同时,又可以保证较高的角度分辨力,只是要牺牲一部分响应时间。采用线阵扫描比面阵告警距离可以远 1 倍以上,因此,在平台可以满足体积、质量的情况下,采用线阵告警具有个别指标优势。

2.3.1.3 提高探测距离的方法

提高探测距离的方法包括:

(1)提高光学增益;

(2)控制系统电路噪声;

(3)多帧积累等方法提高信噪比。

2.3.2　探测概率与虚警概率

除了告警距离以外,探测概率 P_d 和虚警概率 P_{fa} 是告警系统两个最关键参数。针对单次探测,三个参数中任意两个确定下来后,对于同一套传感器系统来说,另一个指标就随之确定下来了。经常看到一些设计者片面追求其中的某个指标,但应该知道另外的指标会因此而受到不同程度的影响。

探测概率是指在告警搜索视场中出现目标时,系统能够将它探测出来的概率;虚警概率是指搜索视场内没有目标时,系统却误认为有目标的概率。虚警时间 T_{fa} 是指噪声电压超过告警阈值电平时出现一次虚警的平均时间间隔。发生一次虚警的平均时间间隔称为虚警时间,单位时间内的平均虚警次数称为虚警概率。探测概率和虚警概率相互影响、相互制约。它们与探测灵敏度之间的关系已经有经过检验的经典数学表达,红外告警系统只是对传统的信号处理系统的借鉴和应用。

假设目标信号为一个短暂的方形脉冲,并且在探测器扫描一帧时间内,这种脉冲最多只有一次。给定一个阈值电平,如果探测器的输出信号大于阈值,即认为目标已被探测到。如果此时目标存在,这就是一次真正的探测;如果不存在,这就是一次虚警。由于存在着随机噪声,所以这种过程需要用探测概率、虚警概率这样的统计量来描述。统计量计算所需的概率密度函数与特定使用场合下目标与噪声的特征有关,即与信噪比有关。如果噪声源来自电子噪声,应采用高斯概率密度函数进行分析;如果噪声源来自光子噪声,可采用泊松概率密度函数进行分析。另外,红外背景杂波也在限制着目标的探测概率,尽管杂波信号通常会呈现出随机噪声的性质,一般的统计模型无法对其准确描述。当一些具有某种特殊灰度分布的杂波背景和人工辐射源成为系统的主要虚警源时,如人造光源、太阳光闪烁,信号处理器输出的概率密度函数是非高斯型的,因此即使知道噪声的期望和方差也无法统计探测概率和虚警概率。考核一个告警系统的虚警率指标时,由于环境偶然造成的随机噪声应该予以剔除。

虚警时间 T_{fa} 是指噪声电压超过阈值电平 T 时,出现一次虚警的平均时间间隔。虚警时间可表示为

$$T_{fa} = \lim_{N \to \infty} \frac{1}{N} \sum_{k=1}^{N} T_K \tag{2.81}$$

虚警概率可定义为

$$P_{fa} = \frac{\sum_{k=1}^{N} t_K}{\sum_{k=1}^{N} T_K} = \frac{\frac{1}{N} \sum_{k=1}^{N} t_K}{\frac{1}{N} \sum_{k=1}^{N} T_K} = \frac{t_{K,av}}{T_{K,av}} \tag{2.82}$$

式中: t_K 为噪声脉冲超过阈值电平的宽度。

噪声的概率分布函数属于瑞利分布,即

$$P(v) = \frac{v}{\sigma^2} \exp\left[-\frac{1}{2}\left(\frac{v}{\sigma}\right)^2 \right] \tag{2.83}$$

式中: v 为检波器输出的噪声电压的幅值; σ 为噪声电压均方根偏差。

噪声电压超过阈值电平 T 的概率(虚警概率)为

$$P_{fa} = P(T < v < \infty) = \int_T^\infty \frac{v}{\sigma^2} \exp\left[-\frac{1}{2}\left(\frac{v}{\sigma}\right)^2 \right] dv = \exp\left[-\frac{1}{2}\left(\frac{T}{\sigma}\right)^2 \right] \tag{2.84}$$

如果已知噪声的均方差 σ,确定了阈值电平,就可以算出虚警概率。相反,如果给出了虚警概率,也可以算出需要设置的阈值电平 T,此时的 T/σ 值即为由虚警概率确定的最小信噪比,有用信号只有大于阈值才能通过,才能被检测到。

噪声平均持续时间 $t_{K,av}$ 可以近似看作探测系统电路带宽 Δf 的倒数,即

$$\Delta f = \frac{1}{t_{K,av}} \tag{2.85}$$

则

$$P_{fa} = \frac{1}{T_{fa}\Delta f} \tag{2.86}$$

$$T_{fa} = \frac{1}{\Delta f} \exp\left(\frac{1}{2}\left(\frac{T}{\sigma}\right)^2 \right) \tag{2.87}$$

若事先设置好了阈值,可以根据式(2.87)算出虚警时间;反之,给出了要求的虚警时间,根据式(2.87)可以算出阈值。

在有信号和噪声同时输入系统的情况下,在信噪比较大时,它的概率分布接近于高斯分布,即

$$p(\rho_x) = \frac{1}{\sigma\sqrt{2\pi}} \exp\left[-\frac{(\rho_x - a)^2}{2\sigma^2} \right] \tag{2.88}$$

式中: ρ_x 为信号加噪声的幅值; a 为信号幅值。

将式(2.88)从阈值电平 T 积分至无穷大,就可以得出超过阈值电平的信号加噪声的概率值,即探测概率 P_d:

$$P_d = \int_T^\infty p(\rho_x) d\rho_x = \int_T^\infty \frac{1}{\sigma\sqrt{2\pi}} \exp\left[-\frac{(\rho_x - a)^2}{2\sigma^2} \right] d\rho_x$$

$$= 1 - \int_{-\infty}^T \frac{1}{\sigma\sqrt{2\pi}} \exp\left[-\frac{(\rho_x - a)^2}{2\sigma^2} \right] d\rho_x \tag{2.89}$$

令 $t = \frac{\rho_x - a}{\sigma}$,则式(2.89)变为

$$P_d = 1 - \int_{-\infty}^{\frac{T-a}{\sigma}} \frac{1}{\sqrt{2\pi}} e^{-\frac{t^2}{2}} dt = 1 - \phi\left(\frac{T-a}{\sigma}\right) \tag{2.90}$$

$\phi(x)$ 为标准正态分布函数,可在相关手册中查值。阈值电平要比信号幅值 a 小,所以 $(T-a)$ 为负值,表中为正值,需变换:

$$\phi\left(\frac{T-a}{\sigma}\right) = 1 - \phi\left(\frac{a-T}{\sigma}\right)$$

则

$$P_d = \phi\left(\frac{a-T}{\sigma}\right), x = \frac{a-T}{\sigma} \tag{2.91}$$

若探测概率大于 0.96,则要求 x 大于 1.76,即 $(a-T)/\sigma$ 大于 1.76。

若指标要求虚警时间为 2h,即 7200s。噪声电压超过阈值电平的概率为虚警概率 P_{fa},按下式计算:

$$P_{fa} = \frac{1}{\Delta f \cdot T_{fa}} \text{或} P_{fa} = \exp(-V_0^2/2) \tag{2.92}$$

式中:V_0 为归一化噪声阈值;Δf 为系统信号带宽。

信号带宽与目标像在 FPA 上的驻留时间有关,而驻留时间与 FPA 的像元积分时间近似相等。若所选器件的积分时间为 20μs,则系统信号带宽为

$$\Delta f = \frac{\pi}{2} \cdot \frac{1}{2\tau_a} = \frac{\pi}{2} \cdot \frac{1}{2 \times 20 \times 10^{-6}} = 39270 \text{Hz} \tag{2.93}$$

由式(2.92)计算得到:

$$P_{fa} = 5.56 \times 10^{-9}; V_0 = 6.17$$

探测概率计算公式(也称为马克姆方程 Q 函数)为

$$P_d = \exp\left(-\frac{V^2 + SNR^2}{2}\right) \cdot \sum_{n=0}^{\infty} \left(\frac{V_0}{SNR}\right)^n I_n(V_0 \cdot SNR) \tag{2.94}$$

式中:$I_n(x)$ 为 n 阶第一类变形贝塞尔函数;V 为信号电平。

通常,根据式(2.94)以信噪比 $SNR^2/2$ 为参变量计算,得出阈值电平 V_0 和探测概率 P_d 的变化关系,列出图表(称为 Q 函数表)供查用(图 2.38)。

告警系统技术指标要求探测概率 $P_d \geq 96\%$,系统设计时 P_d 按 98% 取值计算。根据 Q 函数曲线,查表得到满足系统指标要求的最小 $SNR \approx 8$。

2.3.3　提高探测概率和降低虚警的方法

1)多帧积累

在红外告警系统中,常采用多帧积累序列检测的方法提高对目标的探测概率。对于凝视型告警来说,在 N 帧相互独立的红外目标图像中,如果有 M 帧图像信号

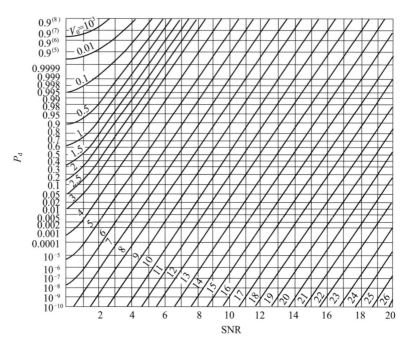

图 2.38　SNR 与探测概率的关系图

灰度超过阈值灰度,即说明探测到目标。此时探测概率的概率分布函数为一个二项式分布,设单次观察的探测概率为 P_d,则 N 次观察 M 次检出的探测概率为

$$P_D = \sum \begin{bmatrix} N \\ M \end{bmatrix} P_d^M (1 - P_d)^{N-M} \tag{2.95}$$

其中

$$\begin{bmatrix} N \\ M \end{bmatrix} = \frac{N!}{M! \ (N-M)!} \tag{2.96}$$

　　并且多帧图像与单帧图像目标探测的虚警概率也满足这个关系式。图 2.39 给出了不同观察帧数、不同探测帧数情况下单帧探测概率与多帧探测概率的关系。可以看出:当观察次数为 20 帧时,如果能有 12 次探测到目标,那么单帧探测概率只需要 0.78,系统就可实现探测概率为 0.98 的目标探测。

　　2) 线阵探测器的延时积分探测

　　改善线阵探测器告警系统探测概率的方法是利用时间延迟积分(Time Delay Integration,TDI)。对于扫描型告警器来说,N 个并联的探测器扫过面元时,信号增加 N 倍,但噪声是随机的,均方差只增加 $\sqrt{N}$ 倍,因而目标的信噪比将增加 $\sqrt{N}$ 倍,有

$$P_d = \frac{1}{\sqrt{2\pi}} \int_{(\text{TNR}-\text{SNR})}^{\infty} e^{-\frac{u^2}{2}} du \tag{2.97}$$

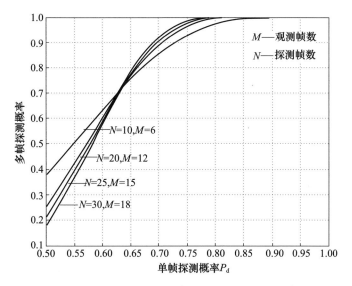

图 2.39　不同观察帧数、不同探测帧数多帧探测概率和单帧探测概率的关系

虚警率不变时,信噪比的增大将会导致探测概率的增大。比如最常见的 288×4 元红外探测器扫描成像时,如希望达到与序列检测条件几乎相同的指标,即探测概率 0.98、虚警概率 0.1,此时所需要的目标信噪比约为 2,小于序列检测所需要的目标信噪比 2.8。

但是,时间延迟积分使目标信噪比的理论增加值在实际的应用中常常要打一些折扣。扫描效率的改变、摆镜的精度、平台的不稳定性都会影响信号的叠加,从而降低信噪比的增加幅度。如果目标位置在信号叠加的过程中发生改变,那么它有可能起不到提高目标信噪比的作用。

3）减小高斯白噪声

系统的噪声源可分为光子噪声和电子噪声,电子噪声又可分为电源噪声、前置放大器噪声、读出电路噪声、扫描噪声和图像处理噪声等,而光子噪声源自探测过程中的量子效应,由探测器本身性能决定。在一个设计良好的系统中,红外焦平面探测器噪声往往是主要的噪声源。此时,噪声会因为信号的改变而改变,且噪声电流可以用高斯概率密度函数描述。当将一个确定信号加到噪声波形上时,探测器的输出电流仍然满足高斯分布,概率密度函数为

$$P_{\mathrm{d}}(I) = \frac{1}{\sqrt{2\pi}\sigma}\mathrm{e}^{-\frac{(I-I_{\mathrm{B}}-I_{\mathrm{S}})^2}{2\sigma^2}} \tag{2.98}$$

式中:I_{B} 为平均(或直流)电流;I_{S} 为信号电流;σ 为噪声电流的均方根值。

若将信号峰值电流与均方根信号噪声比(SNR)定义为 I_{S}/σ,将阈值噪声比

(TNR)定义为$(I-I_B)/\sigma$,则系统的探测概率可用下式表示:

$$P_d = \frac{1}{\sqrt{2\pi}}\int_{(TNR-SNR)}^{\infty} e^{-\frac{u^2}{2}}du \qquad (2.99)$$

式中:积分变量u为归一化电流,即$(I-I_B-I_S)/\sigma$。当信号一定的时候,阈值电流越低,探测概率越接近1,但这样做的结果是增大了虚警率。参考文献给出了一个虚警概率P_f和阈值噪声比(TNR)之间的关系式:

$$\frac{1}{P_f} = \sqrt{3}\,e^{\frac{TNR^2}{2}} \qquad (2.100)$$

结合图2.40的探测概率曲线,可以确定在白噪声中检测出信号的工作特性,系统的探测概率、信噪比和虚警概率之间的关系曲线如图2.41所示。要说明的是:雷达系统与红外系统的该特性曲线在数值上有所差异,这是因为在雷达系统中,噪声的概率密度假设为瑞利分布,而不是这里假设的高斯分布。

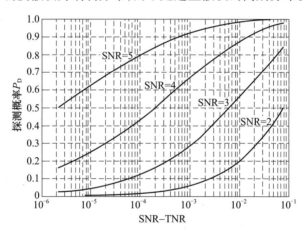

图2.40　探测概率P_D是信号SNR和阈值SNR的函数

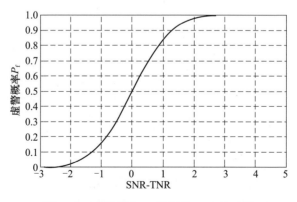

图2.41　虚警概率P_f是阈值SNR的函数

4）逼近算法（速率鉴别）

当目标接近告警系统时,根据距离照度公式,辐射照度与距离的平方成反比,可以定性区分目标是接近告警系统还是其他辐射源。

5）几何鉴别

根据目标像点的多少判断物体是接近还是其他,在目标接近时,通过图像判断是更有效的方法。

6）光谱鉴别

根据双色比或者多色比来判断辐射源是目标还是干扰源,并且多色比还可以判断目标种类属性,如飞机或者导弹等。

2.3.4　图像处理和目标识别

2.3.4.1　红外弱小目标图像处理和目标识别技术研究方法

由于自然景观的红外背景辐射及系统内部电子噪声影响,红外图像具有高亮度、低对比度的特点,即图像呈现灰白、模糊不清。另外,由于探测器存在坏元,且各像元的输出存在较大的非均匀性,导致红外图像质量进一步下降。因此,在进行红外图像处理之前,首先进行探测器坏元自动替换和像元单点/两点非均匀性校正来提高图像质量。其次,为提高图像信噪比,采用图像滤波技术,如中值滤波、形态滤波(膨胀/腐蚀),滤除随机噪声,同时也可保留图像细节。

在红外弱小目标检测时,综合应用图像相关匹配、多帧积累、差分、统计滤波等方法,提高目标探测的敏感性。在目标识别时,采用图像时空相关滤波处理方法,对目标的轨迹特征、亮度特征及形态特征进行评估,提高目标识别的准确性。在图像显示时,根据图像灰度值的参数统计,对红外灰度图像进行自适应动态范围拉伸,将模糊、低对比度的原始图像转变为适于人眼观察的清晰视频图像。

另外,考虑目标的运动特性、红外目标图像的闪烁特性及图像处理算法运算量,目标检测还可采用帧差图像处理技术[27-28],方法如下。

对于特定区域进行目标检测时,可定时捕获背景图像作为模板图像,新近采集的一帧图像与模板图像进行相减运算。当背景中有新目标出现时,图像相差运算可减除背景图像,仅留下特征明显的目标灰度图像,进一步对差值图像进行处理可完成目标提取与目标识别。当背景特征有明显变化时,应及时更换模板图像。

对于远距离变化缓慢的空中成像目标,帧差处理技术可能失效,此时应对目标和背景的灰度值及目标的连通性进行分析判断,使目标从背景中分离出来。

2.3.4.2　红外目标的光谱特征

中波红外(MediumWave Infrared Rays,MWIR)和长波红外(Long Wave Infrared Rays,LWIR)波段的光谱红外图像中,各窄带间的自然背景是高度相关的,而人造物体的带间相关性却很小。正是杂波的高度相关性使得可以利用一个子带中的数据去消除另一个子带中的背景杂波,从而得到显著提升的信噪比增益。试验结果表明:不同目标在某些波段内存在着显著的辐射特征差异,而在其他区间内几乎没有辐射差异;从宽光谱波段上来看,MWIR 和 LWIR 图像在白天的差异更明显,原因是 MWIR 波段内太阳能量的反射非常明显,而 LWIR 对此差异不大。

对目标的光谱成像告警是针对目标的不同波长的红外辐射特性而言,因此通过对目标的红外光谱辐射特性进行分析与研究,特别是对导弹和飞机等目标的红外辐射包括导弹尾焰、飞机尾喷管和蒙皮的近似为灰体的连续谱的热辐射,以及有选择性的带状谱的喷焰气体辐射的测试和分析,是有可能找到不同目标的特征谱带的。目标红外辐射光谱随其工作状态,如加力和非加力、助推段和二级助推段以及目标的方位角而变化,其光谱特征都会起一定的变化。

1)飞机的光谱特性

在非加力状态下,飞机尾向的辐射光谱是峰值波长位于约 $4\mu m$ 的连续谱,但在实际应用中,由于大气中 CO_2 和 H_2O 分子吸收,在 $2.7\mu m$ 和 $4.3\mu m$ 附近形成凹陷。非加力状态下,飞机侧向和前向的红外辐射光谱,通常呈现尾焰中 CO_2 和 H_2O 分子发射谱带特征。未经大气衰减的尾焰红外辐射光谱中,$4.3\mu m$ 带辐射强度比 $2.7\mu m$ 带大得多。在飞机发动机处于加力状态下,飞机在所有方位(前向、侧向和尾向)的红外辐射光谱均呈现 CO_2 和 H_2O 分子发射谱带形状。由于导弹加力下尾焰气体温度高达 2000K,根据黑体发射光谱随温度变化的特点,在加力状态下 $2.7\mu m$,但是带辐射比 $4.3\mu m$ 带的增量大。

2)导弹的光谱特性

由于导弹助推飞行时尾焰中含有大量的 CO_2 和 H_2O,这两种气体的分子结构决定了它们在 $2.7\mu m$ 和 $4.3\mu m$ 波长处均有较强的红外辐射。

光谱可探测性的两个关键参数是观测目标 - 背景光谱对比度特征(提供光谱的色相鉴别)和背景光谱互相关(提供多波段杂波抑制)。研究结果显示,植被与天空的光谱辐射在窄带间是高度相关的,这非常有利于目标 - 背景的色相鉴别。高度背景互相关是通过多光谱处理技术实现显著杂波抑制与微弱对比度增强的最根本机理。

研究结果表明,虽然中波红外 MWIR 探测器的性价比较高,但是 MWIR/LWIR 探测器的优化组合的多光谱信杂比增益要明显高于单独 MWIR 波段的增益,如图 2.42 所示。

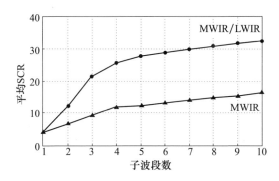

图 2.42　MWIR 与 MWIR/LWIR 性能比较

利用傅里叶变换红外光谱仪,可以获取多种目标材料以及背景在 $3 \sim 12 \mu m$ 光谱区域内的辐射特性,并建立光谱特征数据库。目标的光谱特征可以通过光谱角度映射自动提取:将像素的高光谱数据矢量 $\boldsymbol{X}$ 与光谱特征数据库中的特征矢量 $\boldsymbol{s}_i$ 投影,二者之间的夹角 $\theta_i = \arccos(\boldsymbol{X}^{\mathrm{T}} \boldsymbol{s}_i / |\boldsymbol{X}||\boldsymbol{s}_i|)$ 表征像素 $\boldsymbol{X}$ 与光谱特征 $\boldsymbol{s}_i$ 的相近程度。

2.3.4.3　红外目标的空间特征

虽然一个告警系统的最终目的是在尽可能远的作用距离下以尽可能高的精度给出目标属性的判别并为上层系统提供信息决策支持,但是目标探测过程中,系统的输入数据绝大部分为各类背景数据,目标探测就是要将广泛的背景与偶然的目标区分开来。因此,下面对人造目标相对于战场背景的空间特征给予分析和描述。

红外目标的特征是基于它的辐射特性和目标与背景间的关系来确定的,据此提出如下的特征量。

(1) 复杂度(Complexity):边界像素点数与总目标像素点数的比值。

(2) 长宽比(Length/Width):目标最小外接矩形的长度与宽度的比值。

(3) 均值对比度(Mean Contrast):目标灰度均值与背景灰度均值的比值。

(4) 最大亮度(Maximum Brightness):目标像素点的最大灰度值,即目标最亮点灰度值。

(5) 对比度(Contrast Ratio):目标最亮像素点灰度值与目标最暗像素点灰度值的比值。

(6) 均值差(Difference of Means):目标灰度均值与局部背景灰度值的差值。

(7) 标准偏差(Standard Deviation):目标像素点灰度值的标准偏差。

(8) 部分最亮像素点数/目标总像素点数的比值(Ratio Bright Pixels/Total Pixels):比目标最亮点亮度小 10% 以内的像素点数与目标总像素点数的比值。

(9) 紧凑度(Compactness):目标像素点数与包围目标的矩形内的像素点数的比值。

（10）边缘聚集（Edge Concentration）：局部区域边缘像素值之和，人类视觉系统是基于边缘辨别物体的。

2.3.4.4　红外目标的频谱特征

所有频谱特征都是基于维纳谱（每个像素的局部功率谱）来计算的。

（1）空间频率（Spatial Frequency）：表征当前区域图像信息变化快慢的量，图像细节越丰富，这个量的值越高。

（2）维纳谱形状（Spectrum Shape）：局部维纳谱的拉长度测量，用于区分直线与曲线结构。

（3）傅里叶变换能量（Fourier Transform Energy）：局部区域维纳谱的对数和，对数的使用对高频成分赋予更高权重。

（4）分形维数（Fractal Dimension）：人造物体的一个基本特征测度，可用于揭示伪装物体，当维纳谱随频率以常数 $-\alpha$ 次幂衰减时，其分形维数 $D = 2.5 - \alpha/2$，α 通过谱的相位来估计，通常为 $2 \sim 3$。

（5）分形维数误差（Fractal Dimension Error）：度量在多大程度上一个区域可以认为是分形的（即人造的），通过维纳谱的直线度拟合来计算。

（6）Gabor 特征（Gabor Features）：可以利用 Gabor 滤波器采样维纳谱的少数几个频率和方向上的信息。图 2.43 是典型图像的维纳谱图，可见不同区域其频谱变化是显著的。

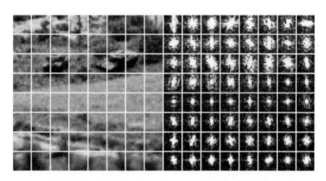

(a)局部分割图像　　　　　　(b)对应的局部谱

图 2.43　典型图像的维纳谱图

2.3.4.5　红外目标的运动特征

运动特征是目标在时间域上的位置变化体现，包括轨迹、机动性、速度、加速度等。不同运动目标的运动特征可以用于目标的运动属性判别，如直升机的水平速度可为90m/s，水平与垂直加速度分别为 $10m/s^2$ 和 $9m/s^2$，而典型地面车辆的加速

度为 $2\mathrm{m/s^2}$。

大部分的红外探测系统都只能输出目标角度信息,虽然理论上通过几次静止目标与运动探测平台之间的相对运动,可以利用三角测量的方法计算出目标距离,但是当探测目标本身也在运动时(大部分机动战术目标均属此情况),目标距离很难通过三角测量的方法计算出来,这样,目标的运动特性(如速度、加速度等)就很难被捕获并用于目标识别。

2.3.4.6　双波段红外目标信息融合技术研究方法

在双波段红外成像系统中,如何充分利用目标在两个波段成像信息的互补性和冗余性来提高弱信号小目标的检测与识别能力,是提高系统探测概率和降低虚警的关键。通过红外双波段目标信息融合,可以提高探测系统对导弹目标全程探测能力和告警能力,同时也可以降低系统虚警率。

目标信息融合研究拟采用以下两种方式。

(1)目标亮度信息融合。对同一时刻探测得到的不同波段的目标亮度信息进行对比分析,根据双波段目标亮度比值结果来分析研究目标特征,从而完成目标识别任务。

在红外成像探测系统中,目标亮度信息与目标成像灰度值密切相关,进行目标特征分析时,可近似采用成像目标灰度值替代目标亮度值进行数据计算。

(2)目标图像融合。对于来自信号处理单元的标准中波、长波红外模拟视频信号,由于光学系统采用共孔径设计技术,双波段红外成像视场是完全匹配的,双路视频信号经过视频合成处理(视频合成器),直接形成一路可供显示的视频信号,实现双波段红外图像融合,提高目标识别人工判读能力。此外,对于融合后的视频信号,利用技术成熟的图像处理系统可以再次进行图像处理,实现目标检测自动处理,从而提高系统目标识别能力和探测概率。

2.3.4.7　非均匀性校正与温度补偿方法

红外探测器响应的非均匀性会使探测系统不能形成清晰的目标背景图像,导致无法进行目标检测及目标识别。解决红外焦平面探测器非均匀性问题可采用以下几种方法:

(1)对固定偏差,可以采用定值补偿方法进行校正;

(2)对增益偏差,可以采用斜率校正方法进行补偿;

(3)对不稳定偏差,可以采用自适应方法进行补偿;

(4)此外还有综合校正法、人工神经网络校正法等。

采用两点温差校正法来解决探测器响应非均匀性问题。两点温差校正法是一种比较成熟的方法,其原理简单、计算量小,便于软件、硬件实现,是目前焦平面阵列成像系统中使用最广泛的一种校正方法。从非均匀性的产生原因中可以看到，非均匀性主要表现为下面两种形式：一是独立于输入信号的偏移量（直流分量）非均匀性；二是由于探测单元对输入的响应不均匀而造成的增益非均匀性。由于偏移量非均匀性与增益非均匀性产生的固有噪声叠加在图像上而产生误差，通过对焦平面阵列各像元的增益与偏移量非均匀性进行校正，能有效地提高图像的质量。红外焦平面阵列在均匀辐射背景下任意像元的响应输出可以表示为

$$X_{ij}(\varnothing) = R_{ij}\varnothing + O_{ij} \tag{2.101}$$

式中：$X_{ij}(\varnothing)$ 为像元响应输出值；$\varnothing$ 为辐射通量；R_{ij}和O_{ij}为焦平面阵列第 i 行 j 列像元的增益和偏移量，对于每一个像元，R_{ij}和O_{ij}的值在两个标定点内是固定的，并且不随时间变化。校正的目的是要把任意像元在同一辐射通量 $\varnothing$ 作用下的输出信号$X_{ij}(\varnothing)$校正为整个焦平面阵列在辐射通量 $\varnothing$ 作用下的标准像元的响应输出信号$X_n(\varnothing)$，任意像元的响应输出$X_{ij}(\varnothing)$与校正输出$X_n(\varnothing)$的关系式如下：

$$X_n(\varnothing) = \frac{X_n(\varnothing_2) - X_n(\varnothing_1)}{X_{ij}(\varnothing_2) - X_{ij}(\varnothing_1)}X_{ij}(\varnothing) + \frac{X_{ij}(\varnothing_2)X_n(\varnothing_1) - X_{ij}(\varnothing_1)X_n(\varnothing_2)}{X_{ij}(\varnothing_2) - X_{ij}(\varnothing_1)} \tag{2.102}$$

令

$$K_{ij}(\varnothing) = \frac{X_n(\varnothing_2) - X_n(\varnothing_1)}{X_{ij}(\varnothing_2) - X_{ij}(\varnothing_1)} \qquad B_{ij} = \frac{X_{ij}(\varnothing_2)X_n(\varnothing_1) - X_{ij}(\varnothing_1)X_n(\varnothing_2)}{X_{ij}(\varnothing_2) - X_{ij}(\varnothing_1)}$$

则

$$X_n(\varnothing) = K_{ij}X_{ij}(\varnothing) + B_{ij}$$

校正公式也可采用如下形式：

$$Y_{ij}(\varnothing) = K_{ij}X_{ij}(\varnothing) + B_{ij} \tag{2.103}$$

式中：K_{ij}、B_{ij}分别为两点校正中的校正增益和校正偏移量；$X_{ij}(\varnothing)$为校正前的输入值（像元响应值）；$Y_{ij}(\varnothing)$为校正后的输出值；$\varnothing_2$、$\varnothing_1$分别为各像元在高温和低温下的红外辐射通量；$X_n(\varnothing_2)$、$X_n(\varnothing_1)$为对应的标准像元的响应输出信号；$X_n(\varnothing_2)$、$X_n(\varnothing_1)$为计算时取探测器像元输出信号的平均值。

根据式（2.103），计算每一个像元响应的增益和偏移量，建立查找表（Lookup Table，LUT），分别存储在存储器内，从而实现探测器响应的非均匀校正（Non Uniformity Correction，NUC）。

该算法是在假设探测器响应为线性的条件下得到的，是一种较成熟的 NUC 算法。两点非均匀性校正的最大优点在于算法实现的简单性，易于在实时系统中实现。另外，由于红外系统本身固有的热敏感性，周围环境温度改变会造成光学系统折射率随温度变化而改变系统焦距或使探测器像元输出产生温度漂移，进而影响系统成像质量，可以采用如下解决方法。

（1）设置调焦机构，对散焦进行微调补偿。

（2）采用单点校正技术,对光学系统、信号处理单元因温度变化引起的探测器像元输出信号起伏或信号处理板热噪声电压起伏进行均衡处理,提高成像质量。

非均匀性测试及校正过程如下。

（1）使焦平面通过光学系统与平面黑体源对准,黑体辐射均匀照射在红外焦平面阵列上,并充满焦平面的整个视场。

（2）控制黑体辐射源的温度为 T。

（3）测量焦平面每个探测元的响应值,该测量值在一个预先设定的曝光时间内完成,响应值存储在第一个存储单元。

（4）重复步骤(1),在大量设定的时间内完成大量的测试数据,重复次数为 50 次。

（5）对每个探测元在 T_L 下的响应值求平均。

（6）对所有探测元的响应值求平均。

（7）设置黑体辐射源的温度为 T_H,且 $T_L < T_H$。

（8）重复步骤(1)~步骤(4),计算每一探测元在温度 T_H 下的响应平均值及所有探测元的响应平均值。

（9）根据方程计算每一探测元的响应增益和偏移量,分别存储在 LUT 内,以供校正时取用。

（10）根据 LUT 内的增益和偏移量系数,按式(2.103)对红外图像进行校正。

该算法是在假设探测元的响应为线性的基础上得到的,是一种较成熟的 NUC 算法,两点非均匀性校正的最大优点就是算法实现的简单性,易于在实时系统中实现。单个查找表容量为 $640 \times 512 \times 2 \times 2\text{Bytes} = 10\text{Mb}$,采用 64Mb 的 FLASH 可以容纳 6 组查找表,系统上电后把查找表从 FLASH 调入 SDRAM 中,SDRAM 为 32bit 宽度,可在同一地址存储增益和偏移量系数提高运行速度。

系统采用单点和两点非均匀性校正的方法对探测器的非均匀性进行校正。

探测器的两点非均匀性校正方法是采用能覆盖整个光学通路的 293.15K 和 308.15K 的面源黑体来实现。

2.3.4.8　NETD 与 D^* 的关系式

系统噪声等效温差的计算公式为

$$\text{NETD} = \frac{4\,(F\#)^2 \sqrt{\Delta f}}{\sqrt{A_d} \int_{\lambda_1}^{\lambda_2} T_{\text{sys}}(\lambda)\, \frac{\partial M(\lambda, T)}{\partial T}\, D^*(\lambda)\, \mathrm{d}\lambda} \tag{2.104}$$

式中:$F\#$ 为光学系统的 F 数;Δf 为噪声等效带宽,约与帧频相当;A_d 为探测器像素面积;$T_{\text{sys}}(\lambda)$ 为光学系统的透过率;D^* 为探测器的平均归一化探测度;$\int_{\lambda_1}^{\lambda_2} \frac{\partial M(\lambda, T)}{\partial T}\mathrm{d}\lambda$ 为光谱辐射热导数,在 $3.5 \sim 5\mu\text{m}$ 波段内约为 $0.2\text{W/m}^2 \cdot \text{K}$。

将参数代入式(2.104)中,可算得系统的噪声等效温差。

2.4 新体制告警方法

2.4.1 利用背景噪声抑制的告警方法

2.4.1.1 弹道导弹预警的背景抑制

对弹道导弹的预警可采用红外探测方法。红外预警卫星探测弹道导弹尾焰红外特征时,利用大气层中水蒸气和二氧化碳对地物辐射的吸收,掩盖了背景辐射,当弹道导弹飞行到浓密大气层外时,利用弹道导弹尾焰中水蒸气和二氧化碳的辐射带,分别是 2.7 ~ 2.9μm 波段和 4.1 ~ 4.4μm 波段,最大限度地利用了目标和背景的差异性,达到抑制地面复杂背景和有效提取大气层外的弹道导弹红外特征的目的。同理,当具有一定红外辐射的战略轰炸机、大型运输机在 10km 以上的高度飞行时,预警卫星也具备发现其飞行航迹的可行性。

弹道导弹飞行可分为四个阶段:助推段、末助推段、中段和再入段。助推段持续 150 ~ 200s,将导弹加速至 5 ~ 7km/s,距离地球表面约 200km,这阶段的红外辐射以火箭尾焰为主。末助推段和中段的导弹红外辐射通常相对较弱,对远在 40000km 之外的红外预警卫星来说,显然是不利于探测的阶段。而红外预警卫星主要探测的是助推段的弹道导弹。

在助推段能够极为明显地观察到导弹火箭发动机尾焰的红外辐射。尾焰中的主要成分是水蒸气和二氧化碳,其分子结构决定了水蒸气在中心为 2.7μm 和 6.3μm 的红外波段上有强烈的辐射,而二氧化碳则在 4.3μm 波段上有强烈的辐射,垂直导弹飞行方向尾焰的测量光谱图如图 2.44 所示。

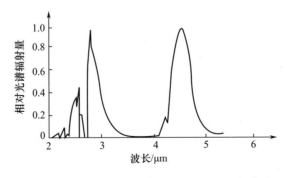

图 2.44　一种垂直导弹飞行方向尾焰测量光谱图

通常在较低高度上飞行的弹道导弹,可见的红外尾焰直径约为 4m,长度约为 50m,在喷口处尾焰的温度约为 2000K,可见尾焰的平均温度约为 1800K。在工程分析计算时,可将尾焰看作圆柱状的灰体,其表面积约为 $600m^2$。在预警卫星能够探测到尾焰的高空,大气比较稀薄,可以忽略大气传输损耗,因此导弹尾焰的全波段红外辐射强度可表示为

$$I = k \frac{\varepsilon \sigma T^4 S}{\pi} \cos\theta \qquad (2.105)$$

式中:I 为导弹尾焰的辐射强度(W/sr);ε 为导弹尾焰的发射率(参照第 1 章气体发射率);σ 为斯忒藩 – 玻耳兹曼常数,5.67×10^{-12}(W·cm^{-2}K^{-4});T 为导弹尾焰的热力学温度;S 为导弹尾焰的辐射面积;θ 为视线夹角;k 为波段内占全辐射比例,可查表得到黑体辐射数据。

红外预警卫星的红外探测器主要靠探测导弹尾焰的红外特性来识别导弹,其红外望远镜探测到的导弹一般是一个热点,不能清楚地分辨。

红外预警卫星主要是通过探测导弹尾焰的红外辐射来发现导弹发射。无论采用何种燃料,二氧化碳和水蒸气几乎总是所有导弹推进剂燃烧后的主要产物,两种气体的分子能级结构决定了二氧化碳在 $2.7\mu m$ 和 $4.3\mu m$ 波段、水蒸气在 $2.7\mu m$ 和 $6.3\mu m$ 附近有较强的红外辐射。因此导弹预警卫星必须采用对 $2.7\mu m$、$4.3\mu m$、$6.3\mu m$ 比较敏感的探测元件。事实上,DSP 导弹预警卫星上的红外探测器采用的是硫化铅和碲镉汞的双色焦平面阵。其中:硫化铅光敏探测器对 $1 \sim 3\mu m$ 波段敏感,能够探测 $2.7\mu m$ 附近的红外辐射;碲镉汞的光谱响应范围为 $3 \sim 5\mu m$,能够完成对 $4.3\mu m$ 波长附近红外辐射的探测。

另一方面,弹道导弹在大气中飞行,从大气透过光谱来看(图 2.45),对不同波长辐射,二氧化碳和水蒸气的吸收程度不同。$2.7\mu m$ 和 $4.3\mu m$ 又同时分别处于水蒸气大气吸收带和二氧化碳大气吸收带之中,其中又以 $2.7\mu m$ 大气吸收带深度大。而 DSP 导弹预警卫星的红外探测器采用的是对这两个波段比较敏感的探测器进行探测,这样就使得弹道导弹从发射到十几千米高度左右的低层大气飞行段不能被卫星探测到。根据大气中水蒸气和二氧化碳的分布,目前导弹尾焰的 $2.7\mu m$ 信号需在 $10 \sim 15km$ 以上才能探测到,而 $4.3\mu m$ 附近的信号只能在 $30 \sim 40km$ 以上被发现。

DSP 红外预警卫星探测器使用 $2.7\mu m$ 和 $4.3\mu m$ 波段进行探测,可以使地球背景的亮度最小化,获得最强的目标辐射强度和最弱的天空背景,降低虚警信号,对于发现目标、克服背景极为有利。当预警卫星工作时,若探测器上出现亮点,要么是导弹发射,要么是飞机飞行,要么是地球表面剧烈燃烧的大火,再根据探测器连续扫描或凝视跟踪观察,就可以初步判定被探测目标是导弹、飞机或是地面大

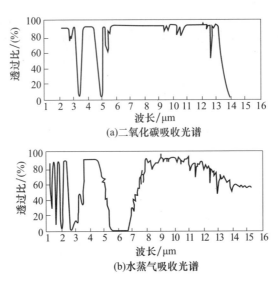

图 2.45　二氧化碳、水蒸气的大气吸收

火。地面站根据预警卫星下载回来的辐射强度大小等信息,与先验的数据库作对比,如果确定是导弹,就可以迅速计算出导弹的方位、飞行时间、速度,并进行落点预测,从而完成对弹道导弹的预警。

2.4.1.2　美国的 DSP 红外预警卫星

20 世纪末的 DSP 卫星如图 2.46 所示。美国的 DSP 红外预警卫星经过 40 多年的发展,目前主要是在轨的第三代"国防支援计划"DSP 红外预警卫星系统。整个 DSP 红外预警卫星系统由位于地球同步轨道上的 5 颗卫星组成,5 颗卫星分别位于西经 37°(大西洋位置)、东经 10°(欧洲位置)、东经 69°(印度洋位置,主要用来监视我国和俄罗斯路基弹道导弹的发射)、西经 152°(太平洋位置)和东经 110°(东印度洋位置)。其中位于东经 69°、东经 110°和西经 152°的 DSP 红外预警卫星完成对亚太地区的弹道导弹的发射预警。

DSP 红外预警卫星上装有红外望远镜、电视摄像机和核辐射探测仪等有效载荷。预警卫星上的红外望远镜采用施密特系统,该红外望远镜长 3.63m,直径约为 0.91m,F 数约为 4,星上探测器采用 6000 元的阵列探测器。红外望远镜的视线与卫星轴线偏离 7.5°,卫星以 5 ~ 7r/min 的速度自转,望远镜每隔 8 ~ 12s 对它所覆盖的约占地球表面 1/3 的区域重复扫描一次,当探测到类似弹道导弹发动机尾焰的红外辐射时,电视摄像机便自动对辐射源进行摄像。预警卫星将所有探测到的信息传输给地面站,由地面站对卫星提供的信息进行分析处理,如果该辐射源被分析人员判断为弹道导弹,地面站还能粗略地计算出弹道导弹的飞行弹道和落点等

图 2.46　20 世纪末的 DSP 卫星

信息,并将这些信息立即传输给战区指挥中心和反导防御系统。

根据对 DSP 红外预警卫星系统的分析,可知其工作程序为:①红外望远镜不断扫描,搜索其视野范围内的目标;②从地球背景中探测火箭发动机产生的尾焰,报告弹道导弹的发射,于发射数秒后开始测量(到达角和红外辐射强度信息);③利用传感器测的数据进行弹道导弹战术参数的估计。战术参数的估计包括:导弹类型的匹配、发射参数的估计(包括发射时间、地点、射向等)、特定参考时刻导弹状态矢量(在地心惯性(ECI)坐标参考系中的位置、速度等)估计、落点预报等。当然,首要一条就是探测到目标。

需要强调的是,DSP 红外预警卫星将接受望远镜的视轴相对卫星自转轴偏离了 7.5°,减少中心覆盖区的重叠扩大了总视场,提高了分辨力;利用卫星自旋,采用多元线阵扫描体制,实现大视场、高分辨力、高灵敏度要求,而且避免了光学系统中使用扫描运动部件,提高了系统的可靠性和使用寿命。

2.4.1.3　对 DSP 的告警设备参数的推断

由于 DSP 红外预警卫星接收导弹尾焰辐射红外能量,其探测性能可以用等效噪声目标(Noise Equivalent Target,NET)来描述,等效噪声目标定义为在传感器探测回路的输出端产生单位信噪比的视在带内目标强度。设从传感器到目标的斜距为 R,探测器光路的聚光面积为 A_c,光学系统的透过率为 τ_0,探测器的等效噪声功率为 NEP,则等效噪声目标(NET)可表示为

$$NET = \frac{R^2 NEP}{A_c \tau_0} \tag{2.106}$$

利用归一化探测率 D^* ,式(2.106)可以写为

$$\text{NET} = \frac{R^2 (A_\mathrm{d}\Delta f)^{1/2}}{D^* A_\mathrm{c}\tau_0} \tag{2.107}$$

式中: A_d 为探测器面积; Δf 为测量电路的带宽。

设信号处理滤波器是一个匹配滤波器,其矩形信号脉冲持续时间(探测器的驻留时间)为 τ_d ,则

$$\Delta f = \frac{\pi}{2} \cdot \frac{1}{2\,\tau_\mathrm{a}} \tag{2.108}$$

另外,探测器驻留时间 τ_d 又由侦察空间大小、对整个侦察空间扫描时间的长短、探测器视场的尺寸及传感器焦平面上的像元数目所决定,因此 τ_d 可用下式表示,即

$$\tau_\mathrm{d} = \frac{\eta_\mathrm{s} T_\mathrm{f} N_\mathrm{d} \Omega}{\Omega_\mathrm{s}} \tag{2.109}$$

式中: T_f 为整个侦察空间做完整扫描所用的时间; Ω_s 为整个搜索空间对应的立体角; Ω 为探测器瞬时视场对应的立体角; N_d 为探测器像元数; η_s 为扫描效率因子。

探测器瞬时视场角 Ω 还可以用到目标距离 R 和探测器对应地面的线度 L_fp (探测器的印迹)来近似表示,若探测器为矩形,则

$$\Omega = \frac{L_\mathrm{fp}}{R} \tag{2.110}$$

或

$$\Omega = \frac{A_\mathrm{d}}{f^2} \tag{2.111}$$

式中: f 为系统的有效焦距。

将等效噪声带宽、探测器驻留时间、探测器视场的表达式代入 NET 的表达式,则

$$\text{NET} = \frac{F\#^2 R L_\mathrm{fp}}{\pi\,\tau_0 D^*} \left(\frac{8\Omega_\mathrm{s}}{\eta_\mathrm{s} T_\mathrm{f} N_\mathrm{d} A_\mathrm{d}} \right)^{1/2} \tag{2.112}$$

式中: A_c 为光学系统聚光面积,按直径为 D 的圆形计算; $F\#$ 为光学系统的 F 数。

可以计算位于地球同步轨道上 DSP 红外预警卫星对洲际弹道导弹所需的 NET 值。 R 取 40000km,探测器印迹为 2km,侦察空间为 0.008sr,探测器像元数为 6000,每个探测器像元为 $10\mu\mathrm{m} \times 10\mu\mathrm{m}$, D^* 取 $5 \times 10^{11}\mathrm{cm}\ \mathrm{Hz}^{1/2} \cdot \mathrm{W}^{-1}$ 。光学系统的 F 数为 4,光学系统的透过率 τ_0 为 0.5,扫描效率 η_s 为 0.8,而总时间 T_f 为 10s。将这些值代入 NET 表达式,计算出预警卫星的 NET 为 3.8kW/sr,即约 1kW/sr 的量级。

这也就是说,只有当被探测目标到达 DSP 预警卫星的辐射能量超过预警卫星的灵敏度时,DSP 红外预警卫星才有可能对其进行探测与预警。

预警卫星另外一个探测能力可以从探测距离分析。预警卫星的最基本任务就是探测助推段飞行的弹道导弹,因此,探测距离也是探测系统重要的性能指标,它决定了预警卫星能否发现目标、在多大的距离上发现目标。预警卫星的扫描探测采用线阵列探测器,通过往复的扫描对整个视场空间进行搜索,在搜索到目标后,改由凝视的面阵探测器进行跟踪,因此预警卫星的探测距离可以用线阵列探测器的作用距离来分析。采用线阵列探测器的红外系统的作用距离数学模型为

$$R_0 = \sqrt{\pi_a \tau_0 D_0 D^* I/4F} \cdot \sqrt[4]{\gamma\, N_d T_f / \Omega_s} \qquad (2.113)$$

式中:τ_0 为大气透过率;D_0 为探测光学系统口径(cm);γ 为信号峰值因子,取 0.67。

以现役的 DSP 红外预警卫星为例,预警卫星的红外望远镜口径为 0.9m,光学系统的 F 数为 4,D^* 取 $5 \times 10^{11}\,\mathrm{cm} \cdot \mathrm{Hz}^{1/2} \cdot \mathrm{W}^{-1}$,采用 6000 元的探测器,扫描探测视场为 0.008sr,扫描时间为 10s,取 $\tau_a = 0.5$,$\tau_0 = 0.5$,对于助推段的弹道导弹,尾焰的红外辐射强度应超过 $10^4 \mathrm{W/sr}$,则可以计算出 DSP 红外预警卫星的理想探测距离 $R_0 = 70000\mathrm{km}$,远远大于预警卫星的在轨高度 35870km,所以 DSP 红外预警卫星根据导弹尾焰的红外辐射能够有效探测到助推段飞行的弹道导弹。

2.4.2　超分辨力红外微扫成像

微扫技术可以有效提高红外成像系统的分辨力、目标探测及识别作用距离以及探测系统最小可分辨温差,为有效捕获目标细微特征提供有力支撑,包括精密光机微扫与控制技术和实时运动估计、信号复原与超分辨力重建的先进信号处理技术。

红外图像的超分辨力重建的关键问题如下:

(1)对图像序列间精确的运动估计。

(2)包含探测器点扩散函数、光学系统点扩散函数、成像过程中的运动模糊以及大气传输影响在内的图像模糊辨识。

(3)快速图像重建算法,这种算法是一个病态问题。

图 2.47 给出了我们前期的初步超分辨力重建结果,是利用一个低分辨力飞机红外图像序列进行超分辨力重建的效果比较。由图 2.47(b)的 Bicubic 插值结果可见,随着放大因子的增加,图像的模糊程度也越来越明显,而图 2.47(c)中的超分辨力算法由于融合了多帧低分辨力图像中的数据,并且具有去模糊能

力,其重建结果不但未随着放大因子的增加而变得模糊,反而恢复出更为清晰的飞机轮廓(注意机翼上的悬挂部件),这对于后续的细微特征识别工作是至关重要的。

(a)原始低分辨力序列中的一帧

(b)提取的感兴趣区域　　(c)图(b)的Bicubic插值　　(d)超分辨力重建结果

图2.47　红外飞机序列的3倍(第一行)与4倍(第二行)放大结果

2.4.3　红外单站被动测距的实现方法

光电测距技术可分为主动和被动两种方式。主动测距需要发射人造光照射物体,如激光和具有一定纹理结构的光,通过分析物体反射光的纹理形变或直接测量光的传播时间来确定物体的距离,如激光测距、结构光法、莫尔条纹法、位相测量法等。被动测距则是通过探测物体的自然光辐射并进行分析来确定物体的距离,如基于目标图像测距法、根据物体光谱辐射强度和大气光谱传输特性模型测距法、根据物体的方向角测距法等。

随着光电技术的发展,红外探测设备和警戒跟踪设备在军事上广泛应用。由于红外探测和警戒跟踪系统不能提供目标的距离信息,只能提供目标的角度信息,限制了它的目标识别能力和在武器系统中的作战效能。如果红外系统能在发现和跟踪目标的同时获取目标距离信息,那么对于系统自动识别目标、提高跟踪精度,进而为火力控制提供所需的基本参数都是非常有意义的。单站测距可分为单目测距和双(多)目测距,区别是依赖于单套光学系统还是多套光学系统。

2.4.3.1　单目测距原理

1）成像测距法

单目成像测距法是 Edward R. Dowski 在 1994 年提出来的，并在实验室进行了试验验证。他们采用了图 2.48 所示的成像光学系统。

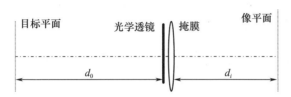

图 2.48　单目成像测距光学系统

设 v 为输入的物，y 为输出的像，二者间关系为

$$y(\psi) = \boldsymbol{T}(\psi)v \tag{2.114}$$

式中：$\boldsymbol{T}(\psi)$ 为变换矩阵；$\psi = \dfrac{L^2}{4\pi\lambda}\left(\dfrac{1}{d_0} + \dfrac{1}{d_i} - \dfrac{1}{f}\right)$，为离焦参数。

对于给定的 $y(\psi)$，通过求 ψ 的最小偏差估计可以得到目标距离。ψ 的最小偏差估计通过 Cramer – Rao 边界条件确定：$1 >> \left| \boldsymbol{T}(\psi)a(\psi)\right|^2 > 0$。

上式为单目一次成像实现被动测距的必要条件，即变换矩阵是线性相关的。由于 $a(\psi)$ 的谱与光学传递函数谱是互补的，因此也为周期谱，其频率与物距 d_0 间存在以下关系：

$$f = \frac{b_0}{d_0} + b_1 \tag{2.115}$$

式中：b_0 和 b_1 为常数。

使用本方法测距要求目标具有低通空间频率特性。

2）单目目标轮廓法

A. Baldacci 在 1999 年提出一种单目测距方法，即"外基线"测距，对目标距离的估计依据事先建立好的图像库，这些图像是各种目标在已知距离处拍下的。系统测距时首先对目标成像、识别再与图像库中参考图像进行比较，并根据目标的尺寸外推出目标的距离。图 2.49 为其工作原理框图。

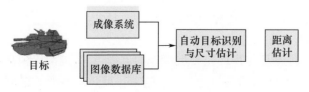

图 2.49　利用图像库测距原理框图

该测距法需要有庞大的图像库支持,这常常是难以实现的。另外在远距离时目标通常是点目标,利用该方法测距精度很低或根本测不出距离。

3）大气透过率法

基于大气的光谱传输特性,W. Jeffrey 等在1994年提出一种单目测距方法,主要用于对助推段战区导弹进行被动测距,图2.50所示为其测距示意图。成像系统采用双波段探测方式,在$4.46 \sim 4.7 \mu m$波段范围选择两个窄波段对目标的辐射能量进行探测,再通过比较两个波段能量估计目标距离。

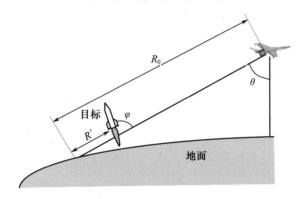

图 2.50　机载传感器测距示意图

选择$4.46 \sim 4.7 \mu m$作为探测波段主要考虑:二氧化碳与空气混合比在100km以下是均匀的;该波段吸收特性是渐变的,从不透明到近透明。导弹尾焰在该波段有辐射峰。

目标距离$R = R_0 - R'$,R'由下式确定,即

$$R' = -\frac{H}{\cos\varphi}\ln\left[\frac{\cos\varphi}{(\alpha_2 - \alpha_1)H}\ln\frac{C}{B}\right] \qquad (2.116)$$

式中:C为目标在两个探测波段的能量比;B为探测器测得的两个波段能量之比;α_1和α_2分别为两个探测波段的大气衰减系数;H为与大气模型相关的常数。

由式(2.116)我们看出影响测距精度的主要因素有目标辐射特征模型、能量探测精度、几何参数测量精度和大气模型的影响。

1998—1999年,美国KTAADN公司和弹道导弹防御机构一起进行了试验验证,验证结果表明该方法测距相对误差为5%～15%。

4）聚焦法和离焦法

聚焦法是一种基于寻找最佳聚焦图像的测距方法。物体图像越清晰,其精细结构看得就越清晰,图像的高频分量也就越多。聚焦法测距就是利用这一特点,采用连续自动变焦摄像机,对目标进行连续变焦成像。在数据处理上建立一个评价

聚焦程度的函数(如快速傅里叶变换),实时评估系统聚焦情况。当系统达到最佳聚焦状态时,根据摄像机的焦距和像距,由透镜成像公式就可求得物距。

这种方法的关键是调焦的精度,调焦精度受镜头的景深和焦深的限制,显然景深是系统测距误差的下限。

离焦法是一种基于模型的测距方法。离焦法不要求摄像机对于被测点处于聚焦位置,而是根据标定出的离焦模型计算被测点相对于摄像机的距离,该方法避免了由于寻找精确的聚焦位置而降低测量效率的问题,但离焦模型的准确标定是该方法的主要难点,迄今已有许多种离焦模型。图 2.51 所示为一个三维离焦测量的模型。屏蔽模板上有两个小孔,相距 d,相机的焦距为 f,参考平面上的 A 点成像在像平面上的 A' 点,物体表面上的 B 点成像在 B',在像平面上形成两个像点,B_1 和 B_2。

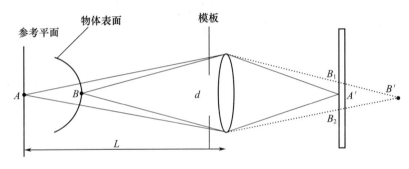

图 2.51　一种离焦测距原理示意图

则可以得到 B 点与摄像机的距离为

$$Z = L - \cfrac{1}{\cfrac{1}{L} + b\,\cfrac{L - f}{fdL}} \qquad (2.117)$$

式中:$b = B_1 - B_2$。

5)测角测距法

两次测角实现目标测距:美国海军提出一种测距方法,通过对目标两次测角实现测距。图 2.52 所示为测距原理示意图。

假设被探测目标是正在对平台(船)进行拦截的鱼雷。舰船在 A 点发现目标后,即刻对目标进行测向,测得目标方位角为 β_1,继续航行到 B 点后,舰船开始机动航行,沿与原来航向成 α 角方向航行到 C 点,对目标再次进行测向,测得方位角为 β_2。在 $\triangle BCO$ 和 $\triangle OC'E$ 中,利用正弦定理,可分别求得 R_1 和 R_2,目标距离 $R = R_1 + R_2$。可分别定义如下:

$$R_1 = \frac{v_2 \cdot t_2 \sin\alpha}{\sin(\beta_2 - \alpha)} \qquad (2.118)$$

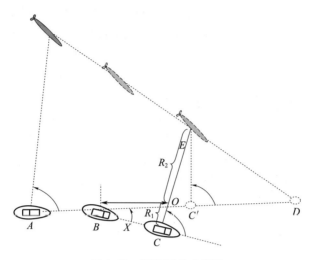

图 2.52 测距原理示意图

$$R_2 = \frac{(v_1 \cdot t_2 - X)\sin\beta_1}{\sin(\beta_1 - \beta_2 + \alpha)} \tag{2.119}$$

式中:v_1 和 v_2 分别为舰船在 A 到 B 点的航行速度及 B 到 C 点的航行速度;t_2 为 B 点到 C 点的航行时间。

在上面的公式推导中利用了拦截飞行的特点($\beta_1 = \beta_3$)。应说明的是,舰船的机动航行包括仅仅改变速度、仅仅改变航向及航向和速度同时改变三种情况。该方法只适用于两维情况。

连续测角实现目标测距:机载红外搜索跟踪设备发现并跟踪上目标后可以连续获得目标的角度数据,在没有任何目标位置先验信息的情况下,如何根据角度数据有效地估计目标的距离一直是人们十分关心和期待解决的问题,有关的研究主要集中在滤波算法的选择上,最广泛使用的是卡尔曼滤波算法。

在图 2.53 所示的坐标中,描述目标三维运动状态的矢量表示为

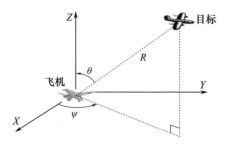

图 2.53 目标三维运动坐标

$$X = \left[\theta, \dot{\theta}, \psi, \omega, \frac{1}{R}, \frac{\dot{R}}{R}\right]^{\mathrm{T}} \qquad (2.120)$$

在目标匀速运动的情况下,这些状态参量满足以下方程组:

$$\begin{cases} \dfrac{\mathrm{d}\theta}{\mathrm{d}t} = \dot{\theta} \\[2mm] \dfrac{\mathrm{d}\theta}{\mathrm{d}t} = -2\left(\dfrac{\dot{R}}{R}\right)\dot{\theta} - \omega^2\tan\theta + \dfrac{A_{mz}}{R} \\[2mm] \dfrac{\mathrm{d}\psi}{\mathrm{d}t} = \dfrac{\omega}{\cos\theta} \\[2mm] \dfrac{\mathrm{d}\omega}{\mathrm{d}t} = \left[-2\dfrac{\dot{R}}{R} + \dot{\theta}\tan\theta\right] - \dfrac{A_{my}}{R} \\[2mm] \dfrac{\mathrm{d}}{\mathrm{d}t}\left(\dfrac{1}{R}\right) = -\left(\dfrac{1}{R}\right)\left(\dfrac{\dot{R}}{R}\right) \end{cases}$$

$$\dfrac{\mathrm{d}}{\mathrm{d}t}\left(\dfrac{\dot{R}}{R}\right) = \dot{\theta}^2 + \omega^2 - \left(\dfrac{\dot{R}}{R}\right)^2 - \dfrac{A_{mx}}{R} \qquad (2.121)$$

式中:θ, ψ 为目标角坐标;$\dot{\theta}$ 和 $\dot{\psi}$ 为角坐标的时间导数;R 和 $\dot{R}$ 为距离和它的时间导数。

平台本身加速度作为已知量处理。由式(2.121)可以看出,若平台加速度为零,$1/R$ 在方程中不出现,所以无法确定目标的距离,因此要求平台加速度不为零。

6)记时法

记时法测距原理示意图如图 2.54 所示。转台转轴上对称地安装两个红外探测器 A 和 C,探测器可随臂一起做方位旋转,这里就二维情况说明系统工作原理。

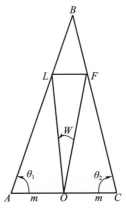

图 2.54 记时法测距原理示意图

两个探测器视线交于一点 B，形成 $\triangle ABC$，O 为转轴，$\triangle ABC$ 绕转轴以恒定角速度 ω 旋转。若有目标扫过 $\triangle ABC$，交于 L 和 F 点，则 $W = \omega\tau$，τ 为目标扫过 L 和 F 两点的时间差。根据几何关系，可推得目标距离 $R = OL = OF$，即

$$\begin{cases} R = \dfrac{m}{\sin\varphi}\sqrt{(\sin^2\theta_1 + \sin^2\theta_1) - 2\sin\theta_1\sin\theta_1\cos\varphi} \\ \varphi = \theta_1 + \theta_1 - \omega\tau \end{cases} \tag{2.122}$$

式中，除时间差 τ 外，其他参数均在设计时已确定，通过测量 τ 可计算出目标距离。使用记时法测距，其精度主要受记时精度和目标切向速度的影响。

7）目标辐射强度法

基于测量目标红外辐射强度的被动测距方法假设目标是一个具有恒定辐射强度的点源，并且目标在测量过程中做匀速直线运动，目标坐标几何图如图 2.55 所示。

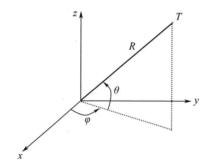

图 2.55　目标坐标几何图

红外探测器探测到的光谱辐射照度 E 与目标距离 R 的关系为

$$E = \tau^R \frac{J_\lambda}{R^2} \tag{2.123}$$

式中：J_λ 为目标的光谱辐射强度；τ 为单位长度上大气透过率。

测量前标定红外探测器，连续测量三组目标角度和辐射照度 E，目标距离 R 由下式给出：

$$R = \frac{\ln(E_{i+2}\sin^2\alpha\cos^2\theta_i - \ln[E_i\sin^2(\varphi_1 + \varphi_2 + \alpha)\cos^2\theta_{i+2}])}{[1 - \cos\theta_{i+2}\sin(\varphi_1 + \varphi_2 + \alpha)\sec\theta_i\csc\alpha]\ln\tau} \tag{2.124}$$

式中

$$\varphi = \arctan\left[\frac{\tan\theta_i\sin(\alpha - \varphi_1 - \varphi_2) - \sin\alpha\tan\theta_{i+2}}{\sin(\theta_1 - \theta_2)}\right]$$

$$\alpha = \frac{\pi}{2} - (\varphi_1 + \varphi_2) + \arctan\left[\frac{4\pi - (\varphi_1 + \varphi_2)}{2\pi - \varphi_1} \cdot \frac{\sin\varphi_1}{\sin(\varphi_1 + \varphi_2)\sin\varphi_2} - \frac{1}{\tan\varphi_2}\right]$$

$$\varphi_1 = \varphi_{i+1} - \varphi_i$$

$$\varphi_2 = \varphi_{i+2} - \varphi_{i+1}$$

对方程的正确性进行计算机仿真验证,验证时以目标初始距离、高低角、光谱辐射强度、速度及航向、大气透过率等作为方程输入量,结果证明了方程的正确性。

2.4.3.2　多目测距原理

立体视觉测距分为双目立体视觉测距和多目立体视觉测距,是仿照人类利用双目感知距离的方法。人的两眼从稍有不同的两个角度去观察客观三维世界的景物,由于几何光学的投影,因此离观察者不同距离的像点在两眼视网膜上就不在相同的位置上。这种两眼视网膜上位置的差就称为双眼视差,它反映了客观景物的距离。运用两个或多个摄像机对同一景物从不同位置成像获得立体像对,通过各种算法匹配出相应像点,从而计算出视差,然后采用基于三角测量的方法恢复距离。

图 2.56 为双目立体视觉测距原理示意图。左、右两个摄像机光学中心相距为 b,光轴平行,具有相同的焦距 f,Q 是待测距物点,到摄像机的垂直距离为 R,在左、右摄像机上形成的像点分别是 Q_1 和 Q_2。

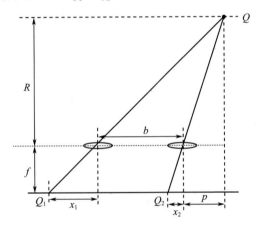

图 2.56　双目立体视觉测距原理示意图

由图 2.56,利用相似三角形性质,可得

$$\frac{R}{p} = \frac{R+f}{p+x_2} \tag{2.125}$$

$$\frac{R}{p+b} = \frac{R+f}{p+b+x_1} \tag{2.126}$$

点 Q 的距离为

$$R = \frac{bf}{x_1 - x_2} \tag{2.127}$$

式(2.127)中的 $x_1 - x_2$ 就是点 Q 在两个像平面上的视差(物点在左、右图像成像点的差异),由于 b 和 f 已知,只要求出视差 $x_1 - x_2$,就可以确定摄像机到点 Q 的

距离。因此,立体视觉测距的关键技术是精确地找出点Q_1和点Q_2之间的对应点,即实现高精度的图像配准。

在双目立体视觉测距中,当物体表面出现突变或遮挡时会引起图像匹配的混淆,导致测距错误。双目测距存在的另一个问题是对应点搜索区域大,因而计算复杂耗时。为了解决这些问题,人们又提出多目立体视觉测距方法,即使用多个摄像机对同一景物从不同位置成像获得立体像对。多目立体测距增加了配准约束条件,降低了错误匹配率。

2.4.4 采用辅助照明傅里叶望远镜的告警探测技术原理

军事需求要求红外对抗必须由战役战术型向战略型延伸,十几千米的作战距离在地面防护和平台自卫中尚可,但是在对战略目标如弹道导弹、高超声速武器的探测上显然有更高的要求。传统的探测手段受衍射极限限制,高灵敏度和高分辨力往往无法实现。

在地基主动成像中利用傅里叶望远镜(Fourier Telescope,FT)技术为实现远距离和高分辨力的系统提供了可能性。利用激光主动照明技术、长基线干涉测量技术、相位闭合技术和波前重构等数字处理技术,来最大限度地增加信噪比,同时减小大气扰动,可以得到远距离相对静态目标的高分辨力图像,对低角速度移动目标也能够适用。

傅里叶望远镜是指一套收、发分开的多波长干涉成像系统。发射器由多台三种以上波长的脉冲激光器和光束指向器构成。各台发射器之间的间隔(基线)越大,空间分辨力越高,而不是靠每台发射器真实光学口径的加大来提高分辨力。接收器由大口径太阳能反射镜加光电倍增管构成,探测不同波长激光照射同一目标后产生的拍频回波信号,最后由逆傅里叶变换重构出目标图像[29]。图2.57为其原理示意图,理论上,如果有足够的激光能量,傅里叶望远系统的分辨力只受衍射、发射器数量和发射器的最大分离距离或基线的限制。

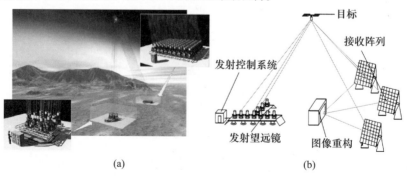

(a)   (b)

图2.57　傅里叶望远镜原理示意图

通过时间编码探测信号中的物体空间频率信息,利用选择分割不同距离的发射望远镜来分离物体的各个空间频率。时间频率差、发射器的分离和照明光束的相干性产生在目标表面产生强度条纹图案,从而产生一个时间拍频调制,包含目标空间频率的振幅和相位信息。通过选择发射光束的调制频率和探测器的积分时间,就可以探测和解调出目标散射的时间拍频。解调处理之后,用相位闭合技术消除大气扰动效应,即可得到物体空间频率相位差的测量数据。利用相同间距发射器发出的多个激光脉冲,可为相同空间频率分量提供更多的测量数据。这些测量数据处理后相干叠加,能提高该空间频率分量测量值的有效信噪比,并能抵消散斑效应和其他随机系统误差。然后选择不同间距的发射器,每个间距获取足够多的测量数据,以便采样足够多的物体空间频率分量信息形成一幅图像。

使用三束发射光束同时照射目标,可以产生条纹图样采样,对三种物体空间频率的振幅和相位进行采样。发射器的实际间隔决定采样的空间频率。三束激光束分别以略微不同的时间频率进行调制,用于编码空间频率测量值。作为时间拍频的函数,拍频可以用快速探测器来采样测量。调制频率选为远远大于大气扰动的时间相干频率(远大于1kHz),这样在一次测量过程中,大气扰动相当于没有变化。发射器发出的光束经过大气到达目标,然而由于大气抖动导致空间振幅和相位波动,它将改变三个光束的自由空间衍射极限分布。由于 FT 的照明光束间距离远大于大气相干长度,因此各个光束受到的大气扰动是不相关的,这种不相关使得测量值之间出现未知的相位差。FT 使用三束照明光,所以可以用相位闭合技术来排除测量值之间的相位差值。由大气引起的剩余相位误差可视为相位倾斜,它对每一对光束测量的实际空间频率都有影响。每一个光束也可被视为具有独立机械抖动的倾斜分量,它影响空间频率测量的幅值。因此,物体对每束光后向散射的能量,对一给定激光脉冲来说,有它自己特有的时 - 空(振幅和相位)特性,这些特性是由时间调制和发射束分离来决定的,并且受大气传播和抖动效应以及物体表面粗糙产生的散斑等影响。对一个给定空间频率(SF)的物体而言,在接收器上积分探测得到的每条光束的光场分布是一个时间函数,即

$$U(f_{xi},f_{yi},t) = P(f_{xi},f_{yi}) A(f_{xi},f_{yi}) e^{j\varphi(f_{xi},f_{yi})} e^{j\varphi_{atm(i)}(f_{xi},f_{yi})} e^{j(\omega_0 + \omega_i)t} \qquad (2.128)$$

式中:$P(f_{xi},f_{yi})$ 为由于照明效应和散斑引起的振幅波动;$A(f_{xi},f_{yi}) e^{j\varphi(f_{xi},f_{yi})}$ 为期望的空间频率的振幅和相位;$\varphi_{atm(i)}(f_{xi},f_{yi}) = \varphi_{ip} + \varphi_{i(t)}(f_{xi},f_{yi})$ 为大气引起的柱塞和倾斜误差;ω_i 为对第 $i(i=1,2,3)$ 条光束光学频率 ω_0 的时间调制偏置频率。

式(2.128)忽略了激光脉冲的时间变化,假设它是已知的且对所有光束相同,在处理时可以消除这种变化产生的影响。式(2.128)中还忽略了光束从物体下行传播时大气产生的相位和振幅起伏,下行传播相位起伏对所有光束都是相同的,因而不影响 FT 测量结果。假设下行传播光波起伏和物体散斑的影响能在大口径接

收器上平均掉,或者如下面讨论的,能通过多个激光脉冲回波取平均把它去掉。组合各条光束的光场并平方可得到强度分布,其数值必须用探测器采样测量。这个强度信号可写为

$$I(f_{xi}, f_{yi}, t) = |U(f_{x1}, f_{y1}, t) + U(f_{x2}, f_{y2}, t) + U(f_{x2}, f_{y2}, t)|^2$$

$$= I(f_{x1}, f_{y1}) + I(f_{x2}, f_{y2}) + I(f_{x3}, f_{y3}) + 2P(f_{x1}, f_{y1})P(f_{x2}, f_{y2})$$

$$A(f_{x1}, f_{y1})A(f_{x2}, f_{y2})\cos(\Delta\omega_{12}t + \Delta\varphi(f_{x12}, f_{y12}) + \Delta\varphi_{12p})$$

$$+ 2P(f_{x1}, f_{y1})P(f_{x3}, f_{y3})A(f_{x1}, f_{y1})A(f_{x3}, f_{y3})$$

$$\cos(\Delta\omega_{13}t + \Delta\varphi(f_{x13}, f_{y13}) + \Delta\varphi_{13p}) + 2P(f_{x2}, f_{y2})P(f_{x3}, f_{y3})$$

$$A(f_{x2}, f_{y2})A(f_{x3}, f_{y3})\cos(\Delta\omega_{23}t + \Delta\varphi(f_{x23}, f_{y23}) + \Delta\varphi_{23p}) \quad (2.129)$$

式中:$I(f_{xi}, f_{yi}, t) = |P(f_{xi}, f_{yi})A(f_{xi}, f_{yi})|^2$;$\Delta\omega_y$ 为时间拍频;$\Delta\varphi(f_{xy}, f_{yy})$ 为各分量之间的相位差,包括大气引起的相位倾斜误差;$\Delta\varphi_{ijp} = \varphi_{ip} - \varphi_{jp}$ 为各分量之间的大气柱塞差值。

方程的前三项是直流项,代表全部三束光从目标返回的平均后向散射能量,后三项代表 FT 的各时间拍频,包括编码空间频率(SF)的幅值和相位差信息。解调用探测器采样的这个时间信号,便能恢复这些参数值。解调通常用时间逆傅里叶变换来实现,由适当拍频频率算出的傅里叶分量的振幅和相位,可以得到期望的 SF 振幅和相位差信息。用直流项归一化后,解调的各分量变成:

$$B(f_{xi}, f_{yi}) = \gamma_{ij}e^{j(\Delta\varphi(f_{xij}, f_{yij}) + \Delta\varphi_{ijp})} \quad i, j = 1, 2, 3; i \neq j \quad (2.130)$$

式中:γ_{ij} 为对每一个分量归一化后的振幅值或能见度。

由这 3 个分量(闭合三重态)的复值闭合矢量运算,并以适当的复共轭消除误差,于是得到仅有空间频率能见度和相位的测量值:

$$CB(u, v) = B(f_{x1}, f_{y1})B^*(f_{x2}, f_{y2})B(f_{x3}, f_{y3})$$

$$= \gamma_{12}\gamma_{13}\gamma_{23}e^{j(\Delta\varphi(f_{x1}, f_{y1}) - \Delta\varphi(f_{x2}, f_{y2}) + \Delta\varphi(f_{x3}, f_{y3}))} \quad (2.131)$$

对连续的 SF 测量来说,通过对三个发射器间距和位置的选择,能把这个矢量中的有效闭合相位简化成对单个 SF 分量 (u, v) 相位差的测量。对于全部 SF 测量,通过使发射器中的一个间隔保持为最小间隔来实现。选择以规则栅格排列的发射器,使两发射器在 X 和 Y 方向上有恒等的最短距离来进行测量,如图 2.58 所示,能测得每个 SF 在 X 和 Y 方向上的相位差值。然后用一复指数相位重构算子,由这些 X 和 Y 方向相位差值重构出 SF 的相位分布。采用这种方法也能直接由解调的各分量重构出 SF 的振幅分布。

在由相位差测量数据重构相位分布之前,每组(三重态)发射器间距要进行多次(多个激光脉冲)测量,由多次测量数据执行一闭合相位的相干求和来减少测量数据中的误差。所以对于"P"个激光脉冲,单个 SF 的闭合相位变为

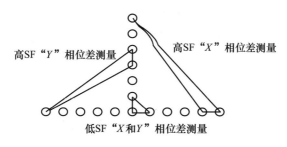

图 2.58　用于连续测量物体空间频率的发射器的 T 形排列示例

$$\Delta \varphi_{x或y}(u,v) = \varphi_{\text{closure}}(u,v) = \arg\left\{\sum_{p=1}^{p=P} CB_p(u,v)\right\} \qquad (2.132)$$

大气扰动引起的 SF 误差是高斯型复值随机误差,做足够多次脉冲测量后,其平均值趋于零。每个 SF 的幅值测量也可用多次测量取平均的方法减小误差,主要是大气扰动和散斑噪声引起的误差。对一个给定的 SF 测量来说,这种处理也具有增加有效信噪比(SNR)的效果,进而改善系统的成像质量。可利用 Hermitian 对称性填满用固定间距"T"形发射器测量未能得到的 SF 采样数据。当所有 SF 测量值的相位和振幅都复原后,做一个逆二维空间傅里叶变换后再做一个强度平方运算就可以得到物体的图像。

2.5　本章小结

在本章中,我们主要从红外辐射、大气传输、红外器件、告警系统及其性能参数的设计和优化以及多种新体制告警技术的发展趋势等几个方面对红外告警技术进行了全面的介绍。第一,介绍了目标红外辐射与背景即导弹目标的红外可探测性和红外辐射模型,背景红外特征与大气传输。第二,通过整理国外红外告警设备的发展现状,对告警系统进行了分类,从工程师设计的角度,分别介绍了一些典型的红外告警系统器件(红外焦平面阵列)、红外告警光机系统、伺服系统和信息处理系统。第三,介绍了红外告警系统性能的参数之间的关系,为系统论证提供设计方法,尤其在告警探测距离、探测概率与虚警概率、提高探测概率和降低虚警的方法和图像处理和目标识别等进行了详细的分析。第四,介绍了未来战术告警系统可能采用的新体制和方法,包括利用背景噪声抑制的告警方法、超分辨力红外微扫成像方法、红外单站被动测距的实现方法以及采用辅助照明傅里叶望远镜的告警探测技术原理。

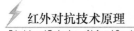

参考文献

[1] GEHLY D T. It's decision time for missile warning[J]. Journal of Electronics Defense,1991,14 (8):33 – 39.

[2] 李仲初,王福恒,姚连兴. 空间目标的红外辐射特性的计算研究[J]. 红外与激光工程, 1992,6(12):23 – 25.

[3] 徐南荣,卞南华. 红外辐射与制导[M]. 北京:国防工业出版社,1997.

[4] HUDSON JR R D. Infrared systems engineering[M]. New York:Wiley – Interscience,1969: 22 – 24.

[5] PINSON L J. Electro – optics[M]. New York:John Wiley & Sons,1988:33.

[6] POLLOCK D H. An introduction to electro – optical warfare[J]. Signal,1984,38(8):35 – 38.

[7] 张振华. 大气层外弹道式空间目标红外辐射特性研究[J]. 南京理工大学学报,2007,4 (12):22 – 25.

[8] 齐琳琳,吉微. 大气对红外制导波段透过特性的影响分析[J]. 指挥控制与仿真,2014,3 (6):32 – 33.

[9] 杨东升,孙嗣良,戴冠中. 基于三维模型的飞机红外图像研究[J]. 西北工业大学学报, 2010,28(5):12 – 15.

[10] 成志铎,李明博,等. 目标与背景的红外辐射特性仿真方法[J]. 红外与激光工程,2013,2 (2):22 – 23.

[11] 赵广福. 目标、背景辐射特性及大气传输[J]. 红外技术,1988,4(10):12 – 14.

[12] 费曼,莱顿,桑兹. 费曼物理学讲义(第一卷)[M]. 上海:上海科学技术出版社,2006:88 – 95.

[13] 八三五八研究所. 红外与光电系统手册[M]. 天津:航天工业总公司第三研究院,1998.

[14] 许宏. 巡航导弹红外辐射特性分析[C]//中国电子科技集团公司第五十三所内部报告, 2004:35.

[15] 姚连兴,仇维礼,王福恒. 目标和环境的光学特性[M]. 北京:宇航出版社,1995.

[16] ALTO P. IR/EO EW basis[M]. The International Countermeasures Handbook,3rd ed. CA:EW communications,1977:33.

[17] MASUDA K,et al. Emissivity of pure & sea waters for IR model ea surface[J]. Remote Sensing in the environment,1988,2(4):313.

[18] KNEIZYS F X,et al. User's guide to LOWTRAN 7[J]. AFGL Technical Report,1988,8:34.

[19] SHETTLE E P,FENN R W. Models for the aerosols of the lower atmosphere and the effects of humidity variations on their optical properties[J]. U. S. Air Force Geophysics Laboratory Report AFGL – TR – 79 – 0214,1979,9:45.

[20] CLOUGHETAL S A. FASCODE 3:spectral simulation in proceedings of the IRS88[J]. Current Problems in Atmospheric Radiation,1988,2:372 – 375.

[21] 麦卡特尼·E·J. 大气光学 – 分子和粒子散射[M]. 北京:科学出版社,1988.

[22] VISIONGAI. 2011—2020 世界电子战市场预测[M]. 石家庄:中国电子科技集团公司第五十三研究所信息中心,光电信息控制和安全技术重点实验室. 2012:75 – 77.

[23] 佚名. 红外搜索与跟踪技术的演示器计划[J]. 王欣,译. 舰船光学,1998,2(4):591 – 602.

[24] 朱明,鲁剑锋,等. 基于 TMS320C6202DSP 的实时数字图像处理系统的设计[J]. 光学精密工程,2003,4(4):32 – 33.

[25] 周宇. 基于 FPGA 和 DSP 的图像处理技术研究[J]. 西安电子科技大学学报,2013,6(24):21 – 24.

[26] 江静,张雪松. 基于计算机视觉的深度估计方法[J]. 光电技术应用,2011,2(4):27 – 29.

[27] 郭华东,等. 感知天地:信息获取与处理技术[M]. 北京:科学出版社,2000.

[28] HOLMES R B,MA S,BHOWMIK A,et al. Analysis and simulation of a synthetic-aperture technique for imaging through a turbulent medium[J]. J. Opt. Soc. Am,1996,4(13):351 – 364.

[29] HOLMES R B,BRINKLEY T. Reconstruction of images of deep space objects using Fourier telescope[J]. Proc. SPIE. 1999:4(3815):35.

第 3 章

红外跟踪瞄准技术

随着大面阵凝视型 CCD、制冷型高灵敏度红外探测器和高光束质量激光器技术的发展,基于红外精确跟踪瞄准和多波段激光干扰的红外对抗系统日渐成为光电对抗系统发展的主流,成为有效对抗光电精确制导武器、光电侦察系统的重要措施。

多波段激光干扰系统的基本工作原理是在外部警戒系统(雷达、红外告警或其他光电搜索跟踪装置)的精确引导下,对来袭威胁目标进行快速捕获、跟踪、瞄准,并发射多波段干扰激光照射导弹导引头或光电侦察系统的光电传感器,实施干扰、致眩、致盲或硬损伤、硬破坏,使其短时间或彻底丧失功能。

基于多波段激光器的红外对抗系统是依靠将红外激光聚焦到目标形体的要害部位上造成目标的失效,这需要在必需的时间间隔内保持光束辐射在目标点上。如果因红外跟踪传感器及伺服控制系统的误差或抖动,造成瞄准的不准确,使激光无法在时间间隔内保持聚焦在目标点上,就会降低红外激光的干扰效果。经扩束后激光发散角为 θ,要使激光束准确地照射到目标的要害部位上,若其跟踪误差正态分布,则其跟踪误差的均方值应为 $\theta/5 \sim \theta/3$[1-3]。根据发散角公式:

$$\theta = \beta \lambda D^{-1} \tag{3.1}$$

取光束质量 $\beta = 3$,主镜直径 $D = 1m$,激光波长 $\lambda = 10.6\mu m$,那么发散角为 $30\mu rad$,则跟踪精度为 $6 \sim 8\mu rad$。同时为了对付多批目标,跟踪控制系统还必须具有极好的快速性,能快速地移动跟踪传感器从一个目标移向另一个目标,锁定威胁源,然后发射红外激光,快速干扰目标。

准确、稳定地将干扰能量投射到远处敌方光电传感器中,是实施红外干扰和有效对抗的关键。所以红外跟踪瞄准系统的关键技术可归结为研制精度高、快速性好的跟踪控制系统及与之相匹配的响应快、精度高的红外跟踪瞄准系统。

3.1　红外对抗中的红外跟踪瞄准系统

本节将从机载红外定向对抗系统、机载、舰载或车载高能激光对抗系统等几个

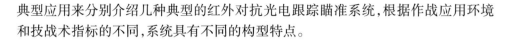

典型应用来分别介绍几种典型的红外对抗光电跟踪瞄准系统,根据作战应用环境和技战术指标的不同,系统具有不同的构型特点。

3.1.1 红外定向对抗跟踪瞄准系统

红外定向对抗是一种典型的机载平台光电自卫系统,在告警信息的引导下,对光电威胁目标进行捕获、跟踪、瞄准,同时发射高功率高光束质量干扰激光照射来袭威胁的光电传感器,实施干扰,达到机载平台光电自卫防御的目的。

红外定向对抗系统红外跟踪瞄准转塔是一种集光、机、电、算于一体的复杂光机电系统,与传统机载光电侦察转塔相比有很大的不同,主要有以下几个方面。

(1)响应速度快,发现威胁后即刻响应,整个过程虽仅持续数秒,却可完成信息传递、粗精匹配、捕获跟瞄、稳定照射等一系列衔接动作。

(2)动态特性强,所针对的目标机动性强,需要较高的控制系统带宽。

(3)跟瞄精度高,需在机载"动对动"环境下,稳定持续照射来袭威胁的光电传感器,对跟瞄精度有较高的要求。

因此,红外定向对抗跟踪瞄准转塔是一种稳态特性和动态特性要求都很高的高精度陀螺稳定伺服控制系统。此外,机载轻量化的要求造成了平台结构谐振频率较低和功率储备不足,以及轴系摩擦的非线性对转塔低速运行平稳性的影响,导致精度难以提高。如何针对不同装载平台特点设计转塔构型,以提高响应速度和跟踪精度,满足系统实时作战要求,是红外定向对抗光电跟踪瞄准转塔设计的难点所在。

为不断对抗新体制红外精确制导威胁,自20世纪90年代以来,美、英、俄、以、德、法、西等国纷纷开展红外定向对抗系统的研制,已经陆续发展了四代:第一代主要是基于紫外告警-弧光灯干扰源-两轴四框架转塔体制,如定向红外对抗(Directional Infrared Counter Measures,DIRCM)系统、先进威胁红外对抗(Advanced Threat Infrared Counter Measures,ATIRCM)系统;第二代是基于红外凝视告警-全固态双波段激光干扰源-优化光电转塔载荷体制,如大型飞机红外对抗(Large Aircraft Infrared Counter Measures,LAIRCM)系统;第三代是基于双色红外告警-全光纤激光干扰源-反射镜转塔体制,如多光谱红外对抗(Multi Spectral Infrared Countermeasure,MUSIC)系统;第四代是基于双色红外告警-光纤/量子级联激光干扰源-捷联稳定光电转塔体制,如通用红外对抗(Common Infrared Counter Measures,CIRCM)系统。图3.1为几代红外定向对抗系统所采用的光电转塔形式[4-6]。

1)基于两轴四框架的DIRCM

美国诺斯罗普·格鲁曼公司的AN/AAQ-24(V)"复仇女神"红外定向对抗

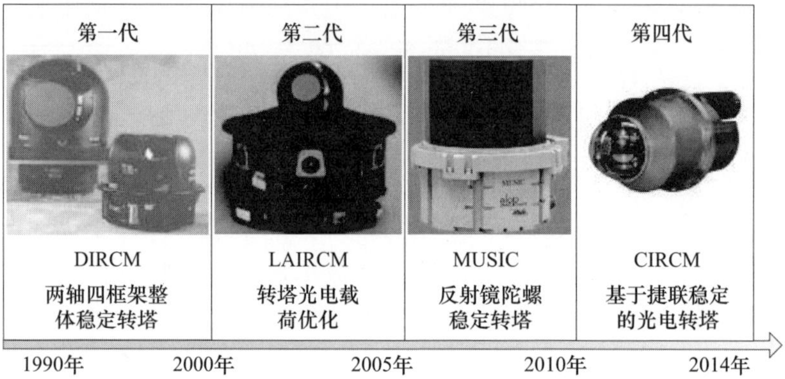

第一代	第二代	第三代	第四代
DIRCM	LAIRCM	MUSIC	CIRCM
两轴四框架整体稳定转塔	转塔光电载荷优化	反射镜陀螺稳定转塔	基于捷联稳定的光电转塔
1990年	2000年　　2005年	2010年	2014年

图 3.1　典型红外定向对抗光电转塔

系统 DIRCM 采用鼓形或球形两轴四框架转塔,如图 3.2 所示,鼓形转塔直径 200mm,质量 55kg,球形转塔直径 400mm,质量 87kg,采用 256×256 元的 HgCdTe 红外探测器,跟踪距离 10km,跟踪精度达 0.05°。

2）基于光电载荷优化的 LAIRCM

LAIRCM 在 DIRCM 的基础上进行了光电载荷优化设计,采用"蝰蛇"(Viper)全固态激光干扰源替代氙灯干扰源,束散角 3mrad,采用守卫者激光转塔组件(Guardian Laser Turret Assembly,GLTA)转塔组件替代小型激光发射组件(Small Laser Transmitter Assembly,SLTA)组件,如图 3.3 所示,外露尺寸仅为 140mm。

图 3.2　AN/AAQ-24(V)鼓形红外跟踪瞄准转塔

图 3.3　LAIRCM 系统的 GLTA 转塔组件

3）基于镜塔结构的 MUSIC

以色列 ELOP 公司开发的 MUSIC 红外定向对抗系统是基于反射镜稳定的光

电转塔,如图 3.4 所示,采用高帧频红外传感器,帧频 200Hz,180° 调转时间为 0.3s,转动速度大于 1000(°)/s,外露尺寸为 180mm,系统总重为 40kg。

4）基于半捷联稳定的 CIRCM

美国诺斯罗普·格鲁曼公司的最新型 CIRCM 红外定向对抗系统采用英国 SELEX Galileo 公司的 ECLIPSE 小型化半捷联稳定光电转塔,如图 3.5 所示,转塔质量小于 14kg,采用 384×288 元 HgCdTe 红外探测器,180° 调转时间小于 0.3s,跟瞄精度优于 0.65mrad,平均无故障时间(Mean Time Between Failure, MTBF)大于 3000h。

图 3.4　MUSIC 系统反射镜稳定转塔　　　图 3.5　ECLIPSE 小型化半捷联稳定转塔

红外定向系统跟踪瞄准转塔的主要发展趋势如下。

（1）不断优化光电载荷设计,减小体积、质量、功耗、成本,提高系统可靠性。

（2）支持模块化开放式系统架构(Modular Open System Architecture, MOSA),支持组件互换和技术植入,便于升级更新换代。

（3）在转塔控制技术领域,系统构型由早期的两轴两框架、两轴四框架整体稳定方式向反射镜光电稳定、半捷联光电稳定方式发展,不断减小外露尺寸,具备更好的气动特性。

（4）控制方法从早期基于传统的 PID 控制算法,向非线性 PID 控制、复合控制、滑模变结构控制、自适应控制和自抗扰控制等现代控制技术方向发展。

（5）采用基于系统辨识理论与试验相结合的方法,对转塔控制对象数学模型进行精确辨识,不断提高转塔的响应速度和跟踪精度。

3.1.2　高能激光对抗跟踪瞄准系统

以光电精确制导武器、光电侦察系统等为主要对抗目标的高能激光对抗系统是近年来在光电对抗领域的研究热点,光电跟踪瞄准设备作为系统中的重要组成部分,是实现对光电精确制导导引头,光电侦察传感器实施干扰、致眩、致盲等作战目的的关键。作为高能激光对抗系统的重要组成部分,国外在着力发展大功率高光束质量激光器的同时,也在不断促进精密跟踪瞄准技术的发展。

1)机载激光对抗精确跟踪瞄准系统

基于氧碘化学激光器(Chemical Oxygen Iodine Laser,COIL)发展而来的机载激光(Airborne Laser,ABL)系统(现已改名为机载激光器试验平台,Airborne Laser Test Bed,ALTB),设计采用了大口径共光路复合轴红外跟踪系统,发射口径为2m(有文献报道为1.5m),瞄准精度优于100nrad。机载激光系统的球型转塔及转塔内导光的光路如图3.6和图3.7所示。

图3.6　球型转塔　　　　　　　图3.7　机载激光系统转塔内导光光路

系统采用激光跟踪和红外跟踪主、被动相结合的跟踪方式,红外搜索跟踪装置探测在助推段飞行的战区弹道导弹排放的尾焰,粗略地测定目标位置,打开多光束激光照明器(采用二极管泵浦固体激光器,波长1.06μm)照亮来袭弹弹体。这一由探测导弹尾焰转换成探测弹体的过程称为硬弹体移交过程,并转换为激光照明器主动跟踪过程,再由高分辨红外成像传感器精确确定导弹尾焰位置,从而转入跟踪恢复过程。与此同时,高分辨力红外传感器探测飞行中的导弹锥形头部,并使多光束激光信标器(通常也使用二极管泵浦固体激光器)瞄准该锥形头部测量反射的激光束,求得由于飞机振动、大气湍流和激光光学装置受热造成的光学畸变,然后将修正参数输入自适应反射镜进行光学畸变修正,以补偿对激光散焦和瞄准精度造成的影响。然后将高质量的激光束聚集到目标上,达到最佳的破坏效果。机载激光系统的作战流程图如图3.8所示。

采用球型结构,通过导光光路可实现红外跟瞄与高功率激光的共孔径发射,从光电跟踪瞄准系统的技术体制而言,属于复合轴跟踪技术体制。

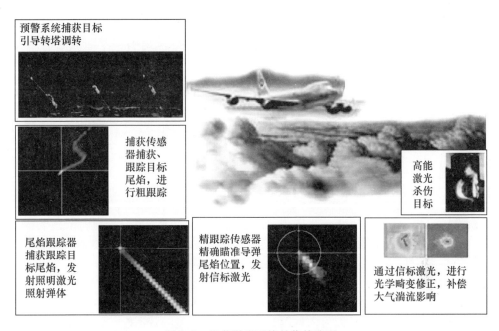

图 3.8　机载激光系统的作战流程

2）舰载激光对抗精确跟踪瞄准系统

美国海军基于"海石"（SeaLite）计划，在白沙导弹靶场建立了高能激光系统测试设备（High Energy Laser Systems Test Facility，HELSTF），作为舰载高能激光武器的试验平台。基于中红外高级化学激光器（Mid–Infrared Advanced Chemical Laser，MIRACL）的舰载激光对抗系统采用大型地平式结构复合轴精密跟踪转塔体制，如图 3.9 所示，采用了多种被动光电观瞄探测手段，实现对目标的捕获、跟踪和瞄准。

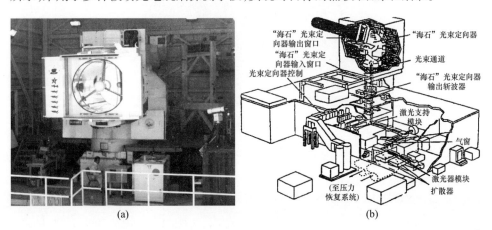

图 3.9　MIRACL 的大型地平式跟瞄发射转塔及组成

MIRACL 的光电跟踪瞄准系统中采用的被动成像传感器参数如表 3.1 所列。

表 3.1　MIRACL 系统被动成像传感器参数

传感器	波段	视场角	阵列	帧频	孔径
LWIR	8 ~ 12μm	700mrad	128 × 128	至 1000fps	1.5m
MWIR	3 ~ 5μm	700mrad	128 × 128	至 1000fps	1.5m
FLIR	8 ~ 12μm	4 × 5mrad	扫描方式	60Hz/264 线	40cm
NFOV TV	可见光	5 × 6.5mrad	510 × 492	60Hz/264 线	40cm
Wide FOV	可见光	6.6 × 8.8mrad	510 × 492	30Hz	90mm
Wide FOV AMBER	3 ~ 5μm	12 mrad	128 × 128	至 109fps	50mm
高帧频 MIT	可见光	1 ~ 100mrad	64 × 64	2000Hz	1.5m

　　MIRACL 的光电跟踪瞄准系统中采用可见光、中波红外和长波红外探测器,受限于当时的器件水平,探测器的分辨力不高,在精密跟踪中采用了高帧频探测器,以降低动态滞后误差。

　　基于大功率板条固体激光器和高功率单模光纤激光器的高能激光系统是近年来的研究热点,美国海军在这两种激光体制下开展的探索演示试验,比较典型的就是激光武器系统(Laser Weapon System,LAWS)(图 3.10)和海上激光演示(Maritime Laser Demonstration,MLD)系统。

图 3.10　LAWS 原理样机

　　LAWS 系统采用基于 6 台 IPG 公司生产的 5.5kW 级光纤激光器,实现总输出功率 32kW;研制 600mm 口径精确跟瞄发射系统(图 3.11),采用了美国 L - 3 Communications 公司的 KINETO 光电跟踪转塔,实现对目标微弧度级精确跟踪瞄准。

　　MLD 系统是基于联合高功率固体激光器(Joint High Powered Solid State Laser,JHPSSL)项目开展演示验证工作的。采用大功率 Slab SSL 板条固体激光器,固体

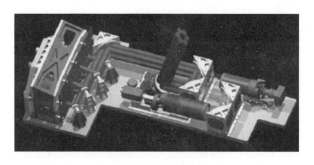

图 3.11　基于快速反射镜的精确跟瞄发射系统

激光器输出超过 100kW,启动时间 0.6s,电光效率达 19.3%,光束质量优于 1.58 倍衍射极限,连续工作时间超过 5min。在 MLD 系统中,同样采用了 KINETO 光电跟踪转塔,如图 3.12 所示。

图 3.12　MLD 系统中的 KINETO 转塔

KINETO 光电跟踪转塔采用传统的地平式 U 形架结构,同时采用主动/被动相结合的探测跟踪方式,如图 3.13 所示通过复合轴跟踪控制架构,实现了对无人机弱小目标的微弧度精密跟踪。KINETO 转塔的主要技术指标如表 3.2 所列。

表 3.2　KINETO 转塔主要技术指标

1	负载能力	550kg
2	转动范围	方位：±335°,俯仰：$-10° \sim 100°$
3	最大角速度	60(°)/s
4	最大角加速度	60(°)/s²
5	位置分辨力	23 位编码器,0.15″
6	跟瞄精度	3″(15μrad)

图 3.13　MLD 系统主动/被动跟踪相结合

3）车载激光对抗精确跟踪瞄准系统

"复仇者"激光对抗系统（图 3.14）采用美国 IPG 光子公司的掺镱的光纤激光器，激光器功率 1kW，波长 1.08μm，效率超过 30%，射程 100m ~ 1km，用于清除未爆弹药（Unexploded Ordnance，UXO）和简易爆炸装置（Improvised Explosive Device，IED）。

图 3.14　"复仇者"激光对抗系统

"复仇者"激光对抗系统采用了传统的地平式 T 型转塔结构，采用了可见光/红外跟踪传感器，实现对目标的精密跟踪瞄准。

2007 年 9 月成功演示了用激光摧毁 UXO 和 IED，在一系列的试验中采用 1kW 光纤激光器的"复仇者"系统摧毁了 5 个 IED 和 UXO 目标以及停放在地面上的小型无人机，如图 3.15 所示。

2014 年，德国莱茵公司的强激光武器"天空卫士"，在瑞士试验场击落 3.2km 外的以 50m/s 速度飞行的无人飞机。外场试验中，能克服艰苦的环境条件，在包括冰、雪、雨和炫目的阳光等条件下击中目标，试验包括整个操作序列的目标检测与目标跟踪环节,该系统可用于防空、反火箭、反火炮、反迫击炮/系统和非对称作战,如图 3.16 所示。

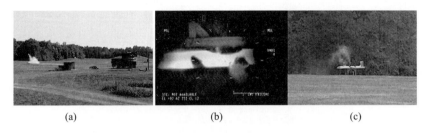

(a)   (b)   (c)

图 3.15 "复仇者"激光对抗系统试验

图 3.16 30kW 高能激光系统

静态试验中,利用 50kW 激光器实现了 1000m 距离外的一个巨大的 15mm 厚的钢板成功熔穿。动态试验中,跟踪系统的雷达能够探测到 1.25mile(有报道说是 3km)以外飞行速度超过 111mile/h(50m/s)来袭的无人机,由波束形成单元的光学跟踪系统对无人机进行精跟踪,随后在几秒内摧毁无人机,如图 3.17 所示。

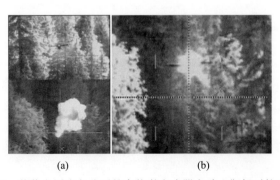

(a)   (b)

图 3.17 莱茵金属防务公司的高能激光武器在瑞士靶场对抗无人机

　　莱茵公司的高能激光系统光电跟踪瞄准转塔,采用与坦克外形共形的设计,以降低系统 RCS;采用简洁转塔外形构造,缩短光束传输光程,具有较高的光束传输质量;采用被动红外跟踪器捕获目标并进行粗跟踪,发射激光光束照射目标,并利用从目标返回的回波信号修正转塔偏差,进行精密光斑跟踪,使得激光光束聚焦点始终保持在目标上。

　　综上所述,高能激光对抗光电跟踪瞄准系统的技术发展趋势。

　　(1)在传统复合轴精密跟踪技术体制的基础上,简洁转塔构型,缩短转塔内部传输光程,提高激光光束传输质量,提高发射效率。

　　(2)在单一跟踪手段的基础上,发展主被动探测跟踪相结合的技术方式,提高探测器分辨力和跟踪器帧频,降低动态滞后误差,提高系统在复杂环境条件下对弱小目标的探测识别跟踪能力。

　　(3)优化光电跟踪瞄准转塔结构,减小转塔转动惯量,增大系统刚度和控制系统带宽,降低转塔摩擦力矩和不平衡力矩,提高对快速小目标的精密跟踪能力。

3.2　红外跟踪瞄准系统组成和工作原理

　　应用于红外对抗的红外跟踪瞄准系统虽然种类繁多,但其系统组成和工作原理基本上是相通、相近的,针对不同的应用环境、具体的技战术要求和功能设计要求,会有不同的系统构成和技术指标要求。本节主要介绍目前应用最广、最热门的几种系统:应用于机载红外对抗系统、能为大光电载荷提供微弧度级高精度稳定承载环境的两轴四框架光电跟踪瞄准系统;应用于地基、车载、舰载等平台,为大型红外对抗系统提供角秒级跟瞄精度的基于 FSM 的复合轴光电跟踪瞄准系统;应用于机载小型红外对抗,以小体积、轻量化为目标的半捷联稳定光电跟踪瞄准系统。

3.2.1　跟踪瞄准系统基本组成

　　光电跟踪瞄准控制系统由捕获跟踪单元、图像处理单元、伺服跟踪控制器、转塔、功率放大、伺服执行机构、惯性传感器、测角/测速元件等组成。系统组成框图如图3.18所示。

　　其中,各个部分完成的主要功能如下。

　　(1)光电转塔:由红外跟踪瞄准传感器与干扰源载荷以及转台等机械机构组成。

　　(2)惯性测量传感器:作为动载平台的惯性测量基准,通过载体扰动角速度、

图 3.18　典型红外对抗跟踪瞄准系统组成图

角位置的测量,构成闭环控制回路,将红外跟踪瞄准系统的视轴瞄准线稳定在惯性空间。

（3）红外捕获跟踪传感器:采用 320×240 元或 640×480 元凝视型红外焦平面阵列（Infrared Focal Plane Array,IRFPA）,提供远距离高分辨力跟踪图像信息。

（4）跟踪图像处理单元:具备模拟图像或数字图像处理功能,采用高速 DSP 进行信号与图像的采集与处理,具备自动目标识别功能,根据地空、空地作战场景,采用重心、相关等跟踪算法,提取目标信息,通过与转塔编码信息关联,解算目标位置,实时送出脱靶量信息。

（5）跟踪控制器:具备运动控制、跟踪预测等功能,用于产生执行机构的控制参数、目标速度、位置的预测等。

（6）PWM 功率放大模块:伺服控制电机的 PWM 驱动装置,为电机转动提供可调制的电源。

（7）测角/测速元件:作为光电转塔的伺服控制测量元件,角位置测量采用光栅、光电轴角编码器、旋转变压器等元件,提供高精度、高分辨力的角位置信息,角速度测量采用测速电机或角度传感器差分方式。

（8）单杆:在手动模式下,参照图像信息,控制转塔转动。

用于红外对抗跟踪瞄准系统根据综合信息处理系统转发来的告警信息,快速进行调转至来袭威胁目标方向,通过自动目标识别,对导弹目标进行捕获、跟踪、瞄准,发射干扰激光照射来袭导弹导引头,并实时监测评估干扰对抗效果,干扰成功后自动转向下一个来袭目标或进入待机状态。

具有捕获（外引导）、跟踪、瞄准（Acquisition Tracking and Pointing,ATP）三种基本功能。捕获方式时根据综合信息处理器的引导信息引导捕获传感器发现目标,将目标信息送至跟踪回路并转入跟踪。跟踪方式时,跟踪传感器测出目标位置信息（跟踪误差），送入跟踪控制器进行回路补偿，由电机驱动机架跟踪目标。瞄准则是根据各种传感器测量的数据对跟踪系统机架进行修正控制，以便精确对准目标。

系统共有五种工作模式，即收藏模式、锁定模式、自动跟踪模式、手动跟踪模式和区域扫描模式。

系统上电、初始化完成后，自动转入锁定模式。

（1）收藏模式：系统初始状态即为收藏模式，在此模式下，将光学窗口收藏在转塔内部，系统下电后，转入收藏模式。

（2）锁定模式：由收藏模式转入锁定模式，转塔被锁定在指定方向上，等待来袭威胁引导指令，转塔干扰成功后，在没有外界指令时，亦转入锁定模式。

（3）自动跟踪模式：伺服控制系统根据主控计算机的引导信息，自动捕获目标，接收图像处理单元（主控计算机）发送的红外方位、俯仰脱靶量数据，控制平台将红外传感器视轴指向目标，以减小红外脱靶量。

（4）手动跟踪模式：主控计算机采集单杆的控制信号，将命令和数据传给伺服系统，由伺服系统控制平台产生相应运动，捕获目标，进行自动跟踪。

（5）区域扫描模式：转塔可根据命令在一定区域范围内，以给定速度进行往复扫描。

转塔工作状态转换图如图3.19所示。

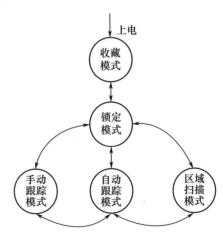

图3.19　转塔工作状态转换图

3.2.2　红外跟踪瞄准系统工作原理

红外跟踪瞄准系统工作原理如图3.20所示。

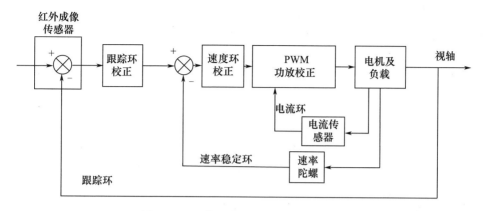

图 3.20　红外跟踪瞄准系统工作原理图

　　红外跟踪瞄准系统从控制角度来看,是典型的三环控制系统,由内向外依次是由 PWM 功放单元和电机负载构成的电流环,由速率陀螺、速度环校正装置和内框架负载构成的速度稳定环,由红外成像传感器、跟踪校正装置、平台框架构成的跟踪环。控制系统的带宽由内到外依次降低。

3.2.3　红外跟踪瞄准系统平台架构

　　用于红外对抗的高精度红外跟踪瞄准系统,由于应用平台及技术要求的不同,主要包括两轴四框架红外跟踪瞄准系统、快速控制反射镜(Fast Steering Mirro, FSM)复合轴红外跟踪瞄准系统、半捷联稳定红外跟踪瞄准系统等三种平台架构。

3.2.3.1　两轴四框架红外跟踪瞄准系统

　　两轴两框架和两轴四框架是机载红外对抗跟踪瞄准系统常采用的系统构型方式,两轴两框架形式是早期机载稳定平台采用的一种结构形式[7-11],技术相对较为成熟,适用于低速、轻型、对稳定精度要求不高的稳定平台,但是存在以下缺陷:

　　(1)由于台体直接暴露在外部环境中,风阻力直接作用存在较大的干扰力矩,随机载飞行时稳定精度只能达到毫弧级;

　　(2)传感器光轴垂直向下时(通称为过顶状态),方位轴稳定功能丧失,只能实现俯仰单轴稳定,不再具有两自由度稳定功能。

　　重点分析两轴四框架结构的工作原理,建立系统的运动学方程,进行耦合分析,并推导出平台隔离载体扰动原理。

　　1)系统结构与工作原理

　　两轴四框架结构由外框架系统和内框架系统构成,如图 3.21 所示。

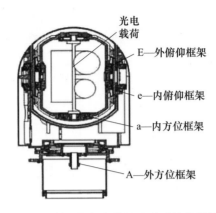

图 3.21　两轴四框架红外跟踪瞄准转塔结构图

　　图中:A 为外方位框架;E 为外俯仰框架;a 为内方位框架;e 为内俯仰框架。内框架系统是稳定框架,惯性传感器件安装在内俯仰环上,分别敏感绕方位、俯仰轴向的干扰运动及真实角运动,将偏差信号经稳定回路分别送到内框架 e、a 的力矩电机,产生补偿速率抵消干扰以实现内框架的光轴稳定,内框架在外框架的内部实现两轴小角度转动,平台的控制精度主要由内框架系统实现。

　　外框架可以扩展平台的转动范围,同时也用于隔离飞行风阻干扰力矩,外框架处于随动内框架的工作状态,安装在 e 框架和 a 框架上的角度传感器分别将两个内框架 e、a 相对于两个外框架 A、E 的角度偏差信号,经伺服回路送到 E、A 框架上的力矩电机,从而控制外框架系统随内框架系统运动(图 3.22)。利用内、外框架的活动范围,可以保证内框架的方位和俯仰为相互垂直状态,消除两框架的环架自锁盲区问题。平台归零和扇扫操作时以外框架运动为主。

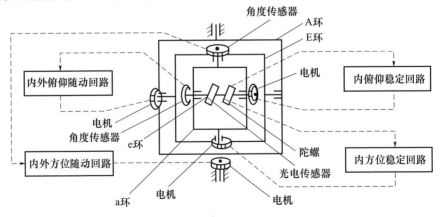

图 3.22　两轴四框架机载光电平台控制结构示意图

2）坐标系建立

四框架平台系统定义了 5 个坐标系，即基座坐标系、外方位坐标系、外俯仰坐标系、内方位坐标系和内俯仰坐标系，忽略各坐标系原点差异，令各坐标系的原点重合并设定在传感器瞄准线原点。在分析中，假定平台基座与载机间是刚性连接，即不考虑平台基座与载机间的减振器效应，基座坐标系即认为是载机坐标系，下面均以载机坐标系进行讨论。

载机坐标系 $OX_bY_bZ_b$ 绕 OX_b 轴旋转 θ_A 后得到外方位框架坐标系 $OX_AY_AZ_A$；外方位框架坐标系 $OX_AY_AZ_A$ 绕 OY_A 轴旋转 θ_E 后得到外俯仰框架坐标系 $OX_EY_EZ_E$；外俯仰框架坐标系 $OX_EY_EZ_E$ 绕 OX_E 轴旋转 θ_a 后得到内方位框架坐标系 $OX_aY_aZ_a$；内方位框架坐标系 $OX_aY_aZ_a$ 绕 OY_a 轴旋转 θ_e 后得到内俯仰框架坐标系 $OX_eY_eZ_e$。其中，θ_A 为外方位框相对于载机的旋转角度，θ_E 为外俯仰框相对于外方位框的旋转角度，θ_a 为内方位框相对于外俯仰框的旋转角度，θ_e 为内俯仰框相对于内方位框的旋转角度[12-14]，其旋转关系如图 3.23 ~ 图 3.26 所示。

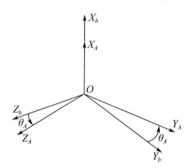

图 3.23　外方位坐标系与载机坐标系关系

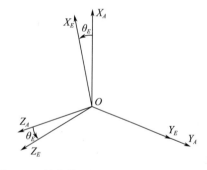

图 3.24　外俯仰坐标系与外方位坐标系关系

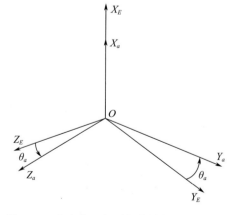

图 3.25　内方位坐标系与外俯仰坐标系关系

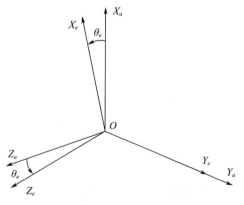

图 3.26　内俯仰坐标系与内方位坐标系关系

3）运动学分析

根据以上坐标系关系可以得到各个框架运动的角速度表达式,载机干扰角速度对外方位框架的耦合作用为

$$
\boldsymbol{\omega}_A = \begin{bmatrix} \omega_{AX} \\ \omega_{AY} \\ \omega_{AZ} \end{bmatrix} = \begin{bmatrix} 1 & 0 & 0 \\ 0 & \cos\theta_A & \sin\theta_A \\ 0 & -\sin\theta_A & \cos\theta_A \end{bmatrix} \cdot \begin{bmatrix} \omega_{bX} \\ \omega_{bY} \\ \omega_{bZ} \end{bmatrix} + \begin{bmatrix} \dot{\theta}_A \\ 0 \\ 0 \end{bmatrix} \tag{3.2}
$$

式中:$\boldsymbol{\omega}_A$为载机角速度$\boldsymbol{\omega}_B$对外方位框架形成的干扰角速度;$\dot{\theta}_A$为外方位框架相对载机的速度。

同样,外方位框架角速度$\boldsymbol{\omega}_A$对外俯仰框架的耦合作用为

$$
\boldsymbol{\omega}_E = \begin{bmatrix} \omega_{EX} \\ \omega_{EY} \\ \omega_{EZ} \end{bmatrix} = \begin{bmatrix} \cos\theta_E & 0 & -\sin\theta_E \\ 0 & 1 & 0 \\ \sin\theta_E & 0 & \cos\theta_E \end{bmatrix} \cdot \begin{bmatrix} \omega_{AX} \\ \omega_{AY} \\ \omega_{AZ} \end{bmatrix} + \begin{bmatrix} 0 \\ \dot{\theta}_E \\ 0 \end{bmatrix} \tag{3.3}
$$

式中:$\boldsymbol{\omega}_E$即外方位框架角速度$\boldsymbol{\omega}_A$对外俯仰框架形成的干扰角速度;$\dot{\theta}_E$为外俯仰框架相对外方位框架的角速度。

外俯仰框架角速度$\boldsymbol{\omega}_E$对内方位框架的耦合作用为

$$
\boldsymbol{\omega}_a = \begin{bmatrix} \omega_{aX} \\ \omega_{aY} \\ \omega_{aZ} \end{bmatrix} = \begin{bmatrix} 1 & 0 & 0 \\ 0 & \cos\theta_a & \sin\theta_a \\ 0 & -\sin\theta_a & \cos\theta_a \end{bmatrix} \cdot \begin{bmatrix} \omega_{EX} \\ \omega_{EY} \\ \omega_{EZ} \end{bmatrix} + \begin{bmatrix} \dot{\theta}_a \\ 0 \\ 0 \end{bmatrix} \tag{3.4}
$$

式中:$\boldsymbol{\omega}_a$为外俯仰框架角速度$\boldsymbol{\omega}_E$对内方位框架形成的干扰角速度;$\dot{\theta}_A$为内方位框架相对外俯仰框架的角速度。

内方位框架角速度$\boldsymbol{\omega}_a$对内俯仰框架的耦合作用为

$$
\boldsymbol{\omega}_e = \begin{bmatrix} \omega_{eX} \\ \omega_{eY} \\ \omega_{eZ} \end{bmatrix} = \begin{bmatrix} \cos\theta_e & 0 & -\sin\theta_e \\ 0 & 1 & 0 \\ \sin\theta_e & 0 & \cos\theta_e \end{bmatrix} \cdot \begin{bmatrix} \omega_{aX} \\ \omega_{aY} \\ \omega_{aZ} \end{bmatrix} + \begin{bmatrix} 0 \\ \dot{\theta}_e \\ 0 \end{bmatrix} \tag{3.5}
$$

式中:$\boldsymbol{\omega}_e$为内方位框架角速度$\boldsymbol{\omega}_a$对内俯仰框架形成的干扰角速度;$\dot{\theta}_e$为内俯仰框架相对内方位框架的角速度。

可以得到 12 个标量方程,即为两轴四框架结构光电平台的运动学方程式。

4）隔离载机扰动分析

四框架光电平台主要依靠内框架系统隔离载机干扰运动,为了分析方便,将内框架系统看成一个两轴稳定平台。载机运动时,干扰角速度会通过框架间摩擦约

束和几何约束传递给内框架系统,引起负载的抖动。因此,负载角速度ω_L由两部分组成,即电机偏转角速度ω_M和载机干扰角速度ω_e,有

$$\omega_L = T_M \omega_M + T_e \omega_e \tag{3.6}$$

式中:T_M为各框架电机转动对负载作用的旋转矩阵;T_e为载机扰动对负载作用的旋转矩阵。

隔离扰动的本质就是角速度对消,为了隔离干扰,即$\omega_L = 0$,所以

$$\omega_M = -T_M^{-1} T_e \omega_e \tag{3.7}$$

由此可以得到内方位框架的角速度:

$$\omega_a = \begin{bmatrix} \omega_{aX} \\ \omega_{aY} \\ \omega_{aZ} \end{bmatrix} = \begin{bmatrix} \omega_{EX} + \dot{\theta}_a \\ \omega_{EY}\cos\theta_a + \omega_{EZ}\sin\theta_a \\ \omega_{EZ}\cos\theta_a - \omega_{EY}\sin\theta_a \end{bmatrix} \tag{3.8}$$

式中:ω_{EX}、ω_{EY}、ω_{EZ}为载机传递过来的干扰角速度。

为了隔离干扰,可得

$$\omega_{aX} = \omega_{EX} + \dot{\theta}_a = 0 \tag{3.9}$$

式中,$\dot{\theta}_a$为陀螺测量到方位相对惯性空间的角速度后,内方位环伺服回路控制内方位电机旋转的角速度,作用就是抵消ω_{EX}的影响。

此时内俯仰框架的角速度为

$$\omega_e = \begin{bmatrix} \omega_{eX} \\ \omega_{eY} \\ \omega_{eZ} \end{bmatrix} = \begin{bmatrix} -\omega_{aZ}\sin\theta_e \\ \omega_{aY} + \dot{\theta}_e \\ \omega_{aZ}\cos\theta_e \end{bmatrix} \tag{3.10}$$

式中,$\dot{\theta}_e$为陀螺测量到俯仰相对惯性空间的角速度后,内俯仰环伺服回路控制内俯仰电机旋转的角速度,作用就是抵消ω_{aY}的影响,有

$$\omega_{eY} = \omega_{aY} + \dot{\theta}_e = 0 \tag{3.11}$$

可以看到,此时的内俯仰框架由于内俯仰角θ_e的存在导致在方位方向上产生了速度分量$\omega_{aZ}\sin\theta_e$,这个分量同样可以由陀螺测量得到,通过伺服回路进行旋转抵消。但是此处应该注意的是,电机旋转产生的速度要进行正割补偿,即

$$\dot{\theta}_{a2} = -\omega_{eX}\sec\theta_e = \omega_{aZ}\sin\theta_e\sec\theta_e = \omega_{aZ}\tan\theta_e \tag{3.12}$$

由于角速度$\dot{\theta}_{a2}$引起内俯仰轴的角速度为

$$\boldsymbol{\omega}_{e2} = \begin{bmatrix} \omega_{eX} \\ \omega_{eY} \\ \omega_{eZ} \end{bmatrix} + \begin{bmatrix} \cos\theta_e & 0 & -\sin\theta_e \\ 0 & 1 & 0 \\ \sin\theta_e & 0 & \cos\theta_e \end{bmatrix} \begin{bmatrix} \dot{\theta}_{a2} \\ 0 \\ 0 \end{bmatrix}$$

$$= \begin{bmatrix} 0 \\ 0 \\ \omega_{aZ}(\cos\theta_e + \sin\theta_e\tan\theta_e) \end{bmatrix} = \begin{bmatrix} 0 \\ 0 \\ \omega_{aZ}\sec\theta_e \end{bmatrix} \tag{3.13}$$

将$\omega_{aZ} = \omega_{EZ}\cos\theta_a - \omega_{EY}\sin\theta_a$代入式(3.13),得到

$$\boldsymbol{\omega}_{e2} = \begin{bmatrix} 0 \\ 0 \\ (\omega_{EZ}\cos\theta_a - \omega_{EY}\sin\theta_a)\sec\theta_e \end{bmatrix} \tag{3.14}$$

由此可以看出,通过内框架伺服回路控制电机进行旋转,可以抵消载机在方位和俯仰轴上的干扰,但是对于像旋轴角速度$(\omega_{EZ}\cos\theta_a - \omega_{EY}\sin\theta_a)\sec\theta_e$无法进行补偿,实际应用时,由于内方位和内俯仰转角很小,还可以进一步做线性近似。

5) 速率稳定

进一步分析平台速率稳定问题,假定负载给定角速度为ω_{ref},转台内框架各轴角速度给定为ω_M^*,则

$$\omega_{ref} = \boldsymbol{T}_M\omega_M^* + \boldsymbol{T}_e\omega_e \tag{3.15}$$

将式(3.6)、式(3.15)联立,可得

$$\begin{cases} \omega_{ref} - \omega_L = \boldsymbol{T}_M\omega_M^* - \boldsymbol{T}_M\omega_M \\ \boldsymbol{T}_M\omega_M^* = \omega_{ref} - \omega_L + \boldsymbol{T}_M\omega_M \\ \omega_M^* = \boldsymbol{T}_M^{-1}(\omega_{ref} - \omega_L) + \omega_M \end{cases} \tag{3.16}$$

即给定负载角速度ω_{ref},就可以求得每个框架电机输出的偏转角速度ω_M^*,其中

$$\boldsymbol{T}_M^{-1} = \begin{bmatrix} \cos\theta_e & 0 \\ 0 & 1 \end{bmatrix}^{-1} = \begin{bmatrix} \sec\theta_e & 0 \\ 0 & 1 \end{bmatrix} \tag{3.17}$$

联立,可得

$$\dot{\theta}_e = \omega_{eY} - \omega_{EY}\cos\theta_a - \omega_{AX}\sin\theta_E\sin\theta_a - \omega_{AZ}\cos\theta_E\sin\theta_a \tag{3.18}$$

$$\dot{\theta}_a = \omega_{eX}\sec\theta_e - \omega_{EY}\sin\theta_a\tan\theta_e + \omega_{AX}(\sin\theta_E\cos\theta_a\tan\theta_e - \cos\theta_E)$$
$$+ \omega_{AZ}(\cos\theta_E\cos\theta_a\tan\theta_e + \sin\theta_E) \tag{3.19}$$

可以看出,$\dot{\theta}_e$由四部分组成,且与外俯仰角θ_E和内方位角θ_a相关,ω_{eY}在内框架稳定回路的控制作用下保持不变,ω_{AX}部分和ω_{EY}部分是外框架转速的影响,ω_{AZ}部

分为几何约束耦合影响。若外方位框架可以满足一定的随动精度,即θ_a很小,则$\cos\theta_a\approx1$,则

$$\dot{\theta}_e\approx\omega_{eY}-\omega_{EY} \tag{3.20}$$

即ω_{EY}单独影响$\dot{\theta}_e$以实现外俯仰框架的随动。

可以看出,$\dot{\theta}_a$同样由四部分组成,且与外俯仰角θ_E、内方位角θ_a和内俯仰角θ_e相关,ω_{eX}在内框架稳定回路的控制作用下保持不变,ω_{AX}部分和ω_{EY}部分是外框架转速的影响,ω_{AZ}部分为几何约束耦合影响。若外俯仰框架的随动精度很高,即θ_e很小,$\sin\theta_e\approx0$,则

$$\dot{\theta}_a\approx\omega_{eX}\sec\theta_e-\omega_{AX}\cos\theta_E+\omega_{AZ}\sin\theta_E \tag{3.21}$$

由式(3.21)可以看出,ω_{AX}通过$-\cos\theta_E$影响$\dot{\theta}_a$,外方位回路速度耦合了外俯仰角度的余弦。若$\theta_E=\pm\pi/2$时,ω_{AX}对$\dot{\theta}_a$失去控制作用,造成外框架自锁,因此实际应用中应该尽量避免。

上面已经推导出平台隔离载机干扰的原理。通过安装在平台内框架上的角速率陀螺作为稳定回路的反馈元件,形成稳定回路的闭环,从而使探测装置的视线跟踪至期望的指向位置。外框架随动于内框架运动,保证内框架始终处于外框架角位移的中心位置,其控制回路为位置随动回路,即粗跟踪回路。其控制原理框图如图 3.27 所示,ω_{cmd}为指令输入,ω_{noise}为陀螺噪声干扰信号,M_{d1}、M_{d2}分别为内、外框架所受到的干扰力矩,θ_{out}为外框架的随动角位置输出信号,控制框图中未标示正割补偿的内容。

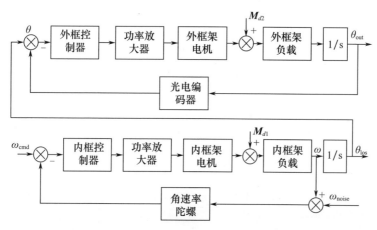

图 3.27　内、外框架控制系统原理图

6）注意事项

（1）基于两轴四框架架构的光电跟踪瞄准系统，采用外部整体减震或内、外框架之间进行分布式减震的方式隔离载体高频振动，这相当于在刚性连接中增加了弹性环节。在保证内框架及光电载荷精密稳定的同时，一定程度影响了跟瞄转塔的空间指向精度，尤其对于初始捕获精度要求较高的红外对抗系统，需合理设计减震弹性环节。

（2）两轴四框架光电跟踪瞄准系统与两轴两框架相比，由于增加了内框架环节，系统的快速响应能力下降，难以适用于对快速调转、快速捕获跟踪的大过载机载平台。外框架采用齿轮传动，存在传动间隙，使外框架运动易产生冲击，进而加剧动力学耦合，因此采取消除间隙措施，也能够有效减小动力学耦合；在控制系统设计时，不追求外框架的随动精度和快速性，要保证其运动的平稳性，这样也有助于减小动力学耦合。

（3）机械结构设计时，合理配置各框架对其固连坐标系的转动惯量，使转动惯量呈轴对称分布，这样可减小转动惯量耦合程度，从而减小各框架间的动力学耦合。在满足平台刚度和强度条件下，采用新型材料，减小各框架的转动惯量，同样也能够减小各框架间的动力学耦合。

（4）两轴四框架系统主要采用外方位－外俯仰－内方位－内俯仰结构形式和外方位－外俯仰－内俯仰－内方位结构形式，这是四框架结构的两种不同的形式，在工作原理上没有本质的区别，但第二种结构形式更利于节省空间、减少几何约束耦合。

3.2.3.2　FSM复合轴红外跟踪瞄准系统

复合轴系光电跟踪瞄准系统具有跟踪精度高、响应快和动态范围宽等优点，将传统的光电跟踪系统的精度从数十角秒提高到角秒级、亚角秒级，甚至0.1″以内。随着大型红外对抗系统作用距离的增加，要求更高光束质量、更小束散角的干扰激光，以保证照射到远场光电威胁目标上的激光功率密度，基于FSM的复合轴系统是一种切实可行的技术方式[15-16]。

复合轴系统（Compound Axis Servomechanism，CAS）最早见于1966年Thomas W.发表的文章，它是在主机架的粗跟踪基础上，用快速控制反射镜精确修正实现更高精度的跟踪。

1）多变量控制系统

复合轴系统是多变量控制系统中的二维关联控制系统的一种形式。多变量控制系统如图3.28所示。

系统有n个输入R和n个输出C，各变量间的关系可以用特定的传递矩阵描述。

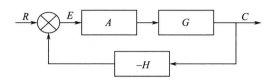

图 3.28　多变量控制系统

$$C = \phi R \qquad (3.22)$$

其中

$$R = \begin{bmatrix} R_1 \\ R_2 \\ \vdots \\ R_n \end{bmatrix} \quad C = \begin{bmatrix} C_1 \\ C_2 \\ \vdots \\ C_n \end{bmatrix} \qquad (3.23)$$

ϕ 称为系统的闭环传递矩阵,其元素为复频函数。按传统控制理论方法求出:

$$\phi = (I + GAH)^{-1} \qquad (3.24)$$

式中:I 为单位矩阵;$(I + GAH)^{-1}$ 为非奇异矩阵$(I + GAH)$ 的逆矩阵。

令 $W = GA$,称为系统的开环传递矩阵。

当 $H = I$ 时,有

$$\phi = (I + W)^{-1} W \qquad (3.25)$$

系统的误差传递矩阵为

$$W_t = (I + W)^{-1} \qquad (3.26)$$

特征方程为

$$|I + W| = 0 \qquad (3.27)$$

多变量控制系统在结构上,一般都存在关联关系,其关联性是按系统输出端的变量关系来定义的。若系统某些输出的变化影响其他输出,则系统是互相关联的,称为关联系统。如果在一定条件下,能做到任何一个输出的变化不影响其他输出,则称为自主系统,或者说系统完全去耦。这个条件称为系统的自主条件。

系统的自主条件是:系统闭环传递矩阵 ϕ 必须为对角线矩阵。又可导出系统开环传递矩阵 W 为对角线矩阵。这时,一个 n 维变量的自主控制系统的特征方程为

$$|I + W| = (I + W_{11})(I + W_{22}) \cdots (I + W_{nn}) = 0 \qquad (3.28)$$

如果系统稳定,必须使特征方程的所有根位于复平面的左侧,或者说具有负实部的根。又可以看出,自主系统稳定的充分必要条件是每个以 W_{ii} 为开环传递函数的单变量闭环系统都是稳定的。

对于非去耦的关联系统,其稳定性可根据矩阵的相似原理,把整个系统的特征方程化为等价的单变量控制系统的特征方程之积,再加以判定。

该系统的闭环传递矩阵可由式(3.25)改写为

$$\boldsymbol{\phi} = (\boldsymbol{I} + \boldsymbol{DB})^{-1}\boldsymbol{DB} \qquad (3.29)$$

其中,D_n 为系统正向对角线矩阵,可定义为

$$\boldsymbol{D} = \begin{bmatrix} D_{11} & D_{12} & \cdots & 0 \\ 0 & D_{22} & \cdots & 0 \\ \vdots & \vdots & \ddots & \vdots \\ 0 & D_{2n} & \cdots & D_{nn} \end{bmatrix} \qquad (3.30)$$

B 为系统关联部分传递矩阵,可定义为

$$\boldsymbol{B} = \begin{bmatrix} B_{11} & B_{12} & \cdots & B_{1n} \\ B_{21} & B_{22} & \cdots & B_{2n} \\ \vdots & \vdots & \ddots & \vdots \\ B_{n1} & B_{n2} & \cdots & B_{nn} \end{bmatrix} \qquad (3.31)$$

系统的特征方程为

$$|\boldsymbol{I} + \boldsymbol{DB}| = 0 \qquad (3.32)$$

如果有 λ_i ($i = 1, 2, \cdots, n$),为矩阵 $\boldsymbol{B}$ 的特征值。按矩阵相似原理可将式(3.32)写成

$$|1 + \boldsymbol{DB}| = (1 + \lambda_1 D_{11})(1 + \lambda_2 D_{22}) \cdots (1 + \lambda_n D_{nn}) = 0 \qquad (3.33)$$

这时,若保证整个关联系统稳定,必须使式(3.33)的每个以 $\lambda_i D_{ii}$ 为开环传递函数的单变量控制系统稳定。

系统的误差是指输入量与实际输出量之差,则

$$\boldsymbol{\phi} = \boldsymbol{I} \qquad (3.34)$$

或者

$$\boldsymbol{W}_e = (\boldsymbol{I} + \boldsymbol{W})^{-1} \qquad (3.35)$$

多变量控制系统对于恒定输入指令,稳态误差为零的充分必要条件是:系统的开环传递矩阵 $\boldsymbol{W}$,在对角线处的 n 个元素中的每个 W_{ii} 至少包含一个积分器。对于随时间线性增长的输入指令,稳态误差为零的充分必要条件是:系统的开环传递矩阵 $\boldsymbol{W}$,在对角线处的 n 个元素中的每个 W_{ii},至少包含两个积分器。

2) 二维关联控制系统

复合轴系统是二维关联控制系统的一种形式,如图3.29所示。

系统的开环传递矩阵为

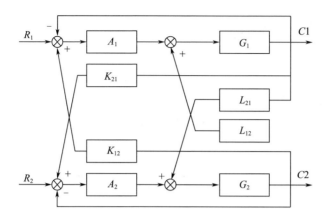

图 3.29 二维关联控制系统

$$W = \begin{bmatrix} W_{11} & W_{12} \\ W_{21} & W_{22} \end{bmatrix} \tag{3.36}$$

其中

$$W_{11} = \frac{A_1 G_1}{1 - G_1 G_2 (A_1 K_{12} + L_{12})(A_2 K_{21} + L_{21})} \tag{3.37}$$

$$W_{12} = \frac{G_1 G_2 A_2 (A_1 K_{12} + L_{12})}{1 - G_1 G_2 (A_1 K_{12} + L_{12})(A_2 K_{21} + L_{21})} \tag{3.38}$$

$$W_{21} = \frac{G_1 G_2 A_1 (A_2 K_{21} + L_{21})}{1 - G_1 G_2 (A_1 K_{12} + L_{12})(A_2 K_{21} + L_{21})} \tag{3.39}$$

$$W_{22} = \frac{A_2 G_2}{1 - G_1 G_2 (A_1 K_{12} + L_{12})(A_2 K_{21} + L_{21})} \tag{3.40}$$

系统的闭环传递矩阵为

$$\phi = \begin{bmatrix} \phi_{11} & \phi_{12} \\ \phi_{21} & \phi_{22} \end{bmatrix} \tag{3.41}$$

其中

$$\begin{cases} \phi_{11} = \dfrac{(1 + A_2 G_2) A_1 G_1}{(1 + A_1 G_1)(1 + A_2 G_2) - G_1 G_2 (A_1 K_{12} + L_{12})(A_2 K_{21} + L_{21})} \\[3mm] \phi_{12} = \dfrac{G_1 G_2 A_2 (A_1 K_{12} + L_{12})}{(1 + AG)(1 + AG) - GG(AK + L)(AK + L)} \\[3mm] \phi_{21} = \dfrac{G_1 G_2 A_1 (A_2 K_{21} + L_{21})}{(1 + A_1 G_1)(1 + A_2 G_2) - G_1 G_2 (A_1 K_{12} + L_{12})(A_2 K_{21} + L_{21})} \\[3mm] \phi_{22} = \dfrac{(1 + A_1 G_1) A_2 G_2}{(1 + A_1 G_1)(1 + A_2 G_2) - G_1 G_2 (A_1 K_{12} + L_{12})(A_2 K_{21} + L_{21})} \end{cases} \tag{3.42}$$

系统的特征方程为

$$(1 + A_1 G_1)(1 + A_2 G_2) - G_1 G_2 (A_1 K_{12} + L_{12})(A_2 K_{21} + L_{21}) = 0 \quad (3.43)$$

由式(3.43)可看出,系统为关联控制系统,使系统获得完全去耦的自主条件为

$$\begin{cases} \phi_{12} = 0 \\ \phi_{21} = 0 \end{cases} \quad (3.44)$$

即

$$\begin{cases} A_1 K_{12} + L_{12} = 0 \\ A_2 K_{21} + L_{21} = 0 \end{cases} \quad (3.45)$$

系统的正向对角线矩阵为

$$D = \begin{bmatrix} G_1 A_1 & 0 \\ 0 & G_2 A_2 \end{bmatrix} \quad (3.46)$$

系统关联部分传递矩阵为

$$B = \begin{vmatrix} 1 & G_2(A_2 K_{21} + L_{21}) \\ G_1(A_1 K_{12} + L_{12}) & 1 \end{vmatrix} \times \frac{1}{1 - G_1 G_2 (A_1 K_{12} + L_{12})(A_2 K_{21} + L_{21})}$$

$$(3.47)$$

B 矩阵的特征值为

$$\lambda_{1,2} = 1 \pm \sqrt{G_1 G_2 (A_1 K_{12} + L_{12})(A_2 K_{21} + L_{21})} \quad (3.48)$$

系统获得自主条件时,其特征值为$\lambda_1 = \lambda_2 = 1$,将不同的$\lambda$值代入,可以对关联系统的稳定性进行判别。

3) 复合轴系统组成

复合轴跟踪系统是二维关联控制系统的一种实现形式[17-18],它是由望远镜主机架和安装在机架内的快速控制反射镜 FSM 组成,其组成框图如图 3.30 所示。

转塔台体框架轴称为主跟踪轴,也称为粗跟踪轴;快速控制反射镜轴称为子跟踪轴,也称为子轴。主轴和子轴分别由粗跟踪器和精跟踪器控制,这就是双检测器型复合轴系统;主轴和子轴也可以由一个跟踪器控制,这就是单检测器型复合轴系统。

4) 系统类别

从跟踪传感器使用来看,复合轴控制系统可以分为双检测型复合轴控制系统和单检测型复合轴控制系统。单检测型复合轴控制系统的跟踪探测器有一个,跟踪器传感信息分别反馈给粗、精两个通道;双检测意味着跟踪探测器有两个,粗跟踪回路和精跟踪回路各 1 个,分别控制各自的通道。

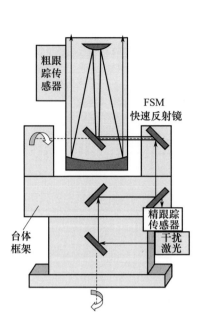

图 3.30　复合轴系统组成框图

（1）单检测型复合轴控制系统。单检测器复合轴控制技术又称为卸载控制（Unload Control）技术[19-20]，在很多工程应用场合非常重要，它的本质就是利用一个探测器实现主、子轴无耦合闭环工作。该方法基本思想就是主轴利用子轴的位置信息闭环。卸载控制可以让子轴始终工作在一个很小的范围内，不会饱和。典型单检测型复合轴控制系统结构框图如图 3.31 所示。

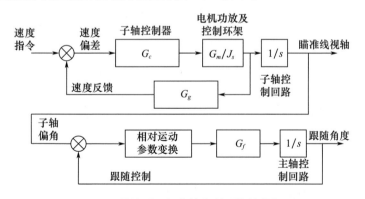

图 3.31　单检测型复合轴控制系统结构框图

单检测型复合轴控制系统的工作过程与双检测型复合轴控制系统基本相同，但由于共享同一探测器，因此存在着主、子系统动态范围的矛盾，探测器帧频与探测灵敏度之间的矛盾。这就造成了单检测型复合轴控制系统主、子系统之间的耦合,是限制单检测型复合轴控制系统应用的难点。单检测型复合轴控制方框图如图 3.32 所示。

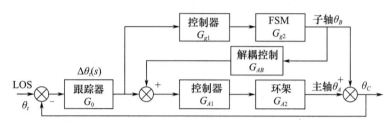

图 3.32　单检测型复合轴控制方框图

单检测型复合轴控制系统增加了解耦回路 $G_{AB}(s)$,当

$$G_{AB}(s) = G_0(s) \tag{3.49}$$

则系统稳定,且闭环传递函数为

$$\phi_C(s) = \frac{G_0 G_A + G_0 G_B + G_0 G_A G_B G_{AB}}{1 + G_0 G_A + G_0 G_B + G_0 G_A G_B G_{AB}} \tag{3.50}$$

式中:$G_A = G_{A1} G_{A2}$,$G_B = G_{B1} G_{B2}$。

单检测型复合轴控制系统有以下特点:①由于主、子系统共用同一个探测器,因而可以消除因装配误差产生的主、子系统的视轴偏差,同时也降低了装配系统的难度。②共用一个探测器可以大幅降低系统的功耗、质量、体积和成本,可以简化系统的结构。③单检测型复合轴控制系统的难点在于主、子系统的耦合性,相对于双检测型复合轴控制系统具有更强的耦合性,因而解耦是单检测型复合轴控制系统的一个重点和难点。并且不同的系统由于硬件平台的不同,系统的解耦的难度也会不同,解耦的方案也会不同。④解耦后的单检测型复合轴控制系统理论上具有可以与双检测型复合轴控制系统相同的跟踪精度。

(2) 双检测型复合轴控制系统。双检测意味着跟踪探测器(CCD)有两个,粗跟踪回路和精跟踪回路各一个。双检测型复合轴控制系统方框图如图 3.33 所示。

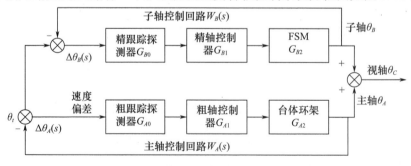

图 3.33　双检测型复合轴控制系统方框图

双检测型复合轴控制系统闭环传递函数为

$$\phi_C(s) = \frac{\theta_C(s)}{\theta_I(s)} = \frac{W_C(s)}{1 + W_C(s)} \tag{3.51}$$

$$\phi_C(s) = \frac{\theta_C(s)}{\theta_I(s)} = \frac{W_A(s) + W_B(s) + W_A(s)W_B(s)}{1 + W_A(s) + W_B(s) + W_A(s)W_B(s)} \tag{3.52}$$

式中：$W_A(s)$ 和 $W_B(s)$ 分别为主轴、子轴回路开环传递函数；$W_C(s)$ 为复合轴系统等效开环传递函数。

$W_A(s)$、$W_B(s)$、$W_C(s)$ 分别定义为

$$W_A(s) = G_{A0}(s)G_{A1}(s)G_{A2}(s) \tag{3.53}$$

$$W_B(s) = G_{B0}(s)G_{B1}(s)G_{B2}(s) \tag{3.54}$$

$$W_C(s) = \frac{\theta_c(s)}{\Delta\theta_B(s)} = W_A(s) + W_B(s) + W_A(s)W_B(s) \tag{3.55}$$

子轴系统误差就是复合轴系统误差，即

$$\Delta\theta_B(s) = \frac{\Delta\theta_A(s)}{1 + W_B(s)} = \frac{\theta_I(s)}{1 + W_A(s) + W_B(s) + W_A(s)W_B(s)} \tag{3.56}$$

$$\Delta\theta_B = \Delta\theta_C \tag{3.57}$$

复合轴系统误差传递函数为

$$E(s) = \frac{\Delta\theta_C(s)}{\theta_I(s)} = \frac{1}{1 + W_A(s) + W_B(s) + W_A(s)W_B(s)} \tag{3.58}$$

5）主轴/子轴系统匹配

由于复合轴跟踪控制系统中的子轴控制是在主轴控制基础上完成的，主轴系统的性能要保证子轴系统能正常工作，所以两个系统的性能和参数要相互匹配，在设计中主要考虑以下几点。

（1）主/子轴视场与精度匹配。一般来讲，精跟踪精度（子轴）可比粗跟踪（主轴）系统提高 5～10 倍，所以两个跟踪系统的视场比例也大致为 5～10 倍。

（2）主/子轴控制带宽匹配。精跟踪系统要抑制粗跟踪残差，并使复合轴系统具有较好的稳定性，精跟踪系统的频带不仅要宽于粗跟踪系统，而且应使两个系统的带宽比有较高的值。子轴系统和主轴系统带宽比越大，误差抑制能力越强。很多的试验说明，子轴开环带宽应是主轴的 6 倍以上，最好能达 10 倍甚至更高，这就要求子轴具有更宽的带宽。因此，子轴要比主轴具有更高采样频率的探测器系统。

6）快速控制反射镜设计

复合轴系统跟踪精度最终体现在子轴精跟踪系统，所以提高子轴系统的精度是十分重要的。子轴跟踪采用的是快速控制反射镜，也称快速倾斜反射镜[21-22]（Fast Tip/Tilt Mirror）。

快速反射镜由反射镜、镜架、驱动器和弹性支撑结构等部分组成。

（1）FSM 的驱动方式。FSM 的驱动方式主要包括六大类：压电陶瓷驱动器（Piezoelectric Transition，PZT）、音圈电机（Voice Coil Actuator，VCA）驱动器、电致伸缩驱动器、磁致伸缩驱动器、形状记忆合金驱动器、静电微驱动器。从目前的应用来看，以压电陶瓷驱动和音圈电机驱动为主。音圈电机驱动器具有行程大、频率响应良好和行程控制精确的优点；和音圈电机相比，PZT 体积更小，产生的作用力更大，频率响应更高。但其缺点也是明显的，即行程小，具有磁滞现象。压电型驱动器适合于要求高频率响应、负载大、行程小的场合，音圈电机适合于行程大、负载小的场合[23-24]。音圈电机和压电陶瓷的典型外形如图 3.34 所示。

(a)　　　　　　　　　　　(b)

图 3.34　音圈电机和压电陶瓷的典型外形

（2）FSM 的性能指标。FSM 系统的主要性能指标包括：有效通光口径、转角范围、角分辨力、控制带宽和响应频率等。

① 有效通光口径：反映了 FSM 所能校正光束直径的范围，它决定了 FSM 工作镜体的大小，进而影响系统的负载惯量，最终限制 FSM 的响应频率。

② 转角范围：是指工作镜体所能转动的最大角度，从应用方面考虑，它必须能够覆盖 FSM 工作对象所需求的调节范围。但为了保证系统响应频率高，FSM 的转角范围往往比较小（多为分级）。因此，为了实现大的工作范围，FSM 通常与大惯量的二维转台配合使用构成复合轴系统。

③ 角分辨力：是指 FSM 的工作镜体所能实现的最小转角，它与位置传感器的分辨力及 FSM 装置的加工装调精度有关。

④ 控制带宽：是指 FSM 控制系统的频带宽度。带宽越高，对外界干扰的抑制能力越强。对于响应频率要求不高的系统，其控制带宽较窄，一般远低于结构件的固有频率。而对于响应频率要求较高的系统，其控制带宽应尽可能大。为了避免谐振的发生，在结构件设计过程中，应保证各阶谐振频率不落在 FSM 的控制带宽以内。

⑤ 响应频率：是指 FSM 系统最终所能达到的响应速度，它直接影响系统的跟踪能力，一般响应速度越快，跟踪精度也就越高。它与 FSM 的结构谐振频率、驱动

器的响应速度及控制系统的带宽有关。

（3）FSM 的分类方式。根据支撑方式的不同,FSM 主要分为柔性无轴式、$X-Y$ 轴框架式和刚性支撑式三大类,这也是目前最为常用的分类方式[25]。

柔性无轴式 FSM 系统主要由平面反射镜、镜架、弹性支撑、音圈电机、镜体基座及位移测量传感器等组成,如图 3.35 所示。

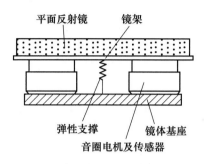

图 3.35　柔性无轴式 FSM 系统结构

柔性无轴式 FSM 系统的优势是:结构简单,无摩擦阻力矩,响应速度快,但对弹性元件的要求高。即要求弹性元件在期望运动方向上具有足够的柔性,而在限制运动的方向上具有足够的刚度。因此,系统工作时平面反射镜的运动形式较为复杂(在产生转角运动的同时会产生微量的线位移),不适于在振动、冲击、回转等恶劣的工作条件下使用。此外,这种结构形式的 FSM 系统转角范围小、承载能力有限,更适于小口径、轻量型的反射镜体。

$X-Y$ 轴框架式 FSM 系统主要包括:基座、内、外框架、平面反射镜、音圈电机和转角测量传感器等,如图 3.36 所示。外框架轴系安装在基座上,固连有平面反射镜的内框架轴系安装在外框架上。内、外框架的旋转既可以选用直线式音圈电机驱动,也可以选用回转式音圈电机驱动。

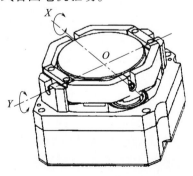

图 3.36　$X-Y$ 轴框架式 FSM

$X - Y$ 轴框架式 FSM 的优势是：旋转中心稳定、结构刚度好、转角范围大、承载能力强。不足之处是轴系结构复杂、转动惯性大，且轴系精度对 FSM 工作精度有直接影响，不适于响应频率要求较高的领域使用。

刚性支撑式 FSM 通过自制刚性球面副实现运动部分与不动部分连接，突出优点是：承载能力强、抗冲击振动性能优异。缺点是：摩擦阻力矩大，响应速度有限。为了保证该型 FSM 稳定的旋转中心，系统对自制刚性球面副的加工、装调精度提出了极高的要求。

3.2.3.3 半捷联稳定红外跟踪瞄准系统

传统的光电稳定跟踪瞄准平台有动力陀螺稳定平台与速率陀螺稳定平台。动力陀螺稳定平台在较大的扰动速度与轴向加速度引起的干扰力矩作用下，很难实现视轴在惯性空间中高精度的稳定，同时由于动力陀螺进动性与定轴性间的相互制约，限制稳定平台的快速响应能力[26-27]。

由于速率陀螺稳定平台具有较大的带宽与较高的稳定精度而在光电稳定跟踪瞄准系统中获得了广泛的应用。但是，这种稳定平台的伺服机构体积较大，且对惯性测量元件的质量、体积、耐高温与抗震动等性能要求苛刻。为了克服传统稳定平台的不足，同时满足机载光电跟踪瞄准系统小型化、高精度的发展需求，研制了半捷联稳定光电跟踪瞄准系统。

国外新型的机载定向红外对抗系统，已采用了基于半捷联稳定的光电跟踪瞄准技术，在 CIRCM 通用型定向红外对抗系统中，美国雷声公司采用基于 AIM - 9X 导引头的半捷联稳定框架结构，设计了基于半捷联稳定的红外跟踪瞄准对抗系统，如图 3.37 所示。

(a)   (b)

图 3.37　基于 AIM - 9X 导引头半捷联稳定的 CIRCM 系统

1）半捷联光电平台结构分析

半捷联光电稳定平台固定安装在弹体头部，平台基座与弹体刚性连接，随载体一起运动。稳定平台采用偏航–俯仰两自由度万向支架结构,平台结构示意图如图 3.38 所示。

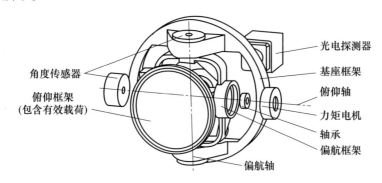

图 3.38 半捷联稳定平台结构示意图

稳定平台由装有角度传感器、力矩电机和光电探测器的偏航俯仰框架通过轴承连接在一起,使框架能够相互转动。其中,偏航框架是外框,其旋转轴为偏航轴;俯仰框架是内框,其旋转轴为俯仰轴。各框架由独立的力矩电机直接驱动,由旋转轴另一端的角度传感器反馈角度信息,平台框架上没有安装速率陀螺,将惯性测量系统与基座固连在一起,这种结构形式减小了稳定平台的体积与质量,提高了系统的结构刚度与机械谐振频率。

2)半捷联稳定机理研究

稳定平台的光轴稳定机理研究是安装传感器、选择稳定控制算法的前提,其主要任务是隔离载体扰动,使安装在稳定平台上的光学系统光轴指向在惯性空间保持稳定;同时,伺服系统利用目标脱靶量信号与当前俯仰偏航角信号解算出俯仰偏航角增量以完成对目标的精确跟踪,是稳定平台的主要功能,半捷联稳定机理图如图 3.39 所示。

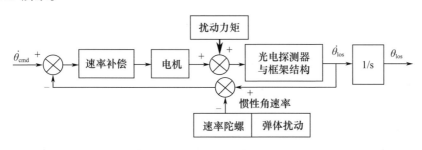

图 3.39 半捷联稳定机理图

下面主要运用空间机构学的原理,对半捷联稳定平台对载体姿态扰动的隔离原理和稳定方案进行分析,这对传感器的安装以及控制方案的确定都有着理论上的指导意义[28-29]。

随着稳定平台高精度、小型化与低成本的发展需求,半捷联稳定平台得到了极大的发展。半捷联稳定平台稳定控制原理如图 3.40 所示。

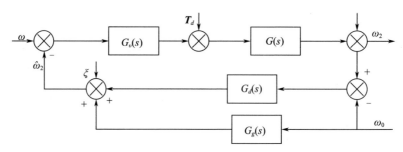

图 3.40　半捷联稳定控制原理

图 3.40 中,ω 为角速度指令,$\hat{\omega}_2$ 为角速度反馈信息,ω_2 为稳定平台惯性空间角速度,ω_0 为弹体姿态扰动角速度,ξ 为测速噪声,T_d 为扰动力矩,$G(s)$ 为控制对象传递函数,$G_v(s)$ 为速度环控制器传递函数,$G_d(s)$ 为测速环节传递函数,$G_g(s)$ 为陀螺传递函数。

由半捷联稳定控制原理图可知,光轴在惯性空间中的速度表达式为

$$\omega_2 = \frac{G G_v}{1 + G G_v G_d}\omega + \frac{G G_v(G_d - G_g)}{1 + G G_v G_d}\omega_0 + \frac{G}{1 + G G_v G_d}T_d - \frac{G G_v}{1 + G G_v G_d}\xi \quad (3.59)$$

由式(3.59)可以看出,影响半捷联光电稳定平台稳定精度的因素主要有载体扰动、扰动力矩、测速噪声以及姿态变换误差。

半捷联光电稳定平台的稳定方案有角位置补偿方法与角速度补偿方法两种方案。角位置补偿方法利用弹体姿态角信息与框架角位置信息构成位置环,从而得到全姿态的捷联稳定方程。角速度补偿方法将弹体角速度信息与框架相对角速度信息融合,构成稳定回路速度反馈信息。

角位置补偿方法:采用四元素法对弹体角速度 $\boldsymbol{\omega}_0(t) = [\omega_{0x} \quad \omega_{0y} \quad \omega_{0z}]^T$ 积分,得到载体姿态角,与框架角位置信息构成位置稳定回路,其稳定原理如图 3.41 所示。

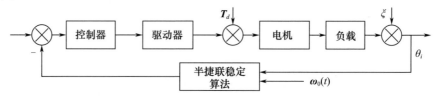

图 3.41　角位置补偿稳定原理

角速度补偿方法:弹载惯性元件测量的弹体角速度 $\boldsymbol{\omega}_0(t) = \begin{bmatrix} \omega_{0x} & \omega_{0y} & \omega_{0z} \end{bmatrix}^T$，与框架相对角速度 $\dot{\boldsymbol{\theta}}_1(t) = \begin{bmatrix} 0 & \dot{\theta}_1(t) & 0 \end{bmatrix}^T, \dot{\boldsymbol{\theta}}_2(t) = \begin{bmatrix} 0 & \dot{\theta}_2(t) & 0 \end{bmatrix}^T$ 融合，构成速度稳定回路,其稳定原理如图 3.42 所示。

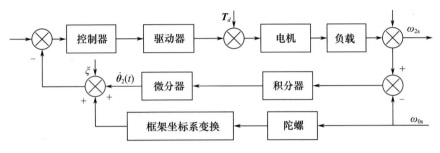

图 3.42　角速度补偿稳定原理

由以上分析可知,角位置补偿方法不需要对角度测量值进行微分,但是增加了求取弹体姿态角的积分算法,容易产生误差累积,因此要求具有较高测量精度的惯性测量器件,并且算法较复杂。角速度补偿方法是角速率陀螺稳定平台的一种替代方法,即用弹体角速度与框架角速度的信息融合代替原来速率陀螺的测速功能。这种方案算法简单,可以直接提取视线角速率,但是需要对框架角位置进行微分,在测速噪声较大时,将给框架速度环引入微分噪声。

3.2.4　提高系统精度技术途径

3.2.4.1　前馈控制(复合控制)

前馈控制是在闭环控制系统增加一开环控制支路,用来提供输入信号的一阶、二阶导数,使系统静差度提高,较好地解决了精度与稳定性之间的矛盾问题。这种系统称为前馈控制或复合控制系统[30-31]。

构成复合控制系统的关键在于得到目标的角速度、角加速度信号,但红外跟踪系统中一般无法直接得到。因此,常采用红外跟踪脱靶量与编码器合成目标位置,然后再对位置进行微分滤波求取目标速度的方法。由于脱靶量常具有噪声,且与编码器采样时间不同步,经微分运算,将产生更大的干扰,该方法并没有获得很好的实际使用效果。

3.2.4.2　速度滞后补偿与加速度滞后补偿

速度滞后补偿是通过采用低通滤波后的仪器的速度,作为目标速度构成一种等效的复合控制,来提高系统的跟踪精度。从频率特性看,速度滞后补偿提高了原来系统对数频率特性低频段幅值,因而提高了系统的跟踪精度。该方法因简单实用,在国内红外跟踪设备中获得了广泛应用。

加速度滞后补偿是在速度补偿的基础上,将速度补偿值再进行微分和低通滤波,然后送到速度回路,构成一种等效加速度前馈。因为采用的是仪器本身部分加速度,且通过低通滤波,沿用速度滞后补偿的说法称为加速度滞后补偿。加速度滞后补偿环节对系统开环剪切频率基本没有影响,但会显著提高中低频段增益,从而使跟踪误差大大减小。

这两种方法的共同缺点是会减少系统的稳定裕度,破坏系统的稳定性,尤其是加速度滞后补偿,往往使系统处于临界稳定状态。

3.2.4.3 共轴跟踪技术

传统跟踪方式存在一个基本问题:从降低传感器噪声的角度考虑,应减小系统带宽;而为了降低动态滞后误差,提高快速性,又必须加大系统带宽。由于传感器与伺服系统在一个回路中,设计中只能折中处理,使系统误差和随机误差都无法降至最低,跟踪精度受到限制。

共轴跟踪是计算机技术与复合控制技术结合产生的一种新思想。它分成两部分:一部分由计算机接收传感器的测量数据,进行滤波、预测,提供准确的角位置、角速度等信息;另一部分完成伺服驱动任务,以第一部分输出的角位置信号为输入,以角速度及高阶导数信号为辅助输入,构成复合系统控制,引导红外跟踪设备跟踪目标。两个部分各自独立,互不影响。数据处理部分的带宽可以很窄,以最大限度抑制跟踪噪声和干扰,尽可能减小随机误差;伺服驱动部分可有很宽的频带,大幅度地降低系统误差,保证跟踪的快速性和准确性。共轴跟踪的关键是滤波预测技术,预测目标位置、速度和加速度等运动状态量。

3.2.4.4 动态高型控制方法

增加积分环节以提高伺服系统无差度,但同时将影响甚至破坏系统的稳定性,美国靶场光电经纬仪通过对目标航路点附近角速度、角加速度的大小及其符号监视,采用动态III型无差控制方法克服了其对系统稳定性的影响,获得了理想的跟踪精度。

动态高型控制方法可以充分利用计算机控制容易实现控制结构变换的优点,根据系统状态变化实现稳定与精度提高的平衡。但是动态高型无差系统,需要对积分环节的引入与脱离条件进行研究,需要针对不同对象采用不同对策,缺乏普遍性。

3.2.4.5 新型控制方法

这里的新型控制策略是与传统的PID控制相对而言的,包括自适应控制、变结构滑动模态控制、模糊控制、专家控制、神经网络控制以及它们之间的渗透、结合形成的混合控制。传统的光电经纬仪控制算法基于频域的PID校正算法,其结构和参数在经纬仪整个工作过程中一般保持不变,实际这并不理想。可以根据控制过程,将控制任务分解成子任务分阶段来完成,可以在系统运行的不同阶段,选用合适的控制规律,组合简单的控制方法实现高品质控制。

3.2.4.6　复合轴控制技术

对于大加速度目标,按经典控制理论采用单轴(单变量)的伺服控制系统实现高精度跟踪是困难的,它不仅受到宽视场高分辨力、快速响应的探测器的限制,同时也受到光机跟踪架的机械结构谐振频率的限制。理论和实践表明,复合轴伺服控制技术是解决上述矛盾,实现战术激光武器精密跟瞄的一种行之有效的途径,目前已取得角秒级或更高的良好跟踪精度。

3.3　红外跟踪瞄准系统常用的控制元件

3.3.1　执行元件

在红外跟踪瞄准系统中,经常采用的执行元件是直流力矩电机、无刷力矩电机、高速伺服电机,都属于电动机中的特种电机。电动机是一种把电能转换为机械能的机、电、磁综合装置,直流电动机主要由磁极、电枢、换向片与电机组成,直流电动机的工作原理可以用下述电机平衡方程组描述。

电压平衡方程:

$$u_a = R_a i_a + L_a \frac{\mathrm{d} i_a}{\mathrm{d} t} + E_a \tag{3.60}$$

转矩平衡方程:

$$J \frac{\mathrm{d}\omega}{\mathrm{d} t} + B\omega = T_{em} - T_d \tag{3.61}$$

电磁转矩与电流:

$$T_{em} = K_i i_a \tag{3.62}$$

直流电动机电枢反电动势:

$$E_a = K_e \omega \tag{3.63}$$

式中:u_a、i_a、R_a、L_a、E_a 分别为电机电枢电压(V)、电流(A)、电阻(Ω)、电感(H)、反电势(V);J 为系统折算到电机轴的转动惯量(kg·m^2);B 为机械系统的黏性阻尼比;ω 为电机轴角速度(rad/s);T_{em} 为电磁转矩(N·m);T_d 为阻力矩(N·m);K_t 为电磁转矩系数(N·m/A);K_e 为反电势系数(N·m/A),且 $K_e = K_t$。

由上述基本方程可得控制中常用的输入电压与输出速度的传递函数为

$$\frac{\Omega(s)}{U_a(s)} = \frac{1/K_e}{T_aT_ms^2 + (\frac{T_aT_m}{T} + T_m)s + (\frac{T_m}{T} + 1)} \approx \frac{1/K_e}{T_ms + 1} \tag{3.64}$$

一般情况,$T_a = T_m = T$。

阻力矩与输出速度的传递函数为

$$\frac{\Omega(s)}{T_d(s)} = \frac{R}{K_eK_t}\frac{1}{T_ms + 1} \tag{3.65}$$

式中:$\Omega(s)$、$U_a(s)$、$T_d(s)$分别为ω、u_a、T_d的拉普拉斯变换;$T_a = L_a/T_a$为电动机的电磁时间常数;$T_m = R_aJ/(K_eK_t)$为电动机的机电时间常数;$T = J/B$为机械系统时间常数;$R/(K_eK_t)$为机械特性硬度。

3.3.1.1 直流力矩电机

在红外跟踪瞄准系统中广泛采用直流力矩电机作为执行元件,直流力矩电机是一种可以直接与负载耦合的低速直流伺服电动机,它在工作原理上同普通的直流伺服电动机没有多大区别。而低速和大力矩是由于特殊的结构设计而产生的,在结构和外形尺寸的比例上有所不同。一般直流伺服电动机为减小转动惯量,大部分做成细长圆柱形,而直流力矩电机为了能在相同体积和电枢电压下获得较大的转矩和低转速,一般做成圆盘状,电枢长度和直径之比一般为0.2左右;选取较多槽数、换向片数和串联导体数,来减小转矩和转速波动,一般做成永磁多极式,总体结构形式有分装式和组装式两种[32-33]。分装式直流力矩电机如图3.43所示。

永磁式直流力矩电机采用优良的永磁材料,如铝镍钴永磁材料、铁氧体非金属永磁材料、钐钴稀土永磁材料、钕铁硼稀土永磁材料等。尤其是稀土类永磁材料,磁密度K_e(反电动势系数)和K_t(转矩灵敏度,转矩系数)大,这也是直流力矩电机具有大转矩、低转速和高精度的原因,广泛应用于高性能直流力矩电机。

图 3.43 分装式直流力矩电机

与采用齿轮传动的间接驱动相比,采用直流力矩电机直接驱动的红外跟踪瞄准系统具有如下优点:

(1)系统响应速度快。在直接驱动时,在负载处力矩－惯量比大,理论加速度大,系统在过渡过程中的快速性好,由于直流力矩电机的机电时间常数较小,一般为十几毫秒至数十毫秒,电磁时间常数小,约为零点几毫秒至几毫秒,因此采用直流力矩电机直接驱动光电跟瞄转塔,动态响应速度快,比间接驱动提高了一个数量级,特别适合用于要迅速启动和停止的快加速场合。

(2)速度和位置精度高,伺服刚度高。直接驱动的方式消除了由于齿轮间隙和弹性变形引起的误差,系统可以在保持稳定性的前提下将放大倍数做得很高,因此系统的速度精度、位置精度和伺服刚度均可做得很高,具有较强的抗干扰能力和精度。系统伺服刚度为: $K = T_L / \theta_L$,其中 T_L 为干扰力矩, θ_L 为由于干扰力矩产生的位移,即高刚度伺服系统是指在较强的干扰力矩下,产生的实际位移较小。

(3)具有较好的线性度。直流力矩电机本身具有较高的线性度,消除了齿轮死区间隙误差,摩擦力矩较小,通过设计使磁路高饱和,使系统的转矩－电流特性具有较高的线性度,为高精度平稳运行提高保证。

直流力矩电机主要技术指标如下:

(1)峰值堵转转矩:指直流力矩电机受永磁材料去磁限制的最大输入电流时所获得的有效转矩,使用中不得超过峰值堵转转矩所对应的峰值堵转电流,单位为N·m。

(2)峰值堵转电压:指直流力矩电机产生峰值堵转力矩时加于电枢两端的电压,单位为V。

(3)峰值堵转电流:指直流力矩电机产生峰值堵转力矩时的电枢电流,单位为A。

(4)峰值堵转功率:指直流力矩电机产生峰值堵转力矩时的控制功率,单位为W。

(5)连续堵转转矩:指直流力矩电机在连续堵转时,其稳定温升不超过允许值所能输出的最大堵转转矩,单位为N·m。

(6)连续堵转电压:指直流力矩电机产生连续堵转转矩时加于电枢两端的电压,单位为V。

(7)连续堵转电流:指直流力矩电机产生连续堵转转矩时的电枢电流,单位为A。

(8)连续堵转功率:指直流力矩电机产生连续堵转转矩时的控制功率,单位为W。

（9）转矩波动系数：指直流力矩电机转子在1周范围内，电机输出转矩的最大值与最小值之差对其最大值与最小值之和之比，用%表示；转矩波动系数是衡量直流力矩电机性能优劣的一个重要指标，造成转矩波动的因素很多，如电磁参数的匹配、结构设计、使用材料的选择、加工精度的等级等，国外的先进水平已达到1.1%。

（10）最大空载转速n_0：直流力矩电机在空载时加以峰值堵转电压所达到的稳定转速，单位为r/min，同时，正、反转速差应不大于最大空载转速规定值的5%。在红外跟踪瞄准系统设计时，应正确选择最大空载转速n_0，从电机特性和控制系统性能来看，希望n_0越小越好。n_0降低可使电机时间常数减小和单位功率产生的转矩增加，但n_0下降势必引起电机尺寸和质量的增加；而n_0提高不仅引起电机特性变坏，还可能出现电机发热，因此必须从控制系统性能、整体质量、体积以及经济性全盘考虑，权衡利弊，正确选择电机的最大空载转速。

（11）转矩系数（转矩灵敏度K_t）：指直流力矩电机输入每安培电流时的输出转矩，单位为（kg·m）/A。

（12）反电动势系数K_e：指电枢在永久磁场中旋转，每转产生的电压，单位为V/（r/min）。

（13）电气时间常数：指直流力矩电机电流阻抗为零时，电感与电阻之比L/R，单位为s。

（14）机械时间常数：指直流力矩电机电流阻抗为零时，转子惯性矩与电机阻尼系数之比，单位为s。

3.3.1.2　无刷力矩电机

无刷力矩电机也是红外跟踪瞄准系统中常用的执行元件，直流电机定子和转子的两个磁场轴线之间存在90°电角，直流电机的磁极磁场与电枢电流相互独立，可分别控制。对于连续转动的直流电机，采用机械换向器的方法，强迫电枢电流换向，以确保每个磁极下电流方向不变，在运行中存在换向火花和摩擦，影响电机寿命；因此，在无接触换向的设计需求指引下，开始无刷力矩电机的研制。

无刷力矩电机结构框图如图3.44所示。

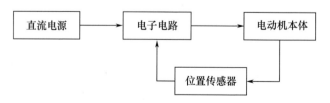

图3.44　无刷力矩电机结构框图

无刷力矩电机由电机、转子位置传感器和电子开关电路三部分组成,如图 3.45 所示。采用半导体功率开关器件(晶体管、MOSFET、IGBT、IPM),用霍尔元件、光敏元件等位置传感器代替有刷直流力矩电机的换向器和电刷,以电子换向代替机械换向,从而提高可靠性。

与有刷直流力矩电机相比,无刷直流力矩电机具有如下特点。

图 3.45　无刷力矩电机

(1)经电子电路控制获得与直流力矩电机类似的运行特性,有较好的可控性,宽调速范围。

(2)需要转子位置反馈信息和电子多相逆变驱动器。

(3)由于没有换向器、电刷的火花、磨损问题,可工作于高速状态,可靠性高、寿命长、噪声小,无须经常维护。

(4)功率因数高,转子无损耗和发热,效率高。

此外,有限转角力矩电机也是无刷力矩电机的一种,在两轴四框架红外跟踪瞄准转塔上有一定的应用。有限转角直流无刷力矩电机是一种可在一定的角度范围内直接驱动负载作快速运动和准确定位的伺服电机,是微特电机的一种,主要用在小范围转角的高精度控制系统中。有限转角直流无刷力矩电机在给定的工作电压下在有限转角范围内运动,同时具有直流电机、无刷电机、平滑电枢、力矩电机的优点。电机的机械特性和调节特性的线形度好,其结构紧凑、效率高、寿命长,能在低速和长期堵转下正常工作,且转矩和功率之比很高,控制精度高,控制电路简单,动态响应速度快,频带宽。

有限转角直流无刷力矩电机可分为摆动磁场型和摆动电枢型两类。因为电机转子本身只在有限的转角范围内摆动,不需要换向,即使是摆动电枢型有限转角电机也不需要通过电刷滑环,将电流直接引入电枢,所以有限转角电机也是一种无刷直流电机,比一般电子换向的无刷电机简单,而且不会有像有刷电机受到电刷带来的困扰。摆动磁场型有限转角直流电机又可以分为齿槽铁芯嵌线式和环形铁芯绕线式[34-35]两种。

图 3.46 为有限转角直流无刷力矩电机的典型结构示意图。转子是永磁体做成的磁极,定子是一个导磁的圆环,圆环上精密地缠绕着两个对称分布的环形电枢绕组,两者反向串联。

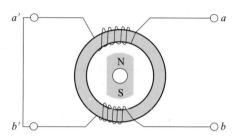

图 3.46 有限转角直流无刷力矩电机结构

在有限转角范围内,有限转角直流无刷电机的力矩波动比一般的直流无刷电机要小得多。其力矩 – 角度波形关系如图 3.47 所示。

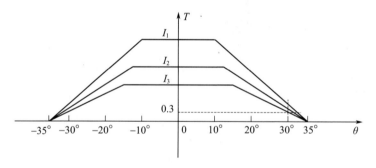

图 3.47 有限转角直流无刷力矩电机力矩 – 角度波形图

3.3.1.3 音圈电机

在复合轴光电精密跟瞄转塔中,经常采用音圈电机作为执行元件驱动快速反射镜,形成控制子轴,与转塔台体主轴一起构成复合轴控制,来提高对快速机动目标的跟踪瞄准精度。音圈电机作为实现高频控制的关键,是快速反射镜组件的重要组成部分。图 3.48 ~ 图 3.50 分别为国外和国内研制的快速反射镜。

音圈电机是直线电机的一种,除了具有直线电机的诸多优点外,音圈电机以其无滞后、高响应、高加速度、高速度、体积小、力特性好、控制方便等优点,特别适合高响应、高精度、高频往复运动场合。从外形结构上划分,音圈电机可分为圆柱音圈电机、摆角音圈电机和矩形音圈电机三种,如图 3.51 ~ 图 3.53 所示。

图 3.48　BAE SYSTEMS 公司研制的
双轴快速反射镜

图 3.49　Bell 实验室两自由度 $X-Y$
框架式快速反射镜

图 3.50　国内研制的 $X-Y$ 框架式
快速反射镜

图 3.51　圆柱音圈电机

图 3.52　摆角音圈电机

图 3.53　矩形音圈电机

根据音圈电机内部结构的不同,可以按照表 3.3 进行分类。

表 3.3　音圈电机分类表

分类方法	分类	优缺点比较
磁钢在音圈电机中所处位置	内磁式	内磁式结构的磁路较短,漏磁小,容易产生较大的磁力
	外磁式	
音圈电机运动部分	动音圈结构	动音圈结构中固定的磁场系统可以比较大,因而能够得到较强的磁场
	固定音圈结构	
音圈相对于工作气隙的长度	长音圈结构	长音圈结构体积比较小;短音圈结构功耗较小,可以有较大工作电流
	短音圈结构	
工作特性	MFK 型	MFK 型加入弹簧,输出力比较小,输出效率很低
	MF 型	

音圈电机的工作原理是依据安培力原理,如图 3.54 所示。即通电导体放在磁场中,就会产生力 F,力的大小取决于磁场强弱 B、电流 I,以及磁场和电流的方向。如果有长度为 l 的 N 根导线放在磁场中,则作用在导线上的力可表示为

$$F = BlIN \tag{3.66}$$

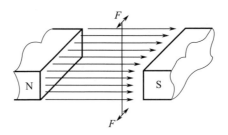

图 3.54　安培力原理图

由图 3.54 可知,力的方向是电流方向和磁场矢量的函数,是二者的相互作用。如果磁场和导线长度为常量,则产生的力与输入电流成比例。在最简单的音圈电机结构形式中,直线音圈电机就是位于径向电磁场内的一个管状线圈绕组。铁磁圆筒内部是由永久磁铁产生的磁场,这样的布置可使贴在线圈上的磁体具有相同的极性。铁磁材料的内芯配置在线圈轴向中心线上,与永久磁体的一端相连,用来形成磁回路。当给线圈通电时,根据安培力原理,它受到磁场作用,在线圈和磁体之间产生沿轴线方向的力。通电线圈两端电压的极性决定力的方向。将圆形管状直线音圈电机展开,两端弯曲成圆弧,就成为旋转音圈电机。旋转音圈电机力的产生方式与直线音圈电机类似,只是旋转音圈电机力是沿着弧形圆周方向产生的。

图 3.55 为音圈电机等效电路图。当给两端施加电压 U 时,在回路内有电流 I,电机产生漏感抗压降,此压降与移动线圈的速度成比例,且与施加电压方向相反。系

数为 k_B，$U_B = v k_B = v(1.356 k_F)$，$k_F = NBl$，线圈电感 L 的感应压降 $U_L = L \cdot dI/dt$，用 U_C 表示通过电阻 R 的电压，根据基尔霍夫电压定律可以得出：

$$U = U_L + U_C + U_B \qquad (3.67)$$

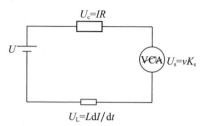

图 3.55　音圈电机等效电路图

所以，空载时音圈电机的力平衡方程和电压平衡方程为

$$\begin{cases} m\dfrac{dv}{dt} = BlIN \\[2mm] U = L\dfrac{dI}{dt} + IR + vk_B, v = \dfrac{dx}{dt} \end{cases} \qquad (3.68)$$

音圈电机的结构设计参数优劣可以用音圈电机的两个评价指标来衡量：出力大小和"力 – 位移"曲线的平滑度。其中 K_F 为音圈电机的力常数，是评价音圈电机出力大小的性能指标，它表示在确定的磁路内，音圈电机绕组产生力与通过的电流成正比，是设计和选择音圈电机时的一个重要参数，是综合反映电机性能的主要参数，直接影响系统的运动速度与精度。

下面是音圈电机各参数对电机性能的影响，在选择音圈电机时应当注意。

1）磁钢厚度的影响

磁钢厚度选择太小，气隙磁场变弱，电机的出力太小，因此在满足电机外径限制条件下，音圈的直径尽可能大，使电机出力最大。

2）极间距离的影响

音圈电机的漏磁场主要存在于两个环形磁极之间，因此磁极之间要设计一个隔磁环，以降低漏磁场降低外磁轭的饱和程度。但这会减小磁轭的厚度，影响电机的总磁通，降低电机的出力，所以极间距离必须设计合理。

3）外磁轭厚度的影响

磁路的饱和程度主要受外磁轭厚度影响。厚度小，饱和程度大，电机的漏磁变大；但外磁轭厚度不能太大，音圈直径将减小。

4）音圈厚度的影响

电机的出力与气隙磁密和电机绕组匝数的乘积成正比，音圈厚度同时受气隙磁密和电机绕组匝数的制约，因此存在最优厚度使电机出力最大。

5）动子和定子长度的影响

电机"力－位移"曲线的平滑度主要受动子和定子长度的影响。在满足电机行程要求的前提下,适当改变动子长度,增大"力－位移"曲线平滑度,但改变太大会增加成本和电机体积。

3.3.2　测角元件

在红外跟踪瞄准系统中,常采用圆光栅、光电轴角编码器、旋转变压器、圆感应同步器作为测角元件,以构成控制系统位置环路的检测装置。

3.3.2.1　光栅

基于计量光栅的测角系统,在高精度光电转塔中得到了广泛的应用,是基于光栅相叠合形成莫尔条纹的原理来设计的。莫尔法通常是指利用计量光栅元件产生莫尔条纹的一类计测方法,即光栅莫尔条纹法[36−37]。

计量光栅是在玻璃或金属上进行刻画,得到的具有周期性的均匀分布的透光和不透光相间的光学分度元件。目前,所用的光栅盘材料主要为玻璃和金属两种。玻璃光栅盘加工制作容易,且线条质量好,所以应用较为广泛。图 3.56 为英国 Renishaw 公司的圆光栅测角系统。

图 3.56　英国 Renishaw 公司的圆光栅测角系统

计量光栅按刻线形式主要可分为绝对式和增量式两种,另外为了实现测角系统的小型化也出现了距离编码、单圈绝对编码等其他编码方式。绝对式圆光栅通常采用二进制码或矩阵编码等编码方式刻制角度信息代码,每对应一个位置就有唯一的编码,因此对应不同的位置,输出的数字代码不同,经处理后的代码是转角的单值函数。绝对式码盘具有固定零点、无累积误差等优点,缺点是制造工艺和装调复杂,不易实现小型化。增量式圆光栅是由等间隔的刻线组成,每一个分辨力区间就可输出一个增量脉冲,计数器相对于零位的位置对输出脉冲进行累加计数。此种光栅相对来说比较容易实现,具有结构简单、响应迅速的优点。

光栅测角系统作为高精度标定转台的控制和测量系统的基准角度,主要由轴系、基座、基板、光栅盘座、照明系统组件、接收器组件、零位照明系统组件、零位接收组件、主光栅、指示光栅、零位光栅以及后续的数据处理电路等组成,图 3.57 为转台上的光栅测角系统的组成示意图。

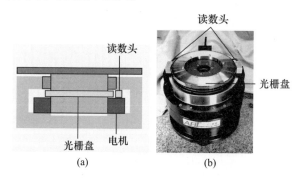

图 3.57　转台上的光栅测角系统

　　主光栅被压板固定在光栅盘座上,光栅盘座安装在轴系端面上。照明系统、零位照明系统、基座都安装在和转台连接的过渡件上,基板固定于基座上,接收器组件和零位接收器组件被固定于基板上,指示光栅和零位光栅被分别黏结在接收器组件和零位接受组件上。

　　光栅测角系统的基本工作原理:为照明系统的光源发出的发散光由准直透镜后形成近似平行光经转向棱镜照射在主光栅上,主光栅是测角系统的核心基准元件,为精度较高的 64800 线对的增量式光栅;当主光栅与指示光栅发生相对位移时产生莫尔条纹信号,光电探测元件接收到按一定规律变化的光电信号,形成了角度代码的模拟信息量,该信息量经电路放大、A/D 转换等电子学处理后,输入至微处理器完成计数、细分等数据处理,而后由微处理器将数据串行输出给伺服和显示系统[38],如图 3.58 所示。

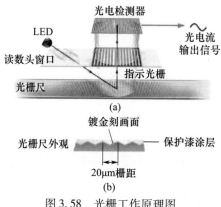

图 3.58　光栅工作原理图

光栅刻线也称为栅线,栅线间距离称为栅距。图 3.59 为黑白光栅示意图,透光的缝宽为 a,不透光的缝宽为 b,$a + b = d$ 即为栅距,通常 $a = b$。

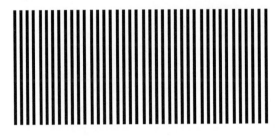

图 3.59　黑白光栅示意图

两块栅距相等的黑白型长光栅尺刻线面对面叠合,并使两块光栅尺的栅线形成很小的夹角 θ。这时,在近于与栅线垂直的方向上就出现明暗相间的莫尔条纹,其中 I 为透光的亮条纹,II 为不透光的暗条纹。两条亮条纹(或暗条纹)之间的距离为莫尔条纹间距 $W^{[39]}$。莫尔条纹示意图如图 3.60 所示。

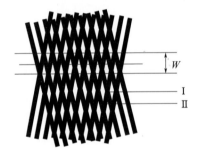

图 3.60　莫尔条纹示意图

用圆光栅进行计量时,其角度为

$$\theta = P \cdot N + \Delta\theta \tag{3.69}$$

式中:P 为圆光栅栅距;N 为正弦波信号的周期数;$\Delta\theta$ 为不足一个周期的小数部分。

为了获得高精确的 θ 值,就需要对 $\Delta\theta$ 进行细分。对光栅莫尔条纹信号进行细分的方法有光学法、机械法、电子学法、微机软件法等。目前,最常用的微机软件法是将莫尔条纹信号变成数字信号后,送入微控制器中,经过计算的方法实现。

目前,国外研制光栅测角系统的主要有:德国的 Heidenhain 公司、Opton 公司,日本的尼康公司、佳能公司、三丰公司,美国的 Itek 公司、B&L 公司,英国的 REN-ISHAW 公司等。德国于 1997 年研制了分辨力为 0.01″、测角精度达到 0.036″的 27

位增量式轴角编码器,这是目前世界上精度最高的光电轴角编码器。英国 REN-ISHAW 公司生产的高精度金属反射式编码器,其最高刻线数为 64800 线对/周,准确度达到 ±0.7″,最高分辨力 0.01″,相当于 27 位绝对式编码器,已成功地应用于精密转台、天文望远镜等。图 3.61、图 3.62 分别为德国 Heidenhain 公司为光栅生产自主研制的检测设备。

图 3.61　德国 Heidenhain 公司的直线光栅尺测量机

图 3.62　德国 Heidenhain 公司的直线光栅尺检查站

3.3.2.2　光电轴角编码器

光电轴角编码器是一种通过光电转换将输出轴上的机械几何位移量转换成脉冲或数字量的传感器,这是目前应用最多的传感器。根据其刻度方法及信号代码的输出形式,可分为增量式、绝对式两种[40-41]。

增量式光电轴角编码器,其核心元件为圆光栅,如图 3.63 所示。它是由等间隔的刻线组成,对应每一个分辨力区间,可输出一个增量脉冲,计数器相对于基准位置(零位)对输出脉冲进行累加计数,正转则加、反转则减。当码盘转动时,编码器的输出信号是相位差为90°的两路脉冲信号以及零位基准信号。它的优点是原理构造简单,易于实现小型化,响应迅速,机械平均寿命可在几万小时以上,适合于长距离传输。

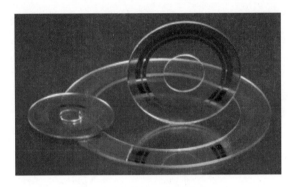

图 3.63　增量式光电编码器

绝对式光电轴角编码器,其核心元件为编码盘(码盘),如图 3.64 所示。它通常采用二进制码编码方式将角度信息以代码的形式刻制而成,是由按一定规律排列的刻线组成,每对应一个位置有唯一的二进制或其他进制编码,因此在不同的位置,可输出不同的数字代码,经处理后输出的角位置代码是转角的单值函数。在它的圆形码盘上沿径向有若干条同心码道,每条码道上由透光和不透光的扇形区相间组成,相邻码道的扇区数目是双倍关系,码盘上的码道数就是它的二进制数码的位数。在码盘的一侧是光源,另一侧对应每一码道有一光敏元件。当码盘处于不同位置时,各光敏元件根据受光照与否转换出相应的电平信号,形成相应的输出码。这种编码器的特点是不需要计数器,在转轴的任意位置都可读出一个固定的与位置相对应的数字代码。显然,码道越多,分辨力就越高,对于一个具有 N 位二进制分辨力的编码器,其码盘必须有 N 条码道。码盘上的码道按一定规律排列,对应每一分辨力区间有唯一的二进制数,因此在不同的位置,可输出不同的数字代码。绝对式光电轴角编码器同增量式相比,具有固定零点、输出代码是轴角的单值函数、抗干扰能力强、掉电后位置信息不会丢失、再启动无须重新标定、无累积误差等优点。绝对式光电轴角编码器的缺点是制造工艺复杂,不易实现小型化。绝对编码器可以有多种输出码:Gray 码、自然二进制、十六进制、BCD 码等。然而为了降低成本、减小体积,单一光电编码器通常只有一种输出码。

内置轴承的光电编码器如图 3.65 所示。

高精度复合式光电编码器主要由以下部分组成:光源(1)、码盘(2)、狭缝(3)、光电接收元件(4)、轴系(5)、放大电路(6)、比较鉴幅电路(7)、模数转换电路

(8)、单片机处理系统(9)、接口电路(10)、电源(11)、角度输出接口(12)、测速接口电路(13)。组成图如图 3.66 所示。

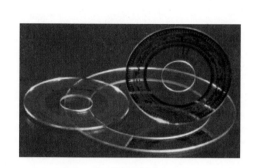

图 3.64　绝对式光电编码器

图 3.65　内置轴承的光电编码器

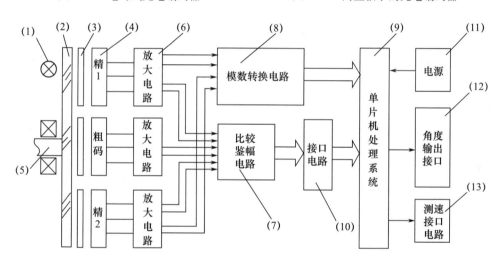

图 3.66　高精度复合式光电编码器组成图

图 3.66 中码盘(2)是储存轴角绝对位置信息的元件,固定在轴系(5)上随轴旋转。码盘(2)上面设置了很多条同心圆码道,每条码道都是由透光和不透光的扇形图案构成,可代表角度代码的一位变量。

光电编码器光源(1)照明码盘(2),光电接收元件(4)分别收集透过码盘(2)和读数狭缝(3)的光,并转换成电信号送入各自对应的放大电路(6),粗码道光电信号被放大后经比较鉴幅电路(7)和接口电路(10)送入单片机处理系统(9),精码信号经放大电路后送入模数转换电路(8),转换成数字量,送入单片机处理系统(9)。

单片机采集上述数据后,首先进行精码细分,然后把粗码的周期二进制代码换成自然二进制代码,用精码对粗码进行校正,最后形成 21 位总代码 $2^{20} \cdots 2^{0}$ 单片机通过角度输出接口(12)实时输出角度位置信息。由测速接口电路(13)输出两路相位相差 90° 的正余弦信号。

主轴旋转带动固定在主轴上的码盘转动,与固联在轴承套上不动的狭缝产生相对运动,生成莫尔条纹。光敏元件分别接收透过码盘和读数狭缝的光,并转换成光电信号送到各自对应的放大器。每个精码读数头中分别由 F 码狭缝、G 码狭缝、J 码狭缝取出四路正弦信号,共 12 路正弦信号。假定四路信号拾取条件相同,四支光敏元件性能参数一致,并忽略原始信号中各次谐波的影响,则得到一组理想信号,可表示为

$$\begin{cases} \mu_{F1} = U\sin\theta \\ \mu_{F2} = U\cos\theta \\ \mu_{F3} = -U\sin\theta \\ \mu_{F4} = -U\cos\theta \end{cases} \tag{3.70}$$

$$\begin{cases} \mu_{G1} = U\sin(\theta/4) \\ \mu_{G2} = U\cos(\theta/4) \\ \mu_{G3} = -U\sin(\theta/4) \\ \mu_{G4} = -U\cos(\theta/4) \end{cases} \tag{3.71}$$

$$\begin{cases} \mu_{J1} = U\sin(\theta/16) \\ \mu_{J2} = U\cos(\theta/16) \\ \mu_{J3} = -U\sin(\theta/16) \\ \mu_{J4} = -U\cos(\theta/16) \end{cases} \tag{3.72}$$

将读数头每组相位差为 π 的信号,u_1 与 u_3,u_2 与 u_4,分别作为差分式前置放大电路的输入信号,进行放大,抑制偶次谐波和共模量的影响,使信号质量得到改善。

从精 1 读数头对应的光敏元件送出的四相信号 $u_{F1} \sim u_{F4}$ 经差分放大后送出的两路信号 $U_{\sin\theta}$、$U_{\cos\theta}$ 送入采样保持电路。单片机控制发出采样脉冲,两路采样保持电路(S/H)同时进行采样,并保持所采集的 $U_{\sin\theta}$、$U_{\cos\theta}$ 的瞬时值,由软件控制多路开关选择一路进行 A/D 转换。A/D 转换结束后,转换器发出"转换结束"信号,通知单片机读取此路数据,单片机读入信号后,将信号四细分。

同样,从精 1 读数头对应的光敏元件送出的四相信号 $u_{G1} \sim u_{G4}$ 经差分后送出的两路信号 $U_{\sin\theta/4}$、$U_{\cos\theta/4}$ 送入采样保持电路。单片机控制发出采样脉冲,两路采样保持电路(S/H)同时进行采样,并保持所采集的 $U_{\sin\theta/4}$、$U_{\cos\theta/4}$ 的瞬时值,由软件控制多路开关选择一路进行 A/D 转换。A/D 转换结束后,转换器发出"转换结束"信号,通知单片机读取此路数据,单片机读入信号后,将信号四细分。

精码信号是编码器装调中最重要的信号,精码信号的质量直接影响编码器的精度。与中精码处理方法相同的是光敏元件送出的四相信号$u_{J1} \sim u_{J4}$经差分放大抑制了偶次谐波和共模量的影响,使信号质量得到改善,放大后送出的两路信号$U_{\sin\theta/16}$、$U_{\cos\theta/16}$送入采样保持电路。单片机控制发出采样脉冲,两路采样保持电路(S/H)同时进行采样,并保持所采集的$U_{\sin\theta/16}$、$U_{\cos\theta/16}$的瞬时值,由软件控制多路开关选择一路进行 A/D 转换。A/D 转换结束后,转换器发出"转换结束"信号,通知单片机读取此路数据,单片机读入信号后,将信号 64 细分。

这些信号处理好以后,在单片机内部实现 J 码对 G 码、G 码对 F 码的两次校正,校正完成后共得到 10 位的二进制代码。精 2 读数头取出的信号,同样也要完成以上过程,得到 10 位的精码信号。将两个读数头得到的精码信号进行数字量相加,得到编码器最终输出的 10 位精码信号。这个精码信号再对粗码信号进行校正,校正以后输出了编码器的绝对角度值,送给整机的控制系统,实现了角度测量。

在实现角度测量的同时,编码器还要输出两路测速的正弦信号,该信号是$u_{J1} \sim u_{J4}$经差分放大得到的两路信号$U_{\sin\theta/16}$、$U_{\cos\theta/16}$,在这两路信号进入 A/D 转换器之前,从另一个通道取出,再经过放大器调整成为测速要求的幅值。

3.3.2.3　旋转变压器

旋转变压器(简称旋变)是一种基于电磁感应的精密测角元件,在机载红外跟踪瞄准转塔上有着广泛的应用,如图 3.67 所示。从原理上看,旋转变压器就是一种能够旋转的变压器,其原边、副边绕组分别在定子、转子上,所以原、副边的耦合程度由转子的转角决定,输出电压的幅值与转子转角成正弦、余弦函数关系,或在一定的转角范围内与转子的转角成正比[42-43]。

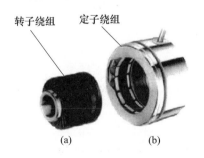

图 3.67　旋转变压器

旋转变压器可分为正余弦旋转变压器、线性旋转变压器和比例式旋转变压器。按照不同用途,旋转变压器分为计算用旋转变压器和数据传输用旋转变压器两大类;按照旋转变压器极对数的多少来分,可分为单级和多级两种,采用多极对数是为了提高输出精度,常用极对数为 4、5、8、15、16、25、30、32、36、40、64,最多可达

128 极对。在多极旋转变压器中,通常也含有一套单极绕组,组成双通道(粗、精通道)多极旋转变压器;若按有无电刷与滑环接触来分,可分为接触式和无接触式两种,在有些应用场合,采用无刷结构,来提高可靠性和适应恶劣环境条件的能力。

粗、精组合的含义是粗机轴角转过 1 圈时,精机轴角则转过 n 圈,即由粗机确定轴角的粗略位置,由精机来得到轴角的精确位置。因此,需将粗、精机轴角组合得到真实的机械轴角。目前,实现多极旋转变压器轴角粗、精机组合的方法有两类:一类是由硬件实现的组合方法,现已功能集成模块化、系列化;另一类是由软件实现的组合方法。

如图 3.68 所示,多极旋转变压器输入的正弦激磁信号为 U_{ref},当精机轴角 θ_j 与粗机轴角 θ_c 之间速比为 $n:1$ 时,则电信号相当于 e_{sc}、e_{cc}(粗机正弦、余弦电压信号)以 360°(角 θ)为一个周期,而 e_{sj}、e_{cj}(精机正弦、余弦电压信号)则以 $360(°)/n$ 为一个周期。若 $n = 16$ 时,折合到精机为 22.15° 一个周期。

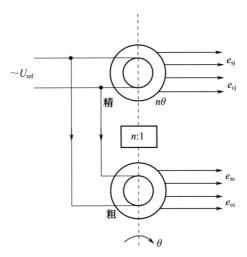

图 3.68　旋转变压器粗、精机组合结构

根据图 3.69 即可对多极旋转变压器进行轴角组合。先将 0° ~ 360° 划分为 16个区间,每个区间 22.15°。真实轴角 θ 落入哪个区间,这可用 e_{sc}、e_{cc} 计算出 θ_c 来得到。而后再用 e_{sj}、e_{cj} 计算出 θ_j 得到落入该区间的精确值。

具体组合的办法是:θ_c 只取/整数 0 部分,记 θ_c 的整数部分为 $[\theta_c] = 360° \times i/n$($i = 0,1,\cdots,15$),$\theta_j$ 取小数部分,故组合后的轴角为

$$\beta = [\theta_c] + \theta_j/n = \text{INT}[\theta_c/360°/n] \times (360°/n) + \theta_j/n \quad (3.73)$$

旋转变压器在红外跟踪瞄准系统中应用的注意事项。

(1) 在设计中选用的旋转变压器的额定电压与频率,必须与励磁电源的电压

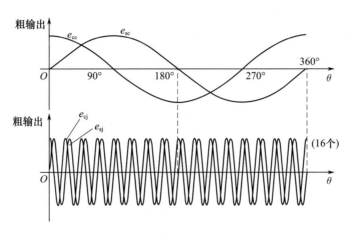

图 3.69　粗、精机对应的输出波形

与频率相匹配,否则会导致旋转变压器精度下降,变比和相位移改变,严重时甚至会使旋转变压器损坏。

（2）在安装好旋转变压器后,要调整电气零位,使得系统在开始运行前,处于基准零位位置。

（3）温度和频率变化将引起旋转变压器绕组电阻变化和输出相位变化,频率变化导致旋转变压器中的感抗变化,从而使相位移和变比发生变化。

目前,旋转变压器及解调后的位置输出精度一般最高在 $10''$ 左右,对精度要求更高的红外跟踪瞄准系统,需考虑光栅、光电编码器等传感器。

3.3.3　惯性元件

在动载体光电稳定跟瞄系统中,采用陀螺作为惯性测量元件,作为光电瞄准线的惯性基准。按照敏感轴系划分,可分为单轴陀螺、双轴陀螺和三轴陀螺;按照工作原理划分,可分为基于传统的机械转子陀螺(如液浮陀螺、气浮陀螺和动力调谐陀螺)和具有陀螺效应类陀螺(激光陀螺、光学陀螺、微机电系统(Micro – Electro – Mechanical System,MEMS)陀螺、压电陀螺等)[44-45]。在红外跟踪瞄准系统应用中,需根据应用环境、技术性能要求、体积、质量、成本等多个方面综合考虑,进行陀螺选取。目前,红外跟踪瞄准系统中较为常用的是挠性陀螺、光纤陀螺和 MEMS 陀螺。

3.3.3.1　挠性陀螺

挠性陀螺又称为干式陀螺,是一种动力调谐陀螺,它以挠性支撑代替液浮支承和框架支承来克服支撑中的干摩擦力,性能好,可靠性高。

挠性陀螺仪由驱动电机、挠性接头、陀螺转子、信号器。力矩器和壳体等组成。信号器用来检测壳体相对转子自转轴的偏角,并提供陀螺仪的输出信号,一般采用电感式或电容式信号器。力矩器用来对陀螺转子施加控制力矩,并使转子进动或保持稳定方位,一般采用永磁式力矩器或涡流杯式力矩器。驱动电机一般采用磁滞同步电机或用磁同步电机,电机的驱动轴通过一对滚珠轴承安装在壳体上。驱动轴的一端通过挠性接头与陀螺转子相连,另一端与驱动电机转子相连,使驱动电机不再是陀螺转子的一部分,而是驱动轴的一部分。

挠性接头由互相垂直的内、外扭杆和平衡环组成,其示意图如图 3.70 所示。

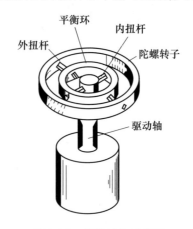

图 3.70　挠性接头示意图

图 3.70 中一对共轴线的内扭杆与驱动轴及平衡环固连,另一对共轴线的外扭杆与平衡环及陀螺转子固连。内扭杆轴线垂直于驱动轴轴线,外扭杆轴线垂直于内扭杆轴线,并且内、外扭杆轴线与驱动轴轴线相交于一点。

当驱动电机使驱动轴旋转时,驱动轴通过内扭杆带动平衡环旋转,平衡环再通过外扭杆带动陀螺转子旋转。当陀螺转子绕内扭杆轴线有转角时,陀螺转子通过外扭杆带动平衡环一起绕内扭杆轴线偏转,内扭杆将产生扭转弹性形变。但陀螺转子绕外扭杆轴线有转角时,则不会带动平衡环绕外扭杆轴线偏转,而仅是外扭杆产生扭转弹性形变。由此可见,由内、外扭杆和平衡环组成的挠性接头,一方面起着支承陀螺转子的作用;另一方面又提供了陀螺转子所需要的转动自由度。

在动力调谐陀螺仪工作时,若陀螺转子自转轴与驱动轴之间出现相对偏角时,则扭杆将产生扭转弹性形变,挠性接头会由此而产生弹性约束力矩(又称正弹性力矩),作用到陀螺转子上。与此同时,平衡环将做扭摆运动(又称平衡环振荡运动),并产生一个与正弹性力矩方向相反的动力反弹性力矩,作用到陀螺转子上,正好起到补偿正弹性力矩的作用,此力矩通常称为负弹性力矩。动力调谐陀螺结构原理图如图 3.71 所示。

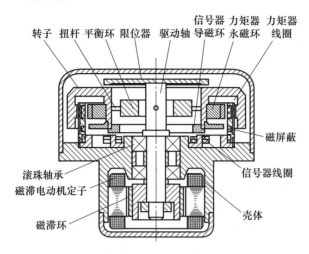

图 3.71　动力调谐陀螺结构原理图

图 3.72 为国内研制的小型双轴挠性陀螺及信号解调电路。

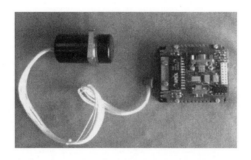

图 3.72　双轴挠性陀螺及信号解调电路

双轴挠性陀螺主要技术指标如下:

(1) 启动同步时间≤40s;

(2) 调谐频率为(200±0.5)Hz;

(3) 陀螺仪最大跟踪速率≥80°/s;

(4) 速率标度因数为(500±5)mV/((°)/s);

(5) 速率标度因数线性度误差为 0.1%;

(6) 速率分辨力≤0.005°/s;

(7) 正交耦合系数≤0.5%;

(8) 随机漂移(1σ)≤0.1°/h;

（9）陀螺仪闭环频域特性：

① 带宽（−3dB）为 60 ~ 100Hz；

② 谐振峰值 ≤ 2.0dB；

③ 交流噪声 ≤ 11mV；

（10）陀螺仪闭环时域特性：

① 上升时间 t_r ≤ 20ms；

② 峰值时间 t_p ≤ 25ms；

③ 稳态时间 t_s ≤ 40ms；

④ 超调量 σ ≤ 30%；

⑤ 稳态误差 ≤ 5%。

在挠性陀螺的各项技术指标中，速率标度因数越大，对惯性速率的敏感性越强，有利于提高陀螺输出信号的信噪比，提高低速下视轴稳定性能。速率标度因数线性度误差越小，表明测速精度越高。但由于陀螺速率标度因数的指标一般是采用多点线性拟合的方法获得，每一速率下的输出电压值是多次测量的平均值，而在实时控制中，要求在每一采样时刻挠性陀螺都应满足给定的标度因数指标。因此，在挠性陀螺选取时，应按实际使用条件测试其速率标度因数和速率标度因数的线性度误差。

挠性陀螺的闭环带宽会限制速率稳定环的带宽，从而降低系统对力矩扰动的抑制能力，因此，希望挠性陀螺具有高闭环带宽。实际挠性陀螺闭环带宽要受陀螺转子转速的限制。

挠性陀螺噪声对视轴稳定精度的影响与陀螺噪声的功率谱密度和陀螺输出噪声与平台输出运动之间的传递函数有关，稳定精度要求越高，要求陀螺噪声幅值越小，且要求噪声功率主要集中在高频区。

3.3.3.2 光纤陀螺

光纤陀螺是基于 Sagnac 效应而发展起来的一种新型角速率传感器。Sagnac 效应是干涉型光纤陀螺的工作基础，它揭示了在同一环型光路中两对向传播光相位差 ϕ_s 与光路相对于惯性空间的旋转角速度之间的解析关系。由狭义相对论的相对性原理和真空中光速不变原理可知，光在真空中和介质中传播时，Sagnac 效应数值关系的推导是不同的。由推导结果可知，两束光在折射率为 n 的介质中传播与在真空中传播时产生的 Sagnac 效应是一样的。这说明 Sagnac 效应与光的传播介质无关，其灵敏度仅取决于光路的有效面积 $A^{[46]}$。

为了提高 Sagnac 效应的灵敏度，用 N 匝光纤线圈代替圆周传播光路，使光路的有效面积增加 N 倍，则

$$\Delta t = \frac{4AN}{c^2}\Omega \tag{3.74}$$

两对向传播光的传播时间差对应的相位移为

$$\phi_s = \frac{2\pi\Delta t}{T} = 2\pi\frac{\Delta t}{\lambda_f/C_f} = 2\pi\frac{\Delta t}{\lambda/C} = \frac{8\pi AN}{\lambda C}\Omega \tag{3.75}$$

式中：λ_f，C_f分别为光在折射率为 n 的光纤介质中的波长与光速。

两束光的光程差为

$$\Delta L = \frac{\phi_s}{2\pi}\lambda = \frac{4AN}{c}\Omega \tag{3.76}$$

光源发出的入射光经光束分离器分为两束，分别沿顺时针和逆时针方向在光纤环中传播，最后在光束分离器汇合，发生干涉。围绕垂直于环面的轴的转动将引起两束光之间的相位差的改变，从而改变输出干涉图样。

若用 $L = 2\pi RN$ 表示光纤总长，$D = 2R$ 表示光纤环直径，则相移 ϕ_s 可表示为

$$\phi_s = \frac{2\pi LD}{\lambda c}\Omega \tag{3.77}$$

可见由多匝光纤绕制而成的光路所产生的 Sagnac 效应与光纤芯的性质无关。增加光纤匝数 N 可有效地提高灵敏度，并且不会增加光纤体积，从而使得小体积高灵敏度的旋转传感器成为可能。

令

$$K_{ssf} = \frac{2\pi LD}{\lambda c}$$

则

$$\phi_s = K_{ssf}\Omega$$

式中：K_{ssf} 为光纤陀螺的 Sagnac 标度因子。

根据目前的发展及工作原理之间的差异，可以把光纤陀螺分为以下几类。

1）干涉型光纤陀螺

通常来说，干涉型光纤陀螺(Interference Fiber Optical Gyroscope, IFOG)的原理是基于 Sagnac 效应，按控制方式可分为两种类型：开环和闭环。开环干涉型光纤陀螺在输入、输出的线性度上具有局限性，但由于结构简单、便于实现且价格便宜，因此在测量精度要求不高而且成本要求低的产品中得到较为广泛的应用。如 KVH 公司的 DSP – 3000（图 3.73）闭环干涉型光纤陀螺基本上解决了开环在线性度方面的局限性，并且由于它的零位中心工作和数字输出，保证了比开环方案具有更好的标度因子精度和动态范围，从而使其在测量位置、姿态和航向上具有更广阔的应用前景。

2）谐振型光纤陀螺

在一些论文中指出，谐振型光纤陀螺（Resonator Fiber Optic Gyroscope，RFOG）可给出更高的精度，但在技术上仍不够成熟。其工作原理与其说接近干涉型光纤陀螺，倒不如说更接近激光陀螺。其谐振器由光纤线圈和耦合器构成。从谐振器的两端射入光束，通过测量顺时针光束和逆时针光束谐振点的相位差来测量载体旋转角速率。谐振型光纤陀螺采用低相干（宽频带）光源，光纤线圈只有几圈，用几米的光纤即可绕制。目前谐振型光纤陀螺和干涉型光纤陀螺相比，尚处于比较早期的研制阶段，在成本、质量、体积、性能和可靠性方面均无明显的优点。

3）布里渊光纤陀螺

布里渊光纤陀螺（Brillouin – scattering Fiber Optic Gyroscope，BFOG）目前还基本处于研究阶段，其工作原理是利用布里渊型激光器的频率变化，通过频率的输出，用简单的仪器即可达到广泛的动态范围。但激光器自身的噪声因数以及陀螺系统产生的噪声因数必须加以研究。

图 3.73　KVH 公司的光纤陀螺

表征光纤陀螺的性能指标主要有：标度因数、零偏与零偏稳定性、随机游走系数、阈值与分辨力、最大输入角速率以及预热时间。

陀螺标度因数：指陀螺输出与输入速率的比值，是根据整个输入速率范围内测得的输入输出数据，用最小二乘法拟合求出的直线斜率。由于用最小二乘法拟合存在着拟合误差，因此，引出了标度因数非线性、标度因数不对称性、标度因数重复性以及标度因数稳定性等概念。这些概念分别从不同角度反映了该拟合直线与陀螺实际输入、输出数据的偏离程度。

光纤陀螺的标度因数与光纤线圈的等效面积和被测信号的平均波长成正比，此外，还与电子线路的转换系数有关。标度因数误差以百分比（%）或百万分之几（ppm）来表示。

零偏与零偏稳定性：是指光纤陀螺在零输入状态下的输出值，用较长时间内此输出的均值等效折算为输入速率来表示。通常,静态情况下长时间稳态输出是一个平稳随机过程,所以稳态输出将围绕零偏起伏和波动。一般用均方差来表示这种起伏和波动,这种均方差被定义为零偏稳定性,用相应的等效输入速率表示。这也就是我们平常所说的"偏值漂移"或"零漂"。零漂值的大小标志着观测值围绕零偏的离散程度。零偏稳定性的单位用"(°)/h"表示,其值越小,稳定性越好,它常用来表示光纤陀螺的精度。光纤陀螺的零偏是随时间、环境温度等的变化而变化,而且带有很大的随机性,因而又引出了零偏重复性、零偏温度灵敏度、零偏温度速率灵敏度等概念。将以上几项指标综合,并从测试的数据序列中剔除带有规律性的分量,如常数项、随时间 t 成比例增长的一次项、周期项等,或在输出上加以校正补偿后,才能得出真正的随机漂移。

随机游走系数:是指由白噪声产生的随时间累积的陀螺输出误差系数。这里的"白噪声"是指陀螺系统遇到的一种随机干扰,这种干扰是一个随机过程。白噪声用等效旋转速率的标准偏差除以检测带宽的平方根(即(°)/h/$\sqrt{\text{Hz}}$)表示,只是存在着 1((°)/h/$\sqrt{\text{Hz}}$) = 1/60° · $\sqrt{\text{h}}$ 的关系。当外界条件基本不变时,可认为上面所分析的各种噪声的主要统计特性是不随时间推移而改变的。从功率谱角度来看,这种噪声对不同频率的输入都能进行干扰,抽象地把这种噪声假定在各频率分量上都有同样的功率,类似于白光的能谱,所以称为"白噪声"。

从某种意义上讲,随机游走系数反映了陀螺的研制水平,也反映了陀螺的最小可检测角速率,并间接指出与光子、电子的散粒噪声效应所限定的检测极限的距离。据此,可推算出采用现有方案和元器件构成的光纤陀螺是否还有提高性能的潜力,所以此项指标很重要,其单位用"(°)/$\sqrt{\text{h}}$"表示。

光纤陀螺的阈值和分辨力分别表示陀螺能敏感的最小输入速率和在规定的输入速率下能敏感的最小输入速率增量。这两个量都表征陀螺的灵敏度。

最大输入角速率表示陀螺正、反方向输入速率的最大值。有时也用最大输入角速率除以阈值得出陀螺动态范围,即陀螺可敏感的速率范围。该值越大表示陀螺敏感速率的能力也越大。

光纤陀螺的预热时间是指陀螺在规定的工作条件下,从供给能量开始至达到规定性能所需要的时间,也称为启动时间。一般根据不同的应用场合对陀螺的预热时间加以限定。

除上述几项主要性能指标外,还有光纤陀螺的耐环境特性,包括抗冲击振动能力、抗温度冲击能力以及工作温度范围等。这些都是光纤陀螺在工程应用中必须考虑的问题。

上述光纤陀螺的几个主要性能指标反映了光纤陀螺的精度和环境适应性。根据光纤陀螺的这些性能指标就可以判断光纤陀螺的优劣,而通过综合分析这些性能指标,便可以得出光纤陀螺相应的应用领域。

3.3.3.3 MEMS 陀螺

MEMS 陀螺是在 MEMS 技术的基础上发展而来的,具有广泛的应用前景。

MEMS 陀螺动力学模型如图 3.74 所示,它具有驱动振动模态和检测振动模态两个工作模式。这两个模式均可以看作质量块 - 弹簧 - 阻尼系统在周期性外力作用下的振动行为。X 方向是陀螺驱动振动的方向,Y 方向是检测振动的方向。当陀螺工作时,质量块在驱动力的作用下沿 X 方向做简谐振动,当系统在 Z 方向有角速度 Ω 输入时,质量块将在 Y 方向受哥氏力的作用做简谐振动,振动幅度与驱动模态的振动速度以及角速度 Ω 成正比[47]。

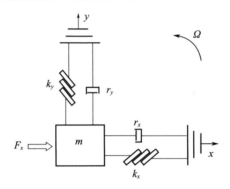

图 3.74　MEMS 陀螺动力学模型

MEMS 陀螺可以由下面动力学方程描述如下:

$$m_x \ddot{x}(t) + r_x \dot{x}(t) + k_x x(t) = F_x \tag{3.78}$$

$$m_y \ddot{y}(t) + r_y \dot{y}(t) + k_y y(t) = -2 m_y \Omega \dot{x}(t) \tag{3.79}$$

式中:$F_x = F_0 \sin(\omega_x t)$,$F_0$ 为驱动力的幅值;ω_x 为驱动力的频率;Ω 为角速度;m_x、m_y 为驱动质量和检测质量;r_x、r_y 为驱动模态和检测模态的阻尼力系数;k_x、k_y 为驱动模态和检测模态的弹性系数。

角速度传感器简化成质量块 - 弹簧 - 阻尼系统,可得到陀螺的传递函数如下:

$$\frac{X(s)}{F_x(s)} = \frac{1}{m_x s^2 + r_x s + k_x} \tag{3.80}$$

$$\frac{Y(s)}{F_\Omega(s)} = \frac{-1}{m_y s^2 + r_y s + k_y} \tag{3.81}$$

挪威 Sensonor 公司的 STIM202 是一款应用非常广泛的 MEMS 陀螺。

图 3.75　挪威 Sensonor 公司 STIM202 MEMS 陀螺

3.4　红外跟踪瞄准系统设计与控制策略

3.4.1　红外跟踪瞄准特性参数要求

3.4.1.1　转动惯量对系统性能的影响

红外跟踪瞄准系统的转动惯量 J_L 与系统开环截止频率 ω_c、机电时间常数 T_m、调转时间 t_d、低速平稳跟踪性能和阵风误差 σ_2 等有关系。

1）转动惯量 J_L 与系统截止频率 ω_c 的关系为

$$\omega_c = \sqrt{\frac{M_{FS}}{J_L}} \tag{3.82}$$

从上式（3.82）看出，M_{FS} 为静摩擦力矩，J_L 增大，则 ω_c 减小。若系统的期望特性确定后，ω_c 减小，则系统的跟踪精度 θ_{rms} 下降，过渡过程时间 t_r 加长。

2）转动惯量 J_L 与机电时间常数 T_m 的关系

执行电机的机电时间常数 T_m 的计算公式为

$$T_m = \frac{(J_m + J_L) R_a}{C_m C_c} \tag{3.83}$$

可看出，当执行电机的转动惯量 J_L、电枢回路电阻 R_a、执行电机的力矩系数 C_m 等参数一定时，J_L 变大，则 T_m 增大。若 T_m 加大，系统的相角裕量减少，过渡过程超调量加大。

3）转动惯量 J_L 与调转时间 t_d 的关系

调转时间 t_d 由调转过程的启动段时间 t_1、恒速段时间 t_2 和制动段时间 t_3 合成，即 $t_d = t_1 + t_2 + t_3$，令 $t_3 = t_1$，则

$$\begin{cases} t_1 = \omega_{max} / \varepsilon_{max} \\ \varepsilon_{max} = M_{am} / J_L \end{cases} \tag{3.84}$$

可看出,当最大调转角速度$\omega_{\max}$、角加速度$\varepsilon_{\max}$及执行电机输出的最大电磁力矩$M_{\max}$一定时,J_L增加,$\varepsilon_{\max}$减小,t_1增加,从而使调转时间t_d加长。

4)转动惯量J_L与低速平稳性能的关系

红外跟踪瞄准系统在跟踪低速目标时,将产生不均匀的"跳动",即"步进"或"爬行"现象,爬行跟踪的角加速度为

$$\varepsilon_L = \frac{M_{FS} - M_{F1}}{J_L} \tag{3.85}$$

从式(3.85)看出,当静摩擦力矩M_{FS}和库仑摩擦力矩M_{F1}一定时,J_L加大,ε_L则减小,因而改善了系统低速平稳跟踪性能,扩大了系统的调速范围。

5)转动惯量J_L与风阻误差σ_2的关系

由风阻力矩M_{dy}产生的误差为

$$\sigma_2 = \frac{M_{dy}}{J_L \omega_c \omega_{cr}} \tag{3.86}$$

从式(3.86)看出,当风阻力矩M_{dy}、系统截止频率ω_c及速度回路截止频率ω_{cr}一定时,J_L增加,σ_2减小。

6)转动惯量的匹配

J_M和J_L的匹配用匹配系数λ表示,即

$$\lambda = J_L / J_M \tag{3.87}$$

采用的执行元件不同,匹配系数λ也不同。采用力矩电机时,$\lambda > 1$;采用高速伺服电机时,$\lambda = 1$。

3.4.1.2　结构谐振频率与系统性能的关系

红外跟踪瞄准系统的结构谐振频率用f_L(Hz)或用符号$\omega_L(= 2\pi f_L)$(rad/s)表示。红外跟踪瞄准系统的机械结构及其光电载荷的结构谐振特性包含结构谐振频率ω_L和相对阻尼系数ξ_L两个参量。结构谐振特性(ω_L, ξ_L)对系统性能的限制体现在对控制系统带宽$\omega_B(= 2\pi \beta_n)$和速度回路截止频率ω_{cr}两个方面的限制,但最终都归结于对系统截止频率ω_c的限制。这样,就体现了结构谐振频率ω_L与系统的相角裕量、跟踪误差θ_{rms}和过渡过程品质之间的关系。

1)结构谐振频率对控制系统带宽的限制

结构谐振频率ω_L对控制系统带宽$\omega_B(= 2\pi \beta_n)$的限制为

$$\omega_B \leqslant 2\xi_L \omega_L \tag{3.88}$$

式中:相对阻尼系数ξ_L,一般为$0.1 \sim 0.35$,取$\xi_L = 0.25$,则式(3.88)简化为

$$\omega_B \leqslant (1/2)\omega_L \tag{3.89}$$

伺服带宽ω_B对系统性能的限制通过限制系统截止频率ω_c来体现。ω_B和ω_C的关系通常为

$$\omega_B = (1/2)\,\omega_c \tag{3.90}$$

由式(3.90)可得

$$\omega_c \leqslant (1/4)\,\omega_L \tag{3.91}$$

因此,对高精度红外跟踪瞄准设备而言,为了满足高跟踪性能要求,需要其跟踪座与安装基座具有较高的扭转谐振频率。

2)结构谐振频率对速度回路截止频率的限制

结构谐振频率ω_L对速度回路截止频率ω_{cr}的限制为

$$\omega_{cr} \leqslant (1/2)\,\omega_L \tag{3.92}$$

结构谐振频率从两方面限制系统截止频率,但都得到相同的结果。

3.4.1.3　摩擦力矩与系统性能的关系

红外跟踪瞄准系统的摩擦力矩分为静摩擦力矩M_{FS}、库仑摩擦力矩M_{F1}和速度摩擦力矩M_{F2}等。摩擦力矩对系统性能的影响主要有五点。

1)摩擦力矩是影响系统截止频率的因素

截止频率ω_c与静摩擦力矩M_{FS}的关系式为

$$\omega_c = \sqrt{\frac{M_{FS}}{J_L}} \tag{3.93}$$

进行分析。

当J_L一定时,ω_c与M_{FS}的平方根成正比。对于系统性能来说,提高ω_c,能提高系统的跟踪精度,改善过渡过程品质。

2)摩擦力矩是产生定值静态误差的因素

静摩擦力矩M_{FS}产生的定值静态误差分量为

$$\Delta_{cl} = M_{FS}/K_{t1} \tag{3.94}$$

从式(3.94)看出,当系统的静态力矩误差常数K_{t1}一定时,Δ_{et}与静摩擦力矩M_{FS}成正比。

3)摩擦力矩是影响低速爬行跟踪停断时间的因素

低速爬行跟踪停断时间为

$$\Delta_{t1} \approx \sqrt{\frac{M_{FS}T_{rs}}{K_{t1}\omega_{\min}}} \tag{3.95}$$

从式(3.95)看出,当系统的等效时间常数(从执行电机轴到系统误差角)T_{rs}、低速跟踪角速度$\omega_{\min}$和静态力矩误差常数K_{t1}一定时,其时间Δ_{t1}与静摩擦力矩M_{FS}的平方根成正比;Δ_{t1}加长,则低速跟踪性能差,调速范围下降。

4)摩擦力矩影响低速跟踪角速度大小

静摩擦力矩M_{FS}只在跟踪角速度为零时才出现,一旦指向器开始转动,M_{FS}立

即变为库仑摩擦力矩M_{F1}。在低速"步进"跟踪状态中,指向器再次转动的初始角加速度为

$$\varepsilon_{m0} = M_{FS} - M_{F1}/J_L \tag{3.96}$$

当M_{FS}和M_{F1}的差值增大时,低速跟踪不平稳现象严重,跟踪时的误差增加。

5)摩擦力矩是产生跟踪误差的因素

由库仑摩擦力矩M_{F1}和速度摩擦力矩M_{F2}产生的跟踪误差为

$$\Delta_3 = M_{F1} + M_{F2}/K_{t2} \tag{3.97}$$

从式(3.97)看出,当动态力矩误差常数K_{t1}一定时,Δ_3与M_{F1}和M_{F2}之和成正比。

摩擦力矩对系统性能的影响主要表现在跟踪误差和调速范围(低速跟踪不平稳)两方面,对精度影响不大,调速范围由速度回路设计保证。

3.4.2 典型红外跟踪瞄准系统设计

车载红外对抗系统要求在行进过程中对威胁目标实施强激光红外干扰,要求将窄波束红外激光准确地照射在威胁目标上[48],系统作战流程如图3.76所示。

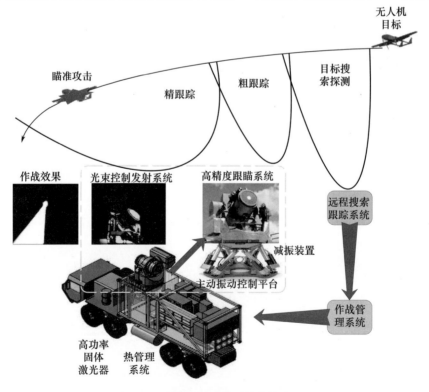

图3.76 车载红外对抗系统作战流程图

根据技战术要求,决定了红外跟踪瞄准系统的响应时间、跟踪瞄准精度等指标,由作用距离和跟踪目标的特性确定了系统的跟踪距离和保精度跟踪角速度、角加速度。

3.4.2.1 系统功能设计

红外跟踪瞄准系统组成原理图如图 3.77 所示。

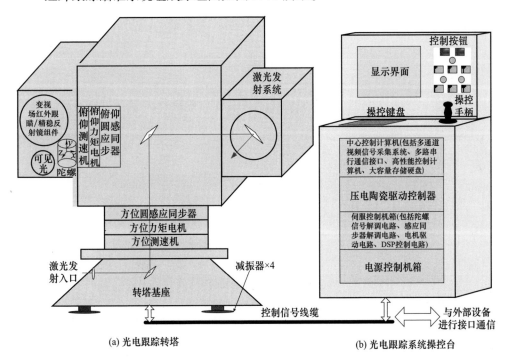

(a) 光电跟踪转塔   (b) 光电跟踪系统操控台

图 3.77 红外跟踪瞄准系统组成原理图

根据上级的告警信息,红外跟踪转塔自动调转捕获目标,并对目标进行跟踪,实时输出脱靶量信息,具有捕获(外引导)、跟踪、瞄准(ATP)三种基本功能。捕获方式时,根据中心控制系统的引导信息引导捕获传感器发现目标,将目标信息送至跟踪回路并转入跟踪。跟踪方式时,跟踪传感器测出目标位置信息(跟踪误差),送入跟踪控制器进行回路补偿,由电机驱动机架跟踪目标。瞄准则是根据各种传感器测量的数据对跟踪系统机架进行修正控制,以便精确瞄准目标。

系统共有四种工作模式,即锁定模式、自动跟踪模式、半自动跟踪模式及区域扫描模式。系统上电、初始化完成后,自动转入锁定模式。

3.4.2.2 主要指标分析

红外跟踪瞄准转塔误差主要来自跟踪传感器误差、动态滞后误差、力矩误差和随机扰动误差。

（1）跟踪传感器误差。跟踪传感器是跟踪控制系统用来检测目标位置的元件，其误差主要包括：探测器噪声和分辨力误差、光学系统误差、信号处理噪声及延迟误差和传感器安装误差。

（2）动态滞后误差。由于目标运动、跟踪系统响应速度的限制而造成动态滞后误差，在设计中需增大系统开环增益，提高系统型别和系统带宽。

（3）力矩误差。力矩误差包括摩擦力矩、质量不平衡力矩、框架耦合力矩、绕线弹性力矩和风阻力矩，需在设计中采用相应的技术措施，减小对跟踪精度的影响。

（4）随机扰动误差。随机扰动误差包括电子元器件的噪声、随机误差、大气扰动、光机结构变形、外部载体基座扰动等因素。

响应速度和跟瞄精度是转塔的关键指标，通过对影响因素分析及合理设计，不断提高转塔响应速度和跟瞄精度，减小动态滞后误差。

由调转时间确定方位俯仰的最大角速度和最大角加速度。为保障系统作战任务的时效性，对红外跟踪转塔的调转时间有严格的要求，对调转时间要求为 3s，红外跟踪平台每次从初始零位开始调转，方位轴的初始位置设为 180°，方位最大调转范围为 ±180°，俯仰轴的初始位置设为 40°，俯仰轴的最大调转范围为 ±40°。

考虑电机的加速性能的限制，为了使调转时的加速度最小，假定调转是一个匀加速到匀减速过程，速度曲线如图 3.78 所示。

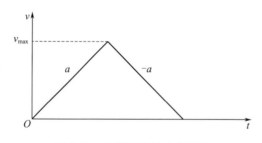

图 3.78　转塔调转的速度曲线

3.4.2.3　转塔构型设计

车载红外对抗跟踪瞄准转塔拟采用的结构形式包括：球形双轴稳定转塔、U 形框架结构转塔和 T 形结构转塔。几种结构各有各自的优缺点。

（1）球形转塔结构较为完整，所受风阻较为均匀，便于在内部进行装调以克服不平衡力矩，可以达到较高的稳定精度，但内部安装空间受限，不便于负载的安装，需要事先对负载的体积结构质量有较为准确的估算。

（2）U 形框架转塔常用于各种高精度惯性转台和飞行仿真转台上,体积结构较为紧密,便于负载的安装,对负载的尺寸要求不是很大,但相比于球型转塔,对于结构形式较为复杂的负载,结构一体性较差。

（3）T 形结构转塔俯仰驱动及测角轴系位于方位中心,光电负载位于俯仰轴系的两侧,便于负载的安装。

3.4.2.4　伺服系统设计

1）执行元件选择

普通的直流伺服电动机的转速都比较高,转矩较小,在高精度的随动系统中必须经过减速器减速后,才能获得负载实际所需要的转速和转矩。加入减速器后,会产生回转误差,对整个系统的刚度和精度都会有影响,而直流力矩电动机的基本原理与普通直流电动机无异,只是为了获得高力矩、低转速的使用特点,在普通电动机原理的基础上进行了特殊设计。根据系统的特点,可选取大扭矩宽调速的直流力矩电动机,因为它具有下列特点。

（1）高的转矩 – 转动惯量比,从而提供了较高的加速度和快速响应。

（2）高的热容量,使电机在自然冷却全封闭的条件下,仍能长时间的过载。

（3）电机所具有的高转矩和低速特性使得它与负载能直接耦合从而减少传动装置,这样不仅解决了齿轮减速器的间隙给系统带来的种种不利影响,而且还可以提高系统的动态特性。

转塔俯仰轴系负载主要包括摩擦转矩、惯性转矩和风阻力矩。

① 摩擦转矩 M_{YC}:采用低速直流力矩电机直驱方式带动负载,摩擦主要为轴承的摩擦,采用角接触滚动止推球轴承,典型值可取滚动摩擦系数 μ 为 0.001,所以,俯仰轴系的摩擦转矩为

$$M_{YC} = \mu N \tag{3.98}$$

为提高系统的精度,改善系统的低速平稳性,须采取一定的措施减小摩擦:改善润滑条件;尽量避免干摩擦;采用滚动摩擦代替滑动摩擦,动摩擦代替静摩擦,用黏性摩擦代替干摩擦;采用精度较高的轴承如静压轴承、空气轴承、静压导轨等技术,使摩擦系数减小到 $(1.0 \sim 4.0) \times 10^{-4}$。

② 惯性转矩:其转动惯量 J_Y 可根据下式计算:

$$J_Y = \iiint_{\Omega} (x^2 + z^2) \rho(x, y, z) \, \mathrm{d}v \tag{3.99}$$

俯仰轴的最大角加速度为:$18°/s^2$,则俯仰轴的惯性负载转矩为

$$M_{YJ} = J_Y \times \Omega_Y = 1.71 \times 0.314 \mathrm{rad/s}^2 = 0.53694 \mathrm{N \cdot m} \tag{3.100}$$

③ 风阻力矩:转塔环架结构在风力的作用下受到一个力矩,还要考虑由于其旋转而产生的气流所引起的风阻力矩。

2）测角元件选择

为了实现较高精度的定位和跟踪精度,采用圆感应同步器作为位置检测元件。由于跟踪精度为 0.1mrad = 20.63″,考虑跟踪控制器的滞后误差、光学系统的分辨力误差等,选取位置传感器精度为跟踪精度的 1/10,即为 2″,选取方位环和俯仰环的圆感应同步器参数如下,5 英寸(12.7cm),极对数为 720,精度为 ±2″,圆感应同步器的示意图如图 3.79 所示。

图 3.79　圆感应同步器的示意图

3）惯性元件选取

惯性元件是高精度陀螺稳定平台的关键器件,用于测量载体的扰动。惯性元件的选型主要从性能指标、体积、质量、使用环境等方面考虑,因此,选用双轴陀螺,主要性能指标如下:

（1）测量范围为 $\pm 50°/s$;

（2）满量程输出为 $\pm 7.3 \sim \pm 7.5V$;

（3）零位偏值 $< \pm 0.1°/s$;

（4）极限温度零位 $< \pm 0.2°/s$;

（5）零位漂移 $< \pm 1°/h$;

（6）线性度 $< 0.3\%$（F.S）;

（7）分辨力为 $0.002(°)/s$;

（8）交叉耦合 $< 0.5\%$。

4）控制系统设计

图 3.80 是在方位跟踪和随动等命令方式下的控制系统结构框图,由位置回路校正放大、速度回路校正放大、被控对象、旋转变压器等环节组成[49-51]。

（1）红外跟踪器 $G_{INFR}(s)$ 是由红外摄像机和信号处理电路组成,是一个误差检测元件。其数学模型包括一个具有有限视场范围的比例环节 K_{INFR}、延时环节 $e^{-\tau s}$ 和采样保持环节 $(1 - e^{\tau_0 s})/s$。τ 为图像信号建立、扫描以及传输等多种原因形

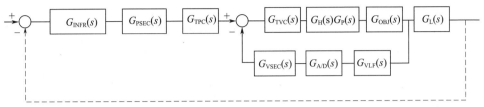

(a) 在跟踪方式下的控制系统框图

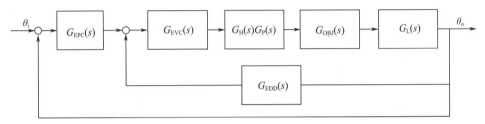

(b) 在随动方式下的控制系统框图

图 3.80　控制系统结构框图

成的滞后时间，τ_0 为跟踪器一帧图像保持时间，红外帧频均为 50Hz，故 $\tau_0 = 0.02$s。

（2）$G_{\mathrm{PSEC}}(s)$ 是对红外跟踪器方位方向脱靶量正割补偿环节，其与俯仰轴转角 θ_e 的关系为

$$G_{\mathrm{PSEC}}(s) = \frac{1}{\cos \theta_e} \tag{3.101}$$

（3）$G_{\mathrm{TPC}}(s)$ 是跟踪回路校正放大环节，电视跟踪控制系统位置回路的设计主要就是确定其结构和参数。

（4）$G_{\mathrm{TVC}}(s)$ 是速率稳定回路校正放大环节，其结构和参数在速率稳定回路设计时确定。

（5）数字脉冲调宽环节 $G_{\mathrm{H}}(s)$ 是一个采样保持环节，当 PWM 开关频率很高时，可以等效为一个惯性环节，即

$$G_{\mathrm{H}}(s) = \frac{1 - \mathrm{e}^{-T_{\mathrm{PWM}}s}}{s} \approx \frac{1}{0.5\,T_{\mathrm{PWM}}s + 1} \tag{3.102}$$

在本系统中脉宽调制频率取 10K，其传动函数为

$$G_{\mathrm{H}}(s) = \frac{1}{0.00005s + 1} \tag{3.103}$$

（6）PWM 功率放大环节 $G_{\mathrm{P}}(s)$ 是一个比例环节 K_{P}。

（7）被控对象是内方位框架（包括内俯仰框架），在不考虑其谐振时，其传递函数为

$$G_{\mathrm{OBJ}}(s) = \frac{1/K_e}{(T_m s + 1)(T_e s + 1)} \tag{3.104}$$

189

式中:T_m 是机电时间常数;T_e 是电磁时间常数;K_e 是电机反电势系数。

（8）陀螺信号预处理电路是采用 RC 电路组成的一阶低通滤波器,其传递函数为

$$G_{\mathrm{VLF}}(s) = \frac{K_{\mathrm{lf}}}{T_{\mathrm{lf}}s + 1} \tag{3.105}$$

（9）$G_{\mathrm{VSEC}}(s)$ 是对方位轴陀螺采样值的正割补偿环节,其与俯仰轴转角同样有

$$G_{\mathrm{VSEC}}(s) = \frac{1}{\cos \theta_e} \tag{3.106}$$

采用 Agilent 35670 对控制对象进行频率特性测试,经试验辨识出控制对象传递函数模型为

$$G(s) = \frac{1.072 \times 10^6}{(s + 2.26)(s^2 + 241.6s + 47870)} \tag{3.107}$$

采用高帧频红外跟踪传感器,有效降低延时;跟踪控制系统使用二阶超前滞后控制器,校正模型如下:

$$C_{\mathrm{track}}(s) = K \frac{(T_3 s + 1)(T_4 s + 1)}{(T_1 s + 1)(T_2 s + 1)} \tag{3.108}$$

采用 Matlab 和 Simulink 对跟踪控制回路进行仿真分析,结果如图 3.81 所示。

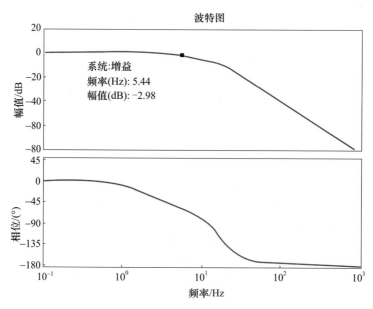

图 3.81　跟踪控制回路波特图

跟踪控制系统相角裕度 49°,带宽大于 5Hz。

3.5 红外跟踪瞄准系统静态与动态参数测试

3.5.1 天顶仪及指向精度测试

天顶仪是用于对光电跟踪瞄准转塔的指向精度进行静态测试的仪器设备,如图 3.82 所示,由具有不同方位角和俯仰角的平行光管组成,模拟不同角度的真值目标,可用于光电转塔静态测角精度、指向精度以及重复性精度的测试[52]。

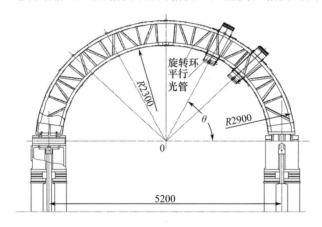

图 3.82 天顶仪

天顶仪主要技术指标如下。

1) 平行光管(图 3.83)

焦距为 1000mm;

口径为 φ300mm。

图 3.83 平行光管

2）光电经纬仪（图3.84）

用于对构成天顶仪的平行光管的绝对位置进行标校。主要技术指标如下：

角度测量精度：0.5″；

距离测量精度：1mm + 1ppm；

图3.84　光电经纬仪

指向精度：对于不同的系统，指向精度有不同的含义。对于光电跟瞄系统，指向精度是指光电跟踪瞄准线的实际指向与空间绝对位置的差值。

跟瞄转塔指向精度的测试方法：以转塔为圆心，在转塔方位、俯仰的不同角度位置摆放一系列平行光管，如图3.85所示。光电经纬仪与转塔同处一个圆心，用光电经纬仪对平行光管的位置进行标定，标定方法及基本步骤如下：

（1）将经纬仪放置在对准水平平行光管的位置，放置时避开盲区（每次测量应避开光线的盲区，比如平行光管的中心有一个支架，就没有光线，应将经纬仪放置到比平行光管稍高，或稍低一点的地方）。

（2）调分辨力到适当的挡。

（3）先通过粗水泡粗调平衡，旋转角螺旋直至水泡在中间部位。打开电子水泡，调节角螺旋直至显示的水泡的偏差值跳动范围为角分级。

（4）先对准水平光管，读一次正镜，再读一次倒镜，取平均值。

（5）转向1号光管，读一次正镜，再读一次倒镜，取平均值；接着转向2号、3号光管，这样完成一个轮回。

重新进行步骤（4）和步骤（5），至少进行2~3个测回，取平均值（如果两次测回的夹角都不大于2″），记录光管的空间绝对位置。

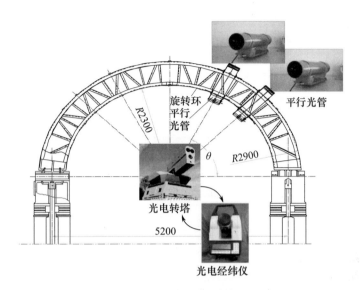

图 3.85　跟瞄转塔指向精度的测试方法

光电经纬仪与转塔同处一个圆点坐标,摆放原则是:使转塔跟瞄系统和光电经纬仪均能看到各个位置的平行光管。跟瞄转塔处于手动状态,使跟瞄系统的十字叉线对准平行光管,同时记录转塔的输出位置。

具体测试步骤如下。

(1) 将转塔放置在静止平台上,上电,跟瞄系统处于工作状态,通过综合处理器给转塔方位发送调转到"0"位位置指令,转塔调转到零位且稳定后,在转塔视线平面上调整平行光管的位置,使光管 1 对准瞄准线十字中心,精调后,将光管 1 的位置固定。

(2) 移开转塔,将光电经纬仪放置在转塔原来所在位置,以光管 1 的读数刻度作为零位位置,分别转动到 45°、90°、135°、−45°、−90°、−135°,在各个位置点处的水平方向上放置平行光管。

(3) 将转塔放回原位,锁定在零位后,微调转塔位置,使瞄准线对准零位平行光管。

(4) 通过综合处理器给转塔发送随动命令,使转塔调转到 45°、90°、135°、−45°、−90°、−135°各个位置,在各个位置处分别进行图像采集,读出相对十字瞄准线的偏差像素点,偏差像素的 RMS 值即作为该轴系的绝对空间指向精度值。

(5) 俯仰轴系指向精度测试方法同方位轴系。

第一次测得数据如表 3.4 所列。

表 3.4　光电经纬仪第一次测得数据

	光电经纬仪读数	转塔输出读数
光管位置 1	15″	− 112.483°
光管位置 2	336°25′22″	− 135.955°
位置偏差值	23.581°	23.472°
指向偏差值	0.109° ≈ 1.9mrad	

第二次测得数据如表 3.5 所列。

表 3.5　光电经纬仪第二次测得数据

	光电经纬仪读数	转塔输出读数
光管位置 1	353°03′59″	115.806°
光管位置 2	332°52′21″	− 135.950°
位置偏差值	20.19389	20.144
指向偏差值	0.0499° ≈ 0.871mrad	

3.5.2　室内地空跟踪精度测试

在实验室内对红外跟踪瞄准系统的跟踪精度进行检测、考核与评估的方法主要有三种:等效正弦法、等效目标法和光学动态靶标法[53-54]。

3.5.2.1　等效正弦法

对于任何运动轨迹都可以用傅里叶方法分析分解成若干个正弦曲线,所以可以用一个或几个正弦运动代替目标运动。用一个与运动目标具有相同角速度和角加速度的正弦代替目标的运动,该正弦信号就称为等效正弦。已知目标运动最大角速度 $\dot{\theta}_{\max}$、最大角加速度 $\ddot{\theta}_{\max}$ 时,就可以求出一个等效正弦 $\theta_1(t)$。

$$\theta_1(t) = \theta_{\max}\sin(\omega_1 t) \tag{3.109}$$

其中,等效正弦振幅为

$$\theta_{\max} = \frac{\dot{\theta}_{\max}^2}{\ddot{\theta}_{\max}^2} \tag{3.110}$$

角频率为

$$\omega_1 = \frac{\ddot{\theta}_{\max}}{\dot{\theta}_{\max}} \tag{3.111}$$

周期为

$$T_1 = \frac{2\pi}{\omega_1} \tag{3.112}$$

显然 $\theta_1(t)$ 的最大角速度和最大角加速度分别为 $\dot{\theta}_{\max}$ 和 $\ddot{\theta}_{\max}$。

根据红外跟踪瞄准转塔的最大角速度和角加速度要求,设计产生正弦运动目标,能够对红外跟踪瞄准转塔的伺服系统动态性能进行检测。

3.5.2.2　等效目标法

通常将等速、等高、直线通过经纬仪的目标称为等效目标,当然实际目标的运动特性要比等效目标复杂得多。图 3.86 为目标水平直线飞行示意图。目标沿水平方向作等速直线运动,O' 点是红外跟踪瞄准转塔所在位置,目标从 O 点开始做等速直线运动,对于红外跟踪瞄准转塔来说,目标的运动特性决定了系统工作的最大角速度和最大角加速度。目标运动分析如图 3.86 所示。

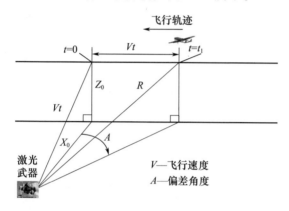

图 3.86　目标水平直线飞行示意图

目标的方位角为

$$A = \arctan(Vt/X_0) \tag{3.113}$$

通过求导,得到

$$\dot{A} = V/X_0 \cos^2 A \quad \ddot{A} = -(V/X_0)^2 \sin 2A \cos^2 A \tag{3.114}$$

可知,在航路捷径处目标角速度最大,目标的最大角速度为

$$\dot{A}_{\max} = V/X_0 \tag{3.115}$$

在 $A = 30°$ 时目标的角加速度最大,目标的最大角加速度为

$$\ddot{A}_{\max} = -0.65\,(V/X_0)^2 \tag{3.116}$$

同理,求得目标俯仰角 E、角速度 $\dot{E}$、角加速度 $\ddot{E}$ 分别为

$$E = \arctan\frac{Z_0/X_0}{\sqrt{1 + (Vt/X_0)^2}} \tag{3.117}$$

$$\dot{E} = \frac{-(V/X_0)^2 (Z_0/X_0) \cos^2 E}{[1 + (Vt/X_0)^2]^{3/2}} \qquad (3.118)$$

$$\ddot{E} = \dot{E}\left[\frac{1}{t} - \frac{\dot{E}}{\cos^2 E}\left(\frac{3}{\tan E} - \sin 2E\right)\right] \qquad (3.119)$$

计算得到不同作用距离下,针对不同运动速度的目标水平方向的最大角速度需求如表3.6所列。

表3.6 不同作用距离下最大角速度需求/[(°)/s]

距离/km	0.1Ma	0.5Ma	1Ma	1.5Ma	2Ma	2.5Ma	3Ma
	34	170	340	510	680	850	1020
0.5	3.9	19.5	39.0	58.4	77.9	97.4	116.9
1	1.9	9.7	19.5	29.2	39.0	48.7	58.4
2	1.0	4.9	9.7	14.6	19.5	24.4	29.2
3	0.6	3.2	6.5	9.7	13.0	16.2	19.5
4	0.5	2.4	4.9	7.3	9.7	12.2	14.6
5	0.4	1.9	3.9	5.8	7.8	9.7	11.7
6	0.3	1.6	3.2	4.9	6.5	8.1	9.7
7	0.3	1.4	2.8	4.2	5.6	7.0	8.3
8	0.2	1.2	2.4	3.7	4.9	6.1	7.3
9	0.2	1.1	2.2	3.2	4.3	5.4	6.5
10	0.2	1.0	1.9	2.9	3.9	4.9	5.8
15	0.1	0.6	1.3	1.9	2.6	3.2	3.9
20	0.1	0.5	1.0	1.5	1.9	2.4	2.9
30	0.1	0.3	0.6	1.0	1.3	1.6	1.9

计算得到不同作用距离下,针对不同运动速度的目标水平方向的最大角加速度需求如表3.7所列。

表3.7 不同作用距离下最大角加速度需求/[(°)/s²]

距离/km	0.1Ma	0.5Ma	1Ma	1.5Ma	2Ma	2.5Ma	3Ma
	34	170	340	510	680	850	1020
1	0.043	1.076	4.306	9.687	17.222	26.910	38.750
2	0.011	0.269	1.076	2.422	4.306	6.727	9.687
3	0.005	0.120	0.478	1.076	1.914	2.990	4.306
4	0.003	0.067	0.269	0.605	1.076	1.682	2.422
5	0.002	0.043	0.172	0.387	0.689	1.076	1.550

（续）

距离/km	0.1Ma	0.5Ma	1Ma	1.5Ma	2Ma	2.5Ma	3Ma
	34	170	340	510	680	850	1020
6	0.001	0.030	0.120	0.269	0.478	0.747	1.076
7	0.001	0.022	0.088	0.198	0.351	0.549	0.791
8	0.001	0.017	0.067	0.151	0.269	0.420	0.605
9	0.001	0.013	0.053	0.120	0.213	0.332	0.478
10	0.000	0.011	0.043	0.097	0.172	0.269	0.387
15	0.000	0.005	0.019	0.043	0.077	0.120	0.172
20	0.000	0.003	0.011	0.024	0.043	0.067	0.097
30	0.000	0.001	0.005	0.011	0.019	0.030	0.043

通过以上对最大运动角速度和最大运动角加速度的计算分析,可考核红外跟踪瞄准转塔的动态跟踪性能。

3.5.2.3 光学动态靶标法

光学动态靶标法是用于在实验室内检测红外跟踪瞄准系统动态跟踪性能的常用方法,可分为地空型光学动态靶标和空地型光学动态靶标,分别对两种不同安装形式的红外跟踪瞄准转塔进行跟踪精度的测试。

光学动态靶标测试法的基本原理是:利用平行光管形成空间无穷远光学目标,通过旋转机构带动平行光管模拟目标空间运动,动态靶标上的目标点在垂直于转塔光轴线的平面内做圆周运动,转塔绕水平轴及方位轴转动以跟踪靶标,从而检测光电转塔的动态跟踪精度[55-56]。

光学动态靶标由控制柜、支撑架、旋转轴、旋转编码器、旋转臂、平行光管、反射镜等组成。控制柜负责靶标的旋转参数控制、电源开关及靶标位置信息的反馈等;支撑架是靶标的结构支撑体,要求刚性强度大,稳定性好;旋转编码器用来精确测量靶标旋转的角度,结合时间信息可以计算出靶标的旋转角速度和角加速度;平行光管用来产生星点目标供光电转塔跟踪。其组成及工作原理图如图 3.87 所示。

光学动态靶标和光电转塔的空间数学关系如图 3.88 所示。

图 3.88 中, S 是动态靶标上模拟目标的光点, S 以空间某一特定位置 R 为圆心,以直线 OR 为旋转的轴线,在与 OR 相垂直的平面上旋转;

S 点的出射光形成以"O"点为顶点的光锥, O 点是光锥的顶点,也是光电转塔俯仰轴、方位轴和瞄准视轴三轴的交点,光电转塔对 S 点进行跟踪;

a 为 S 点出射光与靶标旋转轴 OR 的夹角,即光锥的旋转半锥角,也是光电经

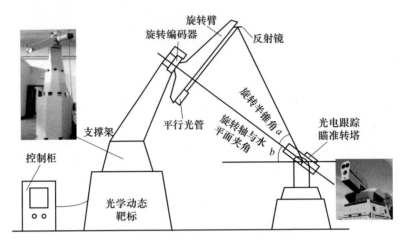

图 3.87　光电动态靶标组成及工作原理图

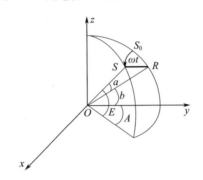

图 3.88　光学动态靶标与光电转塔的空间数学关系

纬仪视轴与动态靶标旋转轴的夹角；

　　b 为靶标旋转轴线 OR 与水平面的倾角；

　　A 为光电转塔方位角；

　　E 为光电转塔俯仰角；

　　以 S_0 作为动态靶标旋转零点,光学目标从 S_0 运动到 S 点时,相对于旋转轴线的转角为 θ,$\theta = \omega t$,ω 是动态靶标目标匀速运动的角速度,t 为目标运动所用的时间。

　　根据球面三角定理,光电经纬仪的方位角 A、俯仰角 E 随角 θ 的变化如下:

$$E = \arcsin(\cos a \, \sin b + \sin a \, \cos b \cos \theta) \tag{3.120}$$

$$A = \arcsin\left(\frac{\sin a \sin \theta}{\cos E}\right) \tag{3.121}$$

　　当动态靶标的目标做匀速圆周运动,且运动角速度为 ω 时,求得目标俯仰运动角速度 $\dot{E}$ 和方位运动角速度 $\dot{A}$ 分别为

$$\dot{E} = \frac{-\omega\sin a\cos b\sin\theta}{\cos E} \tag{3.122}$$

$$\dot{A} = \frac{\sin A\sin E \cdot \dot{E} + \omega\sin a\cos\theta}{\cos E\sin A} \tag{3.123}$$

进一步对式(3.122)和式(3.123)求导,得到目标运动的角加速度$\ddot{E}$、$\ddot{A}$分别表示为

$$\ddot{E} = \frac{\dot{E}^2\sin E - \omega^2\sin a\cos b\cos\theta}{\cos E} \tag{3.124}$$

$$\ddot{A} = \frac{(\dot{A} + \dot{E}^2)\sin^2 A\cos E + 2\cos A\sin E \cdot \dot{A}\dot{E} + \sin A\sin E \cdot \ddot{E} - \omega^2\sin a\sin\theta}{\cos E\sin A}$$

$$\tag{3.125}$$

目前,根据光电转塔检测指标,动态靶标目标运动指标也只分析到角速度、加速度指标。根据动态靶标与光电经纬仪空间运动关系,当光电转塔对动态靶标进行跟踪时,光电转塔的方位角 A、俯仰角 E,方位角速度 $\dot{A}$、俯仰角速度 $\dot{E}$,方位角加速度 $\ddot{A}$、俯仰角加速度 $\ddot{E}$ 的变化与动态靶标半锥角 a、倾角 b 和旋转臂角度 θ 变化有关。它们之间不是简单的线性和单变量的关系,而是复杂的多变量三角函数关系。

关于光学动态靶标的结构示意图如图 3.89 所示。

靶标的底层是用高强度钢板焊接的可移动支撑座,支撑座采用了 4 点支撑调平机构,支撑调平机构采用梯形丝杆,靶标的升降机构由交流电机、减速箱、丝杆丝母副组成,安装在底座上,总速比为 $i = 40$。

图 3.89 靶标结构示意图

旋转臂及平行光管、反射镜结构如图 3.90 所示。

旋转臂材料采用高强度铸铝合金,在保证强度、刚度的前提下,采用轻量化设计制造技术,设计时要考虑长、短臂两端静平衡及动平衡。反射镜反射面采用的材料为 K9 玻璃,其面形精度为 0.0001mm,在表面上镀保护膜,使可见光反射率达到 98%,红外光反射率达到 96%,满足成像质量及能量要求。

图 3.90　靶标旋转臂结构示意图

平行光管的结构为反射式卡塞格林系统,系统参数为:焦距 $f' = 1000\text{mm}$,有效口径 $D = 100\text{mm}$,中心遮拦比为 $1:3.7$,$D/F = 1/10$。平行光管的外形尺寸为 $\phi 115 \times 364\text{mm}$。结构设计和装配如图 3.91 所示。

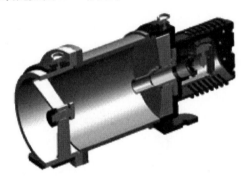

图 3.91　平行光管目标源结构示意图

关于跟踪瞄准精度数据的处理方法:对试验过程中的跟踪图像进行采集记录,计算出图像中心坐标位置,通过 Matlab 计算出目标中心位置像素值,计算出方位、俯仰像素偏差点 ΔX_1、ΔY_1,由于每个像素偏差点对应 $\Delta \theta$ 的分辨力误差,随机抽取 n 个样本,分别计算各个图像的方位、俯仰像素偏差,则方位、俯仰的跟踪误差 ΔX、ΔY 分别按下列公式计算:

$$\Delta X = \sqrt{\frac{\sum_{i=1}^{n} X_i}{n}} \times \Delta \theta \qquad (3.126)$$

$$\Delta Y = \sqrt{\frac{\sum_{i=1}^{n} Y_i}{n}} \times \Delta \theta \qquad (3.127)$$

则系统的跟踪误差为

$$\Delta \Omega = \sqrt{\Delta X^2 + \Delta Y^2} \qquad (3.128)$$

3.6　本章小结

本章从 5 个方面对红外跟踪瞄准技术做了较为全面的介绍。第一，概括介绍了红外对抗领域中的跟踪瞄准技术的应用领域和发展情况。第二，介绍了红外跟踪瞄准系统的基本组成和工作原理，分析了两轴四框架、基于 FSM 的复合轴、半捷联稳定三种平台架构，给出了提高系统精度的技术途径。第三，针对红外跟踪瞄准系统中常用的执行元件、测角元件和惯性元件做了介绍。第四，介绍了红外跟踪瞄准系统的一般设计方法和控制策略，分析了转动惯量、结构谐振频率、摩擦力矩对系统性能的影响，举例说明了典型红外跟踪瞄准系统的设计思路。第五，介绍了红外跟踪瞄准系统指向精度和跟踪精度等静态和动态测试方法。

 参考文献

[1] 张秉华,张守辉. 光电成像跟踪系统[M]. 北京:国防工业出版社,2004.

[2] 秦继荣,沈安俊. 现代直流伺服控制技术及其系统设计[M]. 北京:机械工业出版社,1993.

[3] 黄勇,邓建辉. 高能激光武器的跟瞄精度要求分析[J]. 电光与控制,2006,12(13):86 - 88.

[4] 吴卓昆,舒小芳,王大鹏,等. 外军直升机载定向红外对抗系统[J]. 电子对抗,2014,24(6):32 - 36.

[5] 黄一,吕俊芳,卢广山. 机载光电跟瞄平台稳定与跟踪控制方法研究[J]. 飞行设计,2003,3(3):38 - 42.

[6] 马佳光. 捕获跟踪与瞄准系统的基本技术问题[J]. 光电工程,1989,16(3):1 - 30.

[7] 范大鹏,张智永. 光电稳定跟踪装置的稳定机理分析研究[J]. 光学精密工程,2006,14(4):673 - 680.

[8] 纪明. 多环架光电稳定系统及分析[J]. 应用光学,1994,15(3):60 - 64.

[9] 纪明. 武装直升机瞄准线粗/精组合二级稳定技术[J]. 航空学报,1997,18(3):289 - 293.

[10] 邬昌明,刘忠. 两轴四环架稳定系统抗扰性能分析[J]. 光学与光电技术,2007,5(3):76 - 78.

[11] 毕永利,刘洵,葛文奇. 机载多框架陀螺稳定平台速度稳定环设计[J]. 光电工程,2004,31(2):16 - 18.

[12] 田素林,白鸿柏,张葆,等. 机载多框架光电吊舱无转角隔振方式设计[J]. 长春理工大学学报,2009,4(32):538 - 541.

[13] 李岷,马军,周兴义. 机载光电稳定平台检测技术的研究[J]. 光学精密工程,2006,14(5):847 - 852.

[14] 郭富强,于波,汪叔华. 陀螺稳定装置及其应用[M]. 西安:西北工业大学出版社,1995.

[15] 马佳光,唐涛. 复合轴精密跟踪技术的应用与发展[J]. 红外与激光工程,2013,1(42):

218 – 227.

[16] 王红红,陈方斌,寿少峻. 基于 FSM 的高精度光电复合轴跟踪系统研究[J]. 应用光学, 2010,6(31):909 – 913.

[17] 董浩,霍炬,毕永涛. 虚拟复合轴伺服系统的等效复合控制方法[J]. 哈尔滨工程大学学报,2011,3(32):309 – 313.

[18] 李文军. 复合轴光电跟踪系统控制策略的研究[D]. 长春:中国科学院长春光学紧密机械与物理研究所,2006:44 – 48.

[19] 傅承毓,马佳光. 复合轴伺服系统应用研究[J]. 光电工程,1998,25(4):1 – 12.

[20] 彭绪金,马佳光. 光电精密跟踪中的复合轴中的复合轴控制系统的试验和研究[J]. 光电工程,1994,21(5):1 – 10.

[21] 王强,陈科,傅承毓. 基于闭环特性的音圈电机驱动快速反射镜控制[J]. 光电工程,2005, 2(32):9 – 18.

[22] 徐新行,杨洪波,王兵,等. 快速反射镜关键技术研究[J]. 激光与红外,2013,10(43): 1095 – 1103.

[23] ZHANG B N,ZHANG L,HUANG G H,et al. Research on pointing of piezo electric fast steering mirror under vibration condition[C]. SPIE,2011,819121:1 – 7.

[24] MYUNG C,ANDREW C,CHRISTOPH D,et al. Design and development of a fast steering secondary mirror for the giant magellan telescope[C]. SPIE,2012,812505:1 – 14.

[25] 徐新行,王兵,韩旭东,等. 音圈电机驱动的球面副支撑式快速控制反射镜设计[J]. 光学精密工程,2011,19(6):1320 – 1325.

[26] 孙高. 半捷联光电稳定平台控制系统研究[D]. 长春:中国科学院长春光学精密机械与物理研究所,2013:35.

[27] 赵明. 半捷联光电稳定平台误差分析与补偿研究[D]. 长春:中国科学院长春光学精密机械与物理研究所,2014:44.

[28] 朱华征,范大鹏,马东玺,等. 导引头伺服系统隔离度与测试[J]. 光学精密工程,2009,17 (8):1993 – 1998.

[29] 周瑞青,刘新华,史守峡. 捷联导引头稳定与跟踪技术[M]. 北京:国防工业出版社,2010.

[30] 姚郁,章国江. 捷联成像制导系统的若干问题讨论[J]. 红外与激光工程,2006,35(1):1 – 6.

[31] 毛峡,张俊伟. 半捷联导引头光轴稳定的研究[J]. 红外与激光工程,2007,36(1):9 – 12.

[32] 中国电器工业协会微电机分会,西安微电机研究所. 微特电机应用手册[M]. 福州:福建科学技术出版社,2007.

[33] 庞新良,赵薇薇,范大鹏. 直流力矩电机在机载光电伺服系统中的应用研究[J]. 红外技术,2007,10(29):573 – 578.

[34] 黄永梅,张桐,马佳光. 高精度跟踪控制系统中电流环控制技术研究[J]. 光电工程,2005, 32(1):16 – 19.

[35] 马瑞卿,刘卫国. 全数字有限转角无刷力矩电机的位置控制[J]. 微电机,2001,6(34): 25 – 33.

[36] 宫经汉. 光栅类测角元件安装要求分析[J]. 舰船光学,2003,2(39):29-30.

[37] 熊文卓,吴江洪,孔智勇,等. 细光栅自成像光电轴角编码器[J]. 光电工程,2004,1(34):46-48.

[38] 朱应时. 圆光栅的莫尔条纹[J]. 光学机械,1983,2(2):12-18.

[39] 苏东风. 高精度标定转台光栅测角系统关键技术研究[D]. 长春:中国科学院长春光学紧密机械与物理研究所,2014:45.

[40] 吴凡. 高精度绝对式光电轴角编码器高质量光电信号的提取方法[D]. 成都:电子科技大学,2003:35.

[41] 段海滨,王道波,黄向华. 基于光电轴角编码器的测试转台鉴频技术[J]. 传感器技术,2004,9(23):71-73.

[42] 姜燕平. 旋转变压器原理及其应用[J]. 电气时代,2005,10(23):98-99.

[43] 徐大林,陈建华. 自整角机/旋转变压器-数字变换技术及发展[J]. 测控技术,2005,10(24):1-10.

[44] 杨业飞,申文涛. 惯性稳定平台中陀螺技术的发展现状和应用研究[J]. 飞航导弹,2011,2(12):72-79.

[45] BIELAS M S. Stochastic and dynamic modeling of fiber gyros[C]//SPIE Fiber Optic and Laser Sensors,1994,2292:240-253.

[46] 姬伟,李奇,赵德安. 光纤陀螺信号数字滤波算法研究[J]. 压电与声光,2009,4(31):178-184.

[47] 王广龙,祖静,张文栋. 微机械陀螺仪[J]. 电子测量与仪器学报,1999,4(13):30-34.

[48] 吴卓昆,舒小芳,孙利军,等. 车载高精度陀螺稳定跟踪系统[J]. 光电技术应用,2011,32(6):42-45.

[49] 舒小芳,吴卓昆,冯海青. 光电跟踪系统频率特性测试与数据分析[J]. 光电技术应用,2010,25(2):5-7.

[50] 吴卓昆,舒小芳. 基于 Matlab 的模态法简化大系统模型仿真[J]. 应用科技,2005,35(07):35-37.

[51] 吴卓昆,冯海青,舒小芳. 基于 VxWorks 的多串口通讯系统的设计[J]. 光电技术应用,2007,08(02):24-26.

[52] 金光,王家骐,倪伟. 星体弧长法标定光电经纬仪指向精度[J]. 光学精密工程,1999,4(7):91-95.

[53] 张宁. 利用动态靶标装置的光电经纬仪跟踪性能评价研究[D]. 长春:中国科学院长春光学紧密机械与物理研究所,2010.

[54] 王世华. 778 光电经纬仪的动靶标引导[J]. 光学工程,1986,2(62):61-66.

[55] 张宁,沈湘衡. 基于等效正弦、等效目标法的直线动靶标建模实现[J]. 激光与红外,2008,38(2):154-157.

[56] 王建立,吉桐柏,高昕,等. 加速度滞后补偿提高光电经纬仪跟踪系统跟踪精度的方法[J]. 光学精密工程,2005,13(6):681-685.

第 4 章

对红外制导系统的
信号级干扰

信号级干扰是相对于压制式干扰而言的。红外干扰原理涉及对抗目标抗干扰特性、干扰信号设计、背景影响、目标特性变化及其相互作用关系,干扰信号结构设计的合理性直接影响武器装备技术的性能,如何解决红外干扰信号结构设计问题,尤其是解决多种频率、多种谱段的干扰问题,是本章介绍的重点内容。

红外干扰信号结构包括红外辐射强度、红外光谱亮度、光谱分布、强度空间分步等光学参数,包括启动时间、干扰持续时间、干扰占空比等时间特性参数,包括干扰功率(能量)以及随时间变化情况等参数。传统说法中,干扰信号结构又称为干扰样式。其主要设计依据是制导导弹的调制(扫描)频率、灵敏度、敏感谱段、光学系统特性、信号处理方式及作战应用特点等,此外还受背景特性、被保护目标特性的影响。

红外干扰原理的理论研究涉及基础知识面较广,信号结构即干扰样式设计需要考虑的边界条件较复杂,一些边界条件特别是导弹的具体参数往往难以得到,这也是多年来一直困扰该技术领域发展的主要因素之一。

4.1 信号级干扰解决的问题

可追溯的第一枚红外制导导弹的应用是在 1958 年,截至目前已经过去的 60多年,红外导弹是军用平台及地面目标的重要威胁之一,在战争中发挥了巨大作用。随着红外制导武器的大显身手,干扰对抗措施也随之出现,并伴随导弹抗干扰技术的提升而发展。红外干扰技术是使敌方红外制导武器被削弱和丧失战斗力的重要手段。反过来,红外干扰技术的发展,又推动了红外导弹抗干扰能力不断提高,两者是螺旋式上升的发展过程,魔高一尺道高一丈,一次战争或者战役的成败往往取决于哪一方更胜一筹。从干扰和抗干扰角度来划分,红外导弹的发展大体上可以分为四代[1-2]。

第一代红外导弹大多采用点源调幅式调制盘,基本没有抗干扰措施。典型型号有空空导弹"响尾蛇"AIM - 9B/AIM - 9D、PL - 2/PL - 5;"环礁"AA - 2;地空导弹 SAM - 7/SAM - 9、REDEYE、HN - 5 等,这些导弹的种类繁多,据统计有 40 余种,大多在 20 世纪 60 年代到 70 年代装备,也就是在北约和华约剑拔弩张的年代。这时期的红外导弹除了采用诸如空间滤波、特殊的滤光片外,没有先进的抗干扰措施。美国、俄罗斯等装备的红外干扰机和红外诱饵等可以对其实施有效干扰。

　　第二代红外导弹采用点源调频式调制盘,或者采用固定调制盘加上简单光机扫描(如圆锥扫描)的导引头光学系统,具有一定的抗干扰能力。典型型号有:"响尾蛇"AIM - 9L、STINGER - 1 等,这些导弹大多采用 3 ~ 5μm 的锑化铟探测器,具有全向攻击能力,并通过调制方式和采用一些提取目标位置信息的技巧,具备了一定的抗干扰能力,早期的红外干扰措施无法实施有效干扰。

　　第三代红外导弹产生和应用于 20 世纪末期,采用具有亚成像光机扫描技术或者脉冲编码技术的导引头,抗干扰能力显著提高。由于新体制制寻方式的应用,如导弹上普遍应用的光谱鉴别技术、波门和预报技术、空间滤波和脉宽鉴别技术、计算机编程处理技术、速率鉴别技术等一系列抗干扰措施,实现干扰的技术难度很大。第三代导弹的典型型号:双色制导导弹 STINGER - POST、STINGER - RMP、"针"Igola - 16/18;采用脉冲编码制导的"西北风"改进型、HN - 6 等。

　　第四代红外制导导弹的特点是采用凝视型焦平面阵列探测的红外成像制导导弹,典型型号有美国的"响尾蛇"AIM - 9X、法国的 MICA、英国的先进近程空空导弹 ASRAAM、日本的"凯科"等。

　　20 世纪末迅速发展的第三代、第四代红外导引技术(红外成像导引技术),代表了当前红外导引技术发展的总趋势,是红外精确导引技术发展的主流。21 世纪初相继应用的红外成像导引技术,是一种自主式"智能"导引技术,能够实现中、远距离红外成像,可提供二维红外图像导引信息。它利用高速发展的计算机技术,对目标图像进行处理,并模拟人对物体的识别功能,实现导引系统智能化。碲镉汞、锑化铟等大规模红外焦平面阵列的使用,大大提高了制导性能。

　　大规模红外焦平面阵列指的是探测像元数超过 128 × 128 元,采用高速大容量信号处理和图像处理技术的红外成像组件,并采用焦 - 汤低温制冷技术提高探测灵敏度。这类器件一经发展成熟便迅速应用到制导和侦察设备中。目前,超过640 × 480 元的大规模红外焦平面阵列在新型的光电成像侦察和光电成像制导武器中大量应用,逐渐取代小规模探测器件和各种光机扫描的点源器件。随着探测方式(凝视、扫描、扫描 + 分步凝视)和信息处理方法不断丰富完善,红外制导武器装备的抗干扰能力不断提高。

　　大规模红外焦平面阵列器件具有体积小、质量小、耗电省、灵敏度高、寿命长等优点,还可以利用不同的材料配比,从碲镉汞到锑化铟,再到量子阱器件和二类超晶格,不同的掺杂,不同的制造工艺,不同的运行参数获得适用于各种不同温度条件(从低温77K至常温300K左右),各种不同波长范围(从微波、远红外、红外、可见光一直到紫外)的器件。除了应用于战术侦察和制导外,红外探测器还广泛应用于遥感、遥测、卫星侦察、夜视、摄像、精密测量等许多领域。

大规模焦平面红外成像技术,代表了目前红外探测技术的主要发展方向,主要发展特点如下:

(1) 广泛应用于各类红外制导武器,并且逐渐取代点源制导和侦察设备;

(2) 光谱范围涉及近红外、中红外和远红外,近年来又发展了多(超)光谱复合成像探测技术;

(3) 信号处理能力(主要是容量和速度)发展较快,为采用多种抗干扰措施创造了条件。

4.1.1 红外干扰技术发展面临的基础问题

从红外导弹在实战中使用的那天起,电子战领域就在不断地探索对其实施有效对抗的方法。如前所述,干扰技术随着制导技术的发展而发展,制导技术的每一次进步和飞跃,都给对抗领域提出了新的课题。

综合国内外干扰手段,对干扰技术归纳和整理归类,目前主要的干扰手段有:红外诱饵、广角红外干扰机、红外定向对抗、激光致盲/眩干扰等,这些手段是红外干扰技术发展的主要对抗手段,按照功率等级和对抗性质可分为信号扰乱干扰或压制干扰[3-4]。另外还有红外烟幕干扰和红外激光摧毁干扰等,分别属于阻断式干扰和摧毁式干扰,其机理和干扰方式差别较大。

针对不同的红外制导武器等干扰对象,为保护不同的目标,在不同环境和抗干扰条件下,采用何种方式进行有效干扰,一直是困扰红外对抗技术领域发展的难题。由图4.1可知,针对不同的制导方式,干扰方式也较多,再加上保护对象的不同,如飞机(大型飞机、战斗机、直升机)、地面目标(点目标、点目标群、面目标)等,造成装备应用时很难进行准确选择。

红外干扰武器在装备和应用时,要解决以下主要基础性问题。

(1) 针对某一类干扰对象,哪种干扰手段效果更好,及选择该种对抗手段的依据。

(2) 每种干扰手段对不同干扰对象的干扰效果如何提高,如何更有效的设置技术参数。

(3) 需要不间断地对在试验和研究中出现的一些理论上尚无法澄清的现象进行分析,推动武器装备的发展和创新,并从理论上得到圆满的解释。

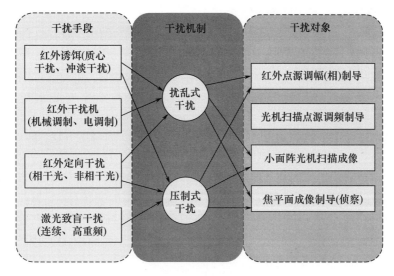

图 4.1　红外干扰手段、对象关系图

（4）对不同干扰手段的综合应用方法。

（5）扩展某种干扰手段的适用范围,拓展对抗目标种类,根据制导武器的发展而改进技术指标。

（6）针对不同红外干扰武器的特点,如何利用建立的红外干扰的辐射模型、运动模型、干扰信号结构模型以及能量模型等,并在此基础上如何建立对抗措施的干扰有效性度量模型。由于红外干扰效果与保护对象的红外目标特性存在着较大的因果和依赖关系,需要根据平台的红外目标特性模型,优化干扰设备的设计指标。

（7）红外制导导弹导引头工作波段涵盖了短波红外($1\sim3\mu m$)、中波红外($3\sim5\mu m$)、长波红外($8\sim12\mu m$)等波段。宽波段对抗问题一直是对抗手段发展的技术瓶颈。

以上问题,也是每一个装备研制者和应用者应该思考的问题。

4.1.2　红外干扰信号结构设计的概念和内涵

对传统红外干扰来说,红外干扰信号结构的设置与红外目标(不同类型的红外导引头)和背景以及被保护对象有很大关系,一般采用相对等效原理,通过研究红外干扰和目标、背景在实战情况下,对红外导引头的影响,进而得出红外导引头在干扰和非干扰情况下的导引信号和跟踪信号及其他信号的变化量值。通过对受干扰的导弹驾驶仪、舵面负载力矩、导弹飞行姿态、弹体和目标相对运动采用完善后的模型的基础上,通过数字仿真来完成,得出干扰后弹 – 目交会时间、相对速度、

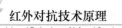
脱靶量,进而来分析干扰装备的性能。

广角红外干扰机是对抗早期红外制导设备的主要手段。随着红外制导技术的迅速发展,需要一种新体制红外干扰机对其实施干扰。由此对红外干扰源的技术需求也进一步提高,包括辐射强度、辐射光谱、脉冲编码时间特性、运动特性及实现方法等与被保护目标相关的技术指标,都是武器装备论证需要考虑的环节。

针对大规模焦平面阵列红外成像设备,需要研究新的对抗方法,干扰信号样式的研究过程为:选择具有一定代表性的成像器件进行干扰原理研究,开展试验,在试验现象中总结普适性的规律,探索焦平面阵列与干扰光相互作用的机理,揭示产生干扰现象的根源,评估对制导性能的影响,确定最佳的干扰样式,为武器装备技术研究简化配置、增加灵活性、扩展应用范围奠定理论基础。也可以研究激光对光电成像传感器相互作用效应,测量不同干扰方式(连续和脉冲、视场内外、波段内外)的干扰阈值,分析其干扰机理,并建立模型。

激光对光电成像传感器的干扰效应可以分为软破坏和硬破坏。

目前,软破坏模式只是一种模糊提法,还没有明确的定义。但是可以认为,所谓软破坏是指光电材料或功能器件的性能退化或暂时失效,软破坏以后,器件仍然有信号输出,但信噪比会大大降低。

而硬破坏是指短期内不可恢复的永久性的物理破坏,被破坏器件无信号输出。

研究光电探测器的软破坏机理,得出对传感器的干扰阈值,研究软破坏对成像设备的影响,达到以下三个目的:如何用更低的激光功率(或能量)密度达到干扰、破坏光电探测器的目的;研究波段内和波段外的干扰机理,解决如何使用单一波长对不同材料的传感器进行软破坏的问题;研究对传感器进行不同程度干扰对武器系统的影响,为干扰设备的设计和应用提供基础理论和依据。

4.2　红外制导系统工作原理

红外制导是利用导弹上的位标器接收目标辐射的红外能量,实现对目标的跟踪并形成导引指令,将导弹引向目标的一种制导技术。红外制导的优点是:弹上制导设备体积小、质量小,角分辨力高,命中精度高,是精确制导武器中最具有代表性的制导方式。红外制导武器主要由红外导引头、自动驾驶仪(完成控制与跟踪功能)和弹体大回路等三部分组成。

红外导引头(小回路)包括红外光学系统和红外位标器。红外光学系统用来接收目标辐射的红外能量,确定目标的位置及角运动特性,形成相应的引导指令。其主要组成部分是红外接收器(位标器)、误差信号放大器。红外位标器一般由红外光学系统、调制器、光电转换器及导引头角跟踪系统组成。红外导引头的原理方框图如图 4.2 所示。

图 4.2　红外导引头的原理方框图

4.2.1　点源制导抗干扰方法

采用点源式调幅式调制盘的典型红外制导导弹型号有:"响尾蛇"AIM－9B、9C、9D、9E、9F、9G、9H;"环礁"AA－2;SAM－7、SAM－9、"红眼睛"、"魔术"R－530、"闪光""火光""红头"等。点源制导又可以分为调幅式和调频式两种。

调幅式采用调制盘对目标信号进行调制,再通过解调得出目标位置信息。调制盘上半圆为辐射状的透辐射与不透辐射的交替扇形条纹,是目标调制区;下半圆为呈半透辐射特性的半透区。调制盘一般位于导引头光学系统焦平面上,调制盘中心 O 点在光轴上,使调制盘绕中心 O 以角速度 Ω 顺时针转动,转动速度约为70~150 周/s。当像点位于调制区时,则透过调制盘的目标像点能量在最大与最小值间交替变化。目标像点位于半透区时,透过调制盘的能量为像点总能量的1/2。这样,调制盘转动一周,像点能量被调制成调幅波,波形如图 4.3 所示,T 为调制盘转动一周的时间,即调制周期[5-6]。

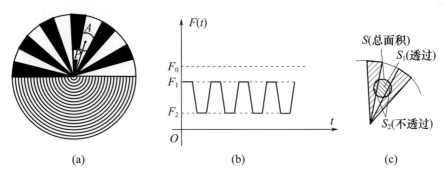

图 4.3　调幅式调制盘波形

若目标像点呈有限半径的圆形,其辐射度均匀分布。像点总面积为 S,透过调制盘的面积为 S_1,不能透过的面积为 S_2。由于透过能量 $F \propto S$,则调制信号幅值为 $|F_1 - F_2| \propto |S_1 - S_2|$。为了分析方便,引入调制深度 D:

$$D = \frac{|F_1 - F_2|}{F} = \frac{|S_1 - S_2|}{S} \tag{4.1}$$

式中:$F \propto S$ 为像点总能量。

显然,调制深度表示目标辐射通量中被调制部分所占的比例。D 越大,调制信号的幅值也越大,它是目标像点大小与调制盘格子尺寸的函数。

假定像点面积不变,偏差量 p 增大,则调制深度 D 也增大;p 减小,则 D 减小,最后趋于零。因此,在像点面积 S 一定时,可用调制信号的幅值表示偏差量 p 的大小。

调制信号包络相位与目标方位角的关系:令半透区与条纹区的分界线 Ox 为基准线,并假定目标像点为一个几何点,则目标像点偏离 Ox 不同方位角时,得到的调制波初相角也不同。为了比较相位,要引入初始相位为零的基准信号。如图4.4(a)所示,目标在 A、B 两点,其方位角分别为 θ_a、θ_b,所得调制波形如图4.4(b)、图4.4(c)所示。调制信号包络与基准信号的相位差 θ 分别等于目标在空间的方位角 θ_a、θ_b。由于目标像点为几何点,调制信号的载波为矩形波。

可见,用调幅调制时把目标像点的偏离量 p 及方位角 θ 转化为调制信号包络的幅值和初相角。

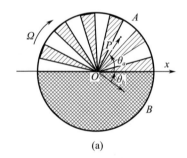

(a)

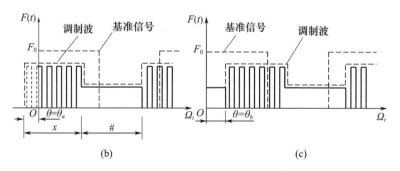

(b)   (c)

图4.4   调制盘信息提取原理示意图

在导引头视场内有背景辐射干扰时,如地物、云层的辐射和对太阳的反射、散射等,调制盘能够抑制背景干扰,提高系统的信噪比。一般背景的辐射面积比目标大得多,在调制盘上的成像会覆盖若干扇形辐条。背景像点 B 总能量为 F_0,在调制区和半透区的能量为 $F_0/2$,因此不能被调制,以后被信号处理电路滤掉,称为调制盘的空间滤波。

可见,为了达到空间滤波的目的,调制盘的图案必须保证对大面积背景辐射在调制周期内的透过系数为恒定值(如 0.5 等);径向分格必须保持等面积。为了制作工艺简单,半透区通常由宽度和间距相等的不透射同心圆黑线组成。当目标像点直径比同心黑线宽度大很多时,可认为该区域的透过系数对目标和背景均为0.5。如 SAM - 7 采用的阿基米德曲线辐射状调制盘,半透区中有两个对称的小半圆区域仍为黑白交替的阿基米德曲线调制区,是为提高调制特性的线性度,如图 4.5 所示。

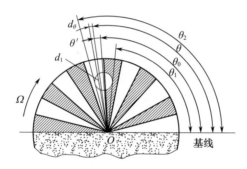

图 4.5　调制盘透过函数分析图

目标落在盲区时,导弹处于不受控状态。像点大小变化,盲区大小也变化。盲区是决定系统跟踪精度的一个重要因素。系统信噪比提高,盲区将减小。

线性区对系统的跟踪和控制系统的工作影响很大。一般希望线性度要好,宽度要大(斜率一定时),峰值要高。调制盘中央扇形区越大,线性区愈宽,但背景干扰也会增大。

捕获目标时,像点总是从调制盘边缘逐渐向中心移动,进入调制曲线的线性区。捕获区越大,导引头跟踪视场越大,随之引入的背景干扰也大。

当导弹与目标接近时,像点会越来越大,当大到相当方格区两格宽度时,大致只有 1/2 辐能透过调制盘,无调制信号输出,导引头不能工作。此时导弹与目标的距离称为眩光距离。眩光距离一般在 100m 左右。

经光学系统聚焦后的目标像点,是强度随时间不变的热能信号,如直接进行光电转换,得到的电信号只能表明导引头视场内有目标存在,无法判定其方位。因此,必须在光电转换前对它进行调制,即把接收的恒定辐射能变换为随时间断续变化的辐射能,并使其某些特征(幅度、频率、相位等)随目标在空间的方位而变化。调制后的辐射能,经光电转换为交流电信号,便于放大处理,像点位置关系图如图4.6所示。

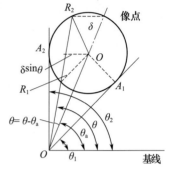

图4.6　像点位置关系图

调制盘的式样繁多,图案各异,但基本都是在一种合适的透明基片上用照相、光刻、腐蚀方法制成特定图案。以调制方式,调制盘可分为调幅式、调频式、调相式、调宽式和脉冲编码式,确定目标位置的方法大同小异。

4.2.2　圆锥扫描制导方法

4.2.2.1　圆锥扫描调制盘

圆锥扫描调制盘(调辐+调频式)的典型型号包括:"响尾蛇"(Sidewinder)AIM-9L、Stinger-1、"前卫"-1、"前卫"-2、"天剑"-1。圆锥扫描式调制盘也是一种常用的调制盘,其主要特点是调制盘本身不旋转,像点扫描是通过光楔来完成的,光楔将目标像点旋转成一半径相等的圆,落在或部分落在调制盘上[7-8]。

调制盘图案外圈为三角形图案;里面为扇形分带棋盘格图案,扇形格子数目由里向外增加,各环带上黑白面积相等。外圈三角形用来产生调制曲线的线性上升段,三角形的数目根据选择的调制频率确定。

调制盘置于光学系统的焦平面上,中心 O 点与光学系统主光轴重合。调制盘不动,为使目标像点在调制盘上沿圆轨迹运动,在折反式光学系统中使次反射镜对主光轴倾斜 γ 角,并绕主光轴以一定的角频率旋转,在焦平面上便得大小一定的光点扫描圆。调整次反射镜的倾斜角 γ,可改变扫描圆的大小。

目标位于光轴上时,扫描圆与调制盘同心;目标偏离光轴时,扫描圆与调制盘不同心,而目标实际位置与扫描圆心位置对应,即扫描圆心表示了目标位置。这样,目标位于光轴上时,光点扫在外圈三角形中部,透过调制盘的是等幅光脉冲,经光电转换和滤波后,得到等幅波,载波频率 $f_0 = n\Omega$,其中,n 为外圈三角形个数,Ω 为扫描圆旋转速度。目标偏离光轴时,光点转一周扫过外圈三角形不同部位,得到调频波。当目标的误差角 $\Delta\varphi$ 再增大,光点转一周已有部分超出调制盘,出现脉冲调幅波。

如目标偏离的方位角为 θ,扫描圆心偏离调制盘中心的方位角也为 θ,调幅波包络的初相角也为 θ。

这样,调幅波的幅值反映了目标的偏离量,其包络与基准信号的相位关系反映了目标在空间的方位角 θ。曲线只有上升段和下降段,上升段的宽度较窄,下降段的斜率较大。

光学扫描式调幅调制盘的特点是:调制曲线没有盲区,因此它多用于高跟踪精度的系统,工作的有效视场比由调制盘决定的瞬时视场扩大近一倍。因扫描圆偏离到只能扫到两个三角形时,理论认为可探测到目标,由此扫描圆心决定的圆便是实际有效视场。当要求有效视场一定时,这种调制盘比初升太阳式调制盘小得多,有利于减小背景干扰。

圆锥扫描调频调制盘:调制盘的安装方式和光点扫描调制盘相似。调制盘不动,目标位于光轴上时,光点扫描圆 B 的圆心与调制盘中心不重合,由于光点扫一周时扫过的扇形辐条宽度变化,出现了调频调制信号,经鉴相后与基准信号比较,便可确定目标的偏离量和方位角。

4.2.2.2　脉冲编码(十字叉)导引方式

脉冲编码红外制导导弹是 20 世纪 90 年代研制和装备的先进武器之一,其典型型号有"魔术"-2、"响尾蛇"-9L/M、R-73 空空导弹,"西北风"改进型、"红樱"-6 便携式地空导弹,另外还有一些反舰导弹导引头等。

制导特点:采用"十字叉四象限"或环形传感器探测技术,通过圆锥扫描将目标像点成像在探测器上,形成与目标空间位置相对应的不同时序的目标脉冲信息,得到随目标空间位置而变化的时间编码,再利用信号处理电路将时间编码解算,得到目标的方位误差和俯仰误差信号,控制导弹飞向目标。脉冲编码红外制导导弹的特点是采用编码识别和计算机处理技术,具有较强的抗干扰能力,一般认为能够对抗单枚红外诱饵和广角红外干扰机的干扰[9-10]。

红外跟踪用多元探测器阵列,不用调制盘。所谓多元探测器阵列,是用光敏元件组成类似调制盘的图样来完成调制盘的作用,借助扫描对光能进行调制。阵列有十字叉形、圆环形、米字形和 L 形等形状,下面仅以用量较多的十字叉形为例来说明。

在圆锥扫描式光学系统的焦平面上放置四个矩形光敏元件组成十字叉型阵列。目标位于光轴上时,扫描圆心与十字叉中心重合,像点以等间隔扫过四个元件,系统产生一列等间隔的脉冲,而电路的连接使由 0°、180°和 90°、270°位置的元件组成的两个通道的直流输出都为零。目标偏离光轴时,扫描圆与十字叉中心不再用同心,产生脉冲,间隔不等。将信号与两路基准信号比较,可获得方位、俯仰直流误差信号。误差信号的大小反映了目标的偏离量,电压的极性反映了偏离方向。十字叉形导引头工作原理如图 4.7 所示。

十字叉系统无调制盘和二次聚集系统,目标能量利用率高,线性度好,测角精

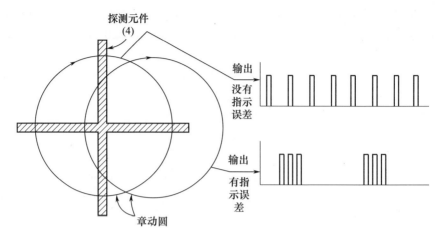

图 4.7　十字叉形导引头工作原理

度高,理论上没有盲区。但没有调制盘所具有的空间滤波性能,系统电路的带宽较宽,探测器噪声大。

国外从 20 世纪 80 年代末开始研究和装备脉冲编码红外制导导弹,其中最早装备的型号是法国的“西北风”便携式地空导弹。

“西北风”导弹是法国玛特拉公司研制生产的、可三军通用的双人便携式短程防空导弹,1988 年批量生产型导弹出厂,交付法国陆军。

“西北风”导弹在研制过程中,借鉴了 SAM – 7 和“尾刺”导弹的使用经验,并吸取了法制“魔术”– 2 红外寻的制导空空导弹导引头(首次采用四元锑化铟探测器)的已有成果并加以改进,使该弹除了具有命中精度高、发射后不管的优点外,还具有较强的抗红外干扰能力,总体性能达到第三代红外导弹的水平,与“尾刺”– POST 和“尾刺”– RMP 相当。脉冲编码红外制导主要有以下几个特点。

(1) 将离焦的目标像点投影在四象限探测器或圆环探测器上。

(2) 目标信号是较窄的脉冲编码序列,时间决定空间。

(3) 较容易采用波阈值制、速率鉴别、幅度鉴别等抗干扰措施。

(4) 与第一、第二代导弹相比较,抗干扰性能较强,难以干扰。

(5) 调制盘的中心与光轴不重合,从理论上讲没有盲区,且方位、俯仰误差特性曲线在整个视场内单调上升,线性区宽,可用于精跟踪或测角系统。

(6) 空间滤波性能较好。因辐条窄,分格均匀,对背景滤波效果好。

但当像点在俯仰方向变化范围较大时,载波频率变化范围也大;要求系统的带宽较宽,探测器的噪声影响较大;对图案精度、图案中心与转动中心的同心度及带调制盘的马达转速稳定性等要求高,给制作、校调带来困难。此外,方位、俯仰通道间有交叉干扰。

4.2.3　双色制导方法

据报道,目前采用双色红外制导的导弹比较典型的有苏联的 SA – 18/"针" – M 便携式近程防空导弹、SA – 13/"箭" – 10 机动式近程地空导弹、南非的 SAHV – 高速地空导弹、美国的"敏捷"(Agile)近距离空空导弹、南非的"射水鱼"(Darter)空空导弹、以色列的"怪蛇"3(Python3)空空导弹等。双色红外制导导弹目前主要用于攻击空中平台,故主要集中于地空导弹和空空导弹。

制导特点:双色红外制导导弹是第三代红外制导导弹的一种类型,20 世纪 70 年代末 80 年代初在第一、第二代红外制导导弹的基础上发展而来。该种类型的导弹主要采用双波段红外探测器作为导弹导引头的探测元件(目前多数双色红外选用的波段为 $1 \sim 3\mu m$ 和 $3 \sim 5\mu m$),导弹在搜索和跟踪目标的时候,导引头同时提取目标或诱饵在两个红外波段的辐射信息。由于目标与诱饵在两个波段的辐射有差异,故二者的双色比值不同。导弹通过目标和诱饵在两个波段辐射的双色比值来判定该目标为真或假,从而有效地分辨目标与诱饵,提高抗干扰能力。该种导弹采用双波段红外寻的、波阈值制、光学扫描、脉冲识别等抗干扰措施,同时采用先进的元器件和计算机技术,大大提高了导弹的杀伤概率、有效射程、抗人工干扰能力和全向攻击能力。该种导弹主要用于打击各种空中作战平台,包括武装直升机、运输机、固定翼战斗机等[11 – 12]。

与第一代、第二代红外制导导弹相比,双色红外制导导弹具有以下优势:①探测灵敏度高,探测距离远,作战距离大;②采用双色光谱鉴别,区分真假目标,命中率高;③大多使用数字化控制,导弹稳定性好,飞行性能好;④全向攻击能力强;⑤大多采用脉冲体制,信号提取精度高;⑥抗红外人工干扰能力强。基于以上优势,当前的一些红外人工干扰措施如投放红外诱饵、广角红外干扰机几乎无法对其进行有效的干扰。20 世纪 80 年代中期,在同黎巴嫩作战中,以色列使用了"怪蛇" – 3(Python – 3)双色红外制导导弹,取得了非常好的作战效果。

各种双色红外制导导弹中,比较先进而且较为典型的是苏联研制的 SA – 18/"针" – M 便携式近程防空导弹。SA – 18 主要用于对付从低空、超低空进入的各种飞机和直升机,它是在前两代导弹特别是 SA – 16/"针" – 1 基础上发展起来的,很多方面继承了原有型号的成熟技术,保持了系统简单、操作方便、发射后不用管、制导精确、有前向攻击能力等特点。改进的重点是采用了双色红外导引头,提高了抗红外人工干扰能力。该弹于 1983 年研制成功,装备部队,并出口到许多国家。由于具有较好的抗红外人工干扰能力,很快取代了 SA – 16 导弹。除了陆军单兵使用之外,另有车载型,还可用于装舰船、装武装直升机。这里以 SA – 18/"针" – M 为例,分析双色红外制导导弹的制导原理。SA – 18 导弹的制导原理框图如图 4.8 所示。

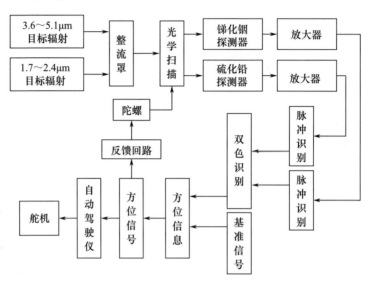

图 4.8　SA – 18 双色红外制导导弹制导原理框图

从图 4.8 可以看出 SA – 18 的制导与第一、第二代红外制导导弹的主要区别在于双色识别、脉冲识别、光学扫描、波阈值制等关键技术,下面就几项主要技术分别介绍[13 – 15]。

(1) 双色识别:SA – 18 导弹采用旋转弹体单通道控制方式,导引头具有 1.5° 瞬时视场和 ±40° 跟踪视场,采用硫化铅和制冷锑化铟两种探测器。红外辐射能量进入导引头光学系统组合后分成两路:波长 3.6 ~ 5.1μm 的一路为主通道,聚焦在锑化铟探测器上,经过调制得到信号脉冲;波长为 1.7 ~ 2.4μm 的目标辐射的另一路为辅助通道,聚焦在硫化铅探测器上,导引头利用主通道的信号脉冲提取出误差信息跟踪目标并产生与目标视线角速度成比例的控制信号,通往驾驶仪操纵导弹飞向目标。我们知道,红外诱饵的火焰温度很高(2000 ~ 2200K),其峰值辐射出现在近红外波段(1 ~ 3μm),而飞机在额定状态下飞行时尾喷流的温度约为 700 ~ 900K,辐射峰值位于中红外波段(3 ~ 5μm)。虽然飞机在加力状态下尾喷的温度会与诱饵相近,但飞机尾焰主要是高温气体(CO_2 和 H_2O)辐射,二者光谱相差很大。因此,导弹可以利用主、辅通道两种探测器输出信号幅度比值的不同即双波段光谱的逻辑鉴别(脉宽鉴别、峰值检波、双色识别)来区分真假目标。从而拥有了第一、第二代红外制导导弹所不具备的抗红外人工干扰的能力,一般意义上的红外诱饵、红外干扰机对其起不到有效的干扰效果。

（2）光学扫描：第三代红外制导导弹普遍采用光学扫描亚成像体制,基本淘汰了第一、第二代红外制导导弹所采用的体制盘旋转体制。几种主要的光学扫描体制为玫瑰线扫描、四象限探测器和圆环探测器,其中玫瑰线扫描和四象限探测器均为比较成熟的光学扫描体制,并且在多种导弹上使用,如美国的 Stinger – Post、Chaparral 都使用玫瑰线扫描导引头,而法国的"西北风"导弹则采用四象限探测器导引头。这几种扫描的共同特征为利用偏轴棱镜扫描,在焦平面上（探测器）形成扫描轨迹,由于目标的方位不同导致目标辐射信息经棱镜扫描在焦平面形成不同的轨迹,通过和基准信号的比较可以得出目标的方位。采用光学扫描亚成像体制主要有能量利用率高、方位信息正确、攻击距离远等优越性。SA – 18 红外地空导弹也采用了光学扫描体制。

（3）波阈值制：上面提到了目标的双色比值,即目标在导弹所感兴趣的两个波段（对 SA – 18 来说是 $3.6 \sim 5.1\mu m$ 和 $1.7 \sim 2.4\mu m$）的辐射强度的比值。对于目标和红外诱饵两种红外源来说,它们的双色比值有很大差别,同时就它们各自来讲,不同的目标在不同的飞行状态下、不同的天气情况下、不同的方向上双色比值也有一定差别,不同的诱饵在不同的风速、不同的发射高度双色比值也在变化。虽然如此,大多数情况下目标在 $3.6 \sim 5.1\mu m$ 波段的辐射同在 $1.7 \sim 2.4\mu m$ 波段的辐射的比值远大于诱饵在此两波段的辐射的比值。因此,导弹可以利用这个不同来预先设定波门,设置上、下两个阈值,认为在阈值之间的双色比值是目标的辐射,大于上阈值或小于下阈值的辐射双色比值均可认为是干扰物的辐射,由此分辨真假目标。还可以不预先设定波门阈值,待导弹捕捉到目标信号后,根据目标的双色比值临时设定浮动波门阈值,使波门阈值随目标的辐射而变化,这样可以更加准确地锁定目标,提高导弹的命中率。

（4）脉冲识别：SA – 18 导弹导引头对于提取的信号脉冲,要通过峰值检波、脉宽识别等识别过程。导引头预先设定峰值和脉宽阈值,目标的辐射信息通过光机扫描经探测器响应,产生电脉冲。这些脉冲并非全为有效脉冲,必须经过峰值检波,即将脉冲幅值与设定的幅值峰值阈值进行比较。对于低于阈值的脉冲作为无效脉冲而摒弃,有效的脉冲还须进入脉宽识别器,脉宽过窄的脉冲同样视为无效脉冲,经过峰值检波和脉宽识别的脉冲为有效脉冲,再进行双色识别。由于该导弹采用了脉冲识别技术,对目标信息的提取不再靠调幅来实现,因此具备了多目标处理能力。对于多目标的情况,采用帧帧相关、异步积累的处理方式,选取最佳目标（一般为最靠近视线中央的目标）。

（5）数字控制：由于 SA – 18 导弹摒弃了调幅体制,目标信号的提取不再依赖目标信号辐射的强弱,而是通过目标经光机扫描后在探测器上形成响应脉冲出现的位置、频率和个数。因此,该导弹抛弃了以往为 SA – 7、SA – 16 等第一、第二代红外制导导弹所采用的模拟控制,而是采用数字控制,信息处理、信号提取、驾驶仪控制等部分均采用数字实现,这样大大改善了导弹的稳定性和可靠性,更为重要的是提高了导弹的命中率。

SA – 18 红外制导导弹在外形、发动机、战斗部、引信等部分均继承了 SA – 16 导弹的技术,保留了 SA – 16 导弹的稳定与可靠的优秀性能。

此外,双色制导也可与其他扫描方式相结合。例如与玫瑰线扫描,使"尾刺" – POST 成为红外导弹家族中的精品之作。玫瑰线扫描由两块棱镜反向扫描来实现,不同的折射角度、不同的转速,产生类似成像系统的探测效果,其示意图如图 4.9 所示。

玫瑰线扫描方程角度方程:

$$\begin{cases} \theta_x = \dfrac{\theta}{2}(\cos\varphi_1 + \cos\varphi_2) \\ \theta_y = \dfrac{\theta}{2}(\sin\varphi_1 - \sin\varphi_2) \end{cases} \tag{4.2}$$

坐标方程:

$$\begin{cases} X(t_i) = \dfrac{\rho}{2}\big[\cos(2\pi f_1 t_i) + \cos(2\pi f_2 t_i)\big] \\ Y(t_i) = \dfrac{\rho}{2}\big[\sin(2\pi f_1 t_i) - \sin(2\pi f_2 t_i)\big] \end{cases} \tag{4.3}$$

图 4.9　玫瑰线扫描示意图

导引信号方程:在 $t = t_i$ 时刻,探测器获得一脉冲输出,则目标位置为

$$\begin{cases} \rho(t) = \big[y(t_i)^2 + z(t_i)^2\big]^{1/2} \\ \theta(t) = \arctan\big[z(t_i)/y(t_i)\big] \end{cases} \tag{4.4}$$

瞬时视场及脉冲宽度方程为

$$U_{dy} = k\rho(\sin 2\pi f_2 t - \theta) \tag{4.5}$$

瞬时视场：玫瑰线扫描系统所用的瞬时视场极小，仅与点目标辐射源尺寸相匹配，一般只有总视场的数百分之一到数十分之一。虽然探测器瞬时视场很小，但必须在扫描一帧时，又能覆盖总视场，探测器的瞬时视场可按照如下公式求得：

$$\omega = (2\pi\rho/N)\cos\pi/\Delta N \tag{4.6}$$

脉冲宽度 τ：玫瑰瓣上的扫描速度不是常数，可以微分 $X(t)$、$Y(t)$ 得到扫描速度方程式，即

$$V(t) = \pi f_1 \rho(1 + a_2 - 2a\cos(1 - a)2\pi f_1 t)^{1/2} \tag{4.7}$$

最高扫描速度（$V_{\max}$）发生在图案中心，即花瓣尖端。最低扫描速度 $V_{\min}$ 发生在图案的边缘，即花瓣的顶部，则

$$\begin{cases} V_{\max} = \pi\rho(f_1 + f_2) \\ V_{\min} = \pi\rho(f_1 - f_2) \end{cases} \tag{4.8}$$

设目标的信号脉宽为 τ，则

$$\tau = \omega/V \tag{4.9}$$

将 $V_{\max}$ 和 $V_{\min}$ 分别代入式（4.9）中，即可得信号脉冲宽度的大致范围。

4.2.4　红外成像制导方法

4.2.4.1　光机扫描成像型

光机扫描成像型导引头与圆锥扫描导引头一样，都是过渡型导弹。光机扫描成像是在探测器件满足不了成像的条件时不得已而采取的做法，随着多元器件水平的不断提高，成像质量较差而又复杂的光机扫描成像导引头将被逐渐淘汰。但是，光机扫描成像也有它的优点，就是价格较便宜，如 AGM - 65D 的售价仅为 10.25 万美元。光机扫描成像的典型型号有：AGM - 65D、远程崔格特 Trigat - LR。用于红外凝视成像制导弹的对抗手段均可以对抗光机扫描成像型制导导弹，因此对光机扫描成像型制导导弹不做过多论述。

4.2.4.2　红外凝视成像型

红外成像制导技术是 20 世纪 80 年代初开始发展起来的第三代红外制导技术，它是随着多元红外探测器的问世及高速微处理机的发展而发展起来的。由于它采用了实时红外成像系统，可获得与电视兼容的热图像，并由高速微处理机进行图像处理，可以模拟人对物体的识别功能，因而从根本上改善了第一、第二代

点源红外制导系统的性能。它具有第三代制导技术的一切优点：具有自主捕获目标能力；灵敏度高，探测距离远，抗干扰能力强，能在各种发展的人为和自然背景下识别出目标；制导精度高，能探测和鉴别多目标；具有较强的跟踪机动能力、抗过载能力和快速响应能力等。它是一种极有效的制导手段，是当今精确制导技术的发展重点。红外凝视成像典型型号有"响尾蛇"AIM－9X、俄国的 R－77、法国的红外 MICA、英国的先进近程空空导弹 ASRAAM、日本的 AAM－5 和南非的 A－DATOR 等。

4.2.4.3　红外成像末制导技术在巡航导弹上的应用

红外成像末制导技术首先用在反舰导弹上。20 世纪末，巡航导弹在几次局部战争中大显身手，而使用红外成像导引技术和人在回路导引技术，使巡航导弹的智能化和可操作性水平进一步提升。如三军通用防区外攻击导弹陆军型 MGM－137（TSSAM）、"战斧"（多任务 TMMM）block4、"斯拉姆"增强型（SLAM－ER）、先进桨扇发动机巡航导弹均采用了红外成像末制导技术。

目前，远程对陆攻击巡航导弹（最典型的美国的"战斧"巡航导弹）采用 GPS 全程辅助惯性导航（Inertial Navigation System，INS）和末制导。飞行中段也可采用地形匹配（Terrain Contour Matching，TERCOM）辅助，飞行末段（10～20km）主要采用景象匹配（Digital Scene Matching Area Correlation，DSMAC）辅助和红外成像制导（IR）进行误差修正。TERCOM 辅助装置是一种可全天候使用的极优良的辅助装置，其最大缺点是对地形特征有严格要求，不能在平坦和无特征的地形上空使用。因此，增加了修正点选择和航线规划的工作量，限制了武器使用的灵活性。所以现在正在用 GPS 制导替代或补充。美国的"战斧"BLOCK IV 型远程对陆攻击巡航导弹就采用了红外成像末制导系统。

根据目前发表的公开文献，用红外成像装置作为远程对陆攻击巡航导弹的末制导传感器，其使用主要有自动目标寻的、与惯性传感器组合末制导和 MITL 末制导三种方式。中波红外制导已经逐渐发展成为对地攻击主要制导方式，如美国的 AGM－84 改进型捕掠叉反舰导弹、AGM－130、AGM－137、AGM－142、AGM－129B、先进巡航导弹（Advanced Cruise Missile，ACM）、超声速巡航导弹（Strategic Cruise Missile，SCM）、"天鹰"导弹、英法联合研制的远程精确制导武器、"暴风阴影"巡航导弹等均采用了中波红外成像末制导技术。通过对新研制的和最近装备的空地导弹的归纳整理发现，随着中波 InSb 探测器件和中波 MCT 探测器件逐渐成熟和应用，越来越多的导弹采用中波红外成像制导[16－17]。

巡航导弹多采用复合制导方式。从目前的巡航导弹型号以及未来趋势上看，对陆攻击巡航导弹的主要制导方式包括：惯导、GPS 修正、地形匹配修正 TERCOM、景象匹配修正 DSMAC、红外成像寻的、数据链[18-19]，典型的巡航导弹制导方式如表 4.1 所示。

表 4.1　典型的巡航导弹制导方式

巡航导弹型号	中段及末段制导方式	装备国家和地区
AGM – 84E	中段 GPS + 末段红外成像	美国
"斯拉姆"增强型(SLAM – ER)	中段 GPS + 末段红外成像(256×256 元凝视型)	美国
AGM – 130	电视或红外成像	美国
三军通用防区外攻击导弹 AGM – 137	空军型:INS/GPS 中制导 + 红外成像末制导;海军型:INS/GPS 中制导 + 红外成像末制导(人在回路中)	美国
联合防区外武器(JSOW)AGM – 154	INS/GPS 中制导 + 红外成像末制导	美国
"战斧"常规对陆攻击巡航导弹 Block 3	INS/GPS 中制导 + TERCOM + DSMAC2A	美国
"战斧"多任务导弹(TMMM)Block 4	INS/GPS 中制导 + TERCOM + 红外成像导引头末制导	美国
先进巡航导弹 AGM – 129B	地形匹配 + GPS + 红外成像或激光雷达末制导	美国
先进技术巡航导弹（ATCM）	GPS + 激光雷达中制导;激光雷达 + 红外成像组合系统末制导	美国
"天鹰"(Airhawk Missile)Block3 改进型	中段惯导 + GPS,末段红外成像 + 数据链	美国
"雄风"2 – E 巡航导弹	中段:惯导 + GPS 修正 + TERCOM,末段:激光/可见光	中国台湾
人在回路/自主目标截击系统（MANTIS/AUTIS）	基本型:地形匹配辅助惯导/GPS + 红外成像/电视数据链双模导引头,改进型:地形匹配辅助惯导/GPS + 毫米波雷达导引头	英国

在现役与在研的巡航导弹中,巡航导弹末制导广泛采用了中红外波段,中红外成像制导方式已经成为巡航导弹末制导的主要发展方向。

4.2.4.4　其他红外成像装备

由于可以有更好的空间分辨力,目前国外装备和在研的光电制导武器与光电观瞄设备上大量采用了中波红外成像技术。采用对地攻击的中波红外制导武器大量研制和装备;采用中波红外、长波红外的侦察设备广泛应用于各种军用平台,包括轰炸机、战斗机、直升机,近 10 年来,装备红外侦察设备的无人机平台发展势头迅猛;红外导弹和侦察设备可采取固定波长(如 $10.6\mu m$、$3.8\mu m$)滤除等抗干扰措施,提高了抗干扰水平。

外军典型的对地中波红外制导导弹如表 4.2 所列。

表 4.2　外军典型的对地中波红外制导导弹

导弹名称	简　介	研制、生产国家
"哈姆"(HARM)Block Ⅲ/Ⅳ空地导弹	射频被动雷达/中波红外	美德合作生产
"暴风阴影"SCALP	巡航导弹,320×256 元中波红外	法国研制
ARAMIS 空地导弹	被动射频/红外,2006 年后装备部队	德、法合作
RBS15MK3 远程反舰导弹	射频雷达/红外成像 + GPS,2000 年批量生产	瑞典萨博动力
AGM - 114A"海尔法"导弹	$3.4\sim4.0\mu m$,32×32 元、64×64 元、128×128 元 InSb	美国
"海尔法"改进型	256×256 元中波红外	美国
SADARM 末制导灵巧弹药	毫米波/中红外	美国霍尼威尔公司
SMART - 155 末制导炮弹	毫米波/中红外	德国 GINS
TACED	毫米波/红外双色,毫米波/红外成像	法国汤姆逊
AGM - 130 远距离投射炸弹	256×256 元中波红外 MCT	洛克威尔
ARAMIGE 智能化增程反辐射导弹	被动射频/红外成像,2006 年后装备	德国 BGT
标枪反坦克导弹	64×64 元中波 MCT	美国洛克希德·马丁公司

在飞机(包括无人机)、舰船和坦克/装甲车等作战平台上,装备有红外前视(FLIR)系统和红外热像仪等光电侦察设备,美国在最近几次战争中,无论是平台与平台之间、单兵与单兵之间还是在整个战场上,都占有绝对信息优势,其中一个主要原因是红外侦察和夜视侦察起到了至关重要的作用。

通过整理外军侦察设备的具体参数,在红外侦察设备中,无论是红外热像仪、红外前视系统还是红外搜索跟踪系统,中波红外侦察体制已经占大多数。红外夜视仪可进行夜间观察、监视,供坦克、装甲车辆夜间驾驶,也可为直升机夜间飞行和作战提供态势感知信息。目前红外夜视设备在军事强国已经普及到单兵作战。这些装备的大量应用,使现代战争已经对敌透明,没有昼夜之分。这些高精度侦察设备使美军的作战模式发生了巨大的变革,使美军多次作战行动可以在夜间展开。

外军典型的中波红外侦察设备如表 4.3 所列。

表 4.3　外军典型的中波红外侦察设备

设备名称	简　介	载　机	研制国家
AT FLIR 机载侦察吊舱	目标捕获热像仪采用 640×480 元中波红外焦平面阵列,导航热像仪采用中波红外焦平面阵列	F/A - 10E/F 超级"大黄蜂"	美国
"凝视"SAFRE	采用 320×240 元或 640×480 元 InSb,中波,典型条件下识别距离:对坦克 7km,对 42m 长舰艇 >40km	美、荷、西班牙、丹麦多种飞机	美国
SADA	采用 640×480 元中波红外凝视阵列	"阿帕奇"直升机	美国
导弹告警器	256×256 元中波 HgCdTe,1997 年交付第 1 台产品,为红外定向对抗提供告警信息	美国 C - 130、"海王"直升机	美国
SIM 系统改进计划	InSb 中波焦平面阵列,2000 年前装备 170 套	C - 130	美国
凝视热像仪	采用 640×480 元 InSb 中波焦平面阵列	舰载	美国
战略武器侦察红外传感器组件	采用美国 Amber 公司 256×256 元 InSb 中波焦平面	机载	美国

除侦察设备外,无人机光学侦察吊舱也是最近几次战争中外军获取信息的主要手段,无人机大多采用光学侦察获取信息,中波红外侦察和可见光侦察是主要的侦察波段。表 4.4 列出了部分吊舱中各种探测器性能指标。

表 4.4　部分吊舱中各种探测器性能指标

名称	ISS	Skyball	ASQ - 228 ATFLIR
装备无人机	"全球鹰"	"捕食者"	Terminato
工作波段/μm	0.55~0.8 3.7~5	0.4~1.1 3~5	中波红外
瞬时视场	光电:5.1μrad 红外:11.4μrad		0.7°~6°(识别视场可调)
覆盖区域/(°)	±80(滚转) ±15(俯仰)	下方 360	360

总之,外军在发展新型制导和侦察设备的同时,不断加强抗干扰措施的研究。

（1）由于各国均没有 3~5μm 的主动对抗设备,采用中波制导本身就是一种抗干扰措施。

（2）采用目标与背景对比度差异较大的窄波段,一般波段宽度为 1μm 左右,降低烟幕等对抗手段的干扰效果。

（3）采用自动增益控制(Automatic Gain Control, AGC)手段,对动态范围内的辐射扰动有一定的抗干扰能力。

（4）由 320×256 元面阵发展到目前的 1280×1024 元面阵，不仅可以提高空间分辨力和探测距离，还可以采用更多的抗干扰算法，提高抗干扰能力。

4.2.5 景象匹配制导原理

景象匹配制导是用于巡航导弹上的一种较特殊的制导方式。根据事先装定到导弹计算机上的景象匹配区图像数据，导弹在飞行过程中按图索骥，修正惯导误差，直至命中目标[20]。

基于景象匹配区的航迹选择原则：评估景象匹配性能的一个重要指标是匹配概率，较高的匹配概率是系统在一个景象匹配区内稳定工作的基本前提。景象匹配系统在匹配区内（一个匹配区对应一个基准图）的匹配概率 P 可定义为

$$P_m = \Sigma_i \Sigma_j P_p(i,j) P_d(i,j) \tag{4.10}$$

式中：$P_p(i,j)$ 为匹配区内某点 (i,j) 的匹配概率；$P_d(i,j)$ 为飞行器的导航位置分布函数。

可以通过估计每个实时图位置的匹配概率和已知的飞行器导航位置分布来计算该匹配区可能达到的匹配概率，并以此判断是否可以作为景象匹配区。

景象匹配区的匹配面积：巡航导弹弹上摄像机的视场角为 $90° \sim 120°$，以典型飞行高度 $60 \sim 300\text{m}$ 计算，则其景象匹配区面积的边长为几百米。

基于参数统计的匹配概率估计。

在基准图和实时图大小确定、实时图信噪比基本稳定条件下，图像本身特征是影响匹配概率的最根本因素。匹配概率与图像独立像元数、方差、纹理能量比、互相关峰特征有显著的关联，这些参数的稳定度受干扰后，将直接影响巡航导弹景象匹配的匹配概率，从而影响巡航导弹的命中概率。下面将定义这些参数。

1）独立像元数（inpixel）

$$\text{inpixel} = \frac{mn}{l_x l_y} \tag{4.11}$$

式中：m、n 分别为行和列的像元数；l_x 和 l_y 分别为实时图 x、y 方向的相关长度。

独立像元数从统计角度反映了实时图内包含的独立景物的多少，直观而言，如果实时图内包含有较多的能够明显分辨的景物，该图配准概率一般都较高。

2）方差

为减小地面照度变化对实时图灰度方差值的影响，应对图像灰度进行归一化处理，使其均值固定，如均值为 128，归一化后灰度为

$$R'(i,j) = \frac{128}{\bar{R}} R(i,j) \tag{4.12}$$

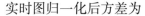

实时图归一化后方差为

$$\text{var} = \frac{1}{mn}\sum_{\mu=1}^{m}\sum_{\nu}^{n}\left(R'(i,j)(\mu,\nu)-128\right)^2 \tag{4.13}$$

式中:$m\times n$ 为实时图大小(像元);$R(i,j)$ 为实时图位置(i,j)处图像的灰度值;$\bar{R}$ 为 $R(i,j)$ 的均值。

3)互相关特征

在匹配区某个位置上景象匹配的性能与基准图的互相关特性密切相关。巡航导弹计算这个位置上基准图的互相关函数的方法是:先在这个位置上截取与实时图大小相同的子图 Y,在其他位置(μ,v)截取另一幅子图 X,Y 与 X 间的互相关值为

$$R(\mu,v) = \frac{\sum_{j=1}^{m}\sum_{k=1}^{n} X_{j+\mu,k+v}\, Y_{j,k}}{\left[\sum_{j=1}^{m}\sum_{k=1}^{n} X^2_{j+\mu,k+v}\right]^{\frac{1}{2}}\left[\sum_{j=1}^{m}\sum_{k=1}^{n} Y^2_{j,k}\right]^{\frac{1}{2}}} \tag{4.14}$$

$M\times N$ 为基准图大小(像元),$m\times n$ 为实时图大小(像元),且 $m<M,n<N$。当实时图在整个基准图内逐个位置移动时,在不同的位置上都可以计算一个互相关值,所有的互相关值的集合形成相关曲面,相关曲面上一般会呈现高低起伏状分布,可以把局部最大值区域称为相关峰,其中基准子图所在位置处相关峰最高,称为最高峰,以下称为次高峰。若有一个或多个次高峰与最高峰的差别较小,则说明基准图中存在一个或多个相似区域,从而降低了匹配定位的可信度。

定义三个互相关峰特征量:

(1)次高峰与最高峰之比(Sub max ratio):令$V_{\max}$表示相关面上最高峰对应的最大值,V_{sub}表示相关面上次最高峰对应的最大值,则次高峰与最高峰之比定义为

$$\text{Sub max ratio} = \frac{V_{\max}}{V_{\text{sub}}} \tag{4.15}$$

该值处于$[0,1]$区间,它表征的是次高峰对应的图像区域与实时图的相似程度。

(2)最高峰8邻域峰值比(Ngb8 max ratio):该量的意义如图4.10(a)所示,o 点是相关面的最大值点,它对应的相关值用$V_{\max}$表示,位置 $1\sim8$ 分别距离 o 点 n 个像素长度(取 $n=5$),用V_{ngb}表示这8个位置中数值最大的点对应的相关值,则最高峰8邻域峰值比定义为

$$\text{Ngb8 max ratio} = \frac{V_{\max}}{V_{\text{ngb}}} \tag{4.16}$$

该值也处于$[0,1]$区间,该值越小,说明相关峰越尖锐。

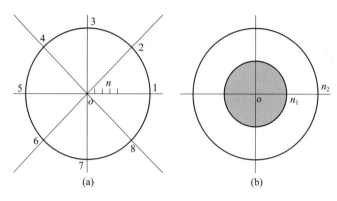

图 4.10　相关峰特征定义

（3）最高峰尖锐度（sharp of max）：该量的意义如图 4.10（b）所示，在最高峰区域以最大值点 o 为中心、以 n_1 和 n_2 长度为半径作两个圆，半径为 n_1 的圆形区域内的平均值以 V_{loop} 表示，n_1 与 n_2 之间的环形区域内的平均值以 V_{circle} 表示（$n_1 = 3, n_2 = 9$），则最高峰尖锐度定义为两者之比为

$$\text{sharp of max} = \frac{V_{\text{loop}}}{V_{\text{circle}}} \tag{4.17}$$

该特征量越大说明相关峰越陡峭，相应的匹配性能越好。

4）纹理能量比（Ratio PE）

该量从频域内刻画图像灰度空间分布，粗纹理区域的频谱能量将集中在低频率域上，而细纹理区域的频谱能量将集中在高频率域上。用极坐标并以不同的半径（文中采用 1/8 频谱宽度）在圆域内对功率谱积分，积分值除以全部的信号能量，所得的值反映了纹理的粗细程度。

匹配概率的高低与实时图各参数大小密切相关，可以通过在基准图不同位置截取一定数量的实时图大小的基准子图，计算独立像元数和方差、纹理能量以及相关峰特征等参数，利用匹配概率与以上参数的关系估计出基准图各位置处的匹配概率，然后可以计算在匹配区（或基准图）内进行景象匹配的匹配概率，以此来判断这个匹配区是否适合进行景象匹配。匹配概率与特征关系图 4.11 所示。

景象匹配区域的选择主要是综合利用图像特征参数对景象匹配的匹配概率进行预测，然后进行规划，规划出满足要求的景象匹配区。对于具有明显边缘不变特征的道路、田埂等匹配概率较高，而对于丛林、灌木等匹配概率则较低。

基于以上的景象匹配规划准则，可以确定以下两点。

（1）巡航导弹景象匹配区是有一定规律可循的（由 inpixel 决定），对一个特定目标的攻击，只存在一定数量的最佳匹配区；改变匹配区特征可以影响巡航导弹的

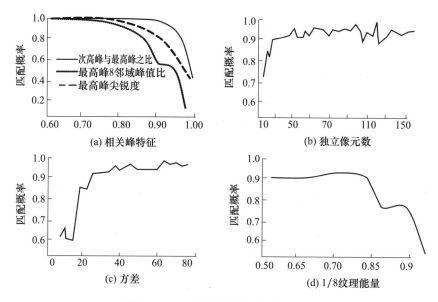

图 4.11　匹配概率与特征参数的关系

制导精度,增大制导误差,使巡航导弹找不到下一个匹配区,直至改变原来的规划路线,失去精确制导能力。

（2）干扰景象匹配制导的重要指标是降低匹配概率。匹配概率降低,景象匹配制导系统在一个景象匹配区内就不能稳定工作,失去景象匹配修正制导误差功能。

4.2.6　典型导弹运动与控制模型

4.2.6.1　自动驾驶仪原理

干扰信号通过辐射注入导弹导引头后,使导弹自动驾驶仪产生错误的控制信号。自动驾驶仪的作用是将导引头探测到的目标信息 ρ、θ 转换成弹旋频率的控制信号,驱动舵机偏转,操纵导弹飞向目标。导弹的舵机分为单通道和多通道两种,多通道主要是双通道舵机,三通道不常见。便携式导弹一般采用单通道控制系统,只有一对舵面。空空导弹主要采用双通道控制系统,有两对控制方位和俯仰的舵面。舵面高速振动形成控制矢量,改变弹体的攻角和侧滑角,进而控制导弹飞行方向。

以便携式导弹自动驾驶仪为例来分析干扰对导弹飞行方向和弹体受力的影响情况,双通道系统与单通道类似,读者可以参考有关文献或做类似的推导。便携式导弹的弹体直径小,因此采用单通道控制系统。导弹的弹体绕纵轴以一定的角速度旋转,采用继电器式舵机,使一对舵面在弹体旋转中不停地按一定规律从一个极限位置向另一个极限位置交替偏转,其综合效果产生的控制力,使导弹沿着理想弹道飞行[21-22]。

1)模拟驾驶仪

舵面摆动受调宽信号控制,调宽信号与导引头误差信号的关系如下所述。导引头输出的误差信号不能直接用来控制舵机的偏转,输入舵机的控制信号需要一种频率为弹旋频率2倍的调宽脉冲信号产生。由导引头输出的误差信号可知,其频率为位标器的旋转频率,例如$F_t = 70c/s$,而弹旋频率为$F_d = 20c/s$,显然,误差信号在频率上不是弹旋频率的2倍,波形也不是调宽的脉冲信号。为了形成调宽的脉冲信号,需要引入一个线性化信号u_x,此信号为正弦信号,频率为弹旋频率的2倍左右,再与变成弹旋频率的误差信号相加,合成信号后进行放大,然后再限幅,形成脉冲信号,这种脉冲信号的波形宽度是不等的,这种宽度不等的脉冲信号就是控制舵机的控制信号u_k。

弹旋频率误差信号的产生:要将导引头输出误差信号变成弹旋频率误差信号,必须将信号频率进行转换,进行变换的方法是将F_t为70c/s的误差信号和基准信号一起输入混频比相器中,混频比相器的输出信号就是具有弹旋频率的误差信号。

混频比相器的输出误差信号u_{sc}的幅值等于输入误差信号u_{sr}幅值,即

$$u_{sr} = k\rho(\sin2\pi ft - \theta) \tag{4.18}$$

$$u_{sc} = g(t)u_{sr} \tag{4.19}$$

当基准信号为正时,$g(t) = +1$;当基准信号为负时,$g(t) = -1$。

由控制信号操纵舵面摆动,产生等效控制力为

$$u_k = u_k m(\sin\omega_d - \theta) \tag{4.20}$$

周期等效控制力F_K的大小与调宽角θ有关,当θ不大时,θ正比于误差信号的幅值u_w。

$$\sin\theta = \frac{u_w}{2u_x} \tag{4.21}$$

式中:u_w为误差信号的幅值;u_x为线性化信号的幅值。

当θ不大时,$\sin\theta \approx \theta$。即$\theta = u_w/2 u_x$,令$1/2 u_x = K_1$,则$\theta \approx K_1 u_w$,等效控制力为

$$F_K = 2 Y_P \sin\theta/\pi \tag{4.22}$$

Y_P为舵面气动力,即

$$F_K = 2 Y_P u_w/\pi2 u_x = 2 K_1 Y_P u_w/\pi \tag{4.23}$$

综上所述,由调宽脉冲信号控制的舵面产生的周期等效控制力F_K是与误差信号u_w的幅值成正比的。

2）数字驾驶仪

采用数字驾驶仪是红外制导导弹的发展方向之一。数字驾驶仪是导引头采用单片计算机进行信息处理，即数字式导引头，以减少数值转换的次数，提高自动驾驶仪的性能。采用自动驾驶仪，可以省去线性化信号发生器、混频比相电路等，从根本上消除了线性化信号引起的控制线性的低频振荡，而且旋转一周，舵偏二次，比模拟驾驶仪的弹旋一周舵偏四次减少了舵面的磨损，节省了能源。

4.2.6.2　单通道旋转式导弹运动特性及气动力学特性

单通道控制系统：导弹以较大的角速度绕其纵轴旋转，用一个舵机和一对舵面来控制导弹运动飞行的系统。舵机具有继电特性，当输入信号为正时，舵面偏转角为 δ_m，当输入信号为负时，舵面偏转角为 $-\delta_m$，没有中间位置。当输入信号改变符号时，舵面立即从一个极限位置转变到另一个极限位置，延迟时间非常短，只有几毫秒。假设舵机为理想舵机，延迟时间为零。从弹尾向弹头方向看，导引头陀螺转子以 f_T r/s 逆时针方向旋转，弹体以 f_{x_1} r/s 顺时针方向旋转。

旋转弹运动方程的建立。选用弹体坐标系，笛卡儿坐标系 $ox_1y_1z_1$ 为弹体坐标系，坐标原点 o 选在导弹的质心，ox_1 与导弹的几何纵轴一致，oz_1 轴的方向与舵面偏转轴的方向相同，oy_1 轴的方向按右手坐标系确定（当舵偏角 $\delta = 0$ 时，舵面在 x_1oz_1 平面内，由舵面引起的力矩是绕 oz_1 轴的）。

J_x、J_y、J_z 为导弹绕 ox_1、oy_1、oz_1 轴的转动惯量；ω_{x1}、ω_{y1}、ω_{z1} 为导弹旋转角速度在 ox_1、oy_1、oz_1 轴上的分量；V_x、V_y、V_z 为导弹运动速度 V 在 ox_1、oy_1、oz_1 轴上的分量。

1）导弹质心运动方程

导弹运动速度矢量 V 在弹体坐标系 3 根轴上的分量分别为 V_x、V_y、V_z。弹体坐标系为动坐标系相对于静止坐标系的转动角速度在 V_x、V_y、V_z 轴上的分量为 ω_{x1}、ω_{y1}、ω_{z1}，根据牛顿第二定律，得出导弹质心运动的方程组为

$$\begin{cases} m\left(\dfrac{\mathrm{d}V_x}{\mathrm{d}t} + \omega_{y1}V_z - \omega_{z1}V_y \right) = F_{x1} \\[2mm] m\left(\dfrac{\mathrm{d}V_y}{\mathrm{d}t} + \omega_{z1}V_x - \omega_{x1}V_z \right) = F_{y1} \\[2mm] m\left(\dfrac{\mathrm{d}V_z}{\mathrm{d}t} + \omega_{x1}V_y - \omega_{y1}V_x \right) = F_{z1} \end{cases} \qquad (4.24)$$

式中：m 为导弹的质量。F_{x1}、F_{y1}、F_{z1} 为外作用力 F 在弹体坐标系 3 根轴上的分量。

通过式（4.24），知道外力变化后，可得出导弹质心运动的 V_x、V_y、V_z。

当讨论导弹控制力对弹体运动的影响时，可不考虑 F_{x1} 式，只考虑 F_{y1}、F_{z1} 式，并在一定的距离步长内，可以认为 V_x 为常值。

作用在导弹上的外力:作用于导弹上的外力有发动机推力、重力和气动力。其中的发动机推力和重力在有、无干扰两种状态下是不变的,因此着重分析气动力。

作用于导弹上的气动力是按照速度坐标系计算的,而现在是按照弹体坐标系来讨论力的方程,因此必须明确速度坐标系和弹体坐标系的关系。

速度坐标系:ox_3 轴与速度矢量 V 的方向一致,oy_3 轴在 x_1oy_1 平面内,按右手坐标系构成速度坐标系 $ox_3y_3z_3$。

发动机推力 P 沿 ox_1 轴方向。气动力为侧向力 Y、Y_δ 和 Z 及阻力 Q。由迎角 α 和侧滑角 β 所引起的侧向力 Y 和 Z 分别沿 oy_3 轴和 oz_3 轴方向,由舵偏角 δ 引起的侧向力沿 oy_3 方向。气动阻力 Q 与 V 的方向相反,即沿 ox_3 的负方向。因为发动机推力 P 沿 ox_1 轴方向,在 oy_1 轴和 oz_1 轴上的分量为零。

$$\begin{cases} F_{y1} = Y\cos\alpha + Y_\delta\cos\alpha - Z\sin\alpha\sin\beta - G\cos\vartheta\cos\omega_{x1}t + Q\sin\alpha\cos\beta \\ F_{z1} = -Z\cos\beta + G\cos\vartheta\sin\omega_{x1}t - Q\sin\beta \end{cases}$$
$$(4.25)$$

因为 α、β 很小,所以 $\sin\alpha\approx\alpha$,$\sin\beta\approx\beta$,$\cos\alpha\approx1$,$\sin\alpha\cos\beta\approx0$,则

$$\begin{cases} F_{y1} = Y + Y_\delta - G\cos\vartheta\cos\omega_{x1}t + Q\alpha \\ F_{z1} = -Z + G\cos\vartheta\sin\omega_{x1}t - Q\beta \end{cases} \quad (4.26)$$

式(4.26)中的 Y、Z、Y_δ 和 Q 可用下式表示:

$$Y = C_y^\alpha \frac{1}{2}\rho V^2 S\alpha, Z = C_z^\beta \frac{1}{2}\rho V^2 S\beta, Y_\delta = C_y^\delta \frac{1}{2}\rho V^2 S_\delta\delta, Q = C_x \frac{1}{2}\rho V^2 S$$

式中:α 和 β 可近似地用:$\alpha = -V_x/V_y$,$\beta = V_z/V_x$ 表示。因为 α、β 比较小,所以 $V\approx V_x$。因此 $\alpha = -V_x/V$,$\beta = V_z/V$。

假如导弹等速运动,V 为常值,则

$$\dot\alpha = -\frac{\dot V_y}{V}, \dot\beta = \frac{\dot V_z}{V}$$

把式(4.25)、式(4.26)改写为

$$\begin{cases} mV\left(\frac{\mathrm{d}}{\mathrm{d}t}\frac{V_y}{V} + \omega_{z1} - \omega_{x1}\frac{V_z}{V}\right) = F_{y1} \\ mV\left(\frac{\mathrm{d}}{\mathrm{d}t}\frac{V_z}{V} + \omega_{x1}\frac{V_y}{V} - \omega_{y1}\right) = F_{z1} \end{cases} \quad (4.27)$$

即

$$\begin{cases} mV(-\dot\alpha + \omega_{z1} - \omega_{x1}\beta) = F_{y1} \\ mV(\dot\beta - \omega_{x1}\alpha - \omega_{y1}) = F_{z1} \end{cases} \quad (4.28)$$

综合以上各式,得单通道旋转弹的导弹质心运动方程:

$$\begin{cases} Y + Y_\delta - G\cos\vartheta\cos\omega_{x1}t + Q\alpha = mV(-\dot\alpha + \omega_{z1} - \omega_{x1}\beta) = F_{y1} \\ -Z + G\cos\vartheta\sin\omega_{x1}t - Q\beta = mV(\dot\beta - \omega_{x1}\alpha - \omega_{y1}) = F_{z1} \end{cases} \quad (4.29)$$

令 $Q = 0$,则

$$\begin{cases} Y + Y_\delta - G\cos\vartheta\cos\omega_{x1}t = mV(-\dot\alpha + \omega_{z1} - \omega_{x1}\beta) = F_{y1} \\ -Z + G\cos\vartheta\sin\omega_{x1}t = mV(\dot\beta - \omega_{x1}\alpha - \omega_{y1}) = F_{z1} \end{cases} \quad (4.30)$$

即有

$$Y = C_y^\alpha \frac{1}{2}\rho V^2 S\alpha,\ Z = C_z^\beta \frac{1}{2}\rho V^2 S\beta,\ Y_\delta = C_y^\delta \frac{1}{2}\rho V^2 S_\delta\delta \quad (4.31)$$

式中:

m——导弹的质量,在发动机燃烧后,为常数;

V——导弹的纵向速度,已知量;

ω_{x1}、ω_{y1}、ω_{z1}——导弹旋转角速度在 ox_1、oy_1 和 oz_1 轴上的分量;

α、β——导弹弹体攻角增量和侧滑角增量;

ρ——空气的密度,已知量,是高度和温度的函数;

G——导弹所受的重力,已知量;

S——导弹的横断面面积,已知量;

S_δ——舵面面积,已知量;

δ——舵偏角,关键量,是导引头受干扰的变化输出量;

ϑ——为导弹纵轴与水平面的夹角,未知量;

C_y^α——升力系数对攻角的偏导数,待计算量;

C_y^δ——升力系数对舵偏角的偏导数,待计算量;

C_z^β——侧力系数对侧滑角的偏导数,待计算量。

2)导弹绕质心旋转运动方程

根据欧拉方程,可得导弹绕质心旋转运动方程为

$$\begin{cases} J_x \dfrac{d\omega_{x1}}{dt} + (J_z - J_y)\omega_{y1}\omega_{z1} = M_{x1} \\[2mm] J_y \dfrac{d\omega_{y1}}{dt} + (J_x - J_z)\omega_{z1}\omega_{x1} = M_{y1} \\[2mm] J_z \dfrac{d\omega_{z1}}{dt} + (J_y - J_x)\omega_{x1}\omega_{y1} = M_{z1} \end{cases} \quad (4.32)$$

因为我们研究的是导弹控制力变化对弹体运动特性的影响,对导弹绕纵轴的

转动可以不予考虑,因此,只要研究(4.32)中下面两个公式的变化即控制力矩的变化。

又因为导弹弹体是轴对称的,所以 Z 轴和 Y 轴的转动惯量相同,即 $J_y = J_z = J$,等式两边除以 J 后,又因为 J_x 比 J_y 和 J_z 小得多(只有千分之几),得

$$\begin{cases} \dfrac{\mathrm{d}\omega_{y1}}{\mathrm{d}t} = -\omega_{z1}\omega_{x1} + \dfrac{M_{y1}}{J} \\ \dfrac{\mathrm{d}\omega_{z1}}{\mathrm{d}t} = -\omega_{x1}\omega_{y1} + \dfrac{M_{z1}}{J} \end{cases} \tag{4.33}$$

因为只有一对舵面,这对舵面只产生绕 oz_1 轴的力矩,没有绕 oy_1 轴的力矩。外力矩 M_{z1} 和 M_{y1} 可用下式表示:

$$\begin{cases} M_{z1} = M_Z^{\omega_z}\omega_{z1} + M_Z^{\alpha}\alpha + M_Z^{\delta} \cdot \delta \\ M_{y1} = M_y^{\omega_Y}\omega_{y1} + M_y^{\beta} \cdot \beta \end{cases} \tag{4.34}$$

式中:$M_Z^{\omega_z} = m_Z^{\omega_z}qSL \cdot \dfrac{L}{V}$;$M_Z^{\alpha} = m_Z^{\alpha}qSL$;$M_Z^{\delta} = m_Z^{\delta}qSL$;$M_y^{\omega_Y} = m_Z^{\omega_Y}qSL \cdot \dfrac{L}{V}$;$M_y^{\beta} = m_y^{\beta}qSL$。

式(4.34)等式两边分别除的 J,得

$$\begin{cases} M_{z1}/J = (M_Z^{\omega_z}/J)\omega_{z1} + (M_Z^{\alpha}/J)\alpha + (M_Z^{\delta}/J) \cdot \delta \\ M_{y1}/J = (M_y^{\omega_Y}/J)\omega_{y1} + (M_y^{\beta}/J) \cdot \beta \end{cases} \tag{4.35}$$

将式(4.35)代入式(4.33),得

$$\begin{cases} \dfrac{\mathrm{d}\omega_{y1}}{\mathrm{d}t} = -\omega_{z1}\omega_{x1} + (M_Y^{\omega_Y}/J)\omega_{Y1} + (M_y^{\beta}/J) \cdot \beta \\ \dfrac{\mathrm{d}\omega_{z1}}{\mathrm{d}t} = \omega_{x1}\omega_{y1} + (M_Z^{\omega_z}/J)\omega_{Z1} + (M_z^{\alpha}/J) \cdot \alpha + (M_z^{\delta}/J) \cdot \delta \end{cases} \tag{4.36}$$

3) 模型的化简

弹体的质心运动方程和绕质心转动的方程如下。

将式(4.31)简化,得

$$\begin{cases} \omega_{z1} - \dot{\alpha} - a_4\alpha - \omega_{x1}\beta = a_5\delta - \dfrac{g}{V}\cos\vartheta\cos\omega_{x1}t \\ \omega_{y1} - \dot{\beta} - b_4\beta - \omega_{x1}\alpha = -\dfrac{g}{V}\cos\vartheta\cos\omega_{x1}t \end{cases} \tag{4.37}$$

式中:$a_4 = \dfrac{C_y^{\alpha}\frac{1}{2}\rho V^2 S}{mV}$;$a_5 = \dfrac{C_y^{\delta}\frac{1}{2}\rho V^2 S_{\delta}}{mV}$;$b_4 = \dfrac{C_z^{\beta}\frac{1}{2}\rho V^2 S}{mV}$。

将式(4.36)简化,得

$$\begin{cases} \dot{\omega}_{y1} + b_1\omega_{y1} + b_2\beta - \omega_{x1}\omega_{z1} = 0 \\ \dot{\omega}_{z1} + a_1\omega_{z1} + a_2\alpha + \omega_{x1}\omega_{z1} = -a_3\delta \end{cases} \tag{4.38}$$

其中

$$a_1 = -\frac{M_Z^{\omega_z}}{J} = -\frac{m_z^{\omega_z}qSL}{J} \times \frac{L}{V}$$

$$a_2 = -\frac{M_Z^{a}}{J} = -\frac{m_z^{\alpha}qSL}{J}$$

$$a_3 = -\frac{M_Z^{\delta}}{J} = -\frac{m_z^{\delta}qSL}{J}$$

$$b_1 = -\frac{M_y^{\omega_y}}{J} = -\frac{m_y^{\omega_y}qSL}{J} \times \frac{L}{V}$$

$$b_2 = -\frac{M_y^{\beta}}{J} = -\frac{m_y^{\beta}qSL}{J}$$

将式(4.37)和式(4.38)联立,得

$$\begin{cases} \omega_{z1} - \dot{\alpha} - a_4\alpha - \omega_{x1}\beta = a_5\delta - \dfrac{g}{V}\cos\vartheta\cos\omega_{x1}t \\[2mm] \omega_{y1} - \dot{\beta} - b_4\beta - \omega_{x1}\alpha = -\dfrac{g}{V}\cos\vartheta\cos\omega_{x1}t \\[2mm] \dot{\omega}_{y1} + b_1\omega_{y1} + b_2\beta - \omega_{x1}\omega_{z1} = 0 \\[2mm] \dot{\omega}_{z1} + a_1\omega_{z1} + a_2\alpha + \omega_{x1}\omega_{z1} = -a_3\delta \end{cases} \qquad (4.39)$$

参数的确定如下:

a、b 都是与导弹本身特征相关的数字量,并可假定其不随时间而变化,因此都是可以确定的数值。所以,式(4.39)为常系数一阶线性微分方程组。

下面,以单通道旋转弹的结构特征来确定 a、b 的数值。

a_1 为导弹绕质心转动时的俯仰气动阻尼特性(1/s);

a_2 为导弹绕质心转动时的俯仰稳定特性($1/s^2$);

a_3 为控制舵面效率($1/s^2$);

a_4 为标志攻角变化所引起的法向力对导弹质心运动的影响(1/s);

a_5 为标志控制舵面偏转所引起的法向力对导弹质心运动影响(1/s);

b_1 为导弹绕质心转动时的偏航气动阻尼特性(1/s);

b_2 为导弹绕质心转动时的偏航稳定特性($1/s^2$);

b_4 为标志侧滑角变化所引起的侧向力对导弹质心运动的影响(1/s)。

对于本类导弹:当 $v = 613.3$m/s 时,$a_1 = 8.023$,$b_1 = 7.95$,$a_2 = 1024.4$,$b_2 = 1035.5$,$a_3 = 661.0$,$b_4 = 2.50$,$a_4 = 2.41$,$a_5 = 0.18$。双通道导弹与单通道导弹的气动力学方程和飞行动力方程推导过程类似,只是不需考虑旋转问题,相对简单一些。

4.3 干扰源与干扰信号结构设计

4.3.1 红外干扰源

红外干扰源可分为非相干光源和相干光源(激光),一般来说,广角干扰机采用非相干光源,红外定向对抗系统采用相干光源。本章节只介绍非相干光源,激光干扰源见第 5 章。

红外干扰机采用一定辐射信号结构的脉冲串,与导弹调制信号叠加,使导弹解调信息变化,幅值变化的程度取决于干扰源与目标特征的压制比,相位变化的程度取决于干扰信号结构形式。

但是非相干红外光源并不能进行"闪烁",需要进行人工调制。调制方法分为两种:机械调制电热光源和电调制金属气体光源。

电热光源可以采用硅碳棒、镍铝合金、镍铬合金、钨丝等作为发光体,通过加热石英或者蓝宝石泡壳进行二次辐射,形成在 $1 \sim 5\mu m$ 间的高效辐射。电热光源属于灰体辐射,光谱特性好。电光转换效率依赖于发光材料的色温、材料的表面发射率、表观辐射面积,可根据维恩位移定律,通过调整峰值辐射波长即调整色温来提高所需波段的全光谱占比。通过机械系统例如调制盘,对光源进行斩波调制,通过改变调制盘的结构形式来产生脉冲辐射。调制盘和光学汇聚系统要根据被保护对象和导弹威胁情况进行合理设计,使干扰辐射强度和调制深度满足干扰效果要求。

电调制光源采用弧光灯,通过碱金属、惰性气体的离解和复合,自由电子韧致辐射发光或者能级跃迁辐射发光。与电热光源相比,金属气体光源属于选择性发射体,可以产生多个辐射峰,但是在 $3 \sim 5\mu m$ 波段提高辐射占比很困难。金属气体光源通过电调制控制干扰信号产生,信号产生更加灵活,调制深度较高,不需要复杂的机械调制系统,是干扰机整机设计和安装相对容易。但其缺点也是显而易见的,点源电路较复杂,功耗水平往往使平台难以接受。

4.3.2 调制深度与压制比

对导弹导引头,受干扰后接收目标和干扰的叠加信息,辐射的直流成分和交流成分一起被导引头调制。干扰源的调制情况可通过调制深度定义和量化,即

$$\text{DOM} = \left(\frac{I_p - I_i}{I_p}\right) \times 100\% \qquad (4.40)$$

式中:DOM 为调制深度;I_i 为有效辐射强度峰峰值;I_p 为总辐射强度峰峰值。

干扰压制比定义为有效干扰信号峰值与直流分量的比值，直流分量包括目标本身的红外辐射强度加上干扰源附加的直流辐射分量，即

$$A = \frac{J}{S} = \frac{I_p - I_i}{I_T + I_i} \tag{4.41}$$

式中：A 为压制比；J 为有效干扰（交流分量）；S 为目标和干扰的直流辐射分量；I_i 为有效辐射强度峰峰值；I_T 为目标辐射强度；I_p 为总辐射强度峰峰值。

红外干扰机干扰压制比可设定为 1 ~ 5，更高的压制比可能会产生更好的干扰效果，但是功耗是平台所无法接受的。当然，采用红外辐射抑制措施也是一个好的办法，例如，一些直升机通过冷却排气温度或者二元喷管的方式，减少了自身的红外辐射，同时安装红外干扰机后，也提升了干扰机的干扰效能。

4.3.3　调制信号结构

为取得较好的干扰效果，能够对抗多种导弹调制频率，通过采用高重频二次包络的干扰信号结构的动态对抗试验证明，多重包络干扰信号结构对大多数导弹导引头的干扰效果好，并可同时对抗调幅点源和调频点源体制导引头。

例如，重频为 10kHz，二次调制包络为 100Hz 左右。干扰信号具有以下结构：

单脉冲：$\tau_{0.5} = 10 \sim 50$ns；载频：10kHz，周期 100μs；组脉冲：脉冲数：30 ~ 40 个连续；组间隔：对应 60 ~ 70 个脉冲；一次包络频率：100Hz，周期 10ms；二次包络：5Hz 频闪，每工作 0.15s（15 组脉冲）后，出现 0.05s（对应空 5 组脉冲）的间歇，然后再重复进行频闪。红外干扰机干扰信号结构图如图 4.12 所示。

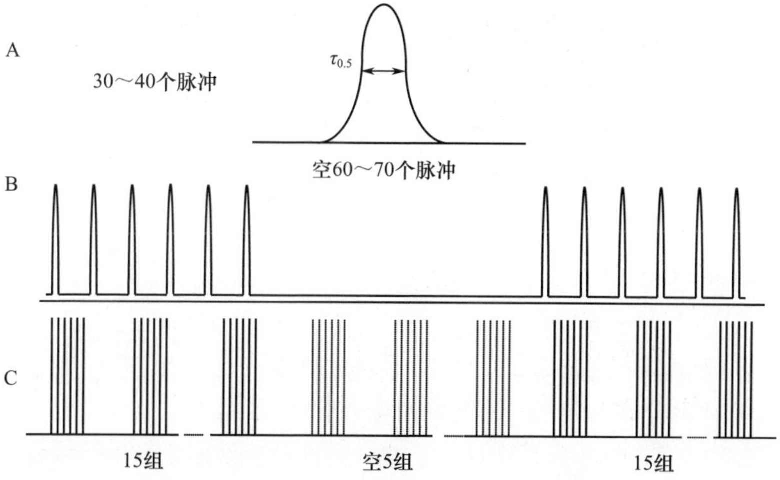

图 4.12　红外干扰机干扰信号结构图

4.4 基于信号欺骗的红外干扰机

红外干扰机是在被保护平台上产生一定信号结构的红外辐射源,使导弹制导信息发生变化的一种红外干扰方法。自越南战争以来,国外红外干扰机已经装备了数十种型号,早期的红外干扰机,公开见诸于文献和资料的有如下型号:AN/AAQ-4、AN/AAQ-4(V)、AN/AAQ-8、AN/AAQ-8(V)、AN/A2Q-123、AN/ALQ-132、AN/ALQ-140、AN/ALQ-144、AN/ALQ-146、AN/ALQ-147、AN/ALQ-157(V)1、AN/ALQ-157(V)2、Y3B-1、Y3B-2、Л166С1、ALQ-123等,它们是利用调制红外辐射源来干扰第一代和第二代红外制导导弹。

如图4.13和图4.14所示为部分干扰机及干扰机搭载平台实物。如表4.5所列为国外部分机载红外干扰机的部分参数。

(a)　　　　(b)

(c)　　　　(d)

图4.13　安装红外干扰机的 AH-64 与 Mi-24

(a)　　　　(b)

图4.14　"挑战者"红外干扰机与"支奴干"直升机

表 4.5　国外机载红外导弹有源对抗装备

装备名称	技术体制	主要指标	装备平台	作战对象	国别
红外干扰机 Π166C1	广角调制干扰,电热光源	干扰波段:近中红外;干扰辐射强度:200～500W/sr	苏－25、米－24	红外点源制导导弹	俄罗斯
ALQ－144	广角调制干扰,电热光源	干扰波段:近中红外	"黑鹰"、AH－1、"阿帕奇"直升机	红外点源制导导弹	美国
ALQ－157	广角调制干扰,气体光源	干扰波段:近中红外	"支奴干"直升机	红外点源制导导弹	美国
ALQ－212	定向干扰,氙灯＋激光	干扰波段:全谱段	固定翼飞机、直升机	红外点源和成像制导导弹	美国
AAQ－24	激光定向干扰	干扰波段:全谱段	C－130、C－17、波音737、747、767	红外点源和成像制导导弹	美国
LAIRCM	激光定向干扰	干扰波段:全谱段	C－160、C－17、C－130、KC－135、KC－10 及 C－5,JSTARS、预警机及 P－3C "猎户星"反潜巡逻机	红外点源和成像制导导弹	美国
ATIRCM	激光定向干扰	干扰波段:全谱段	F－18 战斗机	红外点源和成像制导导弹	美国

4.4.1　红外干扰机的干扰原理简述

红外制导导弹在跟踪目标时,导引头位标器调制盘产生与直升机空间位置相对应的目标信息:

$$U_{dy} = K_q^{\cdot} \sin(2\pi ft + \theta) \tag{4.42}$$

目标加装红外干扰机后,干扰信号直接引起调制盘产生的音响信号幅值和相位发生不规则变化,经过位标器电路处理后与基准信号相比较,产生与无干扰时不相同的导引信息:

$$U_{dy} = K_q^{\cdot} \sin(2\pi ft + \theta + \Delta\theta) \tag{4.43}$$

式中:$\Delta\theta$ 为干扰信号产生的目标位置偏差。$\Delta\theta$ 导致舵机调宽角时间发生变化,从而改变舵机等效控制力和舵机对导弹质心的偏转力矩,进而产生附加攻角和附加偏航角,引起导弹弹体的受力和力矩变化,最终导致弹道运行轨迹的偏离。

4.4.1.1　红外干扰机对旋转调幅调制盘红外导引头的干扰解析模型

导引头对目标的调制波形如图 4.15(a)所示。波形由一定载波的调幅波组成,调幅波包络的相位决定目标位置。该波形相对于基准信号的相位角决定驱动寻的器的角度方向,以使目标像进入中心。

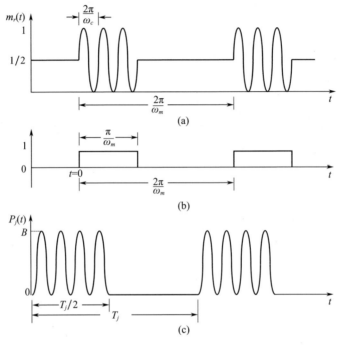

图 4.15　导引头对目标的调制波形

(a)典型的旋转扫描调制波;(b)载波调制函数;(c)干扰发射机的调制波形。

当红外干扰机实施干扰时,导引头探测器所观察到的辐射功率为

$$P_d(t) = [A + P_j(T)]m_r(t) \tag{4.44}$$

式中:A 为目标在调制盘上的辐射照度;$P_j(t)$ 为红外干扰机调制信号到达调制盘上的辐射照度;$m_r(t)$ 为调制盘的调制函数。

调制盘调制是周期性的,角频率为 ω_m,其傅里叶级数表示为

$$m_r(t) = \sum_{n=-\infty}^{\infty} c_n \exp(j\omega_m t) \tag{4.45}$$

其中

$$c_n = \frac{1}{T_m} \int_0^{T_m} m_r(t) \exp(-jn\omega_m t) , T_m = \frac{2\pi}{\omega_m}$$

设干扰机波形也是周期性的,角频率为 ω_j,$P_j(t)$ 可表示为

$$P_j(t) = \sum_{k=-\infty}^{\infty} d_k \exp(-jk\omega_j t) \, dt \tag{4.46}$$

其中

$$d_k = \frac{1}{T_j} \int_0^{T_J} P_j(t) \exp(-\mathrm{j}k\,\omega_j t)\,\mathrm{d}t, T_j = \frac{2\pi}{\omega_j}$$

得

$$P_d(t) = \left[A + \sum_{n=-\infty}^{\infty} d_k \exp(\mathrm{j}\,\omega_j t) \right] \sum_{n=-\infty}^{\infty} c_n \exp(\mathrm{j}\,\omega_m t) \qquad (4.47)$$

在探测器上,$P_d(t)$转化成电压或电流,把信号加上驱动寻的器之前,先通过载波放大器、包络检波器、进动放大器电路进行处理。为了解干扰机和寻的器的相互作用,考虑下面的例子,其中调制盘的调制函数$m_r(t)$的表达式为

$$m_r(t) = \frac{1}{2}\left[1 + \alpha\, m_t(t) \sin\omega_c t \right] \qquad (4.48)$$

$m_r(t)$的傅里叶级数的表达式为

$$m_t(t) = \frac{1}{2} + \frac{2}{\pi}\sum_{n=0}^{\infty} \frac{(-1)^n}{2n+1}\sin\left[(2n+1)\,\omega_m t \right] \qquad (4.49)$$

假设干扰调制$P_j(t)$同样具有频率为ω_c的载波形式,并且通频带的频率为ω_j,即

$$P_j(t) = \frac{B}{2}m_j(t)(1 + \sin\omega_c t) \qquad (4.50)$$

其中除了ω_m被ω_j代替外,$m_j(t)$具有$m_r(t)$相同的形式,这里B是干扰机的峰值功率。

$m_j(t)$的傅里叶级数的表达式为

$$m_j(t) = \frac{1}{2} + \frac{2}{\pi}\sum_{k=0}^{\infty} \frac{(-1)^k}{2k+1}\sin\left\{ (2k+1)\left[\omega_j t + (\varphi_j(t)) \right] \right\} \qquad (4.51)$$

式中:φ_j是相对于$m_r(t)$的任意相位角。

对于这种特殊情况,有

$$P_d(t) = \frac{1}{2}\left[A + \frac{1}{2}Bm_j(t)(1 + \sin\omega_c t) \right]\left[1 + \alpha m_t(t)\sin\omega_c t \right] \qquad (4.52)$$

一般载波放大器只让载波频率或接近载波频率的信号通过,则载波放大器的输出近似为

$$s_c(t) \approx \alpha\left[A + \frac{1}{2}B\, m_j(t) \right] m_t(t)\sin\omega_c t + \frac{1}{2}B\, m_j(t)\sin\omega_c t \qquad (4.53)$$

载波调制的包络为

$$s_e(t) \approx \alpha\, A m_t(t) + \frac{B}{2}m_j(t)\left[1 + a m_t(t) \right] \qquad (4.54)$$

包络信号$s_e(t)$被调谐在旋转频率ω_m附近的进动放大器进一步处理。假设ω_j

接近 ω_m,则寻的器的驱动信号由下式计算,即

$$P(t) \approx \alpha\left(A + \frac{B}{4}\right)\sin\omega_m(t) + \frac{B}{2}\left(1 + \frac{\alpha}{2}\right)\sin\left[\omega_j t + \varphi_j(t)\right] \qquad (4.55)$$

该驱动信号驱动进动线圈。旋转磁钢和寻的器进动信号的相互作用引起寻的器的进动,速率正比于 $P(t)$ 和 $\exp(j\omega_m t)$ 的乘积。因为陀螺有效地响应该乘积的直流或低频分量,因此跟踪误差速率相量(幅度和相位角)正比于

$$\bar{\varphi}(t) \approx \alpha\left(A + \frac{B}{4}\right) + \frac{B}{2}\left(1 + \frac{\alpha}{2}\right)\exp\left[j\beta(t)\right] \qquad (4.56)$$

式中: $\beta(t) = (\omega_m - \omega_j)t - \varphi_j(t)$。当 $B = 0$ 即干扰不存在时,像点沿着同相位方向趋向中心,其速率正比于 αA,此处它达到平衡($\alpha = 0$),导弹稳定跟踪目标。干扰调制的存在引入了正弦扰动,附加在恒定的同相位分量上。于是,在导引头视场中心不再有平衡点。当 $\bar{\varphi}(t)$ 存在时,像点被从中心推向外。如果 $B > 2\alpha A$,就达到该条件。如果角度 $\beta(t)$ 的变化速率足够慢时,则目标像可能被驱动离开调制盘。这依赖于目标干扰辐射信号,干扰波形参数和寻的器参数。

4.4.1.2　干扰机对圆锥扫描调制盘红外制导导弹的干扰解析模型

第二代红外制导武器的显著特征是采用光机扫描加上固定调制盘来提取目标位置信息,光机扫描由倾斜的光楔来完成章动扫描,调制盘采用圆对称的形式,如"响尾蛇"AIM-9L,是典型的调幅加上调频体制。像点的扫描圆在调制盘区内时,采用调频体制;像点扫描圆在调制盘内外均出现即有大的跟踪误差时,是调幅体制。其优点是克服了旋转调制盘的中心零问题,减小了导弹的盲区。另外,导弹一般采用制冷锑化铟探测器来代替硫化铅,工作在中红外波段,可以实现全向攻击。这类导弹的典型代表型号有"响尾蛇"AIM-9L 和 Stinger-1,前者在马岛战争中有发射 27 枚导弹击落 24 架战机的辉煌纪录,后者在阿富汗战场上每天平均击落一架苏联的武装直升机 Mi-24,都创造过十分了不起的作战记录。

若红外干扰机的信号周期与导弹光机扫描周期稍有不同,扫描圆将以差频在调制盘上转动。若红外干扰机的辐射照度与目标的辐射照度的合成辐射用 $S(t)$ 表示,其调频制导干扰波形如图 4.16 所示。

可用傅里叶级数表示为

$$S(t) = A + \sum_{n=-\infty}^{\infty} c_n \exp(jn\omega_j t) \qquad (4.57)$$

其中

$$c_n = \frac{jB}{2\pi n}\left[\exp\left(-j2\pi n\frac{T_0}{T_j} - 1\right)\right] \qquad (4.58)$$

式中: A 为目标的辐射照度; B 为红外干扰机的辐射照度; T_0 为红外干扰机的脉冲

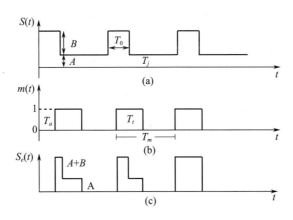

图 4.16　调频制导干扰波形

(a) 合成的目标与干扰机波形；(b) 调制盘的调制函数；(c) 有效信号波形。

持续时间；T_j 为红外干扰机的波形周期 $(\omega)_j = 2\pi/(T_j)$。

调制盘的调制函数代表像点在调制盘上的相对驻留时间，T_s 是相对延迟，$\omega_m T_s$ 是在调制盘坐标中扫描圆中心相对干扰脉冲起点的相位角。调制盘驻留调制用傅里叶级数表示为

$$m(t) = \sum_{k=-\infty}^{\infty} d_k \exp[jk\omega_m(t - T_s)] \tag{4.59}$$

其中

$$d_k = \frac{j}{2\pi k}\left[\exp\left(-j2k\frac{T_r}{T_m} - 1\right)\right] \tag{4.60}$$

式中：T_r 为像点在调制盘上的时间；T_m 为扫描周期 $(\omega)_m = 2\pi/(T_m)$。

ω_m 或 ω_m 附近的信号频率会影响导引头的跟踪，如图 4.16(c) 所示。得到探测器上的调制波形的形式为

$$S_e(t) \approx S(t)_{dc} m(t)_{ac} + S(t)_{ac} m(t)_{dc} \tag{4.61}$$

式中：dc 为波形的直流分量；ac 为波形的交流分量。

式 (4.61) 可以改写为

$$S_e(t) \approx (A + B\rho_j)\sin(\pi\rho_m)\cos(\omega_m t - 2\pi\rho_s - \pi\rho_m) + B\rho_m\sin(\pi\rho_j)\cos(\omega_j t - \pi\rho_j) \tag{4.62}$$

其中

$$\rho_j = \frac{T_0}{T_j} \quad \rho_m = \frac{T_r}{T_m} \quad \rho_s = \frac{T_s}{T_m}$$

将 $S_e(t)$ 转换成导引头的转矩信号，则它与旋转陀螺磁钢相互作用的低频分量

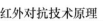

有如下形式：

$$S_e(t)\exp(j\omega_m t)_{LF} \approx (A+B\rho_j)\sin(\pi\rho_m)\exp[j\pi(2\rho_s+\rho_m)]$$
$$+ B\rho_m\sin(\pi\rho_j)\exp[-j(\Delta\omega t - \pi\rho_j)] \qquad (4.63)$$

式中：$\Delta\omega = \omega_j - \omega_m$。

导引头跟踪回路响应此信号时，将调整 T_r 和 T_s 以保持导引头的平均跟踪速率为零。若红外干扰机周期与扫描周期稍有不同，扫描圆将在调制盘上以差频 $\Delta\omega$ 转动。这样，在导引头跟踪回路由红外干扰机引起的扰动可以影响到制导回路（大回路）中，影响导弹的性能，最终使导弹的脱靶量增加。

红外光源将输入的大功率电能高效率地转换为所需波段（ $1\sim5\,\mu m$ ）的高强度红外辐射。利用定子、转子的齿、孔宽度精确计算和加工的旋转调制盘对辐射源发出的辐射束进行斩光或者扫频调制，将辐射源发出的宽光束分割成多束窄光束。调制盘具有相同的齿孔数，在电机的带动下，绕辐射源轴线旋转，对分割后的光线进行调制，使之变成交变的干扰信号。根据干扰机工作的需要，对调制盘进行速度控制，而且还根据需要进行分档调速控制。控制过程中，对干扰信号频率进行检测，以进行闭环控制调整，从而使红外干扰机产生所需的干扰模式。

4.4.2　机载红外干扰机

1）红外干扰机组成

红外干扰机由发射机、座舱控制器两部分组成。发射机是红外干扰机的主要部分，由红外光源和干扰信号调制系统组成，红外光源采用电热光源或者气体放电光源，干扰信号调制系统由辐射调制系统、伺服系统、控制系统和散热系统组成。座舱控制器控制发射机的干扰信号模式，并对干扰系统进行检测和状态显示。

2）主要技术规格要求

红外干扰机光源的能量一部分向机外发射出去，另一部分留在机内，不仅不利于周围部件的正常工作，而且调制盘吸收过多的热量，温度会不断升高。如果不对调制盘和滤光片进行冷却，将会影响干扰机输出信号的调制深度，干扰效果降低，因此散热系统停止工作是一种故障。

（1）干扰模式：红外干扰机对红外制导导弹进行有源干扰，必须在充分研究红外制导规律、分析红外导引头及整个导弹工作特点的基础上，建立一定模式的红外调制信号，并通过对干扰信号的研究，优化设计，使其干扰效果达到最佳。干扰信号设计是否合理，是影响干扰效果的重要因素。红外干扰机在干扰效果试验的基础上，研究红外导弹的制导特点，可以覆盖对大多数点源调幅式制导导弹的干扰频率范围，并且可以进行重新编程，以满足对抗新型导弹的需要。

（2）辐射源：若针对中型直升机，发动机功率大，并且考虑没有加装红外抑制器的情况,因此目标红外辐射能量相对较强,而干扰机对红外制导导弹产生良好干扰效果的压制比又要保持在一定范围之内,因此,由上述几个因素决定辐射源的能量不宜过小。红外光源是红外干扰机的能量转换器件,将输入的大功率电能高效率地转换为所需波段(1~5μm)的高强度红外辐射(表4.6)。红外光源是研制红外干扰机的关键器件。几种电热和金属气体红外光源如图4.17所示。

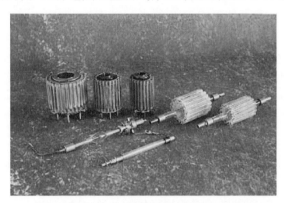

图4.17　几种电热和金属气体红外光源

表4.6　功耗2000W光源典型性能指标

测试项目	满足对抗效能要求	实测数据
干扰波段	$1 \sim 3 \mu m$、$3 \sim 5 \mu m$	$1 \sim 3 \mu m$、$3 \sim 5 \mu m$
干扰峰值	$1 \sim 3 \mu m$,$I \geqslant 10 W/sr$	$1 \sim 3 \mu m$,$I = 50 W/sr$
辐射强度	$3 \sim 5 \mu m$,$I \geqslant 10 W/sr$	$3 \sim 5 \mu m$,$I = 50 W/sr$
启动时间	$\leqslant 5 min$	$3 min$

　　(3)调制器控制:利用旋转调制盘对辐射源发出的辐射束进行斩光调制,使之变成交变的辐射信号。由于红外干扰机采用的辐射源的面积大、辐射光束宽,因此,采用光束分割调制技术,用一固定的多孔光阑将辐射源发出的宽光束分割成多束窄光束。调制盘具有相同的齿孔数,在电机的带动下,绕辐射源轴线旋转,对分割后的光线进行调制。

　　干扰信号是调制器对红外光源的辐射进行调制而产生的。对大尺寸的红外光源实行高频调制,并且辐射信号需向360°全方位发射,因此调制器设计、加工都具有相当难度。高频率调制下的精确控制,尤其是在飞机冲击振动环境要求下,需要对干扰频率的精确控制,解决辐射调制控制技术问题。

　　(4)PWM控制:红外干扰机的调制盘转动惯量大,旋转速度高,根据干扰机工作的需要,必须对它进行速度控制,控制精度高,而且还要根据需要进行分档调速控制。控制过程中,要对干扰信号频率进行检测,以进行闭环控制调整。

电机在采用 PWM 信号控制时,加于电机电枢两端的平均电压为 $V_{av} = V_{max} \times D$。式中:$D = t/T$ 为占空比,占空比越大,电机转速越高,反之转速越低。因此通过改变占空比来改变电机转速,即改变干扰频率。系统中,通过软件实现速度控制的 PID 调节。

(5)延时关机:与其他电子设备不同,红外干扰机关机后不应立即关断干扰机所有单元设备,因为在干扰机正常工作时,光源表面温度高达近 1000℃,如果干扰机关机后立即关掉风机,那么发射机内的热量散不出去,就有可能损坏发射机内的元部件。另外,如果此时电机也停转,光源发射未经调制的红外辐射,这样不论是正常关机,还是因故障关机,关机几分钟之内干扰机不但起不到干扰作用,反而会加强载机的红外辐射,起到相反的作用。尽管时间很短,从设计上和战场环境上来讲也是不合理的。

(6)冷却技术:红外干扰机的辐射源的能量只有少部分向机外发射出去,大部分留在机内,主要加热部件是调制盘,如果对调制盘不进行冷却,将会影响干扰机输出干扰信号的调制深度。为避免输出信号品质下降,采用了风冷技术,选择轴流风机从干扰机内部吹风,冷空气进入机内,对调制盘转子和定子进行散热,以降低其温度。吹入的冷空气自下而上经过调制盘,从通风窗排出去,带去大部分多余的热量,保证调制盘温度不至于过高,从而保证干扰机的调制深度不下降。

3)大功率电热光源制作

把发射率较高的电热合金丝作为光源,电热合金丝主要包括铁铬铝合金和镍铬合金丝两大类。前者属铁素体组织的合金材料,后者属奥氏体组织的合金材料。后者的优点是高温下的强度高,长期使用后再冷却下来,材料不会变脆,充分氧化后的镍铬合金其辐射率比铁铬铝合金高,无磁性,有较好的耐腐蚀性。

电热合金丝辐射体的辐射通量与辐射体的辐射出射度(M)和辐射面积(A)成正比,即

$$P = M \cdot A \tag{4.64}$$

辐射体可以看作圆柱体,有辐射强度 I 为

$$I = \frac{P}{\pi^2} \tag{4.65}$$

要想得到高的辐射强度,就要提高辐射体的辐射通量,进而提高辐射体的辐射出度和辐射面积,其中辐射出度与其色温有关。对于电热丝,可以近似将其看成灰体,按照黑体的普朗克曲线,在 1000K 左右,辐射峰值区域集中在 $3 \sim 5\mu m$ 波段,查找相对辐出度函数表 $[F(\lambda T)]$,得到不同温度下 $3 \sim 5\mu m$ 辐射能量占整个辐射能量的比例。列出几组数据如表 4.7 所列。

表 4.7　不同色温下 $3\sim5\mu m$ 辐射能量占整个辐射能量的比例

色温 T/K	$F(5T)-F(3T))$	色温 T/K	$F(5T)-F(3T)$
800	0.34061	850	0.35222
900	0.35894	950	0.36139
1000	0.3605	1050	0.35669
1100	0.35084	1150	0.34307

泡壳材料采用透红外的电熔石英玻璃,因为氢氧焰熔制水晶所获得的石英玻璃,由于氧结构缺陷,在 $0.24\mu m$ 有吸收峰,同时由于含有 OH 基团,因此红外透过率极低。只有将合成原料通过电熔或无氢火焰熔制而成的石英玻璃才是很好的透红外的材料。石英玻璃是用天然结晶石英(水晶或者硅石),或是合成硅烷经高温熔制而成。

光源的辐射能量的来源应包括电热丝本身辐射和石英灯体受热辐射两部分。因此,光源总的辐射能量应为

$$I = I_s \cdot \tau_0 + I_Y \tag{4.66}$$

式中:I_s 为电热丝的红外辐射能量;τ_0 为石英玻璃 $3\sim5\mu m$ 辐射能量透过滤;I_Y 为石英玻璃的红外辐射能量。

电热丝的红外辐射能量为

$$I_s = (0.5 \cdot P \cdot \tau_1 \cdot \tau_2 \cdot \tau_3)/\pi \tag{4.67}$$

式中:P 为总的红外辐射功率;$\tau_1 = 0.85$ 为辐射功率损耗剩余系数;$\tau_2 = 0.6$ 为螺旋遮挡系数;τ_3 为 $3\sim5\mu m$ 辐射百分比。

石英玻璃的红外辐射能量为

$$I_Y = (\varepsilon\sigma T^4 \cdot D \cdot H \cdot \tau_3)/\pi \tag{4.68}$$

式中:D 为光源直径;H 为光源高度。

为控制其辐射能量集中,在光源两端分别配上不同仰角的反射镜来提高辐射能量利用率。

4.4.3　对空地红外导弹的信号级干扰

在现役与在研的导弹中,末制导广泛采用了红外波段,红外成像制导方式已经成为导弹末制导的发展方向。如 AGM – 84A 改进型"捕掠"反舰导弹、AGM – 114、AGM137、AGM – 142、AGM – 154、AGM – 109C("战斧"2)、AGM – 109L 先进桨扇发动机巡航导弹(APCM)、AGM – 129B(先进巡航导弹 ACM)、先进技术巡航导弹(ATCM)、超声速巡航导弹(SCM)、"天鹰"导弹("战斧"Block4 改型)、"战斧"Block4、APTGD(远程精确制导武器)、中国台湾的"雄风" – 3 等,其中多数型号采

用了红外成像末制导。若采用激光制盲或摧毁导弹,则需要的激光器功率与伺服的跟瞄精度都很高,通过采用信号级的干扰方式,可利用较小激光功率对导弹的红外成像末制导进行干扰。通过采用激光器与红外成像系统的干扰试验,探索激光(连续与调制两种体制)对增益可调节型热成像系统的作用机理,得出较佳的干扰信号结构和干扰阈值。

对大量装备的红外制导空地导弹,采用红外激光有源干扰是一种主要手段。对抗系统的干扰原理是:利用红外激光,使光电制导传感器系统和光电侦察传感器系统受干扰、饱和等影响致使其暂时失效或使其降低作用距离或制导精度,达到保卫我方地面高价值战略(战术)目标和反空袭的目的。通过采用小功率激光器(瓦级)试验,通过对干扰功率阈值、最优干扰信号结构进行的技术参数摸底试验,明确激光干扰源的峰值发射功率(或强度)、波段、电光传输效率、光束质量以及对干扰效果的影响,可以对干扰激光器的技术参数提出合理明确的要求。

1) 系统组成

一般来说,激光干扰系统由以下几个部分组成:光学精确跟踪和瞄准分系统、干扰激光分系统、光学调制分系统、光学发射分系统、目标引导信息处理与控制分系统,系统组成框图如图 4.18 所示。双波段干扰激光源功能原理图如图 4.19 所示。

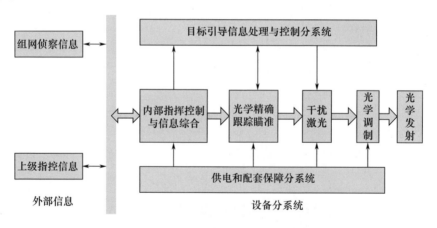

图 4.18 空地红外导弹对抗系统组成原理框图

(1) 光学精确跟踪和瞄准:利用高灵敏度的可见光电视与红外成像等传感器对目标实施捕获与跟踪,以及对目标进行识别。在高精度伺服跟踪架的配合下,实现对目标的角秒级跟踪精度,实现对来袭目标的捕获。

(2) 光学调制与发射:由大口径发射望远镜、导光与合成设备及控制设备等组成。干扰激光束通过导光与合成设备进入主发射系统;大口径发射望远镜一方面

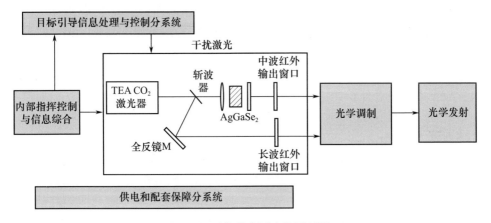

图 4.19   干扰激光源功能原理图

高度压缩激光束发散角,另一方面对光束质量进行控制。光束控制的目的是使激光束精确、集中、稳定地击中目标上的瞄准点,即激光以最小光斑、最大功率密度、最大能量集中度汇聚在瞄准点上。

(3) 目标引导信息处理与控制:主要功能是接收、存储、处理来自外界的目标引导信息,进行坐标变换,对来袭目标编批、识别与威胁等级排序;确定跟瞄系统的主跟目标,对跟瞄传感器的工作状态进行控制;制定干扰方案;战场态势显示;全系统工作状态控制等。

2) 干扰原理

红外成像末制导一般由光学系统、放到焦平面上的多元探测器和处理电路等组成。光学系统接收目标的红外辐射,并在导弹内部形成数字图像信号。现役巡航导弹的红外导引头以红外焦平面阵列(IRFPA)器件为主[23-24]。当较强激光连续辐照导引头红外焦平面阵列时,会产生光生载流子溢出现象,如图 4.20 所示。

图 4.20   光生载流子溢出图像

导弹在跟踪目标时所采用的边缘跟踪算法、矩心跟踪算法精度与目标图像的形状、大小有直接关系。在目标图像受干扰时,会产生较大的跟踪误差。如果被保护目标图像位于"溢出"图像内,目标图像的形状、强度就会被湮没,这样就会对巡航导弹的制导精度产生严重影响。制导精度受影响程度主要取决于湮没面积与导引头图像面积的比值。同等干扰辐射功率下,在导弹接近目标的过程中,因为照度与距离平方成反比,湮没区域的大小与照度成正比,因此湮没区域会越来越大。

为使导引头能够在离目标较大范围内工作,导弹往往采用自动增益控制(AGC)电路。导弹导引头启动 AGC 功能后,AGC 会根据接收信号的强弱,自动调整增益与之匹配,使输出维持一定灰度范围。当采用较大功率激光照射红外导引头时,导引头 AGC 降低增益,会主动避免大面积产生"载流子溢出"现象,会使连续照射的激光干扰效果下降。

(1)连续激光干扰:在无 AGC 作用时的连续激光干扰图像如图 4.21 所示,模拟目标图像已经被饱和光斑覆盖;图 4.22 为同等干扰条件下,AGC 作用时的图像,虽然降低了整幅图像的亮度,但模拟目标的形状还是清晰可见。因此,连续激光干扰效果不甚理想。若要达到较好干扰效果,需要大幅度提高功率,直到超出AGC 的动态调节范围。

 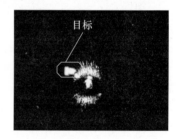

图 4.21　无 AGC 时干扰图像　　　　图 4.22　有 AGC 时干扰目标未丢失

(2)脉冲激光干扰:导引头的 IRFPA 光积分时间为几十微秒至几百微秒,光生载流子产生时间为 10^{-12} s 量级,而导引头 AGC 滤波器带宽较低,小于导引头的帧频,试验用 AGC 反应时间为 20～40ms,与导引头相当。试验用图像帧频为100Hz,与导引头相同。脉冲干扰时,AGC 的动态调节不能及时跟上成像系统每帧信号变化,就会造成采样时刻系统增益与接收到的信号强度不匹配的情况,造成图像在溢出状态和黑屏之间跳跃,从而使目标在导引头视场内长时间消失。产生的图像如图 4.23(a)的溢出图像与图 4.23(b)的黑屏情况,从两幅图像中无法辨别出模拟目标。与图 4.22 相比较,可以证明对于空地红外成像导引头,采用设置的脉冲式激光干扰效果显著优于同等功率条件下的连续激光干扰。

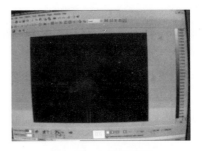

(a)脉冲干扰时载流子溢出图像　　　　　　(b)脉冲干扰时黑屏现象

图 4.23　脉冲干扰时的显示图像

3）干扰阈值

根据对抗原理,以干扰末制导模拟器(带 AGC 的中波红外热像仪)为被试对象进行近距离试验,得出不同干扰激光能量(功率)密度、不同干扰信号结构、不同干扰入射角度、视场内/外干扰分别与干扰效果的关系。根据干扰湮没区域大小确定干扰末制导模拟器的照度,得出发生较大光生载流子溢出现象时所需最小辐射照度(光学系统前),效果图如图 4.24 所示。

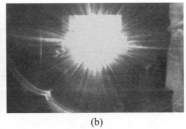

(a)　　　　　　　　　　　　(b)

图 4.24　末制导模拟器干扰效果图

光学扫描调制的干扰信号结构明显优于连续激光干扰,但是频率应该在一定范围内。

对于图 4.25 的第一个图像,干扰光斑对应导引头视场在 10km 时,远远超过巡航导弹杀伤半径。在导弹接近目标的过程中,其湮没面积还会快速增大直到饱和。

图 4.25 中显示了干扰点在导引头视场外的情况,试验结果表明,视场外 2°左右时,由于光学系统的影响,依然有较好干扰效果。

目前的激光器束散角较大,应用到系统中需要较高能量,能量利用率不高。既要解决信号调制问题,又要提高能量利用效率,采用动态扫描扩束技术,对激光束散角进行压缩,达到 100μrad 左右,实现以较小功率远距离干扰的目的。一是将连续激光调制为玫瑰线扫描的方式,从而形成脉冲式的干扰信号,二是对调制后的干

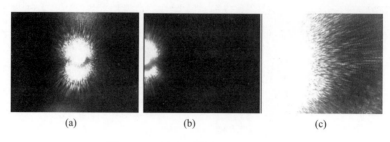

图 4.25   不同入射角度干扰效果图

扰激光束进行动态扩束,提高激光束的空间能量密度。

采用双反射镜与卡塞格林相配合的光学系统,反射镜由高速电机带动,采用全数字控制系统、速度负反馈的方式实现对电机转速的精确控制,避免出现漏扫区域,从而实现对干扰激光束的调制,再经过非球面反射系统即卡塞格林系统对光束进行压缩,其结构简单。末制导调制发射光路如图 4.26 所示。

图 4.26   末制导调制发射光路图

4.4.4   双波段红外激光干扰源

空地红外制导导弹可采用中波红外,也可采用长波红外,而导弹告警系统目前是无法判断来袭导弹的制导波段,双波段红外激光是解决问题的主要方法。

适用于对抗装备发展的中波激光器的产生方法主要有两种:即从近红外向中波变频和由长波向中波倍频。因为对抗所需功率较大,两种中波红外激光器的研制方案即采用 CO_2 激光器倍频和 YAG 激光器进行非线性变换的方法,均能够产生适合于车载机动作战的激光器[25]。红外激光对抗设备的相关性能特点如表 4.8 所列。

表 4.8   红外激光对抗设备的相关性能特点

工作波长/μm	功率/W	作战对象	作战距离/km
1.06	60	激光测距机	5
10.6	1	远红外制导武器	10
10.6	800~2000	远红外制导武器	20
3~5	~10	中红外制导武器	5

20 世纪末,美国研究了用于干扰制导武器的平均功率百瓦级的电激励 DF 激光器,质量为 200kg 左右,光谱为 $3.6 \sim 4.6\mu m$,已满足对抗装备研制的技术要求。

美国大力发展应用于红外定向对抗系统(DIRCM)的中波光参量振荡(Optical Parametric Oscillator, OPO)激光器。近几年,国际上一直在加紧研制红外激光介质,现在 $2\mu m$ Tm、Ho 晶体激光器在一些发达国家已实用化,该波长可一次进行光参量转换成 $3 \sim 5\mu m$,并且具有小型化、结构紧凑、电光效率高等特点。由于泵浦激光介质材料和非线性光学材料的研制开发难度较大,$3 \sim 5\mu m$ OPO 的发展提高过程经过了近 10 年的时间。美国 $3 \sim 5\mu m$ OPO 激光从 20 世纪 90 年代初不到 1W 的输出功率发展到目前超过 10W。

日本开发研制了采用硒镓银晶体材料的小功率 CO_2 倍频激光器,达到了 40% 以上的转换效率,输出能量只能达到 10mJ 的水平,可用于医疗和光谱分析等工业领域。虽然平均功率较低,但是转换效率较高,从侧面证明了发展倍频激光器产生中波红外的良好前景。

南非提出了以 DF 激光器为干扰源的脉冲激光对抗武器的方案,用作随队防护,采用压制的手段对抗对地攻击的制导武器,在一次气源补给后,可成功干扰 75 个目标,对每个目标发射 5 次干扰光束。

中波红外化学激光器,采用电激励氟化氘气体产生激光,国内对其在中波红外对抗中的应用技术进行了研究。但是与国外先进激光技术相比,尚存在以下缺点:单模功率较低,平均功率只能达到 10W 左右;多模时虽然能够达到 50W 的平均功率输出,但是光学质量较差,应用起来较困难,并且功率进一步提升难度较大。体积、质量庞大,车载约束条件高,对稳定性要求很高,不适合机动作战。尤其是气体排放还有一定毒性,尚需要气体储存罐、真空泵和洗消塔等庞大机械设备。

红外干扰设备受到干扰光源中红外激光器体积、质量以及功率的较大影响。干扰激光器的光学性能决定了干扰的效果,如干扰功率、干扰波段、激光光束质量、工作时间、调制方式等均为红外干扰系统的重要技术指标。

提高激光器功率的关键在于提高腔镜及晶体膜层的抗损伤阈值,由于对光参量振荡或者倍频装置来说,需要高峰值功率的激光脉冲泵浦才能产生非线性效应,形成参量振荡和频率变换,从而实现 $3 \sim 5\mu m$ 波长的激光输出。这就要求晶体表面的膜层具有较高的抗损伤阈值,能够抗高功率泵浦激光带来的损伤。目前中波激光晶体的生产及应用较少,而具有该类晶体镀膜技术的单位和经验也很少,因此高损伤阈值膜层的镀制是中波激光器研制需要解决的关键问题。只有解决镀膜问题,才能真正实现高功率的激光输出。

激光器"制冷"技术瓶颈:激光器工作过程中会产生大量的热量,如果不能及时地散发出去,会积聚在晶体内部,导致激光晶体效率降低,激光功率下降直至没有激光输出,严重的情况下会造成激光晶体的损坏,因此,散热是激光器必须面临的问题,有限空间散热技术的研究对激光器来说同样具有重要的意义。

采用 CO_2 倍频激光器,是一种较易实现的技术方案,如图 4.27 所示。

图 4.27　可用于倍频的旋转腔 CO_2 激光器

具体设计的激光器指标如下:

（1）波长范围:9.2~10.8μm,二倍频和三倍频;

（2）选支范围:40 条谱线,包括 9.2~9.35μm,9.45~9.7μm,10.15~10.3μm,10.4~10.8μm;

（3）脉冲能量:大于 0.2J;

（4）脉冲宽度:200ns。

可将长波红外倍频至中波红外的晶体材料较多,如镉锗砷(CdGeAs2,CGA)、二磷锗锌(ZnGeP2,ZGP)、硫镓银(AgGaS$_2$,AGS)、硒镓银(AgGaSe$_2$,AGSE)、银砷硫(AgAsS$_3$,AAS)等,其中 ZGP、AGS、AGSE、AAS 都有大尺寸的实用产品,可用于变频激光器的开发和研制。

几种适合变频的晶体材料透过率曲线如图 4.28 所示,从透过率上看,硒镓银(AGSE)最适合 CO_2 激光倍频。据称,保守计算倍频效率可达到 20%,若对泵浦激光器光脉冲进行削尾整形处理后,减弱有害激光对硒镓银的热寄存,可以达到 30% 的转换效率。为降低损伤阈值,除了优选晶体材料和镀膜外,采用 3~5 块晶体材料并行处理的方式,来达到满足使用要求的光输出。

考虑到与国内目前已有的和在研装备在作战任务上的分工及技术上的衔接,在激光器系统总体方案设计中应当遵循以下几点。

（1）突出对抗功能的针对性,以中、长红外成像末制导武器作为主要作战目标,兼顾对抗中、长波侦察传感器的双重功能。针对目前制导和侦察设备广泛使用的 3.7~4.8μm 和 7.7~10.3μm 两个波段,需能够实现两个波段的快速转移输出。

（2）倍频方式可采用非线性晶体二磷锗锌(ZGP)进行转换,系统在采用平均功率 1000W 的 CO_2 激光器时,可以产生 50W 中波光输出,基本满足红外制导导弹

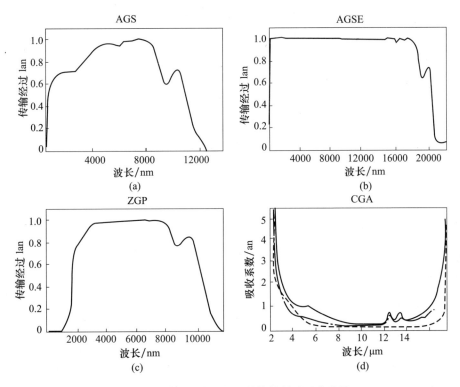

图 4.28　几种适合变频的晶体材料透过率曲线

对抗的需求。

（3）TEA CO_2 激光器在 $9.2 \sim 10.8\,\mu m$ 内有多支谱线,为了得到 $5\,\mu m$ 以下的光输出,选用 $9.2 \sim 9.35\,\mu m$ 以及 $9.45 \sim 9.7\,\mu m$ 两组光进行倍频。

CO_2 激光器的技术参数选择依据:高峰值功率、短脉冲、小发散角、高重频。满足需要的倍频 TEA CO_2 激光器典型技术参数。

（1）平均功率（$9 \sim 11\,\mu m$）:$P = 1000\,W$（$P = 50\,W$;倍频效率:0.2;选支损耗:0.5;削尾损耗:0.5）;

（2）单脉冲能量:2J;

（3）重频:500Hz;

（4）SHG 晶体输入能量:500mJ;

（5）晶体倍频输出能量:100mJ;

（6）光学束散角:优于 2 倍衍射极限;

（7）光束质量:TEM_{00} 模式;

（8）0.1 倍脉宽:约 200ns;

（9）质量：小于500kg；

（10）一次充气工作时间：大于10min。

采用YAG激光进行OPO（或者OPA）变换的方式产生中波红外激光的全固态方案，采用铌酸锂进行非线性变换，产生中波平均功率50W所需YAG激光的功率为500~600W，几种适用于红外对抗的激光器的主要技术指标如表4.9所列。

表4.9　几种适用于红外对抗的激光器的主要技术指标

激光体制	OPO全固态	电激励氟化氘	TEA CO₂倍频	YAG非线性变换
输出波长/μm	3.9~4.3	3.5~4.2	4.6~4.85	3.5~4
平均功率/W	≈3	10~15	50	50
频率/Hz	1×10^3	连续	500	100~150
光束质量	50mm·mrad	30mm·mrad	2倍衍射限	2倍衍射限
泵浦光功率/W	15	直接转换	1000	600
质量/kg	40	5000	500	500
工作时间/min	2	10	10，充气5，连续24h	30
功耗/kW	≈1	40	15	20

日本曾经在实验室做过CO_2倍频技术相关倍频试验，在小功率的情况下，可达到40%的转换效率。晶体材料导热性和透过性好，损伤阈值高，可以达到较大功率输出；脉冲CO_2激光器削尾技术有一定技术特点；长波红外和中波红外可以交替输出，同时满足对抗中、长波传感器的需要。

1）CO_2激光器倍频

普通的CO_2激光器不适合用于倍频产生3~5μm激光，因为普通CO_2激光器的波长为10.6μm，倍频后的波长是5.3μm，而对抗所需的波段是3.7~4.8μm。因此，必须采用TEA CO_2激光器进行调谐的方案，TEA CO_2激光器在9.2~10.8μm内有多支谱线，为了得到5μm以下的光输出，选支调谐出9.2~9.35μm以及9.45~9.7μm两组光进行倍频。倍频方式采用非线性晶体进行转换。

2）YAG激光变频

采用YAG激光进行OPO（或者OPA）变换的方式产生中波红外激光的全固态方案，激光器的波长为1.06μm，需要脉冲功率较大，一般单脉冲需要达到3J，且重频达到100~150Hz的YAG激光器才能够满足变换的要求即产生平均功率50W的3~5μm激光。进行非线性变换的晶体材料可以采用$LiNbO_3$、KDP、PPLN、KTA等，但是为了达到3.7~4.8μm的中波输出，只有周期性极化铌酸锂（PPLN）晶体材料相对较适合。

激光器由特殊的CO_2（或者YAG）激光系统、激光整形系统、调制控制系统、制冷系统、3 ~ 5μm 谐振腔（OPO 谐振腔）、扩束系统组成。如利用 TEA CO₂ 激光器泵浦非线性晶体输出 3 ~ 5μm 波段内的激光，需要对泵浦激光的脉冲频率、峰值功率、脉冲形状进行控制和处理，并且要减小激光头的尺寸，以利于减小整机的质量和体积。激光器输出激光需经严格设计，达到一定能量密度的耦合输入到变频激光光腔中。为提高转换效率，需要设计较精确的制冷系统，用于保持变频激光晶体的正常工作温度；要设计满足要求的扩束系统，用于将 3 ~ 5μm 激光输出进行准直，压缩其发散角，使其满足战术使用要求。因此，要具备较高的激光器总体设计技术水平，才能够得到满足要求的激光器。

　　研制和选择合适的晶体材料直接影响激光变频效率以及光腔的设计，光束质量的控制也与晶体材料相关。激光器的输出功率也与高损伤镀膜技术有关。

　　通常 CO₂ 激光的输出波长为 10.6μm，但是 10.6μm 倍频后的波长为 5.3μm，不能满足对抗需要。要利用选支技术，形成 10μm 以下波长的泵浦激光输出。

　　TEA CO₂ 激光器的光谱图如图 4.29 所示，选支装置示意图如图 4.30 所示。

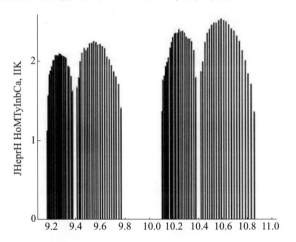

图 4.29　TEA CO₂ 激光器的光谱图

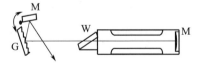

图 4.30　选支装置示意图

　　在激光转换波长中，转换效率一般只能达到20% ~ 30%，其余的能量主要转换成热量，如果不能够及时散发出去，势必造成各光学器件温度升高，从而影响转换效率。对倍频技术来说，用于泵浦的激光器的脉冲形状的要求较高，一般激光器脉冲都有一定的拖尾或者低于转换阈值的光输出,因此,对这些多余的热量也要进行处理,以避免热寄存现象的发生和积累。一般激光器的拖尾现象对波长转换是十分不利的,要在变换之前将低于泵浦阈值的光输出处理掉,以避免降低转换效率和损伤晶体材料。

等离子体开关是目前应用较广的一种简单、可行的激光脉冲整形技术。通过调节等离子体开关的充气气体和气压,激光触发气体产生等离子体,可以截止激光脉冲的低频部分,使高频的短脉冲通过。这种截断拖尾的方法,不仅可以避免由于拖尾产生的晶体热损伤,而且可以在不降低转换效率的基础上提高可承受的脉冲能量和重复频率。

激光器的谐振腔设计直接影响激光器的工作特性,如泵浦阈值、效率等。一般情况下,泵浦阈值和效率随着腔长的增加而缓慢增加,但是为了结构上的紧凑,腔长应尽可能短,以能够保证晶体和调 Q 开关安装。

根据理论分析,泵浦阈值随后腔镜反射率增加而减小,同时,光 – 光转换效率也随后腔镜反射率增加而减小。因此,低泵浦阈值和高效率对后腔镜反射率的要求是矛盾的,为了兼顾二者,后腔镜需精心设计。

从倍频晶体发射的激光发散角一般为 10mrad 左右,由于固体激光器体制限制,很难再压缩,为了保证光电对抗中小角度发散角的要求,需要设计激光扩束系统紧接在光腔的后方。它的作用是实现发射激光的准直,压缩发散角,以保证实现 1~3mrad 的发散角,从而提高能量密度,增大干扰距离。由于从晶体材料中发射的激光发散角不确定,同时,为了检验不同发散角对干扰效果的影响,激光扩束系统需采用变倍率设计。

根据系统的工作特点与要求,无焦变倍扩束镜无须校正色差,而需要严格地校正球差、彗差。

4.5　干扰信号结构设计方法

4.5.1　干扰信号设计的原则与方法

红外干扰效果与对抗目标存在着较大的因果和依赖关系,针对不同红外制导导弹的特点,建立红外干扰的辐射模型、干扰信号结构模型极为重要。

建模的方法主要有实测建模法、理论建模法和统计建模法。

(1) 实测建模法:通过对干扰设备的指标在不同条件下的实际测量,经过统计分析建立模型。模型的精度主要取决于测量方法误差和仪器误差。

（2）理论建模法：理论建模分为宏观计算和微观计算两种。宏观计算根据红外辐射理论给出的各种经典公式和经验公式，结合对抗应用中的各种初始条件，求得计算结果。微观计算是通过基于原子、分子、能量转换、高功率能量与晶体相互作用、燃烧理论等学科，将获取的参数再进行红外辐射量的计算。理论建模可以对受干扰后的红外精确制导武器与目标接近过程以及复杂的环境条件进行计算，可以对脱靶量的重复计算取得足够的数据，为统计分析法进行理论建模提供条件，从而保证模型的质量。理论建模可以弥补实测建模的不足，以理论建模法建模，用实测法校验。

（3）统计建模法：统计结果用蒙特卡罗技巧处理，假设每个随机变量的分布，在一次或多次模拟中适时进行随机取样。对系统的度量包括脱靶量、飞行时间、飞行速度和杀伤概率等量。这些变量是随机的，对同一的标准交战运行蒙特卡罗程序可确定这些变量的分布，而这些分布的参数则反映了所研究的系统的交战性能。为了获得较可靠的结果，要进行 30～60 次的蒙特卡罗试验。

除了上述的数学计算和仿真方法外，干扰信号结构（或干扰样式）的设计方法主要采用试验的方法，物理试验方法更直观，更接近实战。物理试验方法包括数字仿真实验法、半实物仿真试验法、红外辐射法和信号注入法。

（1）数字仿真试验法：对于受干扰的导弹驾驶仪、舵面负载力矩、导弹飞行姿态、弹体和目标相对运动采用完善后的模型基础上的数字仿真来完成。利用计算机得出弹－目交会时间、相对速度、脱靶量。数字仿真试验可以对旋转导弹和非旋转导弹两种弹体模型进行仿真。

（2）半实物仿真试验法：红外干扰信号结构、红外目标和背景以及不同类型的红外导引头（点源、成像导引头），采用相对等效原理，红外干扰和目标背景在实战情况下，仿真红外导引头观察的等效干扰和目标背景特征，得出红外导引头在干扰和非干扰情况下的导引信号和跟踪信号及其他信号的变化量值。红外对抗设备的模型可以是实测的结果，也可以是强迫函数。采用实测结果验证设备的有效性，采用优化强迫函数得出更有效的结果作为设备发展的依据。另外，这些强迫函数运用到各单元模型中，可以计算出每一个微小时间步长的系统状态。

（3）红外辐射法：对红外导引头采用红外辐射法作为有效性度量的设计输入。红外辐射法是将等效的红外干扰、目标与环境以辐射的方式输入红外导引头实物。

（4）信号注入法：针对国外的红外精确制导武器，许多国外的导引头难以得到实物，因此采用信号注入法。信号注入法是将等效的红外干扰和目标信号在相应的红外导引头探测器上的响应信号直接输入探测器的信号处理硬件。

根据以上方法，本节介绍三种比较实用的对空干扰方法，分别是时域/空域变换、冲淡式程控诱饵和反射式景象扰乱干扰方法，主要用来对抗空地红外制导武器。

4.5.2　时域/空域变换干扰方法

需要对连续激光进行调制,以产生脉冲式的干扰信号,对多种信号结构的设计结果如图4.31所示。在使用连续激光,或者脉冲激光脉宽较窄时,干扰效果会很不理想。确定干扰频率后,对采用的连续激光如何进行调制是个关键技术问题。当采用连续激光干扰源时,利用时域/空域变化可以达到理想的干扰效果,除此之外,还能够扩大干扰视场,降低对跟踪瞄准系统精度指标的要求。

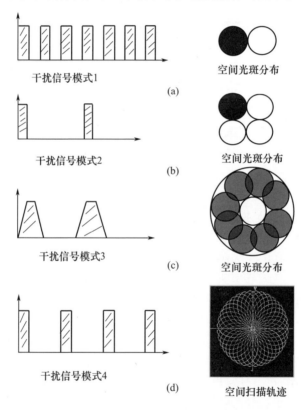

干扰信号模式1　(a)　空间光斑分布

干扰信号模式2　(b)　空间光斑分布

干扰信号模式3　(c)　空间光斑分布

干扰信号模式4　(d)　空间扫描轨迹

图4.31　干扰信号结构形式示意图

干扰信号产生原则:充分利用激光能量,将辐射全部输出;频率方便调节,便于干扰信号结构设计;降低对跟踪瞄准精度的苛刻要求;时间－空间变换时,避免漏扫。

通过对比仿真,选择玫瑰线扫描作为空间调制手段,通过发射系统在导引头上产生满足要求的干扰信号。在进行光学系统设计时,是针对较高激光器功率密度进行设计的。由于激光功率密度较大,易损伤透射式光学系统,所以采用镀保护膜的高效率反射式光学系统。通过反方向旋转两面倾角相同的反射镜,来实现空间的玫瑰线扫描,如图 4.32 所示。

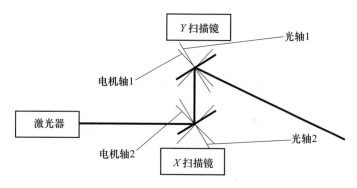

图 4.32　旋转反射镜实现玫瑰线扫描示意图

玫瑰扫描图形是一组三参数的曲线族所组成,它可以定义为时间的函数。用笛卡儿坐标表示,其方程式为

$$\begin{cases} x(t) = \dfrac{\rho}{2}(\cos 2\pi f_1 t + \cos 2\pi f_2 t) \\ y(t) = \dfrac{\rho}{2}(\sin 2\pi f_1 t - \sin 2\pi f_2 t) \end{cases} \tag{4.69}$$

用极坐标表示,其方程式为

$$\begin{cases} r(t) = \rho \cos \pi (f_1 + f_2) t \\ \theta(t) = \pi (f_1 - f_2) t \end{cases} \tag{4.70}$$

式中:ρ 为扫描图形总视场,决定扫描图形扫描视场的半径即玫瑰瓣的长度。

上述各式中,f_1、f_2 是两个不同的旋转频率。它们的数值决定扫描图形的特征,包括花瓣的瓣数 N,花瓣的宽度 ω 以及相邻花瓣的重叠量。当导引头位于玫瑰线扫描中心时,起主要干扰作用的瓣频 $f_p = f_1 + f_2$;当导引头位于扫描视场边缘时,干扰信号频率为帧频;当导引头位于其他位置时,起干扰作用的频率在帧频和瓣频之间。因此帧频和瓣频的设计要满足干扰频率的要求。

如果 f_2/f_1 是有理数,那么,f_1 和 f_2 有一个最大公约数 f_a,设 $N_1 = f_1/f_a$;$N_2 = f_2/f_a$,两者均是正整数。而且 N_1 和 N_2 是最小的整数,满足

$$\frac{N_2}{N_1} = \frac{f_2}{f_1} \tag{4.71}$$

玫瑰扫描图形的周期 T 等于 $1/f_a$,也可以由 N_I/f_I 来表示,其中 $I = 1, 2$。图形中的花瓣数 $N = N_1 + N_2$。图 4.33 为 $N_1 = 11$,$N_2 = 9$,$\Delta N = 2$ 时的瓣间无交点玫瑰线扫描图。

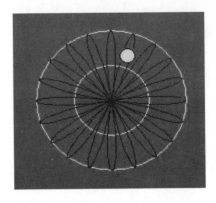

图 4.33　瓣间无交点玫瑰线扫描图

这种情况下,扫描光斑无法覆盖整个扫描视场,会产生扫描死区,应避免这种情况。

下面介绍相关的几个参数。

τ 为干扰信号脉冲宽度,τ 值可以近似为

$$\tau \approx \frac{\omega}{V} \tag{4.72}$$

式中:V 为扫描速度(rad/s);ω 为瞬时视场(rad)。

在玫瑰线扫描图形中,速度 V 不是常数,通过 $x(t)$ 及 $y(t)$ 的微分,可得

$$V(t) = \pi f_1 \rho \sqrt{1 + a^2 - 2a\cos(1-a)2\pi f_1 t} \tag{4.73}$$

V 的最大值出现在玫瑰线的中心,即

$$V_{max} = \pi \rho (f_1 + f_2) \tag{4.74}$$

V 的最小值出现在花瓣的顶端处,即

$$V_{min} = \pi \rho (f_1 - f_2) \tag{4.75}$$

旋转反射镜由高速电机驱动,通过伺服控制系统对其转速进行精确控制。

在实际应用中,要考虑光斑如何覆盖整个扫描视场,一般情况下都要使相邻花瓣之间有某些重叠,即 $N_1 = 11$,$N_2 = 17$,其重叠量可以用花瓣相交点的半径 r_1 表征,在 $\Delta N = N_1 - N_2 \geq 2$ 时,可得

$$r_i = \rho \cos \frac{\pi}{\Delta N} \tag{4.76}$$

瞬时视场 ω 的精确表达式为

$$\omega = 2\rho \cos \frac{\pi}{\Delta N} \sin \frac{\pi}{N} \tag{4.77}$$

式中,$\Delta N \geq 3$,我们要求瞬时视场 ω 与扫描视场(SFOV)的比值为 1:6,通过仿

真得到 $\omega : \rho = 2 : 6$ 时，N_1、N_2 取不同值时的扫描图形，N_1、N_2 取值的约束条件为 $N_2 - N_1 > 3$ 且 $N_1 + N_2 < 37$；

考虑干扰帧频问题，在满足覆盖整个视场的前提下，为了在同样的转速下得到最高的帧频，N_1、N_2 的取值应尽量小，仿真得 $N_1 = 7$、$N_2 = 15$ 是相对较好的参数，如图 4.34 所示。

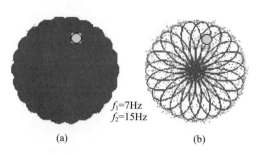

$f_1 = 7\text{Hz}$
$f_2 = 15\text{Hz}$

(a)　　　　　　　　(b)

图 4.34　选定参数的玫瑰线扫描图

前面都是要求玫瑰扫描的两个扫描频率比是有理数，以便得出封闭的扫描图形，并且能够精确地重复出现，实际上这是不可能实现的。但是我们关心的是扫描线能否覆盖总的视场，且不漏扫目标，而不是扫描线能否精确重复。将扫描频率控制在一定的范围内，在固定的花瓣个数内，瞬时视场仍能覆盖整个扫描视场就可以满足要求。通过仿真，如图 4.35 ~ 图 4.42 所示，可以看出两个扫描频率的变化在 ±1 个脉冲以内时，22 个花瓣内仍能满足覆盖整个视场的要求。

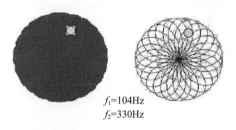

$f_1 = 104\text{Hz}$
$f_2 = 330\text{Hz}$

图 4.35　频率为 104Hz、330Hz 的扫描图

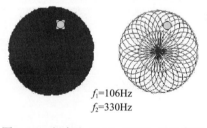

$f_1 = 106\text{Hz}$
$f_2 = 330\text{Hz}$

图 4.36　频率为 106Hz、330Hz 的扫描图

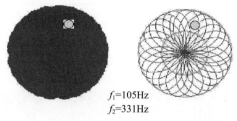

$f_1 = 105\text{Hz}$
$f_2 = 331\text{Hz}$

图 4.37　频率为 105Hz、329Hz 的扫描图

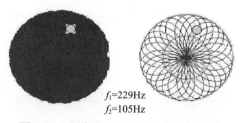

$f_1 = 229\text{Hz}$
$f_2 = 105\text{Hz}$

图 4.38　频率为 104Hz、331Hz 的扫描图

f_1=106Hz
f_2=329Hz

f_1=104Hz
f_2=329Hz

图 4.39　频率为 104Hz、329Hz 的扫描图　　图 4.40　频率为 106Hz、329Hz 的扫描图

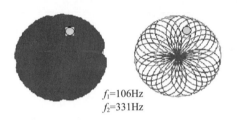
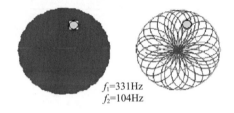

f_1=106Hz
f_2=331Hz

f_1=331Hz
f_2=104Hz

图 4.41　频率为 104Hz、331Hz 的扫描图　　图 4.42　频率为 106Hz、331Hz 的扫描图

　　X 扫描镜和 Y 扫描镜的旋转频率分别为 330Hz 和 154Hz,并保持频率稳定,每帧内未出现漏扫情况。玫瑰线扫描仿真与跟踪演示如图 4.43 所示。

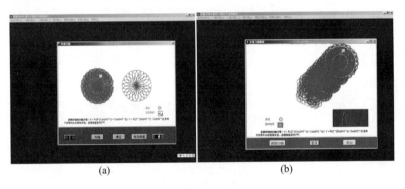

(a)　　　　　　　　　　　　(b)

图 4.43　玫瑰线扫描仿真与跟踪演示图

4.5.3　冲淡式程控诱饵干扰方法

　　空地红外成像导弹发射前,首先将欲攻击目标的红外特征图像装定在导弹的计算机存储器中,其图像可由卫星拍摄,或者由侦察飞机的红外相机拍摄下来,包括目标附近导引头视场内各种物体的热辐射的微小差别。例如,巡航导弹在惯性导航系统(Inertial Navigation System,INS)(或 GPS、TERCOM、DSMAC 辅助)后,在距离目标一定的范围内,开启红外末制导系统,对目标进行搜索和捕获,与预装的

目标图像进行比对,或者实时传回红外图像(MITL 数据链),一旦目标位置被确定,末制导导引头便开始跟踪目标。在跟踪后,摄像头摄取目标的红外图像并进行预处理,得到数字化目标图像,经图像处理和图像识别,得出目标信息,跟踪机构按预定的跟踪方式跟踪目标图像,并送出摄像头的瞄准指令和引导指令信息,使巡航导弹精确地飞向预定目标(工作原理见图 4.44)。

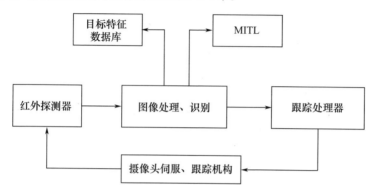

图 4.44　巡航导弹红外导引头功能框图

导弹红外成像的热图像相当于单目观察而无立体感,其显示的热图像实质上只是一幅单色辐射强度的分布图。其系统正常探测目标时需要具备一定的条件。

(1)适合成像探测器接收的足够强的红外辐射,即入射的辐射波长应与探测器的工作波长相匹配,入射的辐射能量要足够多;

(2)目标和背景之间应有一定的辐射对比度,若用辐射强度表示,则为

$$C = (I_T - I_B)/(I_T + T_B) \tag{4.78}$$

式中:C 为表示目标和背景之间的对比度;I_T 为表示目标的辐射强度;I_B 为表示背景的辐射强度;T_B 为待观察的目标应有足够的线度。

如果能够改变目标和背景的辐射特性,减少两者之间的对比度,或者有很多与目标图像相似的干扰物存在时,都可以使红外成像导引头系统受到干扰。如果干扰的强度足够大,就会增大成像系统的噪声当量测度差(Noise Equivalent Temperature Difference,NETD),使信噪比大大降低,造成导弹无法稳定识别目标,或使其成像系统根本就不能正常工作,达到干扰的目的。

由于实际景物转换为图像信号时总会引入各种噪声或畸变失真,一般需要先进行图像预处理,使图像质量在一定程度上得到提高。空间数字滤波用于背景杂散干扰的抑制,提高目标探测的信杂比;图像分割则根据局部窗口的背景强度、背景梯度及目标强度等信息,采用自适应算法进行阈值阈值的调整,完成目标数据与背景信号的分离。采用图像分割技术,运用一定算法,可

识别出目标。

　　除了烟幕、沙尘、伪装物遮挡影响巡航导弹光学末制导对目标的探测外,一旦目标图像或背景图像有较大的改变,包括空间分布、时域上的频闪变化等,都可能造成导弹无法稳定识别目标,或其成像系统根本就不能正常工作。

　　程控光电诱饵的辐射元件发射与目标类似的红外辐射,根据目标及其周围背景的特征,以一定数量的诱饵适当组合,形成一定的空间图案,扰乱导弹光学末制导对目标的成像,用于掩护真目标,欺骗导弹红外末制导探测、识别、跟踪,起到冲淡干扰效果。

　　程控光电诱饵系统由显控器、程控器、驱动器、辐射器等组成,如图 4.45 所示。

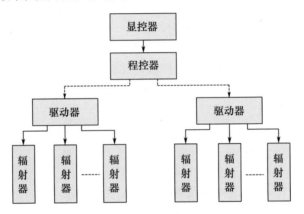

图 4.45　程控光电诱饵组成框图

　　程控光电诱饵按照一定密度分布在被保护目标周围(图 4.46),未来应用时可以采用预先布置方式,也可以采用飞行器投放或炮射方式。图 4.47 为一种程控诱饵原理样机。

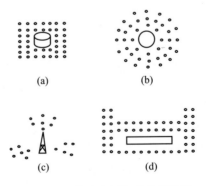

图 4.46　程控光电诱饵战术设想图

图 4.47　一种程控诱饵原理样机

程控光电诱饵的显控器接收指控系统发送来的作战信息,包括导弹来袭方向等,进行坐标变换,显示导弹来袭方向,选择设置诱饵作战参数,向程控器发送作战指令,显示诱饵的各工作模式(被保卫目标、诱饵布局及工作状态)。显控器与程控器之间采用串行通信方式。

程控器采用数据电台,直接启动电台发射,输出外接装置控制信号,载波检测信号供载波碰撞检测使用,设置参数可采用手持式编程器,实现遥控。

辐射器由光源、反射镜、蓄电池、光学窗口、支撑架等组成。灯丝采用发射率较高的电热合金丝。辐射光源为阻性,能够利用蓄电池供电,控制其色温在 1000K 左右,在这个色温下,可以使 3 ~ 5μm 的辐射效率达到最大。为控制其辐射能量集中在 0°~30°之间,方位角为 360°,在光源两端分别配上不同仰角的反射镜。光源反射镜采用铝板作材料,通过有效的镀膜工艺,来提高 3 ~5μm 波段辐射能量的反射率。

4.5.4　反射式景象扰乱干扰

景象匹配制导是空地导弹尤其是巡航导弹广泛采用的一种制导方式,对景象匹配制导干扰难度较大,因为数字式景象匹配区域相关器(Digital Scene Matching Area Correlation, DSMAC)采用俯视探测,加上导弹飞行高度低,因此信号注入的干扰方式很难发挥作用。因此只能采用改变图像匹配区的方法进行干扰。

不同特征景象匹配区可采用不同的干扰信号,一般来说,干扰信号可采用多种形式:形式一:大面积进行光源投射,改变整个匹配区的照度并根据情况改变投射的频率;形式二:形成多种线条状干扰图样,对景象匹配区进行特征扰乱,改变其原有的图形分布及基本特征,从而破坏 DSMAC 的匹配算法,增加其匹配误差,降低匹配概率。形式三:严格模拟景象匹配区光学特征进行图像的再造,即根据原有景象匹配区的图像进行扫描方式的设计,使扫描图像与实际区域完全一致或相似,并使其空间位置错位,干扰 DSMAC 的位置匹配,使其匹配点与真实匹配位置具有较大偏差。

由于景象匹配算法采用归一化互相关法,对整个图像首先进行归一化,防止时间照度不同对匹配性能的影响,因此形式一基本无法产生干扰效果;形式三逼真度高,具有较好的干扰效果,但实现难度较大,因为利用单一波长的光源实现具有不同灰度分布的图像是不可能的,只能用来实现具有单一灰度分布的图像,这种形式只适用于特征明显、形式简单的目标区域的情况,若被保护区域特征复杂则更难以实现;虽然景象匹配区的图像特征复杂,图形多样,但是 DSMAC 所成的图像是灰度图像,也就是说是没有颜色的,只能是深浅不一的灰色。如果将光源进行大面积的条纹扫描,形成明暗不同的扫描图样,叠加到被保护景象匹配区,则可能破坏该区域原有的基本灰度特征如相干长度、信噪比、相关峰特征等,而且条纹扫描相对来说比较容易实现。不同干扰图样实例如图4.48所示。

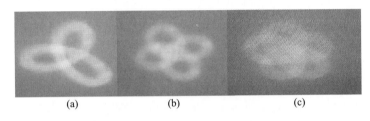

(a)　　　　　　　(b)　　　　　　　(c)

图 4.48　不同干扰图样实例

对于不同的景象匹配区域,可以采用不同的干扰图样。

(1)对于以单一目标为主的景象匹配区,可单独作用该目标,覆盖或扰乱该目标;

(2)对于以道路、房屋等为主的景象匹配区,可以采用干扰条纹破坏整个图像的结构。

在完成干扰信号设计后,需进行干扰信号的优化。以图4.49为例,其中图4.49(a)为卫星拍摄的地面景物图像,以此作为弹上预存的基准图;图4.49(b)为航拍图,以此作为实时图。对于该图像来说,图像以线条为主,因此干扰信号结构也应以线条为主。根据此特点设计了几种干扰信号,并进行匹配概率的计算,如图4.50所示和表4.10所列。

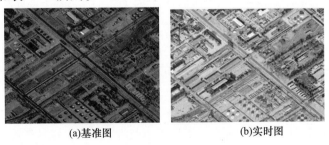

(a)基准图　　　　　　　　(b)实时图

图 4.49　基准图与实时图

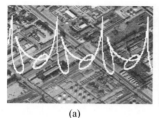
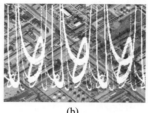
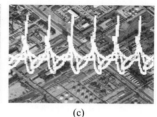

(a)　　　　　　　　　(b)　　　　　　　　　(c)

图 4.50　干扰仿真图

表 4.10　实时图干扰仿真图像匹配概率计算结果

图像	匹配概率
实时图	0.941
图 4.50 干扰仿真图(a)	0.608
图 4.50 干扰仿真图(b)	0.428
图 4.50 干扰仿真图(c)	0.225

由表 4.10 可以看出,干扰有效地影响了原基准图区域的匹配概率。同时,干扰信号(c)由于具有较好的线条结构得到了最佳的干扰效果,即匹配概率越低,干扰效果越好。

干扰信号越复杂干扰效果越好,为了更好地验证何种干扰信号对 DSMAC 具有最佳的干扰效果,利用 DSMAC 模拟器进行干扰信号的优化试验。当采用不同频率组合时,干扰图样是不同的,对 DSMAC 的干扰效果也不一样,DSMAC 的干扰效果从多次匹配后得到的匹配概率得出,因此可以用来验证不同干扰样式的干扰效果。

1)快速变换光学系统设计

时域的快速变换可在不同时间形成不同的干扰图样,而空域的快速变换可形成大面积的干扰区域,但如何进行快速变换,需要利用特殊的光学系统来实现,因此时域、空域快速变换光学系统设计技术研究具有重要的意义。

由于干扰光源采用的是激光,因此高速激光扫描技术是研究的关键。即如何利用高亮度、高能量密度、小发散角的相干光源实现大面积的干扰图样。首先,需利用光学手段形成多种扫描图样且可根据情况进行扫描图样的变换;其次,将扫描图样进行高速大范围扫描投射,也就是说,扫描速度要高,才能实现时域、空域的快速变换。

为使激光扫描图样能够覆盖大范围的景象匹配区域,必须进行光学投射系统的设计,其主要要求为偏转角度大、扫描速度快、重复性好。

光束偏转器是进行光学扫描的关键部件,能够实现光束偏转的有旋转多面棱镜,声光或电光、磁光偏转,检流计和振镜,全息光盘衍射偏转等。激光扫描技术可分为两大类:高惯性扫描和低惯性扫描,其中转动反射镜或棱镜的扫描技术是人们所熟悉的一种方式,也称机械型,属于高惯性扫描。而其他的如声光或电光、磁光偏转,检流计和振镜,全息光盘衍射偏转等扫描方式则属于低惯性扫描。

机械型方法比较简单,而且容易得到高的分辨力,尽管其扫描速度、精度受限,却是一种应用较为广泛的切实可行的技术。电光、声光等扫描技术实质上属非机械型的技术,电光器件原则上可以达到很高的速度,但目前尚未达到完全实用阶段。声光器件由于技术的不断成熟,目前已经得到了越来越广泛的应用。虽然低惯性扫描技术是一种综合性强并正在发展着的技术,有着极为乐观的应用前景,不过目前来说应用最广泛的还是旋转反射镜和棱镜扫描技术,在扫描幅度较大、光点要求多的扫描系统中常用该技术。另外,该技术对反射镜的几何精度和电动机的速度均匀性要求不高。综上所述,机械型扫描技术具有技术难度较低、实现容易且扫描幅度大、扫描效率高的特点,因此,选择其作为投射光学系统的扫描技术。常用的机械型偏转器有机械旋转和摆动式,为了选择一种最佳的扫描系统,对其主要的性能进行了比较,结果如表4.11所列。

表4.11 常用的机械型偏转器性能列表

名称	特点	扫描视场	扫描效率	孔径效率	图像质量	扫描器惯性
摆动平面镜	平面镜在一定范围做周期性摆动,不能实现高速扫描	窄	高	高	不好	小
旋转平面镜	可以绕三个正交轴中的任何一个轴旋转,以达到不同的扫描要求。扫描器结构简单,但扫描效率低	宽	低	高	可以	中等到大
旋转折射棱镜	通过横向移动会聚光束进行扫描,扫描运动连续平稳,机械结构简单,棱镜尺寸较小,扫描效率较低,在入射角大时,反射损失大	有限	较低	低	可以	中等到大
旋转反射棱镜	运动连续平稳,准确度高,可以实现高速扫描,扫描效率较高(与面数有关)。结构尺寸大,孔径效率低	宽	较高	低	可以	中等到大
旋转折射光楔	是一种灵活的扫描器,必须用于平行光束中,否则会导致严重的像差。该扫描器对帧与帧、线与线的定型要求严格控制角速度	有限	形状有关	高	不好	中等到大

从表4.11可以看出,旋转平面镜和旋转反射棱镜均具有宽的扫描视场以及较好的图像质量,可以作为扫描光学系统的最佳选择。其中,旋转平面镜具有较高的孔径效率,可以用来形成不同的干扰图样以实现对激光能量的最佳利用,而旋转反

射棱镜因具有较高的扫描效率,成为扫描投射光学系统的首选。

(1)旋转反射镜组合。经对多种光学系统研究结果表明,利用旋转反射镜组合可实现多种扫描图样,实现不同的干扰信号,其基本工作原理如图 4.51 所示。

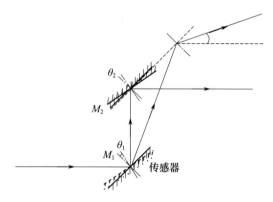

图 4.51　旋转反射镜组合扫描光学原理图

图 4.51 中:M_1 为反射镜 1;M_2 为反射镜 2;θ_1 为反射镜 M_1 的光轴与旋转轴的夹角(°);θ_2 为反射镜 M_2 的光轴与旋转轴的夹角(°)。

旋转反射镜组合扫描的工作原理是:当两平行反射镜片的光轴与旋转轴偏转一定角度且各自以不同速度旋转时,形成扫描图案,其光学轨迹方程为

$$
\begin{cases}
X = \dfrac{R}{2}\left[\cos(M_1 t) + \cos(M_2 t)\right] \\
Y = \dfrac{R}{2}\left[\sin(M_1 t) - \sin(M_2 t)\right]
\end{cases}
\tag{4.79}
$$

式中:R 为扫描圆半径(m);M_1 为反射镜 M_1 转速(r/s);M_2 为反射镜 M_2 转速(r/s);t 为时间(s)。

当反射镜 M_1 的光轴与旋转轴的夹角为 θ_1 时,反射镜 M_1 的最大偏转角度为 θ_1,由于光轴的偏转角度为 θ_1,因此根据反射定律,反射光线的半偏转角度应为 $2\theta_1$。而对于反射镜 M_2,相当于入射光线同样偏转了 θ_1 的角度,因此光线经反射镜 M_2 后的半偏转角度同样为 $2\theta_1$,若反射镜 M_2 的光轴与旋转轴同样发生偏转,且其最大的偏转角度为 θ_2,则光线经反射镜 M_2 后的最大半偏转角度为 $2(\theta_1 + \theta_2)$。

为实现所需的投射范围,需根据投射范围(投射方向)计算反射镜的偏转角度。而各反射镜的尺寸则根据光斑在反射镜表面投影尺寸以及光束扫描偏转角度来设计,保证光斑始终位于有效反射面内。另外,反射镜的旋转速度则根据扫描公式以及所需的图案样式确定。

(2)多面反射棱镜(转鼓)。多面反射棱镜因类似鼓形,且可高速旋转,因此

又称转鼓。经研究分析表明,利用转鼓即可实现将旋转反射镜组成的不同干扰图样大面积投射的目的,图4.52 为转鼓的扫描投射原理图。

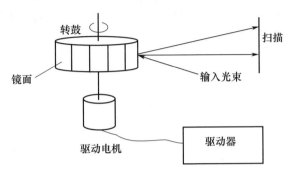

图 4.52 转鼓的扫描投射原理图

转鼓扫描主要包括一个多面棱镜,一个驱动电机,电机可以是气动,也可以是电动,由控制系统来驱动。具有 N 个面的转鼓扫描角度用下式表示:

$$\Psi = 720°/N = 4\pi/N(\text{rad})(N > 2) \tag{4.80}$$

式中: Ψ 为反射光束扫描时覆盖的角度。

转鼓扫描具有以下特点。

优点:①扫描角度大,通常可大于30°;②在较长的扫描宽度上具有高分辨力;③反射面镀全反射膜,光能损失小;④实现扫描的机构简单。

缺点:①多面体加工精度要求高;②与多面体相关的光学部分调整复杂,精度要求高。

转鼓主要需考虑以下特性参数。

扫描线长:所谓扫描线长,就是扫描光斑的轨迹长度。设扫描半径为 R_s ,则

$$l = 2\pi R_s\left(\frac{4\pi}{N}\right)/2\pi = 4\pi R_s/N \tag{4.81}$$

由此看出,扫描线长与转镜面数成反比,与扫描半径成正比。

以上公式表示的是光束充满镜面时的情况,实际上,光束直径总比镜面小些,于是有以下有效扫描角范围:

$$a = \left(\frac{4\pi}{N}\right) \times (W/\cos\psi/D) \tag{4.82}$$

式中: ψ 为光束与镜面夹角; D 为镜面宽度; W 为光束在反射镜表面的光斑直径; N 为反射镜面数。

有效扫描线长为

$$L = 2\pi R_s(a/2\pi) = (4\pi R_s/N) \times (W/\cos\psi/D) \tag{4.83}$$

光斑扫描线速度为

$$V = 4\pi nR_s \tag{4.84}$$

式中:n 为转鼓转速($\mathrm{r/min}$);R_s 为扫描半径。

当光束充满反射镜面时,产生所谓最大扫描线速度,即

$$V = 4\pi nR_s \times (W/D) \tag{4.85}$$

式中:W 为光束在反射镜表面的光斑直径;D 为镜面宽度。

另外,在扫描过程中,转鼓的各个小平面绕多面镜中心旋转,尽管转镜是以匀角速度旋转,严格地说,反射光的扫描轨迹并不按匀角速度形成,扫描轨迹会产生非线性误差。显然,这种误差是由转镜反射面与其外接圆矢高之差 ΔR 所引起的,即

$$\Delta R = R(1 - \cos(a/2)) = 2R\sin^2(a/4) \tag{4.86}$$

式中:R 为多面体外接圆半径;a 为每一小平面所对应的中心角。

由此可见,减小多面体外接圆半径和减小每一小平面所对应的中心角(即增加多面体的面数)可使 ΔR 减小,从而减小扫描轨迹非线性误差。

综上所述,为了使总体结构紧凑,最好是缩小 R,同时为了保持一定扫描速度,必须增大多面体的旋转速度,因此要充分考虑机械强度。一般选择面数 N 为 $6 \sim 24$。

转鼓的大小,可以根据转镜表面位置上的激光束直径的大小确定,通常取光束直径的数倍。材料的选择,在转速较低时,采用 $K9$ 或石英玻璃;在高速旋转时,采用特种钢材或铍青铜之类的金属。

经过对不同扫描技术的研究和试验,采用旋转反射镜与多面反射转鼓组合的技术,不仅解决多种干扰图样的产生与变换的问题,还能够实现远距离、大面积的扫描投射,实现激光的时域、空域的快速变换。

2)投射景象干扰

由于干扰图样形成装置生成的干扰条纹需要经过景象投射系统投射到所选定的景象匹配区域,如何将小的干扰图样投射到大的匹配区域,需要解决景象投射干扰即干扰区域的范围确定、投射高度与投射距离的关系等问题。

(1)干扰区域尺寸的确定。根据景象匹配区的选择判断景象匹配区域(即景象匹配基准图)的大小,然后根据导弹飞行的高度以及摄像机对地面的张角,判断景象匹配实时图所占区域的大小。最后根据投射的误差,确定扫描区域在大于实时图所占区域以及小于景象匹配区域之间的最佳值。

① 景象匹配区实时图区域面积:若导弹弹上摄像机的视场角为 $90°$,以典型飞行高度 $50\mathrm{m}$ 计算,则其景象匹配区面积的边长为 $100\mathrm{m}$ 左右。

当 DSMAC2 的遥感图像分辨力压缩为 64×48 单元,单元尺寸每边约为 $2\mathrm{m}$ 时,则可以计算出景象匹配实时区域为 $124\mathrm{m} \times 96\mathrm{m}$,因为镜头为圆形且视场角固定不变,则景象匹配实时区域为 $96\mathrm{m} \times 96\mathrm{m}$,与 $100\mathrm{m}$ 数据接近。

以上分析结果表明,实时图在 $100m \times 100m$ 左右。

② 景象匹配区基准图区域面积:规划任务时由计算机模拟确定航向(纵向)、横向制导误差,对预定航线下的某些确定景物都准备一个基准地图,其横向尺寸要能接纳制导误差加上导弹运动的容限。而沿航向的尺寸只大到足以保证摄像机获得三个与基准地图重叠的遥感景象。

③ 横向尺寸的估计:导弹基本制导方式是飞行初段采用平台惯导导航,中段为平台惯导 + 地形匹配导航,末段为平台惯导 + 景象匹配导航。对于平台惯导系统而言,影响系统精度的主要因素是惯性仪表的测量误差,即由于陀螺和加速度表制造不精确、在平台上安装不准确以及平台瞄准误差等制导工具误差而形成的惯性制导误差的初始状态误差。在诸多误差里面,对飞行影响最大且占主要误差的就是惯性制导的工具误差。平台惯导系统误差的惯导工具误差和瞄准误差是随时间积累的,飞行时间越长,误差越大,平台惯导的导航精度为 $0.7(°)/km$。

地形匹配系统是利用导弹飞行航迹下地形的起伏特征对导弹进行实时定位的一种非连续定位的导航系统。匹配区的面积选取是在匹配条件允许的情况下,适当考虑惯导位置误差和精度要求而制定。匹配范围可达几十甚至上百千米。通常情况下,地形匹配系统定位概率在 0.99 以上,精度可达几十米。

由此可以断定,景象匹配区的横向范围至少为 $100m$ 再增加几十米的地形匹配制导误差,估计在 $300m$ 左右即可满足需要。航向(纵向)尺寸的估计:沿航向尺寸至少应能保证拍摄三个实时图,因此沿航向尺寸至少应达到 $300m$ 以上,具体尺寸应根据实际景物特征确定。

(2) 投射高度与投射距离。要将所形成的干扰图案投射到干扰区域,必须具有一定的投射高度和投射角度,才能够达到一定的投射距离,否则地面景物会对其造成遮挡,影响干扰图案的完整性。投射距离与投射高度和投射角度有关,如图 4.53 所示。

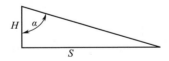

图 4.53 投射距离与投射高度和投射角度关系示意图

图 4.53 中 S 与 H 的关系为

$$S = H/\tan \alpha \qquad (4.87)$$

式中:H 为投射距离;S 为投射高度;α 为投射角度。

由图 4.53 可以看出,当投射角度不变时,投射高度越高,投射距离越远;当投射高度固定时,投射角度越大,投射距离越远,使用过程中可根据实际情况确定投射高度与投射角度,从而确定投射距离。采用改变投射角度的方式来改变投射距离,因为干扰设备可置于五维转台上,因此投射角度可根据需要灵活改变,从而实现投射距离的变化。

(3) 干扰光源能量分析。设激光器平均发射功率为 P,投射距离为 L,光斑面积 S_L,条纹数量 M,占空比 N,扫描频率为 f_2,光学系统透过率 σ_1,大气透过率 σ_2,激光器发散角为 θ,则激光扫描区域的照度为

$$E = P\,\sigma_1\sigma_2/S_L \tag{4.88}$$

其中

$$S_L = \pi \times (L_1 N/2M)^2 \tag{4.89}$$

式中:E 为激光扫描区域的照度(W/m^2);P 为激光器发射功率(W);S_L 为激光的光斑面积(m^2);L 为传输距离(m);L_1 为干扰区域尺寸(m);σ_1 为光学系统透过率(%);σ_2 为大气透过率(%);θ 为发散角(°);M 为激光条纹数;N 为激光实际扫描面积与扫描区域范围比(%)。

所需要的激光器输出功率为

$$P = kE \cdot S_L \cdot f_2/(\sigma_1 \cdot \sigma_2 \cdot f_1 \cdot V(\lambda)) \tag{4.90}$$

式中:$V(\lambda)$ 为 CCD 在波长 λ 处的光谱效率;f_1 为 CCD 数据采集帧频(Hz);f_2 为干扰光源扫描频率(Hz);k 为干扰系数。

4.6　红外干扰仿真试验方法

根据红外制导武器制导和抗干扰原理,建立导弹制导、自动驾驶仪控制、弹体气动力学过程的数学模型,依据导弹干扰效果的判定信号及判据,研究不同体制的红外干扰措施的信号结构、辐射特性并建立红外干扰对成像导引头的影响,红外定向对抗设备对多种材料的红外传感器的影响。通过红外干扰有效性度量准则、判据,根据信息准则和功率准则,利用度量干扰有效性的方法、相空间统计法、时间统计法、干扰效果的模糊综合评估法,并比较每种方法的适用条件,对几种度量方法的置信度进行分析。红外干扰仿真的目的是得到最佳的干扰信号结构,手段是数字仿真和半实物仿真。

4.6.1　数字仿真与干扰样式设计

红外制导导弹制导仿真数学模型由两部分组成:导弹导引头小回路仿真数学模型和导弹大回路数字仿真数学模型。

1）小回路仿真

第一部分是导引头光学系统仿真,主要包括目标和背景红外辐射特性的仿真、红外波段大气透过率的计算仿真。光机扫描系统参数的选择:如导引头瞬时视场和捕获视场的关系、位标器转速等参数的计算,扫描图像生成仿真等。

第二部分主要由导引头红外探测器和信号处理电路单元组成,包括采样信号频率设置、灵敏度响应率优化、弱信号放大和滤波等仿真模块。

第三部分是将经过光电转换的信号进行智能处理,最终给出导弹的方位信息。真假目标识别是以给定的红外目标特性为判据,对不同的目标和背景,设置不同的双色比阈值,将待处理信号的双色比值与阈值值比较,判定目标真假。多目标识别是指在跟踪多个真实目标的情况下,将光机(或成像)扫描一帧中所提取的目标信息进行分类统计,依据各目标相对于导弹位标器轴线偏离量大小和搜索频率进行排序,优选其中的最佳结果为跟踪目标,相应地可以得到其方位信息。

2）红外干扰机仿真

红外干扰机调制产生一种辐射强度、干扰频率、干扰信号占空比随机变化的方波信号。干扰机的辐射强度、干扰频率、干扰信号占空比在仿真程序中可以根据需要设置。

3）干扰效果评估仿真模型

旋转弹自动驾驶仪仿真框图如图4.54所示。

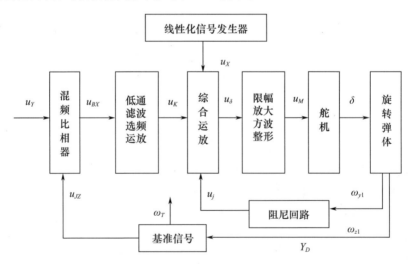

图 4.54　旋转弹自动驾驶仪仿真框图

当导弹稳定跟踪目标时,自动驾驶仪输出的调宽信号是一组等幅等宽的方波信号,其结果使导弹舵机所受等效控制力矩为0。而导弹受干扰时,导引头导引信

号 U_{dy} 发生变化,自动驾驶仪输出的调宽信号是一组等幅不等宽的方波信号,导弹舵机所受等效控制力矩不为 0,影响导弹跟踪目标。这时,可以将调宽信号以弹旋周期 T 为处理单元,以前 $T/2$ 的数据减去后 $T/2$ 的数据,再对所得结果进行空间方位的换算和合力大小的比较,求得弹旋一周内舵机所受合力的大小和方向,仿真信号流程图如图 4.55 所示。

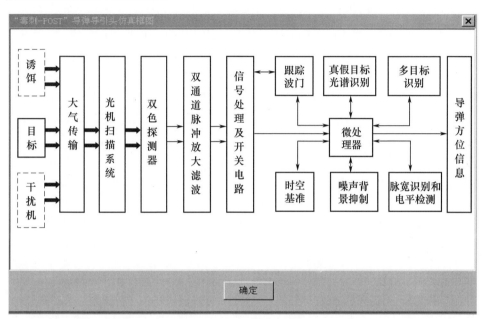

图 4.55　仿真信号流程图

4）干扰效果评估仿真程序设计

在红外制导导弹导引头小回路仿真中,首先设置参数。

仿真环境参数包括:飞机速度、飞行高度、大气密度、红外干扰机、红外假目标、红外导弹与目标间距离等。

导弹参数包括:导弹速度、仿真时间、每帧采样点数、跟踪角速度、弹旋频率、线性化信号频率、混频比相信号幅值等。

目标参数包括:目标温度、目标喷口面积、视线与目标平面法线夹角、目标反射面积、目标遮挡面积、太阳天顶角等。

如图 4.56 所示,以导引头位标器为主仿真界面,以不同颜色的像素点来模拟目标、导弹瞬时视场、红外干扰,将目标、背景、红外干扰的辐射强度等参量注入导引头仿真程序中。为优化程序设计,在导弹光机扫描仿真程序中,对导引头小回路的信号处理部分进行信息集成,将探测器响应、光电转换、脉冲信号放大滤波及信

号处理和开关电路模块的功能集成到仿真程序中。同时,对导引头内微处理器的
智能处理功能也包含到导引头小回路仿真程序设计中。智能处理实现的主要功能
体现在脉宽识别和电平检测、噪声背景抑制、真假目标光谱识别、多目标识别等方
面。脉宽识别技术是与跟踪波门技术结合使用,在扫描搜索过程中,目标进入瞬时
视场的占空比越高,波形脉冲就越宽,因此在程序设计中内嵌一个子程序专门完成
此部分的过滤控制功能。噪声背景抑制和电平检测实际上是对信号进行低通滤波
处理,因为目标或干扰与背景的温差越大,生成的脉冲信号幅值就越大,所以在仿
真程序中也专门设计一个专用的电平检测和噪声背景抑制模块完成此功能。采用
脉宽识别和电平检测两个程序模块对每一帧采样的大量数据进行过滤筛选,就可
将那些不包含目标或虽有目标进入但占空比比较低的信号抛弃,而只保留有用的
信息。真假目标光谱识别部分的设计原则是以双色比率阈值作为判定目标和干扰
的。另外,考虑到导弹对抗多目标的处理能力,在仿真程序中必须对导弹的多目标
处理部分进行模拟。通常,在扫描搜索的视场中,真目标可能不止一个,在一帧扫
描中扫描同一目标又不止一次。因此,对帧存数据需进行分类排序,才能知道捕获
了多少个目标,及哪些目标属于同一目标。在程序中,解决多目标识别的方法是对
一帧采集到的多个目标的方位信息进行统计和存储,将其目标方位接近的目标坐
标信息加权平均,然后以目标偏离量大小和扫描次数的多少作为排序依据进行排
序,排序第一的目标即导弹首选的跟踪目标。经过上述处理步骤,导引头小回路仿
真的输出信号就可以比较真实地反映出导弹捕获和跟踪目标的信号特征。

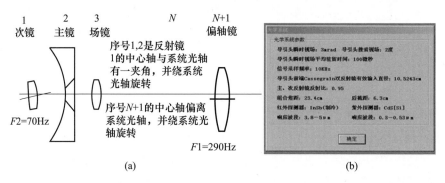

图 4.56　仿真信号输入示意图

经导引头小回路仿真处理生成的信号是一组脉冲信号,其中包含了目标方位
和俯仰信息,但这组信号无法直接送给导弹的自动驾驶仪装置来控制导弹飞行跟
踪目标,须转换为 U_{dy} 信号才行。由于导弹生成信号的一帧周期为 100ms(帧频为
10Hz),而 U_{dy} 信号频率为 70Hz,所以在仿真程序中编制了专用程序模块完成导弹
采样信号到导弹 U_{dy} 信号的转换过程。

导弹自动驾驶仪仿真采用通用的单通道控制自旋地空导弹自动驾驶仪仿真数学模型。利用数据流的信号分析方法,将不同仿真参数下的 U_{dy} 信号注入自动驾驶仪信号和舵机仿真模块软件中,即可得到自动驾驶仪综合运算放大器输出信号和舵机调宽信号的波形图,如图 4.57 所示。

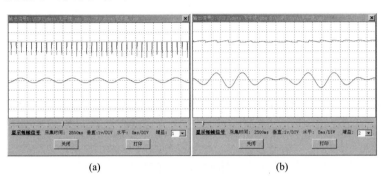

(a)   (b)

图 4.57 仿真结果示意图

在进行干扰效果评估仿真中,就可以采用对比分析的方法,将干扰软件模块注入干扰效果评估软件中,存储仿真结果,再通过与无干扰状态下导弹跟踪目标的生成信号进行比较,对两种干扰措施的干扰效果进行定性或定量的评估。

具体仿真过程:设置典型作战环境下的干扰效果仿真参数和环境参数;对无任何干扰情况下的导弹跟踪目标全过程进行仿真和数据存储;对仅投放红外诱饵情况下的导弹跟踪目标全过程进行仿真和数据存储;对干扰机开机和投放红外诱饵情况下的导弹跟踪目标全过程进行仿真和数据存储;对干扰机开机的导弹跟踪目标全过程进行仿真和数据存储。

5)干扰机干扰效果评估仿真实例

(1)设置干扰评估环境参数。

① 天空背景温度为 295K;

② 导弹目标间距为 1500m;

③ 导弹速度为 500m/s;

④ 目标速度为 200m/s;

⑤ 目标辐射模型直径尺寸为 2m;

⑥ 目标视场偏移量为 13m;

⑦ 目标视场方位角为 45°;

⑧ 仿真时间为 2.5s。

(2)设置红外干扰机参数。对干扰机辐射强度进行设置,工作同时发射红外诱饵。

（3）干扰仿真结果。导弹采样信号变化情况：在导弹跟踪目标的第2帧，导弹还是跟踪目标；从第3帧开始，导弹开始跟踪红外诱饵；从U_{dy}制导信号变化图可以看出，当导弹跟踪红外诱饵时，U_{dy}信号的幅值和相位均发生了变化。说明干扰机配合红外诱饵的干扰效果已发生作用。

4.6.2　半实物仿真方法

红外目标源与红外干扰半实物仿真是红外干扰信号结构设计的重要工具。红外干扰的体制和制导体制的多样化导致不同对抗设备之间的对抗效果有很大差异，具体有效性如何，可通过光电干扰模拟系统来确定。在典型作战环境中，通过确定和评估不同信号结构对干扰点源红外导引和红外成像导引的有效性，从而对干扰样式设计优化提供依据。

4.6.2.1　点源目标红外干扰半实物仿真模拟器

该模拟系统具有三个特点：一是模拟器是一台便携式红外干扰设备，可以方便地在实验室检测评估抗干扰导引头抗光电干扰的性能；二是在一台设备中可以提供两种典型干扰环境，即红外诱饵和红外干扰机干扰；三是该设备不但能模拟典型干扰环境，而且又是一台检测设备，能自动测量对红外导引头的干扰有效性度量的输出信号。

红外干扰模拟器与平行光系统组成一个光电干扰仿真系统。模拟器中的目标光源在平行光系统的焦平面一边做匀速运动，一边向后投放干扰光源。

红外目标源与红外干扰半实物仿真系统由主机、光源温控器和红外干扰模拟控制台组成，如图4.58所示。

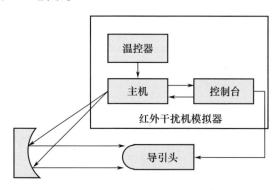

图4.58　红外干扰模拟器组成图

主机包括红外诱饵模拟器和干扰机模拟器两部分，实现对干扰模拟器的运动特征的模拟。主机采用封闭式结构，正面是开启式镶嵌有红外透射材料玻璃窗口的门,可以模拟光源的能量,门开启时可以对模拟光源的能量、工作波段进行装定。

　　温控器完成对三个红外辐射源的温度控制,实现一个红外目标源和两个红外干扰源的红外辐射能量的模拟。控制台实现对目标和干扰光源运动速度的装定和控制;实现对干扰机的调制参数的装定和控制;实现对目标、干扰模拟光源初始位置的控制;实现对红外诱饵模拟器和干扰机模拟器工作状态的转换;实现对光电干扰过程的自动控制。

　　1) 红外点源模拟器的技术性能

　　(1) 目标模拟。

　　① 目标光源与干扰光源在空间相对位置最近为(4 + 0.75)mrad,最远为(40 + 0.75)mrad;

　　② 目标光源与干扰光源最大运动空间为(44 + 1.5)mrad;

　　③ 目标光源模拟 100 ~ 300℃黑体,光阑孔径 0.5 ~ 2.5mm(可装定)时的辐射强度;

　　④ 模拟目标运动视线角速度 0 ~ 12(°)/s。

　　(2) 红外干扰机模拟。

　　① 干扰与目标能量比为 1.5 ~ 5 倍;

　　② 载频为 800 ~ 1600Hz,调制频率为 60 ~ 130Hz,每 20s 往复扫描一次。

　　(3) 红外诱饵模拟。

　　① 干扰光源光谱分布为 2.0 ~ 5.0μm 和 3.0 ~ 5.0μm;

　　② 干扰与目标能量比为 1.5 ~ 100 倍;

　　③ 红外诱饵点燃上升时间小于 0.5s;

　　④ 红外诱饵每次投放 1 ~ 2 枚;

　　⑤ 红外诱饵投放视线角速度 0 ~ 12(°)/s;

　　⑥ 运动模式:目标运动,红外诱饵做投放运动;目标静止,红外诱饵做投放运动。

　　(4) 参数装定与显示。

　　根据测试要求可以对以下参数进行装定:

　　① 测试次数装定为 1 ~ 999 次;

　　② 模拟光源温度装定为 100 ~ 700℃;

　　③ 模拟光源光阑装定为 φ0.5 ~ 2.5mm;

　　④ 干扰模拟光源光谱带装定为 2.0 ~ 5.0μm 和 3.0 ~ 5.0μm;

　　⑤ 红外诱饵每次投放量装定为 1 ~ 5 枚;

　　⑥ 目标运动视线角速度装定为 0 ~ 12(°)/s;

　　⑦ 红外诱饵投放视线角速度装定为 0 ~ 12(°)/s;

⑧ 载频装定为 700 ~ 1600Hz。

2）工作原理

（1）红外干扰机模拟器。

红外干扰机以调幅波的形式输出光脉冲串，该脉冲串的载波频率与其包络的频率比为常数，该常数接近红外调制盘的开关对数。为了能干扰多种型号的导弹，其频率可以在一个范围内进行扫描。图 4.59 为某种干扰机的原理图。

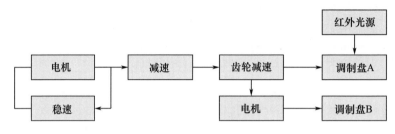

图 4.59　干扰机原理图

其中，高低两种转速调制盘对光源进行调制，可以得到调幅波。当干扰机有效工作时，红外导引头获得的一种误差信号为

$$V = \frac{4}{\pi^2}\left(A_m + \frac{1}{4}A_G\right)\sin(\Omega t + \Phi_M) + \frac{3}{\pi^2}\sin(\Omega t + \Phi_G) \tag{4.91}$$

式中：A_m 为目标辐射能量；A_G 为干扰机辐射能量；Ω 为目标包络角频率；Φ_M 为目标初始相位；Φ_G 为干扰机输出波形包络初始相位。

式（4.91）中第一项能够正确反映目标的方位信息，使导引头正确跟踪目标，它包括目标能量和干扰机直流分量两方面。第二项是虚假信号，它将干扰导引头准确跟踪目标。可以得出以下结论：只有当干扰机能量足够大和相位差 $\Phi_M - \Phi_G$ 合适时，才能起到干扰作用。

干扰机模拟器应满足红外干扰机基本特征，即辐射特性和频率特征。采用黑体作为干扰机模拟器辐射源，选择不同黑体温度和不同直径的光阑，就可以获得所需的辐射温度比值。

此外，应使干扰机输出红外辐射载频和调制频率与导引头调制系统的载频和调制频率一致。为了对付各种型号导弹，采用扫频技术，以便使干扰能周期性地落入导引头通频带内。为了满足干扰机调制要求，采用双调制盘同轴旋转系统对干扰模拟光源斩光调制，工作原理如图 4.60 所示。

（2）红外诱饵模拟器。

红外诱饵点燃后生成高温火焰，并在选定的波段产生强红外辐射，产生的红外辐射比目标高数倍或相仿，从而引诱敌方导弹丢弃真目标。

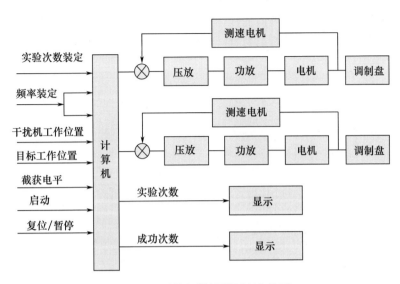

图 4.60　干扰机模拟器原理方块图

　　为了能起到有效保护目标的作用,红外诱饵基本特性应在辐射光谱特性、辐射能量、运动特性和燃烧时间等方面能满足诱骗红外导弹的特殊要求。红外诱饵与被保护的军事目标应有相似的光谱分布特征,一般光谱范围为 1.8 ~ 5.0μm 和3.0 ~ 5.0μm。

　　① 运动特征。红外诱饵抛出速度和方向必须满足诱骗红外导弹的要求。一旦诱骗成功使红外制导系统不能重新截获跟踪被保护目标,第一秒脱离速度通常为 25 ~ 40m/s,抛出方向与目标运动呈一定角度的相对运动。

　　② 燃烧特性。红外诱饵点燃后的有效生存时间一般应大于进攻导弹红外制导系统的工作时间。在此期间,红外诱饵应能稳定产生足够强度的红外辐射能量。模拟飞机投放的红外诱饵有效时间一般为 5s,模拟舰船投放的红外诱饵有效燃烧时间一般为40s,点燃时间小于 0.5s。

　　③ 辐射能量和光谱的模拟:红外辐射源是模拟器中的关键设备。在红外测试系统中,可以采用多种辐射源,如发光硅碳棒、钨灯、氙灯等,这些辐射源使用简便,但是辐射能量的标定不如黑体方便准确。

　　模拟器采用多个微型黑体分别作为目标和两个干扰光源的辐射源,主要技术指标包括:① 辐射系数:0.99 ± 0.01;② 温度范围:100 ~ 700℃;③ 升温时间:<2min;④温度精度:<1℃;⑤消耗功率:5 ~ 15W(黑体);⑥温控器共有三个单片机分别对三个黑体进行温度控制。它的传感器为铂电阻,该铂电阻也是发热体。单片机实时测量出发热体的电阻值,计算出相应的发热体温度。计算机根据设定的温度与实测温度的偏差值,采用模糊控制算法输出控制量改变数控恒流源

参量,经功率放大后输入到黑体加热体,实现温度闭环控制。

该模拟器采用微型黑体作为目标红外诱饵模拟光源。下式为红外诱饵与目标光源辐射强度比的关系式(干信比):

$$\frac{J_G}{J_M} = \frac{W_G(T) D_G^2}{W_M(T) D_M^2} \tag{4.92}$$

式中:J_G 为红外诱饵模拟光源光谱辐射强度;J_M 为目标模拟光源光谱辐射强度;$W_G(T)$ 为红外诱饵模拟光源光谱辐射通量;$W_M(T)$ 为目标模拟光源光谱辐射通量;D_G 为红外诱饵模拟光源光阑直径;D_M 为目标模拟光源光阑直径。

根据式(4.92)计算不同温度光阑孔径时的红外诱饵与目标辐射能量比,计算结果如 4.12 所列。

表 4.12 $\Delta\lambda = 3 \sim 5\mu m$ 波段内辐射能量比

序号	T_G/K	D_G/mm	T_M/K	D_M/mm	J_G/J_M
1	570	2.5	570	2.0	1.56
2	700	1.5	470	2.0	6.8
3	800	1.5	470	2.0	13.1
4	900	1.5	470	2.0	22
5	1000	1.5	470	2.0	34.4
6	900	2.5	470	2.0	59.4
7	900	2.5	470	1.5	110.4
8	800	2.5	470	1.0	145

红外诱饵应与被保护目标有相似的光谱分布特征,为了模拟红外诱饵光谱分布特征,采用在干扰辐射源加装带通滤光片技术措施。

④ 运动特征的模拟:模拟器中的目标光源一边做匀速运动一边向后投放干扰光源。目标光源与干扰光源相对运动关系由两套直流伺服电机经变速机构分别驱动运动部件实现的。目标运动视线角速度和红外诱饵投放视线角速度可以预先装定。光源的运动角速度是装定电压值决定的,经功放、力矩电机和测速电机组成闭环系统,同时受控于信息处理电路发出的控制指令。开机后,目标和两个干扰模拟光源自动停在起始位置,光电干扰试验开始后,目标与红外诱饵以固定程序进行工作,抗光电干扰成功时,可连续工作;干扰失败时,两个光源回到起始位置等待下一次光电干扰试验,工作原理如图 4.61 所示。

⑤ 燃烧特性模拟:红外诱饵点燃后有效持续时间一般应大于进攻红外制导系统工作时间,在此期间应能满足的红外辐射能量同时从零辐射到最大辐射能量的 80% 的上升时间为 $t < 0.5s$,而燃烧时间为 $5 \sim 40s$,红外诱饵模拟光源应有上述燃

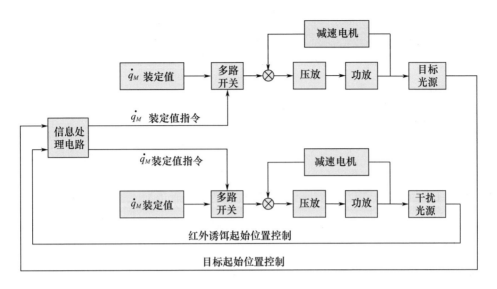

图 4.61　目标干扰模拟器工作原理图

烧特征。采用机械快门技术模拟红外诱饵点燃、熄灭,快门开启到关闭的时间间隔模拟红外诱饵有效燃烧持续时间。

（3）光电干扰过程的自动测试。

模拟器提供两种典型光电干扰环境,兼有自动测试功能,给出导引头红外干扰的效果。干扰模拟器、试验光路、导引头组成自动测试的闭环系统。红外干扰过程自动化控制是通过导引头的截获电平的检测实现的。当导引头截获目标时,捕获电平 $V_p > 0$,视场无目标时,$V_p \leq 0$,利用 V_p 极性变化来判别抗红外干扰成功与否。当投放红外诱饵,导引头正确跟踪目标时,$V_p > 0$,光电干扰试验继续进行。当导引头跟踪红外诱饵时,一旦红外诱饵熄灭,$V_p \leq 0$,此时目标、红外诱饵回到起始位置,为下一次试验做准备。待导引头重新捕获目标后,目标又开始投放红外诱饵,再一次的红外干扰试验又开始了。实现红外干扰过程的自动化控制可以解决红外干扰试验过程各部分的协调性,提高工作效率。测试系统能装定试验次数,自动累积试验次数,判别红外干扰效果,计算出抗干扰有效概率,并输出显示。系统启动后可连续工作,直至达到预先装定次数。

应用红外干扰模拟器可以为实验室检测评估红外干扰提供有力的手段。干扰模拟器可以模拟多种典型光电干扰,如红外干扰机和红外诱饵干扰。而红外诱饵干扰又可模拟投一个或多个红外诱饵;可以模拟投放不同波段的红外诱饵;可以模拟辐射高强度红外诱饵和低温辐射强度的红外诱饵,可以模拟红外诱饵在点燃和熄灭时辐射强度动态变化特征等。在上述多种红外干扰环境中,可以检测评估导引头在不同制导距离、不同目标运动速度下综合评定红外干扰的效果。由于模拟器可以采用自动检测技术,提高了工作效率,可为计算干扰有效概率提供大量的统计数据。

4.6.2.2 红外成像(面源)干扰半实物仿真模拟器

1)面源红外干扰半实物仿真模拟器组成

红外目标与环境仿真装置的组成如图4.62所示,它包括目标/背景仿真器、干扰仿真器、辐射显示器和计算机系统与控制台四个部分。目标/背景仿真器由一个目标/背景产生器或多个目标产生器和背景产生器组合而成,生成各种目标阵列和背景的红外特征,通常以组合平行光束的方式传输至辐射显示器。

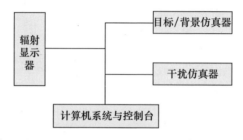

图4.62 红外目标与环境仿真装置组成框图

2)面源红外干扰半实物仿真模拟器在干扰样式设计中的作用

红外面源干扰仿真器是干扰红外成像制导系统、分系统和导引头等对抗仿真的重要组成部分。它产生各种红外干扰源和红外隐身目标对抗特征。辐射显示器将目标/背景仿真器和干扰仿真器生成的目标、背景和干扰的运动、辐射、几何等特征,复合显示在导引头视场内,并且能够模拟远场平行光,使导引头在每一瞬时探测的目标和环境特征如同实战。计算机系统与控制台通常包括红外目标与环境仿真器过程控制的硬件、软件、接口和必要的实时解算部件,用于对目标和环境仿真试验过程进行控制、计算、通信和诊断;提供定时、命令、性能数据分配、记录、显示、处理和打印等功能。

3)仿真原理与方法

红外目标与环境的仿真基于"相对等效"原理,仿真的红外目标与环境在典型实战情况下,红外导引头观察的等效目标与环境特征。

运动特性:仿真目标与环境和真实目标相对于导弹的空间角速度运动特性相同,即仿真目标与环境的运动是目标与导弹的视线运动而不是绝对运动。运动特性包括目标导弹视线角和角速度、接近速度和横向速度,背景、干扰相对目标的运动、目标位置和姿态的运动以及目标的机动。几何特性:仿真目标与环境和真实目标与环境在红外导引头探测器上的像点或图像的形状、尺寸相同。辐射特性:在红外导引头的工作波段内,仿真目标与环境和真实目标与环境在红外探测器上的辐射响应相同(包括光谱与能量)。

红外目标与环境仿真有两种方法,即红外辐射法与信号注入法(图4.63)。红外辐射法是将等效的红外目标与环境以辐射的形式输入红外导引头实物。信号注入法是将等效红外目标与环境在红外导引头探测器上的响应信号直接输入红外探测器的信号处理硬件,红外导引头的头罩、光学系统和探测器可采用数学模型,也可以采用实装的导引头或者模拟装置。

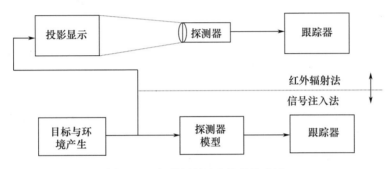

图4.63　红外辐射法和信号注入法

4) 红外成像目标与干扰仿真模拟器设计

红外成像制导的干扰成功与否取决于对先进的探测列阵和图像处理、识别技术的对抗程度,为了得到有效的干扰数据,对红外目标与环境仿真图像提出了一系列要求,红外成像干扰仿真要求生成三种红外图像:背景图像、目标图像和干扰图像。红外背景图像用于复杂背景环境的模拟;目标图像用于红外成像制导系统中图像处理、识别仿真;干扰图像是人工生成的缩比红外场景,可以是一种经过特殊处理的辐射源,也可以是对目标辐射的遮蔽,或者是对目标的冲淡。三种图像要求具有高清晰度和高逼真度,其波段范围包括:短波红外、中波红外和长波红外。实时性要求生成的帧图像和实战情况时红外成像寻的器看到的图像相同。因此帧图像的建立时间应尽量减小以便通过输入/输出处理满足实时同步的要求。基于相对等效原理,仿真图像应复现导引头工作波段和视场中的真实景物图像的红外辐射特征。由于真实景物图像是连续随时间变化的,场景生成和变化的响应时间应大于真实景物图像特征参数的最快变化时间。

红外成像导引头光学系统对真实景物的成像是无数个辐射点的集合,为了尽可能逼近真实景物,仿真景物图像的空间分辨力应当尽可能提高。分析和经验表明,仿真景物图像的空间分辨力最好是红外导引头探测元数量的2~3倍。

红外成像制导系统对背景的探测是基于温差、发射率和反射率的差异而不只是目标的光谱积分辐照度的大小。评定红外仿真图像性能的综合指标不是最小可探测能量而是可探测的最小温差,它通常用等效噪声温度及最小可分辨温差描述。红外仿真图像的灵敏度和稳定性,一方面应考虑红外成像导引头的要求;另一方面应考虑红外图像产生器当前能达到的水平。温度范围和对比度需要很大的温度动态范围,尤其是干扰辐射往往要高出背景和目标数倍。

红外成像制导仿真时,应保持导引头总视场中始终呈现红外仿真目标、干扰与环境。极端情况下,目标图像和干扰图像可能出现在导引头总瞬时视场的边缘甚至视场外,此时在导引头视场中仍呈现目标与邻近环境的仿真图像,为此,红外成像制导仿真时,干扰、目标与环境的显示视场应比导引头瞬时视场大。

能够根据需要产生各种复杂背景和干扰环境、复杂地形、天空辐射、自然辐射源等,以进行诸如遮挡仿真、烟幕遮蔽仿真和识别仿真等。在接近速度和横向位移角速度等与弹目接近速度和横向速度相当或者略快。

与点源制导干扰仿真相比,红外成像干扰仿真要求高,产生仿真图像的难度大。多年来,国内外设计、试验了多种方案,少数方案经试验验证是有较好的应用前景的。

4.6.2.3 红外模拟器动态图像产生方法

视光—红外动态图像转换器(Visible – to – Infrared Dynamic Image Converter,VIDIC)的核心部件可以采用多种方式来实现,主要方法有:电阻元阵列法、薄膜式可见光/红外变换(VIT)法、MOS 型二极管阵列单晶硅液晶光阀、基于数字微镜阵列(Digital Micromirror Device,DMD)MEMS 器件的红外场景发生器等[26-27]。

1)电阻元阵列法

基本原理是被加热的物体在红外波段的辐射强度取决于其温度高低。整个阵列由许多微小的电阻元集成在不良导热体基片上,阵列可以单片设计,也可以把多个阵列合成大阵列,这样可以提高图像的空间分辨力。电阻元之间通过基本的内部集成电路网连接。该集成电路可调节流过各电阻元的电流以控制它们的温度,使它们根据需要产生一定强度的红外辐射,这样,整个阵列就构成了一幅红外图像的辐射源,实现了红外目标/背景/干扰图像仿真。

采用电阻元阵列仿真的红外目标/背景/干扰图像,其温度范围可调,而且容易控制,可生成动态逼真的红外图像。这种方法的根本问题是被加热的电阻元之间存在侧向热传递和干扰,需要热隔离,需要解决快速冷却和升温问题、大功耗问题和低分辨力问题,目前只能用于低温、简单目标和背景仿真。类似这种热辐射产生红外图像的技术有:微热灯丝阵列技术、发光二极管阵列技术、小型热线圈阵列技术、微化模型技术、红外发射阴极射线管(Cathode Ray Tube,CRT)技术等[28-29]。

2)VIT 法

采用 VIT 实现红外图像生成。VIT 是一种极薄(1000Å)的硝酸纤维膜,其上覆盖涂黑的镀金层。当可见光入射时,它吸收可见光而产生局部加热,一部分热能产生所需要的红外发射,另一部分热能侧向传导和对流,这是使图像空间分辨力下降的因素,由于采用极薄的膜和真空内室使侧向热传导和对流减小到必须的程度。试验表明,该方案可在 $3 \sim 12 \mu m$ 波段工作,热时间常数可达 20ms,空间分辨力可达 1024×1024 元。

黑体薄膜可见光/红外图像变换器的工作原理是采用一种特殊的不良导热体做成的薄膜吸收可见光辐射,受热后而产生所要求的红外波段的辐射。把黑体薄膜安装在真空盒内,真空盒的前后分别有透可见光和透红外光的窗口,可见光通过可见窗口照射在黑体薄膜的镀金层上,能量被吸收后通过另一侧的透红外窗口,产生红外辐射,这样,可见光图像通过黑体薄膜变换成红外图像。可见光图像可以通过计算机图像生成器或视频投影等方法产生。

VO_2 薄膜在一定的偏置温度下具有光学存储特性,当用一个经过图像调制的精细激光束扫描 VO_2 薄膜,就可在 VO_2 薄膜上存储一帧高分辨力的红外图像,将薄膜温度降低到一定程度,就可去除该帧图像,然后再将薄膜温度升高至偏置温度,用激光束扫描写入新的一帧图像,如此反复写入、抹去、再写入就可获得高帧速、高分辨力的动态红外图像。温度偏置采用一套可见光闪光灯,图像抹除采用冷却方法,读/写转换采用特制的旋转器和两套 VO_2 薄膜及红外扩展源等组成的投影器,当一个投影器生成的红外辐射图像送给导引头时,另一个投影器在更新,激光扫描 VO_2 薄膜调制如图 4.64 所示。试验表明,此法的分辨力可达 1024×1024 像素,帧频可达 30Hz。

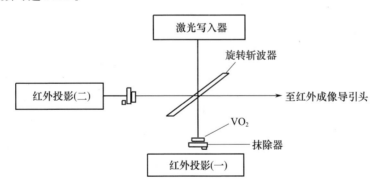

图 4.64　激光扫描 VO_2 薄膜调制

3）MOS 型二极管阵列单晶硅液晶光阀

红外液晶光阀是一种能够将可见光图像(带灰度等级按红外场景要求进行编辑)按照相应辐射灰度等级转换成红外图像的器件,该器件基于 MOS 型单晶硅液晶光阀图像转换器。可见光图像通常用于激活工作在耗尽态的高阻单晶硅光导层,光生载流子被电场扫到硅片两边,形成一个与写入可见光图像对应的空间电压分布,施加到高阻抗液晶层上,引起液晶分子重新排列,改变其双折射率分布,使读出的红外光偏振态发生旋转。经过起偏检偏组合由液晶层完成可见光图像到二维红外图像的转换。

红外液晶光阀投射系统的输出光谱分布取决于四个因素:黑体辐射源的光谱、液晶调制曲线、液晶吸收谱和各种滤光片及红外光学系统吸收谱。

输出图像的动态温度范围取决于整个系统的透过率、红外液晶光阀投射系统(LCLV)开关比和环境背景亮度。整套系统具有将视频写入电压信号转换成红外辐射强度(等效温度)输出的功能。非线性功能取决于写入图像器件(CRT)的设置、光阀偏置电压设置和黑体源温度。需要对系统进行校准,给出计算机产生视频图像与 IR – LCLV 投射系统输出红外图像之间对应转换关系。

仿真系统分辨力最理想的情况就是等于 LCLV 分辨力、光阀输入图像器件的分辨力与 IR 光学系统分辨力之乘积,LCLV 本身的分辨力很高。IR 光学系统可以达到其长波衍射极限,写入器件则有几种可能选择。高分辨力 CRT 可以达到1000像素/行,无闪烁源则不能超过480像素/行,主要受限于写入光图像质量和热像仪的极限分辨力的限制。

以液晶光阀为基础的可见光/红外动态图像转换器(IR – LCLV – VIDIC),它和计算机图像生成装置一起组成 VIDIC/CIGS 红外成像制导导弹干扰仿真系统,如图 4.65 所示。

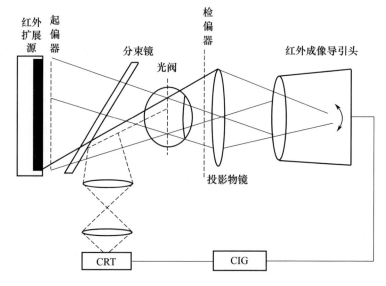

图 4.65　VIDIC/CIGS 系统示意图

LCLV – VIDIC 在焦平面形成的是冷图像,因而无热晕效应,空间分辨力高。另外,LCLV – VIDIC 允许低功率(或弱信号)输入信号,高功率输出红外辐射图像,因此能较为全面地满足当前红外成像制导仿真的要求,并且在视场、分辨力、帧速等方面还有潜力,从技术成熟角度看,LCLV – VIDIC 也是领先的并已先后在美国、法国建成投入使用,如图 4.66 所示。

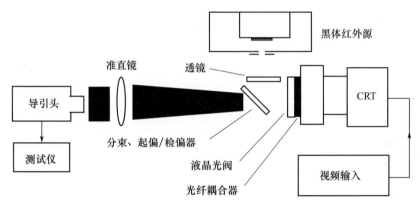

图 4.66　LCLV – VIDIC 红外成像干扰仿真系统

4.7　本章小结

本章主要阐述了信号级干扰原理和干扰样式产生方法。第一,提出了信号级干扰产生的背景即干扰技术发展面临的基础问题,介绍了红外干扰信号结构设计的概念和内涵。第二,总结了红外制导系统抗干扰原理,包括点源制导抗干扰、圆锥扫描抗干扰、双色制导抗干扰、红外成像制导和景象匹配等几种抗干扰方法和原理,给出了典型导弹运动与控制模型。第三,介绍了干扰源与干扰信号结构设计方法,提出了调制深度、压制比和信号结构的定义和概念。第四,对基于信号欺骗的红外干扰机的干扰原理进行了介绍,整理了机载红外干扰机资料,对空地红外导弹的信号级干扰和双波段红外激光干扰源进行了设计原理分析。第五,重点介绍了干扰信号结构设计方法,包括干扰信号设计的原则、时域/空域变换干扰方法、冲淡式程控红外诱饵干扰和反射式景象扰乱干扰方法。第六,介绍了常用的红外干扰信号仿真设计和评价性能优劣的试验方法,即数字仿真与干扰样式设计和半实物仿真设计方法。

参考文献

[1] 航天部导弹总体情报网. 世界导弹大全[M]. 北京:军事科学出版社,1987.

[2] 余超志,等. 导弹概论[M]. 北京:国防工业出版社,1982.

[3] DRELLISHAK K S. IR/EO countermeasures:countering the (in) visible threat in the International Countermeasures Handbook[M]. 11th ed. EW communications,Palo Alto,CA,1986:172.

[4] DRELLISHAK K S. IR/EO EW basis. The International Countermeasures Handbook [M]. 3rd ed. EW communications,Palo Alto,CA,1977:75.

[5] 张望根. 寻的防空导弹总体设计[M]. 北京:宇航出版社,1991.

[6] 周茂树,何启予,等. 飞航导弹红外导引头[M]. 北京:宇航出版社,1995.

[7] 陈玻若. 红外系统[M]. 北京:国防工业出版社,1988.

[8] 邓仁亮. 光学制导技术[M]. 北京:国防工业出版社,1994.

[9] 周鼎新. 对美国第三代肩射红外防空导弹(STINGER – POST)导引头特色的分析[J]. 红外与激光工程,1984,3(6):34 – 38.

[10] 丘淦兴,等. 防空导弹自动驾驶仪设计[M]. 北京:宇航出版社,1993.

[11] 冯炽焘,蒲卫国. 双色红外系统的参数优化设计及作用距离的计算与分析[J]. 红外技术,1997,4(8):65 – 68.

[12] 罗智勇,傅志中,李在铭. 红外双色亚成像自适应识别跟踪[J]. 电子信息学报,2002,3(12):12 – 17.

[13] 冯炽焘,李文. 使用玫瑰线/螺旋线图形扫描的双色红外制导技术[J]. 红外技术,1993,4(6):15 – 18.

[14] 岳长进,高方君,严新鑫. 基于红外玫瑰扫描的相位控制技术研究[J]. 红外技术,2015,6(12):18 – 22.

[15] 杨铎,李文,曹文庄. 玫瑰线扫描特性及方位信息提取问题的探讨[J]. 红外与激光工程,1996,4(14):25 – 28.

[16] 兵器工业第二〇九研究所. 光电对抗系统手册[M]. 成都:兵器工业第二〇九研究所,1999.

[17] 祁载康,等. 制导弹药技术[M]. 北京:北京理工大学出版社,2002.

[18] WOLFE W L. Dual modes seeker[J]. International Defence Review,1990,4(2):212.

[19] LINK C,MAAS M. Northrop corporation[J]. Private Communication,1990:120.

[20] 陈佳实. 导弹制导和控制系统的分析与设计[M]. 北京:宇航出版社,1989.

[21] 刘隆和. 多模复合寻的制导技术[M]. 北京:国防工业出版社. 1998.

[22] WOLFE W L,BECHERER R. The infrared handbook[J]. Environmental Research Institute of Michigan,Ann Arbor,MI,1978:54.

[23] M·伽本尼. 光学物理[M]. 北京:科学出版社,1976:56.

[24] 中国兵器工业第二一一研究所. 红外技术原理[M]. 昆明:[出版者不译],1996.

［25］徐啟阳,王新兵. 高功率连续 CO_2 激光器［M］. 北京:国防工业出版社,2000.

［26］蹇毅. 基于 DMD 的红外场景发生器的关键技术研究［D］. 上海:中科院上海技术物理所, 2013:58.

［27］唐大经. 红外投射器等效黑体温度［J］. 红外与激光工程,1994,4(6):12-15.

［28］HUDSON JR R D. Infrared systems engineering［M］Wiley-Interscience,New York,1969:224.

［29］肖云鹏. 电阻阵动态红外景象投射器性能参数和测试［J］. 红外,2006,8(24):23-26.

第 5 章

红外定向对抗技术

红外对抗技术发展的终极目标,是找到最有效利用能量的简单方法,红外定向干扰就是方法之一。

红外定向对抗系统(DIRCM)是在导弹逼近告警引导下,利用有源光电干扰设备发射较高能量密度的红外窄光束或红外激光,对来袭的红外导弹进行瞄准照射扰乱制导信息(欺骗),甚至饱和、致盲(压制)光电传感器,使其无法正常工作甚至完全失去探测跟踪能力[1-3]。红外定向对抗系统已经发展成为光电对抗技术的一个重要分支,也是红外对抗领域中技术最先进、难度最大、系统最复杂的系统之一。

从原理上讲,目前还没有任何一种红外制导导弹能够完全成功地在红外定向干扰系统的干扰下准确杀伤目标。

5.1 概 述

红外制导导弹寻的跟踪系统主要将对方飞机或导弹尾焰的热辐射作为搜索跟踪的目标,或对目标进行高清晰度成像,进而拦截或摧毁。红外制导导弹由于制导精度高、抗干扰能力强、效费比高、使用灵活、体积小、质量小等诸多优点,已成为精确制导武器的重要技术手段,广泛应用于地空、空空、空地、反坦克、反舰导弹、巡航导弹和反导拦截器。在海湾战争中,美军损失的 19 架飞机中有 13 架是被红外制导导弹击落的。据资料统计,全世界红外导弹的生产量已经超过 18 万枚,装备和使用的国家和地区有 40 多个。老乌鸦协会的报告曾称"1975 年到 1990 年,全球90% 的空中格斗损失是由红外寻的空空导弹造成的。"

5.1.1 红外制导武器的威胁

作为精确制导武器的红外制导导弹已经应用了 60 多年,在历次战争中发挥了巨大作用,是空中军用平台的重要威胁之一,如图 5.1 所示。它具有系统简单、操作方便、能全向攻击、发射后不用管、命中率高等特点,因此发展迅速,装备量很大,应用广泛。飞机在作战时主要受到导弹攻击的威胁,超视距、中距雷达制导空空导弹是首当其冲的威胁,并且这些导弹一般采用红外末制导,如先进中距空空导弹AMRAAM、"米卡"MICA;中距、近距红外制导空空导弹也是重要的威胁,如"响尾蛇"AIM-9系列空空导弹;突防时除了空空导弹的威胁外,面对空便携式肩抗红外制导导弹也有一定威胁。而飞机在与敌方战斗机近距离作战时的主要威胁是红外制导空空导弹,近距地对空红外制导导弹次之。

　　一些国家大量装备了红外制导导弹。美制、俄制红外制导导弹在全世界范围内扩散较严重(包括热点地区的恐怖分子都拥有一定数量),致使一些国家的飞机在执行任务中,威胁随时存在。

图 5.1　战场上被红外制导导弹击中的运输机和直升机

　　表 5.1 和表 5.2 分别对典型空空、地空红外制导导弹进行了统计,这些导弹在一定时期内都是空军飞机的潜在威胁。在精确打击武器广泛使用和技术发展日益成熟的今天,没有先进红外对抗能力的作战平台,其本身的生存概率也很小。

表 5.1　典型空空导弹

导弹型号	制导方式	制导波段	抗干扰措施	作战距离/km	攻击方式	国别(地区)
"响尾蛇"AIM-9L	调频被动红外点源	中波红外	圆锥光机扫描	18.5	侧向、尾追	美国
"响尾蛇"AIM-9M	调频被动红外点源	中波红外	抗红外诱饵干扰	18.5	侧向、尾追	美国
"响尾蛇"AIM-9R/X	红外成像	中波红外128×128	抗红外诱饵干扰	15	全向攻击	美国
"天剑"1/2	被动红外点源	中波红外	圆锥光机扫描	18	全向攻击	中国台湾
"魔术"2	多元红外	中波红外	光机扫描		全向攻击	法国

（续）

导弹型号	制导方式	制导波段	抗干扰措施	作战距离/km	攻击方式	国别（地区）
MICA	红外成像	中波红外	抗诱饵干扰能力强	55	全向超视距	法国
MICASRAAM	红外成像	中波红外	抗红外诱饵干扰	10	全向攻击	法国
先进近距空空导弹 ASRAAM	红外成像	中波红外	抗红外诱饵干扰	10	全向攻击	英国
"怪蛇"3	红外点源	中波红外		15	全向攻击	以色列
"怪蛇"4	红外成像	双色红外	抗干扰能力强	15	全向攻击	以色列
AAM – 5	红外成像	中波红外	抗红外诱饵干扰		全向攻击	日本
P – 73	多元红外	中波红外	L 型		全向攻击	俄罗斯

表 5.2　典型地空导弹

导弹型号	制导方式	制导波段	抗干扰措施	作战距离/km	攻击方式	国别（地区）
"西北风"（Mistral）	红外点源	中波红外	调频"十字叉"	6	全向	法国
"凯科"（KeiKo）	红外成像	红外双波段	抗红外诱饵干扰	3 ~ 5	全向	日本
"小榭树"FIM – 72	被动红外点源	短波红外		5 ~ 12	侧向、尾追	美国
"毒刺"FIM – 92	调频、双色、玫瑰线扫描	中波红外（紫外）	抗红外诱饵干扰	4.5	全向	美国
"复仇者"（Avenger）	红外圆锥扫描	中波红外		4.8	全向攻击	美国
SAM – 7	被动红外点源	短波红外	阿基米德螺旋线扫描	4	尾向、迎头	俄罗斯
SAM – 9	红外点源	短波	调幅调制盘	4.2	尾追	俄罗斯
SAM – 13	红外点源圆锥扫描	短波/中波双波段	抗诱饵干扰能力强	5	全向	俄罗斯
SAM – 16（针 – 1）	红外点源	中波	抗干扰能力较差	5	全向攻击	俄罗斯
SAM – 16（针 – M）	红外点源	短波/中波双波段	抗红外诱饵干扰强	5	全向攻击	俄罗斯

随着光电传感器性能不断改进,特别是红外制导导弹采用先进技术,其导引头对目标信号的提取方式由点源调制盘旋转扫描、圆锥扫描,发展到多元、亚成像、光机扫描成像和凝视成像等,具备了很高的抗红外诱饵干扰的能力(图 5.2)。其工作波段,特别是空空导弹,一般为 $3 \sim 5\mu m$,但是工作在 $1 \sim 3\mu m$ 的空空导弹也大量存在,并在一定时期内都是空中平台的威胁。

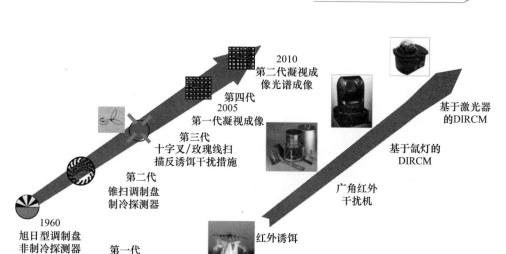

图 5.2　空空红外制导与红外对抗技术发展历程

5.1.2　红外定向对抗系统的作用

红外定向对抗技术主要用于机载平台,对抗红外制导导弹。同时也可根据需要安装到军舰、地面装甲车辆等其他平台。红外制导的空空导弹和地空导弹对军用飞机构成了最大的威胁,特别是对低空、慢速飞行的直升机和体量较大的运输机、轰炸机。第一代的红外制导导弹,使用工作在 $1\sim3\mu m$ 波段的硫化铅红外探测器,如美制"红眼"和 AIM - 9B/D "响尾蛇"空空导弹,苏制"环礁"空空导弹和 SAM -7便携式地空导弹。这种导弹瞄准温度较高的飞机尾部喷气发动机排出的热气,只能尾随攻击飞机,通过安装红外干扰机、释放红外诱饵和在飞机尾部安装红外辐射抑制器,可以有效地对抗这种红外制导导弹对飞机的攻击。新一代的红外制导导弹,使用工作在 $3\sim5\mu m$ 波段的红外成像传感器,能瞄准飞机温度较低的部分,全方位或迎头攻击飞机,广角红外干扰机不能对抗这类红外制导导弹,点源红外诱饵在对抗新一代成像型红外制导导弹的效果也明显下降。

红外定向对抗系统来源于红外干扰机(图 5.3)。20 世纪八九十年代,一些国家装备了红外干扰机,如 ALQ - 144 系列红外干扰机装备了 4900 多台,可以发射调制的红外辐射信息,能够防止和阻碍敌方红外制导导弹的导引头获取目标正确位置信息。传统的红外干扰机为广角发射的红外干扰信号,输出的干扰能量在空间分散,到达导弹导引头的红外辐射能量非常小,由于传统红外干扰机的红外辐射源的电光转换效率低,受到载机供电功率的限制,要想大幅度提高干扰机的功率非常困难。从干扰体制上看,传统的红外干扰机,只能干扰调幅,调相体制的红外制导导弹,更新一代的红外成像导弹是利用目标与背景的红外辐射图像的差异,形成目标与周围景物图像实现制导,是一种具有较强抗干扰能力的制导体制,传统的干扰机对其干扰效果严重下降。

红外定向对抗系统主要用于对抗红外凝视焦平面探测器制导的红外导弹,同时兼顾早期第一、第二代导弹。红外定向对抗与传统意义的红外干扰机的最大区别在于:采用与导引头制导波段匹配的激光器作为干扰辐射源,不但在干扰波段上与红外制导导弹探测器匹配,而且因激光光源无与伦比的方向性,可以在更大的干扰距离上,使导弹导引头接收更强的辐射。尤其适合于干扰采用红外焦平面探测器的凝视型成像制导导弹,当强激光照射在导弹导引头上时,导引头探测器会因为饱和而无法正常工作,如果激光功率足够大,还可以破坏导引头光电元件,如探测器、光学系统等。

由于红外定向对抗系统的红外激光辐射是具有方向性的,区别于传统干扰机干扰信号投射于空间各个方向,这就要求定向干扰系统在目标来袭时,能够将干扰信号准确的投射目标。定向干扰系统要比传统的干扰机复杂得多,主要由导弹逼近告警系统、智能控制、精确跟描系统和干扰系统组成。当有导弹来袭时,导弹逼近告警系统判断导弹的来袭方位,将信息送至干扰综合处理器,经处理器确认威胁时,启动精确跟踪,瞄准系统及红外干扰激光。精确跟踪,瞄准系统精细搜索,判断出目标的精确方位,进行跟踪,引导红外干扰机对准目标,发射干扰激光,从而使来袭导弹不能正确地跟踪锁定目标。

(a)   (b)

图 5.3 红外诱饵与 ALQ – 144 红外干扰机

与已经广泛应用的红外诱饵、红外干扰机相比,红外定向对抗系统是目前最有效的作战手段,不仅可以对抗第一、第二代红外制导武器,还可以有效对抗新装备和正在研制的新型红外导弹,如光机扫描、脉冲编码、凝视成像等第三、第四代制导武器,确保自身平台的安全。

发展红外定向对抗,是红外干扰技术发展的趋势。红外定向对抗是一个自动的具有一定智能化的系统,它可以进行监测、捕获、跟踪和对抗来袭导弹。

5.1.3 红外定向对抗系统的优势

红外定向对抗系统是一个具有红外多波段、多功能,集探测、跟踪、瞄准、定位、对抗于一体的综合光电系统。其稳定精度、探测距离、自动跟踪精度都需要达到较高水平,发展红外定向对抗技术,是军用飞机等平台对抗红外导弹、提高自卫生存能力的需要。

1) 保护平台的广泛性

红外定向对抗系统可以装备所有的战机,可以根据不同平台的特点来优化系统配置,主要从红外辐射特性、结构特点、气动特性和供电方面考虑。对红外辐射较强的大飞机,如远程运输机、轰炸机、战斗机、专装飞机等,为了增强其防御先进红外制导导弹的能力,需要红外干扰机提供相对较高的干扰功率。

2) 对抗导弹的多样性

随着光电传感器的性能不断改进,武器系统抗干扰能力也在不断提高,特别是红外导弹采用先进技术,提高抗干扰能力,降低了现有红外对抗手段的对抗效果。红外导引头对目标信号的提取方式由点源调制盘旋转扫描、圆锥扫描,发展到光机扫描成像和凝视成像等多种。一般红外诱饵等对抗措施只能针对几种导弹,特别是难以用传统的方法干扰第三、第四代红外导弹。而红外定向对抗系统可以对抗所有类型的对空红外制导导弹,是一种全能型的对抗手段。

相对于传统的光电对抗手段而言,红外定向对抗系统具有更多的优点。红外定向对抗是一种集束压制式红外干扰,对能源的利用效率更高、更合理。红外定向对抗系统将有限的能量集中在较窄的方向,对目标而言,能够得到较大的干扰功率来压制、致盲导弹的光电传感器。

5.2 红外定向对抗干扰原理

利用波长、功率适当的红外定向对抗光束直接照射的红外导弹导引头,使得其内的光电探测饱和,失去目标位置信号,或者使探测器致盲以及直接停止制导工作的行为称为红外定向对抗过程。

5.2.1 红外定向光束对导弹 AGC 的干扰原理

导引头信号处理电路中的自动增益控制使信号电平保持某个恒定值。信号的动态范围与特定目标、信号随目标姿态角的变化以及弹目交会距离有关。调节增益变化的时间常数原则上是按信号大小因距离缩短而增加的速度确定的。干扰自动增益的一种普通方法是：将干扰发射机的辐射进行调制，并通过某种方式使其打开与关闭时间与 AGC 的响应时间相对应。这类干扰发射的目的是在尽可能大的工作周期内使导引头不能接收正确的目标跟踪信号。当干扰发射机突然关闭时，导引头必须增加其增益电平，使目标信号提高到工作范围内；当干扰发射机再打开时，导引头信号就被迫处于饱和状态。若干扰发射机的辐射电平相对目标很大，AGC 的干扰就破坏导引头的跟踪及导弹的制导功能。这种干扰方法的干扰效果与干扰压制比、用于提高和降低信号 AGC 的时间常数以及信号处理的类型等因素有关。

另外，采用这种干扰方法还可以造成导弹丢失一帧或连续丢失几帧目标信号的情况出现，可以增大导弹的脱靶率。

5.2.2　饱和干扰

饱和干扰是将大的干扰信号辐射入导引头光学系统中，使其信号处理电路主要是探测器的前置放大器饱和。信号饱和干扰方法对处理与幅值有关的信号的导引头（如脉冲编码导引头）危害更大。但这种干扰原理也有其不足之处：在具有较大的 AGC 动态范围（如 100dB）的导引头中，要使信号达到饱和状态是不容易的。好在红外制导导弹前置放大器的动态范围一般在 60dB 左右，因此，饱和干扰也不失为一种可以研究的干扰原理。

5.2.3　红外定向光束对光电探测器的损伤

红外导引头采用的红外探测器主要有光导型和光伏型两种材料，对红外辐射的吸收能力一般比较强。因此，入射在它上面的光辐射大部分被吸收，使其温度上升，从而降低灵敏度，或者造成不可逆的热破坏，包括热分解、破裂、熔化、碳化、汽化等。当然，这需要提供很大的到靶功率密度。

光电探测器的激光损伤阈值的定义和标准不同。目前比较公认的标准为：把光电探测器的响应率不可逆地减少了 10% 的入射光功率定义为开始发生损伤的阈值，把探测器的响应率不可逆地降到 1% 以下时的入射光功率定义为探测器的严重损伤阈值。不同的光电探测器，受激光照射所引起的热破坏机理不同，所以对损伤阈值确定的方法也有所不同。

1）光电导探测器

光电导探测器在激光作用下将形成光生载流子，光强越大，载流子浓度越大，达到一定程度产生饱和现象而无法形成图像，便可实现干扰目的。光照下光导探

测器的非平衡载流子浓度为

$$\Delta n = \left(\frac{\alpha \eta I}{\gamma} \right)^{1/2} \tag{5.1}$$

式中:α 为探测器对入射激光的吸收系数;η 为形成光生载流子的量子效率;γ 为复合系数;I 为入射光强。

式(5.1)可以表示为

$$\Delta n \sim I^{1/2} \tag{5.2}$$

若光电探测器进入暂时性的饱和状态,而无法正常工作,则称为软损伤;若探测器产生不可逆的热破坏,则称为探测器的硬损伤,其对应的光照度即为损伤或者干扰阈值。

2）光伏型(PV)光电探测器

在入射激光作用下,光伏型光电探测器将产生光生电压 V_{DC},即

$$V_{DC} = \frac{KT}{e} \ln \left(1 + \frac{I_p}{I_s} \right) \tag{5.3}$$

式中:K 为玻尔兹曼常数;T 为绝对温度;e 为电子电荷;I_p 为光生电流;I_s 为反向饱和电流。

若当入射光功率恰好使探测器进入饱和区,无法正常工作,则称为光伏探测器的软损伤阈值。若当入射激光功率使探测器内电流剧增,造成不可逆的热破坏,则称为探测器的硬损伤阈值。

3）对探测器的热效应

在激光照射下,探测器吸收的能量转化为热量,使探测器的温度升高。设入射激光的功率为 P,则被吸收的光功率为

$$P\alpha(\lambda) = 4.18Mc\Delta T \tag{5.4}$$

式中:$\alpha(\lambda)$ 为探测器的光谱吸收系数;M 为探测器的质量;c 为探测器的比热容;ΔT 为探测器的温升。

若当探测器的温度升高,恰好使探测器材料的有序排列混乱,探测器无法正常工作,则称为探测器的软损伤阈值。若探测器的温度剧增,使探测器产生不可逆的热破坏,则称为硬损伤阈值。

但是各类红外探测器的干扰和损伤阈值受干扰辐射时间、干扰样式、干扰激光波长、探测器和光学系统的结构、探测器材料的光学和热学特性等因素的影响较大,每种导引头可能都会有不同的干扰阈值,红外定向对抗系统的干扰功率和干扰样式等技术指标需要根据多种导引头的对抗试验得出。

4）干扰激光对探测器致盲的功率估算

以基模高斯激光束为模型讨论激光对光电探测器致盲距离与损伤区尺寸。设

激光器发出的总功率为 P_T,则在离开发射系统 z 处的光能量分布函数(辐照度分布函数)为

$$E(r \cdot z) = \frac{(40\ln\pi/9\pi)P_T}{(D_0 + z\beta)} e^{-\frac{(4\ln10)r^2}{(D_0 + z\beta)^2}} = \frac{3.2575P_T}{(D_0 + z\beta)^2} e^{-\frac{9.2103r^2}{(D_0 + z\beta)^2}} \qquad (5.5)$$

式中: D_0 为激光出射孔径; β 为输出束散角。

取红外探测器光敏面上的辐照度 $E(r \cdot z) = ED_{0.5}$ 时,干扰概率达到 50%,为讨论阈值功率的标准($ED_{0.5}$ 称为干扰阈值),令此时的光束半径为 $r = ED_{0.5}/2$,将其代入式(5.5),可得

$$D_{0.5} = \frac{D_0 + z\beta}{\sqrt{\ln10}} \left[2\ln \frac{L}{D_0 + z\beta} \right]^{\frac{1}{2}} \qquad (5.6)$$

其中

$$L = 1.8049 \sqrt{\frac{P_T}{ED_{0.5}}}$$

L 为特征长度。该式表示光束干扰范围随光波传输距离 z 而变化的规律。

把激光致盲的最大作用距离代入上式,可得

$$L = D_0 + z_{0.5}^{\max} \cdot \beta \qquad (5.7)$$

最大干扰区直径为

$$D_{0.5}^{\max} = 0.4L = 0.7214 \sqrt{\frac{P_T}{ED_{0.5}}} \qquad (5.8)$$

即最大干扰区位于最大作用距离 $z_{0.5}^{\max}$ 的 60% 处。从以上讨论可以得出如下结论:光束最大干扰距离 $z_{0.5}^{\max}$ 与激光输出功率和损伤阈值之比的平方根成正比,与束散角 β 成正比,因而提高干扰功率和压窄束散角是增大作用距离的有效措施。

5.2.4 大气湍流对定向激光光束的影响

红外定向对抗系统的初始作战距离一般为 3~5km,作战高度从海平面一直到飞机飞行的最高飞行高度。大气湍流对干扰光束会产生一定的影响。大气湍流对激光传输的影响主要反映在三个方面,即光强闪烁、光束方向抖动、光束扩展。

1) 光强闪烁

从干扰原理上,需要对干扰激光进行人为的调制,但是光强闪烁对干扰样式和信号结构的负面影响是不容忽视的,在总体技术指标设计时要对光强起伏的影响给予重视。激光束在湍流大气中传输一定距离 z 后,光斑分裂成许多光斑,其大小为 $\sqrt{z\lambda}$ (菲涅耳区尺寸, λ 为光的波长)的量级,于是光斑内各点之间光强大幅度

起伏,而且随着时间无规律涨落,这就是大气湍流造成的光束强度的闪烁现象。光强闪烁使得光脉冲波前上照度发生明显起伏,在光束传播的横截面上,服从对数正态分布。湍流引起的光强闪烁使得激光干扰红外探测器的效能下降。

2）光束方向抖动

湍流使大气局部出现折射率梯度,因而使光束偏离原来的传播方向。这对需要在几千米外瞄准点的定位是十分有害的,而且随时间漂动,这种现象称光束传播方向的抖动,其具体表现形式有下面几种。

（1）光斑位置的跳动。光束传播方向以一个统计平均的方向为中心作随机跳动,其频率为几赫到几十赫。

（2）光束传播方向缓慢变化。

（3）光束的分裂与散布。当湍流造成的折射率不均匀区域的尺度小于光束直径时,光斑会不同程度地出现许多子光斑,形成光束的分裂和散布。试验证明,光束漂移的角度与湍流强度有关,与光波长无关,与传播距离 z 成正比,与发射孔径的立方根成反比。漂移角的饱和值约为 $50\mu rad$。

因此,光束由于传播引起的角度抖动在红外定向对抗系统总体设计时是不能忽略的。

3）光束扩展

湍流所引起的光束扩展效应由三个因素产生:几何发散、衍射扩展和湍流扩展。这样到达导引头上的光斑直径为

$$d_{eff} = \sqrt{d_g^2 + d_r^2 + d_t^2} \tag{5.9}$$

式中:d_g 为几何发散项;d_r 为衍射扩展项;d_t 为湍流扩展项。

由衍射决定的包含光源光束质量在内的光束半径 ρ_r 可表示为

$$\rho_r^2 = B^2 \frac{z}{K^2 \rho_0^2} + \rho_0^2 \left(1 - \frac{z}{f}\right)^2 \tag{5.10}$$

式中:ρ_0 为光源的 $1/e$ 光束半径;f 为光系统的焦距;z 为传输距离;B 为表征原来光束质量的参数,K 为 $2\pi/\lambda$。

湍流引起的激光束的扩展半径为

$$\rho_t^2 = \frac{4z^2}{K^2 W_0^2} \tag{5.11}$$

式中:W_0 为湍流中球面波的横向相干长度。

对于短波长的激光束来说,衍射项可忽略。若在强湍流条件下,主要由湍流的扩展项决定;在弱湍流条件下,几何扩展项为主。对于长波长的激光束,则需要考虑的衍射扩展项的影响。光束扩展直接影响导引头光学系统上的平均接收光强。

5.2.5 干扰功率与干扰阈值的数学关系

如果红外定向对抗系统采用 3W 高重频脉冲激光器，则将具备使 3~5km 之间的红外成像传感器受到干扰并在 1000m 内实现饱和干扰的能力。根据系统目前主要针对飞机体积相对较大和飞行速度慢的特点，为达到 0.8 以上的干扰成功概率，干扰导弹的作用距离需要大于 3km。

干扰会聚到某一光学传感器上的激光功率（能量）密度，即

$$W_0 = 0.214 \left[\tau_0 \left(\frac{D}{d} \right)^2 \right] \left[\tau_0' \left(\frac{D_0}{n\lambda} \right)^2 E \right] \tau_a \frac{1}{L^2} \qquad (5.12)$$

式中：各参数典型取值情况为

接收光学系统参数：$D = 100\text{mm}$；$d = 30\mu\text{m}$；$\tau_0 = 0.8$；

激光发射光学系统参数：$D_0 = 30\text{mm}$；$n = 3$；$\lambda = 4\mu\text{m}$；$\tau_0' = 0.8$；$E = 3$。

根据 LOWTRAN7 计算，$3 \sim 5\mu\text{m}$ 激光在中等气象条件下的平均透过率 τ_a 如表 5.3 所列。

表 5.3 $3 \sim 5\mu\text{m}$ 激光在中等气象条件下的透过率

角度/(°)	距离/km			
	5	10	15	20
0（水平）	0.5025	0.3051	0.1917	0.1227
5 仰角	0.5206	0.3433	0.2524	0.2073
10 仰角	0.5415	0.4061	0.3611	0.3411
15 仰角	0.5642	0.4756	0.4506	0.4386

根据干扰阈值，推算所需干扰激光功率。采用与中波红外成像导引头技术指标相近的红外热像仪（表 5.4），利用其获得了成像导引头的干扰阈值。

表 5.4 红外热像仪与成像导弹位标器的相关指标对比

指标类别	导弹（以某型导弹为例）	红外热成像系统
工作波段/μm	3.5 ~ 5（InSb）	3.7 ~ 4.8（MCT）
帧频/Hz	80 ~ 120	60
光学孔径/mm	100 ~ 120	100
阵列形式	256 × 256	320 × 256
探测器 D*峰值/Jones	1×10^{12}	5.6×10^{11}

通过试验,得出红外热成像系统干扰阈值(光学系统前照度)。导弹红外成像导引头的工作特点,一般在距离目标 3~4km 处开始干扰,使导引头大范围搜索目标时即开始干扰,使导引头位标器始终处于搜索状态,锁定不了目标。

5.2.6 光谱与抗干扰

目前的空空导弹和地空导弹一般是采用硫化铅或者锑化铟器件,基本上处于 1~3μm 和 3~5μm 工作波段,采用固体激光经 OPO 参量振荡后的激光信号对抗 1~3μm 和 3~5μm 波段导引头。早期红外制导导弹上硫化铅探测器的工作波段一般为 1.8~3.2μm,在此波段内,利用同一台激光器二级泵浦光源进行干扰,干扰波长为 2μm 左右,并尽可能进行光谱展宽,用以克服导弹固定波长滤光片镀膜抗干扰的影响;3~5μm 固体激光可以通过调整晶体角度,选择多个支线,对抗导引头固定波长滤除功能。

5.2.7 干扰信号结构

为取得较好的干扰效果,能够对抗多种帧频的成像系统,采用高重频二次包络的干扰信号结构。动态对抗试验证明,选择设计一种通用干扰信号结构代码,可同时对抗点源和成像制导导弹。

5.3 系统组成及功能

红外定向对抗系统应该具备对抗各种类型地空、空空红外制导导弹的能力,能够提高飞机生存能力。系统典型作战使用方式:当某一个方向有导弹来袭时,告警分系统接受导弹辐射并进行信号处理,设备判断导弹的来袭方位,使用来自内部姿态参照单元或飞机内部导航系统的数据校正自身的方位和俯仰,生成威胁源的方位/俯仰信息;并将时间和空间信息变换到飞机坐标中,报送至综合处理器进行信息处理,确认威胁,判断告警器和跟瞄设备的视差,以跟瞄的校准值为基础,传输威胁的方位、俯仰到干扰坐标中,分配一个或更多的干扰设备,转动转塔使红外跟瞄指向潜在的威胁方向,对红外跟瞄视场内观察到的潜在威胁排序,将跟瞄和干扰锁定到最可能的威胁(最高置信度水平)开始捕获跟踪,启动红外干扰激光束对准导弹导引头,发射红外干扰脉冲,实施干扰,使来袭导弹不能继续跟踪飞机。当目标受到干扰而脱离攻击航线后,综合控制器判断威胁解除后,则停止干扰,并使系统处于待机状态。此时告警系统处于对相应空域的监视状态。其对抗导弹过程如图 5.4 所示。

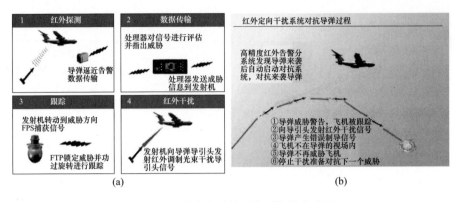

图 5.4　红外定向对抗系统对抗导弹过程

红外定向对抗系统的工作流程图如图 5.5 所示。

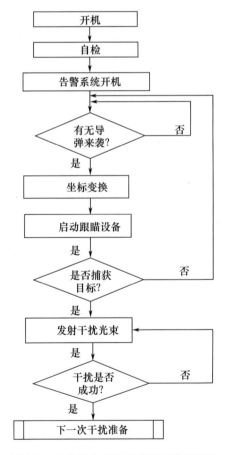

图 5.5　红外定向对抗系统的工作流程图

5.3.1　系统组成

典型的系统由综合处理器分系统、高精度红外告警分系统、精确跟踪瞄准分系统、红外干扰分系统、转塔分系统、地检或者校准分系统、对抗效果试验分系统 7 个部分组成。

综合处理器分系统包括显示单元、控制单元等。

高精度红外告警分系统包括红外告警接收机、校正装置、自动调焦装置和告警处理器和坐标变换处理器。

精确跟踪瞄准分系统包括红外成像装置、校正装置、自动调焦装置和信息处理器等。

红外干扰分系统由 OPO 激光器、激光信号结构控制设备、组间隔分时输出控制、光束整形光学系统、电源调制器等组成。

转塔分系统由多框架转塔壳体、惯性测量装置、测角/测速元件、被动减震器、运动执行机构、控制器、环控装置等组成。

地检分系统包括功能检测单元、故障检测单元、分系统位置检测单元等。

对抗效果试验分系统包括静态检测单元、动态检测单元、实弹打靶检测单元等。

系统组成框图如图 5.6 所示。

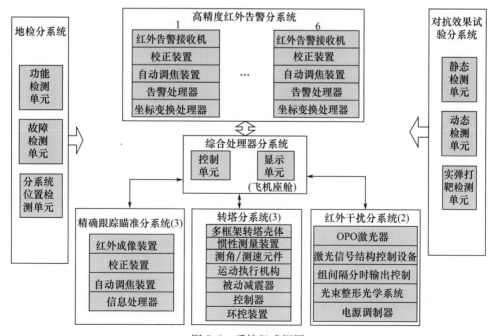

图 5.6　系统组成框图

5.3.1.1 综合处理器分系统

综合处理器分系统是红外定向对抗系统的控制和决策单元,负责控制整个系统的工作流程,接收各个分系统的信息,控制各个分系统的工作状态。综合处理器分系统工作流程描述如下。

综合处理器分系统上电后,接收其他分系统的自检信息及状态信息,并将信息显示,接收到关机命令后,通知各个分系统进行关机,并将关机回馈信息显示,提示可进行关闭电源操作。当接收到告警分系统传送的威胁目标信息后,进行角度坐标转换,对转换后的威胁目标信息进行威胁等级分类,将威胁等级最高的目标信息传输(分配)给精确跟踪瞄准分系统与转塔分系统,以引导合适的精确跟踪瞄准分系统与转塔分系统对威胁目标的捕获和跟踪。综合处理器控制红外干扰分系统的发射,并接收精确跟踪瞄准分系统与转塔分系统的反馈信息,进行干扰有效性判定,判定干扰成功后,控制红外干扰分系统停止发射或转向下一个威胁目标。

显示单元安装在飞机座舱内,为飞行员提供红外定向对抗系统的显示控制界面。显示单元上设计系统总控制开关,负责控制整个红外定向对抗系统开机、关机、接收并实时显示综合处理器传送的威胁目标信息、系统状态信息和反馈信息,为飞行员提供所需作战数据。

综合处理器与各个分系统的接口关系图如图5.7所示。

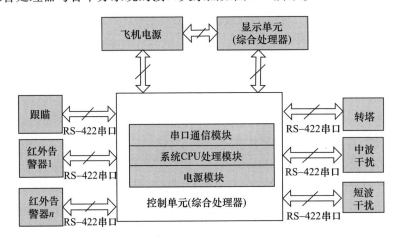

图5.7 综合处理器与各个分系统的接口关系图

5.3.1.2 高精度红外告警分系统

高精度红外告警分系统除了要提供导弹逼近的告警信号以外,还要给出来袭导弹的精确方位参数,以便引导精确跟踪瞄准分系统、转塔分系统,使干扰光束能准确照射来袭导弹的导引头。对高精度红外告警分系统的主要要求是虚警率低、探测距离远、响应时间短、定向精度高、体积小、质量小等。高精度红外告警分系统要全方位探测来袭导弹在助推段来自导弹发动机尾焰中的红外辐射,一旦发动机熄火,红外告警器还可探测来袭导弹的气动加热辐射。

高精度红外告警分系统可采用面阵凝视器件,通过设计大视场的红外光学镜头,单个传感器视场为 $75° \times 60°$ 或者 $90° \times 90°$。根据装机平台的具体要求和条件,采用 4 个或者 6 个传感器形成必要的警戒范围,探测距离一般要大于或者等于 10km 导弹的作战距离。红外告警器主要由光学成像机构、调焦机构、电源稳无和变换、信息处理器、图像监视器等部分组成。其组成框图及各部分之间的接口关系如图 5.8 所示。

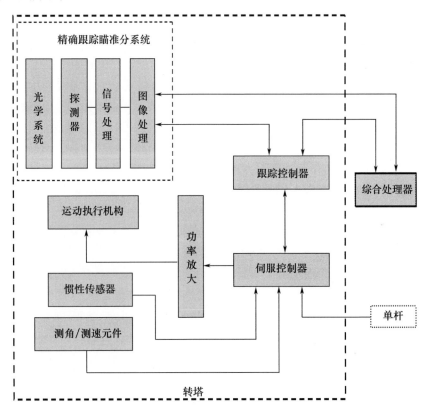

图 5.8 红外告警器组成及各部分之间的接口关系示意图

来自目标和背景的红外辐射经过红外窗口进入红外光学镜头,红外光学镜头的主要功能是聚焦来自物方的红外辐射,使之成像在探测器焦平面上,可以根据环境温度变化自动调节光学镜头焦距。探测器焦平面上的光敏元阵列将红外辐射转换成光电子,由读出电路按一定的时序读出,经过 A/D 转换、数字滤波等一系列预处理后,可输出视频图像。数字图像处理电路对信号采集电路采集的数字视频图像进行进一步的图像处理,提取目标的信息。如果提取到导弹等威胁目标的信息,进行坐标变换,发出威胁告警并将目标方向信息和图像信息发送到综合处理器。校正机构根据需要进行自动非均匀性校正,保证系统告警器成像质量。调焦机构是对光学系统随温度变化出现焦距变化而进行微调的部件,其主要功能是控制目标像点能够汇聚到探测器焦平面上,保证系统的灵敏度。

5.3.1.3　精确跟踪瞄准分系统

精确跟踪瞄准分系统在高精度红外告警分系统引导下以小视场对指定区域进行搜索,判断出目标的精确方位,实时提供来袭导弹运动参数。

精确跟踪瞄准分系统一方面为干扰系统提供精确的瞄准方向,通过对红外图像分析、计算,为转塔提供威胁目标脱靶量信息。另一重要用途是可提供导弹目标视线角速度等数据,据此可识别威胁、判断干扰是否有效。精确跟踪瞄准分系统安装于转塔上,可由转塔转动实现 360° 范围内的目标跟踪。精确跟踪采用小视场,探测器采用红外焦平面探测器,工作在 $3 \sim 5\,\mu m$ 波段,可实现不大于 $0.1\,mrad$ 的角分辨力。精确跟踪瞄准分系统由红外光学镜头、红外探测器、信号读出电路、红外图像处理电路、调焦机构、校正机构等组成,如图 5.9 所示。

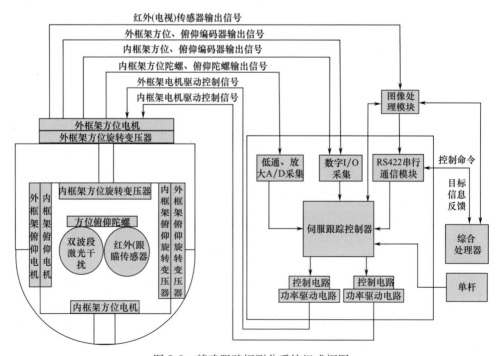

图 5.9　精确跟踪探测分系统组成框图

红外跟瞄传感器的主要任务是捕获并精确跟瞄威胁目标,所以应当采用帧频较高的面阵探测器提高跟瞄精度。可采用 3~5μm 波段的中波红外焦平面阵列传感器。信号读出电路完成 A/D 转换功能,输出数字视频信息。红外图像处理电路对采集的红外图像进行威胁目标的提取,给出威胁目标的各种信息,并上报综合处理器,同时将目标脱靶量信息实时传递到转塔分系统。同样,校正机构根据需要进行自动非均匀性校正,保证系统告警器成像质量。调焦机构是对光学系统随温度变化出现焦距变化而进行微调的部件,其主要功能是控制目标像点能够汇聚到探测器焦平面上,保证系统的灵敏度。

5.3.1.4　红外干扰分系统

红外干扰分系统由 OPO 激光器、激光信号结构控制设备、组间隔分时输出控制、光束整形光学系统、电源调制器等组成。

OPO 激光器位于转塔内,可利用二极管激光器泵浦非线性晶体输出 3~5μm 波段内的激光。激光头由耦合系统、制冷系统、2μm 谐振腔、OPO 谐振腔、扩束系统组成。二级泵浦源产生短波红外干扰光束,非线性晶体输出中波红外干扰光束。

激光信号结构控制设备用于产生对所有红外制导导弹均取得良好干扰效果的干扰样式。组间隔分时输出控制完成双波段干扰光束的快速切换,使两组干扰光束准同时输出。光束整形光学系统对干扰光束输出进行准直,压缩其发散角,使其满足战术使用要求。电源调制器主要为激光头提供正常工作所需要的电源、泵浦光源以及接收外部指令实现激光器的开关、激光调制包络频率的改变、工作状态的转换等功能。电源调制器由激光二极管、激光二极管电源、耦合元件、温控电路、半导体制冷片、散热器、风扇、射频电源、控制电路以及滤波/电源组成。红外干扰分系统组成框图如图 5.10 所示。

耦合系统:用于将由光纤输入的二极管激光准直并聚焦于 2μm 激光晶体内。制冷系统:用于保持 2μm 激光晶体的正常工作温度。2μm 激光器谐振腔:用于产生 2μm 激光输出。OPO 激光器谐振腔:用于产生 3~5μm 激光输出。激光二极管:可发射 795nm 波长泵浦激光。激光二极管电源:为激光二极管提供工作电源。耦合元件:用于将激光二极管发出的激光耦合进光纤。激光二极管电源:为激光二极管提供电源。半导体制冷片:具有制冷和制热的功能,能够为激光二极管提供一个稳定的工作温度。散热器:及时将热电制冷器所产生的热量散发到空间中,以保证热电制冷器的工作性能。风扇:强制风冷,将散热器中积存的热量通过对流散发到外部空间。温控电路:将温度传感器探测到的激光二极管工作温度与预设温度比较,根据比较结果调整热电制冷器的工作电流,从而调整热电制冷器制冷量的大小,实现激光二极管工作温度的稳定。其中,对于室温工作激光器,需为 2μm 激光晶体所用热电制冷片提供电源及温度控制。射频电源:为声光调 Q 器提供

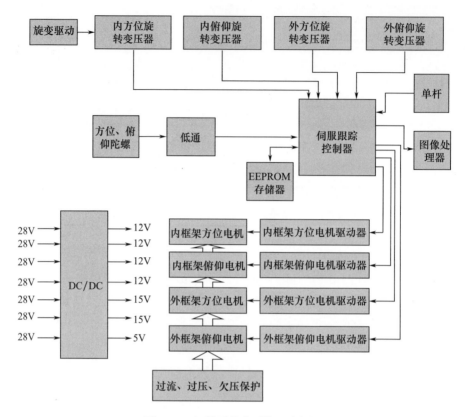

图 5.10　红外干扰分系统组成框图

电源,同时具有温度检测功能,当声光调 Q 器温度过高时实施断电保护。控制电路:对激光二极管电源、射频电源以及温控电路实施控制,实现激光器的开、关以及调制包络频率的控制功能。滤波/电源:完成电源变换,将机载 28 V 直流电源经滤波后转换成射频电源、激光二极管电源以及温控电路、风扇所需要的电源。

5.3.1.5　转塔分系统

转塔分系统是精确跟踪瞄准、红外干扰等分系统的载体,是进行快速转动和稳定瞄准的承载平台,是满足系统响应时间的保证。其主要的功能:根据综合处理器分系统的告警信息,配合精确跟踪瞄准分系统,稳定跟踪来袭导弹,将双波段激光干扰光束对准导弹目标进行干扰。

装备精确跟踪瞄准分系统的转塔分系统具有捕获(由综合处理器引导)、跟踪、瞄准等功能。捕获是根据综合处理器的告警信息引导捕获传感器捕获目标,将目标的脱靶量送至跟踪回路,转入跟踪;跟踪时,跟踪补偿器根据多次目标脱靶量与转塔实时方位、俯仰信息预测下一时刻的目标方位、俯仰坐标,传递给伺服系统,由电机驱动机架跟踪目标;瞄准则是根据各种传感器测量的数据对跟踪系统机架进行修正控制,以便精确对准目标。

系统有以下几种工作模式。

1)锁定模式

系统上电、初始化完成后,自动转入锁定模式。该模式下探测器启动并有视频输出,传感器被锁定在塔座上,锁定模式由启动后自动转入。

2)随动模式

跟踪转塔具备位置、速度等随动功能。

3)自动/手动跟踪模式

自动跟踪模式下伺服控制系统根据主控计算机的引导信息,自动捕获目标,接收图像处理单元(主控计算机)发送的红外方位、俯仰脱靶量数据,控制平台将红外传感器视轴指向目标,以减小红外脱靶量。

手动跟踪模式下主控计算机采集单杆的控制信号,将命令和数据传给伺服系统,由伺服系统控制平台产生相应运动,捕获目标,进行自动跟踪。

4)区域扫描模式

转塔可根据命令在一定区域范围内,以给定速度进行往复扫描。

这几种方式由综合处理器按工作流程进行自动切换。

内装温度探测器,实时监测球内温度,决定是否采取温控措施。

整个转塔分系统由伺服跟踪控制器、转塔壳体、功率放大、伺服执行机构、惯性传感器、测角/测速元件等组成。转塔分系统功能框图如图 5.11 所示。

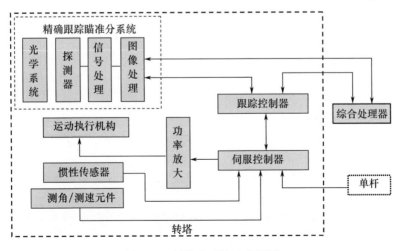

图 5.11　转塔分系统功能框图

其各个部分完成的主要功能如下。

（1）惯性传感器：用于载体扰动速度的获取。

（2）转塔：由稳定平台（精确跟踪瞄准分系统与红外干扰分系统的载体）以及转塔等机械机构组成。

（3）跟踪控制器：负责与精确跟踪瞄准分系统、综合处理器分系统的通信，协调转塔的管理工作，跟踪模式时进行目标速度、位置的预测等。

（4）伺服控制器：转塔位置、速度等传感器的信息接收，进行转塔的运动控制，产生执行机构的控制参数。

（5）功率放大：根据伺服控制器的信号，产生 PWM 驱动电机进行运动。

（6）测角/测速元件：由旋转变压器测角，再采用后向差分的方法得到实时的速度。

（7）单杆：主要是调试时使用，参照图像信息，控制转塔转动，可以转入自动跟踪。

5.3.2 系统功能实现方法

5.3.2.1 综合信息处理器

综合信息处理根据导弹告警系统指示的导弹来袭方位，对精确跟踪系统数据进行分析，识别真目标，根据威胁数据库，进行威胁等级分类，实时进行干扰有效性评估，控制干扰分系统发射或停止干扰。将有关作战数据送控制显示器进行显示。根据综合处理器发送来的导弹威胁数据及系统工作情况，显示当前威胁方位、威胁等级及系统工作状态等信息，控制系统工作模式。

综合处理器要完成各个外部设备信息交换、信息处理以及显示控制功能，涉及多个任务的协调和全部信息处理，而红外定向系统本身又是对实时性要求很高的系统，尤其在关键任务的处理上，更是要求处理的及时性很强。因此，综合处理器的软件系统平台选择实时性很强的操作系统，而非一般的通用分时操作系统。系统在软件设计上采用模块化设计，各模块采用独立线程，分别运行于独立的地址空间，避免相互干扰。系统主要包括自检模块、工作状态切换、告警信息处理、干扰效果判定、显示、接口通信模块以及数据库。

指挥干扰发射单元对来袭的导弹进行干扰是综合处理器的重要功能。因此，采用优化算法对综合处理器对导弹告警分系统提供的威胁目标信息（时间和空间信息）进行处理，将最大的威胁目标信息发送给发射机。同时，对来袭的威胁目标信息进行快速记录和调用。

目标威胁等级分类的方法：对接收到的威胁目标信息按导弹告警分系统发送

的目标批次进行排序。对于相同批次的目标,先按导弹告警分系统给定的威胁等级进行排序,如果威胁等级相同,再按目标亮度与背景灰度差值的大小进行排序。

最大威胁的判断方法:在收到告警信息 0.2s 内,对威胁目标的威胁度进行判断。如果跟瞄转塔处于锁定状态,则将当前的威胁目标信息发送给跟瞄转塔;如果跟瞄转塔处于跟踪状态并且目标的威胁度大于正在跟踪目标的威胁度,则将当前的威胁目标信息发送给跟瞄转塔;如果跟瞄转塔处于跟踪状态并且目标的威胁度小于等于正在跟踪目标的威胁度,则将威胁目标信息进行存储,不向跟瞄转塔发送告警信息。

导弹逼近告警分系统工作过程是全自动的,不需要人工干预。当导弹发射后,便自动发送告警信息给综合处理器。综合处理器是系统的信息处理单元,负责其他各个分系统的自检、启动、停止以及各种工作模式切换、参数设置等,并且显示目标信息,提供人机图形接口。

综合处理器接收到告警信息后,做出判断,将威胁等级最高的目标信息传送给跟瞄发射转塔,转塔内的精确跟踪瞄准分系统在导弹逼近告警分系统的目标位置信息引导下以小视场对指定区域进行搜索,判断出目标的精确方位并对其进行精确跟踪,实现干扰光束瞄准,并向综合处理器实时提供来袭导弹运动视线角速度等数据。转塔是跟踪传感器、相干光与非相干光干扰头负载的稳定载体,也是跟踪瞄准的执行机构。转塔可采用四框架结构,两轴稳定的方法,对跟瞄与干扰视轴进行整体稳定。外框架主要用于引导过程中的粗跟踪,克服飞机飞行过程中风阻力矩的影响。内框架上装有稳定平台,稳定平台是跟瞄传感器、干扰分系统、陀螺仪等的承载平台,内框架在外框架内实现两轴小角度转动,控制精度主要由内框架系统实现。

伺服机构对目标进行精确跟瞄的同时,干扰分系统发射窄光束的高能红外脉冲,对目标照射,实施干扰。干扰分系统采用近、中波红外激光器作为干扰源,光束发散角小于 3mrad,可以产生更高能量密度的中波红外辐射脉冲,达到增强对抗能力,保护载机的目的。

当一次干扰完成后,由综合处理器控制停止发射,转入待机状态。

综合处理器软件从内容上划分,系统主要包括自检、工作状态切换、告警信息处理、干扰效果判定、显示、接口通信以及数据库。

(1) 自检模块:系统在上电后,进行系统自检,再进入待机工作状态。自检模块负责向高精度红外告警分系统、精确跟踪瞄准分系统、红外干扰分系统和转塔分系统发送自检命令。自检模块同时负责实时监控各个分系统的工作状态,实时接收状态回馈信息,送至显示单元显示,如果出现故障,显示故障信息。

(2) 工作状态切换模块:工作状态切换模块负责控制高精度红外告警分系统、

精确跟踪瞄准分系统、红外干扰分系统和转塔分系统在不同工作状态或工作方式之间切换。工作状态切换模块设置各分系统的工作方式命令格式,设置各分系统的启动/停止状态命令格式。同时,实时监控各分系统的工作状态,并将各个分系统的工作状态送显示单元显示。

(3)告警信息处理模块:告警信息处理模块对每个红外告警器提供的威胁目标信息(时间和空间信息),以转塔为基准,进行实时角度信息转换,消除红外告警器和红外干扰分系统的视差。根据总体方案,各个红外告警器与转塔之间的距离小于3m。对大于3km的远目标,红外告警器与转塔之间的误差夹角小于0.057mrad,满足转换精度要求,故可以将红外告警器与转塔近似为同轴,在进行角度信息转换时,只进行零位变换。告警信息处理模块对接收的威胁目标信息进行威胁等级分类,将最可能的导弹威胁方位、俯仰信息传输给红外干扰分系统。同时告警信息处理模块需要对每次来袭的威胁目标信息进行记录。

(4)干扰效果判定模块:干扰效果判定模块实时接收转塔的反馈信息,根据转塔的反馈信息,进行干扰有效性判定,判定干扰成功后,综合处理器控制红外干扰分系统停止发射或转向下一个威胁目标。在本系统的评估中,干扰成功和干扰不成功的定义如下:如果红外定向对抗系统使导弹产生一个足够大的脱靶量,使飞机逃离了导弹的攻击或导弹爆炸时飞机在导弹爆炸半径之外,那么此时的干扰是成功的,否则认为干扰是不成功的。干扰成功与否的判定准则,可根据干扰前后导弹的位置信息判定。

(5)显示单元:显示模块负责实时显示当前来袭导弹的威胁方位、俯仰等威胁数据、各分系统工作状态、工作方式信息,以及系统当前所处的工作模式。

红外寻的导弹的导引方法主要有前置量追踪法、平行接近法和比例导引法。如果干扰后导弹的运动轨迹与按照红外寻的导弹导引方法推算的轨迹有较大变化,或在干扰过程中导弹相对于飞机的方位、俯仰发生较大变化,则认为干扰是成功的。

5.3.2.2 告警

产生告警信息后,需要在综合处理器中形成目标的方位和俯仰信息,并进行坐标变换,转换成精确跟瞄系统坐标,以便精确跟瞄系统进行瞄准。告警信号处理速度和容量以及告警精度必须满足系统要求。具体实现方法如下。

1)光学系统技术及光机扫描

红外告警系统一般要求有大的搜索视场、较高的空间分辨力和较高的探测灵敏度。采用面阵凝视系统,采用的640×512像素焦平面探测器空间分辨力高;红外成像系统的灵敏度很大程度上取决于所选用的光学系统入瞳直径的大小,其入瞳直径是由成像镜头决定的,配置的是中等焦距的成像镜头,可使系统的灵敏度也

非常高。可彻底解决红外告警系统的探测距离远、大视场和高分辨力几个相互矛盾的要求。

2）高速红外信号实时处理

由于扫描范围大，空间分辨力高，扫描速度快，产生的图像数据量非常大，这对数字信号处理系统的存储能力、数据吞吐量和运算速度都有很高的要求。采用普通的图像处理系统设计技术就难以进行实时处理。可采用基于多片数字信号处理器（DSP）与现场可编程逻辑门阵列（FPGA）的红外图像实时处理系统的设计方法，按功能模块分为预处理和中心处理，通过合理地分配、调度数据流，使得该系统具有高速、大容量的特点，满足系统实时性的要求，并具有可编程性好、可扩展性强等特点。

3）图像处理

红外告警一般是热点探测方式，这种方式下目标只能占据一个或很少几个像素。红外图像的背景一般可分为大气云层背景、海杂波背景和地面起伏背景等。背景强度一般很高，同时探测器焦平面内的噪声也很强。在低信噪比情况下，目标的强度相对较低，往往淹没在强背景噪声里，并且由于小目标缺乏几何形状、纹理结构等特征，可供检测识别系统利用的信息很少。因此，为了突出小目标，提高信噪比，从而提高目标检测概率，采用多种图像处理算法对红外小目标图像进行检测前的背景抑制和噪声削减，如综合高通滤波、Top – Hat 算子、小波分解、Wiener 滤波四种背景抑制算法，最大限度地提高图像信噪比；选择面积比目标小的图像元，对背景对消后的图像进行形态开运算，除去面积小于该图像元的虚假目标点，进一步降低了虚警率；并把最具规律的几个统计量（灰度均值、灰度方差和面积）作为特征不变量对检测结果进行验证，把目标和强噪声点区别开。试验证明，采用这些算法对于单帧红外告警系统来说是非常有效的。

5.3.2.3　跟踪与瞄准

精确跟瞄分系统在导弹告警系统引导下以小视场对指定区域进行搜索，判断出目标的精确方位并对其进行精确跟踪，实时提供来袭导弹运动参数，实现干扰光束瞄准。通过精确跟瞄分系统为干扰分系统提供精确的瞄准方向、导弹目标视线角速度等数据，达到 $100\mu rad$ 以内的同轴配准，并克服机载振动的干扰。

系统需要将小视场红外跟踪瞄准设备、双波段激光干扰分系统等设备均集成到转塔中，不仅任务载荷多，而且要求占用空间小、跟踪精度高、反应速度快，技术上属于工程难点。具体解决方法如下。

1）采用大面阵红外焦平面阵列器件

跟踪瞄准传感器采用 640×512 中波红外器件，设计的光学系统弥散斑小于 $20\mu m$，基本可以做到单像素探测。在光学镜头设计中采用电子调焦方法，解决因系统工作的环境温度改变而引起焦距变化带来的成像模糊问题。

2）采用先进芯片进行处理

采用 FPGA 芯片,利用嵌入式 NIOS 软处理器进行图像的非均匀性校正和坏元替换。采用基于统计的方法对送显的图像进行自动增益控制,保证图像显示的灰度对比度。在信号处理单元对红外图像进行处理算法中采用了基于小波系数逐层配准、多帧积累、差分、统计滤波等方法,提高目标检测的敏感性。在目标跟踪时,综合应用目标亮度、形态、速度上的时空相关性,应用多相关自适应匹配器,稳定跟踪被捕获目标。同时采用"亚像素"处理方法,提高跟瞄光学系统指示精度。

3）数据与图像处理

对目标进行检测、跟踪,视频信号处理信息量很大,DSP 技术是解决问题的唯一有效途径。搭建基于一片 FPGA 和两片 DSP 芯片的硬件平台,利用 FPGA 芯片丰富的可编程逻辑资源和丰富便捷的 I/O 接口以及 DSP 强大的运算能力,可以为软件算法提供更多的选择空间,运用更复杂的软件算法,从而提高目标检测的概率和目标跟踪的精度。

在目标探测时,综合应用基于小波系数逐层配准、多帧积累、差分、统计滤波等方法,提高目标检测的敏感性。在目标跟踪时,综合应用目标亮度、形态、速度上的时空相关性,应用多相关自适应匹配器,稳定跟踪被捕获目标。

由于目标的红外辐射经过大气扰动会得到扩散,因此目标在红外焦平面上除投影出几个较强灰度的像素外,还会在目标周边呈现出若干灰度值位于目标灰度与背景灰度之间的"边缘像素"。利用这些"边缘像素"的位置,可以进一步增加在计算目标形心时的像素数目,进而得到更高精度的亚像素级目标位置解算精度,因此算法给出的位置精度可以由 0.1mrad 提高到 0.05mrad。

4）高精度陀螺速率稳定回路设计

陀螺稳定平台是光电跟瞄系统的一级稳定平台,可隔离载体的振动、克服载体姿态变化以及随机干扰对跟瞄系统的影响,将系统稳定在惯性空间,同时完成对运动目标的高精度跟踪。设计时需考虑结构布局、支承方式、抗震性、体积、质量及应用环境等因素,确定稳定平台的结构布局、支承方式以及确定电机、陀螺仪、检测元件等关键组成部件的类型。

5）转塔结构减振设计

机载平台系统的振动环境相对比较恶劣,气流波动及飞机发动机造成的振动经过弹性构件传递到稳定平台基座,从而引起平台环架和台体振动。稳定平台及其负载实际上是一个多自由度的弹簧－质量－阻尼系统,因此当激励频率和系统某阶固有频率相等时,将引起共振。强烈的振动通过振动干扰或整流力矩会使陀螺产生漂移,使视频图像模糊,交变干扰力矩也会使陀螺仪产生过大的角运动,所有这些最终都会降低平台稳定精度和跟踪精度,甚至造成目标丢失;同时,振动也会影响红外跟瞄分系统的使用性能。因此,根据机载平台系统对振幅及振动加速度的限制等要求,采用隔振技术及运动限位方法以减少对其性能的损害,对平台设计专门的隔振装置,保证系统核心敏感元件如红外成像系统及变焦光学系统的正常运转。

6)高精度跟踪控制回路设计

在位置、速度双闭环的基础上加入电流环,能改善速度回路控制对象的特性,提高速度回路的相位裕度,增加速度回路的低频增益,提高惯性速率环的控制效果,减少电流纹波,从而有效提高系统稳定精度及低速运行平稳性,进而能够提高控制系统的跟踪精度。为此设计实现三闭环控制,即从内到外依次为:电流环、速度环、位置环。电流环也可起过流保护作用,使系统工作安全可靠。在转塔结构设计加工中,在保证结构强度和刚度的同时减轻质量。考虑转塔负载各个传感器的质心位置及转动惯量的大小,使转塔负载重心保持在转塔中轴线上,转动惯量尽量均匀,并通过结构配重的方法使转塔内框架在各个位置保持较好的静平衡和动平衡,从而减小内框架有害干扰力矩,提高系统的稳定精度。

5.3.2.4　系统结构形式

采用四框架结构两轴稳定的方法,对跟瞄与干扰视轴进行整体稳定。精确跟踪瞄准分系统、红外干扰分系统及相应控制电路质量较大,若采用两框架平台结构对其进行稳定,很难达到所要求的精度。外框架包括外方位、外俯仰,主要用于引导过程中的粗跟踪,以及克服飞机飞行过程中风阻力矩对内框架上的传感器视轴的影响,还有一定的维持内部温度的作用,保证设备的跟踪和干扰达到总体设计指标要求,外框架也是内框架的承载平台。内框架上装有稳定平台,稳定平台是探测器、干扰源、陀螺仪等的承载平台,内框架在外框架内实现两轴小角度转动,并可扩大外框架的视场范围,平台的控制精度主要由内框架系统实现。

四框架两轴稳定平台结构形式,具有运动性好、稳定精度高等特点,能够实现对载机保护角度范围内威胁目标的探测或干扰,扩大有效的跟踪范围,也能够有效减轻平台的质量。转塔的四个框架分别由独立的控制系统来完成,其结构组成原理如图 5.12 所示。

A 环为外方位框架,E 环为外俯仰框架,a 环为内方位框架,e 环为内俯仰框架(台体),台体上装有被稳定负载及陀螺仪。陀螺仪分别敏感绕方位、俯仰轴向的干扰运动及真实角运动,并将敏感到的信号经稳定回路分别送到 a、e 环力矩电机,以产生控制力矩,驱动力矩电机运动。与此同时,安装在 e 环轴上和 a 环轴上的角度传感器将两个内环 e、a 相对两个外环 E、A 的角度偏差信号,经控制回路送到 E 环、A 环上的伺服电机,从而控制 E 环、A 环随动于 e 环、a 环。

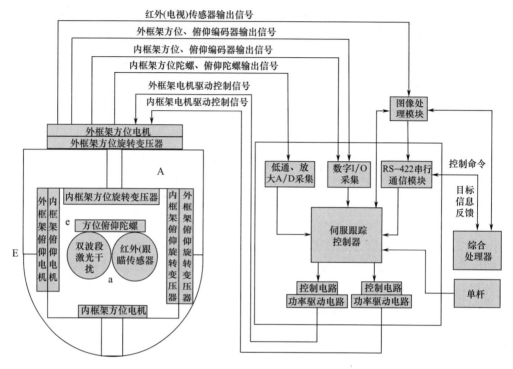

图 5.12　四框架转塔结构组成原理图

对两框架平台结构,当俯仰跟踪时,e 环作高低运动,它与 a 环不再相互垂直。当俯仰角很大时,可能形成框架闭锁致使系统失控。而对该四框架平台结构,由于加有 E 环、A 环及随动回路,当 e 环运动时,e 环角度传感器输出信号,控制 E 环同步跟踪。E 环的运动必然带动 a 环运动,从而保证了 e 环、a 环始终基本处于相互垂直状态,既保证了大俯仰角时的稳定精度和正常使用。

1) 硬件设计

转塔系统硬件组成框图如图 5.13 所示。

采用力矩电机直驱,高精度旋转变压器测角,压电陀螺测量载体扰动,基于 PC104 的数字控制形式,功率放大电路采用大功率晶体管脉冲宽度调制(PWM)控制的直流伺服驱动装置,采用 H 型双极模式 PWM 功率转换电路。采用体积小、驱动能力强的功率模块 SA03,具有集成功放外围电路简单、性能稳定可靠、控制功能全面的特点,可以有效地减少系统发生故障的可能性,提高系统可靠性。

方位俯仰的轴角反馈选择旋转变压器。与多极双通道旋转变压器相配套使用的数字转换器是一种小型化金属壳封装的单块混合集成电路,内部包含有粗、精两路旋转变压器的数字转换器和一个用于纠错粗精组合的双速处理器。

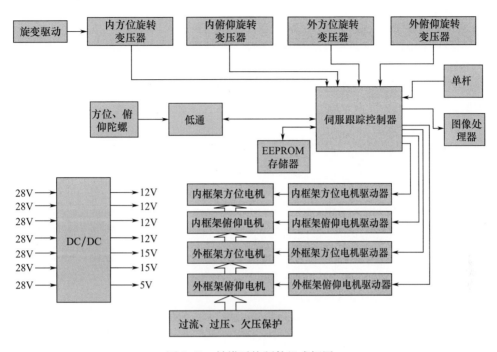

图 5.13　转塔系统硬件组成框图

　　选用基于总线的嵌入式工控机作为伺服控制计算机。跟踪控制计算机完成伺服控制器的对接口、时序控制、跟踪算法等;伺服控制计算机完成伺服控制器与旋变、陀螺等的接口,完成伺服控制算法等,都选用主频为 500MHz 的 SCM/SuperPT2 的核心模块板。AD、DA 功能模块板有四路 DA 提供给四个电机,AD 接口预留。数字 I/O 功能模块板采集旋转变压器的轴角信息。多串口功能模块板用于各个分系统的通信。PC104 电源转换模块板用于给 PC104 提供 5V 电源,给陀螺提供 ±12V 电源。

　　2) 系统软件设计

　　在软件设计时,将某些特定功能编写为固定函数,在主程序中只要调用所需功能的函数即可,这样充分利用了模块化程序设计的优点,使程序结构清晰,便于系统的调试和维护。

　　3) 稳定回路设计

　　转塔装载在飞机上,实现对来袭威胁导弹的干扰,要求跟踪精度为亚毫弧度,这个精度在地面上对于机动性不强的目标不难实现。在空中,飞机的振动、风阻以及系统本身的结构谐振频率等各种干扰都会较大地影响跟踪精度。本系统的最终目的是稳定干扰瞄准线,转塔上装有捕获跟踪器、两个干扰源以及部分控制电路,负载质量较大,采用被动隔离与整体稳定相结合的方法。

　　(1) 被动隔离。被动隔离法是将光电传感器安装在减振装置上,隔离载体的振动,减振器能隔离载体的高频低幅振动(20~500Hz)。

(2)主动稳定。经过减振后的低频振动仍会对系统的稳定产生影响,需要采用整体主动稳定法。减振装置被用于隔离载机的高频低幅振动,而对于低频振动,伺服系统通过陀螺稳定平台来克服来自载机的扰动。将红外干扰分系统、精确跟踪瞄准分系统与陀螺仪共同放置在稳定平台上,陀螺仪为敏感元件,可以检测到基座所受到的扰动,然后通过伺服控制系统补偿转台所受的扰动,达到稳定目的。

(3)速度回路设计。速度回路是跟踪控制系统性能的保障,它的性能直接影响着系统的动态特性及抗扰动能力。由仿真分析可知:稳定平台速率陀螺输出的角速率是一个周期为6s,幅值为0.14mrad的正弦信号,仿真结果表明系统可实现0.15mrad的稳定精度。

(4)跟踪方法。在跟踪过程中,由于目标由远及近,跟踪系统应该具有多种模式跟踪功能。导弹在远距离时以一个点的形式出现在探测器上,这时采用点跟踪模式,检测出目标位置,进行目标预测。在目标和探测器距离减小的情况下,图像逐渐覆盖较多的探测器,此时采用形心跟踪算法或匹配跟踪算法。设置自适应阈值、目标大小形状识别、运动方向识别、运动速度识别、目标预测、密度质心算法等多个子程序,由决策单元根据实际情况随时调用。

(5)目标预测。由于跟踪探测器只能给出目标的脱靶量,无法给出目标的运动速度等信息,所以在应用复合控制以及共轴跟踪系统中,要对目标进行速度等参数的预测,用到滤波预测技术。用滤波预测不仅可以预测目标位置,还可以修正动态滞后误差等,其跟踪系统精度较高,适合干扰较为严重的环境。采用卡尔曼滤波对目标进行预测,其主要优点是精度高。

5.3.3 多波段干扰

1)定向发射光学系统

红外定向对抗系统采用激光作为干扰源,而典型的中波激光器的光束发散角为8~20mrad,要产生更高能量密度的红外辐射脉冲,为达到指标匹配效果,可使干扰光束缩小到3mrad以下,覆盖导弹来袭方向,照射来袭导弹导引头。

干扰光束定向方法:为了满足发散角需求,要求光学发射系统具有准直扩束和连续变倍功能,通常,准直扩束系统是由两组透镜(主镜和副镜)组成的倒置望远系统,而且准直倍率是固定的。同时,这种准直扩束系统也是一个无焦光学系统。显然,用一组透镜是不可能实现准直扩束的,与此同时要想获得不同准直倍率,采用两组透镜组成的倒置望远系统也是不可能的。

采用三组透镜实现连续变倍与准直扩束功能。在三组透镜组成的无焦变倍准直扩束系统中,当一组透镜相对另一组透镜的像点也即这组的物点移动时,其放大率随之而变化。此时,如果这组透镜的像点与第三组的焦点重合,则整个系统就是一个无焦光学系统且出射光束半径会随着这组透镜的移动而不断变化,从而实现连续变倍与准直扩束功能。

激光发射系统实现激光束准直扩束并发射至远场。激光发射系统中的准直扩束部分实现在 $3 \sim 5\mu m$ 波段内连续扩束,其扩束比为 $5\times \sim 8\times$,采用三组"正 - 负 - 正"结构形式的扩束系统实现上述功能,扩束系统需要严格校正系统的球差、彗差和色差。

用一个短焦距透镜将高斯光束聚焦,以获得小腰斑,然后再用一个长焦距透镜来改善其方向性,就可以得到很好的准直效果。

根据理想光学系统的物象关系,采用三组或三组以上的透镜来实现无焦连续变倍与准直扩束的功能。在三组透镜组成的无焦变倍准直扩束系统中,当一组透镜相对其物点也即另一组透镜的像点移动时,其放大率随之而变化。此时,如果这组透镜的像点恰好与第三组的前焦点重合,则整个系统就是一个无焦光学系统,而且出射光束半径会随着这组透镜的移动而不断变化。由三组透镜组成的准直扩束系统,能够实现无焦连续变倍功能。设计的无焦变倍扩束镜采用"正 - 负 - 正"的结构形式;同时考虑到装调与调整简单可靠,把第二组透镜作为固定组,其他两组分别作为移动组与补偿组的组合移动方式来实现无焦连续变倍。

由于整个系统外形尺寸要求紧凑,如选定三组透镜的焦距分别为 20mm、−5mm、60mm。耦合透镜和扩束系统采用理化性能良好的硒化锌晶体,并在 $3 \sim 5\mu m$ 镀高效增透膜以减少反射损耗,可使激光发射系统的透过率达到 80% 左右。

2) 干扰光源干扰样式

对抗采用室温运行体制的激光器,要完成在机载条件下的干扰激光稳定输出和快速启动,采用调 Q 的方法对激光进行调制。

根据激光器的工作原理,要实现对光源的调制,有两种途径可以选择:一是对二极管激光器电源进行控制,使激光二极管的输出具有调制特性,从而实现对 OPO 激光的调制;二是对声光调制器电源进行控制,要实现 OPO 激光输出,通过声光调制器件对 $2\mu m$ 泵浦光进行调制,提高泵浦光的峰值功率,使之达到 OPO 激光器的振荡阈值。因此,通过控制调制器件的电源也可实现对 OPO 激光的调制。经过研究发现,若采用对二标管激光器电源进行控制,存在的主要问题是响应时间无法达到指标要求,关键在于 $2\mu m$ 激光器的散热问题,即半导体激光器泵浦 $2\mu m$ 激光器时无法在 1.5s 内达到热平衡,影响激光输出的稳定性。而采用对声光调制器电源进行控制,通过控制调制器的开关可以实现 OPO 激光的调制输出,存在的主要问题是首脉冲抑制,该调制器的开关过程中如果间隔时间过大就会产生一个巨脉冲,造成 OPO 腔的破坏,如果该问题能够有效解决,即可实现对 OPO 激光器的调制[4-6]。

采用第二种途径实现对激光器的调制时,通过控制电源的开关时间来抑制巨脉冲的产生。调制信号的产生主要通过控制电路来实现,控制电路是工作状态控制和干扰信号产生控制单元。它可预置干扰频率产生干扰控制信号,对射频电源、激光二极管电源进行触发控制;通过控制电源/调制器,可以调整声光调 Q 开关的频率,从而实现调整干扰信号的包络频率,并且还可以大大缩短干扰光源的响应时间,经测试,响应时间可达到 100ms 以内,为缩短系统响应时间提供了保障。

红外定向对抗系统要求干扰激光器体积小、质量小。同时,由于飞机上电源功率有限,因此要求激光光源的电光转换效率高,且抗冲击、振动性能要好。采用固体激光器,采用二极管激光器发射的激光泵浦 1.99μm 激光器,产生 1.99μm 的激光,再用此激光泵浦光学参量振荡(OPO)装置,通过非线性效应产生 3～5μm 波段的激光,利用 1.99μm 的激光和 3.8～4.2μm 波段的激光同时对 1～3μm 和 3～5μm 的导弹进行干扰,如图 5.14 所示。红外干扰分系统主要包括激光头、扩束系统及电源调制器。

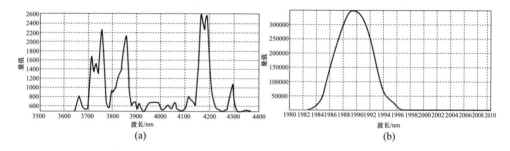

图 5.14　中波固体激光输出波长

3) 激光器设计

激光器由耦合系统、制冷系统、2μm 谐振腔、OPO 谐振腔组成,可利用二极管激光器泵非线性晶体输出所需波段内的激光。为了减小激光头尺寸,将泵浦光源与激光器分开,二极管激光器输出激光经光纤耦合输入到激光头中,系统组成框图如图 5.15 所示。

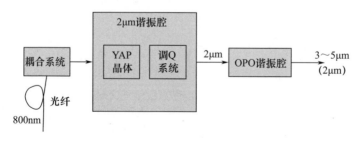

图 5.15　激光器系统组成框图

4) 2μm 谐振腔设计

采用二极管激光器泵浦 YAP 晶体,产生 2μm 的激光。2μm 室温工作激光器的光学原理图如图 5.16 所示。

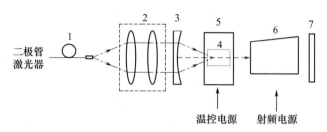

图 5.16　2μm 谐振腔光学原理图

1—光纤;2—耦合系统;3—前腔镜;4—YAP 激光晶体;5—热电制冷片和散热器;6—Q 开关;7—后腔镜。

二极管激光器是泵浦源,输出 800nm 左右的泵浦光经光纤传导以及耦合系统后泵浦 YAP 晶体。

（1）YAP 晶体。选用 YAP 晶体是因为该晶体的工作温度为 15℃,采用常用的热电制冷器即可实现,不需要使用液氮制冷,从而大大简化了激光器的整体结构,而且能够增加连续工作时间、提高系统稳定性。YAP 晶体量子效率较高,输出的激光具有线偏振特性,光转换效率高,吸收带宽,能够更好适应泵浦二极管激光器波长的变化。

YAP 晶体具有高储能的特性,宜用于调 Q 的操作。输出偏振光,可以减小在调 Q 时的插入损耗。

（2）谐振腔设计。激光器的谐振腔设计直接影响激光器的工作特性,如泵浦阈值、效率等。一般情况下,泵浦阈值和效率随着腔长的增加而缓慢增加,但为了结构上的紧凑,腔长应尽可能短,以能够保证晶体和调 Q 开关安装为宜。

（3）耦合系统设计。2μm 激光器使用端面泵浦技术。为了满足激光谐振腔内"模式匹配",需要设计一个光学系统,将二极管激光所发出激光的光斑直径和数值孔径按照一定比例变换,变换投影到晶体表面。

为了使到达晶体表面的光斑大小均匀,设计中要求耦合器能够很好地校正球差、彗差等像差,同时对耦合器外形尺寸也有要求,因此在系统设计中可采用二次非球面。这样不但能够校正好像差,也能使系统重量和尺寸都变小,在像质和外形上都能满足设计要求。

5) OPO 激光器谐振腔设计

激光器采用二磷锗锌(ZnGeP$_2$)作为转换激光波长的非线性晶体。二磷锗锌晶体是一种黑色半导体非线性材料,它的光学透明范围为 0.74 ~ 12μm,适用于中红外全波段内的高平均功率输出。OPO谐振腔光学结构如图 5.17 所示。

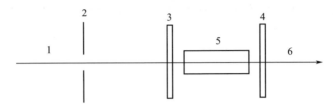

图 5.17　OPO 谐振腔光学结构

1—2m 激光；2—光阑；3、4—OPO 前、后腔镜；5—ZnGeP$_2$ 晶体；6—输出 3 ~ 5μm 激光。

谐振腔采用平平型,使泵浦激光模式与 OPO 谐振腔模式相匹配,以提高泵浦能量的利用效率。OPO 谐振腔前腔镜镀膜对 2μm 高透,对 3 ~ 5μm 高反。后腔镜对 2μm 高透,对 3 ~ 5μm 波长有一定的反射率。晶体两端面对 2μm 和 3 ~ 5μm 均镀高透膜。OPO 谐振腔采用振荡阈值较低的双谐振方式。

6）多波长输出光学设计

使用要求能够输出 2μm 和 3 ~ 5μm 激光,同时对抗不同波长的红外制导导弹。其中 2μm 激光还作为 OPO 谐振腔的泵浦源,与 3 ~ 5μm 激光输出位于同一光路中。需要进行多波长输出光学设计,以实现单台激光器的多波长输出。分光方案如图 5.18 所示,方案采用 OPO 谐振腔前分光、反射镜快速移动的技术体制。由于干扰信号结构需要输出经过调制的激光辐射,利用反射镜进行调制,实现两个波长的光同时输出,同时满足相应的干扰样式。

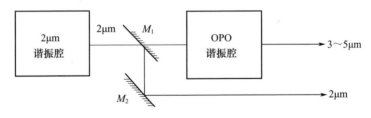

图 5.18　分光方案

该方法具有在同等输入功率情况下输出功率高、能量利用率高的特点,采用调制器实现调制分光,将 2μm 激光光束实现调制输出,一路直接进入 OPO 谐振腔,另一路进入 2μm 谐振腔,耦合进入 2μm 光纤进行传输。经过分析,调制盘式调制器具有结构简单、使用方便、速度可控等特点,因此采用调制盘式调制器的设计方案。其由电机带动调制盘高速旋转,调制盘一面镀 2μm 高反膜,与光路成 45° 放置,调制盘旋转过程中,2μm 谐振腔透射部分泵浦 OPO 谐振腔输出 3 ~ 5μm 激光,2μm 谐振腔反射部分即可直接进入光纤耦合 – 发射系统。

7）激光光纤传输

激光耦合系统将激光光束耦合到传输光纤中；激光发射系统将激光光束的发散角调整到合适大小传输到远场，在远场获得足够大的功率密度，激光发射系统兼有发射和调整激光发散角的功能。激光耦合发射系统组成框图如图 5.19 所示。

图 5.19　激光耦合发射系统组成框图

导光系统可采用中波传能光纤，采用"激光器 + 透镜 + 光纤"的耦合形式。用焦距较短的透镜作为耦合透镜，并且将物方高斯光束放置在 2 倍焦距以外的位置上，可以满足光纤耦合要求。初步设计中选用焦距为 5mm 的透镜，则发散角为 10mrad，光束直径为 4mm 的激光束，经过透镜后在焦平面上的光斑直径为 0.05mm，小于传输光纤芯径；经会聚后光束发散角为 $\theta_i = 4/(0.025\pi) = 51\text{mrad}$，也小于光纤孔径角。因此，采用短焦距耦合系统（$f = 5\text{mm}$）可以完成从激光器到光纤的耦合。

8）电源调制器设计

电源调制器由激光二极管、激光二极管电源、耦合元件、温控电路、射频电源、控制电路以及滤波/电源组成，其组成框图如图 5.20 所示，可接收外部指令实现激光器的开关、干扰激光调制包络频率的改变、工作状态的转换等功能。

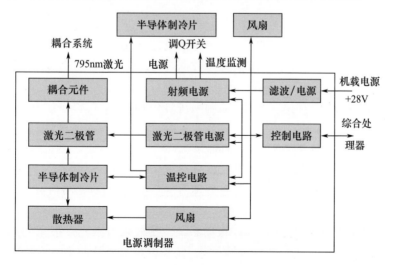

图 5.20　电源调制器组成框图

激光二极管发射 800nm 泵浦激光；激光二极管电源为激光二极管提供工作电源；耦合元件用于将激光二极管发出的激光耦合进光纤。半导体制冷片具有制冷和制热的功能，能够为激光二极管提供一个稳定的工作温度；散热器及时将热电制冷器所产生的热量散发到空间中，以保证热电制冷器的工作性能；风扇强制风冷，将散热器中积存的热量通过对流散发到外部空间。

温控电路将温度传感器探测到的激光二极管工作温度与预设温度比较，根据比较结果调整热电制冷器制冷量的大小，实现激光二极管工作温度的稳定。对 $2\mu m$ 激光晶体所用热电制冷片提供电源及温度控制；射频电源为声光调 Q 器提供电源，同时具有温度检测功能，当声光调 Q 器温度过高时实施断电保护；控制电路对激光二极管电源、射频电源以及温控电路实施控制，实现激光器的开、关和调制包络频率的控制功能；滤波/电源完成电源变换，将机载 +28V 直流电源经滤波后转换成射频电源、激光二极管电源以及温控电路、风扇所需要的电源；射频电源根据外触发信号输出响应频率的脉冲电压，驱动 Q 开关工作。

5.3.4　系统集成方法

红外定向对抗系统组成较为复杂，综合集成要结构紧凑、保证系统功能和精度，并且要求系统反应快速、信息处理准确、转动部件灵敏稳定。需要完成运动平台对大角度变化的运动目标进行探测和干扰，具有较大的技术难度。红外定向对抗系统包含高压强电、高峰值功率的强光辐射，又包含微弱信号处理，易受其他电磁辐射的影响和自身耦合的干扰。系统综合后，与飞机之间的相互干扰也在所难免，为了克服系统与平台之间的相互影响，要采用一系列适应装机技术措施解决问题。

系统从以下几个方面来进行系统综合集成，实现系统功能。

（1）开发综合处理器对系统信息和数据进行统一处理。采用综合处理器对告警、跟踪瞄准和干扰进行状态检查和显示、数据分析和处理，提高系统的运算和决策能力，对系统上电时序进行控制，抑制系统峰值功耗；对告警系统和跟瞄系统进行坐标变换，保证不同装机位置的干扰光束瞄准目标；运算速度快，能够在 50ms 内完成全部计算，保证系统的响应时间。

（2）研制一体化跟瞄、干扰转塔，将分系统综合集成。转塔作为光电负载的承载平台，克服外界扰动，接收来自综合处理器的控制命令，对威胁目标进行捕获、跟踪和瞄准，对威胁目标实施有效干扰。转塔的系统反应时间为 1.5s，即转塔从极限位置的调转时间不能超过 1.5s。根据系统干扰效果与激光发散角的约束，要求系统跟踪精度小于 0.4mrad。为实现要求，转塔设计主要从四个方面进行优化：转塔结构设计、转塔电气布局、伺服控制设计和软件设计。

（3）光轴三轴平行。为了达到"瞄准即干扰"的设计原则,将红外瞄准分系统、近红外干扰分系统、中红外干扰分系统的光轴要做到严格平行,避免出现光束交叉或发散的情况,由于三光束的视场不匹配,调同轴技术难度很大。采用激光远场光斑定跟踪瞄准中心点,解决三轴平行问题。三轴平行后,由于红外跟瞄探测灵敏度较高,激光干扰发射后会产生后向散射,散射主要来源于空气中的气体分子、气溶胶和杂质,散射强度与空气成分有关;往往会造成"自激"现象,影响系统功能。

在 $2\mu m$ 以下,主要是瑞利散射,也就是分子散射,散射强度较大,随着波长的增加,以波长四次方成反比减小。对地面光学探测系统,在 $8\mu m$ 以上,主要是大粒子散射(米氏散射),情况较为复杂,不再满足四次方反比关系。在 $3\sim5\mu m$ 波段,大气散射较少,但还要考虑少量的后向散射的影响。干扰激光波段是中波窄波段,探测波段在中波宽波段,为了克服干扰激光的影响,具体设计时将相关波段进行滤光抑制处理。在满足红外跟瞄分系统探测距离的情况下,解决后向散射的问题。

5.3.5　保护空域与安装布局

在飞机上安装红外定向对抗系统应掌握以下两个原则:一是尽量减小对飞机原有性能的影响,包括飞行动力学特性、电磁环境等;二是减小飞机物理外形对系统遮挡,尽可能实现告警空域和干扰空域不被飞机外形遮挡。载机系统所需的改装研制需引入惯导信息,包括飞机高程、飞行姿态、飞行速度,同时需采用机载空调对激光散热片等进行恒温处理,保证系统响应时间和激光效率。飞机上的安装包括嵌入式和集成一体化吊舱两种方式,其中嵌入式又包括外露式和内埋式[7]。

1）集成一体化吊舱

采用集成一体化吊舱安装,是将红外告警设备、跟踪瞄准设备和干扰设备集成到一个光学吊舱上,光学吊舱与飞机表面贴装,并安装到飞机骨架上。这种安装方式的优点是:对飞机改动较小,适合加装多种飞机,通用性强;系统独立性强,电磁兼容性好;系统安装和调试方便,气动外形好;飞机振动对系统的精度影响较小。

光学吊舱方式是比较理想的方案。光学吊舱可以安装在飞机的上部或下部,安装过程如图 5.21 ~ 图 5.23 所示。

（1）对已有飞机加改装时,按照飞机骨架以及系统外形特点,设计加强筋与飞机相连;

（2）设计嵌入式光学吊舱,可嵌入高精度红外告警分系统、精确跟踪瞄准分系统、红外干扰分系统和转塔分系统;

（3）将转塔控制器、激光电源和综合处理器置入光学吊舱;

（4）安装外蒙皮，保持较好气动外形。

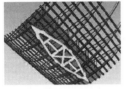  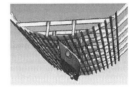

图 5.21　飞机上安装机械接口　　　图 5.22　安装过程示意图　　　图 5.23　安装效果

2）分装嵌入式

所谓的分装嵌入式安装，是将红外告警设备、跟踪瞄准设备和干扰设备分别安装到飞机的不同位置上，告警器与转塔的底部嵌入到飞机舱内，并安装到飞机骨架上。这种安装方式的优点是：飞机机体对任务系统基本无遮挡，安装位置容易确定，气动外形好。图 5.24 为美军 EC－130H 和 C－17 运输机的加装红外定向对抗系统的分装嵌入式安装方式。

图 5.24　飞机加装红外定向对抗系统

3）作战剖面

飞机加装红外定向对抗系统后，告警分系统的作战剖面图如图 5.25 所示。

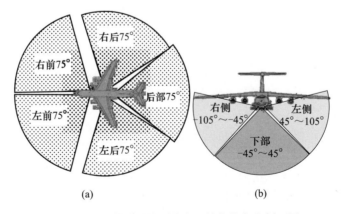

(a)　　　　　　　　　　　　　　(b)

图 5.25　告警分系统覆盖方和俯仰位角度剖面图

系统干扰角度范围如图 5.26 所示。

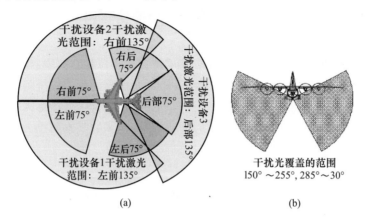

（a）　　　　　　　　　（b）

图 5.26　系统干扰角度范围示意图

干扰全方位,俯仰角度覆盖导弹可能来袭的范围。

若采用外挂吊舱方案(主要设备安装于吊舱内),上视角度主要取决于飞机的遮挡。在不同飞机平台上,上视角度会因遮挡而不同,飞机机翼和起落架以及尾翼和立尾也会有一定遮挡,因此,选择安装位置尤为重要。可以考虑在起飞和降落时,也就是地空导弹的威胁大时,告警视场实现下半球全覆盖。当飞机处于巡航状态时,此时飞行高度为 7000～8000m 以上,已经超出便携式地空导弹的射程,可选择将周视告警头基线由 −15° 调整到 0°,告警俯仰角为 ±30°,侧重于空空导弹的对抗。高程信息来自飞机惯导系统,即通过可调整基线,以适应不同作战对象(地空/空空导弹)。

4）作战使用

在作战使用中,可以采用以下几种方式。

（1）飞机起飞后即开机,系统一直处于值勤状态。告警和干扰一直处于值勤状态,告警系统在飞机的起飞、巡航、作战和降落的全过程中一直工作,发现目标后报告给中央控制计算机。此时干扰系统一直处于激光预触发状态,瞄准目标后立即干扰,同时由告警和跟瞄系统对导弹弹道进行测算,显示对干扰效果进行评估的结果,决定是继续干扰还是对抗下一个目标。

（2）应急开机。威胁对象(如飞机或可疑地区)存在时,启动进入巡视工作状态。

（3）告警不工作,跟瞄和干扰系统工作。研究当告警系统出现故障或受干扰时,一旦威胁飞机出现,即采用跟瞄系统在最可能的威胁角度内进行扫描(敌飞机目标位置),发现威胁目标(导弹发射)后实施干扰的方法。

5.4 系统技术指标关联性

红外定向对抗系统的告警、跟踪瞄准、干扰三个环节相互关联,作用距离、分辨力即告警和跟踪精度、视场匹配、响应时间、坐标变换等指标需要统筹考虑,刻意追求某个过高的技术指标对系统性能是没有意义的。简而言之,指标无需最高,够用就好。当然,如何达到最佳干扰效果是判断和解决问题的基本前提。

5.4.1 距离关系

红外定向对抗系统对红外制导导弹的干扰成功率达到80%以上是最基本的要求。从远处来袭的导弹,随着导弹与目标的逐渐接近,干扰信号对导弹位标器光学系统的照度会逐渐增强,干扰效果随之逐渐提高。

对点源体制导弹,主要是影响制导信号中的音响信号、离轴角信号、跟踪信号等,干扰增加导弹的制导误差,形成超过杀伤半径的脱靶量,影响导弹的命中精度和杀伤概率;对成像制导导弹,在导弹成像空间形成较大弥散斑,造成致眩的效果,使导弹错误或者不能提取目标位置信息,造成导弹命中区间扩大,离散性增强,不能瞄准目标,进而形成有效干扰。

对点源导引头的干扰判别准则有三种:第一种是在导引头信号相位发生严重变化,而幅值没有大的改变时,直接利用导引头制导信号进行定性判别;第二种是离轴角信号相位没有大的变化,而幅值有较大改变时,利用离轴角幅值进行定量判别;第三种是利用AGC电路幅值的变化进行判别。终极判据是脱靶量是否大于杀伤半径。

对成像导引头的干扰判别准则也有三种:第一种是利用成像导引头受干扰情况进行判别,直接从导弹离轴角变化情况来判断;第二种是利用导引头输出的图像进行判别;第三种是利用AGC电路幅值的变化进行判别。成像制导导弹制导精度受影响程度主要取决于致眩面积与导引头图像面积的比值。同等干扰辐射功率下,在导弹接近目标的过程中,因为照度与距离平方成反比,湮没区域的大小与照度成正比,所以致眩区域与图像面积之比会越来越大。

在导弹和被保护目标同向运动(迎头或尾追)时,要保证达到80%的干扰成功率。在导弹斜向攻击目标时,会造成目标的横向移动,即可产生系统误差,则干扰效果会更好。

例如,在导弹运动方向与目标运动方向成10°夹角时,在3km处的干扰效果达到80%,3s后目标产生$3 \times \sin10° = 520m$的最大横向位移,在1km成像导引头致盲时,目标产生170m的最大横向位移,均可能造成导弹无法命中目标的情况出现。并且随着角度增大,横向位移按照 $\sin\theta$ 的关系增大,干扰效果会更好。

对红外定向对抗系统首先是干扰效果或干扰距离的要求,进而推算出对跟踪瞄准距离和告警距离的需求。

5.4.1.1　干扰距离

根据导弹受干扰后空间分布统计规律:初始干扰距离越远,干扰效果越好;被保护目标尺寸越大,则需更远的干扰距离。干扰距离越远,所需的干扰功率越大。综合平衡和分析,以干扰距离 3km 为例来推算。

被保护目标的尺寸差异,要求产生不同的导弹脱靶量,因此根据干扰效果的需要,干扰距离要求也不相同,如图 5.27 所示。影响系统的干扰效果的因素主要有:被保护目标的几何尺寸大小以及飞行速度;导弹的作战空域及与保护目标的相对运动速度;导弹告警以及跟瞄导弹的响应时间;转塔分系统的转向到位时间;干扰信号的干扰功率、信号结构形式及干扰持续时间等。

以目标长度 $L=40\mathrm{m}(x$ 方向$)$,目标高度 $h=12\mathrm{m}(y$ 方向$)$ 为模拟保护目标;导弹典型杀伤半径 $s=7\mathrm{m}$,导弹在未受干扰时的命中概率为 0.9。

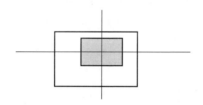

图 5.27　脱靶量要求和目标尺寸对照示意图

(内框为目标,外框为导弹脱靶量)

1)点源制导导弹

对点源制导导弹,离轴角信号反映了干扰后导弹位标器偏离的角度,一般满量程 5V 电压时对应 $30°\sim60°$,干扰后可以产生 1V 以上的附加干扰电压,约对应偏角为 $5°\sim6°$。不考虑飞机运动,3km 对应的脱靶距离为 $255\sim380\mathrm{m}$,此时若停止干扰,目标不会在视场内重新出现。在 500m 对应的脱靶距离为 $40\sim60\mathrm{m}$,已经超出 27m,因此,对点源制导导弹来说,最近干扰距离可以达到 500m 以下。但是规律是:有效干扰距离越远,导弹丢失目标的概率越大,将弹着点分布由随即误差转变成系统误差,干扰效果越好。

2)成像制导导弹

若飞机的飞行速度为 $Ma0.7$,即 240m/s,脱靶量距离需要超过 30m。在导弹离目标 1km 左右,导引头被致眩,为飞机提供 1s 左右的逃逸时间。

从简单的三角关系可知:由于飞机运动,在飞机运动方向斜向角度 $10°$ 以上的来袭导弹都不会命中目标,同理在最短距离500m时实施干扰,斜向角度超过20°的来袭导弹都不会命中目标。但是,因为存在迎头和尾追攻击情况,目标位置的质心偏移量近似为零,这时的干扰不会产生系统误差,只能造成导弹命中区间发生变化,干扰效果评估方法只能按照概率分布计算。

（1）不加干扰时,有

$$P_{Nx} = \frac{1}{\sqrt{2\pi}\sigma_x} \mathrm{e}^{-\frac{x^2}{2\sigma_x^2}} \tag{5.13}$$

式中:σ_x 为导弹在 x 方向的均方差。

只有落到 $[-L/2-s, L/2+s]$ 范围内的导弹才会杀伤目标,如图5.28所示。

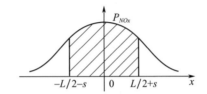

图5.28 x 方向导弹杀伤概率分布(不加干扰)

（2）施加干扰后。在对导弹进行干扰后,导弹杀伤目标的空间概率分布仍为高斯分布,但均方差发生了改变,使得导弹杀伤目标的空间概率分布曲线变得更加低平,示意图如图5.29所示。

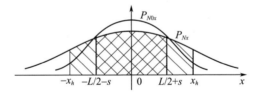

图5.29 x 方向导弹杀伤概率分布(不加干扰与加干扰比较)

5.4.1.2 跟踪瞄准距离

干扰距离为3km,则跟踪瞄准距离必须大于3km才能够相互匹配。因为系统响应时间最大为2s,在转塔光轴恰好处于目标方向时,系统响应时间只是告警系统的信号处理时间(如0.5s),则目标最小响应时间为0.5s,此时跟瞄系统也需要能够捕获和瞄准目标。再加上跟踪瞄准分系统还要对目标进行鉴别、多目标处理、前向偏置等运算,约需要零点几秒的时间。因此,跟踪瞄准的探测距离可能要大于5km,才能在各种情况下使系统具备干扰距离3km的条件。

5.4.1.3 告警距离

跟踪瞄准分系统应具备5km的探测和捕获能力,从系统角度分析,则要求告警系统的探测距离要更远,才能最终保证 3km 的干扰距离。

系统响应时间为 2s,导弹与被保护目标接近 2km,因此要求告警距离比跟踪瞄准距离要远 2km,因此,对空空导弹的告警距离要求为 7km。

便携式地空导弹的速度较慢,实际上其发射距离最远也只有 6km 左右,因此对便携式地空导弹的告警距离为 6km。

5.4.2　精度关系

5.4.2.1　跟踪瞄准误差

假设干扰光束的发散角为 3mrad,则可要求系统的跟踪瞄准误差不大于 0.5mrad。

系统需要在非人工参与的情况下自动作战,对影响干扰激光照射指向精度的主要因素即几个角度的相互关系,进行简单分析即可得出对各个具体指标的要求。

系统指标要求:跟踪瞄准距离为 5km,干扰作用距离为 3km,激光发散角为 3mrad,在对抗距离内需要全程连续瞄准目标。

如上所述,需要在 500～3000m 对目标进行精确引导和干扰,则干扰光束在 500m 处的光斑为直径 1.5m 的圆光斑,在 3000m 时光斑的直径为 9m。

发散角为 3mrad 的激光,能否在机载条件下连续对准运动的导弹目标主要与系统的跟踪瞄准误差和跟踪瞄准距离有关。

假设导弹视在长度为 2m,并且被保护目标 3km,干扰激光照射到 3km 处所呈现的激光光斑的直径为:3mrad×3km＝9m,即干扰激光在 3km 处是一个直径为 9m 的光斑。

在机载条件下,跟踪跟瞄分系统要达到 0.5mrad 跟踪精度,即跟瞄视轴与目标视线之间的偏值的平均值为 0.5mrad,在这个跟踪精度下,激光光斑照准中心点在 3km 处分布在以目标为中心、半径为 0.5mrad×3km＝1.5m 的圆内,如图 5.30 所示。

图 5.30 中,小圆为激光光斑中心位置分布圆(条件:3km 处,跟瞄精度 0.5mrad),小圆以导弹目标的真实位置为圆心,以 1.5m 为半径;大圆为激光在 3km 处的照射光斑,大圆的圆心分布在小圆内,以 4.5m 为半径(9m＞3m＋2m),可见 3km 处的激光光斑完全能覆盖导弹目标。

目标距离越远,激光光斑越大,就越能完整连续地覆盖导弹目标,但激光光斑并非越大越好,还需考虑激光光斑在远处光斑圆内能量分布的问题。

对于 0.5～3km 的导弹目标,通过对比激光光斑直径与所需覆盖区域(导弹有效长度尺寸与由跟踪误差带来的额外覆盖区域的和),进行激光光斑覆盖导弹目标的效果分析,如表 5.5 所列。

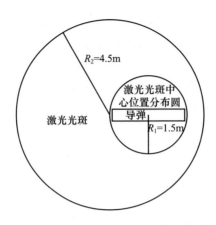

图 5.30　激光光斑与导弹目标位置关系图

表 5.5　激光光斑覆盖导弹目标的效果分析表

目标距离/km	0.5	1	2	3
跟踪精度/mrad	0.5	0.5	0.5	0.5
激光发散角/mrad	3	3	3	3
激光光斑直径/m	1.5	3	6	9
激光光斑中心分布圆半径/m	0.25	0.5	1	1.5
导弹长度/m	2	2	2	2
需覆盖区域的直径 d(导弹有效长度 + 跟踪误差)	2.5	3	4	5
激光光斑直径与需覆盖区域直径对比关系	D < d	D = d	D > d	D > d
结果	不能覆盖	完全覆盖	完全覆盖	完全覆盖
注:导弹视在长度是指导弹在激光光斑面的投影长度				

　　我们的分析是基于导弹视在长度尺寸与激光发射光线成 45°角的情况,而实际大部分情况是导弹弹轴方向朝飞机方向追踪,其相对于激光辐射光斑的导弹有效长度尺寸小于导弹实际尺寸。在跟踪瞄准误差为 0.5、距导弹 500m 情况下,弹轴与飞机夹角小于 10°的空空导弹还是可以覆盖的。对长度小于 1.5m 的便携导弹,则在 500m 以上的距离基本可以全程覆盖。

　　因此,发散角为 3mrad 的激光光斑能完全覆盖导弹目标,需要跟踪瞄准误差小于 0.5mrad。

　　由于跟踪精度 0.5mrad 为系统视轴与目标视轴之间偏差的 RMS 值,并非时刻都在 0.5mrad 以下,可能会在转塔跟踪换向时出现短时的尖峰误差,可以采用一定的补偿手段,将此尖峰误差限制在 0.7 ~ 0.8mrad 之间,否则尖峰误差过大,会影响跟踪精度 RMS 值,而不能满足 0.5mrad 跟踪瞄准误差的指标要求。在存在尖峰误差的情况下,激光光斑中心位置分布圆的半径为 2.4m,而激光光斑直径为 9m。由此可见在存在尖峰误差的情况下,系统也能保证激光连续地照射导弹目标。

系统工作在指标要求的跟踪干扰距离内,在满足 0.5mrad 跟踪精度的条件下,发散角为 3mrad 的激光,在机载条件下能连续地对准运动的导弹目标。

跟踪瞄准分系统与干扰同轴精度主要靠结构来保证,设计要求是 0.1mrad。

跟瞄光学系统和结构的总精度误差为 0.5mrad,定向干扰发射的角度为 3mrad,可以达到 6 倍的引导精度,满足精确引导的需要。

5.4.2.2　角度分辨力关系

要求告警分系统的角度分辨力优于 5mrad。告警、跟瞄和干扰几个光学系统的视场角和角精度指标相互关联。提供足够高的角度分辨力,能够在机载振动环境条件下,在有限的数据刷新率下,为跟踪瞄准分系统提供较高的目标角度信息,保证一次告警信息送出后的捕获概率。

对告警系统的角度分辨力要求分析:按照技术指标,跟踪瞄准设备视场角为 $3° \times 2.4°$,即 53mrad $\times$ 42mrad,采用 640×512 焦平面阵列,理论上角度分辨力可达到 0.083mrad,精确跟踪瞄准光学接收系统的有效通光孔径为 100mm,根据衍射极限公式,衍射角为

$$\theta = 2.44 \frac{\lambda}{D_0} \tag{5.14}$$

代入各参数,光学系统能够达到的空间分辨力为 0.1mrad 左右。

跟踪瞄准分系统需要告警分系统进行粗引导,告警系统的粗引导精度也很重要,精度低会造成目标在跟踪瞄准视场外,系统无法捕获导弹目标,以致无法进行干扰。告警系统给跟踪瞄准分系统的角度误差不能超过跟踪瞄准分系统的半视场角,由于跟踪瞄准分系统俯仰的半视场角只有 1.2°(21mrad),因此对告警分系统的角度误差的要求也较高。

告警分系统送给跟踪瞄准分系统的目标角度误差主要来源于三个方面:一是由于告警帧频限制,每帧信息输出间隔时间内飞机和导弹的相对运动产生的误差;二是告警和跟瞄的指向精度坐标变换的校准误差(包括平台的变形和振动);三是告警设备本身产生的角度误差。

告警系统要进行相关处理,降低虚警,帧频无法做到很高,数据刷新率10 次/s,则平台相对导弹横向运动距离可达到 200m 左右,每帧位移可达到 20m。在不考虑导弹横向位移的情况下,6km 处产生 3.3mrad 的角度误差,4km 处的角度误差为 5mrad,2km 处的角度误差近 10mrad,1km 处的角度误差为 18 ~ 20mrad。因此,近距离时仅仅相对运动产生的角度误差就可能超出跟踪瞄准分系统的视场角。

为此,要降低校准误差和告警设备角精度的影响,校准误差靠结构设计保证,

告警设备的角误差精度分析如下：

若采用 320×256 焦平面阵列，则单个像素对应的空间角度为 4.1mrad，考虑到大视场带来的像差，弥散圆扩大到 $2 \sim 3$ 个像素，则告警光学系统带来的误差为 $8 \sim 12$mrad，再加上机械误差，则可达到 $10 \sim 14$mrad。系统只能跟踪瞄准 $2 \sim 3$km 外发射的导弹，这与干扰能力和近距离作战要求是不匹配的。

同理计算，采用 512×512 焦平面阵列的系统（$90° \times 90°$），则单个像素对应的空间角度为 3.1mrad，考虑到大视场带来的像差，弥散圆扩大到 $2 \sim 3$ 个像素，则告警光学系统带来的误差最小为 $6 \sim 9$mrad，再加上机械误差，则可达到 $8 \sim 11$mrad。系统只能跟踪瞄准 $1.5 \sim 2.2$km 外发射的导弹，这与干扰能力和近距离作战要求是不匹配的。

因此要求：告警角度分辨力小于 4mrad，跟踪瞄准与干扰指向同轴精度小于 0.1mrad，跟踪瞄准方位和俯仰视场都不小于 $3°$。

告警角度分辨力、跟踪精度是由系统综合指标要求而定的。告警角度分辨力越高，跟踪瞄准分系统越容易在有效调转时间内捕获目标，跟踪瞄准总视场小则可以提供更高的跟踪瞄准精度，最终保证激光能够对准来袭导弹导引头。

每个告警单元总视场为方位 $75°$，俯仰 $60°$，考虑到光学系统渐晕和像差等因素，以及可能一个像点成在两个探测单元上的情况，提高某一因素的同时帧频要提高 2 倍，告警分辨力可以达到 $1.23 \sim 3.69$mrad，这样可以确保对 0.5km 左右发射的导弹进行捕获和干扰。

当然，只有导弹攻击方向与被保护目标运动方向角度较大情况下，对来袭的导弹进行干扰时会出现这种情况，导弹小角度迎头攻击和尾追攻击时不存在这个问题。

5.4.3 响应速度与时间

系统响应时间是指从导弹发射时刻起到干扰激光进入导弹导引头实施干扰的时间间隔。

从导弹发射到击毁目标的时间很短，空空导弹发射后，在 $1.9 \sim 2.7$s（如"响尾蛇"导弹）内达到最大飞行速度 $Ma2.5 \sim Ma3.5$，射界一般为 $800 \sim 15000$m。

便携式导弹极端情况下最小射界可以达到 500m 左右，最大发射距离为 6000m 左右。

为计算简便，设导弹与被保护平台的接近速度为 1km/s。

要求系统反应迅速，从告警到开始干扰导弹的时间应该少于 2s。系统反应时间直接影响系统的作战距离。下面分别针对导弹远距发射和近距发射两种情况讨论。

1）导弹发射位置离被保护平台较远的情况

当导弹飞行到离被保护平台较远时，告警分系统首次发出告警信息的处理时

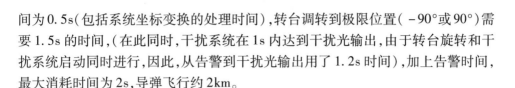

间为 0.5s(包括系统坐标变换的处理时间),转台调转到极限位置(-90°或90°)需要 1.5s 的时间,(在此同时,干扰系统在 1s 内达到干扰光输出,由于转台旋转和干扰系统启动同时进行,因此,从告警到干扰光输出用了 1.2s 时间),加上告警时间,最大消耗时间为 2s,导弹飞行约 2km。

2)导弹发射位置离被保护平台较近的情况

(1)空空导弹:假如被保护平台不知道来袭敌机或者导弹发射,按上述计算方法,空空导弹加速到 Ma3 的时间为 2s 左右,在发射段 2s 内的飞行距离约为 1km,从导弹发射到干扰占用 2s 时间,导弹飞行 1km 左右,则红外定向对抗系统只能干扰约 1km 外发射的空空导弹,这在作战使用时显然是不够的。在系统设计时,利用红外告警发现飞机的信息,提前将跟踪瞄准分系统对准敌机,同时启动干扰系统工作,做到敌机导弹发射前即瞄准目标,而一般空空导弹的射界大于 800m,即使导弹发射出来,也始终处于被干扰状态,无法锁定目标。

若没有发现飞机,则只能利用红外诱饵对 1km 内发射的空空导弹进行干扰。

(2)便携式导弹:发射具有隐蔽性,无法在导弹发射前预知发射位置信息,好在便携导弹的速度较慢(Ma2 ~ Ma2.5),加速度较小,若系统反应时间为 2s,从导弹发射到干扰瞄准目标导弹的最大飞行距离为 400m 左右,而导弹的射界最小为 500m,由于飞机也是运动的,虽然此种情况下有效干扰时间较短,但此时干扰压制比会增大,也会取得一定的干扰效果。

(3)为最大限度满足不同射程导弹进行干扰的要求,必须严格控制系统的反应时间,从以下几个角度减少系统反应时间:①降低告警反应时间,主要提高信号处理速度,争取 0.5s 内将目标位置信息传送给系统综合处理器,目标确认后迅速让跟踪瞄准分系统进行修正;②提高转塔的转速和转动加速度,解决大惯量转塔的快速调转问题;③提高信息处理速度;干扰分系统一直处于预触发状态,做到瞄准即发射;④安装 2 ~ 3 个跟瞄干扰发射机,降低每个转塔的干扰角度范围,减小系统反应时间。当远界干扰时,防护区域示意图如图 5.31 所示。

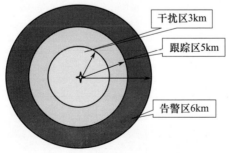

图 5.31　告警、跟踪及干扰区域示意图

5.5 国外典型的红外定向对抗系统

红外定向对抗在飞机自卫中的重要地位,使得红外定向对抗成为当前红外对抗领域的发展热点。

5.5.1 美军红外定向对抗系统的发展历程和装备情况

美国将 DIRCM 作为目前机载自卫系统的主要装备,经过 20 多年的技术发展和先进概念技术演示(Advanced Concept Technology Demonstration,ACTD),已开发多种红外定向对抗系统,并开始在运输机、直升机上大批量装备。美国的 C‒130、B737、B767、B747、多种直升机等飞机均加装了红外定向对抗系统,美国红外对抗装备的发展如图 5.32 所示。装备情况如表 5.6 所列。美国的红外定向对抗分为非相干光源和相干光源两种类型,并积极发展较大功率的激光干扰技术。目前,美军正积极开发适用于高性能战斗机的小型干扰机,根据战斗机平台的特点,能够承受战术飞机所面临的外部高热、振动、过载以及其他环境条件。美国红外定向对抗系统装备预测如图 5.33 所示。

表 5.6 美国红外定向对抗装备情况表

型号名称	技术体制	装备机型	装备数量	研制公司	研制年代及研制经费	用户
AN/ALQ‒212 ATIRCM	紫外告警、红外跟瞄、非相干光	直升机	已经采购几百套,另计划采购上千套	美国桑德斯公司	1995 年开始工程研制,2003 年开始装备	美国陆军
AN/AAQ‒24	紫外告警、红外跟瞄、非相干光,改进型采用"蝰蛇"激光	中型运输机、直升机	300 多套,其中 100 套装备运输机	美国诺斯罗普·格鲁曼	1989 年开始制定方案,1996 年首批生产,1.75 亿美元	美国空军
LAIRCM	红外告警、红外跟瞄、相干光	大型运输机	已装备 444 套,计划 2010 年前 1000 套	美国诺斯罗普·格鲁曼	2001 年 1.05 亿美元	美国空军
TADIRCM	红外告警、红外跟瞄、相干光	战斗机 F/A‒18E/F	小批量生产	美国桑德斯公司(BAE)	2005 年开始工程研制,2008 年小量批产	美国海军

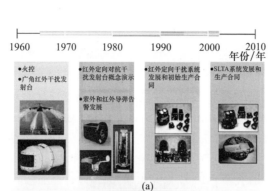

(a)

(b)

图 5.32 美国红外定向对抗装备的发展

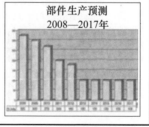

展望

● 在美国FY09国防预算中包括11亿美元用于为飞机生存性实验(ASE)红外对抗项目提供的采购经费

● 美军在伊拉克和阿富汗为每个直升机装备带有通用导弹告警系统部分的操作系统

● BAE系统开发升级版本

部件生产预测
2008—2017年

(a) ALQ-212 (先进威胁红外对抗系统)/AAR-57 (通用导弹告警系统)

展望

● 在FY09国防预算中包括接近15亿美元用于Navy的采购经费

● 美国海军陆战队包括额外的最高7亿美元的经费用于FY09中未设基金项目以发展更多产品

● 攻击定向红外对抗的新版本大约在2012年实现

部件生产预测
2008—2017年

(b) AAQ-24红外定向对抗系统"复仇女神"

展望

● 五角大楼预算接近10亿美元用于 LAIRCM采购以得到各种各样的飞机
● 系统可能被作为自卫中很重要的部分用于美国空军KC-X坦克项目
● 像沙特国家元首出售LAIRCM系统，飞机可能帮助刺激额外的出口关税

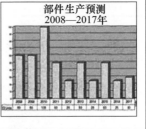

(c) LAIRCM(大飞机红外对抗系统)

展望

● 2012年7月，奖励诺斯洛普.格鲁门公司4.63亿美元需求合同用于支持 AAQ-24(V)
● 将要生产用于美国CH-53D、CH-53E 称CH-46E直升机的部件
● 五角大楼的FY13预算包括到2017年 1.032亿美元用于定向红外对抗系统的购买

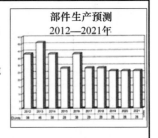

(d)AAQ-24红外定向对抗系统"复仇女神"

展望

● 2012年3月美国空军奖励诺斯洛普.格鲁门公司3.34亿美元固定价格合同用于提供和支持LAIRCM
● LAIRCM被大量用于美国空军飞机，现在正在生产用于美国 Navy的CH-53E大型起重机直升机舰队的LAIRCM
● 五角大楼计划通过FY17花费10亿美元在LAIRCM采购上以获得各种各样的空军飞机

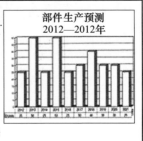

(e)LAIRCM(大飞机红外对抗系统)

图5.33　美国红外定向对抗系统装备预测

5.5.2　美国的各种红外定向对抗系统

5.5.2.1　先进威胁红外对抗系统

先进威胁红外对抗(ATIRCM)系统是20世纪90年代美国陆军授予桑德斯公司(现BAE公司)为美国陆军直升机开发的红外定向对抗系统,型号为AN/ALQ-212(V),本身是一个大项目,项目成本达到30亿美金,为美国陆军直升机生产

1000 余套,计划装备 MH – 60K 与 MH – 47E 特种部队直升机、"阿帕奇"直升机、UH – 60(X)"黑鹰"直升机、EH – 60 电子侦察/干扰直升机及 CH – 47D"支奴干"直升机[9 – 10],ATIRCM 系统组成图如图 5.34 所示。

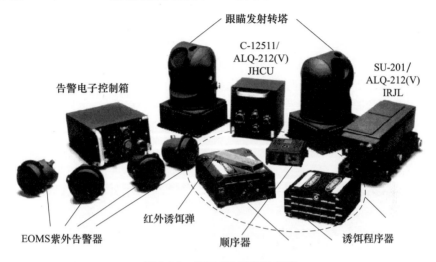

图 5.34　ATIRCM 系统组成图

ATRICM 系统由四个 AAR – 57 导弹告警器、多光谱红外定向干扰机(包括一部电光源干扰机和一部激光器)、红外诱饵及投放器、顺序器和控制单元组成。

由于研制成本和研制进度等问题的困扰,2001 年,ATIRCM 险些被取消或替代,但由于项目的重要性,2007 年又开始恢复批量生产。图 5.35 为早期基于弧光灯的 ATIRCM,图 5.36 为最新基于激光的 ATIRCM。

图 5.35　早期基于弧光灯的 ATIRCM

图 5.36　最新基于激光的 ATIRCM

5.5.2.2 "复仇女神"(DIRCM)

DIRCM 是由美英联合为美国特种作战司令部研制的红外定向对抗系统,型号为 AN/AAQ-24(V),又称"复仇女神"(Nemesis)。系统由诺思罗谱·格鲁曼公司为首的研制小组负责,成员包括英国宇航防御有限公司、英国 GEC-马可尼防御系统有限公司、美国洛克威尔公司[11-12]。

系统采用"开环"工作方式,用一个或两个调制的红外辐射干扰红外制导导弹。整个系统由导弹告警子系统和干扰发射转塔子系统组成。导弹告警系统选用了 AAR-54(V)凝视紫外导弹告警系统的改进型,用于直升机时,通常安装 4 个凝视紫外告警传感器,用于大型固定翼飞机时,通常安装 5~6 个凝视紫外告警传感器,系统组成框图如图 5.37 所示。

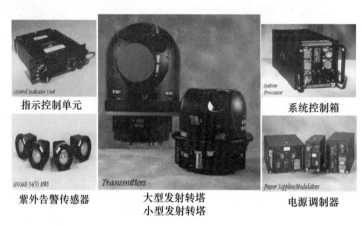

图 5.37　DIRCM 系统组成框图

导弹告警子系统改进了尺寸和灵敏度,具有宽视场和高分辨力紫外探测的特点。凝视紫外传感器的输入提供给模块化的电子装置,该装置使用先进的分析算法探测,对导弹的告警距离达 10km,几乎二倍于现有的紫外探测系统;它能跟踪多个辐射源;它具有测算拦截时间的特点,因而可在最佳时刻实施对抗;它采用了很精确的到达角分辨算法,提高了到达角测量精度并降低了虚警率,方位角的测量精度小于 1°。

DIRCM 采用发散角为 5°的 25W 氙灯作为干扰光源;由 GEC-马可尼公司提供四轴转塔,保证全方位覆盖;洛克菲尔公司提供的精密跟踪红外传感器安装于转塔的轴上,采用 256×256 元的 HgCdTe 凝视型红外传感器,系统跟踪精度为 0.05°。

AN/AAQ-24(V)系统的研制计划始于 1989 年,1990 年完成测量阶段,1992年完成方案确定,1993 年美国特种作战司令部参加研制计划,红外对抗定向演示试验开始,1994 年联合研制计划确立,1995 年开始设计阶段并决定生产,1996 年从研制转入生产,1996 年 10 月首批生产的设备交付,1999 年首批生产结束。1995 年签订的一项价值 17500 万美元的稳定成本合同,研制、生产和安装首批 60 套"复仇女神"定向红外对抗系统,这 60 套系统安装在美国特种作战部队的 MC – 130E、H 和 AC – 130H、U 型飞机上,英国国防部也采购了 40 套系统用于 CH – 47 和 C – 130J 飞机上,如图 5.38 所示。后续生产装备情况如表 5.7 所列。

(a)   (b)

图 5.38 安装在 AH – 64"阿帕奇"武装直升机上的 AAQ – 24 小型转塔

表 5.7 美国红外定向对抗系统装备预测数量表[8]

年份/年	AAQ – 24	ALQ – 212	LAIRCM	年份/年	AAQ – 24	ALQ – 212	LAIRCM
2007	90	544	101	2014	38	100	25
2008	24	325	60	2015	28	100	50
2009	26	300	60	2016	38	100	25
2010	18	270	100	2017	28	100	30
2011	21	200	50	2018	28	未定	40
2012	38	180	25	2019	26	未定	30
2013	46	100	50	2020	26	未定	30

5.5.2.3 大飞机红外定向对抗系统(LAIRCM)

LAIRCM 是由诺斯罗普·格鲁曼公司为美国空军研制、用以保护大型飞机的红外定向对抗系统,LAIRCM 是以 AN/AAQ – 24(V)"复仇女神"为基础进行升级改造而成的,型号即为 LAIRCM,可为运输机和空中加油机对抗日益增加的红外便携式防空系统(MANPADS)提供更为有效的防御能力[13]。

系统由导弹告警系统、激光器、跟瞄干扰发射转塔和控制器组成,如图 5.39 所示。

(a)   (b)

图 5.39　LAIRCM Ⅰ型系统和Ⅱ型系统

与 DIRCM 相比,主要有以下技术进步。

(1) 采用 MIMS 双色红外导弹告警传感器,提高作用距离,降低虚警;

(2) 采用"蝰蛇"(Viper)空气冷却全波段固体激光器(图 5.40),能同时在三个波段产生红外激光:波段Ⅰ是 3W,波段Ⅱ是 2W,波段Ⅳ是 5W,质量小于 4.5kg,厚 5cm;

(3) 采用"万达"(WANDA)跟瞄干扰发射转塔,体积更小,气动外形更好。

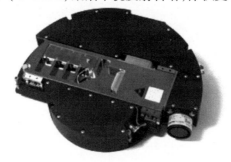

图 5.40　"蝰蛇"(Viper)激光器

LAIRCM 是美国空军的大项目,ATIRCM 遇到的麻烦,使 LAIRCM 受益匪浅。2001 年,诺斯罗普·格鲁曼赢得 LAIRCM 研制合同;2002 年,LAIRCM 安装到 C-17 和 C-130 运输机上;2004 年,研制将 LAIRCM 安装到 KC-135 上;2004 年,开始新型导弹告警系统的研制;2009 年,研制用于 KC-10 的 LAIRCM 系统。美国空军计划将所有的大飞机全部安装 LAIRCM 系统,预期到 2020 年总采购金额将达到 60 亿美元(装备数量 800 套左右,见表 5.7)。

5.5.2.4　战术飞机红外定向对抗系统

战术飞机红外定向对抗系统(Tactical Aircraft Directed Infrared Countermeasure,TADIRCM)是由美国海军实验室和桑德斯公司为美国海军共同开发的项目,如图 5.41 所示,计划用于装备战术飞机,其中包括 F/A-18E/F"超级大黄蜂"战斗机[14]。该系统是在 ATIRCM 的基础上研制的,通过对 AN/ALQ – 212(V)的告警和干扰技术的改进,使其更能对付日趋严重的空空导弹的威胁,系统与 ATIRCM 有 60% 的硬件和 80% 的软件相兼容,如图 5.42 所示,TADIRCM 主要的技术特点如下。

(1)导弹告警采用红外双色凝视传感器,传感器的探测距离更远,对杂波的抑制能力更强,可以将虚警率降到最低。

(2)采用"敏捷眼"微型干扰头代替 ATIRCM 系统中的万向支架,综合了 IR 指示器/跟踪器和激光干扰机,干扰发射系统仅比飞机表面高出 3.5 英寸(约 8.89cm),尺寸更小,气动性能更好。

图 5.41　TADIRCM 系统组成图

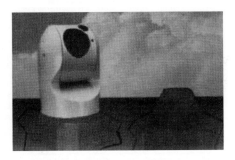

图 5.42　ATIRCM 与 TADIRCM 对比图

1999 年,TADIRCM 在美国新墨西哥州的白沙导弹试验靶场完成一系列实射试验,海军电子战高级技术办公室指挥了这次实射试验,系统被安装在悬空的缆车上,还包括一台红外辐射源,实射期间,红外制导地空、空空导弹锁定目标,射向缆车,TADIRCM 系统成功干扰掉导弹,并造成很大的脱靶距离。

5.5.2.5　Scorpion"蝎子"和 Quiet Eyes"平静眼"

Scorpion 系统是雷声公司为美国海军研制的用于直升机和低速飞行的固定翼飞机的定向红外对抗系统,属于美国海军的快速技术转化项目(Rapid Technology Transition,RTT)。雷声公司在 AIM – 9X 导引头的基础上,加装激光干扰系统,变为定向红外跟踪干扰发射装置。Scorpion 系统由告警器、跟踪指示器、激光器和控制器组成,如图 5.43 所示。

2005 年 1 月,美国海军开始为 AH – 1Z"眼镜蛇"攻击直升机研制 Scorpion 系统;2006 年 4 月,完成验证系统设计;2006 年夏天,完成系统地面测试;2006 年年末,研制系统演示样机。

Quiet Eyes"平静眼"是雷声公司为美国空军研制的用于大型飞机的红外定向对抗系统,与 Scorpion 系统的不同之处在于:系统组成中没有导弹告警器。系统中采用了"ACULIGHT"多波段红外激光器如图 5.44 所示。

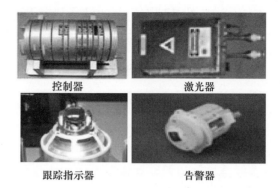

图 5.43 Scorpion 系统组成图

图 5.44 "ACULIGHT"多波段红外激光器

5.5.2.6 商用飞机导弹防护系统

JETEYE 系统:是由 BAE 系统公司以 ATIRCM 为基础研制的,用于保护商务客机免受红外制导导弹的威胁。系统由 AN/AAR - 57(V)紫外告警器、跟踪指示器、激光器、电子控制箱、飞机接口单元和面板控制组成如图 5.45 所示。

图 5.45 JETEYE 系统组成图

2005 年末,JETEYE 系统在美国航空公司的 B767 上进行了飞行和测试,对抗模拟的便携式防空系统(Man Portable Air Defense System,MANPADS);2006 年 8 月,项目进入第三阶段,BAE 公司将通过简化系统安装、减少气动阻力及增加可靠性和可维护性来继续降低航空工业的成本。

Guardian 系统是诺斯罗普·格鲁曼公司在 LAIRCM 基础上为国土安全部研制的,用于商用飞机防护的红外定向系统,系统采用"独木舟"吊舱的形式,由一个跟踪干扰转塔和四个告警器组成,如图 5.46 所示,防护商用飞机在起飞降落阶段免受地面红外制导武器的威胁[15-17]。

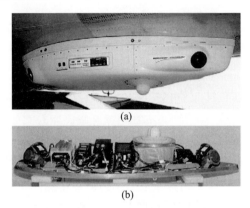

(a)

(b)

图 5.46　Guardian 系统及其内部构成图

5.5.2.7 通用红外对抗系统(CIRCM)

以通用红外对抗 CIRCM 为代表的第四代红外定向对抗系统,目标为高可靠性、小型化和低成本,主要技术特点为:采用更高效率的多波段激光器作为干扰源,比 OPO 固体激光器体积更小、质量更小、可靠性更高;采用模块化开放式系统架构(MOSA)和非专有接口,支持组件互换和技术植入;采用商用货架产品,降低系统成本。

由于 DIRCM 系统的质量和费用较高,美国陆军计划研制一种能力更强、可靠性更高、综合性更好的"通用红外对抗"(CIRCM)系统,用来代替 ALQ-212,该系统质量更小,且能够满足各军种的使用要求。2011 年,发布 CIRCM 技术开发合同,将系统首次装备定于 2017 年,采购数量计划为 1076 部,拟装备在"阿帕奇""黑鹰""支奴干""基奥瓦勇士"及后续机型上。目前,装备在 CH-53E 上装备的 LAIRCM 系统重 193 磅(87kg),"支奴干"上使用 ATIRCM 重约 160lb(72kg)。加上固定和支持结构,该系统的安装质量超过了 350lb(158kg)。根据各军种联合制定的要求,CIRCM 的 B 型组件(干扰器)质量限定在 85lb(39kg),其 A 型组件(支持结构)的质量限定为 V-22、CH-47 等大型旋翼机 70lb(32kg),"黑鹰"等中小型旋翼机 35lb(15kg)。

英国 BAE 系统公司、美国 ITT 公司、美国诺斯罗普·格鲁曼公司电子系统分部和美国雷声导弹系统等公司参与竞标,并进行 CIRCM 系统关键部件的研发。

1) BAE 系统公司的 CIRCM

BAE 系统公司的竞标方案是"果敢行动"(Boldstroke)红外定向对抗系统,项目投资 8300 万美元,用于研制轻型、高可靠性红外定向对抗套件,如图 5.47 所示。

图 5.47　Boldstroke 红外定向对抗套件

系统主要设计特点是:采用模块化开放式系统架构 MOSA 和非专有接口,可支持组件互换和技术植入;兼容通用导弹告警系统,硬件和软件算法经过飞行试验验证,可实现低风险向作战试验过渡;指示器/跟踪器设计采用紧凑的万向架结构,采用先进的光纤激光器作为干扰源,可应对未来威胁;采用一体化刚性光具座结构,易于装配、集成和飞行环境下的稳定;系统减轻了 A 套件和 B 套件的质量,最大限度提高了飞机有效载荷;最小化激光光学元件数量,提高可靠性,MTBF 大于 850h,并提高了武器系统的可用性,有效节省了全寿命周期成本。

2) 美国 ITT 公司的 CIRCM

作为 CIRCM 解决方案的一部分,ITT 公司与 Daylight 防务公司合作,成功集成了基于多波段激光器的新型红外定向对抗系统。采用洛克希德·马丁公司的导弹告警器,ITT 公司自主开发了指示/跟踪器,并将 Daylight 公司的多波段激光综合到 CIRCM 系统中,如图 5.48 所示。

图 5.48　ITT 公司的 CIRCM 系统

3）美国诺斯罗普・格鲁曼公司的 CIRCM 系统

美国诺斯罗普・格鲁曼公司的竞标方案最初是采用以色列 SELEX Galileo 公司的 ECLIPSE 指示器/跟踪器,激光器采用 Viper 全波段固体激光器;后续的研制方案采用了 Daylight"日光"公司型号为 Solaris™ 的多波段激光器。诺斯罗普・格鲁曼公司的 CIRCM 质量将为 DIRCM 系统的 1/3,功耗为 1/4,诺斯罗普・格鲁曼公司研制了新型的处理器硬件,采用商用货架(Commercial Off The Shell,COTS)处理器,执行复杂的跟踪任务,具备更高的经济可承受性、易维护性和可扩展性。此外,诺斯罗普・格鲁曼公司还利用 1000h 以上的飞行试验和 800 多次实弹射击试验等成果,开发了系统软件开发环境,可提供复杂交战过程的回放,为软、硬件开发提供设计依据,为系统设计提供验证平台。

经济紧凑轻型瞄准跟踪系统(Economic Compact Lightweight Pointer – Tracker System,ECLIPSE)采用两轴环架,质量 10kg,电子控制组件重 3kg,外露部分为直径 5 英寸(127cm)的半圆形天球,采用 28V 供电,整机尺寸为 11 英寸 × 7 英寸 × 9.5 英寸,如图 5.49 所示。

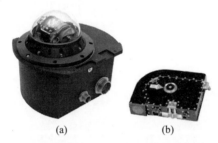

(a)　　　　　(b)

图 5.49　ECLIPSE 指示器/跟踪器和多波段激光器

4）美国雷声公司的 CIRCM 系统

美国雷声公司的 CIRCM 方案是在"蝎子"(Scorpion)DIRCM 系统的基础上改进研制的。"蝎子"是雷声公司为美国海军 AH – 1Z"眼镜蛇"攻击直升机研制的轻型低成本飞机自卫系统,改自 AIM – 9X 导引头,由控制器、多波段固体激光器、指示/跟踪器和双色红外告警器组成,美国雷声公司的 CIRCM 对干扰源进行了改进,采用多波段激光器,减小体积、质量和成本,提高对抗效能,如图 5.50 所示。

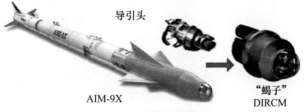

导引头

AIM-9X　　　　　"蝎子"DIRCM

图 5.50　改自 AIM – 9X 导引头的 Scorpion DIRCM

5.5.3 其他国家研究现状

5.5.3.1 俄罗斯红外定向对抗系统

俄罗斯共有两种红外定向对抗系统,较早一种是便携式防空威胁对抗系统(MANPad Threat Avoidance System,MANTA),与西班牙 Indra 公司联合开发,作战对象是便携式防空系统,已经装备"米"-26 大型直升机和伊尔-476 运输飞机[18]。

MANTA 红外定向对抗系统是俄罗斯研制的用于对抗地空红外制导威胁的机载平台光电自卫系统。到目前为止,研制了两种样机,一种是基于气体激光器(DF)的红外定向对抗系统,另一种是最新型的基于固体激光器的红外定向对抗系统。在外场 700m、1km、2km、3km 等距离上进行了实弹对抗试验,验证了系统的有效性。

1)基于气体激光器的红外定向对抗系统

基于气体激光器的红外定向对抗系统的主要特点为:采用 4 台紫外告警器,告警空域为 $360° × (-60° ~ 30°)$,质量 25kg;采用气体激光器作为干扰源,干扰波段为近、中红外双波段,$(1 ~ 3\mu m:HF,2.6 ~ 2.8\mu m;3 ~ 5\mu m:DF,3.7 ~ 4.3\mu m)$,干扰功率 10W,质量 100kg(单台套),已经装备在"米"-26 直升机平台,如图 5.51 所示。

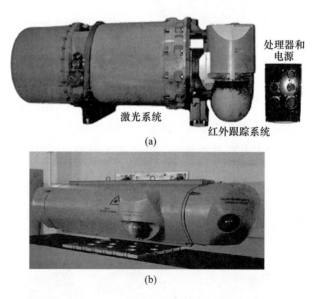

激光系统 处理器和电源 红外跟踪系统

(a)

(b)

图 5.51 基于气体激光器的红外定向对抗系统样机

2)基于固体激光器的红外定向对抗系统

基于固体激光器的红外定向对抗系统的主要特点为:采用固体激光器作为干扰

源,干扰波段为近、中红外双波段,$(1\sim3\mu m;3\sim5\mu m)$,干扰功率 5～7W,质量 64kg (单台套),其中,激光器 10kg。在 T-50 战斗机平台进行了演示,如图 5.52 所示。

经过对两种体制激光红外定向对抗系统的对比,可以得出以下特性。

(1)基于气体激光器的红外定向对抗系统激光干扰功率大(10W),可利用激光回波探测获取来袭导弹导引头信息,进行有针对性干扰,但系统体积、质量、功耗较大,并且需要专门的尾气处理装置,并要进行定期维护(1～2 月更换一次)。

(2)基于固体激光器的红外定向对抗系统体积功耗小,质量轻,适合战斗机等各类作战平台。

(3)小型红外跟踪转塔采用激光发射、红外跟瞄共孔径方式,外露尺寸小,发射头直径仅为 120mm,技术体制较为先进。

如图 5.53 和图 5.54 为飞机上安装红外定向对抗系统的示意图。

图 5.52　基于固体激光器的红外定向对抗系统

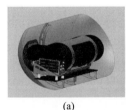 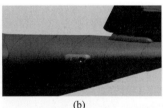 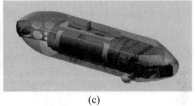

(a)　　　　　　　　　(b)　　　　　　　　　(c)

图 5.53　运输机上安装红外定向对抗系统示意图

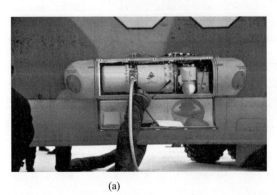 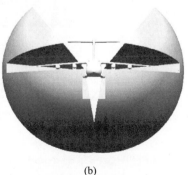

(a)　　　　　　　　　　　　　(b)

图 5.54　飞机上安装红外定向对抗系统示意图及对抗空间覆盖

5.5.3.2 以色列红外定向对抗系统

（1）HELISTAR：为了应对 MANPADS 对直升机的威胁，欧洲的 EADS 和以色列拉斐尔 RAFAEL 公司联合推出 HELISTAR 直升机自卫红外定向对抗系统，它可以使各种导弹失效。系统主要包括导弹告警系统 AN/AAR-60、红外定向对抗系统 JAM AIR（图 5.55）、信号处理器，可与视频/音频显示器接口。

图 5.55 红外定向对抗系统 JAM AIR

（2）MUSIC DIRCM：以色列的 Elbit 系统公司的 EL-OP 子公司目前正在研发一种新型的红外定向对抗系统，用以保护民用飞机免受肩扛式地空导弹的袭击，被称为多谱红外对抗设备（MUSIC）。MUSIC 是一种自动系统，既能自动探测、截获、跟踪并对抗来袭导弹，系统组成图如图 5.56 所示。该系统的核心应用是最新的激光技术。意大利的空军将在直升机和运输机上安装以 MUSIC 为基础的红外定向对抗系统，型号为 ELT-572。

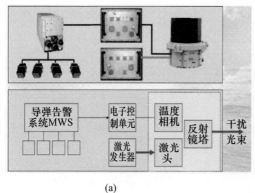
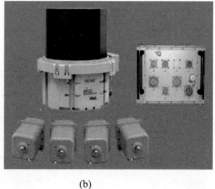

(a)   (b)

图 5.56 MUSIC 系统组成图

MUSIC 全系统由导弹告警系统（PAWS）和干扰系统组成。PAWS 中波红外告警系统由一个控制箱和四个告警头组成，干扰系统由激光发生器、电子控制单元

（Electronic Control Unit,ECU）和干扰转塔三部分组成[19]，如图 5.57 所示。

MUSIC 的技术特点如下。

（1）采用中波红外凝视型导弹逼近告警系统，集成了红外传感器和先进的处理能力，可自动引导定向红外对抗以及启动机载箔条与干扰弹投放系统。

（2）采用动态反射镜转塔，体积小，质量小，便于对目标的快速捕获和跟踪；

（3）采用高帧频红外跟瞄系统，便于精确跟踪。

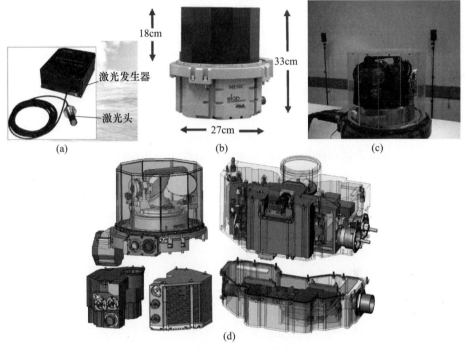

图 5.57　MUSIC 内部结构

5.6　中波激光干扰源

由于告警和跟踪瞄准在其他章节中有详细描述，本节主要介绍红外定向对抗系统技术的小型全固态中波红外多波段激光器。

5.6.1　非线性光学变换原理

除了气体激光器外，很难找到可以产生中波红外的激光泵浦材料，即目前高效的中波激光不能够直接产生。在本节中，将根据非线性光学原理，分析光参量振荡中波红外激光器产生的理论方法,给出研制方案的理论指导,进而根据所采用的两种 OPO 晶体的特点,讨论具体的技术方案和试验结果。

5.6.1.1 非线性光学原理

非线性光学晶体是指各向异性的晶体。这样的晶体大致可分两类:一类是它在同一平面内具有两个或更多结晶学上等价的方向,称为单轴晶体;另一类是没有两个结晶学上等价方向可供选择,其介电主轴方向一般依赖于波长,称为双轴晶体。光在非线性晶体中传播时的相速度取决于光波在传播方向的折射率,它与光波的偏振态及传播方向有关。在双折射晶体中,除光轴方向外,任何传播方向都存在两个互相垂直的特定偏振态。这两个特定偏振态的光在晶体中传播速度不同(具有不同折射率)。如果一个光的偏振方向与这两个特征方向中的任一个平行,则这个光波通过晶体时,它的偏振方向将保持不变。分析光波在非线性晶体中的传播,就是求解两个特征光波的偏振方向及相应的速度(或折射率)[20-21]。对于非线性晶体,主要是通过利用晶体的双折射特性来实现相位匹配。对于激光频率变换的极化率张量和稳态耦合波方程等理论在文献中有详细的介绍,在本书中不再叙述。

5.6.1.2 单轴晶体的相位匹配

1)单色平面波在单轴晶体中的传播

对单轴晶体,两种偏振态的光,一种称为寻常光(o 光),另一种称为非寻常光(e 光)。利用单轴晶体的折射率椭球来分析单色平面波在单轴晶体中的传播,选择晶体的主轴坐标系,由于 $\varepsilon_1 = \varepsilon_2 = n_0^2$,$\varepsilon_3 = n_e^2$,单轴晶体折射率椭球方程为

$$\frac{x^2}{n_0^2} + \frac{y^2}{n_0^2} + \frac{z^2}{n_e^2} = 1 \tag{5.15}$$

这是一个以光轴 z 为转轴的旋转椭球面,它的形态因 n_o 和 n_e 的取值不同而分为两类。如图 5.58 所示,正单轴晶体 $n_e > n_o$,负单轴晶体 $n_o > n_e$。

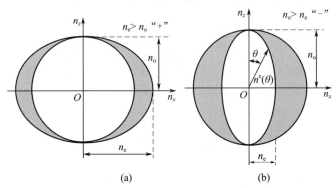

图 5.58　正、负单轴晶体折射率,椭球截面图

设一个平面光波在晶体内传播的波矢方向 K 与 z 轴夹角为 θ，通过椭球中心作垂直于 K 的平面，这一个平面与椭球的截线是一椭圆，如图 5.59 所示。通过坐标变换可得截线的方程为

$$\frac{x'^2}{n_o^2} + \frac{y'^2}{n_e^2(\theta)} = 1 \tag{5.16}$$

$$n_e(\theta) = \frac{n_o n_e}{\sqrt{n_o^2 \sin^2\theta + n_e^2 \cos^2\theta}} \tag{5.17}$$

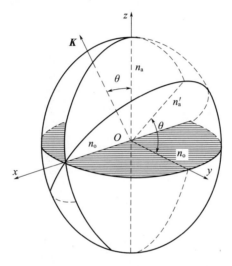

图 5.59　主轴坐标系内单轴晶体折射率椭球的截面

该椭圆的长轴和短轴方向是波法线方向为 K 的光波的矢量 D 的两个可能的振动方向，各半轴的长度等于该振动方向的折射率 n_o 和 $n_e(\theta)$。无论 K 方向如何，它总允许一个偏振成分的折射率（n_o）不变，其矢量 D 垂直于 K 与 z 所组成的平面，n_o 为寻常光（o 光）的折射率，o 光的电场矢量 E 与电位移矢量 D 平行。波法线方向 K 与代表能流方向的坡印廷矢量 S 平行，可表示为 $E//D$，$K//S$ 或 $E\perp K$，$D\perp K$。波法线为 K 的光波的另一允许偏振方向，在 K 与 z 组成的平面内，它的折射率 $n_e(\theta)$ 随 K 与 z 轴的夹角 θ 而异，这就是非常光（e 光）。e 光的 E 矢量与矢量 D 不平行，矢量 K 与矢量 S 不平行（当 $\theta\neq 0°$ 或 $\theta\neq 90°$ 时）。

2）单轴晶体中三波互作用的相位匹配原理

为有效地进行非线性光学频率变换，必须使参与互作用的光波在介质中传播时具有相同的相速度。实现有效频率变换的方法之一是相位匹配技术。利用非线性晶体的双折射与色散特性达到相位匹配[22]。

设参与互作用的三个光波的圆频率分别为 ω_1、ω_2 和 ω_3（$\omega_3 = \omega_1 + \omega_2$），其波

矢分别为 K_1、K_2、K_3，根据动量守恒定理，完全相位匹配时，有

$$\Delta k = K_1(\omega_1) + K_2(\omega_2) - K_3(\omega_3) = 0 \tag{5.18}$$

即

$$K_1(\omega_1) + K_2(\omega_2) = K_3(\omega_3) \tag{5.19}$$

由于 $K_i = \omega_i n_i i/c(i=1,2,3)$，式中，$i$ 是波矢 K_i 的单位矢量，n_i 是频率为 ω_i 的光波在介质中的折射率，则

$$\Delta k = \frac{\omega_1}{c}n_1 i_1 + \frac{\omega_2}{c}n_2 i_2 - \frac{\omega_3}{c}n_3 i_3 = 0 \tag{5.20}$$

我们仅讨论三波共线作用的情况，即三个光波的波矢方向相同，$i_1 = i_2 = i_3$，则

$$\begin{cases} \Delta k = \dfrac{\omega_1}{c}n_1 i_1 + \dfrac{\omega_2}{c}n_2 i_2 - \dfrac{\omega_3}{c}n_3 i_3 = 0 \\ \omega_1 n_1 + \omega_2 n_2 = \omega_3 n_3 \end{cases} \tag{5.21}$$

式(5.21)即为共线条件下，三波互作用的相位匹配条件。

对于倍频，匹配条件为

$$\omega_1 = \omega_2 = \frac{\omega_3}{2} \tag{5.22}$$

$$n_1(\omega) + n_2(\omega) = 2n_3(2\omega) \tag{5.23}$$

从原理上说，非线性晶体中三波互作用的相位匹配有两种类型：设互作用的三个光波满足 $\omega_3 > \omega_2 \geqslant \omega_1$，$(\mathrm{d}n/\mathrm{d}\lambda) \leqslant 0$，如果频率为 ω_1 的光波与频率 ω_2 的光波具有相同的偏振，此时的相位匹配为Ⅰ类相位匹配；反之，光波 ω_1 与光波 ω_2 具有正交的偏振，此时的相位匹配为Ⅱ类相位匹配。

单轴晶体中，根据矢量 D 的方向不同，光波分为 o 光及 e 光。在两种相位匹配情况下，参与互作用的光波是 e 光还是 o 光，由晶体的类型所决定。

由图 5.60 可仔细分析单轴晶体中几个矢量间的关系。通过坐标原点，作垂直于 K 的平面，它与折射率椭球的截面为一椭圆，其半长轴及半短轴分别为寻常光折射率 n_0（它不依赖于 θ 角的大小）及非常光折射率 $n_e(\theta)$（依赖于 θ 角大小）。这两个方向即为电位移矢量 D 的两个相应的偏振方向，该平面在 yoz 平面上的投影见图 5.60(a)，H 为 K 与椭圆的交点，坡印廷矢量 S（能流方向）处于过 H 点垂直于椭圆的切线方向。除了在 $\theta = 0°$ 或 $\theta = 90°$ 时，一般情况下，S 与 K 方向不重合，其夹角即为走离角 α。$n_e(\theta)$ 的值由式(5.16)计算。一般地说，在三维极坐标下，对应于波矢方向的 $K(\theta, \varphi)$ 应表示为 $n_e(\theta, \varphi)$、$n_0(\theta, \varphi)$，不过在单轴晶体中 φ 是随机的，此时法线面变为绕 z 轴的回转椭球，图 5.60(b)表示一个负单轴晶体 $K - z$ 平面与该椭球的交线，内曲线正好表示式(5.23)的关系，外曲线是以 $n_0(\omega)$ 为半径的圆。

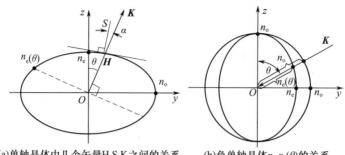

(a)单轴晶体中几个矢量H.S.K之间的关系　　(b)负单轴晶体n_o,$n_e(\theta)$的关系

图 5.60　单轴晶体中几个矢量的关系

由上述对单色平面波在单轴晶体中传播的分析可知,如果已知单轴晶体的色散方程,可很方便地求出单轴晶体中满足 I 或 II 类相位匹配的光波的波矢传播方向 θ——匹配角。

下面以倍频为例,讨论共线时的相位匹配条件。

（1）I 型相位匹配。I 型相位匹配方式中,基波只取一种偏振态:在正单轴晶体中取 e 偏振态;在负单轴晶体中取 o 偏振态。产生的谐波,正单轴晶体中为 o 偏振态,负单轴晶体中为 e 偏振态。把正、负单轴晶体中 I 型相位匹配方式分别以 eeo 及 ooe 来表示。它们的相位匹配条件分别为

$$\Delta k = 2k_{1e} - k_{2o} = 0 \rightarrow n_{1e}(\theta) = n_{2o}\ (\text{eeo}) \tag{5.24a}$$

$$\Delta k = 2k_{1o} - k_{2e} = 0 \rightarrow n_{2e}(\theta) = n_{1o}\ (\text{ooe}) \tag{5.24b}$$

这里 $n_e(\theta)$ 为非寻常光折射率 θ 方向的值,它由式(5.23)确定,如图 5.61 所示。

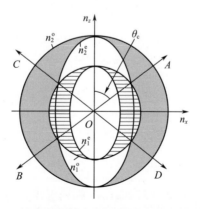

图 5.61　负单轴晶体倍频 I 型相位匹配的折射率椭球截面

根据相位的匹配条件和非寻常光折射率的表达式很容易求得匹配角 θ_m 如下:

$$\sin(\theta_m) = \frac{n_{1e}}{n_{2o}} \left(\frac{n_{2o}^2 - n_{1o}^2}{n_{2e}^2 - n_{1o}^2} \right)^{1/2} \quad (\text{eeo}) \tag{5.25a}$$

$$\sin(\theta_m) = \frac{n_{2e}}{n_{1o}} \left(\frac{n_{2o}^2 - n_{1o}^2}{n_{2o}^2 - n_{2e}^2} \right)^{1/2} \quad (\text{ooe}) \tag{5.25b}$$

（2）Ⅱ型相位匹配。Ⅱ型相位匹配的基波有两种偏振态（即基波分为 o 光与 e 光两部分），产生的谐波在正单轴晶体中是 o 光，在负单轴晶体中是 e 光。因此这两种晶体的Ⅱ型相位匹配分别以 eoo 及 ooe 表示。它们的相位匹配条件分别为

$$\Delta k = (k_{1e} + k_{1o}) - k_{2o} = 0 \to \frac{1}{2}[n_{1e}(\theta) + n_{1o}] = n_{2o} \quad (\text{eoo}) \tag{5.26a}$$

$$\Delta k = (k_{1o} + k_{1e}) - k_{2e} = 0 \to \frac{1}{2}[n_{1e}(\theta) + n_{1o}] = n_{2o}(\theta) \quad (\text{ooe}) \tag{5.26b}$$

同理，可以求得匹配角为

$$\sin(\theta_m) = \left\{ \frac{[n_{1o}/(2n_{2o} - n_{1o})]^2 - 1}{(n_{1o}/n_{1e})^2 - 1} \right\}^{1/2} \quad (\text{eoo}) \tag{5.27a}$$

$$\frac{1}{2}n_{1o} + \frac{1}{2} \frac{n_{1o}n_{1e}}{[n_{1o}^2\sin^2(\theta) + n_{1e}^2\cos^2(\theta)]^{1/2}}$$

$$= \frac{n_{2o}n_{2e}}{[n_{2o}^2\sin^2(\theta) + n_{2e}^2\cos^2(\theta)]^{1/2}} \quad (\text{ooe}) \tag{5.27b}$$

对于负单轴晶体的Ⅱ型匹配，不能得到显式解。Ⅰ型和Ⅱ型相位匹配，是通过选择特定的角度 θ_m 实现的，故称为角度匹配。由于其匹配方向对角度 θ_m 很敏感（即稍稍偏离匹配角 θ_m，Δk 也会变得相当大），所以也称为临界匹配。

对于正、负单轴晶体，Ⅰ、Ⅱ两种类型的匹配方式，Δk 与偏离角 $\Delta\theta$（$\Delta\theta = \theta - \theta_m$）的关系分别为

$$\Delta k = (\omega/c) n_{2o}^3 (n_{1o}^{-2} - n_{1e}^{-2}) \sin(2\theta_m) \Delta\theta \quad (\text{eeo}) \tag{5.28a}$$

$$\Delta k = (\omega/c) n_{1o}^3 (n_{2e}^{-2} - n_{2o}^{-2}) \sin(2\theta_m) \Delta\theta \quad (\text{ooe}) \tag{5.28b}$$

$$\Delta k = -\frac{\omega}{2c}(2n_{2o} - n_{1o})^3 (n_{1e}^{-2} - n_{1o}^{-2}) \sin(2\theta_m) \Delta\theta \quad (\text{eeo}) \tag{5.28c}$$

$$\Delta k = \frac{\omega}{c} \left[n_{2e}^3(\theta_m)(n_{2e}^{-2} - n_{2o}^{-2}) - \frac{1}{2}n_{1e}^3(\theta_m)(n_{1e}^{-2} - n_{1o}^{-2}) \right] \sin(2\theta_m) \cdot \Delta\theta$$

$$\approx \frac{\omega}{2c} n_{1o}^3 (n_{2e}^{-2} - n_{2o}^{-2}) \sin(2\theta_m) \Delta\theta \quad (\text{ooe}) \tag{5.28d}$$

若使匹配角 $\theta_m = 90°$，则 Δk 对角度的匹配灵敏度大大下降。这在实际中有很大好处，因为这不仅意味着晶体角度调整精度要求降低，而且意味着对基波光束发散度的要求也降低。90°相位匹配通常通过调节晶体的温度来实现，故又称为温度相位匹配或非临界相位匹配。90°相位匹配还有一个优点，就是没有双折射效应引

起的离散效应。离散效应会使效率下降。

5.6.1.3　双轴晶体的相位匹配

单轴晶体由于其光学主轴为 Z 轴,具有回转对称性,所以在单轴晶体中三波互作用的相位匹配问题容易解决。双轴晶体,由于具有非旋转对称的折射率椭球,即在三个主轴方向上的折射率不相等: $n_X \neq n_Y \neq n_Z$,一般按照光轴与 Z 轴的夹角 Ω 来分为正晶体($\Omega < 45°$)和负晶体($\Omega > 45°$)),因此相对于单轴晶体,其相位匹配要复杂得多。双轴晶体的折射率曲面为双壳层的四次曲面,如图 5.62 所示。求解相位匹配问题,关键是求解光波在双轴晶体中传播时的折射率,以限定光波在晶体中的传输方向(θ, φ)。如果相位匹配发生在三个主平面(XOY, YOZ, ZOX)内,则相位匹配情形类似于单轴晶体。当考虑到最大的有效极化率时,多数情况下的频率变换要在主平面内进行。

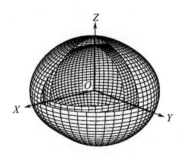

图 5.62　双轴晶体折射率的双壳层结构

在双轴晶体内的相位匹配要满足能量守恒($\omega_3 = \omega_1 + \omega_2$)和动量守恒。对于和频和差频,有

$$\omega_1 < \omega_2 < \omega_3, \omega_1 n_1(\omega_1) + \omega_2 n_2(\omega_2) = \omega_3 n_3(\omega_3) \tag{5.29}$$

其中,折射率的计算公式如下:

$$n^+(\omega_j) = \left[\frac{2}{B_j - (B_j^2 - 4C_j)^{\frac{1}{2}}} \right]^{\frac{1}{2}} \tag{5.30a}$$

$$n^-(\omega_j) = \left[\frac{2}{B_j + (B_j^2 - 4C_j)^{\frac{1}{2}}} \right]^{\frac{1}{2}} \tag{5.30b}$$

$$(n^+(\omega_j) > n^-(\omega_j)) \tag{5.30c}$$

其中

$$B_j = u_x^2(b_j + c_j) + u_y^2(a_j + c_j) + u_z^2(a_j + b_j) \tag{5.31a}$$

$$C_j = u_x^2 b_j c_j + u_y^2 a_j c_j + u_z^2 a_j b_j \tag{5.31b}$$

$$a_j = n_x^{-2}(\omega_j), b_j = n_y^{-2}(\omega_j), c_j = n_z^{-2}(\omega_j) \tag{5.31c}$$

u_x、u_y、u_z 为在笛卡儿坐标系中 (θ,φ) 方向单位矢量 $u(\theta,\varphi)$ 的各个分量。即

$$u_x = \sin\theta\cos\varphi, u_y = \sin\theta\sin\varphi, u_z = \cos\theta \tag{5.32}$$

$n_x(\omega_j)$、$n_y(\omega_j)$、$n_z(\omega_j)$ 是三个主轴在圆频率 ω_j 处的折射率。

在双轴晶体中,以"o""e"表示寻常光和非寻常光仅在主轴面 (XY, YZ, ZX) 上有意义,一般情况下已经失去了意义。一般用"s""f"表示慢光(对应较大折射率)和快光(对应较小折射率)。对于正常色散的晶体,一般要求:

$$n^{\pm}(\omega_1) < n^{\pm}(\omega_2) < n^{\pm}(\omega_3) \tag{5.33}$$

因此,有以下三种可能的相位匹配

$$\omega_1 n^+(\omega_1) + \omega_2 n^+(\omega_2) = \omega_3 n^-(\omega_3) \tag{5.34a}$$

$$\omega_1 n^-(\omega_1) + \omega_2 n^+(\omega_2) = \omega_3 n^-(\omega_3) \tag{5.34b}$$

$$\omega_1 n^+(\omega_1) + \omega_2 n^-(\omega_2) = \omega_3 n^-(\omega_3) \tag{5.34c}$$

分别称为 I、II、III 型相位匹配。各主轴上折射率之间的不等关系(依赖波长)决定了相位匹配轨迹的不同。若在双轴晶体的主轴平面内,相应的符号"s""f"在正单轴类型下变为"e""o";在负单轴类型下变为"o""e"。在一般的 DFG 和 SFG 中,ω_1 与 ω_2 交换匹配情况并不相同,但是在倍频下 $(\omega_1 = \omega_2)$,变为一种类型,此时 III 型相位匹配消失。另外,在一些文献中,在类型上标记"+""−"来区别正、负晶体,如 Type II $^+$ 表示正双轴晶体的 II 型匹配。因此,已知主折射率与波长的关系式,即通常所说的赛尔迈耶(Sellemier)方程,即可求得任意波长的主折射率,由式(5.30)~式(5.34)可计算满足三波互作用相位匹配角度 θ,φ。每一组 θ,φ 都对应一个有效非线性系数 d_{eff},通常把 d_{eff} 取最大值的 θ,φ 定义为最佳相位匹配方向,又称为最佳相位匹配角。在利用非线性光学晶体设计频率转换的时候,首要的任务就是针对我们感兴趣的波长范围,确定最佳的相位匹配角。

5.6.2 几种体制全固态中波红外激光干扰源

飞机红外辐射大,机动性强,冲击振动强度大,对机载设备小型化要求更高,对干扰源——中波红外干扰激光器也提出了更高的需求。

目前在保护军用飞机免受红外制导导弹威胁方面,美国已先后研制出多套定向红外对抗系统,中红外固体激光器主要技术路线有两种:中红外光参量激光器、中红外量子级联激光器;同时具有潜力的技术路线还有中红外 DPL 激光器、中红外光纤激光器。涉及的主要军火制造商有:波音公司、诺斯罗普·格鲁曼公司、雷声公司、BAE systems、美国海军实验室和 Daylight Solutions Inc 等。目前,最著名的中红外激光器为诺斯罗普·格鲁曼公司采用光参量技术研制的名为"蝰蛇"(Viper)的多波段固体激光器。采用 PPLN、ZGP 光参量技术,国内外多家单位目前

均可以获得功率大于 10W、波长 3.8μm 激光输出[23-24]。2010 年,Daylight 公司为美国军方提供了室温连续输出功率 3W、光束质量近衍射极限、波长 4μm 量子级联二极管激光器,目前已经完成了直升机平台飞行试验测试和可靠性测试,寿命评估超过 10×10^4 h。Raytheon 开发的 CIRCM 红外对抗系统也采用了中红外量子级联二极管激光器。在接下来的 5 年时间内,美国 ITT 公司拟在保护直升机 CIRCM 项目投资 20 亿美元,每套成本控制在 100 万 ~200 万美元。2010 年,百瓦级 3 ~5μm 光纤激光器技术被美国军列为中波红外激光重点发展方向。

LAIRCM 系统采用了诺斯罗普·格鲁曼公司研制的多波段"Viper"激光器代替氙灯。激光器采用二极管泵浦的 Q 开关 Nd:YAG 激光器去泵浦光参量振荡器,能产生波段Ⅰ 3W,波段Ⅱ 2W,波段Ⅳ 5W 激光功率输出,激光器尺寸为 33cm(直径)×5cm,质量 4.15kg。在实弹射击试验中,激光器成功地使两类 4 枚地空红外制导导弹受干扰,脱靶距离超过 150m,这些导弹分别从 3km 和 4.7km 外发射。目前诺斯罗普·格鲁曼公司已经生产的红外对抗系统,装备在 50 多种不同类型的 500 多架军用飞机上。2010 年 4 月,诺斯罗普·格鲁曼公司宣布对其公司研制的红外对抗系统中的激光器采用中红外光纤传输方案进行进一步改进,大大缩小红外对抗系统的体积和质量,提高了系统可靠性。

ATIRCM 系统采用了固体激光器红外光源,首先采用激光二极管泵浦 Tm:Ho:YLF 晶体产生波段Ⅰ的激光,然后再采用 ZGP 光参量技术产生波段Ⅱ和波段Ⅳ的激光,波段Ⅰ、波段Ⅱ和波段Ⅳ输出功率分别为 5W、0.5W 和 5W,效率为 7%,尺寸为 15cm×18cm×48cm,重 13kg。美军在 2001 年 7 月进行了 ATIRCM 系统的作战测试,该系统安装在一架美国陆军的直升机上,成功地干扰了 6 枚不同类型的红外制导导弹,效果非常明显。

下面分别介绍这几种激光器的技术原理。

5.6.2.1　Nd:YAG 泵浦光参量振荡器 PPLN 技术

由二极管激光器发射的激光泵浦 YAG 激光晶体,产生 1.06μm 的激光,再用此激光泵浦非线性激光晶体,利用光学参量振荡(OPO)装置,通过非线性效应产生 3 ~5μm 波段的激光。准相位匹配(Quasi Phase Matching,QPM)可以利用晶体的最大非线性系数,且没有波矢方向和偏振方向的限制,理论上能够利用晶体的整个透光范围实现相位匹配。

通常非线性晶体都从以下几个方面考虑:

(1) 有较大的有效非线性系数;

(2) 在工作波段范围内具有较大的透过率;

(3) 能够有效地实现相位匹配;

(4) 具有较高的光损伤阈值;

(5) 具有良好的光学均匀性,且物化性能稳定和易加工制作。

周期性极化铌酸锂(PPLN),作为激光的工作物质,具有非线性系数大、容易生长、价格相对便宜、物化性能稳定、不易潮解及透光范围宽($0.28 \sim 5.5\,\mu m$)等优点。但是,PPLN 晶体同时具有易发生光折变效应、激光损伤阈值低以及极化电压过大等不足之处。为了克服这些不足,采用掺 MgO 的 PPLN 晶体(PPMgLN),该种晶体可有效克服光折变效应,使晶体可在室温下输出高功率参量光;可提高激光损伤阈值;可大幅度降低晶体的极化电压[25-26]。

激光头是相干光干扰系统的核心部件,由耦合系统、温控器件、$1.06\,\mu m$ 谐振腔、OPO 谐振腔、发射系统组成,可输出 $3 \sim 5\,\mu m$ 波段内的激光。电源调制器主要为激光头提供正常工作所需要的电源、泵浦光源以及接收外部指令实现激光器的开关、激光调制包络频率的改变、工作状态的转换等功能。电源调制器由半导体激光器、温控系统、射频电源、控制电路组成。

激光器总体设计框图如图 5.63 所示。

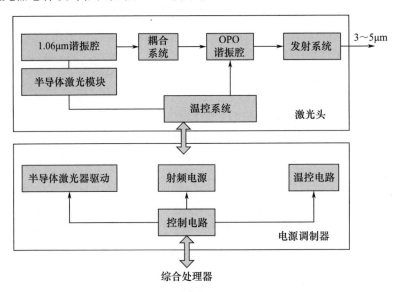

图 5.63　激光器总体设计框图

半导体激光器:输出 808nm 激光,作为 $1.06\,\mu m$ 激光器的泵浦源;

$1.06\,\mu m$ 激光器谐振腔:用于产生 $1.06\,\mu m$ 激光输出;

OPO 激光器谐振腔:用于产生 $3 \sim 5\,\mu m$ 激光输出;

耦合系统:将 $1.06\,\mu m$ 激光准直并聚焦于 OPO 谐振腔晶体内;

温控系统:用于维持和控制激光晶体的工作温度;

发射系统:用于将 $3 \sim 5\,\mu m$ 激光进行准直发射,压缩其发散角,使其满足战术

使用要求;

半导体激光器驱动:用于驱动半导体激光器,使其正常工作;

温控电路:对温控器件进行控制,从而控制半导体激光器、激光晶体的工作温度,使其能够稳定工作;

射频电源:为声光调 Q 器提供电源,同时具有温度检测功能,当声光调 Q 器温度过高时实施断电保护;

控制电路:对激光二极管电源、射频电源以及温控电路实施控制,实现激光器的开、关以及调制包络频率的控制功能,同时与综合处理器进行实时通信,根据综合处理器指令工作。

激光器上电后自动运行工作,首先温控系统上电工作,根据环境温度选择制冷或制热,使半导体激光器处于正常工作所需温度后,半导体激光电源上电工作,使半导体激光器工作在阈值电流(此时半导体激光器不出光)。然后射频电源上电工作,干扰系统进入待机状态,等待综合处理器发出干扰指令后。根据干扰指令完成干扰参数设置(或选择默认设置)并发射干扰光束,接收到综合处理器发出停止干扰指令后返回待机状态。若接收到综合处理器发出的自检命令,则上报当前状态信息(故障或正常);若接收到关机指令则系统自动关机。

1) 光学设计

激光头由 1.06μm 谐振腔、OPO 谐振腔、耦合系统、制冷系统、扩束系统组成,可利用半导体激光器泵浦非线性晶体输出 3 ~ 5μm 波段内的激光。

激光头光学结构如图 5.64 所示。

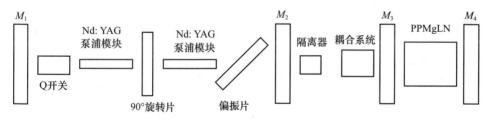

图 5.64　激光头光学结构

2) 工作过程

采用单谐振、外腔光参变振荡结构。泵浦源采用封装的半导体激光模块泵浦 Nd:YAG 模块,1064nm 激光输出采用平凹腔结构,经耦合系统调整光斑大小和形状后,泵浦 PPMgLN 晶体。$M_1 - M_2$ 构成 1064nm 泵浦光谐振腔,由全反镜 M_1、输出镜 M_2、Nd:YAG 增益模块、Q 开关、石英旋转片、偏振片等组成。M_1 为平面镜,对 1064nm 激光高反;M_2 为凹面镜,对 1064nm 激光部分反射。泵浦激光采用双 Nd:YAG 棒结构,中间放入石英旋转片进行退偏补偿。

首先,比较不同重复频率、不同反射率的输出透镜、不同腔长对 1064nm 激光的输出特性的影响,通过合理设计 1064nm 激光谐振腔参数,可以获得高功率、高光束质量的激光输出。为了消除光束之间的走离效应,利用 PPMgLN 晶体的最大非线性系数 d_{33},OPO 技术采用 e→e + e 相位匹配,在泵浦光腔内放置一偏振片(P),输出的泵浦光为线偏振光。输出的泵浦光经耦合系统后,整形成椭圆光斑,以合适功率密度泵浦 PPMgLN(MgO 掺杂浓度为 5mol%) 晶体。泵浦光斑与晶体的横截面大小和形状相匹配,有利于提高转换效率以及防止晶体端面的损伤。$M_3 - M_4$ 构成 PPMgLN − OPO 谐振腔,M_3 对 1064nm 激光高透,对 3.6 ~ 4.2μm 激光高反,M_4 对 3.6 ~ 4.2μm 激光部分反射。理论上 OPO 谐振腔腔长越短,单位时间内泵浦光和参量光通过晶体的次数越多,输出功率和转换效率越高。因此,OPO 的腔长基本与 PPMgLN 晶体长度相当。但是考虑到晶体后端面更容易损伤,故 M_4 离后端面稍有距离。PPMgLN 晶体固定在铜制夹板上,有利于保持晶体内部温度的均匀性,且便于光路调节时晶体位置的调整,整个晶体工作在室温条件下。

3) OPO 激光器工作原理

(1) 基本原理。当光波在非线性介质(一般是晶体)中传播时,会引起非线性电极化,导致光波之间的非线性作用,高强度的激光所导致的光波之间的非线性作用更为显著。当一束频率为 ω_p 的强激光(泵浦光)射入非线性光学晶体,若在晶体中加入频率远低于 ω_p 的弱信号光(频率为 ω_s),由于差频效应,晶体中将产生频率为 $\omega_p - \omega_s = \omega_i$(闲置频率)的极化波。闲置频率光波在晶体中传播时,又与泵浦光混频,产生 $\omega_p - \omega_i = \omega_s$ 的极化波。若原来的信号波 ω_s 与新产生的光波 ω_s 之间满足相位匹配条件,则相当于信号光得到了放大,这就是光学参量放大。

光学参量放大需要满足的频率关系和相位匹配关系为

$$\begin{cases} \omega_p = \omega_s + \omega_i \\ n_p\omega_p = n_s\omega_s + n_i\omega_i \end{cases} \tag{5.35}$$

光学参量放大的光转换效率是很低的,为了获得较强的信号光,可把非线性光学晶体置于光学谐振腔内,以便 ω_s 和 ω_i 的极化波反复地从泵浦光中吸收能量,从而产生较大的增益。当增益超过腔体损耗时便发生振荡,这就是光学参量振荡(OPO)[27-28]。

为得到明显的参量放大,要求三种频率中每一种频率产生的极化波与自由传播的电磁波具有相同的速度。如果材料的折射率使得 k 矢量满足动量匹配条件 $\Delta k = k_p - k_s - k_i = 0$,三波非线性相互作用就会得到增强。对于共线传播的波,有

$$\frac{n_p}{\lambda_p} - \frac{n_s}{\lambda_s} - \frac{n_i}{\lambda_i} = 0 \tag{5.36}$$

式中:n_s、n_i 和 n_p 分别为材料对信号光、闲频光和泵浦光的折射率。

调谐功能是所有参量器件的基本特征。如果泵浦光以固定波长 λ_p 入射,折射率在接近相位匹配条件附近的微小变化都将改变信号光和闲频光的波长,从而得到新的相位匹配条件。这种调谐可以利用各向异性晶体双折射与角度的关系,或者改变温度来实现。

（2）光参量振荡器的增益。可以定义信号光通过非线性晶体的单程增益系数为

$$g = \sqrt{kI_p} \tag{5.37}$$

式中: I_p 为泵浦光通量; k 为耦合常量;其表达式为

$$k = \frac{8\pi^2 d_{\text{eff}}^2}{\lambda_s \lambda_i n_s n_i n_p \varepsilon_0 c} \tag{5.38}$$

有效的非线性系数 d_{eff} 与泵浦光、信号光和闲频光的光场有关。

在高增益限度内,参量放大器的单程功率的增益可近似为

$$G = \frac{1}{4}e^{2gl} \tag{5.39}$$

式中: l 为晶体的长度。

如果存在相位失配,增益系数将按照下式减小:

$$g_{\text{eff}} = \left[g^2 - \left(\frac{1}{2}\Delta k \right)^2 \right]^{1/2} \tag{5.40}$$

由此可见,相位失配使得增益减小是非常明显的。

（3）脉冲单谐振光参量振荡器(SRO - OPO)的阈值条件。单谐振 OPO 因其反射镜与腔体的设计容易、转换效率好、频率与输出功率稳定而成为最常用的一种结构。在单谐振光参量振荡器中,泵浦光是单程通过非线性晶体,所产生的信号光与空闲波在泵浦光方向的单程中得到增强。信号光在谐振腔中经历了两次反射传播后,再次与泵浦光耦合而得到放大。稳态运行的阈值条件为

$$g^2 l^2 = 2\sqrt{1 - R_s}(1 - L) \tag{5.41}$$

式中: R_s 为信号光耦合输出器的反射率; L 为 OPO 反射和吸收损耗的总和。

根据 Brosnan 等的 SRO - OPO 阈值泵浦功率的密度模型,泵浦光功率密度需要达到的阈值可由下式给出:

$$I_{\text{th}} = \frac{1.12}{kg_s l_{\text{eff}}^2} \left(\frac{L}{t_p c} \ln \frac{P_s}{P_n} + 2\alpha l + \ln \frac{1}{\sqrt{R}} + \ln 2 \right)^2 \tag{5.42}$$

式中: P_s 为信号光的阈值功率水平; P_n 为信号光的噪声水平; t_p 为泵浦脉冲宽度; c 为光速; α 为吸收系数; R 为输出镜的反射率; l_{eff} 为有效参量增益长度; g_s 为信号光空间模耦合系数。

g_s 的定义为

$$g_s = \frac{1}{1 + (\omega_s/\omega_p)^2} \tag{5.43}$$

式中:ω_s、ω_p 为信号光和泵浦光的光斑尺寸。

由于存在非线性转换过程,所以高斯光束的信号光斑尺寸 ω_s 总是小于泵浦光的光斑尺寸 ω_p。有效的参量增益长度 l_{eff} 是由离散长度决定的:

$$l_{\text{eff}} = \frac{\sqrt{\pi}\,\omega_p}{2\rho} \tag{5.44}$$

式中:ρ 为走离角。

由式(5.44)可以看出:要得到最大的有效参量增益长度来降低阈值,必须增大泵浦光的光束尺寸,直至有效增益长度等于晶体的长度。

式(5.42)括号中的第一项表示的是信号光从 P_n 增大到 P_s 所需要的时间内所造成的泵浦光的损耗,如果从噪声到建立起信号光的过程中,允许更多的往返次数 $(t_p c/L)$,则所需要的阈值泵浦功率密度就会降低;括号中的第二项表示的是腔内的吸收损耗;括号中的第三项表示的是耦合输出损耗;第四项表示的是 SRO 运转产生的结果。

从式(5.44)中,可以看到高的 d_{eff} 和长的 l_{eff} 是获得低阈值的关键,阈值泵浦功率密度与这些项的平方成反比。同样可以看到,长的泵浦脉冲以及短的腔长也有助于降低阈值。

(4)脉冲单谐振光参量振荡器的转换效率。可以定义 SRO - OPO 总的转换效率为

$$\eta = \frac{E_1 + E_2}{E_3} = \sin^2\left(\frac{l\Delta k}{2}\right)\left(1 - \frac{1}{N}\right) \tag{5.45}$$

式中:Δk 为相位失配量;l 为晶体的长度;N 为入射泵浦光强度超过阈值泵浦光强度的倍数。

N 可定义为

$$N = \frac{I_p}{I_{\text{th}}} \tag{5.46}$$

从式(5.45)可知,当 $l\Delta k/2$ 项确定时,在泵浦倍数超过一定值时,随着泵浦功率的增加,转换效率 η 的增长速度就会减缓。对设计高效率 OPO 谐振腔的一般经验是:至少需要阈值 4 倍以上的泵浦功率。

4)掺 MgO 的 PPLN(PPMgLN)的特性

(1)PPMgLN - OPO 的折射率方程。由准相位匹配原理可知,若晶体中存在光栅结构,相位失配方程就应计入光栅波矢 $\boldsymbol{k}_g$,相位失配方程为 $\Delta k = \boldsymbol{k}_p - \boldsymbol{k}_s - \boldsymbol{k}_i - \boldsymbol{k}_g$。

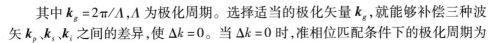

其中 $k_g = 2\pi/\Lambda$，Λ 为极化周期。选择适当的极化矢量 k_g，就能够补偿三种波矢 k_p、k_s、k_i 之间的差异，使 $\Delta k = 0$。当 $\Delta k = 0$ 时，准相位匹配条件下的极化周期为

$$\frac{1}{\Lambda_g} = \frac{n_p}{\lambda_p} - \frac{n_s}{\lambda_s} - \frac{n_i}{\lambda_i} \tag{5.47}$$

在准相位匹配条件下，由于对相互作用的耦合光波的偏振方向没有要求，可以人为地选择，因此，可以选择 $e \rightarrow e + e$ 匹配，此时 PPLN 晶体发挥作用的有效非线性系数为其最大非线性系数 d_{33}（27.5pm/V），从而降低了阈值，提高了转换效率。

Paul 等人根据之前的研究成果及试验结果给出了掺 MgO（掺杂浓度为 5mol%）的 PPLN 晶体的基于温度的赛尔迈耶尔（Sellmeier）方程，该方程适宜于 1.3 ～ 5μm，温度为 40 ～ 200℃，则

$$n_e^2 = a_1 + b_1 f + \frac{a_2 + b_2 f}{\lambda^2 - a_3^2} + \frac{a_4 + b_3 f}{\lambda^2 - a_5^2} - a_6 \lambda^2 \tag{5.48}$$

式中：λ 为光在真空中的波长（μm）；f 为与温度相关的项，$f = (t - 24.5)(t + 570.82)$。

a_1、a_2、a_3、a_4、a_5、a_6、b_1、b_2 以及 b_3 均为常数，其数值如表 5.8 所列。

表 5.8　Sellmeier 方程常数数值表

参数	a_1	a_2	a_3	a_4	a_5	a_6
取值	5.319725	0.09147285	0.3165008	100.2028	11.37639	0.0149706

参数	b_1	b_2	b_3			
取值	4.753469×10^{-7}	3.310965×10^{-8}	2.760513×10^{-5}			

（2）PPMgLN 晶体的调谐曲线。PPMgLN 晶体有三种调谐方式：周期调谐、温度调谐和角度调谐。温度调谐可以获得较高波长调谐精度和波长连续调谐。同时采用周期调谐和温度调谐方式，既可以获得较宽的调谐范围，也可以获得较高的调谐精度。

在共线 PPMgLN - OPO 中，根据能量守恒和准相位匹配条件，从理论上可以得出 PPMgLN - OPO 的参量光输出特性。其信号光、闲频光波长随温度和光栅周期调谐的理论曲线如图 5.65 所示。

从图 5.65 可以看出，PPMgLN 晶体温度一定时，PPMgLN - OPO 输出的中红外激光波长随极化周期的增大而向短波方向移动，随极化周期的减小而向长波方向移动，并且中红外激光波长随极化周期变化范围较大；PPMgLN 晶体的极化周期一定时，中红外激光波长随温度的增加向短波方向移动，随温度的减小向长波移动。

综合上述两种调谐方式，可以通过增大 PPMgLN 晶体的极化周期和升高其温度来使输出中红外波长向短波方向移动，通过减小极化周期和降低温度而使输出波长向长波方向移动。

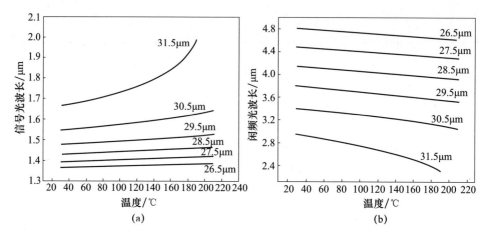

图 5.65　PPMgLN – OPO 信号光、闲频光波长随温度和光栅周期调谐的理论曲线

5.6.2.2　ZGP 光参量技术干扰源

　　采用二极管激光器发射的激光泵浦 $2\mu m$ 激光器,产生 $2\mu m$ 的激光,再用此激光泵浦光学参量振荡(OPO)装置,通过非线性效应产生 $3\sim5\mu m$ 波段的激光,利用 $2\mu m$ 的激光和 $3.8\sim4.2\mu m$ 波段的激光同时对 $1\sim3\mu m$ 和 $3\sim5\mu m$ 的导弹进行干扰。红外干扰分系统主要包括激光头、扩束系统及电源调制器[29]。

　　激光头由耦合系统、制冷系统、$2\mu m$ 谐振腔、OPO 谐振腔组成,可利用二极管激光器泵浦非线性晶体输出所需波段内的激光。为减小激光头尺寸,将泵浦光源与激光头分开,二极管激光器输出激光经光纤耦合输入到激光头中,系统总体组成框图如图 5.66 所示。

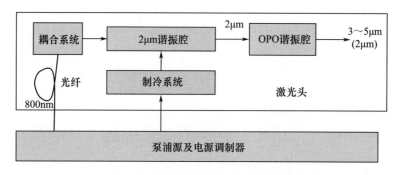

图 5.66　基于 ZGP 中波激光器总体组成框图

　　$2\mu m$ 谐振腔采用二极管激光器泵浦 YAP 晶体,产生 $2\mu m$ 的激光。二极管激光器是泵浦源,输出 800nm 左右的泵浦光经光纤传导以及耦合系统后泵浦 YAP 晶体。

5.6.2.3　量子级联激光器

量子级联激光器(Quantum Cascade Laser,QCL)是以半导体低维结构材料为基础、基于量子工程设计的、具有级联特征的、光电性能可调控的新原理激光器,它是一种基于半导体耦合量子阱子带间电子跃迁的单极性半导体激光器。其特点、优势为如下。

(1)工作波长由耦合量子阱子带间距决定,可实现波长的大范围剪裁(2.65 ~ 300μm)。

(2)它的有源区由多级耦合量子阱模块串接组成,可实现单电子注入的倍增光子输出而获得大功率。

(3)QCL 的受激发射过程是发生在子带间,是一种超高速响应的激光器。

(4)子带间的光跃迁使得线宽增强因子接近于零,具有非常窄的光谱线宽(小于 100kHz)。QCL 偏压下导带结构示意图如图 5.67 所示。第一只 QCL 问世以来,该类激光器研究迅速升温,材料体系由原来的 InGaAs/InAlAs/InP 扩展到 GaAs/AlGaAs、InAs/AlSb、InGaAs/AlAsSb/InP 等,理论研究日趋深入全面,器件设计、材料生长和器件工艺逐步改进,器件性能逐年提高。不同的材料体系分别对应于不同的最佳波段范围,如 GaAs/AlGaAs 材料体系较适合于远红外、太赫兹波段,InAs/AlSb 和 InGaAs/AlAsSb/InP 材料体系拥有较大的导带带阶,适合于制作波长 4μm 以下的 QCLs[30-31]。在 4μm 以上的中红外波段,InGaAs/InAlAs/InP 材料体系具有明显的优势并已经取得了很大的成功,例如,美国 Pranalytica 公司 2009 年研制的 4.6μmQCL 的室温连续输出功率达到 3W、2010 年研制的 4.0μmQCL 的室

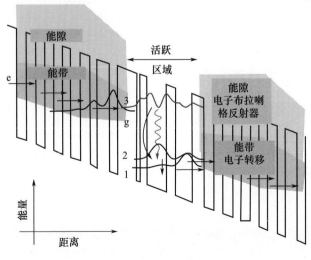

图 5.67　QCL 偏压下导带结构示意图

温连续输出功率达到 2W；美国西北大学 2009 研制的 4.45μm 宽脊 QCL 的室温脉冲峰值功率达到 120W、2011 年研制的 4.9μmQCL 的室温连续输出功率达到 5.1W、4.7μm 单模分布反馈 QCL 的室温连续输出功率达到 2.4W。温度对 QCL 的影响如图 5.68 所示。虽然 InGaAs/InAlAs/InP 材料体系向短波扩展受到导带带阶的限制，仍然是 3～4μm 波段 QCL 室温连续工作的主要材料体系。美国、瑞士、德国等正在进行多方面的 QCL 应用开发。

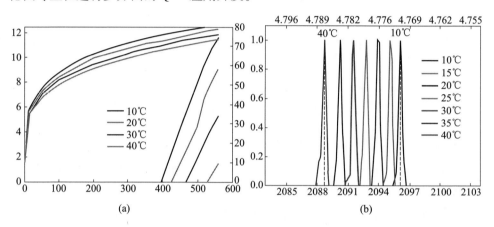

图 5.68　温度对 QCL 的影响

QCL 的主要生长材料：InP 基 InGaAs/InAlAs 材料体系，主要用分子束外延设备（Molecular Beam Epitaxy，MBE）和金属有机气相外延沉积（Metallo Organic Chemical Vapor Deposition，MOCVD）进行材料生长。QCL 的制作工艺流程包括：材料生长、光刻、显影、腐蚀双沟、生长绝缘层、开电注入窗口、蒸金、减薄、抛光、背面电极、退火。主要工艺设备兼容于普通的近红外 InP 基工艺。

5.6.3　干扰信号产生方法

中波红外激光器主要用于对红外制导导弹的干扰，因此要具有针对不同类型红外制导导弹能够产生不同干扰信号的能力。要产生有效干扰信号，需对激光器进行特殊的调制驱动，通过对红外光源工作特点研究，研制体积小、质量小、高可靠的专用电源/调制器，研究具有较高的调制深度的调制方法。

根据激光器的工作原理，要实现对光源的调制，有两种途径可以选择：一是对二极管激光器电源进行控制，使激光二极管的输出具有调制特性，从而实现对 OPO 激光的调制；二是对声光调制器电源进行控制，因为要实现 OPO 激光输出，必须通过声光调制器件对 2μm 泵浦光进行调制，提高泵浦光的峰值功率，使之达到 OPO 激光器的振荡阈值，才能实现 OPO 激光输出。因此通过控制调制器件的电源也可实现对

OPO 激光的调制。经过研究发现,若采用第一种途径,存在的主要问题是响应时间无法达到要求,因为对于干扰系统的应用来说,必须在接收到告警信号后快速响应,由待机状态迅速达到最大功率输出,才能够最大限度地达到干扰的效果。而快速响应的关键在于 $2\mu m$ 激光器的散热问题,即半导体激光器泵浦 $2\mu m$ 激光器时无法在短时间内达到热平衡,影响激光输出的稳定性。而采用对声光调制器电源进行控制,通过控制调制器的开关可以实现 OPO 激光的调制输出,存在的主要问题是首脉冲抑制,该调制器的开关过程中如果间隔时间过大就会产生一个巨脉冲,造成 OPO 谐振腔的破坏,如果该问题能够有效解决,即可实现对 OPO 激光器的调制[32]。

图 5.69 为声光调制器电源的控制信号波形图,从图 5.69 可以看出,当下一组脉冲信号产生之前,给 PPK Trigger 引脚加一个高电平,电源即可在一定时间内以一定的梯度关断,从而抑制由于瞬间关断所造成的巨脉冲。

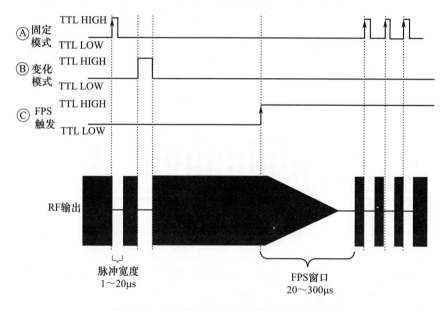

图 5.69　声光调制器电源的控制信号波形图

调制信号的产生主要通过控制电路来实现,控制电路是工作状态控制和干扰信号产生控制单元。它可预置干扰频率产生干扰控制信号,对射频电源、激光二极管电源进行触发控制;通过计算机控制电源/调制器,可以调整调 Q 的频率,从而调整干扰信号的频率。

5.6.4　热控制

激光器工作过程中会产生大量的热量,如果不能及时的散出,会积聚在晶体内部,导致激光晶体效率降低,激光功率下降直至没有激光输出,严重的情况下会造成激光晶体的损坏,因此,散热是激光器必须面临的问题。由于体积、质量以及应用等方面的限制,激光器不能采用传统的水冷进行散热。根据空间要求,热电制冷是最可行的方式。但热电制冷存在效率较低的特点,尤其在散热量较大的情况下,需要较高的电功率,这就造成热电制冷片的热端需要更高的散热能力,否则制冷片两端温差过大同样会造成制冷量降低和器件的损坏。

激光器结构紧凑,晶体材料的性能严重依赖对温度范围的有较控制,有限空间内进行温度控制极为关键。及时带走 $2\,\mu m$ 激光晶体工作时产生的热量,可以保证激光器以较高的效率工作。采用半导体制冷(热电制冷)对晶体进行制冷散热是较好的办法。半导体制冷由热电堆和导线连接而成,没有任何机械运动部件,因而无噪声、无摩擦、可靠性高、寿命长,而且维修方便,具有很多其他制冷设备所没有的优点。但晶体周围狭小的空间,使热电制冷达到较高的制冷量有一定难度。

半导体制冷片的制冷系统由铜热沉、TEC 制冷片、散热片和风扇组成,TEC 制冷系统如图 5.70 所示。

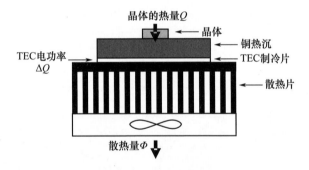

图 5.70　TEC 制冷系统

热量逐级向下传递,其中良好的热传导非常关键,将晶体、铜热沉、TEC 制冷片和散热片紧紧地贴在一起,其中 TEC 制冷片冷端接触热沉,热端接触散热片。由于导热硅脂具有绝缘导热的特性,因此我们设计在 TEC 制冷片与热沉和散热片之间均匀地涂一层导热硅脂以避免其间空气薄层对导热性的影响。

热电制冷片的选择:根据热电制冷的原理,热电偶的制冷特性用下式表示,即

$$\begin{cases} Q_0 = aIT_0 - K\Delta T - 0.5I^2R \\ N_1 = I^2R + a\Delta TI \\ z = \dfrac{a^2}{KR} \end{cases} \tag{5.49}$$

式中:Q_0 为制冷量(W);a 为温差电动势率(V/K);K 为热导率(W/cm・K);ΔT 为

温差(K)；I 为电流(A)；R 为热电制冷片电阻(Ω)；N_1 为消耗的电功率(W)；z 为电偶的优值系数(K^{-1})。

根据热电制冷片的 $Q_C - I$ 曲线和 $V - I$ 曲线，可以确定选择热电制冷片的参数，包括功率、制冷量以及工作电流、尺寸等。

另外，制冷片所产生和传导的热量需要利用散热片向空间散发，因此还需要考虑散热片的设计。

根据热电制冷原理，制冷片热端需要散发的热量Q_H可利用下式进行计算，即

$$Q_H = Q_C + I_{TEC}U \tag{5.50}$$

式中：Q_C 为冷端吸收的热量(W)；Q_H 为热端需要散发的热量(W)；I_{TEC} 为制冷工作电流(A)；U 为工作电压(V)。

为了增加散热面积，采用肋片进行辅助散热，肋片的作用主要是增加传热面积，减小热阻，从而有效增加传热量。最后采用强迫风冷提高散热的效率。

5.7 未来红外定向干扰技术发展趋势

红外定向对抗系统的技术发展趋势如下。

（1）高功率、高效率、低功耗。为了达到最佳的对抗效率以及提高有效对抗距离，要提高系统的功率，但功率的提高必然伴随着能耗的增加，因此，高效率是红外定向对抗系统必然的发展趋势，可以采用时间与空间双重调制方法。

（2）更高的告警角度分辨力以及更高的响应速度。告警设备是红外定向对抗系统的必要组成部分，而告警角度分辨力的提高对整个系统的跟踪速度、跟踪精度等都是有利的。同时，随着红外制导导弹的飞行速度越来越快，对红外定向对抗系统响应时间的要求也越来越高，这样才能满足快速对抗，在第一时间发现目标并实施对抗，有效保护载机的安全。而更高的告警角度分辨力有利于系统在最短的时间内确定目标方位并调转，实现最快的响应速度。

（3）多光谱干扰。激光器在 $3 \sim 5\mu m$ 内有多条谱线输出，调整参量振荡晶体的角度，就可以得到不同波长激光的输出。同时，根据需要也可输出 $2\mu m$ 左右的激光。因此其产生的干扰光谱可以对抗近红外波段和中红外波段工作的红外制导导弹，并可对抗采用带阻滤光片的红外导引系统。

（4）向小型化、隐身方向发展。随着各种隐身飞机的快速发展，红外定向对抗系统也要向小型化发展，这样才更利于系统与载机外形的共形设计，满足载机的隐身要求，使载机在具有对抗能力的同时不破坏其隐身性能。

（5）多目标同时对抗（抗饱和攻击能力）。战场环境复杂多变，多发齐射已经

成为攻击的手段,因此红外定向对抗系统应具备多目标对抗能力,以满足饱和攻击下平台自卫的需要。

5.8 本章小结

本章着重介绍了红外定向对抗系统,对其原理和设计方法以及发展动态进行了描述,同时介绍了中波红外激光的产生方法。第一,介绍了红外制导武器的威胁升级,红外定向对抗系统的作用和对抗的优势。第二,介绍了红外定向对抗干扰原理,包括红外定向光束对导弹 AGC 的干扰原理、饱和干扰原理和红外定向光束对光电探测器的损伤原理,分析了大气湍流对定向激光光束的影响、干扰功率与干扰阈值的数学关系以及光谱抗干扰和干扰样式的设计。第三,例举一种红外定向干扰系统的组成及功能和系统功能实现方法,涉及了多波段干扰设计方法、系统集成方法、典型飞机的保护空域与安装布局。第四,分析了系统技术指标关联性,包括干扰距离关系,告警、跟踪瞄准和干扰光束精度关系,系统各个环节的响应速度与对抗时间的关系。第五,整理了国外典型的红外定向对抗系统尤其是美军红外定向对抗系统的发展历程和装备情况,简要描述了其他国家研究现状。第六,介绍了红外定向对抗系统的关键核心部件中波激光干扰源的设计方法和非线性光学变换原理,对几种体制全固态中波红外激光干扰源进行了总结,强调了干扰信号产生方法和热控制方法。最后对未来红外定向干扰技术发展趋势进行了展望。

参考文献

[1] 徐大伟. 定向红外干扰技术的发展分析[J]. 激光与红外工程,2008,(6):695-698.

[2] 刘敬民,王浩. 国外定向红外系统概述[J]. 国际电子战,2005,(4):25-31.

[3] 高编. 国外定向红外系统与方法[J]:美国专利 US7378626. 红外,2008,29(12):35.

[4] MATTHEWS D,MARSHALL L R. Six-wavelength PPLN OPO[J]. OSA TOPS Vol. 10 Advanced Solid State Lasers,1997,4(10):244.

[5] 蔡军,张大有,张晓娟. 全固态红外激光器在机载光电对抗系统中的应用[J]. 光电对抗学术年会,2008:155-160.

[6] 王克强,韩隆,魏磊,等. 全固态中波红外激光器[J]. 光电对抗学术年会. 2008:175-180.

[7] BROTON R. Installation considerations for infrared countermeasures systems[J]. AOC Report,2001:122.

[8] Forecast International Market Segment Analysis[J]. The Market for Airborne & Space-Based Electro-Optical Systems,2004:45.

[9] 吴卓昆,舒小芳,王大鹏,等. 外军直升机载红外定向对抗系统[J]. 电子对抗,2014,4(4):
35 – 38.

[10] DIRCM H M. A system analysis[J]. Schleijpen,TNO report FEL – 03 – A190,2003,8(12):48.

[11] NORTHROP GRUMMAN. AN/AAQ – 24(V) NEMESIS DIRCM[R]. Northrop Grumman Web,
2003.

[12] Northrop Grumman corporation EO/IR countermeasures director of EO/IR countermeasures Busi-
ness development. AN/AAQ – 24(V) NEMESIS only directional infrared countermeasures sys-
tem in production[R]. 2007.

[13] SEPP G,PROTZ R. Laser beam source for a directional infrared countermeasures (DIRCM)
weapon system:US6587486[P]. 2003 – 07 – 01.

[14] 洛·马公司所属的桑德斯公司 TADIRCM 系统在实射试验中成功对抗红外制导导弹[J].
防务系统日刊,1999:11.

[15] CHOW J,CHIESA J,DREYER P,et al. Protecting commercial aviation against the shoulder –
fired missile threat[J]. RAND Corporation,Santa Monica,2005:22.

[16] PLEDGER J. MANPAD protection for commercial aircraft[J]. Northrop Grumman,2005:45.

[17] SNODGRASS D. Laser systems for the modern battlefield including self – protection and remote
sensing[J]. AOC report,2001:15.

[18] STEVENS E G. 西班牙 Indra 公司研发新定向红外对抗系统[J]. 简氏防务周刊,2007:11.

[19] ELBIT SYSTEMS ELECTRO – OPTICS ELOP LTD. ELT/572 DIRCM system:new technology a-
gainst man portable air defence system[R]. 2010:15.

[20] DRAG C,RIBET I,JEANDRON M,et al. Temporal behavior of a high repetition rate infrared op-
tical parametric oscillator based on periodically poled materials[J]. Appl. Phys,2001:173.

[21] SIRUTKAITIS V,BALACHNINAITE O,ATAMALIAN A,et al. Periodically poled lithium niobate
optical parametric oscillator pumped by a diode – pumped,Q – switched Nd:YAG laser [J].
SPIE,2002,(4751):65.

[22] MILLER G D. Periodically poled lithium niobate:modelling,fabrication,and nonlinear – optical
performance[J]. Dissertation Stanford University,1998,7(12):33.

[23] MYERS L E,BOSENBERG W R. Periodically poled lithium niobate and quasi – phase – matched
optical parametric oscillators[J]. IEEE J. Quant. Electr,1997,6(33):1663.

[24] ELDER I F,TERRY J A C. Efficient conversion into the near and mid infrared using a PPLN
OPO [J]. J. Opt. A:Pure 2000,2(23):45.

[25] SHEN D Y,TAM S C,LAM Y L. Singly resonant optical parametric oscillator based on periodi-
cally poled MgO:LiNbO$_3$[J]. Electr. Lett,2000:36(17),1488 – 1489.

[26] VAN HERPEN M M J W. Continuous – wave optical parametric oscillator for trace gas detection
in life sciences[D]. PhD Thesis Katholieke Universiteit Nijmegen,2004:35.

[27] ARISHOLM G,STENERSEN K,RUSTAD G,et al. Mid – infrared optical parametric oscillators
based on periodically – poled lithium niobate[R]. FFI Report 02830,2002.

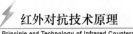

[28] VAN DEN HEUVEL J C,VAN PUTTEN F J M,LEROU R J L. The SRS threshold for a nondif-fraction – limited pump beam[J]. IEEE J. Quant. Electr,1992:28(9),1930 – 1936.

[29] BUDNI P A,POMERANZ L A,et al. Efficient mid – infrared laser using 1.9μm pumped Ho:YAG and ZGP optical parametric oscillators[J]. J Opt Soc Am B,2000,17(5):723 – 729.

[30] PETERSON R D,SCHEPLER K L. 1.9μm fiber – pumped Cr. ZnSe laser[C]//Advanced a Sol-id – state Photonics,2004:236 – 240.

[31] DERGACHEV A,MOULTON P F. High – power operation of Tm:YLF,Ho:YLF and Er:YLF [C]// Moulton – SSDLTR,2003:43 – 46.

[32] 王东风,易明,许宏,等. 对空导弹导引头干扰效果与度量分析[J]. 光电对抗学术年会,2008:234.

第 6 章

高能红外激光对抗

随着红外激光能量和功率的增强,红外对抗逐步走向高能红外激光对抗,高能红外激光对抗是红外对抗系统走向高能量、高功率后的一种形式,高能红外激光对抗意味着更高的激光能量、更远的作用距离和更强的对抗效果。

高能红外激光系统主要由高能红外激光器、精密跟踪瞄准装置和光束控制发射系统组成。高能红外激光器用于产生高能红外激光光束,波段基本在三个大气传输窗口内,即近红外($1 \sim 3\mu m$)、中红外($3 \sim 5\mu m$)、远红外($8 \sim 14\mu m$);精密跟踪瞄准系统用来捕获、跟踪目标,引导光束瞄准射击及判定毁伤效果;光束控制与发射系统则将激光器产生的高能红外激光束定向发射出去,并通过自适应补偿来校正或消除大气效应对激光束的影响。与普通战场动能武器相比,高能红外激光对抗系统具有反应快速、打击准确、作战使用效费比高、杀伤力可控、监视能力强、不受电磁干扰等多方面的优点[1-2]。

高能红外激光对抗技术的研究受到了很多国家的重视,主要是美国、俄罗斯、英国、法国、德国等国家都积极投巨资进行研究。美国研制最早、资金投入最多、技术水平最高,其海、陆、空三军和国防部弹道导弹防御局都在加紧对高能红外激光对抗系统的研制和试验。

6.1 高能红外激光技术概要

高能红外激光系统最为关心的是输出激光的亮度,亮度决定了激光束的远场传输能力,或者说,亮度决定了输出激光在目标上的能量密度,从而决定了对目标的破坏效果。激光亮度可以表示为

$$B = P/\pi\,\theta^2 \tag{6.1}$$

式中:P 为激光器的输出功率密度;θ 为光束扩散角,定义为

$$\theta^2 = [1 + <\varphi^2>]\theta_D^2 + \theta_J^2 \tag{6.2}$$

衍射引起的光束扩散因子为

$$\theta_D = 0.61 \times \lambda/D \tag{6.3}$$

式中:λ 为波长;D 为输出光束直径;$<\varphi^2>$ 为波前误差因子;θ_J 为系统抖动引起的光束扩散因子。

由亮度因子的表达式可以看出,高能红外激光系统对激光器的要求是:输出功率要高,相位均匀性要好;对于给定的增益介质分布,要提高激光器的输出功率,就要求谐振腔内光场能够最大限度地占据增益介质,或者说在激光谐振腔内形成的模体积能够最大限度利用增益介质以实现高的能量抽取效率。相位的均匀性直接决定了输出光场的远场传输能力,也是高能红外激光系统的重要指标。

在国外高能红外激光器的研制方面,主要集中在氧碘激光器、HF/DF 化学激光器、固体激光器、光纤激光器、自由电子激光器和高能液体激光器等几个方面。

6.1.1 氧碘激光器

氧碘化学激光器(Chemical Oxygen Iodine Laser,COIL)是可定标放大到高功率的波长最短的化学激光器,泵浦效率高,输出波长为 1.315μm,处于大气窗口,并且可以光纤传输到终端用户[3-5]。

COIL 发展大事记如表 6.1 所列。ABL 上的 COIL 激光器如图 6.1 所示。

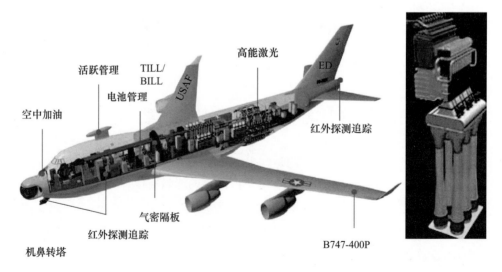

图 6.1 ABL 上的 COIL 激光器

表 6.1 COIL 发展大事记

序号	年份/年	大事记
1	1972	英国科学家 Thrush 首先提出了 COIL 的基本理论
2	1978	美国空军武器实验室首次研制成功 COIL,发射功率毫瓦量级
3	1982	第一台超声速 COIL 输出约 2kW
4	1989	出光功率超过 100kW
5	1996	实现 200kW 的激光输出

1) COIL 激光器基本原理

COIL 通过碘原子中电子跃迁激射出光,不同的基态和激发态的电子自旋产生了集居数反转,其中,最重要、最关键的一步可逆反应是 $O_2(^1\Delta_g)$ 与碘原子的近共振传能:

$$O_2(^1\Delta_g) + I(^2P_{3/2}) \Leftrightarrow O_2(^3\textstyle\sum_g) + I(^2P_{1/2}) \tag{6.4}$$

式中:$O_2(^1\Delta_g)$ 和 $I(^2P_{3/2})$ 分别为碘和氧的基态。

激射出光为

$$I(^2P_{1/2}) + hv \rightarrow I(^2P_{3/2}) + 2hv(\lambda = 1.315\mu m) \tag{6.5}$$

$O_2(^1\Delta)$ 是在单重态氧发生器中反应产生的,即

$$Cl_2 + 2KOH + H_2O_2 \rightarrow 2KCL + 2H_2O + O_2(^1\Delta) \tag{6.6}$$

工作物质是从碘分子发生器蒸发出来的 I_2,在超声速混合喷管及光腔中与 $O_2(^1\Delta_g)$ 碰撞解离而产生的。COIL 的工作机理实际上就是电子激发的单重态分子氧 $O_2(^1\Delta_g)$ 通过近谐振把能量传递给原子碘,形成电子激发态的自旋轨道上能级 $I(^2P_{1/2})$,能级图如图 6.2 所示,工作原理图如图 6.3 所示。

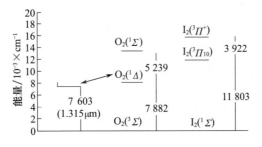

图 6.2 COIL 能级图

2) COIL 激光器结构

COIL 氧碘化学激光器主要由单重态氧发生器、碘蒸气发生器、除水气冷阱、氧碘混合气喷嘴、光学谐振腔以及真空排气系统组成。

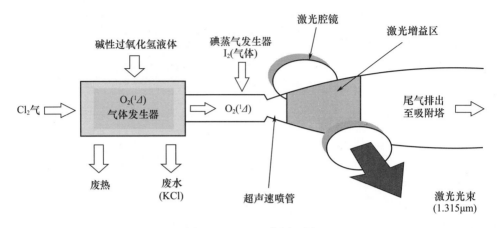

图 6.3 COIL 工作原理图

单重态氧发生器(Singlet Oxygen Generator, SOG):通过 Cl_2 与过氧化氢碱反应生成 $O_2(^1\Delta)$,随着对气体流速与工作压力要求的变化建立各种 SOG,工作压力十几千帕的转盘式发生器可以实现数万瓦输出。为降低 $O_2(^1\Delta)$ 与碘混合时水气对激发态碘原子的猝灭作用影响,一般还要采用气液分离器去除 $O_2(^1\Delta)$ 中的水气,并通过除水气冷阱使气流处于低温状态。

碘蒸气发生器:将常态的固态碘转化为碘蒸气,一般采用对容器加热使之升华,再通过载气将碘蒸气带入激光器,也可在碘进入液态时注入热惰性气体,通过鼓泡将碘蒸气引出。

超声速喷管:实现 $O_2(^1\Delta)$ 与碘蒸气的膨胀加速并使其在腔内混合,同时绝热膨胀过程保证了反应区的低温状态,有利于激光谐振中的小信号增益。图 6.4 为工作人员手持 25cm 超声速激光器喷嘴。

图 6.4 工作人员手持 25cm 超声速激光器喷嘴(功率 2kW)

6.1.2　HF/DF 激光器

HF/DF 激光器主要分为连续波 HF/DF 激光器和放电泵浦非链式重频 HF/DF 激光器。

1）连续波 HF/DF 激光器

连续波 HF/DF 激光器的基本工作原理是在放能的化学反应过程中,直接或间接地形成粒子数反转而运转的激光器,HF 化学激光链式反应过程如下:

$$F + H_2 \rightarrow HF^* (v \leqslant 3) + H, \Delta H: -1.33 \times 10^5 J/mol \tag{6.7}$$

$$H + F_2 \rightarrow HF^* (v \leqslant 10) + F, \Delta H: -4.10 \times 10^5 J/mol \tag{6.8}$$

$$HF(v) + hv \rightarrow HF(v-1) + 2hv(\lambda = 2.5 \sim 3.2 \mu m) \tag{6.9}$$

HF 反应式中,F 原子与 H_2 分子混合反应称为"冷反应",产生 1mol HF 释放的能量为 $1.33 \times 10^5 J$,只能将 HF 分子激发到 $v \leqslant 3$ 的能级;而 F_2 分子与 H 原子反应称为"热反应",产生 1mol HF 释放的能量为 $4.10 \times 10^5 J$,可以将 HF 分子激发到 $v \leqslant 10$ 的能级。HF^* 分子的振动能级差 $\Delta v = 1$ 的振转能级跃迁产生基频激光,波长为 $2.5 \sim 3.2 \mu m$;$\Delta v = 2$ 的振转能级跃迁产生泛频激光,波长为 $1.35 \sim 1.40 \mu m$。

在上述 HF 反应式中把 H 和 H_2 换成 D 和 D_2,即成为 DF 激光器的反应式。DF 激光"冷反应"释放的能量为 $1.28 \times 10^5 J/mol$,"热反应"释放的能量为 $4.16 \times 10^5 J/mol$。基频激光辐射波长为 $3.6 \sim 4.2 \mu m$;泛频激光辐射波长应为 $1.85 \sim 2.0 \mu m$。

HF/DF 激光器由燃烧室、超声速喷管、光学谐振腔和排气系统组成。图 6.5 为 DARPA 建造的 MW 级 Alpha HF 化学激光器。

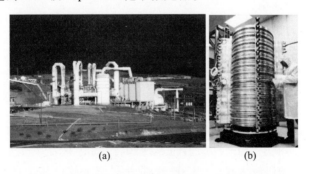

图 6.5　DARPA 建造的 MW 级 Alpha HF 化学激光器

2）放电泵浦非链式重频 HF/DF 激光器

非链式重频 HF/DF 激光器具有发射脉冲峰值功率大、光束质量好、结构紧凑、易于小型化、可长时间高重复频率运转等优点。

非链式电激励脉冲 HF 激光器采用SF_6气体与$C_n H_{2n+2}(n \geqslant 2)$类型烷类化合物或氢气($H_2$)的混合气体作为工作介质,通过放电产生的高能电子与混合气体中的SF_6气体碰撞解离出化学反应所需的氟(F)原子,随后 F 原子与含氢(H)化合物发生热化学反应生成激发态的 HF 分子获得激光输出。非链式反应 HF 化学激光器的反应动力学方程如下:

$$SF_6 + e \rightarrow F + SF_5 \tag{6.10}$$
$$F + H_2 \rightarrow HF(v) + H \tag{6.11}$$
$$HF(v) \rightarrow HF(v-1) + hv \tag{6.12}$$

电激励重频 HF 激光器装置由放电泵浦系统、气体循环系统和光学谐振腔三部分组成。

6.1.3 固体激光器

20 世纪中期出现了基于量子阱材料的高功率二极管激光器,人们用它代替闪光灯和弧光灯来泵浦固体激光器,做出二极管泵浦的固体激光器(DPSSL,也作DPL),使器件效率提高一个量级,可靠性提高两个量级,从而为固体激光器的进一步发展开辟了光明的前景[6-7]。

固体激光器优点如下:

(1) 大气传输和衍射有利于波长较短的固体激光器;
(2) 固体激光器质量小、体积小,而且坚实;
(3) 可定标放大,即可按比例放大;
(4) 整个系统完全靠电运转,不需特别后勤供应;
(5) 没有化学污染;
(6) "弹药"库存多,每发"弹药"成本低;
(7) 军民两用性强,发展固体激光武器对推动民用技术可起杠杆作用。

由于以上优势,美国海、陆、空三军和海军陆战队都看好固体激光器。

1) 固体热容激光器(Solid State Heat Capacity Laser,SSHCL)

20 世纪 90 年代,美国里弗莫尔国家实验室(LLNL)提出热容激光器新概念,即利用固体激光工作介质热容量大的特性,一反传统激光器边激射边冷却的做法,将激射与冷却从时间上分开,即激射时不冷却,冷却时不激射。这样,可使工作介质承受较大应力,输出较大功率。一般来讲,固体激光器以其介质能承受的最大应力作为输出极限。此时,固体激光器输出能量正比于工作介质的质量 m、热容量 C 和工作温差 dT,即

$$E = mCdT \tag{6.13}$$

这就是热容激光器(HCL)一词的由来,如图 6.6 所示。据计算,1cm × 10cm ×

20cm 的 GGG(钆镓石榴石)晶体,若允许温升 150℃,则可在 10s 左右爆发出 100kJ 能量,即平均功率达 10kW。

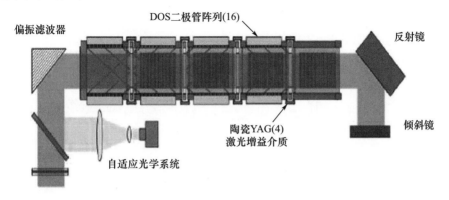

图 6.6　固体热容激光器

通过将固体激光的激光发射与介质冷却过程分离,来避免工作过程中介质通过表面冷却造成的各种热效应,以达到高光束质量,高平均功率固体激光输出。

LLNL 在军方支持下,采取循序渐进方式研发 SSHCL。1995 年 12 月试验灯泵浦的 SSHCL 原型,用 3 块钕玻璃板,输出功率为 1.4kW,验证了固体热容激光器原理;2001 年 8 月,用灯泵浦 9 块钕玻璃板,输出平均功率达 13kW,如图 6.7 所示。同年 12 月,用该系统在白沙靶场做打靶试验,6s 击穿了 2cm 厚的钢板,孔径 1cm。

图 6.7　13kW 固体热容激光器

2）紧凑有源反射镜激光器(Compact Active Mirror Laser,CAMIL)

CAMIL 是一种基于圆形薄片工作介质的激光器,原理如图 6.8 所示。

工作介质加工成很薄的圆片,固定在一个带冷却液微通道的刚性基体上,实时地充分冷却,可从薄片背面,或正面,或侧边用二极管阵列泵浦。若从背面泵浦,则要求基体透明;若从侧边泵浦,则要在圆片侧边键合一圈不掺杂的透明材料。每个模块包括介质圆片、基体和泵浦源等,预期输出平均功率可达 1kW,然后将多个模块级连起来,就可以达到 10kW 或更高功率,模块级连图如图 6.9 所示。

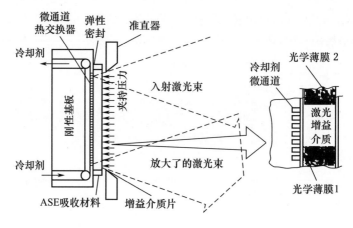

图 6.8　CAMIL 原理图

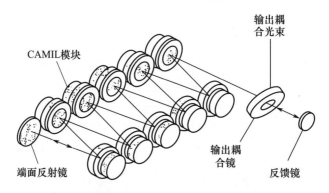

图 6.9　CAMIL 模块级连图

CAMIL 方案的关键技术有：薄片工作介质扩散键合技术、薄片工作介质冷却（包括薄片在冷却剂的压力下不变形）技术、工作介质均匀泵浦技术、模块化结构以及封装技术等。

3）侧面泵浦板条激光器

早期的板条激光器均由闪光灯进行泵浦，一般采用大面泵浦、大面冷却的结构，如图 6.10 所示。

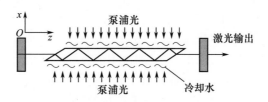

图 6.10　侧面泵浦板条激光器

美国达信(Textron)公司凭借其独特的 ThinZag 技术实现了单模块输出功率达 15kW,接近衍射极限的高能红外激光输出。ThinZag 模块可以视为侧面泵浦板条激光器的改进版,其结构如图 6.11 所示。

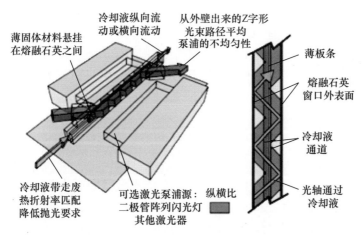

图 6.11　ThinZag 结构板条激光器

板条介质固定于两石英窗口之间,冷却液在窗口内流动,形成传导冷却格局。泵浦光垂直入射板条大表面,信号光则通过特殊光楔导入,在石英窗体之间沿 Zig-Zag 光路前进。Edgewave 公司推出了功率 600W,M^2 因子小于 2 的高能高光束质量部分端面泵浦板条激光器(INNOSLAB)如图 6.12 所示。

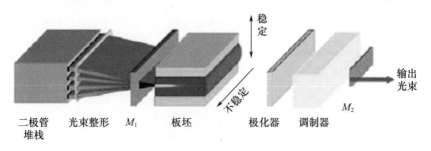

图 6.12　部分端面泵浦板条激光器

4) 传导冷却端面泵浦板条激光器

2009 年 3 月,美国诺斯罗普·格鲁曼公司正式报道了功率高达 105kW 的高能固体激光系统,这是目前公开报道的功率最高的连续运转固体激光器系统,在高能红外激光技术的发展道路上有着里程碑意义。该系统的核心是基于主振荡功率放大(Master Oscillator Power – Amplifier,MOPA)结构的主动锁相相干合成技术,而传导冷却端面泵浦固体板条激光器(Conduction Cooled End – Pumped Slab Laser,

CCEPSL)则以其优越的性能被选做主要功率放大器。

传导冷却端面泵浦板条激光器(CCEPSL)方案是在 2000 年由原美国 TRW 公司的 Hagop Injeyan 等人提出的。2005 年,诺斯罗普·格鲁曼公司提出了采用主振荡功率放大(MOPA)结构链路相干合成突破 100kW 固体激光器系统的技术方案,展示了单块功率近 5kW 的 CCEPSL 模块(后被称为 Vesta 模块)和基于主动锁相技术的两路激光链路相干合成,获得近 2 倍衍射极限 19kW 的激光输出,并凭借这一先进理念在联合高功率固体激光器(JHPSSL)项目二期工程竞赛中获胜。JHPSSL中的 MOPA 结构如图 6.13 所示,CCEPSL 模块如图 6.14 所示。

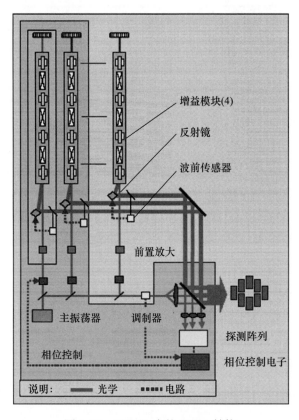

图 6.13　JHPSSL 中的 MOPA 结构

2007 年采用四组 Vesta 级联放大的方式,成功实现了输出功率 15kW、光束质量因子(Beam Quality,BQ)约 1.58 的单链路激光放大器模块 Firestrike(图 6.15),2009 年通过主动锁相技术将 7 组 Firestrike 模块相干合成,最终得到输出功率105.5kW、BQ 因子小于 3 的高能红外激光系统,是参与 JHPSSL 项目竞争中最早的功率水平达标者。

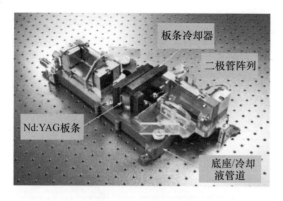

图 6.14   CCEPSL 模块

图 6.15   Firestrike 模块

JHPSSL 技术节点如下。

（1）诺斯罗普·格鲁曼公司提出同时获得高功率和高光束质量激光的技术需求。

（2）诺斯罗普·格鲁曼公司使用两条激光链将功率提高到 25kW，充分显示了最终实现 100kW 或更高功率的可能性。

（3）达到第一个演示里程碑。激光链的第一个模块功率超过 3.9kW、光电效率为 20.6%、工作时间为 500s，满足了所有演示需求。JHPSSL 团队进入激光链集成和试验阶段，每条激光链由 4 个增益模块组成。

（4）达到第二个演示里程碑。LC1 成功演示，满足了所有目标需求。每条激光链的功率达到 15.3kW，超过了既定的目标 12.7kW；垂直光束质量为 1.58 倍衍射极限，超过了既定的目标 2.0；开启时间为 0.8s，低于既定目标 1.0s；LC1 的运行时间超过 300s，大大超过了目标时间 200s；光电效能为 19.5%。

JHPSSL 项目达到了最终演示验证的指标要求：高功率固体激光器输出超过 100kW，启动时间达 0.6s，电光效率达 19.3%，光束质量优于 1.58 倍衍射极限，连续工作时间超过 5min;在 100kW 以上累计已工作 85min。同原定指标相比,启动时间小于合同规定的 1s;电光效率高于合同规定的 17%,并超过公司原定的 19%;光束质量超过原定的 2 倍衍射极限。

原计划用 8 个模块达到 100kW,实际用了 7 个模块达到 105kW。如用 8 个模块,则总功率可达 120kW。这是高功率固体激光器研发中的一个重要里程碑。图 6.16 为 100kW 高功率固体激光器。

图 6.16　100kW 高功率固体激光器

6.1.4　光纤激光器

光纤激光器是采用柔软细长的掺杂光纤作为工作介质,同气体或常规固体激光器相比,光纤激光器具有结构简单、散热效果好、光束质量好等优点。特别是近年来,国际上发展的以双包层光纤为基础的包层泵浦技术,为提高光纤激光器的输出功率提供了解决途径,改变了光纤激光器只是一种小功率光子器件的历史[8]。

1) 双包层光纤泵浦技术

双包层增益介质光纤的应用是光纤激光系统高功率运转的保证,其基本结构由纤芯(Core)、内包层(Inner Cladding)、外包层(Outer Cladding)以及保护层(Coating)组成。其中,纤芯由掺稀土离子的 SiO_2 构成,信号激光在其中传输,传输条件和普通光纤一致;内包层由尺寸和数值孔径比纤芯大得多的 SiO_2 材质构成,折射率小于纤芯,多模泵浦激光在其中传输;外包层由折射率较内包层小的材料构成;保护层则由聚合物材料构成,起到保护光纤的作用。此外,在纤芯和外包层之间形成了一个大截面、大数值孔径的光波导,使得更多的多模泵浦激光能耦合进入光纤,泵浦激光在内包层中传输,多次穿越掺有稀土离子的纤芯,实现高效泵浦。双包层光纤结构和包层泵浦技术原理如图 6.17 所示。

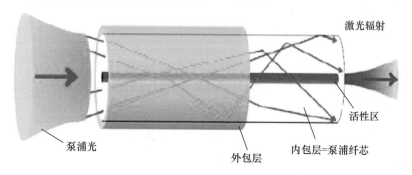

图 6.17　双包层光纤结构和包层泵浦技术原理

2）主振荡功率放大技术

主振荡功率放大(MOPA)技术,就是采用性能优良的小功率激光器作为种子源,种子激光注入单级或多级光纤放大器系统,最终实现高功率放大的激光技术。它的优势在于整个系统输出激光的光谱、频率和脉冲波形等特性由种子源激光器决定,而输出功率和能量大小则依赖于放大器增益特性。因此,采用 MOPA 技术较易获得高重复频率、超短脉冲和窄线宽的高功率激光,典型 MOPA 光纤激光系统示意图如图 6.18 所示。

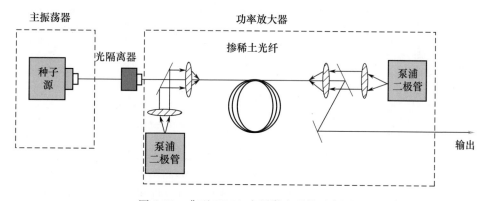

图 6.18　典型 MOPA 光纤激光系统示意图

功率放大器(主放大级)是 MOPA 系统的核心组成部分,其性能直接决定输出激光的光束质量和功率大小。简单地说,MOPA 光纤激光系统主放大级即"高功率光纤放大器",通常由种子源、泵浦源、增益介质光纤、光隔离器及耦合系统等部分组成。为了获得高增益,通常采用包层泵浦技术,泵浦激光通过耦合系统进入双包层光纤内包层,被掺杂离子吸收,形成粒子数反转以提供增益;信号激光从端面注入纤芯,沿光纤传输,并被有效放大,最终实现高功率(能量)的激光输出,多级MOPA系统示意图如图6.19所示。

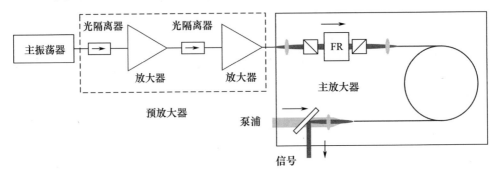

图6.19　多级MOPA系统示意图

3) 增益光纤选型与包层泵浦技术

稀土掺杂双包层光纤作为增益介质,是放大器高功率运转的关键。首先,为了使更多的泵浦光耦合进内包层,一般选用内包层尺寸和数值孔径(Numerical Aperture,NA)较大的双包层光纤作为增益介质。其次,为了更多的泵浦激光能穿过纤芯掺杂区域,需要抑制内包层中的螺旋光传输,这可通过破坏圆对称性的缺陷形内包层设计加以解决。表6.2给出了近年国内外相关试验中报道的光纤规格和斜率效率。

表6.2　国内外报道的双包层光纤规格和特性

国别	泵浦波长/nm	光纤长度/m	纤芯(芯径/μm、NA)	内包层(纤芯/μm、NA)	斜率效率/%
德国	976	25	30、0.06	D型400、0.38	
美国	915	3.5	200、0.06	八角型600、0.46	70
中国	975	4	43、0.08	D型650、0.38	56
	975	25	30、0.06	D型400、0.38	
英国	975	8	43、0.09	D型650	78
	975	7	25、0.06	D型380	

从表6.2可以看出,选用芯径和内包层尺寸较大的增益介质光纤已经成为光纤激光技术发展趋势,一方面可以提高对泵浦激光的吸收效率,另一方面可以减小光纤中的功率密度,抑制非线性和各种破坏效应。此外,通过内包层形状设计提高泵浦效率也是研究重点,研究人员提出了D形、星形、梅花形和矩形等多种结构,其中,D形内包层光纤应用最广泛;近来,多边形内包层光纤因其便于熔接的特点,逐渐受到用户的推崇。

内包层解决了光纤中泵浦激光的容量,此外,如何将泵浦激光耦合进入百微米量级的光纤内包层也是构建高功率光纤激光系统的关键。目前,光纤泵浦技术主要有端面泵浦和侧面泵浦两种。

4）非线性效应和高功率扩展限制

随着光纤激光器在工业制造和军事领域应用前景的进一步拓展,对光纤激光系统输出功率的要求越来越高。但是,由于光纤尺寸较小,高功率运转下系统输出激光特性受到非线性效应等因素影响,使得光纤激光系统输出功率进一步提高受到诸多限制(图 6.20)。这些制约光纤激光系统高功率扩展(Power Scaling)的因素主要有:热自聚焦(Thermal Self-focusing)、非线性效应(Non-linear Effects)、端面激光损伤(Facet Damage)以及高亮度泵浦源激光器的可行性[9]。

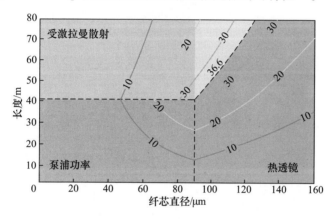

图 6.20　LLNL 研究得出单根光纤功率上限 36.6kW

高功率光纤放大器中存在的非线性效应主要有:受激布里渊散射(Stimulated Brillouin Scattering,SBS)、受激拉曼散射(Stimulated Raman Scattering,SRS)和克尔效应(Optical Kerr Effect)等,如图 6.21 所示。此外,脉冲光纤放大器中,由于克尔效应还会衍生出自相位调制(Self Phase Modulate,SPM)等现象[9]。

试验和理论研究表明,在光纤放大器系统中并不是所有的非线性效应都同时出现。SBS 的阈值与信号激光的带宽有关,连续单频激光放大时,SBS 表现"突出",而当信号激光带宽大于 0.5GHz 时,SBS 阈值增大,SRS 则更"明显"。

在信号激光输出端,由于功率密度较高,高功率激光输出时会造成端面损伤。纯石英的激光损伤阈值非常高,在脉冲激光下的损伤阈值约为 $10GW/cm^2$($100W/\mu m^2$);但掺杂会引起光纤介质的均匀性降低,光纤端面的激光损伤阈值会随之降低。从目前来看,连续高功率光纤激光中的石英光纤端面所承受的最高功率密度不及 $25W/\mu m^2$。

热效应虽然是限制光纤激光系统功率扩展的一个因素,但通过增加光纤长度可减小单位长度的热负载;虽然,掺杂光纤的损伤阈值较低,但远大于非线性效应

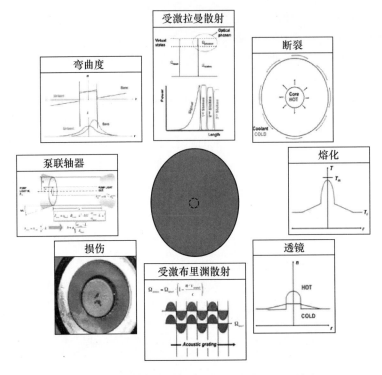

图 6.21　高功率光纤放大器中存在的非线性效应

阈值,且热自聚焦、热透镜效应阈值更高,且对激光系统影响不大,因此,目前光纤激光系统功率扩展的主要限制还是来自非线性效应。

5) 光束合成技术

由于受光纤的内在特性(如非线性效应、热沉积等)和半导体激光器泵浦功率的制约,单根光纤激光器的输出功率有限。为了获得更高功率的激光输出,提出了许多光束叠加的方法和技术,把多个相对小功率的激光器功率输出进行叠加,从而获得所需要的高功率高亮度激光输出,称为光束合成技术,主要分为非相干合成和相干合成技术。

光纤激光的非相干合成是将各个光纤激光的输出通过一些光学元件组合为一束,非相干合成最典型的代表是美国 IPG 公司商用的千瓦级以上的多模光纤激光器系列,它是用光纤合束器将来自不同激光器的光合成为一束激光输出,各激光器之间没有空间的干涉效应产生,只是能量上的一种简单叠加,这种组束技术可以使总的激光功率提高,但光束质量相对于单根光纤激光来说却变差很多。

光纤激光的非相干合成还可以通过色散元件(如棱镜或光栅),使各阵元发出的光束在空间中重叠(包括近场和远场),理想情况下总输出功率应该是单根光束

的 N 倍,虽然最大峰值功率没有相干叠加大,但是其平均输出功率与相干叠加相比应该是一样的。非相干空间合成的原理示意图如图 6.22 所示,图 6.23 为美国海军研究实验室光纤激光器非相干合成装置。

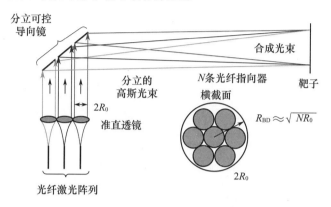

图 6.22　非相干空间合成的原理示意图

图 6.23　美国海军研究实验室光纤激光器非相干合成装置

　　光纤激光器阵列相干合成技术的基本原理就是对许多中等功率的激光器实行一定的相干控制,从而得到高功率的、光束质量接近衍射极限的激光输出,它的核心就是要控制激光光束的相位,从而使输出光场相干[10],MOPA 结构中光纤激光相干合成原理如图 6.24 所示。

　　将很多个相同的光纤互相靠近,排成致密的阵列,在其输出端共用一个腔镜作为激光输出镜,由于各个光纤激光衍射的耦合作用,获得高能相干激光输出。

　　利用由 7 个掺镱、保偏单模光纤激光器组成的激光器阵列进行了相干合成的研究,主振荡器是一个对驱动电流进行调制的分布反馈激光器,发出的激光被分成

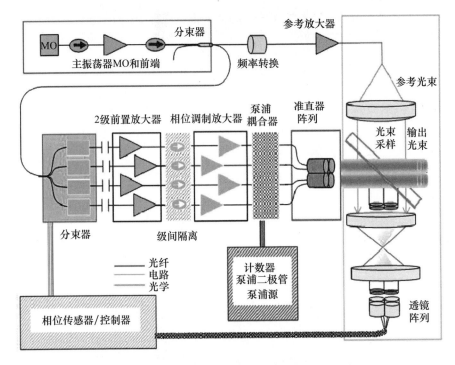

图 6.24　MOPA 结构中光纤激光相干合成原理图

8 路:1 路为参考臂,另外 7 路为放大信号臂。

参考臂在一个声光布拉格晶格里产生了频移,然后每个信号臂的采样与参考光束进行干涉,产生一个外差拍频信号来测量信号臂相对于参考臂的相位。每个信号臂的相位均通过一个电压调节的铌酸锂波导相位调节器来控制。

6.1.5　自由电子激光器

自由电子激光器(Free Electron Laser,FEL)是基于粒子束加速泵浦原理的激光器,在自由电子激光器中,回旋加速泵浦或同步加速泵浦是将电子束以相对论性的速度穿过一个处于周期场中的真空管,质量和速度相互影响的相对论电子束能够引起电子密度周期性分布的振荡,从而产生高低能级,外部产生的周期场以及电子枪的能量决定自由电子激光的频率[11],其工作原理如图 6.25 所示。

自由电子激光器的优点是波长可调,效率高,电光效率达到 10% ,可以定标放大并且没有其他激光器的热管理问题,还可以长时间可靠运转。

杰斐逊实验室的自由电子激光器是一种能量恢复直线加速器,电子从左侧较低处的发射源释放出来,然后被超导直线加速器加速。从直线加速器出来以后,电

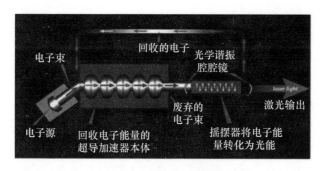

图 6.25　FEL 工作原理图

子进入光学谐振腔,在谐振腔的中心有一个摇摆器,这个摇摆器使电子振荡发光,而发出的光被谐振腔捕获,这些光被用于诱使新的电子发射更多的光。电子从光学谐振腔中出来后,它沿着顶部的回路行进并且返回直线加速器。在这里,电子把它们的大部分能量传递给新一批的电子,使得这个过程非常有效。

图 6.26 为杰斐逊实验室 2004 年发布的 10kW FEL 激光器装置。

图 6.26　杰斐逊实验室 2004 年发布的 10kW FEL 激光器装置

当电子束通过摇摆器时,受到空间周期性变化横向磁场的作用,产生周期性振荡,被捕获和群聚在由辐射场和摇摆场产生的有质动力势阱中的电子产生相干辐射,经 2 次多普勒频移,产生的相干辐射波长为

$$\lambda_S = \frac{\lambda_W}{2\gamma^2}(1 + a_W^2) \tag{6.14}$$

式中:$\gamma = (1 - \beta^2)^{1/2}$ 为电子的相对论能量因子,$\beta = v_e/c$ 为电子速度比光速;λ_W 为摇摆场周期;$a_W = eB_W\lambda_W/2\pi m_e c$ 为摇摆场参量,B_W 为摇摆磁场强度。

6.1.6　高能液体激光器

美国国防部正在为战斗机和无人作战飞行器开发一种先进的轻量战术激光系

统。这种称为高能激光领域防卫系统(High Energy Liquid Laser Area Defense System, HELLADS)所采用的激光器是目前国防部正在开发的高能红外激光器中两种更小、更轻的激光器之一(另一种是空气激光器)。HELLADS 的设计目标是功率质重比小于 5kg/kW,这就使其质量比目前正在开发的高能红外激光器系统轻一个量级,从而使高能红外激光器可以方便地集成进小型、机动的战术平台[12]。

HELLADS 是一种先进的二极管泵浦液体激光器系统,它综合了固体激光器和液体激光器技术的优点,使其具有质量轻、功率高的特点。HELLADS 的设计将有比固体激光器更小的尺寸和与固体激光系统不相上下的高功率输出,同时具有液体激光器的热管理特性。现正在开发的大功率固体激光器要受器件产生热量的限制。相比之下,液体系统有随着液体介质通过系统流动而把热量排出的优点,从而避免了在玻璃和晶体基质中必然会产生的光畸变和双折射。另外,因为在液体介质中的稀土离子浓度远比玻璃和晶体基质中的稀土离子浓度高,通过利用能量靠近激光发射的较弱泵浦吸收带可进一步降低由热引起的畸变。这些都方便地解决了热管理的问题。图 6.27 为 DARPA 2016 年外场测试 150kW HELLADS。

(a)   (b)

图 6.27   DARPA 2016 年外场测试 150kW HELLADS

HELLADS 的发展规划:①对共振腔,激光增益和系统热特性进行关键的技术演示;②研制和试验 10kW 级的高能红外激光器系统;③完成 150kW 激光武器系统的详细设计和开始建造工作;④在地面试验中演示验证 150kW 高能红外激光系统的性能;⑤把高能红外激光器集成在飞机上;⑥在拦截飞行试验中,演示验证 150kW 高能红外激光系统的性能。图 6.28 为 DARPA 展示的 HELLADS 作战概念图。

(a)   (b)

图 6.28   DARPA 展示的 HELLADS 作战概念图

6.2　高能红外激光光束评价

光束质量是由光场振幅和相位共同决定的,它是高能红外激光系统的一项重要性能指标。激光的作用效果即传输到目标上的功率密度,不仅反取决于激光器的输出功率,与激光的光束质量也有密切关系。光束质量的评价与控制是应用激光领域研究的重要课题,大量研究工作已经在国内外展开,提出了多种评价和测量激光光束质量的方法。但是,未能建立一套普遍适用的评价参数和测量方法。为了更加客观准确地评价高能红外激光系统在能量输运过程中的作用效能,需要对高能红外激光系统的光束质量进行深入研究,为更好地改善和控制高能红外激光的光束质量,研制和优化各种高能红外激光系统提供评价方法和理论依据[13-14]。

6.2.1　远场光斑半径

用远场光斑半径衡量光束质量的方法具有直观而简便的优点。光斑半径是等效值而非实测值,是由远场的光强分布计算而得到的。

在工程应用中采用能量的 86.5% "套桶法"计算光斑半径:

$$\int_0^{r_0}\int_0^{2\pi} I(r\cos\theta, r\sin\theta)r\mathrm{d}r\mathrm{d}\theta = 86.5\% \int_0^{\infty}\int_0^{2\pi} I(r\cos\theta, r\sin\theta)r\mathrm{d}r\mathrm{d}\theta \qquad (6.15)$$

式中:$I(r\cos\theta, r\sin\theta)$ 为激光束远场光强分布;r_0 为光斑半径。

远场光斑半径大小除与聚焦激光束本身特性有关以外,还与所用聚焦光学系统特性有关。理想光束的远场光强分布也必须根据试验所用的光学系统变换计算,否则失去了可对比性,但不能将光学元件遮挡造成的衍射损耗和扩展计入。同样依据能量的 86.5% "套桶法"得到理想光束的远场光斑半径:

$$\int_0^{r_0} |\varepsilon(r)|^2 r\mathrm{d}r = 86.5\% \int_0^{\infty} |\varepsilon(r)|^2 r\mathrm{d}r \qquad (6.16)$$

式中,$\varepsilon(r)$ 为理想光束在聚焦系统后焦面上的光场,由理想腔模开始,逐个面用菲涅耳衍射积分计算得到。光束远场发散角越大,则远场光斑半径越小,准直距离也越短,因此只用远场光斑半径一个参数作为光束质量判据是不够的。图 6.29 为板条固体激光的远场光斑。

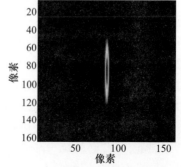

图 6.29　板条固体激光的远场光斑

6.2.2　远场发散角

设激光束沿着 z 轴传输,则远场发散角 θ 定义为

$$\theta = \lim_{z \to \infty} \frac{W(z)}{z} \tag{6.17}$$

式中: $W(z)$ 为 z 处的光束宽度(即光束半径),远场发散角表征光束发散度。

显然,远场发散角 θ 越大,则光束发散越快,从而光束能够传输的距离就越短,即光束质量越差。在实际测量时,通常是通过近场方法测量远场发散角,即利用一个聚焦光学系统将被测激光束聚焦或用一扩束聚焦系统将光束扩束聚焦后,在焦平面上测量光束宽度 W_f ,利用下式求远场发散角。

$$\theta = W_f / f \tag{6.18}$$

式中: f 为聚焦光学系统焦距。

利用远场发散角表征光束质量比较简便和直观。然而,对于一定激光束,其远场发散角是可以通过光学变换(如利用望远镜扩束)而改变的,这就带来了同一激光束远场发散角的不确定性,所以单纯利用远场发散角作为光束质量判据是不合适的。

6.2.3　衍射极限倍数因子

衍射极限倍数因子 β 被定义为实际光束远场发散角与理想光束远场发散角的比值,其表达式为

$$\beta = \theta / \theta_0 \tag{6.19}$$

角度 θ 可用渐近线公式 $\theta = \lim_{z \to \infty} \omega(z)/z$ 确定, $\omega(z)$ 为光斑宽度, z 为光斑所对应的位置。对理想高斯光束,光斑宽度 $\omega(z)$ 用光强最大值 1/2 处的宽度定义,在所定义的光斑尺寸内含有高斯光束总功率的 86.5% 。在旁轴近似和光阑孔径衍射可忽略情况下,实际光束的光斑宽度 $\omega(z)$ 按光束的传输方程进行计算。

衍射极限倍数因子 β 是描述高能红外激光系统光束质量的静态性能指标,并没有考虑大气对高能红外激光的吸收、湍流和热晕等作用。在工程应用中 β 常用 $\theta(1.22\lambda/D)$ 计算,其中, λ 为激光波长, D 为发射望远镜主镜的口径;$1.22\lambda/D$ 为与发射望远镜主镜口径相对应的在衍射极限情况下的平面波的远场发散角。

β 因子以理想光束作为参照标准,参考光束有多种选取方法,因而对于同一实际光束,选取不同的参考光束会得到不同的 β 值,这样就给 β 因子的测定带来了不确定性和混乱,因此必须统一和规范参考光束的选择。有研究表明,选取与被测光束发射孔径或面积相同的圆形实心均匀光束为参考光束,得到的远场发散角是所

有相同孔径光束中衍射角最小的,适用于 β 因子来评价高能红外激光系统的光束质量。

同时 β 值依赖于实际光束远场发散角的准确测量,由于激光本身的因素和在激光束传输过程中众多因素的影响,使得远场光束的强度分布中含有较多的高阶空间频率分量,由高阶弥散引起的能量损失不能被 β 值真实反映。它的准确测量对探测系统要求较高,不适合评价远距离传输的光束。

6.2.4　环围能量比

环围能量比 BQ,也称靶面上(或桶中)功率比,定义为规定尺寸内理想光斑环围能量(或功率)与相同尺寸内实际光斑环围能量(或功率)的比值的方根。其表达式为

$$BQ = \sqrt{\frac{P_{理想}}{P_{实测}}} \text{ 或 } BQ = \sqrt{\frac{E_{理想}}{E_{实测}}} \tag{6.20}$$

环围尺寸主要根据目标尺寸与衍射极限尺寸的相对大小以及具体的应用场合来选取。例如,当目标尺寸小于衍射极限光斑尺寸时,可以选取规范尺寸为目标尺寸,或者也可以选取规范尺寸为衍射角 $\theta = 0.52\lambda/D$ 对应的环围区域,按照衍射理论,理想光束在该区域内的能量占总能量的 50% 。而当目标尺寸大于衍射极限光斑尺寸时,可以选取规范尺寸为衍射极限光斑尺寸(衍射角 $\theta = 1.22\lambda/D$),理想光束在该环围尺寸内的能量为总能量的 84% 。若目标尺寸再大时,为了能更充分地反映目标上的激光能量分布,则除了衍射极限尺寸外,还可以选取规范尺寸为理想光束衍射光斑各级暗环对应的环围区域,如 $\theta = 2.23\lambda/D$ 对应的二级暗环(能量比91%), $\theta = 3.24\lambda/D$ 对应的三级暗环(能量比 93%)等,或者也可以选取规范尺寸为目标尺寸。

BQ 值的测定要求测量出目标处光束的能量或光强分布。根据测得的能量或光强分布,可以得到各种环围尺寸内的能量或功率,从而得到相应的 BQ 值。BQ 值越小,表明实际光束在目标上环围尺寸内的功率越大,则能量越集中,激光束的破坏能力越强,光束质量就越好。与其他评价指标不同,BQ 值是专门用于评价目标处光束质量的指标,直观反映靶目标上光束的能量集中度。因此在评价目标处的光束质量和激光对靶目标的破坏效果时,最适合采用 BQ 值指标。BQ 值与 β 因子相同的是,由于以理想光束作为参照标准,参考光束的规范也是其要考虑的问题;区别与 β 因子的是它综合了在激光能量运输过程中影响光束质量包含大气在内的各个因素,是从工程应用、破坏效应的角度描述光束质量,是激光武器系统受大气影响的动态指标,对强激光与目标的能量耦合和破坏效应的研究有着非常实

际的意义。

实际工程应用中,参考的理想光束选取与发射系统主镜尺寸相当的实心平面波。规范尺寸的选取应根据具体的应用目的来定,分为"硬破坏"和"软破坏"。

对于"硬破坏",要求较高的峰值功率密度,规范尺寸要尽可能的小,以发射望远镜主径尺寸 D 对应的衍射极限较合适,即 $1.22L(\lambda/D)$,L 为传输距离。对于"软破坏",要求靶目标尺寸范围内有较高的能量份额、较高的平均功率密度,所以规范尺寸可选为破坏目标的尺寸。

BQ 值常用不同限孔能量测量法以及能对空间绝对能量分布测量的探测系统进行测量,要求具备可直接接收高能红外激光的强光阵列探测器或靶盘仪。它是常用于评价强激光光束质量的方法,但由于高功率激光器,如氟化氢(HF)、氟化氘(DF)和氧碘化学激光器(COIL),一般采用非稳腔结构,输出光束不是高斯束,衡量非稳腔激光器产生激光束的质量,有一些不确定之处。

6.2.5 斯特列尔比

斯特列尔比(Strehl Rate,SR)定义为实际光束轴上的远场峰值光强与具有同样功率、位相均匀的理想光束轴上的峰值光强之比。其表达式为

$$SR = \frac{I}{I_0} \approx \exp\left[-\left(2\pi\frac{\Delta\varphi}{\lambda}\right)^2\right] \tag{6.21}$$

式中:I 为实际焦斑处峰值功率;I_0 为理想光束焦斑处峰值功率;$\Delta\varphi$ 为激光光束的波像差;λ 为激光波长。

理想光束为与被测光束具有相同发射孔径的均匀光束,其发射光强等于实际光束平均强度。显然,由于实际光束的焦斑半径总是大于衍射极限光斑,能量因此而发散,所以与理想光束相比,被测实际光束焦斑中央峰值功率下降,因此 $SR \leqslant 1$,SR 值越大则光束质量越好。图 6.30 为不同 SR 成像对比图。

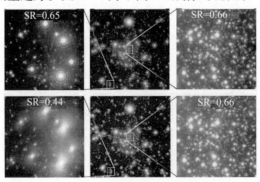

图 6.30　不同 SR 成像对比图

若实际光束波前相位误差为高斯分布,则容易证明:

$$SR = I/I_0 = \exp(-\Delta\varphi^2) \tag{6.22}$$

式中:$\Delta\varphi^2$ 为波前的均方根相位误差。

这时,斯特列尔比仅取决于波前相位误差,可以反映波前相位误差的大小。因此斯特列尔比常用于评价自适应光学系统的质量。斯特列尔比因子反映了远场轴上的峰值光强,它取决于波前误差,能较好地反映光束波前畸变对光束质量的影响,常应用于大气光学中,主要用来评价自适应光学系统对光束质量的改善性能。

斯特列尔比 SR 对高能红外激光系统自适应光学修正效果的评价有重要作用。高能红外激光系统主要包括高能红外激光器和光束定向器两大分系统。当高能红外激光系统有自适应光学修正时,仅从激光器出射光束的光束质量、光束定向器出射口光束质量,以及高能红外激光到达靶面的光束质量,还不足以反映自适应系统对高能红外激光在能量空间输运中光束质量的改善,还需要对光束进行自适应修正前后的光束质量进行评价。采用 SR 从相位角度反映光束质量,能较好地反映自适应系统对波前畸变的修正性能。通过对自适应光学系统开环和闭环条件下 SR 的测量和对比,可分析自适应光学系统的工作性能,n 定义为

$$n = \frac{SR}{SR'} \tag{6.23}$$

式(6.23)可以反映自适应光学系统对波前畸变的矫正效果。自适应光学系统在闭环工作条件下,也存在抖动的问题,光束的抖动会严重影响光束的质量。通过对影响光束质量的主要因素进行分析,采用零点反馈补偿法和补偿波前畸变的方法对光束质量控制有重要实用意义。图 6.31 为光束质量定义间的关系。

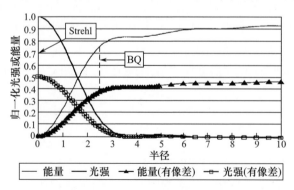

图 6.31　光束质量定义间的关系

可以通过直接测量焦斑中央峰值光强测定斯特列尔比,在可以假定光束波前相位误差为高斯分布时通过测量光束波前相位分布及其误差,根据式(6.23)计算得到斯特列尔比。

斯特列尔比可在一定程度上反映某些光束焦斑上的能量集中度,还可以反映光束波前相位误差的大小,但它作为光束质量评价标准的局限性也是很明显的。因为它只反映焦斑中央峰值光强,不能反映轴外的光强分布情况,而实际光束总是有各种各样复杂的轴外光强分布,所以斯特列尔比不适合于评价一般光束特别是面目标能量耦合应用的光束质量。

6.2.6 M^2 因子

国际标准度量局(ISO)在"激光光束宽度,发散角和辐射特性系数的试验方法"中推荐 M^2 因子或光束传输 K 因子(M^2 因子的倒数)来评价光束质量的好坏。M^2 是一种全新描述激光光束质量的参数,M^2 因子的表达式为

$$M^2 = \frac{\text{实际光束束腰直径} \times \text{远场发散角}}{\text{理想高斯光束束腰直径} \times \text{远场发散角}} = \frac{\pi}{4\lambda}W_0\theta \qquad (6.24)$$

式中:W_0 为实际光束的束腰直径;M^2 为以二阶矩法为基础计算得到的光斑半径。

M^2 能客观地反映光束远场发散角和高阶模含量,综合反映了光束的近场和远场特征,而且这一方式定义的光束质量具有最小值。实际光束偏离高斯光束越远,则因子 M^2 之值越大。当高斯光束通过无像差、衍射效应可忽略的透镜、望远系统聚焦或扩束时,虽然束腰直径或远场发散角要变化,但是作为比较的束腰直径与远场发散角的乘积,当光束一定时是一个不变量,这表明任意光束的光束质量不可能优于衍射转换极限,而其他的光学质量评价方法可能导致光束质量优于衍射极限的谬误。

正如所有光束质量评价方法一样,应用因子 M^2 评价光束质量也有局限性。对于高能红外激光的光束来说,高能红外激光的谐振腔一般是非稳腔,输出的激光光束不规则,将不存在"光腰",而且,对于能量分布离散型的高能红外激光光束,由二阶矩定义计算得到的光斑半径与实际相差很远,得到的 M^2 因子误差很大。因子 M^2 要求光束截面的光强分布不能有陡直边缘,如对于"超高斯光束",因子 M^2 就不适用。

6.2.7 小　结

(1)因为激光束的远场发散角和焦斑尺寸可因光学变换(理想光学变换)而改变,同一光束的远场发散角或焦斑尺寸存在不确定性,所以单纯利用远场发散角或焦斑尺寸来评价光束质量是不合适的。

(2)光束参数乘积不因理想光学变换而改变,可以从本质上反映激光束的光束质量。以二阶矩束宽定义为基础的 M^2 因子在自由空间中满足光束传输方程,特别适合于理论上处理有关光束质量的问题。但是因子 M^2 的测定需要完整的光

强空间分布信息,这限制它的实用性,特别是对于强激光,不适合采用 M^2 因子评价光束质量。

（3）SR 比只反映光束焦斑中央峰上的能量集中度,不反映轴外的光强分布情况,所以不适合于作为一般的光束质量评价标准。

（4）光束的衍射极限倍数因子 β 不因理想光学变换而改变,因此可以从本质上表征激光束的光束质量。同时只要光束是不太宽,因子 β 的准确测定一般也比较方便。所以衍射极限倍数因子 β 是比较理想和实用的光束质量评价标准。因子 β 的理想光束应统一选取为圆形实心均匀光束。

（5）环围能量(功率)比 BQ 值直观反映目标上光束的能量集中度,最适合于评价目标处的光束质量。

6.3　国外典型系统应用概述

6.3.1　早期国外高能红外激光对抗系统

自从第一台激光器问世,高能红外激光对抗系统就逐渐成为许多国家追求的目标。20 世纪中、后期,国外先后研发高能钕玻璃激光器、气动 CO_2 激光器、化学激光器、自由电子激光器等激光器,国外高能红外激光系统发展历程如图 6.32 所示。特别是 1983 年美国总统里根提出"战略防御倡议"后,投资猛增,高能红外激光器研发工作形成高潮。在第一轮竞争中,氟化氘和氧碘两种化学激光器先拔头筹,功率分别达十万瓦级和兆瓦级,已正式纳入武器装备的研发计划[15-16]。

图 6.32　国外高能红外激光系统发展历程

6.3.1.1 空基激光实验室

早在1976年,美国空军开展了空基激光实验室(Airborne Laser Lab,ALL)的计划,如图6.33所示。基于NKC-135载机验证跟踪和摧毁空中目标的能力,ALL使用CO_2激光器,波长为$10.6\mu m$,输出功率达456kW,并维持8s,经过处理后,从武器系统输出时功率也达到380kW,可在1km外的目标上实现$100W/cm^2$的功率密度。ALL项目历时11年之久,共击落5枚AIM-9B"响尾蛇"空空导弹和1架BQM-34A"火峰"靶机,解决了激光武器实用化过程中的主要问题,如高能红外激光器、高精度跟踪系统和远程射击。但大气湍流和热晕问题没能得到解决,后来"星球大战"计划遗留下来的机载激光(ABL)系统飞行高度在平流层,也是为了避开这个问题。

图6.33　空基激光实验室

6.3.1.2 ABL机载激光武器系统

1977年,美国空军发明了新的氧碘(COIL)化学激光器,基于此,开发了ABL机载激光武器系统,现已改名为ALTB。系统由B747-400F改型飞机平台、被动红外搜索跟踪传感器、氧碘化学高能红外激光器(COIL)和激光发射转塔、瞄准与跟踪系统组成。在12km高空和远离敌方90km外的领空巡航,主要用于拦截助推段飞行的弹道导弹,也能攻击飞机和巡航导弹,同时还具有反卫星能力[17-19]。图6.34为ABL系统解剖图。

6.3.1.3 先进战术激光武器系统

20世纪90年代,波音公司研发先进战术激光武器系统(Airborne Tactical Laser,ATL),ATL项目由波音公司的导弹防御系统部和美国空军联合实施。系统被安装到现役的C-130H运输机上,作用距离为10km(地对空作战)和20km(空对空作战或空对地作战)。装载在AC-130上的ATL系统。

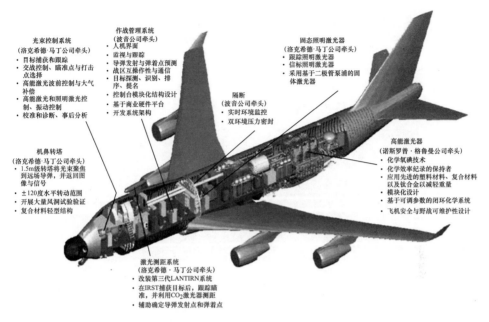

光束控制系统
(洛克希德·马丁公司牵头)
· 目标捕获和跟踪
· 交战控制、瞄准点与打击点选择
· 高能激光波前控制与大气补偿
· 高能激光和照明激光控制、振动控制
· 校准和诊断、事后分析

作战管理系统
(波音公司牵头)
· 人机界面
· 监视与跟踪
· 导弹发射与弹着点预测
· 战区互操作性与通信
· 目标探测、识别、排序、提名
· 控制台模块化结构设计
· 基于商业硬件平台
· 开发系统架构

固态照明激光器
(洛克希德·马丁公司牵头)
· 跟踪照明激光器
· 信标照明激光器
· 采用基于二极管泵浦的固体激光器

隔断
(波音公司牵头)
· 实时环境监控
· 双环境压力密封

机鼻转塔
(洛克希德·马丁公司牵头)
· 1.5m级转塔将光束聚焦到远场导弹,并返回图像与信号
· ±120度水平转动范围
· 开展大量风洞试验验证
· 复合材料轻型结构

高能激光器
(诺斯罗普·格鲁曼公司牵头)
· 化学氧碘技术
· 化学效率纪录的保持者
· 应用先进的塑料材料、复合材料以及钛合金以减轻重量
· 模块化设计
· 基于可调参数的闭环化学系统
· 飞机安全与野战可维护性设计

激光测距系统
(洛克希德·马丁公司牵头)
· 改装第三代LANTIRN系统
· 在IRST捕获目标后,跟踪瞄准,并利用CO_2激光器测距
· 辅助确定导弹发射点和弹着点

图 6.34　ABL 系统解剖图

2006 年 9 月,基于高功率 COIL 激光器的 ATL 系统进行了首次地面发射试验。同年 10 月,波音公司在经过改装的 C - 130H 运输机上安装了一台 50W 的低功率固态激光器作为替代品,并进行了跟踪地面固定和移动目标的飞行试验。2007 年 7 月,高功率 COIL 激光器在柯特兰空军基地的戴维斯先进激光设施中进行了实验室试验,在超过 50 次的发射中验证了其可靠性。同年 12 月,激光器模块被安装到了 C - 130H 运输机上。2008 年 5 月,C - 130H 运输机上的高能红外激光器首次发射,展示了稳定的作战能力。同年 8 月,C - 130H 飞机通过其光束控制系统发射了高能化学激光完成了 ATL 系统整个武器系统的首轮地面测试。2009 年 6 月 13 日,ATL 系统飞机首次在飞行中成功发射大功率激光波束,烧毁了一个地面假目标。9 月 9 日,ATL 系统在白沙导弹靶场又一次成功击中地面机动目标,在目标上烧出了一个孔洞。这次试验成功验证了 ATL 系统瞄准和攻击地面机动目标的能力。

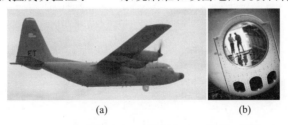

(a)　　　　　　　　　　　(b)

图 6.35　装载在 AC - 130 运输机上的 ATL 系统

6.3.1.4 舰载高能红外激光武器

1977 年,美国海军实施的"海石"(Sea Lite)计划,目的就是建造更接近实用的舰载高能红外激光武器。1983 年初,美军在白沙导弹靶场建立了高能激光武器测试系统设备(High Energy Laser Systems Test Facility,HELSTF),作为舰载高能红外激光武器的试验平台。图 6.36 为中红外先进化学激光器与"海石"光束定向器。

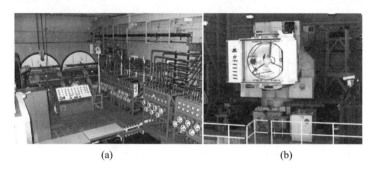

(a)   (b)

图 6.36　中红外先进化学激光器与"海石"光束定向器

HELSTF 试验装置使用一台兆瓦级连续波 DF 化学激光器 MIRACL。MIRACL 的光学谐振腔长 9m,光束面积为 $324cm^2$,在 $3.6 \sim 4.0\mu m$ 波段之间大约分布 10 条受激发射谱线,连续输出功率为 2.2MW。"海石"光束定向器发射镜是直径 1.8m 的凹面镜[20]。以 MIRACL/SLBD(Sea Lite Beam Director,"海石"光束定向器)为基础的舰载高能红外激光武器系统是模块化的,主要部件有激光器、压力恢复系统、燃料供给装置、光束定向器。

按计划,美国海军准备将 MIRACL/SLBD 系统安装在军舰上进行海上试验,如图 6.37 所示。但冷战结束后,美国海军作战重点从远洋转移到沿海区域,作战环

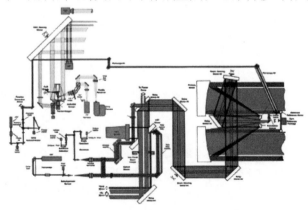

图 6.37　SLBD 光束控制系统

境发生了巨大变化。另外,美国海军研究认为,MIRACL 高能红外激光器的 3.8μm 波长激光在沿海环境下热晕效应较严重,最终倾向于选择 1.6μm 的最佳波长。美国海军于 1995 年宣布放弃"海石"计划,而启动高能自由电子激光武器计划。

6.3.1.5　车载战术高能红外激光武器系统

1995 年,美国陆军空间和战略防御司令部定义了战术高能红外激光系统的轮廓。战术高能激光(Tactical High - Energy Laser,THEL)系统由 C³I 系统、瞄准/跟踪系统、激光器等三个分系统组成,如图 6.38 所示,主要用于防御巡航导弹、反辐射导弹、近程火箭、无人驾驶飞行器和直升机以及穿透其他防御网的近距离点目标,保护前线附近的军队集散地和城市,或起反恐怖作用,保护军事基地和居民区。系统的硬杀伤距离是 1km,而对传感器的杀伤距离可达 10km。激光器的发射率为每分钟 10 发。美国陆军估计建造战术高能红外激光系统工程样机的费用为 1.65 亿~1.75 亿美元。

(a) 瞄准跟踪子系统

(b) C³I 子系统1

(c) 激光器子系统

(d) C³I子系统2

图 6.38　THEL 系统组成

系统装在三辆车上,一辆装氟化氘激光器,一辆装激光燃料,最后一辆装火控雷达。该系统 20 世纪 90 年代中期开始研制,1996 年 2 月在白沙导弹靶场完成杀伤力演示试验,成功击落 2 枚"喀秋莎"火箭弹。1999 年底移交以色列进行试验。图 6.39 为 THEL 对迫击炮的毁伤试验图。

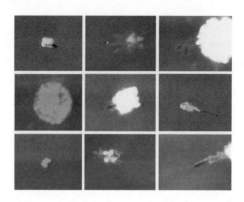

图6.39　THEL对迫击炮的毁伤试验图

6.3.2　近年固体激光红外对抗技术进展

21世纪以来,几种新型固体激光器的平均功率屡创新高,平均功率100kW的固体激光武器已被认为是中近期内可以实现的目标。美国军方和激光界对高能固体激光器的潜在优势基本达成共识,鉴于以上优势,固体高能红外激光系统成为美国海、陆、空三军和海军陆战队都看好的最有希望的下一代激光武器系统。图6.40为高能固体激光器功率等级及光束质量对应关系图(2012年)。

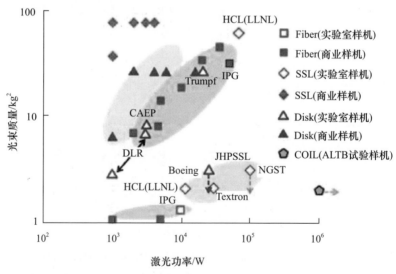

图6.40　高能固体激光器功率等级及光束质量对应关系图(2012年)

基于板条固体高能红外激光和光纤激光成为近年来高能红外激光对抗系统应用研究的热点,并成为最有可能装备各个军兵种的高能红外激光对抗系统。

图6.41为美国陆军高能激光武器发展路线图

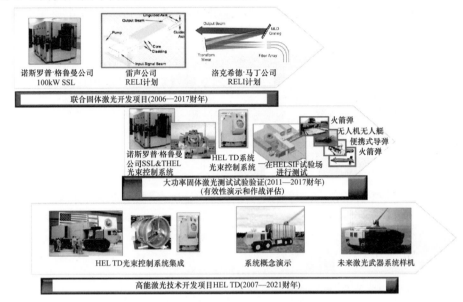

诺斯罗普·格鲁曼公司
100kW SSL

雷声公司
RELI计划

洛克希德·马丁公司
RELI计划

联合固体激光开发项目(2006—2017财年)

诺斯罗普·格鲁曼公司SSL&THEL光束控制系统

HEL TD系统光束控制系统

在HELSIF试验场进行测试

火箭弹
无人机无人艇
便携式导弹
火箭弹

大功率固体激光测试试验验证(2011—2017财年)
(有效性演示和作战评估)

HEL TD光束控制系统集成

系统概念演示

未来激光武器系统样机

高能激光技术开发项目HEL TD(2007—2021财年)

图6.41 美国陆军高能激光武器发展路线图

6.3.2.1 "复仇者"激光武器系统

"复仇者"系统是一种安装在高机动多用途轮式悍马车上的轻型近程防空系统,如图6.42所示,采用毒刺防空导弹防御巡航导弹、无人机和直升机等低空目标。波音公司对其进行了改装更换,在系统中增加了激光系统,用于清除UXO(未爆弹药)和IED(简易爆炸装置)。其保留了半数毒刺导弹和50mm口径机枪,系统右侧的四管导弹发射架改装成了激光系统,而左侧仍保留了四管导弹发射架。采用美国IPG光子公司的掺镱光纤激光器,激光器功率为1kW,波长为1.08μm,效率超过30%,射程为100~1000m。

图6.42 "复仇者"激光武器系统

2007 年 9 月成功演示了用激光摧毁 UXO 和 IED,在一系列的试验中采用1kW 光纤激光器的"复仇者"系统摧毁了 5 个 IED 和 UXO 目标以及停放在地面上的小型无人机,如图 6.43 所示。

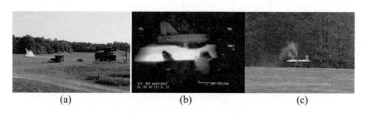

图 6.43 "复仇者"激光对炮弹及无人机的毁伤试验

2009 年,波音公司在白沙导弹靶场再次对"复仇者"激光系统进行测试。系统的激光器输出功率已经增大了一倍,而且具备了更为先进的搜索、跟踪和瞄准能力,在复杂的山地和沙漠环境中成功击落了 3 架飞行中的无人机,在红石兵工厂摧毁了 50 种不同的爆炸装置。

6.3.2.2 激光区域防御系统

激光区域防御系统(Low – Altitude Detection System,LADS)是雷声公司研制的具备近距点防御能力的低成本激光武器系统,图 6.44 为 LADS 原型机。在现有的"密集阵"近防系统的基础上改造而来,主要利用原系统的火控雷达,而原有的 20mm 转膛速射炮被固体激光器取代。该系统分为海军型和陆军型两种型号,计划取代海军的"密集阵"和陆军的"百夫长"近防系统。

图 6.44 LADS 原型机

LADS 主要由舰载或车载基座、传感器、火控系统、光纤激光器和光束控制系统构成,主要用于机场、战区基地、港口、舰艇的防御,可对抗多种目标,包括火箭弹、炮弹、无人机、传感器、无装甲车辆、浮动水雷和小型船只等。由于 LADS 系统采用了电力驱动的固体激光器,因而体积相对较小,后勤保障也容易。

2007 年 1 月,雷声公司宣布激光区域防御系统原型机已经成功完成了静态地面测试。此次试验距离系统构想的提出不到 6 个月。测试中 LADS 系统利用 1 台 20kW IPG 光纤激光器,在超过 502m 的距离上成功摧毁了 60mm 迫击炮弹。此后的一段时间,雷声公司又把 LADS 系统的激光器功率升级到 50kW。到了 2009 年 2 月,美军在白沙导弹靶场对陆军型 LADS 系统进行了作战性能和效果测试。

6.3.2.3　高能红外激光技术验证系统

2008 年,波音公司获得美国陆军合同,开展高能红外激光技术验证系统(High Energy Laser Technology Demonstrator,HEL TD)研制,设计、制造、测试并评估一种坚固耐用的 HEMTT 车载光束控制系统,如图 6.45 所示。HEL TD 是美国陆军高能红外激光器计划的基础,该演示计划将逐渐过渡为成熟的陆军采购计划。

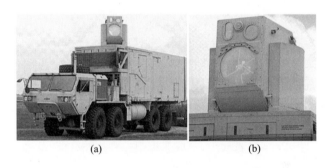

图 6.45　HEL TD 系统及光束控制装置

高能红外激光技术验证计划首先将光束控制子系统和低能激光器集成到一辆重型高机动战斗车上,利用高能红外激光测试设备进行捕获和跟踪测试,然后在重型高机动战斗车上集成一个加固了的 50kW 高能固体激光器,并在 2015—2016 财年对其进行测试。其主要的功率系统和热管理系统则可能装在重型高机动战斗车上,也可能放在拖车上。另外,还将根据当前的作战对作战管理、指挥控制和通信系统进行优化。到期高能红外激光技术验证机被设计成为全功率武器(约 100kW),具有一定的剩余作战能力,强调对人的要求最小、封装形式支持现场有限替换以及维护方便等问题。高能红外激光技术验证机计划还为战场整合进行专门设计,包括 C - 17 运输机可运输性以及指挥控制和通信系统与当前作战的兼容性。另外,高能红外激光技术验证机还采用了模块化设计,以便以后升级。

图 6.46 给出了各系统单元的位置。冷却系统和电子设备被放置在车厢的后部。光束控制系统以及支持设备的发电机,包括一个低能激光器,放置在前部。在

车厢中有充足的空间来放置100kW级的固体激光器,但是为了增加运行时间或弹药仓的大小而可能将主要的电源和冷却系统放在拖车上。

图6.46 高能红外激光技术验证系统配置

HEL TD 系统的操作流程是:首先,系统对目标进行捕获跟踪,并进行目标瞄准点的选择;其次,HEL TD 系统接收来自大功率激光器的光束,并进行整形;最后,将光束聚焦在目标上。HEL TD 系统主要包括:系统作战管理系统、高能激光、激光整形合束单元(包含变形镜、光束整形单元、FSM 快反镜)、大口径同轴跟瞄发射系统(包含主发射窗口、主镜、次镜、库德光路反射镜、窄视场精确跟踪单元)、照明激光器、中波红外捕获单元、激光测距、集成热控组件和 GPS/INS 等,如图6.47 所示。

图6.47 HEL TD 系统光束发射集成图

6.3.2.4　激光武器系统

美国海军开展了基于单模光纤激光组束合成激光武器系统(Laser Weapon System,LAWS)的研制,项目承包商为雷声公司,采用 6 台 IPG 公司生产的 5.5kW 级光纤激光器,实现总输出功率为 33kW,发射系统口径为 600mm,光束质量 BQ 为 17,用于对抗无人机和光电制导导弹,实现对威胁目标的硬损伤。图 6.48 为 LAWS 早期样机及最新样机。

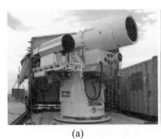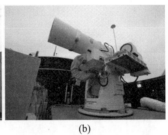

(a)　　　　　　　　　　　　(b)

图 6.48　LAWS 早期样机及最新样机

2012 年 8 月,LAWS 系统进行了海上打靶试验,成功击落无人靶机,如图 6.49 所示。LAWS 项目的目标是获得 100kW 输出功率,按照美国商用光纤激光器的发展速度,预计在 2016 年实现目标,2015—2016 年,IPG 公司又生产了 50kW 光纤激光器,但是否用于 LAWS 未见报道。

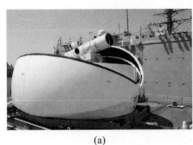

(a)　　　　　　　　　　　　(b)

图 6.49　LAWS 在海上对无人机的毁伤试验

6.3.2.5　海上激光系统演示验证项目

2011 年,美国海军开展了海上激光演示(Maritime Laser Demonstration,MLD)系统,MLD 系统采用 100kW 级板条固体激光器,光束质量 BQ 值优于 3,其样机如图 6.50 所示。系统主要由激光器子系统、Kineto 跟踪瞄准子系统、光束控制与稳定子系统、火控系统和供电系统组成,组成图如图 6.51 所示,MLD 系统项目的最终目标为实现 600kW 级的比例放大输出。

图 6.50　MLD 系统样机

图 6.51　MLD 系统组成图

　　MLD 系统为第一个在海上进行了试验验证的高能红外激光系统,并与舰艇上的雷达系统和导航系统相结合,对海面上的小型水面无人舰艇进行主动、被动跟踪,发射高能红外激光致使其烧毁,如图 6.52 和图 6.53 所示。

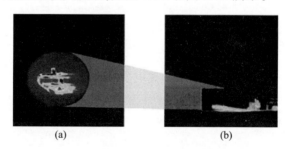

(a)　　　　　　　　　　　　　　(b)

图 6.52　主动、被动跟踪相结合的技术方式

(a)　　　　　　　　　　　　　　(b)

图 6.53　MLD 系统对水面舰艇的毁伤试验

MLD 系统由诺斯罗普·格鲁曼公司和 L3 公司联合研制,采用商业化集成平台,实现海上环境的演示验证。

6.3.2.6　德国莱茵金属公司激光系统

2011 年,莱茵金属公司展示强激光系统的作战潜力,使用高能激光系统在瑞士试验场击落无人飞机。在对抗无人机演示中,利用一个 10kW 的激光集成到"天空卫士"(Oerlikon Skyguard)火控单元的防空系统和炮塔上,具有模块化和可扩展性。其激光器转塔近景如图 6.54 所示。

图 6.54　10kW 激光器转塔近景

2012 年,莱茵金属公司激光系统在瑞士外场试验中成功地克服艰苦的环境条件,包括在冰、雪、雨和炫目阳光等恶劣环境下击中目标,试验包括整个操作序列的目标检测与目标跟踪环节。该系统可用于防空、反火箭/火炮、迫击炮和非对称作战。此外,该测试旨在证明 HEL 武器站使用莱茵金属公司现有光束叠加技术(Beam Superimposing Technology,BST)能够照射单一目标的叠加、累积的方式,如图 6.55 所示。这种模块化的技术,使得它能够保持单个激光模块很好的光束质量,成倍提高整体性能。

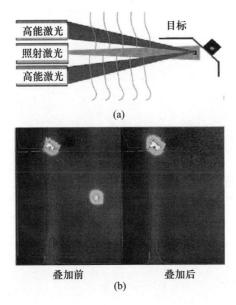

图 6.55　基于照射激光的光束叠加技术

50kW 高能红外激光武器技术演示系统有两个功能模块:30kW 武器站集成到 Oerlikon 防空炮塔上,可进行静态和动态试验,再加上 Oerlikon 火控单元;20kW 的武器站集成到一个第一代炮塔,为静态测试提供辅助功能,其自身有额外的模块供电,都集成在一个 Oerlikon 火控单元上。其测试平台如图 6.56 所示。

图 6.56　50kW 激光武器测试平台

6.3.2.7　洛克希德·马丁 ATHENA 光纤激光武器

洛克希德·马丁公司研发的综合型 30kW 单模光纤激光武器系统样机 ATHENA,采用光束合成技术,将多个光纤激光模块形成单个高能高质量光束,其效能和致命性远远超出其他系统多个单独的 10kW 激光器;ATHENA 采用的光束控制器比机载激光器的更小,更加符合尺寸、质量和功率的要求,如图 6.57 所示。

图 6.57　洛克希德·马丁 ATHENA 光纤激光武器

在 2015 年 3 月举行的外场测试中,ATHENA 系统从约 1 英里(1609.344m)的距离,在几秒钟内烧毁了发动机,成功击毁了皮卡车发动机,如图 6.58 所示,验证了武器级激光器如何用于保护军队和重要基础设施,还利用其他不同物体作为目标对综合系统进行了测试。

图 6.58　ATHENA 击毁皮卡

ATHENA 系统采用的 30kW 光纤激光器是以美国陆军高能激光移动演示验证项目的耐用电子激光器倡议项目 60kW 激光器为基础,采用光谱合成技术实现功率放大,下一步将为军用飞机、直升机、舰船和卡车提供轻巧坚固的激光武器系统,如图 6.59 所示。

(a)　　　　　　　　　　　　(b)

图 6.59　60kW 激光器与光束控制

6.3.2.8　其他

此外,还包括 MBDA 德国公司研制的 40kW 光纤激光武器样机(图 6.60),采用了非相干光束合成技术,激光效率为 30% ;俄罗斯也积极开展激光武器的研制,比如,"佩列斯韦特"激光武器系统和基于高能光纤的激光武器系统(图 6.61);英国在航展中展示了"龙火"激光武器系统,计划列装部队,安装在车辆和舰船上,如图 6.62 所示。

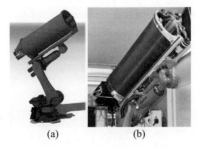

(a)　　　　　(b)

图 6.60　MBDA 德国公司研制的 40kW 光纤激光武器样机

(a)   (b)

图 6.61　俄罗斯的两款激光武器系统

图 6.62　英国"龙火"激光武器系统

6.3.3　高能红外激光相关技术研究情况

6.3.3.1　中继镜技术

由于天基激光系统发展过程中受到激光器体积、质量大,现有运载工具无法将其发射到空间的制约;机载激光系统面临各类技术问题、在战场应用时使用风险大、生存能力受到严峻挑战;地基激光系统激光传输过程受大气的影响严重,系统作用范围小且对低空快速目标作用困难,因此,激光中继镜(Relay Mirror,RM)技术的概念备受各方瞩目和讨论研究。

激光中继镜技术又称为激光重定向技术,是高能激光研究领域的一项新技术,也是一项重要的新型激光系统作战概念。激光中继镜技术的基本思想是通过置于高空或太空的中继镜系统接收激光源向其发射的激光束,经系统校正净化后重新定向发射到目标上,完成对目标的攻击。

中继镜技术的概念最早可追溯到20世纪80年代美国里根政府提出的"星球大战"计划,主要内容为:以各种手段攻击敌方的外太空洲际战略导弹和航天器,以防止敌对国家对美国及其盟国发动的核打击。主要技术手段包括在外太空和地面部署高能定向系统(如微波、激光、高能粒子束、电磁动能系统等)或地基打击系统,在敌方战略导弹来袭的各个阶段进行多层次的拦截,激光中继镜系统将激光源与光束控制部分分离,是一种革命性的思想。美国空军高能激光系统项目之父 Don Lamberson 提出激光中继镜技术是自 20 世纪 70 年代中期引入自适应光学技术以来最重要的系统概念技术。与地基的"直接作用型"激光系统相比,中继镜系统被认为具有多方面的优势:能降低大气等因素对激光的影响、拓宽激光系统的作战范围、提高系统的隐蔽生存能力、降低系统对跟踪带宽、积分时间探测能力和辐照强度的要求等。中继镜系统被认为是机载激光和地基激光的威力倍增器。图 6.63 为中继镜系统概念图。

图 6.63　中继镜系统概念图

中继镜系统因其革命性的结构和优势,在军事上具有很好的应用前景。目前,美国军方已把中继镜技术作为军队的转型技术,它的发展必将影响到未来一代的激光系统[21-22]。

激光中继镜技术参与研究的单位主要包括美国空军研究实验室、波音公司、海军研究生院等。自"星球大战"计划以来,美国一直致力于中继镜技术的研究,进行了多次相关试验并取得成功,其工作原理如图 6.64 所示。

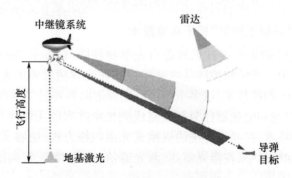

图 6.64　中继镜系统工作原理

2002 年起,美国国会开始投资中继镜系统原型的建造,主要由波音公司负责研发,美国空军研究实验室同时参与;同时美国导弹防御局加强了高空飞艇的研制,研制的最新飞艇可携带 1815kg 的荷载在 19.2km 高空停留 1 月。

2005 年夏天,美国空军研究实验室完成了中继镜系统的实验室集成与测试工作。系统为 1/2 大小的战略中继镜,采用双焦结构模式设计,包含两台口径均为 75cm 的望远镜,1λ 识别红外系统和惯性参考单元等,系统高 4.6m,总质量 2270kg。系统主要功能包括先进的自适应光学和上行中继算法、目标识别与跟踪,以及高功率运行的光学转换。

2006 年 8 月,美国空军研究实验室与波音公司在科特兰空军基地研究实验室进行了中继镜系统外场演示试验,检验系统有效载荷跟踪战术目标的能力。试验中,中继镜系统硬件由起重机吊至距地面 30m 处,用一束数十瓦低功率地面激光从 5km 外射向接收望远镜,发射望远镜成功地将激光射向 3km 外的地基靶板上,试验实物图如图 6.65 所示。

图 6.65 中继镜外场试验实物图

该试验证明了中继镜系统能够接收激光能量,并能改变方向射向目标,具有重定向功能且增长了激光束的射程,但目前中继镜系统未见有实际应用的报道。

6.3.3.2 "亚瑟王神剑"相干合成技术

"亚瑟王神剑"的最初设计思想源自光学相控阵(Optical Phased Array,OPA)的技术研究和应用。光学相控阵是微波相控阵在光波频段的扩展,基本思想是基于模块化设计和电扫描技术,以多个小口径光束定向器阵列实现光束发射、接收和高精度探测,以声光和电光器件为基础完成激光束阵列的无惯性扫描。这种全电控制的光束定向技术,摆脱了传统的机械式光束扫描方式,能够实现快速、精确的光束控制,体积和质量小,在激光雷达、激光通信、光电对抗、定向能技术等领域有广阔的应用前景。

自微波相控阵技术问世之后,人们就试图将相控阵的概念延伸到光波频段,并

对光学相控阵中的相关技术进行深入研究。1991 年 Raytheon 公司为 APPLE
(Adaptive Photonics Phase – Locked Elements)系统开发了液晶光学相控阵加全息
光栅大角度非机械光束偏转技术,可以实现偏转范围达到 ±45°的光束偏转。该液
晶光学相控阵孔径为 4cm×4cm,多达 43000 个相位调制器,分成 168 个子阵列,每
个子阵列含 256 个相位调制器,阵列工作波长为 1.06μm。其芯片如图 6.66 所示。

图 6.66　Raytheon 公司的液晶光学相控阵芯片

基于光学相控阵非机械偏转的技术思想,考虑到现有高能激光器体积庞大、转
换效率低的特点,DARPA 启动了"亚瑟王神剑"相干合成技术项目研究。该项目
旨在设计开发一种轻量级的敏捷光束定向器,目标是基于 10 簇子孔径拼接光学相
控阵技术,实现 100kW 级高能高光束质量激光输出。每簇激光由 7 个子孔径拼接
合成,通过远场光束质量监测和有源光学锁相控制技术实现高光束质量远场光斑
合成,通过相位和偏转控制器实现随机并行梯度下降算法,"亚瑟王神剑"基本原
理如图 6.67 所示。

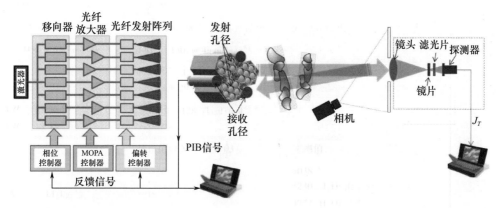

图 6.67　"亚瑟王神剑"基本原理

7 个孔径合成的激光簇实验室原理样机如图 6.68 和图 6.69 所示。

图 6.68 7 个孔径合成的激光簇实验室原理样机正视图

图 6.69 7 孔径合成的激光簇实验室原理样机侧视图

该系统已经开展了远程 7km 千瓦级大功率光纤激光光学锁相控制的试验验证,对大气湍流进行补偿,其控制前后的远场光斑情况如图 6.70 所示。

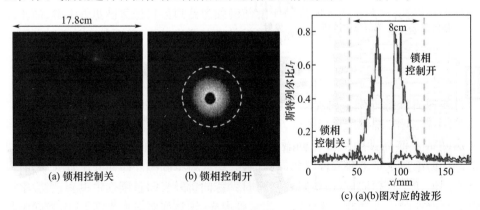

图 6.70 光学锁相控制前后的远场光斑情况

美国国防高级研究计划局(DARPA)分别授予诺斯罗普·格鲁曼公司及洛克希德·马丁公司价值1460万美元和1140万美元的合同,用于研发能摧毁导弹的吊舱式激光武器,项目名称为"持久"。"持久"是DARPA"亚瑟工神剑"的一部分,旨在研发可安装到无人机或飞机上的吊舱式激光武器,用于摧毁面空导弹以及光电/红外制导导弹,也可进行高精度的目标跟踪与识别任务。工作重点是子系统小型化技术、研发高精度目标跟踪与识别系统,以及轻型、灵活的激光束控制能力。

6.3.3.3　航空自适应光学波束控制技术

2014年,根据DARPA和美国空军研究实验室授予的合同,洛克希德·马丁公司开展了"航空自适应光学波束控制"(Aero – adaptive Aero – optic Beam Control,ABC)项目的飞行测试验证,ABC项目验证平台如图6.71所示。该项目的目标是通过强湍流条件下的气动光学效应研究,旨在提升未来战机装备激光武器的可能性,提升机载激光武器的性能。

图 6.71　ABC 项目验证平台

洛克希德·马丁公司与圣母大学协作完成转塔样机的初步飞行测试。测试是以圣母大学的机载航空光学实验室超声速飞机为平台,进行气动光学效应的测试验证,ABC气动光学效应验证转塔如图6.72所示。

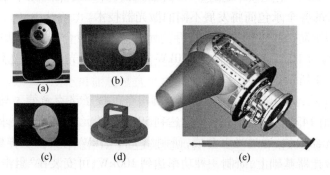

图 6.72　ABC 气动光学效应验证转塔

ABC 项目主要研究强湍流条件下的气动光学效应、湍流控制策略、自适应光束补偿等。首先,研制了地面原理验证样机;其次,开展地面风洞试验研究;最后,在超声速飞机平台进行了飞行试验验证。ABC 转塔原理图如图 6.73 所示。

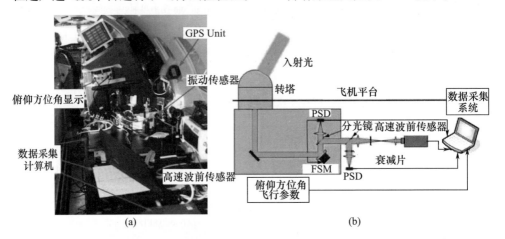

图 6.73　ABC 转塔原理图

6.3.3.4　耐用电子激光器倡议项目

在美国国防部"联合高功率固体激光器"JHPSSL 项目支持下,诺斯罗普·格鲁曼公司 2009 年研制出 105kW 电驱动固体激光器,使固体激光器的功率水平首次达到了军用杀伤功率要求。但 JHPSSL 并不能立即投入战场使用,原因是该激光器体积巨大、容易损毁,并且只有在超大型冷却装置和发电机的支持下才能正常工作。2010 年,美国国防部、陆军空间与导弹防御司令部/陆军战略司令部、空军研究实验室以及海军研究办公室联合出资开始实施"耐用电子激光器倡议"(Robust Electric Laser Initiative, RELI)项目,目标是研制出光束质量高、功率为 25kW 并可扩展至 100kW、电光效率超过 30% 的激光器,并最终集成在军用平台上。为此,RELI 项目的各个承包商将发展不同的激光器技术。

根据美国国防部授予的价值 550 万美元的第一阶段合同,通用原子公司计划进一步提高其为 HELLADS 研制的 150kW 分布增益激光器的电光效率,目标为30% ,如图 6.74 所示。

2010 年 6 月,美国陆军空间与导弹防御司令部授予洛克希德·马丁公司一份历时 6 年、价值 1470 万美元(最终价值达到 5900 万美元)的合同,要求其利用多个 1kW 光纤激光器模块,通过光束合成,研制出 1 台 25kW 的实验室样机,更长远的目标是在该激光器基础上,研制一种功率达到 100kW、可安装在"狙击手"(直径为385mm、长 2387mm)瞄准吊舱内的紧凑型激光武器系统,如图 6.75 所示。

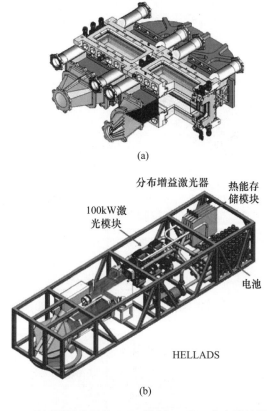

(a)

(b)

图 6.74　通用原子公司的 RELI 计划：150kW 分布增益激光器

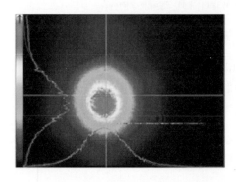

图 6.75　洛克希德·马丁公司的 RELI 计划：光纤激光光谱合成技术

　　同时，美国陆军空间与导弹防御司令部授予雷声公司空间和机载系统分公司一份价值 910 万美元的合同，要求以达信公司研制的 ThinZag 板条激光器为基础，开发效率更高的平面波导高能激光器，如图 6.76 所示。

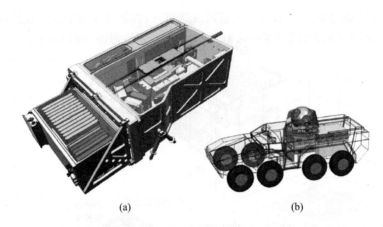

(a)   (b)

图 6.76　雷声公司的 RELI 计划：平面波导高能激光器

2010 年 9 月，美国陆军空间与导弹防御司令部/军战略司令部授予诺斯罗普·格鲁曼公司一份价值 880 万美元、初始时间为 2 年的合同（根据合同选项，时间可扩展为 5 年，价值增加至 5300 万美元），要求该公司通过进一步研究提高其 JHPSSL 项目中成功验证的板条固体激光器的电光效率，如图 6.77 所示。

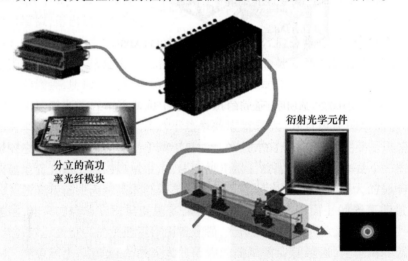

衍射光学元件

分立的高功
率光纤模块

图 6.77　诺斯罗普·格鲁曼公司的 RELI 计划：基于衍射光学元件的
光纤激光相干合成技术

2011 年 5 月，波音公司获得 HEL – JTO 授予的一份为期 16 个月、价值 420 万美元的合同，要求基于其高效的薄片激光器，开发一种功率为 25kW 的高亮度固体激光器系统，并验证该激光器系统性能与 RELI 项目高亮度、高电光效率目标的一致性，如图 6.78 所示。

图 6.78　波音公司的 RELI 计划:薄片激光器

6.3.4　小结

通过对国外典型高能激光系统和技术发展研究,可以得出如下发展趋势。

(1) 激光武器虽然作为对弹道导弹助推段拦截中的重要发展方向,已经由对抗卫星、弹道导弹等战略拦截任务,重点转向了拦截无人机、炮击炮弹、火箭弹等战术目标上;

(2) 战术高能激光武器系统由采用的化学激光器,逐步让位于固体激光器,尤其是基于相干合成/非相干合成高能光纤激光器将得到广泛应用;

(3) 美国在 RELI 项目支持下,开展了多种技术体制的固体激光器实用化研究,战术高能固体激光武器系统呈现出百花齐放的发展态势,将在各军兵种得到广泛应用;

(4) 提升高能固体激光器电光转换效率和光束质量,提升热管理能力,成为高能固体激光器未来推广应用的关键。

6.4　高能红外激光对抗机理

对于激光对抗系统而言,其分为激光无源干扰和激光有源干扰。随着高功率激光的发展,尤其以压制式激光有源干扰发展最快,从作用效果来看,激光有源干扰可分为激光干扰系统、激光致眩系统、激光致盲系统、波段内对传感器损伤的激光系统、波段外对光学系统损伤的激光系统和对结构材料损伤、毁伤的高能红外激光系统[23-24]。图 6.79 为高能红外激光功率与对抗效果关系图。

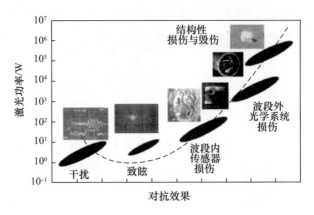

图 6.79　高能红外激光功率与对抗效果关系图

通常将高能红外激光对抗系统的激光损伤效应分为软损伤和硬损伤。

软损伤,是指以高能红外激光破坏光电侦察系统或光电制导武器的光学窗口、光学薄膜、镜面、光学元件、光电探测器、处理电路等,致使光电系统的探测侦察功能丧失。从作用效果来看,软损伤是以破坏光电系统的信息传输、采集和处理功能为目的,并不要求对目标的结构材料进行破坏,因此所需的激光能量相对较低,作用到目标上的激光功率密度要比硬损伤低 2~4 个数量级,具有较为经济的作战效能比。

硬损伤,是通过高功率激光的热效应对目标产生热学、力学上的破坏,造成目标结构材料上的性质发生改变,致使功能全部丧失。因此,硬损伤需要更高的激光功率密度和激光功率要求,硬损伤攻击的对象主要是卫星、导弹、炮弹、飞机等作战目标,并选择这些目标的薄弱环节进行攻击。

对于高能红外激光对抗系统,从激光波长与光学系统波段的相关性而言,分为波段内激光损伤(in band laser damage)和波段外激光损伤(out of band laser damage),也称为光谱相关激光损伤和光谱非相关激光损伤。

对于光谱非相关的激光干扰和损伤而言,激光本身有可能无法正常通过光学系统到达探测器件的光敏面,所以需根据非相关部位来分析带外干扰机理[25-26]。

1)与整流罩光谱非相关

激光在第一片窗口即被反射和吸收,吸收的能量使窗口温度升高,产生二次辐射(相当于灰体辐射),二次辐射分布在全波段范围,此时在系统波段内的辐射就可以顺利通过光学系统到达探测器,并在探测器的输出信号中有所反应。其对探测输出的影响取决于辐射的强度,也就是窗口吸收能量温升的大小。同时随着材料对激光能量的吸收,材料自身的特性有可能发生变化,如折射率、吸收系数和透过率等,从而给系统的正常工作造成干扰。

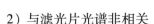

2）与滤光片光谱非相关

在实际应用中的光电传感器,为减少干扰和限制波段,大多在探测器前端设置了窄带滤光或者分光元件,所以即使激光可以顺利通过光学系统,仍然有可能无法通过探测器前的滤光片。因此需研究激光与窄带滤光片的作用对系统形成的干扰,主要包括二次辐射、特性改变和损伤等因素。

3）与探测器光谱非相关

对于某些未设置滤光片的探测器系统,或者当滤光片在特殊情况下损坏或者失去光谱限制作用时,能通过光学系统的激光就到达探测器表面。虽然激光探测器光谱非相关,但是其他作用可能使探测器输出信号受影响,从而影响系统的正常工作。因此,需研究带外激光直接到达探测器光敏面的相互作用。

就高能红外激光作用机理研究方面,主要集中于对激光损伤阈值和激光损伤机理及试验研究。

6.4.1　激光对材料的损伤机理

6.4.1.1　激光与材料作用的过程与机理

当激光辐射到材料表面时,一部分被材料表面反射,一部分被材料吸收,还有一部分通过材料透射出去。在这一激光传播过程中,激光能量满足守恒定律:

$$E_0 = E_r + E_a + E_t \tag{6.25}$$

式中:E_0 为入射激光能量;E_r 为材料表面反射的激光能量;E_a 为材料吸收的激光能量;E_t 为透过材料的激光能量。

式(6.25)两边同时除以 E_0,可得

$$I = \frac{E_r}{E_0} + \frac{E_a}{E_0} + \frac{E_t}{E_0} = \xi_R + \xi_A + \xi_T \tag{6.26}$$

式中:ξ_R 为反射系数;ξ_A 为吸收系数;ξ_T 为透射系数。

改变材料性质的一般是被材料吸收的那部分能量,所以在研究中这部分能量引起人们的较多关注。各种材料通常以不同的机制吸收激光能量。一般而言,固体材料对激光能量的吸收机制大体上可分为逆轫致吸收、光致电离、多光子电离、杂质吸收和空穴吸收五种类型。

材料吸收激光能量首先并不是直接使材料温度升高,而是使其物质粒子(如电子、原子和离子)获得过剩的能量,包括束缚电子的激发能、自由电子的动能和晶格能量等。这些能量在各自由度内和各自由度之间的分配开始时并不是热平衡的,它们还必须经过粒子之间的碰撞才能达到平衡,从而体现为宏观温度的升高。材料吸收激光能量后趋于热平衡的过程称为弛豫过程,或者称为热化过程。由于

弛豫过程的时间较短,对于脉冲宽度大于纳秒的激光脉冲,可认为在激光脉冲作用瞬间已达到热平衡。

如果激光在材料中的能量沉积速率足够快,材料的升温就占优势。当材料的某个局部温度升高到熔点时,材料就会发生熔融;随着材料表面温度的升高,当超过材料的沸点温度时,材料会发生气化现象。在激光强度足够高时,激光继续与材料的蒸气作用,使蒸气分子激发,并导致高温高密度的等离子体产生。这种等离子体向外迅速膨胀,在膨胀过程中等离子体还将继续吸收入射的激光能量。这样等离子体就减弱了入射激光到达材料表面的能量,即降低了激光与材料之间的能量耦合,此效应称为等离子体的屏蔽效应。

入射激光强度相当高时,在激光与材料蒸气的作用过程中,等离子体的电离度不断变高。如上所述,等离子体会吸收部分或全部入射激光的能量。这些能量除了用于热辐射和等离子体的动力学运动之外,部分转化为等离子体的内能。这些具有相当大内能的高温高密度等离子体将迅速远离激光辐射的材料表面而向外喷射式膨胀,这种膨胀好似波的传播,该波就称为激光支持的吸收波(Laser Supported Absorptive Wave,LSAW)。等离子体在迅速膨胀过程中继续吸收激光能量,如果激光强度不太高,这时的等离子体波阵面将以亚声速传播,形成激光支持的燃烧波(Laser Supported Combustion Wave,LSCW);当激光强度足够高时,等离子体波阵面将以超声速传播,形成激光支持的爆轰波(Laser Supported Detonation Wave,LSDW)。近30年来,人们对LSCW和LSDW进行了许多试验和理论研究,发现LSAW的形状和特征主要依赖于激光参数(能量、波长及焦斑的大小)、材料的参数(热力学及光学参量)和激光作用材料表面的气体环境。

6.4.1.2 激光对材料的损伤

当激光作用于材料表面时,由于激光参数、固体靶材料的性质和背景气体的不同,激光对材料作用过程也将是不同的。这种不同的过程会对材料产生不同的影响,其中研究最多的方向之一就是对材料的不同损伤效应。以下即为激光对材料的几种主要的损伤效应。

1) 材料的表面熔化和重凝固效应

激光作用于材料表面时,被材料吸收的光能会变为热能。长脉冲激光或连续激光辐照固体材料时,由于表面元素的化学和热力学性质,材料吸收足够的能量后,可导致其表面的熔化。一般情况下,只有长脉冲或连续激光会导致材料纯粹的熔化。另外,在材料降温的过程中,还会有重新凝固现象,它可能改变材料的激光辐照区及其周边物质的内部结构。例如,在重新凝固过程中会对单晶材料引入多晶性。凝固过程甚至还可以导致固体材料的整个结构的破坏,现主要关注的是在这个过程中材料内部的温度场分布、材料的熔融速度及固体材料的熔融深度等。

2）材料的热力学及汽化效应

在高功率的脉冲激光作用下,材料局部表面在较短时间内吸收大量的激光能量,很容易导致材料的非平衡能量沉积,从而形成温度梯度。由于材料的热膨胀,就会在材料内部产生应力梯度,导致材料产生裂纹、层裂甚至碎裂。如果材料在熔化后继续吸收激光能量,将会发生汽化现象。在短脉冲激光作用下,由于汽化的物质高速离开激光作用的表面,材料表面会受到一个反冲作用。这个反冲作用如同冲击波,会在材料表面产生弹性应力,进而会导致材料产生裂纹、层裂甚至断裂。

6.4.1.3　对材料作用的影响因素分析

高能脉冲激光聚焦于固体靶表面将产生等离子体,推动了激光诱导等离子体的研究在很多方面的应用,如固体物质样品分析、原子发射光谱分析和感应耦合等离子体质谱分析等。激光烧蚀固体靶还可以应用于元素分析和固体薄膜的制备等。超强激光与固体靶相互作用产生的等离子体是一种高度非线性介质,不仅会出现通常的非线性现象如自作用、谐波产生、受激布里渊效应、受激喇曼效应等,而且还会出现一些新的现象。例如,产生超短声波和超短电磁辐射、产生兆高斯水平的磁场和超高压的物质状态、引发重元素的核聚变等。研究表明,激光对固体靶的作用与背景气体参数、激光参数和固体靶的参数有着密切的联系[27-28]。

1）背景气体对激光和固体靶作用的影响

气体的激光击穿反映了激光能量在气体中的传输和激光与气体的相互作用过程,激光的烧蚀特性反映了激光和固体靶相互作用的最直观结果,离子发射特性是等离子体物理应用的基础,以上这些现象均受到背景气体的种类及压强的影响。因此背景气体对激光和固体靶相互作用的影响是非常重要和典型的,国内、外对它的研究也最多。在此,从以下三点进行论述。

（1）背景气体对气体击穿的影响。在激光和固体靶相互作用的过程中,气体击穿会严重地影响入射激光耦合到靶表面上的能量。如果气体击穿发生在激光束到达样品之前,激光能量就几乎全部被气体等离子体所吸收,那么固体样品就不能有效地吸收激光能量蒸发,也就不能离化形成等离子体。到目前为止,激光的大气击穿在理论和试验上对其机制做了较多的研究。靶面和气体击穿的机制是多光子电离产生的初始电荷引起串级电离而形成"雪崩",最后导致光学击穿,产生等离子体及冲击波。

激光在气体中传输时,气体击穿阈值与气体的性质和激光参数有关。在不同的气体背景和压强下,击穿阈值会有很大的不同。例如,在 1atm 的 He 和 Ar 环境中,调 Q 红宝石激光的击穿阈值分别为 $3 \times 10^{10} \mathrm{W/cm^2}$ 和 $1 \times 10^{11} \mathrm{W/cm^2}$,而在 100torr(1torr = kpa)时,击穿阈值分别升高到 $2 \times 10^{11} \mathrm{W/cm^2}$ 和 $1 \times 10^{12} \mathrm{W/cm^2}$。气

体的击穿阈值还与激光光源的特性有关,一般来说,在干燥的大气中,CO_2 激光、Nd:YAG 激光和红宝石激光的击穿阈值分别为 $10^8 \sim 10^9 W/cm^2$、$10^{10} \sim 10^{12} W/cm^2$ 和 $10^{11} \sim 10^{14} W/cm^2$,具体的数值随脉宽、焦斑直径等因素而异。而当气溶胶杂质粒子存在于空气中或处于固体靶表面时,其击穿阈值大约要降低 $2 \sim 3$ 个数量级,甚至可以降至 $10^6 W/cm^2$。

(2)背景气体对等离子体发射的影响。在激光与物质的相互作用过程中,背景气体对等离子体发射的影响是非常复杂的。背景气体对等离子体发射的影响有三点:①激光能量的吸收对等离子体温度的改变;②激光能量的等离子体屏蔽对固体物质蒸发量的改变;③激光脉冲过后,激光支持的爆轰波和等离子体冲击波膨胀规律的变化。

(3)背景气体对激光烧蚀特性的影响。计算在真空中由激光束传递到固体靶上的能量:约 10% 的激光能量传输到固体靶面用来蒸发固体靶物质,约 4% 的激光能量经由靶材加热、反射和散射而损失掉,约 86% 的激光能量被热的等离子体散发掉。这里反映的就是一个典型的等离子体屏蔽过程。一般认为,等离子体的形成过程是通过电子—原子、电子—离子的逆轫致辐射吸收激光能量的,所以电子数密度的雪崩增长是一个非常重要的过程。

2)激光参数对激光和固体靶作用的影响

如果说背景气体是激光与固体靶作用的外在影响因素,那么激光参数和固体靶材料的物性参数则是激光与固体靶材料作用的内在影响因素。这里激光参数主要指激光能量密度、波长、脉冲宽度、光斑直径、偏振方向和入射角等。激光的光斑直径、偏振方向和入射角对激光和固体靶材料相互作用的影响主要体现在固体材料对激光的有效能量吸收上,对它们的控制单一、容易,在此不多论述。这里主要从以下几个方面概述激光参数对激光与固体靶材料作用的影响。

(1)激光能量的影响。1961 年,美国人 Michaels 就发现:较高强度的脉冲激光($I \geqslant 10^6 W/cm^2$)作用在固体靶表面时能产生高强度的冲击波和应力波。当脉冲激光的功率密度足够高时,材料表面吸收激光能量迅速汽化,几乎同时形成向外急剧膨胀的蒸汽或高温稠密的等离子体,从而产生向材料内部传播的高压冲击波。由于激光脉冲的持续时间极短,可以认为能量在材料内部的扩散可以忽略,其力学效应的作用仅局限在激光辐照区附近。这种现象直接导致能量的高度集中,正是这一突出的特点,吸引着广泛的研究。

受脉冲强激光照射的固体靶表面将产生高温高压的等离子体流场,形成激光支持的冲击波,并向背离靶面的方向以 $10^5 \sim 10^7 cm/s$ 的速度喷射而出;同时,等离子体施加于固体靶表面的冲击会在固体材料内诱导一个短脉冲的高压冲击波。由于强激光形成的等离子体流场能在试验条件下获得极高的冲击压力。因此,激光加工系统、激光医疗器械以及激光武器都成为重要的研究方向,这方面的课题越来越受到科技工作者的关注。向材料内部传播的冲击波,若强度足够大,将改变材料的力学性能。因此,从 20 世纪 70 年代起美国已经开始研究激光冲击处理技术,随后法国也进行了充分的研究。迄今的研究结果表明,激光功率密度和脉冲宽度决定的冲击波峰值幅度和持续时间是影响对材料冲击效果的主要原因。因此,理论和试验上确定它们之间的依赖关系将有利于实际工程应用中工艺参数的控制。

随着啁啾脉冲放大技术的迅猛发展,超高强度激光($I \geqslant 10^{17} \, \mathrm{W/cm^2}$)为光与物质相互作用的研究提供了全新的试验条件和极端的物理条件。目前,在小型化的台式激光系统中,已经可以产生高重复频率的超短脉冲。在过去的 20 年中,激光经过聚焦可以达到的光强提高 5 ~ 6 个数量级。在不远的将来,将会达到 $10^{21} \, \mathrm{W/cm^2}$,相应的局域电场高达 $10^{12} \, \mathrm{V/cm}$。由于激光电场很强,激光与物质的相互作用将进入到一个前所未有的高度非线性和相对论的强场范围,从而开创了超短超强激光物理这样一个全新的前沿学科领域。这样的超短光脉冲与固体物质相互作用亦可产生超短声波和超短的电磁辐射。

超短声波可用来对计算机芯片的厚度和质量进行检测。电磁波可覆盖从无线电波段到 γ 射线波段。超短脉冲与 $\mathrm{BaTiO_2}$ 晶体相互作用还可以产生偶极子的契仑柯夫辐射,发射无线电或红外光辐射。

超短脉冲与固体靶作用形成的高温、高密度的等离子体,由于等离子体内部的不均匀,可产生兆高斯水平的磁场和超高压的物质状态。这种状态的研究对于激光核聚变、激光模拟核爆炸过程和天体状态及演化的研究具有重要的理论和实际意义。例如,激光的快速点火,它是近年来才提出的一种激光聚变的新途径,由激光自聚焦效应引起的"快速点火"核聚变的研究更是得到了各国科学家的重视。它的实施过程:首先用通常聚变激光驱动靶丸内爆形成高密度芯;然后用高强度的激光照射该高密度芯,在等离子体中烧出一个孔,强大的有质动力推动临界面使其接近靶心;最后,高强度激光与等离子体相互作用产生超热电子使芯部点火。该方案的难点不仅在于研制大型激光器和增加辐照均匀性,还在于超高强度激光的产生及其在靶丸中的能量吸收问题。

(2) 激光波长的影响。短波长激光与材料耦合的优点在于增加逆轫致吸收,降低不稳定性增长率,从而提高产生不稳定性的阈值,大大抑制不稳定性的增长和超热电子的产生,也就是说,改善吸收的品质。这对激光与材料的耦合效率的提高无疑是很有利的。同时,超热电子份额的减少降低了超热电子对样品的预热,提高了冲击波测量的准确性,所以对冲击波的测量也是很有利的。由于短波长激光能达到更高的等离子体密度区域,能被等离子体更多地吸收,因此短波长激光可以产生更大的冲击压力和流体力学效率。

物质对不同波长激光的吸收机制是不同的。离子碰撞过程是物质对短波长激光的主要吸收机制,它对靶材的烧蚀是由冷电子的热传导驱动的;共振和参量吸收是物质对长波长激光的主要吸收机制,而它对靶材的烧蚀是由热电子驱动的;对于中等波长激光,则以上两种机制兼而有之。

(3) 激光脉冲宽度的影响。激光的脉冲宽度不同,它的能量沉积的方式也是不同的,但主要沉积在临界面附近及其以下的晕区。如果激光脉冲较长(大于1ns),则在激光诱导的大尺度低温等离子体中,大部分激光能量通过逆轫致辐射吸收沉积在临界密度面附近。另外,激光光压或有质动力对那儿的等离子体的密度轮廓产生显著的影响:临界密度面附近的密度梯度会明显变陡,而在与其相邻的区域形成梯度平缓的上、下平台。一般在激光单脉冲能量确定的情况下,脉冲宽度越小,作用在固体靶上的峰值压力越大。

(4) 预脉冲情形。一般来讲,多脉冲使激光对材料或等离子体的作用加强,而且存在预脉冲时,能提高能量的吸收率。这里有两种不同理论观点:一种是出于对能量积累效应的考虑,认为主脉冲加热由预脉冲所产生的等离子体比起直接辐照加热产生等离子体要容易得多;另一种是出于对能量屏蔽效应的考虑,认为由于预脉冲作用产生的稀薄等离子体的存在,当主脉冲进入时,能较容易地穿过这层等离子体而加热内靶层使其成为热芯等离子体。由于激光主脉冲辐照时有外层等离子体存在,这实际上也就阻碍了内层热芯等离子体的能量损失,从而提高了激光能量的转换或者说减少了能量损失。所以在有预脉冲的情况下,激光诱导产生的等离子体中外层电子的温度要高于等离子体中内层电子的温度。

3) 靶材参数对激光和物质相互作用的影响

靶材参数对激光与靶材相互作用的影响表现在靶材的两类参数上,它们分别是靶材的光学参数和热学参数。光学参数首先影响的是靶材对激光的吸收,在不同波长的激光照射下,材料对激光的吸收率不同。另外材料的热学参数与材料中电子的运动有关,各种材料的不同特性将影响初始等离子体的形成过程,也即影响造成电子数密度雪崩增加的初始电子的产生。初始电子可能由以下四个方面产生:①多光子电离;②靶蒸气的热电离;③周围气体的冲击波热电离;④靶表面散射出的热电子和周围气体原子或靶蒸气碰撞而发生离化。初始电子产生影响材料对激光的吸收特性,所以材料的烧蚀量不仅与环境气体和材料对激光的吸收率有关,还决定于材料的热学性质,如熔点、沸点、比热容、导热率、熔解热和汽化热等。

6.4.2 高能红外激光损伤阈值研究

高能红外激光对抗系统要毁伤一个目标,必须使高能红外激光系统在极短时间内(零点几秒到几秒内)发出极高的能量(几十万到几百万焦)照射到目标,即高能红外激光对抗系统的激光器输出功率要达到几十万到几百万瓦量级。然而,这种高能红外激光对抗系统所储存的能量与炮弹相比要小得多,所以用高能红外激光系统很难摧毁一辆坦克或烧毁一座桥梁,它只能去攻击目标的薄弱环节,因此,在作战过程中具有两个非常重要的战术条件。

(1) 被攻击目标的距离,也称"靶距(L)"。

(2) 该目标薄弱环节被破坏的难易程度,也称靶的"破坏阈值(H)"。

上述两个战术条件可用来确定激光器的主要性能即输出功率 P 和光束的发散 θ。假设高能红外激光输出到靶面过程中,不考虑高能红外激光在大气传输中出现的热晕和湍流等大气因素对激光束的影响,只考虑光束的衍射影响,那么激光武器的战术条件(H 和 L)与激光器主要性能参数(输出功率 P、持续时间 Δt 和光束质量 θ)之间的关系为

$$HL^2 = \frac{\xi P \Delta t}{\pi \theta^2} = \frac{\xi P \Delta t}{\pi \beta^2 \theta_0^2} = \frac{\xi P \Delta t}{\pi \beta^2 \left(\dfrac{1.22\lambda}{D}\right)^2} \tag{6.27}$$

式中:破坏阈值 $H = \xi E/A$,其中 A 为激光照射到靶上的光斑面积,且 $A = \pi(\theta*L)^2$;θ 为激光束的发散角;L 为激光器离靶的距离;ξ 为激光从激光器输出到靶面上时大气传输损耗修正系数;E 为面积 A 接收到的总激光能量;θ_0 为理想情况下光束衍射极限发散角(一般情况下光束发散角为理想情况下的 β 倍);λ 为激光波长;D 为激光发射孔直径。

由式(6.27)可以看出,当高能红外激光系统的战斗任务 HL^2 确定后,激光器主要性能参数(即输出功率 P、光束发散角 θ、发射孔径 D 及激光波长 λ)的要求就明确了。另外,HL^2 与激光器的输出功率 P 的一次方成正比,与激光器发射孔径 D 的二次方成正比,而与激光波长 λ 的二次方成反比。由此也可看出,在高能红外激光系统的研制中采用短波长激光器的优势所在。

激光器亮度 B 可表示为

$$B = \frac{HL^2}{\Delta t} = \frac{\xi P}{\pi \beta^2 \left(\dfrac{1.22\lambda}{D}\right)^2} \tag{6.28}$$

激光器亮度 B 是高能红外激光系统研究领域中极为重要的一个参数,也是表征激光器总体水平的一个重要指标。

高能红外激光系统要求激光必须具有极高的亮度,即要求激光束具有极高的能量和功率以及极小的光束发散角,这样激光束打到靶面上时才能使靶上激光能量密度超过靶的破坏阈值而最终使目标被摧毁。

综上所述,对高能红外激光系统总体性能参数(如能量/功率、激光波形、光束质量、近场和远场的强度分布、光轴稳定性、波前、光谱和偏振特性等)的计量和测

试极为关键,对高能红外激光系统作战效能的评估非常重要。

美国十分重视激光辐照效应的试验研究工作。从 20 世纪 70 年代开始,美国为开展激光对光学元件及光电探测器损伤效果、损伤机理的研究工作而投入了大量资金,并在美国白沙导弹靶场建立了世界上最为著名的高能激光试验基地[29],如图 6.80 所示。

图 6.80　高能激光试验基地

同时,美国一些著名公司也纷纷开展此方面的研究,如 McDonnell Douglas 公司专门建立了激光辐照光电探测器的试验设备。以 Bartoli、Kruer 为代表的一大批科学家也获得了大量激光损伤光电探测器靶材的试验数据,给出了几个波长处几种探测器材料热破坏的激光强度阈值与辐照时间关系曲线如图 6.81 所示。

激光辐照光电探测器时,只有小部分被吸收的激光能量转化为有用的信号,大部分则转化为热能而造成探测器材料的温升。Bartoli 等人发现,随着激光作用时间的延长,材料损伤阈值逐渐趋于一个常量。当辐照时间较短(小于 1ms)时,损伤能量阈值接近为一个常量,损伤功率与辐照时间成反比;中等辐照时间条件下,损伤能量阈值与辐照时间的均方根值成比例,损伤功率与辐照时间的均方根值成反比;当辐照时间较长(大于 10ms)时,在给定功率密度的情形下,探测器表面达到热平衡,在该时间区内,功率密度接近于一个常量,能量密度与辐照时间成近似的线性关系。在热效应方面,一般认为,激光辐照引起探测器损伤的原因很多,其中热效应起到了很重要的作用,也已经发展起来了多种热损伤模型,其中最为适用的是由 Bartoli 等人提出的高斯光束辐照半无限固体的二维模型。这个模型给出了损伤阈值与脉宽的典型关系,显示了三个不同的性能区域。对于短脉冲来说,功率损伤值 P_0 与脉宽 τ 成反比关系变化;对于宽脉冲来说,P_0 近似为常量;当辐照时间介于上述两种情况之间时,P_0 与 τ 的平方根成反比关系。从事探测器损伤研究达 13 年历史的美国麦克唐纳·道格拉斯公司测得了与二维模型吻合较好的损伤

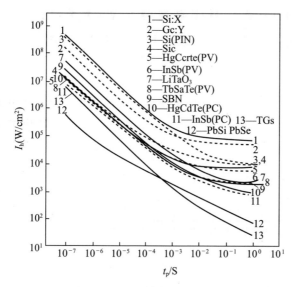

曲线1,2,5,7,8,9,10,13波长为10.6μm；曲线3,12波长为1.06μm；曲线4波长为0.69μm。

图 6.81　激光破坏红外探测器材料的试验阈值与辐照时间的关系曲线

数据,我国的陈德章也部分地测得了一些数据吻合此模型,证明此模型在一定范围内是有效的[30-31]。

6.4.3　激光对光电系统的损伤效应

6.4.3.1　激光对光学材料的损伤效应

光学材料作为光学器件的基本材料广泛应用于各种光学零件,如光学透镜、棱镜和各种膜层的基片等,激光对光学零件或光学系统的破坏在一定程度上是激光对材料的破坏,因此激光对光学材料的破坏及其破坏机理受到人们的广泛关注。

激光对光学材料的破坏是激光与物质相互作用的过程,与激光参数和光学材料等有密切关系。不同的激光参数(如波长、脉宽、偏振状态、模式、光斑大小等)对同一种物质会产生不同的损伤结果;同一参数条件下的激光对不同的光学材料的破坏也是不同的,并且激光对光学材料的损伤与材料的缺陷、杂质等因素有关[32-34]。

目前,应用在光电系统中的光学材料有上百种,包括玻璃、晶体、热压多晶、透明陶瓷和塑料等,表 6.3 为常用的红外光学窗口及整流罩材料的主要性能表。

表6.3　常用的红外光学窗口及整流罩材料的主要性能

光学材料	透过波段/μm	折射率(平均值)	热膨胀系数 /($\times 10^{-6}$/℃)	软化温度/℃	硬度(克氏) /(kg/mm²)
红外玻璃	0.3 ~ 5.8	1.72	8.7	700	460
蓝宝石	0 ~ 5.0	1.67	5.0 ~ 6.7	2030	1400
MgF_2	0.45 ~ 9.5	1.34	10.7	1396	415
MgO	0.4 ~ 10	1.66	12.0	2800	690
CaF_2	0.2 ~ 12	1.39	20	1360	158
As_2O_3	1.0 ~ 11	2.40	24.6	200	109
ZnS	0.6 ~ 15	2.20	6.6	200	354
ZnSe	0.5 ~ 22	3.42	7.7	1500	450
硅(Si)	1.3 ~ 15 / 2.0 ~ 55	3.42	2.4	1420	1150
锗(Ge)	1.8 ~ 25	4.0	6.1	937	176

高能红外激光对光学材料的破坏机理主要有:热破坏、热应力破坏、雪崩电离击穿破坏、多光子吸收电离破坏和非线性效应破坏等。

1) 热破坏

激光对材料的热破坏主要包括热烧蚀和热爆炸。热烧蚀是指材料表面吸收激光而被加热,产生软化、熔融、气化,直至电离,形成的蒸气向外高速膨胀喷溅、冲刷带走熔融的液滴或固态颗粒,在材料表面造成凹坑直至穿孔;热爆炸是在激光的辐照下材料表层下的温度高于表面温度且以更快的速度气化,或者气化温度低的下层材料先气化,这两种现象都会在材料内部产生很高的压力,从而发生爆炸。

热破坏主要分为本征吸收引起的热破坏和杂质缺陷引起的热破坏。

(1) 本征吸收热破坏模型。设光学材料的吸收系数为 α,入射激光能量密度为 J_0,通过厚度为 d 的距离后,激光能量密度为

$$J = J_0(1 - R)(1 - e^{-\alpha d}) \tag{6.29}$$

式中:R 为光学材料表面的反射率。

设 C 为光学材料的克分子热容量,ρ 为材料密度,M 为相对分子质量,吸收激光能量引起的表层温升为

$$\Delta T \approx J_0(1 - R)\alpha M/\rho C \tag{6.30}$$

当光学元件的表面温度达到材料的某一阈值温度时,材料发生软化、熔融、汽化,直至电离等破坏。透明体材料由于本征吸收系数很小,通常不易直接导致破坏,而实际上光学材料中包含的杂质缺陷都有相当大的吸收系数,因而在光学元件的辐照破坏中起到了主要作用。

（2）杂质缺陷引起的热破坏模型。假设光学材料内有平均尺寸为 q 且平均间隔为 l 的杂质缺陷吸收中心，吸收中心的吸收系数 $a \gg a_0$，a_0 是材料的体吸收系数，由于杂质缺陷吸收光能而使温度升高，当温度升高到阈值温度 T_c 时引起了材料的破坏。很明显，阈值温度 T_c 依赖于吸收的光功率 P 和热传导过程。

当入射的激光脉冲宽度 $\tau > \tau_x$ 时，需要考虑吸收中心之间的热传输。在点缺陷近似的情况下，可得到破坏阈值功率 P_d 与脉冲宽度的关系：

$$P_d \approx (T_c - T_0) \left[\frac{\alpha V}{4\pi kq} + \frac{\alpha V}{l^2} \left(\frac{\tau}{c_0 \, \rho_0 \, k_0} \right)^{1/2} \right]^{-1} \tag{6.31}$$

式中：c 为比热容；ρ 为密度；k 为形成吸收中心的缺陷的热传导率（下标 0 代表基质材料）。

当入射的激光脉冲宽度 $\tau < \tau_x$ 时，忽略热传导的影响，有

$$P_d \approx \frac{c_0 \, \rho_0 (T_c - T_0)}{\alpha \tau} \tag{6.32}$$

式中：$\tau_x = c\rho q^2 / k$ 是吸收中心热传导过程建立的平均本征时间。

根据杂质缺陷破坏的半定量理论，在一定激光参数条件下存在一个最有害的杂质尺寸，使材料最易受到激光损伤。理论计算表明：在纳秒脉宽范围内，亚微米量级是最易产生激光损伤的杂质尺寸。

2）热应力破坏

热应力破坏是指由于材料中存在着非均匀温度场和变形约束的情况下，光学材料中存在着热应力且引起材料的破坏的现象。

当辐照材料的激光脉冲较短时，由于材料表面局部快速升温且形成温度梯度，进而引起的热应力以波的形式传播，材料在应力波的峰值点处极易造成材料的应力破坏。另外，当足够强的短脉冲激光照射材料时，汽化物及等离子体的高速外喷会在极短时间内对材料产生反冲击作用，从而在材料内部形成应力波，当应力波作用到材料底面时发生反射并与未反射部分的应力波相互作用。

在材料内部形成的应力波若超过材料的断裂强度，则材料被拉断，而应力波在此断面继续作用，结果形成"层裂"破坏。

对于连续激光的辐射，通常认为热力学破坏起主导作用。材料表面吸收激光能量，使其温度升高。由于材料的热稳定性不同，将出现两种破坏形态：一是热稳定性好的材料，材料温度变化产生的热应力不足以使材料产生炸裂或解理，而是使材料温度升高并发生熔融破坏，如 CO_2 激光辐照石英玻璃，在激光作用初期，石英材料内部产生热应力，但不至于产生破坏，随着激光作用时间加长，发生熔化，并在石英中穿孔；二是热稳定性差的材料，激光在材料中产生的热应力达到一定程度就会使其发生炸裂或解理，而此时材料的温度并未达到软化或熔融温度，如 MgF_2 晶

体的热稳定性差,氧碘化学激光辐照时易发生炸裂或解理。

在激光损伤的理论分析和试验研究中,材料的热破坏和热应力破坏有一定相似性,且两种损伤通常同时存在。

3) 雪崩电离击穿破坏

雪崩电离击穿(Avalanche Ionization Breakdown, AIB)也常常称为碰撞电离击穿(Impact Ionization Breakdown, IIB),是透明超纯固体材料破坏的最可能的机制之一。

光学材料破坏的雪崩模型是由 Yablonovitch 和 Bloembergen 从早期的直流电子雪崩击穿概念引入的。该模型可描述如下:位于导带中的电子由于吸收入射光子的能量后动能增加,若吸收光子的能量足够大,该电子就可能与价电子碰撞使其离化,这样一个导带中的电子就变成两个。这两个电子重复上述过程,最终使导带电子数急剧增加,直至在样品局部区域形成强烈吸收激光的等离子体,然后通过等离子体与后续激光的相互作用,使材料发生灾难性破坏。

雪崩电离击穿模型首先假设存在少量的自由电子,电介质材料中含有的金属杂质、缺陷、杂质离子或电子缺陷等都能提供自由电子。Epifanov 利用半定量处理方法得到宽带隙介质损伤的激光电场强度阈值表达式为

$$E_{th}^2 = \frac{6\,E_g m_e^2\,C_s}{k_b T e^2}\left(\omega^2 + \frac{E_g}{m_e L_{ac}^2}\right)\frac{1}{\ln(t_p/L\theta)} \qquad (6.33)$$

式中:m_e 为电子质量;E_g 为材料带隙能量;C_s 为样品中的声速;L 为再生电子数;k_b 为玻耳兹曼常数;T 为温度;e 为电子电荷;L_{ac} 为电子 – 声子碰撞的平均自由程;t_p 为损伤激光束脉冲宽度(FWHM);ω 为损伤激光束频率;θ 为与材料特性及电场强度有关的参数。

能量密度的表达式为

$$J_{th} = 0.5\varepsilon\,E_{th}^2 t_p \propto \frac{t_p}{\ln t_p} \qquad (6.34)$$

式中:ε 为电子能量;c 为光速;J_{th} 为发生损伤时的临界激光能量密度,即通常所说的能量损伤阈值。

对宽带隙介质材料,其辐照激光束能量与脉冲宽度及频率有较强的依赖关系,其规律为:随着激光脉宽的增加,损伤阈值相应增加,而随着激光波长的增加(即随着频率的降低),损伤阈值则单调下降。

4) 多光子吸收电离破坏

多光子吸收电离破坏与雪崩电离击穿破坏具有一定的相似性,都是由导带电子数急剧增加导致材料损伤形成的,只是这种破坏引起的导带电子数增加的原因是价带电子对激光的多光子吸收。

目前,多光子吸收离化过程仅考虑到它对初始自由电子的贡献。如果多光子吸收产生自由电子的速率比碰撞电离产生的还要快,比如,当激光波长较短时,光子能量增加,对吸收截面较大的多光子吸收过程就容易发生,这时的多光子吸收电离就对破坏过程起着主要的作用。研究表明,当入射激光的光子能量约为材料带隙能量的 1/3 时,多光子吸收会对价带电子的电离过程产生重要作用。由于对电介质材料能带结构缺乏足够的了解,研究多光子电离理论具有一定的困难,目前的研究大都局限于双光子吸收的过程,而且基本上都是半定量的。

5) 非线性效应破坏

非线性效应的破坏机理主要分为非线性透镜与非线性吸收两种情况。

(1) 非线性透镜。由于强光作用引起的非线性效应,介质折射率 n 不再是一个常数,而是依赖于光强,有

$$n = n_0 + n_2 \langle E^2 \rangle \tag{6.35}$$

或

$$\Delta n = \frac{1}{2} n_2 \, |A|^2 \tag{6.36}$$

式中:n_0 为线性折射率;n_2 为非线性折射率系数。

对于大多数材料有 $n_2 > 0$,光场 $E(r, t) = \frac{1}{2} [A(r, t) \exp i(\omega t - kr)]$,如果光场的横向分布不是均匀的,如高斯分布,则光束中心处的光场最强,它引起的有效折射率要比边缘处的大,因此在强光作用下,介质将表现为正透镜效应,即自聚焦现象。光束在传输过程中同时具有衍射效应,这两个效应的相互抵消在一定条件下会形成光束自陷,即光束直径不再变化,有 $\Delta n = \frac{1}{2} n_0 \left(\frac{0.61 \lambda_0}{2 n_0 \alpha} \right)^2$。

激光在介质中传播,光束发生自聚焦时所对应的入射光功率称为自聚焦阈值功率,表示为

$$P_{cr} = \frac{0.61^2}{32} \cdot \frac{\lambda_0^2 c_0}{n_2} \tag{6.37}$$

可估算出激光器在玻璃材料($n_2 = 10^{-11} \sim 10^{-12}$)中自聚焦阈值功率 P_{cr} 约为 $10^5 \sim 10^6 \mathrm{W}$,这是中等功率的激光器就可实现的。

自聚焦效应本身并不会造成介质的直接破坏,它是一种间接效应。光束发生自聚焦后,中心处功率密度可以很高。局部光强将成数量级的提高,局部的激光场强也有极大的提高,而一旦对应的光电场超过固体介质内部场强($10^7 \sim 10^8 \mathrm{V/cm}$),对应的光功率密度即光强 $I \approx 10^{13} \mathrm{W/cm^2}$,可以将介质价键击穿。在这种丝状光束内,凡是与场强有关的各种过程均得到相应的加强,如多光子吸收破坏过程、受激布里渊散

射破坏过程,以及杂质破坏过程,都会更容易发生,从而造成玻璃破坏阈值的下降。

(2)非线性吸收。非线性吸收破坏的主要物理机制是:当高功率激光入射到光学材料体内时,产生非线性吸收,使得聚焦点处材料发生电离,形成等离子体,等离子体膨胀和材料局部升温引起的热膨胀造成局部的应力,引起光学材料炸裂破坏。激光对光学材料的损伤往往是几种损伤机制共同作用的结果,针对不同的激光参数以及光学材料不同的物理化学机制,某种激光损伤机制可能占据主导地位。

6.4.3.2 激光对光学材料的损伤试验

研究 $1.08\mu m$ 光纤连续激光器对锗(Ge)和硅(Si)光学材料的激光损伤试验,试验原理图如图6.82所示。

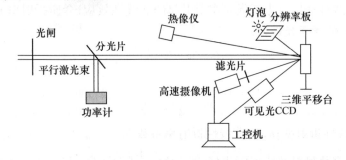

图6.82 对光学材料的激光损伤试验原理图

采用 $1.08\mu m$ 光纤连续激光器,激光功率密度为 $1520W/cm^2$,光斑直径为6mm,照射直径50mm、厚度4mm的锗材料时,其温升过程如图6.83和图6.84所示。

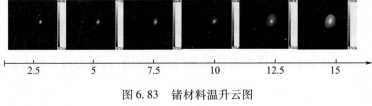

图6.83 锗材料温升云图

图6.84 锗破坏时,所需激光强度与辐照时间的关系

采用 $1.08\mu m$ 光纤连续激光器,对直径为 $25.4mm$、厚度为 $4mm$ 的硅材料进行照射,硅材料的温升云图如图 6.85 所示。

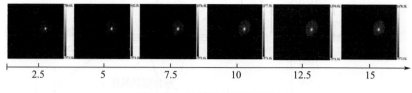

图 6.85　硅材料的温升云图

当材料表面发生破坏所需激光功率密度与时间的关系,如图 6.86 所示。

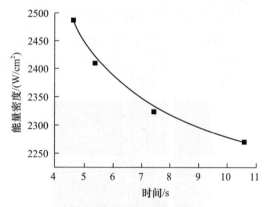

图 6.86　硅材料破坏时,激光强度与辐照时间的关系

通过试验可以看出,硅、锗等光学材料在受到 $1.08\mu m$ 光纤连续激光器照射时,由于波段截止不透,激光辐照的作用下更多体现的是热累积效应,在热效应下对光学材料形成破坏,对光谱非相关系统形成波段外干扰。大多中长波光电侦察和红外制导系统中普遍采用了硅、锗等光学材料,因此,对光谱非相关干扰和损伤更多是基于热累积效应。

6.4.3.3　激光对复合材料的损伤试验

2016 年,法国 Vadim Allheily 等人发表题为《一种评价 $1.07\mu m$ 高能量激光辐照碳纤维复合板致热机械损伤的试验方法》的文章,并进行了相关试验。

试验中使用不同激光功率密度辐照相同的碳纤维复合板,激光功率密度由 $200W/cm^2$ 到 $2000W/cm^2$,激光光斑尺寸 $17.6mm$,靶板尺寸 $75mm \times 37mm \times 3.9mm$。试验使用热像仪、光谱仪和多个测温仪进行相关参数测量。试验结果表明,当激光辐照时间超过 $100ms$ 时,样品前表面温度达到稳态,各种功率密度下的最大表面温度如图 6.87 所示。

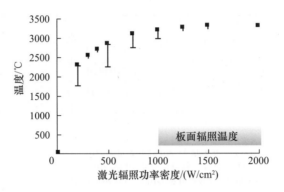

图 6.87　不同功率密度下的最大表面温度

当激光功率密度为 $1000W/cm^2$ 时,最大的温度达到了 3300℃,材料表面升华改变;当功率密度低于 $1000W/cm^2$ 时,辐照主要影响环氧树脂材料构架,而且碳纤维的升华温度较高,所以未发生升华现象。

(a)侧面拍照　　(b)正面拍照

图 6.88　碳纤维复合板烧蚀图

开展了对碳纤维材料的烧蚀深度测试试验,利用 $100W/cm^2$ 至 $1000W/cm^2$ 的激光功率密度辐照尺寸为 $75mm \times 20mm \times 3.9mm$ 的碳纤维复合板,辐照时间为 10s,采用半圆形激光光斑辐照靶板前表面边缘的方式,有利于观察烧蚀深度,如图 6.88 所示。采用激光功率密度 $200W/cm^2$ 和 $500W/cm^2$ 辐照 10s,观察之后的纵深温度廓线,表明碳纤维复合板的后表面需要几秒钟才会出现温度的明显改变。所以碳纤维复合板是良好的热绝缘体,单层碳纤维就能够吸收绝大部分激光能量并持续保持极高温度,使用 $200W/cm^2$ 的激光连续照射靶板 10s,4mm 厚的碳纤维复合板反面温度不足 250℃。

6.5　激光大气传输研究分析

虽然高能红外激光对抗系统在战场上具有很大的优势,但是也有它自身的一些弱点,任何激光在战场上都要经过大气的传输,云、雾、雨和烟尘乃至大气分子都会影响激光的有效传输。激光在大气中传输时,会与大气分子和大气中的微小颗粒发生相互作用产生一系列线性和非线性效应。

激光与大气的作用是相互的,即一方面是激光束传播路径上的大气对光束特性的影响;另一方面,则是激光束引起传播路径上大气性能的改变,而后者反过来又会影响激光束的特性。因此,激光大气传输主要是研究激光在通过大气传播过程中,大气与激光相互作用而产生的多种线性和非线性效应以及这些效应对激光传输的影响。

1）线性效应

线性效应的影响包括:大气分子和气溶胶粒子的吸收与散射导致激光能量的衰减(消光),使其作用距离下降;大气湍流引起激光束的抖动、漂移,强度起伏(闪烁)和光束扩展等效应,使激光的空间相干性下降,影响激光的作用效果和精度;衍射作用、激光源本身的漂移和抖动。

2）非线性效应

非线性效应的影响包括:热晕效应造成激光束的非线性畸变,光束扩展等,而且使得当激光功率增加到一定值时,到达靶面的功率密度达到最大值,不再增大或甚至减小;受激喇曼散射,主要使激光能量衰减,当强激光的功率密度远小于受激喇曼散射阈值时,可以忽略受激喇曼散射效应对强激光大气传输的影响;大气击穿,导致波阵面畸变、光强度减少甚至被完全阻断,形成"屏蔽"效应。实际大气中,当激光功率密度小于 $10^7 \mathrm{W/cm^2}$ 时,强激光在大气中传输时不会产生"屏蔽"现象,可自由传播。

6.5.1　大气分层结构

地球大气是成层分布的,我们可以根据温度、成分、电离状态以及其他物理性质在垂直方向上的分布特征把大气划分成若干层次。由于温度垂直分布的特征最能反映大气状态,一般以此作为划分层次的标准。常见的一种分法是把大气分为五层:对流层、平流层、中间层、热层和散逸层,如图 6.89 所示。

1）对流层

邻接地面的大气层称为对流层。该层厚度随纬度而不同,在低纬度处为 16 ~

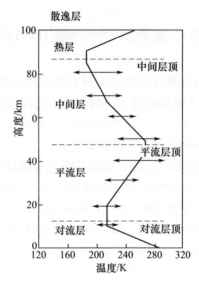

图 6.89　大气层结构分布图

18km，中纬度处为 $10 \sim 12$km，而在高纬度处只有 $7 \sim 9$km。对流层大气占大气总质量的 3/4，对激光大气传输的影响也最大。对流层最明显的特点是温度随高度增加而降低，垂直方向的空气运动剧烈而频繁，一切风、云、雨、雪等天气现象都发生在对流层。由地表到高度 $1 \sim 2$km 的大气层是对流层中的最低层，称为边界层。这是受地表影响与大气相互作用最强烈、最不稳定的大气层。

2）平流层

由对流层顶到高度 $50 \sim 55$km 称为平流层，又称为同温层。平流层的主要特点是垂直运动小，大气很稳定，大气运动主要沿水平方向，温度随高度增加而增加。大气臭氧主要集中在平流层，成为紫外辐射的主要吸收区。气溶胶粒子可在平流层停留较长时间，因而平流层气溶胶较丰富。

3）中间层

从平流层顶以上到 $80 \sim 85$km 称为中间层。该层内温度随高度递减很快，到中间层顶温度已降至 -80℃以下，有利于对流和垂直混合作用的发展。平流层和中间层又称为中层大气，它约为大气总质量的 1/4。中层大气以上，大气质量就不到大气总质量的 1/100000。

在中间层和热层的交界位置，即大气层 90km 高度左右，有一厚度约 10km 的钠层，该层内含有较丰富的钠原子，钠层的存在对激光导星和自适应光学具有重要意义。

4）热层

从中间层以上到 800km 左右为热层，温度随高度增加，热层的温度从 500K 可变化到高达2000K。在太阳短波、微粒辐射与宇宙射线的作用下,该层大气已被离解为电子和离子,所以又称为电离层。

5）散逸层

从热层以上直到2000~3000km是大气的最外层,为大气圈与星际空间的过渡地带,称为散逸层。该层中空气极端稀薄,粒子的热运动自由路程较长,受地球引力又较小,就有一些动能较大的粒子摆脱地球重力场,逃逸到宇宙空间。

6.5.2 大气衰减作用

激光辐射通过大气时,由于大气中存在各种气体和微粒,如灰尘、烟雾等,以及刮风、下雨等气象变化,使部分光辐射能量被吸收而转变成其他形式的能量(如热能);部分光辐射能量则被散射而偏离原来的传播方向(即辐射方向重新分配)。吸收和散射的总效果使传输的光辐射强度受到衰减,这就是所谓的大气衰减,或称为大气消光。衰减量与辐射的波长、光程长度以及大气物理特性等有关。要实现激光到达目标的激光功率密度的估算,计算大气的消光(衰减)系数和透过率是其中的关键环节[35-37]。

大气传输的计算早期都用查表的方法,查表法对大气传输模型做了大量简化,也未考虑散射,计算繁复,精度较差,已很少使用。目前,工程广泛利用现成的大气传输计算软件,其计算方法由20世纪60年代的全参数化或简化的平均带模式发展为目前的高分辨光谱透过率计算,由单纯的只考虑吸收的大气模式发展到散射和吸收并存的模式,且大气状态也从只涉及水平均匀大气发展到水平非均匀大气。常用的大气传输计算软件有:LOWTRAN、MODTRAN和FASCODE,它们都是由美国空军地球物理实验室AFGL根据不同的应用目的而开发和研制的宽带、窄带和逐线计算的大气辐射传输模型及其相应的应用软件。

6.5.2.1 常用的大气传输计算软件

1）低频谱分辨力传输算法软件(LOWTRAN)

在光谱间隔内的平均光谱透过率,称为低分辨力光谱透过率,包含着光谱间隔内所有吸收线的平均贡献和分子连续吸收的贡献。LOWTRAN(LOW Resolution Transmission)是由美国空军基地地球物理管理局开发的一个低分辨力的大气辐射传输软件,它最初用来计算大气透过率,后来加入了大气背景辐射的计算。目前最高版本为1989年发布的LOWTRAN7。LOWTRAN软件以$20cm^{-1}$的光谱分辨力计算(最小采样间距为$5cm^{-1}$)从$0\sim5000cm^{-1}$的大气透过率等。LOWTRAN7增加了多次散射的计算以及新的带模式、臭氧和氧气在紫外的吸收参数。程序考虑了连续吸收、分子、气溶胶、云、雨的散射和吸收,地球曲率及折射对路径及总吸收物

质含量计算的影响。

LOWTRAN7 的主要优点是计算迅速,结构灵活多变,选择内容包括:大气中气体或分子的分布及大型的粒子。后者还包括大气气溶胶(灰尘、霾和烟雾)以及水汽(雾、云、雨)。由于 LOWTRAN 中所用的近似分子谱带模型的限制,对 30km 以上的大气区域,精度严重下降。

2)中频谱分辨力传输(MODTRAN)

MODTRAN(Moderate Resolution Transmission)是在 LOWTRAN 的基础上改进而成的,首次发布于 1989 年,最新版本是 2002 年 3 月发布的 PcModWin4.0。MODTRAN 的目的在于改进 LOWTRAN 的光谱分辨力,它将光谱的半宽度由 LOWTRAN 的 $20cm^{-1}$ 减少到 $2cm^{-1}$。它的主要改进包括发展了一种 $2cm^{-1}$ 光谱分辨力的分子吸收算法和更新了对分子吸收的气压温度关系的处理,同时维持了 LOWTRAN7 的基本程序和使用结构。重新处理的分子有水汽、二氧化碳、臭氧、一氧化二氮、一氧化碳、甲烷和氧气、一氧化氮、二氧化硫、氨气和硝酸。新的带模式参数范围覆盖了 $0 \sim 17900cm^{-1}$。而在可见和紫外这些较短的波段上,仍采用 LOWTRAN7 的 $20cm^{-1}$ 的分辨力。在 MODTRAN 中,分子透过率的带参数在 $1cm^{-1}$ 的光谱间隔上计算,在这样的间隔上的分子透过率包括:①在此间隔上积分"平均谱线"的 Voigt 线性(混合加宽);②当该间隔包含了同种分子的多于一条谱线时,假定这些谱线是随机分布的;③将相邻间隔中谱线的贡献看作分子连续吸收来处理。

MODTRAN 中其他光谱结构变化大于 $1cm^{-1}$ 的成分,则仍用 LOWTRAN 的 $5cm^{-1}$ 分辨力计算,并内插到 $1cm^{-1}$ 上求得总透射比。这些 $1cm^{-1}$ 的间隔互不重叠,并可用一个三角狭缝函数将其光谱分辨力降低到所需的分辨力。由于这些间隔是矩形的,且互不重叠,因此 MODTRAN 中的标称分辨力为 $2cm^{-1}$。

3)快速大气信息码(FASCODE)

对于涉及非常窄的光学带宽的辐射传输问题,如激光,需要 FASCODE 提供高分辨力计算。FASCODE(Fast Atmospheric Signature Code)是 AFRL/VS 开发的大气传输计算软件,该软件模型假定大气为球面成层分布,每一层大气的各种光谱线采用最佳采样;计算模型中涉及了大气中主要分子成分:氮分子带($2020 \sim 800cm^{-1}$)和氧分子带($1935 \sim 1760cm^{-1}$)的连续吸收效应;也计算了水汽自然展宽和外部展宽($0 \sim 20000cm^{-1}$)贡献以及两个臭氧扩散带的连续吸收效应。计算程序对所包含的模型大气做出最佳分层已达到辐射出射度或透过率计算中的特定精度。

FASCODE 中的粒子模型是 LOWTRAN/MODTRAN 中模型所用的气溶胶、雾雨模式和早期已经建立的适合于毫米波谱区中的雨、雾、云模式的组合和开展。因此,FASCODE 可以在比 LOWTRAN 更宽的波谱范围内处理粒子的散射问题。

FASCODE 可以进行逐根光谱线的计算,因此用它研究精确的单色波长和激光大气传输问题是非常合适的。它利用美国地球物理管理局开发的算法,为单个种类的大气吸收线形状的计算建立模型,进行逐线计算。所有谱线数据存于 HITRAN(High Spectrum Resolution Transmission)数据库。FASCODE 是一套实用的精确编码,比 LOWTRAN 有更高的精度。但是,由于需要复杂的逐线计算,其计算速度远低于 LOWTRAN。FASCODE 可用于要求预测高分辨力的所有系统。

6.5.2.2　比较分析

激光束的带宽非常窄,基本上可以作为单色辐射处理,如果用 LOWTRAN 来计算的话,则大气分子吸收所用波段都比激光线宽要宽,所以,在特定激光波长上的实际吸收可能比用该模型计算得到的吸收强得多。结果是,这种忽略了大气精细吸收结构的低分辨力模型只在很有限的大气条件下才有用,例如,由于气溶胶衰减随波长的变化比较缓慢,当大气消光主要由气溶胶的吸收引起时,该模型才比较有效。MODTRAN 模型的分辨精确程度和要求的计算量均介于 LOWTRAN 和 FASCODE 两种模型之间,因而适合于要求不太精确的场合应用。FASCODE 模型可提供精确得多的谱分辨力,因为这种模型对分子谱线逐条计算其吸收特性,并对大气中所有气体的吸收谱线进行计算,能够适应激光束大气透过率的精度要求。

6.5.2.3　垂直衰减换算法

把大气按高度分成若干层,且假定每层的衰减系数为常数,可预先由 FASCODE 等计算出每层所有谱线的垂直分子吸收衰减系数或查吸收系数表。若激光输出 n 条光谱线,各谱线的功率权重因子为 ε_i,对应的功率为

$$p_i = \varepsilon_i P \sum_{j=1}^{n} \varepsilon_j = 1 \quad (i=0,1,\cdots,n) \tag{6.38}$$

可求得平均衰减系数为

$$\bar{\alpha} = -\frac{1}{\Delta h}\ln\Big[\sum_{i=1}^{n}\varepsilon_i\exp[-\alpha_i\Delta h]\Big] \tag{6.39}$$

由 Beer - Lambert 定律,斜程透过率为

$$T_s = \exp\Big[-\int_0^L \alpha(Z)\mathrm{d}z\Big] = \exp\Big[-\sum_{j=1}^{n}\alpha_j\Delta h_j\sec\theta\Big] = \exp[-\tau_s] \tag{6.40}$$

这就是在工程计算中广泛应用的所谓垂直衰减换算法。

利用美国大气传输软件 MODTRAN 计算中纬度夏季、冬季标准大气压下,波长 $1.06\mu m$ 激光在不同倾斜角度和不同距离下的大气透过率,为激光武器系统提供设计依据。其透过率曲线如图 6.90 所示,表 6.4 和表 6.5 列出了激光的透过率。

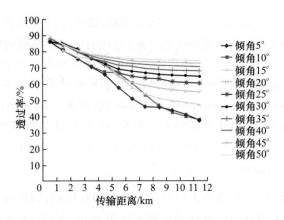

图 6.90　1.06μm 波长激光的大气透过率曲线

表 6.4　中纬度夏季标准大气,能见度 10km,1.06μm
波长激光的透过率　　　　　　单位:%

仰角/(°)	距离/km							
	1	2	3	4	5	6	8	10
5	87. 3804	76. 3572	66. 8044	58. 4899	51. 3444	46. 5516	44. 5382	37. 6383
10	87. 3872	76. 4927	68. 0448	66. 6515	61. 4199	53. 3911	42. 8928	38. 1528
15	87. 4200	77. 2243	74. 6144	65. 9011	58. 4744	54. 2512	50. 2212	48. 1778
20	87. 4572	81. 4976	73. 2344	65. 3707	61. 4760	59. 4512	57. 2437	55. 5750
25	87. 5172	82. 3343	72. 4240	67. 5911	65. 4011	64. 0412	62. 2087	61. 2255
30	87. 5872	81. 4544	73. 3339	70. 2511	68. 6911	67. 5315	66. 2483	65. 5559
35	88. 9655	80. 6773	74. 7444	72. 5911	71. 6311	70. 4083	69. 4183	68. 8959
40	89. 9072	80. 6572	76. 2256	74. 5311	73. 3911	72. 7083	71. 9387	71. 4710
45	90. 4272	80. 9872	77. 5544	76. 2865	75. 1315	74. 5683	73. 9383	73. 5055
50	90. 6704	81. 4539	78. 6640	77. 3111	76. 5515	76. 0783	75. 5238	75. 1410

表 6.5　中纬度冬季标准大气,能见度 10km,1.06μm 波长激光的透过率　单位:%

仰角/(°)	距离/km							
	1	2	3	4	5	6	8	10
5	87. 3755	76. 3576	66. 8044	58. 4899	51. 3448	46. 5399	44. 5786	37. 7015
10	87. 3872	76. 4944	68. 0399	66. 6815	61. 4815	53. 3811	42. 8783	38. 1428
15	87. 4155	77. 2244	74. 6444	65. 8915	58. 4615	54. 2412	50. 2083	48. 2484
20	87. 4572	81. 4943	73. 2311	65. 3611	61. 4611	59. 4315	57. 3387	55. 9450
25	87. 5172	82. 3272	72. 4111	67. 5811	65. 3912	64. 0828	62. 5287	61. 8355
30	87. 5872	81. 4444	73. 3239	70. 2343	68. 7211	67. 6915	66. 7355	66. 2955

(续)

仰角/(°)	距离/km							
	1	2	3	4	5	6	8	10
35	88.9671	80.6644	74.7344	72.5911	71.7433	70.6915	70.0087	69.7026
40	89.9072	80.6539	76.2111	74.5644	73.5933	73.0883	72.5955	72.3359
45	90.4272	80.9839	77.5444	76.3643	75.4015	75.0083	74.6292	74.4059
50	90.6672	81.4444	78.6640	77.4443	76.8811	76.5683	76.2454	76.0559

激光通过大气传输时,因大气密度分布不均而出现传输路径弯曲的现象称为大气折射。通过 MODTRAN 计算,不同仰角和距离处 1.06μm 激光的折射偏移量如表 6.6 所列,为激光光束控制系统设计提供依据。

表 6.6　不同仰角和作用距离下,1.06μm 激光的折射偏移量　　单位:m

仰角/(°)	距离/km							
	1	2	3	4	5	6	8	10
5	0.0142	0.0585	0.0817	0.1823	0.3049	0.6927	1.1662	1.3803
10	0.0136	0.0552	0.1257	0.2118	0.2608	0.6518	1.1568	1.3996
15	0.0140	0.0522	0.1191	0.2158	0.2908	0.5160	1.0226	1.2705
20	0.0128	0.0511	0.1207	0.2113	0.3088	0.5859	1.0039	1.1836
25	0.0128	0.0460	0.1053	0.1929	0.3030	0.5305	0.9622	1.1082
30	0.0105	0.0462	0.1022	0.1760	0.2948	0.4604	0.7283	1.0866
35	0.0122	0.0435	0.1103	0.1517	0.2689	0.5120	0.6512	0.9985
40	0.0085	0.0363	0.0737	0.1432	0.1333	0.4115	0.7745	0.8660
45	0.0100	0.0455	0.0490	0.0999	0.1941	0.3839	0.5391	0.8566
50	0.0079	0.0285	0.0647	0.1379	0.1944	0.3864	0.5613	0.4508

6.5.3　大气折射作用

激光束或者光线在大气中传输,由于大气分子和空气中的气溶胶粒子分布不均造成光束的折射,这种现象以及由此引起的折射率变化称为大气折射。由于大气折射率的不均匀性导致了高能红外激光在传输时光束的形状发生畸变,使高能红外激光在实际使用时受到很大的限制。高能红外激光在大气中传输受到大气影响的因素很多,除了受激光本身的因素影响,如激光波长、功率、激光器口径、光束发散角、波形等因素的影响;此外还受到实际大气物理因素的影响,如大气压强、温度、湿度、风速、大气湍流尺度等影响;而且还受地域因素等的影响。由于激光束本身和大气因素等影响,使得激光束通过大气之后,其轨迹是一条曲线。试验研究表明,大气折射率随高度的增加而减小,而光线总是向折射率高的介质弯曲。

在光频范围内,空气的折射率为

$$n_1 = n - 1 = 77.6(1 + 7.52 \times 10^{-3}\lambda^{-2})\left(\frac{P}{T}\right) \times 10^{-6} = A\left(\frac{P}{T}\right) \times 10^{-6} \quad (6.41)$$

$$A = 77.6(1 + 7.52 \times 10^{-3}\lambda^{-2}) \quad (6.42)$$

式中:P 为大气压强(MPa);λ 为激光的波长(μm);T 为空气的温度(K);n_1 为折射率偏离真空折射率之值,在海平面上,其典型值约为 3×10^{-4};A 为与波长成二次反比的数。

6.5.4 大气湍流效应

激光的大气湍流效应,实际上是指激光辐射在折射率起伏场中传输时的效应。对于空间光束而言,光束扩展、光斑抖动和相干性退化是限制强激光系统充分发挥其效能的主要因素。光束扩展是湍流强度、工作波长和传输距离的函数。在通常情况下,湍流扩展比衍射极限大 2~3 个数量级,使光束质量严重下降,造成通过大气传输的光束强度大大降低,降低的程度可能达到 10^4 倍以上[38-40]。大气湍流形成示意图如图 6.91 所示。

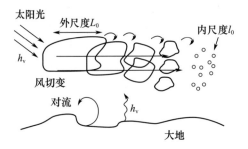

图 6.91   大气湍流形成示意图

激光束在大气传输过程中,由于大气湍流(大气折射率起伏)的影响,传输光束的波前将随机起伏引起光束抖动,光斑漂移和光束扩展等。大气湍流对光束特性的影响程度和形式与光束直径 D、湍流尺度 L 的相对大小有关。当 $D/L \ll 1$,即光束直径远远小于湍流尺度时,湍流的主要作用是使光束产生随机偏转,犹如光束射入一个折射率与空气不同的介质,这时光束的传播方向或在接收面上的投影位置是随机飘荡的,这就是光束漂移。当 $d/L \approx 1$ 时,湍流的作用是使光束截面发生随机偏转,从而形成到达角起伏。当 $d/L \gg 1$ 时,光束截面内将包含许多湍涡,各自对照射的那一小部分起衍射作用,从而使光束的强度和相位在空间和时间上出现随机分布,光束面积也在扩大,即出现光束扩展。光闪烁(强度)起伏则是由同

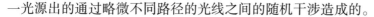

一光源出的通过略微不同路径的光线之间的随机干涉造成的。

1) 光斑漂移

在物理图像上,可以把大气湍流效应看作在光束路径上有许多尺度为 r_0 的角度不同且随时间变化的楔镜,使子光束偏折,在远场叠加。子光束偏折的平均结果,相当于一面大楔镜,使光斑质心偏离瞄准点,即产生光束整体倾斜。光束倾斜随时间变化形成光斑漂移。接收孔径与 r_0 相近时光斑的随机偏转又称为到达角起伏。

2) 光束扩展

所谓光束扩展是指接收到的光斑半径或面积的增大。一般来说,当激光束通过尺度大于光束尺寸的湍涡传播时光束将偏折,而通过半径较小的湍涡时将产生光束扩展,较小湍涡对光束的偏折作用较小。在涉及湍流大气中传输光束扩展时应该区分短期或瞬时光束扩展和长期光束扩展。有限束宽激光在湍流大气中传输时光束会出现漂移和扩展,当观察时间很短时,这两种效应基本上是独立的。

当观察时间较长时,扩展了的光束实际上包含了漂移的影响,称为长期扩展。也就是说,长期光束扩展是短期光束扩展和光束漂移的综合结果。图 6.92 为大气湍流强度与高度分布廓线。

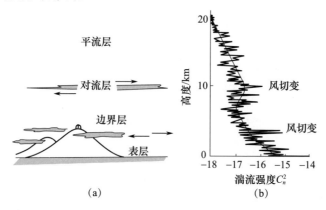

图 6.92　大气湍流强度与高度分布廓线

(1) C_n^2 随高度的变化不是一个缓变函数,具有鲜明的跳跃式结构。

(2) 湍流强度总的来说是随高度减弱的。

(3) 在十几千米的对流层顶处 C_n^2 的数值稍有增大,但总趋势是随高度的增加而减小。

在涉及大气中光传输的应用中,为了湍流效应理论研究的方便,要求建立某种湍流强度高度分布模型。这些模型必须考虑大气边界层和自由大气等不同的大气动力区间。由于 C_n^2 是表示大气湍流强度的一个重要参数,国内外对 C_n^2 进行了大量的测量和研究,在试验观察的基础上,提出了种种 C_n^2 理论模型。

激光辐射最主要的一个特征是其具有高度的相干性,而大气湍流对激光辐射的最大影响就是对其空间相干性的影响。由于空间相干性的退化,导致了激光辐射空间分布的畸变。激光辐射的(空间相干和时间相干)相干度越高,大气湍流对其辐射性质的影响越大。可以说,光波在湍流大气中的相干性退化是一切宏观物理特性改变的本质原因。

弗雷德(Fried)引入了大气相干长度 r_0 描述大气随光束传输的积分效应,在 r_0 尺度内波阵面相位差小于 π,再增大便无同相位性,将产生相干相消。也就是说,大气相干长度给出了一个空间尺度,在该空间尺度下的相位误差能被测量和修正。大气湍流对光传输的影响主要由大气相干长度来表征。

Fried 大气相干长度 r_0 归纳如下。

平面波或准直光束:

$$r_0 = \left[0.423\, k^2 \sec\theta \int_0^L C_n^2(z)\,\mathrm{d}z \right]^{-3/5} \tag{6.43}$$

球面波:

$$r_0 = \left[0.423\, k^2 \sec\theta \int_0^L C_n^2(z)\,(z/L)^{5/3}\mathrm{d}z \right]^{-3/5} \tag{6.44}$$

聚焦光束(反向球面波):

$$r_0 = \left[0.423\, k^2 \sec\theta \int_0^L C_n^2(z)\,(1 - z/L)^{5/3}\mathrm{d}z \right]^{-3/5} \tag{6.45}$$

对于高斯激光束,相干长度的具体计算方法和激光束的参数有关,它依赖于激光波长、发射口径的菲涅尔数、发射系统的焦距与传播距离的比值、湍流参数等。在弱起伏条件下,高斯激光束的相干长度由对应于平面波的相干长度递增至对应于球面波的相干长度。在强起伏条件下,当菲涅尔数满足一定条件时将出现辐射空间相干的衍射增长,其相干长度可超过球面波的相干长度。随着有效湍流厚度的增加,相干长度与发射口径以及场的初始相干性之间的关系减弱,其极限可达到平面波相干长度的两倍,而与光源的初始衍射参数及相干性无关。

6.5.5　大气热晕效应

当强激光通过大气时,大气中的分子及气溶胶粒子由于吸收激光辐射能量而导致自身加热,这样大气就存在局部的温度升高,介质以声速膨胀,密度减小,如此就导致了相应的局部折射率的减小。对于初始强度为高斯或类高斯分布的激光束,此时光轴上介质的受热处于极大值,因而其局部折射率处于一个极小值。按折射率定律,光束中心附近的光线将向着气体稠密区域折射,这时空气类似于一个负透镜的作用,当激光束连续通过时,光束将发散。这种大气和激光束的非线性作用所造成的激光束的扩展、畸变等现象称为热晕。

当有横向风时,即介质相对于激光束的传播方向做横向流动时,由于吸收介质的横向运动,不断地有未被加热的介质取代已被激光束加热的部分介质,因而光束的上风区比已经经历了更长时间的下分区要冷且稠密些,折射率也就更大些。

同样,按折射率定律,光束会向折射率大即冷的方向偏移和扩展。图 6.93 为有横向风时稳态热晕效应原理示意图。

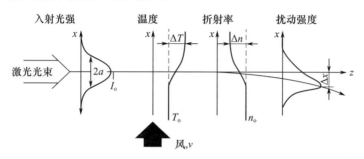

图 6.93　有横向风时稳态热晕效应原理示意图

大气对很多激光来说是吸收介质,即使激光波长处在大气窗口区,大气的气体分子和气溶胶对激光也将有一定的吸收,因此强激光大气传输将不可避免地产生非线性热晕,成为需要在大气中进行传输的强激光工程的巨大障碍。强激光大气传输时不仅产生整束热晕,还存在热晕小尺度不稳定现象。强激光大气传输时产生非线性热晕的同时还受到大气湍流的影响,大气湍流效应将导致光束振幅和相位的高空间频率(小尺度)起伏,这种高空间频率的振幅和相位起伏(包括发射光束的初始高频相位和振幅起伏)将导致所谓的热受激散射效应。在一定的热晕强度下,将产生不稳定性,即湍流热晕相互作用不稳定性,也称为小尺度热晕不稳定性。为区别小尺度热晕,振幅和相位相对平滑的激光束的热晕称为整束热晕。

一般将热晕分为稳态热晕和瞬态热晕两大类。稳态热晕是连续波或高重复频率强激光通过大气传输时产生的,而瞬态热晕是由脉冲激光产生的。热晕效应是一种非线性效应,当激光功率增加到一定值时,到达靶面的功率密度达到最大值,而当激光功率进一步增加,不仅不会增加靶面上的功率密度,反而会减小,这就是所谓的最大阈值激光发射功率,简称阈值功率。也就是说,由于热晕效应的存在,到达靶面上的功率密度不可能超过这个最大值。

连续波激光为稳态热晕,所谓稳态是激光对传输光路上介质的加热在对流或热传导的热交换作用下达到平衡状态,激光传输特性不再随时间变化而变化。在实际大气中主要是大气风速对流作用下达到稳态。热晕效应可由光束传输的傍轴波动方程和反映大气密度变化的流体力学方程描述。对热晕强度和总体特征方便而又有效的描述是热晕引起的相位畸变程度,图 6.94 为高斯光束热晕相位畸变示意图。

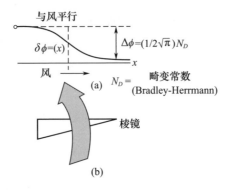

图 6.94　高斯光束热晕相位畸变示意图

当光束与大气的相对速度远小于声波的传播速度,且满足等压条件时,对强度均匀分布的圆形激光束和稳态热晕,由流体力学方程可得最大相位畸变为

$$\Delta \varphi_G = \left(\frac{1}{\sqrt{2}\pi} \right) N_D' \qquad (6.46)$$

其中

$$N_D' = \frac{2\sqrt{2}(-n_T)k\alpha P Z_t}{\rho n_0 C_p U_\omega R_m} \qquad (6.47)$$

式(6.47)为布雷德利 – 赫尔曼(Bradley – Hermann)热晕畸变常数,通常用以量度热晕强度,N_D'越大,则热晕越强,则

式中:$n_T = \mathrm{d}n/\mathrm{d}T$,为压强一定时大气折射率随温度的变化;$R_m$ 为激光束出射半径;P 为激光功率;C_p 为大气定压比热容;ρ、n_0 分别为未受扰动大气密度和折射率;U_ω 为风速。

图 6.95 为美国联合研究实验室通过试验测得及理论模拟数值计算得到的激光大气传输热晕图。

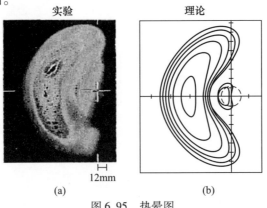

图 6.95　热晕图

该试验以及数值计算所采用的数据如表 6.7 所列。

表 6.7　美国军方所做热晕试验、理论数据

	试验数据	理论数值模拟
激光波长/μm	10.6	10.6
大气压强	$10atmCO_2$	1atm 空气
吸收系数/cm^{-1}	4×10^{-3}	7×10^{-7}
风速/(cm/s)	1	200
激光功率/W	9	10^5
光束半径/cm	0.9	28.3
传输距离/m	1	2000
畸变系数	13	16

从表 6.7 可看出,影响高能红外激光大气传输热晕效应的因素主要有激光功率、大气风速、激光传输距离和激光发射口径。

激光产生热晕效应的阈值为

$$p_t = \frac{\pi}{4} \frac{1}{\alpha(n_0-1)} \frac{y}{y-1} \frac{P_0 \lambda^2 \upsilon}{a} \tag{6.48}$$

当 $p_0 = 10^5 Pa$;$n_0 - 1 = 3.0 \times 10^{-4}$;$y = 1.4$;$\lambda = 1.06 \mu m$;$\alpha = 1.25 \times 10^{-5} m^{-1}$;$a = 0.5m$;$v = 2m/s$;

对于波长为 $1.06\mu m$ 的激光器来说,热晕出现时的功率阈值约为 500W。

高能红外激光大气传输稳态热晕效应方程为

$$\varphi(x_0, y_0) = \sqrt{\frac{p}{\pi a^2}} \exp\left(\left(\frac{ik(x_0^2+y_0^2)}{2z_f}\right) - \frac{x_0^2+y_0^2}{2a^2}\right) \tag{6.49}$$

波长为 $1.06\mu m$ 初始高斯光束的等值线图和三维图如图 6.96 所示。

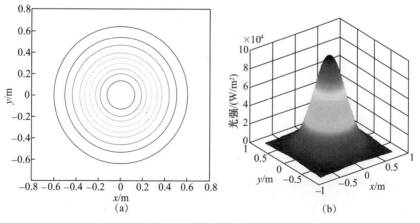

图 6.96　初始高斯光束的等值线图和三维图

高能红外激光在传输距离为 $z=2000\text{m}$，风速为 $v=2\text{m/s}$，风速是垂直于激光传输风向且沿 x 轴方向吹的，初始光斑半径为 $a=0.075\text{m}$ 的热晕效应图如图 6.97 所示。

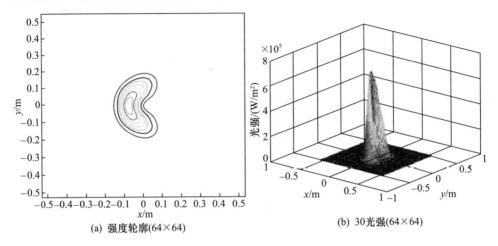

(a) 强度轮廓(64×64)　　　　(b) 30光强(64×64)

图 6.97　激光传输功率为 $2\times10^4\text{W}$ 时的热晕等值线图和三维图

针对激光功率、大气风速、激光传输距离和激光发射口径四个方面对热晕效应进行数值模拟，得出如下结论。

（1）随着激光功率的增加，高能红外激光热晕效应逐渐增强，热畸变增大，光斑的半径也在变大。这是由于随着功率密度的增加，导致激光传输路径上的空气折射率扰动增强，所形成的负透镜就越能够使光束发散。

（2）风速对高能红外激光大气传输的热晕效应有较大的影响，风速越大热晕效应相对来说就越小，相反，风速越小热晕效应就越大，并且风速的增加也可以增大热晕效应的阈值。风速有助于减小高能红外激光的热晕效应，主要是风速越大，能够快速地将光路上面的热量带走，从而使光路上被扰动的折射率要小一些。

（3）激光传输距离对高能红外激光大气传输热晕效应具有很大的影响，传输距离越远，光束的热畸变积累就越多，畸变就越大，到达靶面上的光斑能量变小。光束传输得越远，空气的负透镜作用就越强，光斑发散也就越大。

（4）光束越小，高能红外激光大气传输的热晕效应就越强，光斑畸变就越大，这主要是由于光束半径越小，在传输的光路上面的光能量密度就越大，被扰动的折射率就越大；相反，激光光束半径越大，相对来说光路上面的能量密度就越小，被扰动的折射率就越小。所以增大激光光束半径也是一个减小热晕效应的方法。

解决高能红外激光大气传输热晕效应的技术途径包括：

（1）采用孔径光强分布校正技术来减小热晕效应，即通过改变光斑形状或光强分布来减小热晕效应的影响。

（2）采用聚焦光束的方法来减小热晕效应。

（3）采用多孔径发射技术来减小热晕效应。

（4）采用自适应相位补偿方法来减小热晕效应。

6.5.6　受激喇曼散射

激光在大气中传输时,除了瑞利散射和米散射等以外,当光强超过一定值时,还会产生受激喇曼（Raman）散射。大气中许多分子如N_2、I_2、NO_3、O_3、O_2 等都是喇曼散射介质。由于 N_2 的含量在 100km 的大气层内占了 80% ,因此其喇曼散射占明显优势。强激光在大气中传输会产生受激喇曼散射,散射光强随传输距离按指数规律增强而带走主激光能量。散射光频率 v_s 偏离入射光频率 v_p ,有

$$v_s = v_p \pm v_R \tag{6.50}$$

式中:v_R 为喇曼频移;± 号分别对应反斯托克斯光和斯托克斯光。

受激喇曼散射阈值定义为斯托克斯转换效率为 1% 的泵浦激光强度,超过阈值的激光束质量明显变差,因此阈值关系到可以通过大气传输的最大激光强度。受激喇曼散射的阈值约为 1 ~ 2MW/cm² 。由此,地基强激光在大气中传输功率密度应限制在 1MW/cm² 以下。当强激光的功率密度远小于受激喇曼散射阈值时,可以忽略受激喇曼散射效应对强激光大气传输的影响。

6.5.7　大气击穿效应

高功率激光束在大气中传输,如果在其聚焦区域的激光功率密度超过某一阈值时,则在该区域内的大气分子将会迅速地产生电离,在该区域内的气体分子会出现强烈的吸收,大气的多光子吸收产生初始电子,发生预电离,初始电子又引发雪崩电离,并形成高度电离的空气团 – 等离子体云。与此同时,在聚焦区内出现明亮的火花并伴随啸叫声,形成爆炸波从该区域向四周传播,这种现象称为大气击穿。当大气击穿后,在一定的等离子长度区间,激光束在等离子体区被强烈吸收,不能穿过等离子体区域继续向前传播,形成"屏蔽"效应。

实际大气中,当激光功率密度小于 $10^7 W/cm^2$ 时,强激光在大气中传输时不会产生"屏蔽"现象,可自由传播,所以,一般可不作考虑。

6.6　本章小结

本章着重介绍了高能红外激光对抗系统中常用的激光器及其工作原理,高能激光光束质量评价体系和主要指标,国外典型高能激光对抗系统的装备技术发展

和趋势,分析了高能激光的对抗机理和试验研究,并对激光大气传输开展了分析研究。第一,介绍了氧碘激光器、HF/DF 激光器、固体激光器、光纤激光器、自由电子激光器、高能液体激光器的基本工作原理和主要组成;第二,从远场光斑半径、远场发散角、衍射极限倍数因子、环围能量比、斯特列尔比、因子 M^2 等方面分析影响高能红外激光远场作用效果的光束质量评价体系;第三,介绍了国外高能激光技术的发展情况;第四,分析了激光对光学材料的损伤机理和损伤效应,波段内、波段外激光损伤阈值研究;第五,进行了激光大气传输研究分析,主要包括大气分层结构、大气衰减作用、大气折射作用、大气湍流效应、大气热晕效应、受激喇曼散射和大气击穿效应。

参考文献

[1] 吕跃广,孙晓泉. 激光对抗原理与应用[M]. 北京:国防工业出版社,2015.

[2] 苏毅,万敏. 高能红外激光系统[M]. 北京:国防工业出版社,2006.

[3] 郭汝海. 化学氧碘激光器(COIL)的研究进展[J]. 光机电信息,2010,5(27):22 – 28.

[4] 刘晶儒,杜太焦,王立君. 高能红外激光系统试验与评估[M]. 北京:国防工业出版社,2014.

[5] 庄琦. 短波长化学激光[M]. 北京:国防工业出版社,1997.

[6] 姜东升. 高功率固体激光器关键技术[J]. 红外与激光工程,2007,6(36):72 – 80.

[7] 梅遂生. 向100kW进军的固体激光器[J]. 激光与光电子学进展,2005,10(42):2 – 8.

[8] 刘德明,阎嫦玲. 高功率光纤激光器的关键技术及应用[J]. 红外与激光工程,2006,10(35):105 – 109.

[9] AGRAWAL G P. 非线性光纤光学原理及应用[M]. 贾东方,余震虹,等译. 北京:电子工业出版社,2002.

[10] 王小林,周朴,马阎. SPGD算法在光纤激光相干阵列光束控制中的应用[J]. 光学学报,2010,10(30):2874 – 2878.

[11] 黄勇,刘杰. 高能红外激光武器在水面舰船上的潜在应用[J]. 应用光学,2005,3(26):1 – 4.

[12] 任国光. 新型战术高能液体激光器[J]. 激光技术,2006,4(30):418 – 421.

[13] 康小平,何仲. 激光光束质量评价概论[M]. 上海:上海科学技术文献出版社,2007.

[14] 吴健,杨春平,刘建斌. 大气中的光传输理论[M]. 北京:北京邮电大学出版社,2005.

[15] 姜忠明. 美国战术激光武器转型的思考[J]. 光学技术,2006,8(32):4 – 9.

[16] 卞婧,宁天夫,许宏. 强激光武器的设计考虑和作战效果分析[J]. 激光与红外,2008,6(38):35 – 38.

[17] 袁天保,石艳霞,姜娜. 美国机载激光武器作战能力分析[J]. 红外与激光工程,2007,9(36):71 – 74.

[18] 任宁,刘敬民. 美国机载激光武器发展浅析[J]. 红外与激光工程,2008,9(37):379 - 382.

[19] 任国光,黄裕年. 机载激光武器的发展现状与未来[J]. 激光与红外,2005,5(35), 309 - 314.

[20] 邵俊峰,张强. 战术激光武器中的自适应光学技术[J]. 光机电信息,2010,12(27):33 - 37.

[21] 吴慧云. 中继镜在 100kW 固体激光传输中的应用研究[D]. 长沙:国防科技大学, 2008:25.

[22] 吴慧云,陈金宝,许晓军. 战术激光中继镜系统[J]. 激光与光电子学进展,2007,12(44): 23 - 27.

[23] 吕百达. 强激光的传输与控制[M]. 北京:国防工业出版社,1999.

[24] 曾苏南,张志伟. 新概念武器[M]. 北京:军事谊文出版社,1998.

[25] MCAULAY A D. 军用激光防御技术[M]. 叶锡生,陶蒙蒙,等译. 北京:国防工业出版 社,2013.

[26] 孙承伟. 激光辐照效应[M]. 北京:国防工业出版社. 2002.

[27] 黄峰,汪岳峰,王金玉,等. 高重频固体激光器在光电对抗中的应用研究[J]. 红外与激光 工程,2003,32(5):465 - 467.

[28] 蒋志平,陆启生,刘泽金. 激光辐照 InSb(PV 型)探测器的温升计算[J]. 强激光与粒子 束,1990,2(2):247 - 255.

[29] 唐赵英,等. 美国激光武器试验方法[M]. 北京:中国国防科技信息中心,1992.

[30] 王睿,程湘爱,陆启生. 3.8μm 激光破坏三元 PC 型 HgCdTe 探测器系统的试验研究[J]. 强激光与粒子束,2004,16(1):31 - 34.

[31] 张建泉,强希文. 激光对星载单元探测器的损伤效应分析[J]. 电子元器件应用,2004,2 (2):5 - 7.

[32] 周南,乔登江. 脉冲激光束辐照材料动力学[M]. 北京:国防工业出版社,2002.

[33] STEVENS E G,KOSMAN S L,CASSIDY J C,et al. A large format 1280 × 1024 full frame CCD image sensor with a lateral overflow drain and transparent gate electrode[C]. Proc. SPIE,1991, 11(47):274 - 282.

[34] BANGHART K E,STEVENS E G,DOANETAL H Q. An LOD with improved break down voltage in full - frame CCD devices[C]. Proc. SPIE - IS&T Electronic Imaging,2005(5678):34 - 47.

[35] 饶瑞中. 现代大气光学[M]. 北京:科学出版社,2012.

[36] 饶瑞中. 光在湍流大气中的传播[M]. 合肥:安徽科学技术出版社,2005.

[37] 饶瑞中. 激光大气传输湍流与热晕综合效应[J]. 红外与激光工程,2006,35(2):130 - 134.

[38] 龚知本. 激光大气传输研究若干问题进展[J]. 量子电子学报,1998,15(2):114 - 133.

[39] 张逸新,迟泽英. 光波在大气中的传输与成像[M]. 北京:国防工业出版社,1997.

[40] 李文学. 基于 HLA 的激光大气传输仿真应用系统研究与开发[D]. 长沙:国防科技大学, 2006:54.

第 7 章

红外诱饵与导弹抗干扰

两个物体越相似,区分开来的难度越大。红外诱饵是用于造成假红外目标的红外干扰器材,可从地面、飞机或舰艇上发射,诱骗地空、空空、空地和反舰导弹,使其脱离对目标的跟踪瞄准,从而达到保护目标的目的。红外诱饵结构简单,成本较低,并且可以在短时间内大量投放,造成强劲的干扰,是目前对抗红外导弹的主要手段之一。例如,机载红外诱饵通常以镁-聚四氟乙烯、镁-铝-氧化铁粉和镁-钠硝酸盐等作为发光材料,其红外辐射波长为 $1\sim6\mu m$,燃烧时间为 $3\sim15s$,燃烧温度高达 $2000\sim3300℃$,静态辐射强度为 $10\sim50kW/sr$,比被保护目标的红外辐射强度大几倍甚至是几十倍,而且波段覆盖了较宽的辐射波段,因而可有效地保护目标[1]。图 7.1 所示为机载红外诱饵干扰以能量中心为制导中心的红外制导导弹的干扰过程示意图。

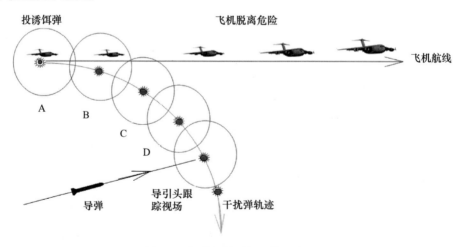

图 7.1　机载红外诱饵干扰示意图

A—投放干扰时刻,目标与干扰同在视场中;B—目标与干扰虽然分立,但仍同在视场中;C—导引头被干扰欺骗,目标脱离导引头视场;D—导引头继续跟踪干扰,直至与干扰交会飞机目标得到保护。

提高红外诱饵的辐射强度、扩展红外辐射的波长和使红外辐射特性(光谱分布、辐射强度、形状大小等)更接近所要保护的目标,是红外诱饵当前的主要发展趋势。提高红外诱饵的辐射强度是想堵塞红外导引头的信息处理通道或使成像导引头在近距离时处于大面积饱和状态;扩展红外辐射的波长是要实施广谱干扰;使红外辐射特性(光谱分布、辐射强度、形状大小等)更接近所要保护的目标会使干扰与目标更加难于识别和区分。由于红外诱饵和箔条干扰等(后者用于干扰火控雷达和雷达制导的导弹)都是一次性使用的干扰,所以必须与各种机载告警系统配合使用,才能避免浪费,做到有的放矢。

为了更具有针对性,本章重点论述机载红外诱饵和地面强光弹干扰,分别对应对空空导弹和空地导弹的诱饵干扰。

7.1　机载红外诱饵干扰

机载红外诱饵技术是 20 世纪 50 年代发展起来的,当时主要针对"点"源寻的红外制导武器,对抗的基本原理:当红外诱饵被抛射点燃后产生高温火焰,并在规定光谱范围内产生强红外辐射,从而欺骗或诱惑敌红外探测系统或红外制导系统[2-3]。

各国的战斗机、直升机、轰炸机、运输机乃至加油机都陆续装备了红外诱饵弹系统。最初的红外诱饵弹主要用来干扰单波段点源寻的红外制导导弹。它根据当导弹寻的器的视场内出现两个或多个红外辐射源时,导弹将跟踪多点源的能量中心,使导弹偏离目标,从而脱靶。典型的红外诱饵弹,有美国研制生产的 AN/ALA - 17B、AN/ALA - 3、AN/AAS - 26、MK - 4、MK - 47、MK - 206、XM - 206、MTU - 7B、MTU - 8 等红外诱饵弹和法国研制生产的 Lacroix 系列(407、587、623、658、659、698、750)及英国研制生产的 Wallop 系列(CART、CM40、CM15、Ho - t spot5/6、HS1/2/4)和 PW 系列(PW118MK、PW218MK1、PW218MK2)。这类红外诱饵弹大都是点源高能诱饵弹,对单波段点源寻的导弹有较好的干扰效果。

红外诱饵的干扰效果按照使导弹产生的脱靶量,来衡量干扰成功的判别准则。使导弹的脱靶量大于导弹的杀伤半径,并且要加上一定的安全系数。

红外诱饵的战术使用主要包括红外诱饵投放的时间间隔、投放的时机和一次投放的数量。红外诱饵投弹间隔时间和导弹攻击方位、载机的飞行速度、载机的飞行高度和威胁特征有关。在威胁特征中主要涉及的是制导的类型和红外导弹的导引头红外视场角。导弹攻击方位主要影响载机飞出红外视场角的时间及在该方位上载机红外辐射特性;载机的速度决定载机飞出红外视场角的时间;导引头红外视场角主要决定角度分辨单元的宽度,决定载机飞出该分辨单元时间。在作战过程中主要采用诱骗、分散、淡化、间隔投放的方式。

(1)诱骗。诱骗红外导弹脱靶。红外干扰弹能在红外导引头的工作波段辐射出比目标更强的信号,而红外导弹往往是跟踪最强的红外辐射源,造成导弹因跟踪红外干扰弹而脱靶。

(2)分散。分散红外导弹错觉。其目的是在导弹的红外寻的器未跟踪目标之前就投放红外干扰弹,使导弹优先跟踪红外干扰弹。

(3)淡化。淡化红外成像制导导弹跟踪目标。发射多个红外诱饵弹,使红外成像制导导弹无法跟踪真正的目标。

(4)间隔投放。在飞机持续攻击目标时,可以以一定时间间隔(以近似等于红外诱饵燃烧时间)投放红外干扰弹,这样的战术可以破坏导弹寻的器的跟踪或者使导弹寻的器中断截获。

在战术使用上,针对不同平台防护有多种投放方式,并结合机身平台进行战术规避以应对来袭威胁。主要包括以下投放方式。

(1)单发投放方式。图 7.2 和图 7.3 分别为 F-15 战斗机、F-16 战斗机单发投放红外诱饵。

图 7.2　F-15 战斗机单发投放红外诱饵

图 7.3　F-16 战斗机单发投放红外诱饵

（2）单发连射投放方式。图 7.4 和图 7.5 分别为 A－10 战斗机单发投放和单发连射投放红外诱饵。

图 7.4　A－10 战斗机单发投放红外诱饵

图 7.5　A－10 战斗机单发连射投放红外诱饵

（3）双发投放方式。图 7.6 为 F－14 战斗机双发投放红外诱饵。

图 7.6　F－14 战斗机双发投放红外诱饵（双发齐射）

（4）编程投放方式。通过编程形成多种投放方式组合,包括双发齐射、三发齐射、四发齐射等,如图 7.7 和图 7.8 所示。

图 7.7 A-10 战斗机编程投放红外诱饵(双发齐射+连射、三发齐射+连射)

图 7.8 A-10 战斗机编程投放红外诱饵(四发齐射+连射)

(5)密集单连射。图 7.9~图 7.11 为战斗机密集单连射图,经常在单机飞行和多机编队飞行时使用,并可通过机动翻滚进行战术规避。

图 7.9 苏-27 红外诱饵密集单连射

图 7.10　苏 - 27 红外诱饵密集单连射 + 机动翻滚

图 7.11　苏 - 27 密集投放红外诱饵(四机编队 + 中间两机单连射)

　　(6) 密集投放方式。运用于运输机等大型飞机平台,进行红外诱饵密集投放作战使用,如图 7.12 和图 7.13 所示。

图 7.12　美 C - 130 运输机密集投放红外诱饵

图 7.13　美 C – 17 运输机密集投放红外诱饵

由于红外诱饵的使用最为广泛,对国内外近几年来红外诱饵技术的发展动向进行分析和研究表明:传统的采用镁 – 聚四氯乙烯 – 氟橡胶材料的红外诱饵,可以完全有效地对抗第一、第二代红外导弹,但是对第三、第四代红外导弹的对抗效果明显下降。原因在于新型先进红外导弹的导引头有了一定的抗红外诱饵干扰的能力,可以鉴别传统红外诱饵和目标。其区分依据有如下四点。

(1) 光谱和辐射能量的差异:空中目标一般包含几个不同强度的红外辐射光谱区间,如喷气式飞机的红外辐射来自于发动机尾焰、尾喷管和蒙皮气动加热等,各种辐射体的温度在较小范围内,而传统的红外诱饵是以很高的温度燃烧,以达到比目标辐射大得多的强度,因此诱饵与目标之间的光谱分布和辐射强度就有了明显的区别。对此,采用双波段红外探测器技术或红外/紫外双色探测器技术的导引头容易予以区分;另外,采用单一波段探测器的引头,根据红外信号幅度鉴别技术,也可以判断导引头内是否存在红外诱饵干扰,为排除干扰提供了前提条件。

(2) 红外诱饵与目标运动特性的差异:目前采用的红外诱饵一般都具有较快的气动减速,因为在它燃烧时产生大量的高温热气,高速运动时阻力很大,并会在重力作用下缓慢下降,而真正的飞机目标则继续水平直线飞行或进行规避机动。所以,两者的运动特性存在很大的差异。

(3) 信号强度时域变化的差异:红外诱饵为了引开距离较近的导弹,要求具有很快的上升时间特性,使红外导引头迅速转向跟踪诱饵。红外导弹攻击没有干扰的目标时,其探测器的信号强度近似于平方规律的增长。当红外导弹与被攻击的目标有一定的距离时,此时投放出红外诱饵,导引头在其视场内的红外能量变化规律将被打破,那么可利用微分检测技术、能量突跳检测技术等手段检测到信号强度迅速增加,以此判别是否存在红外诱饵干扰。

(4)红外诱饵与目标形状的差异:红外诱饵一般以点源为主,其形状与被保护目标不可比拟,红外导弹具备亚成像或成像能力后,将很容易鉴别出诱饵和目标,使诱饵失效。

为了有效地对抗先进的红外导弹,要求红外诱饵弹能更逼真地模拟目标,其发展方向是弥补红外诱饵与目标之间在上述四个方面的差异。

(1)改进红外诱饵现用材料或开发新材料,使诱饵的光谱特性接近飞机的光谱特性,比如利用复合燃烧剂实现以两个或两个以上的温度燃烧,产生不同的辐射强度,这种"冷—热"式诱饵无疑可以更加有效地诱骗红外导引头。

(2)控制红外诱饵弹的点燃和初始燃烧过程,连续投放多个诱饵时,辐射的红外能量上升时间有快速的,也有缓慢的,以扰乱红外导引头对红外能量上升时间的判断。

(3)为红外诱饵加装火箭发动机实现载机附近伴飞,或采用载机拖曳诱饵的方法,使诱饵弹的运动能更接近于载机的运动。

(4)扩大诱饵投放后的面积,使诱饵投放后能够尽快展开,在导弹视场内形成有一定形状的"诱饵云",并多发连续投放,增大导弹鉴别诱饵的难度。

7.1.1　对红外点源制导导弹的干扰原理

红外点源制导导弹工作原理已有成熟论述,有兴趣的读者可自行参考相关书籍即可,在此不再赘述。

传统红外诱饵对红外点源制导导弹的干扰通常分为质心干扰、压制干扰和阻塞干扰。其干扰结果是使红外导引头错误地跟踪红外诱饵而丢掉要攻击的目标[4-5]。

质心干扰的原理是:对于带调制盘的点源体制红外导引头,其一般不具有分辨视场内多个目标的能力。当飞机投掷出红外诱饵时,导引头视场内出现两个以上热源,根据调制盘处理信号的数学原理,它将跟踪各个热源的质心,如图7.14所示。红外诱饵的加权辐射能量比目标能量的倍数越高,导引头视场内红外能量中心就越靠近红外诱饵,当干扰与目标分离后飞机目标就越容易脱离导引头的视场而得到保护。需要关注的是:对第一、第二代红外制导导弹,单发传统诱饵就可以使其失效;但是,对于第三代红外制导导弹,需要多发成组连续投放,在导弹视场内形成多个假目标,才能破坏导弹的抗干扰措施,使导弹跟踪其中的一个假目标或多个假目标的加权质心,这种方式可称为"冲淡干扰"。

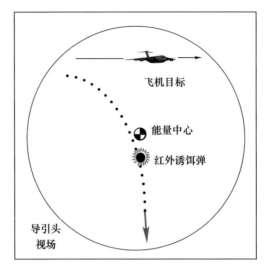

图 7.14 红外诱饵弹对红外导引头的质心干扰机理

压制干扰的原理:对不带调制盘(如圆锥扫描/环行/双脉冲体制)或者调制盘为脉冲调制(如同心圆扫描/阿基米德线/双脉冲体制)点源体制的红外导引头,虽然可以从脉冲信号上分辨出视场内的多个目标。但是由于干扰脉冲信号比目标脉冲信号大得多,经过自动增益电路或者程序控制电路后,干扰脉冲信号被压到正常工作范围,而目标脉冲信号则被压到很小,几乎为零而可能过不了噪声阈值电路,使导引头丢失目标而去跟踪诱饵。

阻塞干扰的原理是:使红外导引头的信息处理通道被诱饵干扰阻塞而不能正常工作。例如,对不带调制盘或者调制盘为脉冲调制的点源体制红外导引头,诱饵干扰很多且散布开来时,前放电路的脉冲将几乎连成一片,导引头信息处理无法进行;又如,诱饵干扰很多时,将使点源体制红外导引头的近区指令发出,从而关闭抗干扰电路失去抗干扰能力。

要实现质心干扰,特别是压制干扰,压制比(工作波段内红外诱饵弹的能量与目标的辐射能量之比)必须足够大。要实现阻塞干扰,除了压制比足够大外,载机还要能在短时间内投掷出足够多数量的诱饵且能在目标周围散开。

当喷气式战斗机的发动机开加力时,对红外导弹实施红外诱饵干扰的能力将大为减弱,甚至使红外诱饵干扰失效。干扰失效的原因:喷气式战斗机的发动机开加力后,其红外辐射强度将比巡航飞行状态高出 40 ~ 60 倍,甚至 100 倍以上,诱饵压制比变得很小。因此,当导弹来袭告警信号出现而投放红外诱饵后,飞机加力逃生或机动往往不是推荐的战术动作。

上述几种干扰样式,核心是质心干扰,下面重点讨论质心干扰原理。

7.1.1.1 质心干扰原理

目前,大多数红外制导导弹仍然是点源跟踪、比例引导的机制,所以,当导引头视场内出现多个辐射源时,导弹并不跟踪目标,而是跟踪包括目标在内的多个辐射源的等效辐射中心,称作质心。当各红外诱饵辐射源的辐射功率比目标的辐射功率大得多时,目标偏离导引头视场的运动对整个质心的位置影响较小。只要各诱饵在视场内停留足够长的时间,导弹会飞向跟踪视场内的质心,此时质心与目标之间的距离(导弹的脱靶量)只要大于导弹的杀伤半径,就可以认为诱饵的质心干扰取得成功。

设导引头视场内包括目标在内出现了 n 个热辐射源,其功率为 $P_i(i=1,2,\cdots,n)$,取视场中心 O 为原点的坐标系 xOy,n 个热源的位置分布分别用 (x_i,y_i)($i=1,2,\cdots,n$) 表示。于是 n 个热源的质心坐标为

$$\begin{cases} x_c = \dfrac{\sum_{i=1}^{n} x_i P_i}{\sum_{i=1}^{n} P_i} \\ y_c = \dfrac{\sum_{i=1}^{n} y_i P_i}{\sum_{i=1}^{n} P_i} \end{cases} \tag{7.1}$$

设 n 个热源中,$i=t$ 为目标,则质心与目标之间的距离为

$$L_{ct} = \sqrt{(x_c - x_t)^2 + (y_c - y_t)^2} \tag{7.2}$$

对于各红外诱饵来说,有 $P_i \gg P_t(i=1,2,\cdots,n;i \neq t)$,一般,$P_i$ 为 P_t 的 2 ~ 10 倍。

若此时导弹与目标之间的距离为 S,当目标运动使得 $L_{ct}/S \geqslant 2\omega$($\omega$ 为导引头的半视场角)时,目标脱离导引头视场,质心干扰必然成功,这就是当导弹尚未到达质心时,质心干扰是否成功的判据。

7.1.1.2 红外诱饵辐射功率对质心干扰的影响

为方便起见,设导引头视场内只有一个诱饵与目标共存,其辐射功率分别用 P_d 和 P_t 表示。于是,视场内两辐射源的质心离开目标的距离由式(7.1)和式(7.2),可得

$$\begin{aligned} L_{ct}^2 &= \left[\frac{P_d x_d + P_t x_t - x_t(P_t + P_d)}{P_t + P_d} \right]^2 + \left[\frac{P_d y_d + P_t y_t - y_t(P_t + P_d)}{P_t + P_d} \right]^2 \\ &= \frac{P_d^2 \left[(x_d - x_t)^2 + (y_d - y_t)^2 \right]^2}{(P_t + P_d)^2} \end{aligned} \tag{7.3}$$

则

$$L_{at} = \frac{P_d}{P_t + P_d} L_{dt} \tag{7.4}$$

式中:L_{dt} 为诱饵与目标之间的距离。

从式(7.4)可以明显地看出,$P_d > P_t$ 时,质心靠近诱饵而远离目标,而且 P_d 越大,质心越靠近诱饵。

目标辐射强度 I 一般具有方向性,而诱饵的辐射功率应由目标的最大辐射强度 I_{max} 决定,即

$$P_d > 4\pi I_{max} \tag{7.5}$$

7.1.1.3　红外诱饵持续时间对质心干扰的影响

从质心干扰的原理可知,若在红外诱饵的持续时间内,目标未逃离导引头视场,那么一旦诱饵熄灭后,质心又回到目标身上,导弹会再次跟踪目标,所以,红外诱饵有足够的燃烧持续时间也是实现质心干扰的关键问题之一。

图 7.15 表示红外诱饵在整个燃烧过程中,其辐射功率与时间的关系曲线。

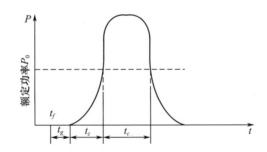

图 7.15　红外诱饵辐射功率与时间的关线曲线

图 7.15 中:t_f 为诱饵投放系统的响应时间;t_g 为诱饵弹发射至点火所需时间;t_z 为红外诱饵辐射功率从点火到达到额定功率 P_0 所需时间;t_c 为红外诱饵弹的持续时间。

导弹对目标(以飞机为例)的攻击方向不同,对诱饵持续时间的要求也不同,其中尾追攻击状态下要求诱饵持续时间最长。

下面讨论尾追方式攻击情况下能成功实现质心干扰时,不同的红外诱饵持续时间所对应的导弹与飞机之间的最大距离 S_{max}。其值可按下式计算:

$$\left[S_{max} - (V_m - V_t)(t_f + t_g + t_z + t_c) \right] \tan\omega = L_{dt} \frac{P_d}{P_d + P_t} \tag{7.6}$$

式中:V_m 为导弹的飞行速度;V_t 为飞机的飞行速度;L_{dt} 为诱饵从发射、点火至降到额定功率时诱饵与飞机的距离,即在$(t_g + t_c)$这段时间后,诱饵离开飞机的距离。

在满足式(7.6)时,飞机已脱离导引头视场,质心干扰成功;若当诱饵辐射功

率已降至额定功率 P_0 以下时,飞机仍未脱离导引头视场,质心干扰有可能失败,需要发射第二枚红外诱饵弹。

式(7.6)中的 L_{dt} 可以从红外诱饵弹发射后的弹道确定,国内已有成熟研究成果。

7.1.2　对红外成像制导导弹的干扰原理

7.1.2.1 红外成像制导原理

红外成像制导是利用目标的二维红外图像信息实现对目标的跟踪,具有目标识别、预测跟踪、瞄准点选择及自动决策等功能,因此具有很强的抗干扰能力[6-7]。

从 20 世纪 70 年代至今,红外成像寻的制导已发展到了第三代。第一代从 20 世纪 70 年代中期开始,采用光机扫描机制,其典型代表是 AGM – 65D"小牛"空地导弹,它采用 4×4 元(PC)器件,串并扫体制在弹上进行图像处理,采用质心和相关两种跟踪方式。

第二代从 20 世纪 80 年代初开始,采用红外焦平面阵列,具有结构简单、体积小、质量小、可靠性好、灵敏度高等优点。例如,采用 64×64 元 HgCdTe 单片 CCD 器件,利用弹上处理可自主选择目标、多目标选择和瞄准点选择等功能。

自 20 世纪 80 年代中期开始,随着红外器件制造工艺水平的提高,大规模红外面阵器件的出现,256×256 元甚至 640×480 元 InSb 和 HgCdTe 都已经在空空导弹和空地导弹上广泛应用,且已经开始研究红外双色成像制导,使红外成像制导进入了新阶段。

7.1.2.2　红外成像导引头的主要类型

1)红外成像导引头的基本组成

红外成像导引头一般由红外摄像头、图像处理电路、图像识别电路、跟踪处理器和摄像头跟踪系统等部分组成,如图 7.16 所示。

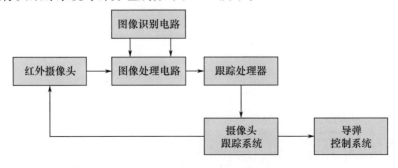

图 7.16　红外成像导引头的基本组成

目前,空地武器的红外成像导引头有两种工作原理:一种是近程导弹采用的发射前截获方式。发射导弹前,首先由控制站(如飞机上)红外前视装置搜索和捕获目标,依据视场内各种物体热辐射的微小差别在控制器上显示出图像。一旦目标位置被确定,导引头便跟踪目标(可在发射前锁定在目标上或发射后通过数据传输指令对目标锁定)。发射导弹后,摄像头摄取目标的红外图像并进行预处理,以得到数字化目标图像,经图像处理和图像识别,区分出目标、背景信息,识别出真目标并抑制假目标。跟踪装置则按预定的跟踪方式跟踪目标图像,并送出摄像头的瞄准指令和引导指令信息,使导弹飞向选定的目标。另一种是中远程导弹采用的发射后截获方式。导弹发射后,按预订路径自动飞向目标,在距离目标20km左右时打开导引头,将导引头获取的图像回传给飞机,由武器操作员控制导引头搜索目标,在发现、锁定目标后,导弹将采取上述目标跟踪方式对目标实施攻击。

2) 红外摄像头的主要类型

红外摄像头用来接收目标的红外辐射,并得到其数字图像信号。它一般由光学系统、放在焦平面的多元探测器和预处理器等组成。红外摄像头能获取景物热图像的关键是,先将景物按一定规律分割,即将整个景物空间按水平、垂直两个方向分割成若干个小空间单元,摄像头依次对各空间单元扫描,经探测器和预处理器送出目标的数字图像信号。目前得到广泛应用的主要有三种摄像头:光机扫描摄像头、红外 CCD 摄像头(IRCCD)和机械扫描 IRCCD 摄像头。此外,热释电摄像头也有发展,其主要器件是热释电摄像管,热释电材料有硫酸三甘肽(TGS)、钽酸锂(LT)、铌酸锶钡(SBN)等,靶面吸收入射的红外能转换为温升,再经转换而成电流信号输出,但是这些器件由于探测灵敏度限制或者很难做成较大规模的阵列,限制了其应用和发展。所以,目前导弹上应用的主要是 HgCdTe 或者 InSb 材料,典型的阵列规模为 128×128 阵列、320×256 阵列、640×512 阵列以及 288×4 线列、480×6 线列等。

(1) 光机扫描摄像头。

光机扫描摄像头的基本原理如图 7.17 所示,单元探测器与物空间单元对应,光学系统作方位及俯仰偏转时,单元探测器对应的物空间单元在方位、俯仰方向也相对移动。光学系统偏转角的大小决定了扫描空间范围。

早期使用的红外成像制导系统,基本都采用光机扫描摄像头。它由光学接收系统和扫描机构两大部分组成。扫描机构有两种扫描方式:平行光束扫描器和会聚光束扫描器。图 7.18 为最简单的平行光束扫描器,入射的平行光束直接经可摆动平面反射镜进入探测器聚焦系统。由于它是直接对由物方来的光线进行扫描,又称为物扫描系统。图 7.8 中物空间转角 θ 为扫描机构转角 γ 的 2 倍。

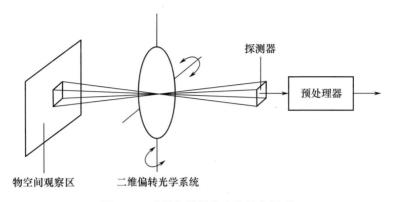

图 7.17　光机扫描摄像头的基本原理

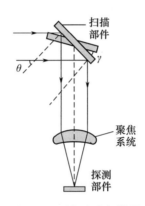

图 7.18　平行光束扫描器

目前应用的光机扫描光学系统的关键部分是一个紧凑、可靠、高度一体化的光机扫描器,它只有一个运动部件,起扫描和稳定陀螺作用的旋转反射镜(如 20 个反射面),每个镜面的垂直和水平角度都不同。多面发射镜旋转一周就把整个景物扫一遍。隔行的视场是由在视场之间移动折叠镜的位置来实现,由专门的隔行传动装置使折叠镜移动。

探测器组件由数个(如 4 个)从左向右横扫(如方位)的线列组成,每个线列又由多元探测器组成。每个探测元的输出经各自的前置放大器放大,然后经不同的延迟,将组合信号送往缓冲放大器,缓冲放大器抑制不需要的信号。由于延迟线延迟时间与扫描方向的扫描速度相匹配,使视场内相同部位所产生的信号都加在一起,这不但使信杂比提高,而且当一个探测有缺陷或发生故障时,图像中不会产生暗线或缺线。

(2) 红外 CCD 摄像头(IRCCD)。

IRCCD 摄像头是一种固体自扫描摄像头。所谓固体自扫描摄像头是通过面阵探测器来实现景物成像的。面阵中每个探测元对应物空间相应单元,整个面阵对应着整个观察区域空间。这种面阵探测器大面积摄像,经采样而对图像进行分割的方法称为固体自扫描系统,也称为凝视式系统。如面阵探测器是 CCD 形式,则采样转换方式变成 CCD 信号电荷转移方式,各探测元的信号电荷在转移脉冲的作用下迅速一次转移,输出到器件的外部。固体自扫描红外成像系统示意图如图 7.19(a)所示,IRCCD 摄像头的组成如图 7.19(b)所示。

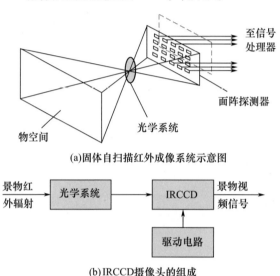

(a)固体自扫描红外成像系统示意图

(b)IRCCD摄像头的组成

图 7.19 固体自扫描红外成像系统示意图

面阵 IRCCD 的读出形式有帧转移方式、隔行转移方式等,这里着重讨论应用广泛的帧转移方式。帧转移方式的原理如图 7.20(a)所示,它由光敏区、存储区和水平读出区三部分组成。光敏区由若干条并列的 IRCCD 线阵组成。存储区则由相同条数的移位寄存器组成,与光敏面区相连接。水平读出区是一条移位寄存器,连着存储区。为防止信号电荷被玷污,存储区和水平读出区都应遮光。积分阶段,整个光敏区对整幅图像信号电荷积分存储;积分结束后,光敏区的图像信号电荷全部快速地转移到存储区。存储区的结构与光敏区结构一一对应。可见,这种信号电荷的积分和转移是对整帧图像进行的,积分阶段相当于帧扫的正程,转移阶段相当于帧扫的回程。在下一帧积分的同时,存储区的信号电荷逐行地转移到水平读出区,然后转移输出。水平读出区写入存储区的信号电荷是一行行地写入的,在水平读出区一个行扫周期内正程读出一行信号,回程则并行写入一行各列存储区的信号。如此一行接一行写入读出,最后组成完整的全帧图像视频信号。

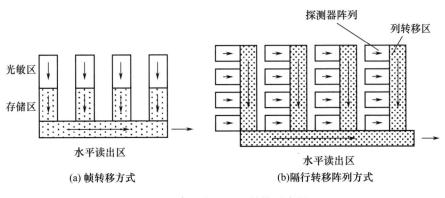

图 7.20　面阵 IRCCD 结构示意图

图 7.20(b)为隔行转移阵列方式原理图。积分阶段,光生载流子存储区在探测器阵列的势阱中。积分结束后,探测器阵列存储的信号电荷先分别并行转移到相邻的列转移区;再积分时,列转移区中暂存的信号再转移到水平读区去输出。水平读出区读取列转移区的信号过程与帧转移中水平读出区读取存储区信号过程相同。

(3) 机械扫描 IRCCD 摄像头。

目前很多红外成像制导系统中,还有采用一维机械扫描 CCD 成像器的摄像头,其主要类型是线阵推扫成像和时间延迟 – 积分方式工作的二维 CCD 阵列成像。

① 线阵推扫成像。当飞行器相对目标平面作线性运动时,利用目标相对摄像头的运动产生一维像面,通常称为推扫法,如图 7.21(a)所示。当摄像头和所要观察的景物相对运动速度恒定时,采用的线阵探测器会掠过景象,景象便变成一连串的条形带。目标平面沿轨道最小可分辨的尺寸 $d_{\min}$,由经光学系统投射到目标平面的探测器速度 V_0、探测器的积分时间 T 决定,如图 7.21(b)所示,即

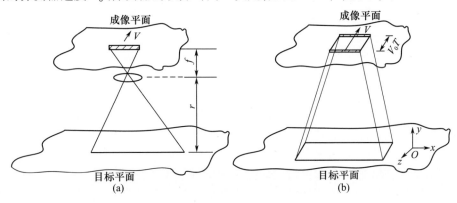

图 7.21　推扫成像系统的工作示意图

$$d_{\min} = V_0 T \qquad (7.7)$$

则投影到成像平面的目标平面内一点的速度为

$$V_i = (f/r) \cdot V_0$$

式中:f 为光学系统的焦距;r 为目标平面到成像平面的距离。

而输出信号 S 与输入照度 H 及积分时间成比例,即

$$S \propto HT \qquad (7.8)$$

由于 S 和 $d_{\min}$ 都与 T 有关,必须折中考虑 T,以使 S 和 $d_{\min}$ 达到允许值。

线形成像阵列的信号读出方式和前面叙述的 IRCCD 相似。

②时间延迟积分(Time Delay Integration,TDI)阵列。阵列是在 x 方向有一列 M 个探测单元组成,如图 7.22(a)所示,当飞行器掠过景物时,以 V_i 速度在 x 方向对各列信号进行电延迟,并把每一列中所有单元的输出叠加,输出信号将比单元尺寸相等的一行阵列的信号大 M 倍,这种方法也称为延迟叠加法或像移补偿法。这样,式(7.7)、式(7.8)变为

$$d_{\min} = V_0 T$$
$$S \propto HMT \qquad (7.9)$$

所以,虽曝光时间增加 M 倍,但几何分辨力不受影响。

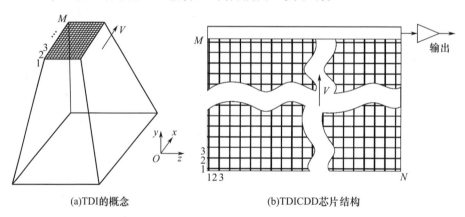

(a)TDI的概念   (b)TDICDD芯片结构

图 7.22　TDI 阵列成像原理

通常的 TDI CCD 芯片结构如图 7.22(b)所示,平行的成像列由 M 个延迟 – 积分级(CCD 级数)组成,共有 N 列。它们同时向一个 N 级 CCD 串行移位寄存器进行多路传输。所有的列都对红外辐射起作用,只有水平输出寄存器遮光。

应用 TDI 法时,应当使电荷包的平均速度等于图像掠过探测器的速度。当采用线形 TDI 成像器时,也可使摄像机镜头在垂直于阵列长方向上摆动,同样会产生 TDI 作用。TDI 成像器能增强图像对比度,这一点比凝视探测器优越。

3）目标图像识别和跟踪

从 CCD 探测原理研究出发,可以分析强光照射造成器件饱和的物理机制,研究目标不仅是使器件饱和,而且还要使目标图像淹没在干扰图像中,造成目标位置偏差,因此还需要探讨导弹的目标图像识别和位标器的跟踪算法。

（1）目标图像的识别。

目前,由于红外图像的空间分辨力不如可见光图像高,因此对红外图像的识别一般采用模式化图像像素和扫描线的逻辑判定和识别方法,即利用目标图像中各像素间的相对位置与干扰背景的差别,抽象出若干逻辑条件,应用这些条件设计微处理机。

下面介绍一种典型的模式识别技术,来说明一种简单的图像识别思路。这种模式识别技术的实质是,根据模式化了的目标图像特点,抽象出一些逻辑条件,图像处理电路把满足这些条件的图像当作“目标”识别出来,否则便排除。它的处理程序是:提取目标图像模式;规定相应的逻辑条件;图像处理电路根据抽象出的条件判别图像;识别输出。

① 制导“图像”。对成像制导而言,识别目标所需的最少行一般为 8 ~ 13 行。如探测器的空间分辨力为 $\beta \times \alpha$,α 对应 y 的方向,β 对应 z 的方向。设探测器视场为 $A \times B$,则在 y、z 方向的像元数分别为 m、n,即

$$m = \frac{A}{\alpha}, \quad n = \frac{B}{\beta}$$

每帧的图像像素则为 mn。当空间分辨力给定时,对一定尺寸的目标可用数条行扫线的模式来识别。如对一定距离的军舰可用图 7.23(a)所示的 4 条行扫线及相应的像元数 n_1、n_2、n_3、n_4 来识别。而红外诱饵、岛屿、反射太阳带等干扰的图像模式如图 7.23(b)所示。当根据四条行扫线和相应的像元数设计好识别电路后,上述干扰便被排除。

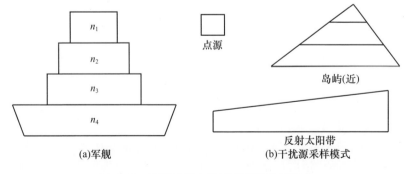

图 7.23　军舰及海上常见干扰源采样模式

② 图像识别处理器。仍以图 7.23(a)中的军舰为例来说明,则对应的 4 条目标图像行扫线如图 7.24(a)所示。图中,T_0 为行扫周期;τ 为采样输出的一个像元的脉冲宽度;n_1、n_2、n_3、n_4 为各行扫线对应的像元数。由此,可设计出一个目标图像识别处理器,其原理图如图 7.24(b)所示,图中的时间关系为

$$\begin{cases} t_i > n_i \tau \\ \Delta t_i = T_0 - \dfrac{1}{2}(n_i + n_{i+1})T \end{cases}$$

式中:$1/n_i$ 为次 n_i 分频脉冲技术器;Δt_i 为将脉冲延迟 Δt_i 时间;t_i 为由输入脉冲产生一个宽度 t_i 的门脉冲。

因此,每条行扫线在给定的逻辑门宽度 t_i 内产生一个脉冲,各行扫的输出脉冲又经计算器,最后给出捕获信号,把系统转入跟踪状态。

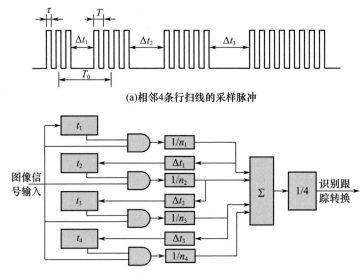

(a)相邻4条行扫线的采样脉冲

(b)4条行扫线的图像识别处理器

图 7.24 一种模式图像识别处理器原理图

(2) 目标图像跟踪技术。

成像导引头中的图像跟踪技术,包括信息预处理电路、图像信号的处理和跟踪。

信息预处理电路一般装在导引头内,它把探测器输出的信息进行放大、滤波,并将模拟量变为数字量。图像信号的处理和跟踪,则通过高速信号处理电路和快速运算部件,如目前广泛应用的 DSP 和 FPGA,从图像中提取重要的信息,并完成对目标的跟踪和选择瞄准点等功能。有些制导系统中的信号处理器还要完成目标

识别的功能。

目前，红外成像导引头的目标图像跟踪器一般是选通视频跟踪器，其基本原理是应用跟踪窗或波门把包含目标的全视场景象分为几个部分，并在处理中抑制落在窗外的视频信息，以增强目标与背景视频信号的对比度，以一定的逻辑或算法对目标图像跟踪。目标图像跟踪器分为尺寸固定、电气可动的跟踪窗跟踪器，自适应跟踪窗跟踪器和面积相关跟踪器。尺寸固定跟踪窗的跟踪器以边缘跟踪器用得最多；属于自适应跟踪窗跟踪器的有面积平衡跟踪器和形心跟踪器。下面简要讨论上述各种跟踪器。

① 边缘跟踪器。这种跟踪器是让尺寸固定的跟踪窗（或波门）捕获目标信号的边缘。其可能的方块图及对应的波形如图 7.25 所示。扫过目标的一条行扫线上的视频信号（已经预处理）经微分、整流和阈值切割，从而控制目标边缘进入固定的跟踪窗。这种跟踪方法由于对目标信号边缘进行了增强处理，使跟踪窗锁定在目标图像的边沿上，且远离目标的形心，影响了跟踪性能，特别是目标边缘的摆动将引起跟踪窗的漂移，使脱靶量加大。但这种跟踪器基本上没有盲区，因为它不会使目标图像充满探测器的有用视场。

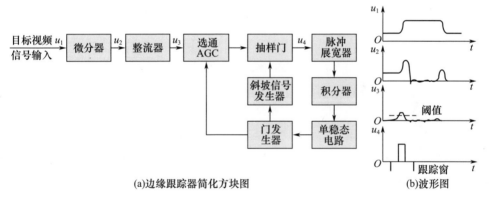

(a)边缘跟踪器简化方块图　　　(b)波形图

图 7.25　边缘跟踪器原理

(a)边缘跟踪器简化方块图；(b)波形图。

② 面积平衡跟踪器。类似于单脉冲跟踪雷达，它把跟踪窗内的视频信号分为四个象限，由操纵人员将跟踪窗套在目标上，跟踪窗尺寸也自动随目标图像而增大（是跟踪器至目标距离的函数）。通过对 4 个象限中包容的目标面积不平衡测量得到瞄准误差信号，主跟踪窗外边至少有 4 个仅对背景抽样的背景跟踪窗。这样，把目标跟踪窗内的视频信号分成两个象限对，如图 7.26(a)所示，一个用来定位垂直中心线，一个用来定位水平中心线。面积平衡跟踪器中的阈值技术，采用了双电平视频处理方法，有两种方案：图 7.26(b)上图，将跟踪窗中目标视频信号峰值μ_m

和背景窗中平均视频电平μ_n相加,取其和的50%作为阀值μ_T,即

$$\mu_T = \frac{1}{2}(\mu_m + \mu_n) \tag{7.10}$$

图7.26(b)中下面的图说明了另一种阀值技术,先确定$\mu'_m < \mu_m$,使跟踪窗内视频信号的一个固定的小部分(画线部分)保持在μ'_m之上;同样,使$\mu'_n < \mu_n$,使跟踪窗内视频信号的一小部分(画×字线部分)保持在μ_n之上,这时,阀值电平为

$$\mu_T = \frac{1}{2}(\mu'_m + \mu'_n) \tag{7.11}$$

用这种阀值把目标视频信号划分为$+1$(高于阀值)和-1(低于阀值)的像素。不断校正跟踪窗中的尺寸和位置,以平衡四个象限中$+1$像素量。于是,主跟踪窗中的目标视频信号被数字化,而数字化的视频中心就是跟踪点。

面积平衡跟踪器已经得到成功的应用,如"幼畜"空地导引头中,便采用了这种跟踪器。

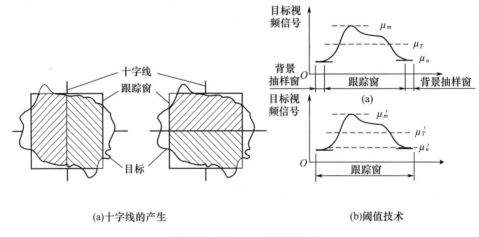

(a)十字线的产生   (b)阈值技术

图7.26　面积跟踪器原理图

③ 形心跟踪器。形心跟踪器也称为矩心跟踪器。为说明形心跟踪器原理,先要讨论矩心的概念。设有一个质量均匀分布的质量块,密度为ρ。则质量相对于x轴、y轴取矩M_x、M_y分别为

$$M_x = \iint \rho x \mathrm{d}x\mathrm{d}y$$

$$M_y = \iint \rho y \mathrm{d}x\mathrm{d}y$$

矩心的坐标$\bar{X}$、$\bar{Y}$分别为

$$\bar{X} = \frac{\iint \rho x \mathrm{d}x\mathrm{d}y}{\iint \rho \mathrm{d}x\mathrm{d}y}$$

$$\bar{Y} = \frac{\iint \rho y \mathrm{d}x\mathrm{d}y}{\iint \rho \mathrm{d}x\mathrm{d}y}$$

与上述类似,当辐射均匀的目标图像如图 7.27 所示时,如把图像分成 N 条水平窄带(行扫线),则目标图像的形心分别为

$$\bar{X} = \frac{\displaystyle\sum_{i=1}^{N}\sum_{j=1}^{M} A_{ij}\frac{X_{L_{ij}} + X_{T_{ij}}}{2}}{\displaystyle\sum_{i=1}^{N}\sum_{j=1}^{M} A_{ij}} \tag{7.12}$$

$$\bar{Y} = \frac{\displaystyle\sum_{i=1}^{N} Y_i \sum_{j=1}^{M} A_{ij}}{\displaystyle\sum_{i=1}^{N}\sum_{j=1}^{M} A_{ij}} \tag{7.13}$$

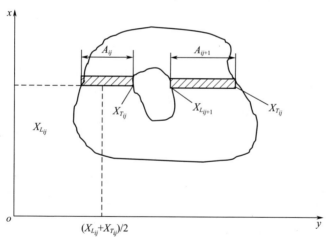

图 7.27　形心的确定

在形心处理跟踪器中,利用处理器测定每一行上的目标前后沿位置(或时间),使跟踪处理能和变化的目标轮廓匹配。视频处理器的执行机构包括双通道处理,一个处理上升沿,一个处理下降沿,而且它们各自产生自己的阈值。在处理中同时完成平滑作用,其时间常数约为几帧(如 3 帧或 4 帧时间)。这样,就可以目标起点和终点的 X、Y 坐标所确定的选通视频序列来表示目标,进而可采用目标

形心位置的算法,这种算法比较简单,并可适应不同目标的形状。分析表明,如空间目标强度分布接近抛物面形,外来噪声是白色或高斯分布时,目标形心算法是最佳的。

7.1.2.3　红外成像制导系统的薄弱环节

红外成像制导系统包括对目标探测、图像的截取、视频信号产生、处理以及跟踪点选取、位置信号产生等环节。从直观上看,红外诱饵一定会在位标器视场内产生图像的变化,但这种变化并不一定能够产生干扰效果。干扰效果主要从下面的几个步骤对导弹制导信息产生的影响程度来分析。

(1)景物图像的截取。景物图像的截取主要包括系统对警戒空间的搜索,把景物图像成像到光电探测器上。

(2)景物图像视频信号的产生。光电探测器把景物图像的光信号转变成电信号,形成景物图像的视频信号,该信号中既有目标的信号,也有背景与干扰的信号。

(3)视频信号处理。通过对视频信号的预处理、特征提供和特征选择、目标分类,把景物图像分成目标区、干扰区和背景区,并提取目标。

(4)跟踪点的选取。一旦捕获到目标,系统立即设置跟踪波门套住目标,然后依据单模或多模跟踪方式,用相应的跟踪算法来选定跟踪点。

跟踪过程中,考虑到目标的运动,其图像的位置与大小不断变化,通常根据前 n 帧的跟踪点,按一定的预测规则预测下一个跟踪点和从跟踪算法获得的跟踪点加权平均得出实时跟踪点的坐标。但若波门内出现了干扰物等其他使系统无法识别出目标的因素时,就直接采用预测得到的跟踪点而进入预测跟踪状态,但这种跟踪状态只能维持一段有效的时间。

(5)目标误差信号的产生与对伺服机构的控制。当跟踪点位置与波门中心和导引头瞬时视场中心(对应于瞄准线形成的中心)不重合时会产生误差信号。该信号一方面去控制扫描机构,调整导引头光学系统的光轴,逐步接近跟踪点;另一方面同时输出给导弹自动驾驶仪去控制导弹的飞行以跟踪目标;最后使视线、瞄准线重合穿过跟踪点,则导弹与目标相遇。

只要能使上述五个环节中的任意一个或一个以上出现差错(包括信息的丢失、技术参数的恶化等),都可以达到一定的干扰效果。

7.1.2.4　红外诱饵成功干扰的条件与方法

用红外诱饵来干扰红外成像制导系统主要有以下几个方面:

1)导弹离目标较远时

导弹离目标较远时,目标像点很小,只占几个像元,此时导弹只能按点源方式跟踪,因此红外诱饵的干扰可按对点源制导导引头实施干扰的方法进行。

但此时要达到干扰成功,须使目标逃离导弹头的搜索视场范围,为此,红外诱饵除了需要足够的辐射功率外,还有更长的有效燃烧时间,或者通过精心安排顺序和方法发射多发诱饵弹。

一旦导弹与目标距离接近到目标像斑占据 8 个以上像元而进入亚成像跟踪阶段,就有可能识别点源诱饵,从而抛弃诱饵重新进入搜索状态,若目标已脱离导弹搜索视场的范围,则干扰成功。

2) 对于成像制导阶段的干扰

当导弹与目标距离缩短时,系统进入成像跟踪阶段,导弹采用波门中心和尺寸均能随目标变化的自适应波门质心跟踪方式。

当导弹进入末制导阶段,因目标图像较大,采用质心法可能会因波门太大而无法工作,所以一般采用相关跟踪方式,其波门也是自适应的,以减少计算工作量和噪声的影响,因此,在此阶段要干扰成像制导,重点是要设法干扰导弹的波门。

红外诱饵要想干扰导引头设置的波门,可以使用如下方法。

(1) 扩大波门。扩大波门的方式有两种。一种是诱饵的有效辐射区要大,其面积要超过目标,而且要与目标图像部分融合,这样可使波门扩大,其所得质心坐标与目标真实质心坐标之间有较大偏离。或者由于目标红外辐射分布被严重破坏,使制导系统无法识别目标,从而无法进入跟踪状态,或者只能进入预测跟踪状态。一种是诱饵的辐射强度大,使导引头形成的诱饵像斑饱和并扩展成面目标,进而在投放时拖引波门,多发连续投放就会使波门不断抖动,从而降低导引头跟踪目标的能力或使导弹失锁。

(2) 增加干扰时间。诱饵的大面积辐射区必须保持足够长的时间,一般保持 $1 \sim 2s$,使预测跟踪失效。

(3) 调整运动状态与数量。若采用与目标红外辐射图像相似的诱饵,成像系统识别为两个目标,这时导引头视场中就出现了两个目标。若诱饵与目标呈单一运动情况(如克服导弹横向速率鉴别的影响),则系统将设置一个大波门,设 x_i, y_i 为其中一个目标的坐标预测值,则共同大波门的中心坐标为

$$\begin{cases} x_T = \dfrac{x_1 + x_2}{2} \\ y_T = \dfrac{y_1 + y_2}{2} \end{cases} \tag{7.14}$$

当波门设定后,若下一帧的目标图像落在预测波门内,则可逐帧建立起两个目标的轨迹,若随着导弹飞行而目标超出波门,目标位置信息中断,就有可能使目标脱离被跟踪的状态。

若两个目标始终在波门内,跟踪伺服机构驱动视场,以与单一运动状态的两目

标相同的速度跟踪波门内的所有目标,导弹将选择两相同目标的质心作为跟踪点,若偏离超过导弹的杀伤半径,将使目标得到保护。

若诱饵与目标的运动状态不一致,则对两目标单独设立波门,而导弹依据对各个目标的航迹进行判定。作为跟踪选择,一旦选定某一目标对其进行跟踪后,其余目标可能将从视场中逐渐消失,所以目标有可能脱离跟踪视场。但是由于波门的参数是综合前数帧目标参数来预置的,目标参数可采用滤波方法减少干扰的影响。因此,采用合适的波门预测方式和滤波方法,可以使导弹保持对原来目标的稳定跟踪,而诱饵逐渐离开波门,使干扰失败。由于导弹处理多目标的能力是有限的,若大量投放模拟目标的诱饵,使制导系统的图像处理能力饱和,无法进行数据处理,系统最多只能进入预测跟踪状态,若这种状况保持足够长的时间,预测跟踪失败,就可以达到成功的干扰。

7.1.3 红外诱饵的特性与数学模型

7.1.3.1 红外诱饵的材料

按辐射源性质,红外诱饵可分为以下几类:

1) 烟火剂类诱饵

烟火剂类诱饵是利用物质燃烧时的化学反应产生大量烟云,并发射红外辐射的一种诱饵。它是应用较广的诱饵,传统机载红外诱饵都是烟火剂类诱饵。

烟火剂一般由燃烧剂、氧化剂和黏合剂按一定比例配制而成。其中燃烧剂常选用燃烧时能产生大量热量的元素,如 Er、Al、Ca、Mg 等。由于这几种元素氟化物的发热量一般比氧化物大,因此选用高分子聚合物 $[-CF_2-CF_2-]n$ 作为氧化剂比较合适,而且高分子聚合物中有大量的 C 原子,若配比合适,燃烧时将产生大量游离态的 C,有利于提高诱饵的辐射强度,这一点将在后面详细分析。常用的烟火剂是由粉末状的镁粉及聚四氟乙烯(PTFE)树脂组成。这一类诱饵的辐射波长一般为 $1.8 \sim 5.2\mu m$,若添加 $TiCl_4$,也可拓展到 $8 \sim 12\mu m$。

2) 凝固油料类诱饵

凝固油料类诱饵将产生 CO、CO_2、H_2O 等物质,并发射红外辐射,它们是选择性辐射,CO_2 辐射的主要红外光谱带是 $2.65 \sim 2.80\mu m$、$4.15 \sim 4.45\mu m$、$13.0 \sim 17.0\mu m$。H_2O 红外辐射的主要谱带是 $2.55 \sim 2.84\mu m$、$5.6 \sim 7.6\mu m$、$12 \sim 30\mu m$。

凝固油料类诱饵与飞机等武器装备的发动机燃料燃烧所发射的红外光谱相近,所以能较好地模拟目标热辐射性质。

3) 红外热气球诱饵

在特制气球内充以高温气体的红外诱饵称为红外热气球诱饵。它在空中可停留较长时间,用以掩护重要的战略目标,如弹道导弹弹头等。

4) 红外综合箔条

金属箔条如铝箔条的一面涂以无烟火箭推进剂作为引燃药,投放时,大量箔条燃烧在空中形成"热云"吸引红外寻的导弹,金属箔条另一面光滑,布散到空中,通过对太阳光的散射,在近紫外、可见到近红外波段对导弹形成干扰。同时,长短合适的金属箔条还可以形成雷达的假目标,所以这是一种可实现宽波段干扰的诱饵。

7.1.3.2　红外诱饵的辐射特性

红外诱饵能够在 $1 \sim 3\mu m$ 和 $3 \sim 5\mu m$ 两个大气窗口内产生强红外辐射,一般高于目标辐射 $2 \sim 10$ 倍,在红外导引头内形成干扰信号,并造成位标器产生错误跟踪指令,控制舵机摆动时间和过零点发生变化,进而丢失目标。对红外诱饵干扰方式来说,红外辐射强度是一个比较重要的战术指标,直接影响干扰效果的好坏[7-8]。

对于烟火剂型红外诱饵,其主要靠燃烧产物中的固体微粒产生辐射,可将其看作灰体辐射,发射率一般取 $0.85 \sim 0.9$,已有较为成熟的计算方法。需要关注的是,诱饵的辐射强弱不但与微粒的组成有关(焦炭粒子辐射强烈,一般灰粒相对较弱),也与微粒尺寸相对于辐射波长的大小有关。当微粒直径 $d < 0.2\lambda$ 时,诱饵燃烧的火焰对辐射呈半透明状态;若 $d > 2\lambda$,则火焰对辐射呈不透明状态,此时带微粒火焰本身对辐射也有衰减作用,其衰减系数为

$$K = \frac{3}{2} \cdot \frac{G}{d\rho} \tag{7.15}$$

式中:G 为单位体积中所有微粒的总质量;ρ 为单个微粒的密度;d 为微粒的直径。

可见带微粒火焰的辐射发射与吸收与各微粒总的质量浓度和微粒的直径有很大关系。

对于凝固油料型红外诱饵,其充分燃烧时产生 CO、CO_2 气体以及水蒸气,它们的辐射是选择性辐射。对于选择性辐射,也有理论计算方法,但各种材料的选择性辐射参数需要通过查阅专业书籍获得,计算较为烦琐。在实际应用中,由于诱饵燃烧时其辐射面积难以确定,所以,常用经验公式为按点源来计算诱饵燃烧时的辐射强度:

$$I_0 = \dot{m} E_\lambda \tag{7.16}$$

式中:$\dot{m}$ 为燃料的燃烧率(g/s);E_λ 为燃料的比辐射强度(J/gsr)。

燃料燃烧率 $\dot{m}$ 由下式计算

$$\dot{m} = \rho_f \cdot s \cdot r \tag{7.17}$$

式中:ρ_f 为燃料粒子的密度;s 为燃烧的表面积;r 为燃烧表明的线性衰退率。

r 可由下式计算,即

$$r = aP^n \tag{7.18}$$

式中:P 为周围大气的压强;n 为经验常数,与样品的燃烧率有关,通常小于1;a 为经验常数。

由于运动中的诱饵的表面所受到的滞止压强比大气压强 P 多出一项 $\frac{1}{2}\rho_a v^2$ (ρ_a 为大气密度,v 为诱饵运动速度),所以其燃烧速率略有增加,这一点已被风洞试验所证实。

燃料的比辐射强度为

$$E_\lambda = \frac{1}{4\pi}H_e F_{\Delta\lambda,T} d_e d_\omega d_s \tag{7.19}$$

式中:H_e 为燃料燃烧热值(J/g);d_e 为辐射源静态辐射因子,在绝大多数情况下,取为0.75;d_ω 是气流衰减因子,其根据诱饵飞行条件的不同由试验确定,取值范围在0.1~1.0之间,诱饵在静止时取1.0,接近声速时取0.1,图7.28为气流衰减因子随马赫数变化的曲线;d_s 是诱饵燃烧时羽烟的形状因子,与对羽烟的观测方向有关,粗略地可看作在某方位,视场所观测到的辐射源面积与在尾追时观测到的面积之比,一般取值为2.0~1.0;$F_{\Delta\lambda,T}$ 表示辐射源总的辐射出射度值与其在有效波段内的光谱段辐出度之比,一般可用下式计算:

$$F_{\Delta\lambda,T} = \frac{1}{\varepsilon\sigma T^4}\int_{\Delta\lambda} \frac{\varepsilon_\lambda c_1}{\lambda^5} \frac{1}{e^{c_2/\lambda T} - 1}d\lambda \tag{7.20}$$

式中:ε 为平均发射率,通常假设为1.0;ε_λ 为光谱发射率。

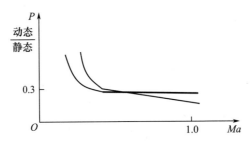

图7.28 气流衰减因子随马赫数 Ma 变化的曲线

7.1.3.3 红外诱饵的辐射光谱特性

烟火剂类诱饵燃烧所产生的辐射波长范围按灰体热辐射计算,因此可以得到相对宽的波长范围,根据被保护目标的需要来确定其燃烧温度。例如,对飞机而言,需要波长为 1.8~5.4μm 的辐射,因此,按维恩定律可计算出燃烧温度为537K < $T_燃$ < 1609K。

采用镁加聚四氟乙烯的烟火剂,其燃烧后的辐射光谱曲线如图7.29所示。

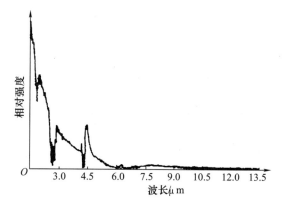

图 7.29 镁加聚四氟乙烯烟火剂燃烧后的辐射光谱曲线

为了进一步扩展其波长范围,可以在诱饵弹中加装添加剂。如掺入四氧化钛 ($TiCl_4$),利用烟火剂燃烧产生的热量,使 $TiCl_4$ 气化而发射出可覆盖 $8 \sim 12 \mu m$ 波长范围的辐射,如图 7.30 所示。

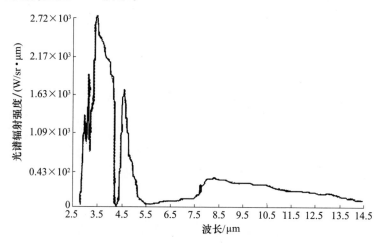

图 7.30 红外诱饵静态红外辐射光谱分布曲线

由图可见,掺入 $TiCl_4$ 后,长波红外辐射得到显著提高。

7.1.3.4 红外诱饵的时间特性

诱饵的时间特性主要包括起燃时间和作用时间。

(1)起燃时间:诱饵弹在离开导引头视场之前,必须达到其有效的光辐射强度,在零点几秒之内达到有效辐射强度。但是某些导弹导引头可以将信号电平的迅速增长判断为有诱饵干扰的证据,并采取相应的对抗措施。因此,诱饵设计者必须采取反对抗措施。

（2）作用时间：一般来说，诱饵燃烧的持续时间越长越好，以确保目标不被重新捕获。图 7.31 是红外诱饵静态燃烧时红外辐射强度随时间变化曲线。

通常情况下，诱饵在高空动态辐射特性与静态特性是不同的，由于空气密度的影响，诱饵动态燃烧时间比地面静态时间要长。

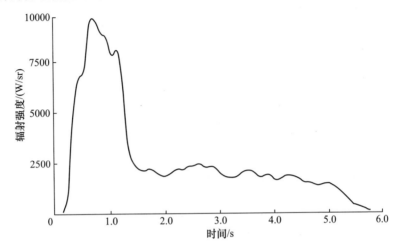

图 7.31　红外诱饵静态燃烧时红外辐射强度随时间变化曲线（3 ~ 5μm）

7.1.3.5　红外诱饵的运动特性

红外诱饵弹应根据来袭导弹的方向选择最佳发射方向，以保证诱饵与载机同时载导引头视场内停留时间尽可能长，从而使载机能逃离视场。其运动特性可按质点模型计算，国内已有成熟计算方法，在此仅给出部分结论。

图 7.32 为不同投放方向 θ 下的诱饵离开载机的弹道示意图。

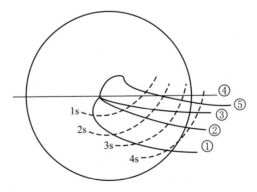

①θ=0°；②θ=90°；③90°<θ<180°；④θ=180°；⑤θ>180°。

图 7.32　不同投放方向 θ 下的诱饵离开载机的弹道示意图

图 7.33 为一个 500g 圆柱形诱饵弹,从平飞的飞机上向下以 30m/s 速度抛射,燃烧 4s,在不同高度,12km、6km、3km,不同的气流速度下,诱饵离开飞机的轨迹。

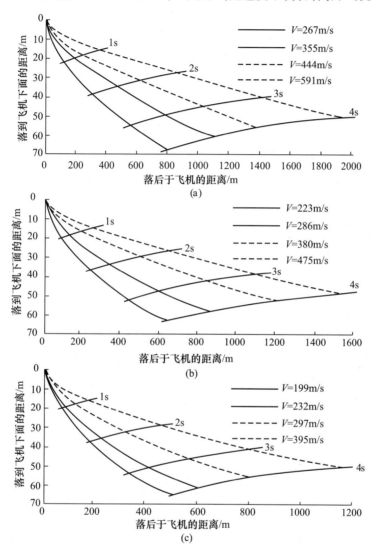

图 7.33　诱饵离开载机的轨迹

7.1.4　新型诱饵

红外面源诱饵、多点源红外诱饵、红外伴飞诱饵是目前正在发展的新型机载红外诱饵,本小节重点分析其干扰机理和面临的问题。

7.1.4.1 红外面源诱饵

红外面源诱饵主要是在投放后,能够以极快的速度展开成较大的面积,并能产生一定红外辐射的一种新型干扰诱饵,重点用于对抗红外成像制导导弹。例如,前面提到的红外综合箔条就是一种面源干扰诱饵。它的干扰机理是通过在红外成像导引头接收的目标图像中增加诱饵图像,使导引头的质心和相关两种跟踪中心产生偏移或跟踪离开飞机的"诱饵云",通过连续发射,使导引头跟踪点频繁产生抖动或被诱饵拖走。目标跟踪点的频繁抖动,将使导弹频繁机动而造成动能快速下降或直接脱锁,难以命中目标[9-10]。

红外面源诱饵的运动规律与箔片的运动规律相似,有关分析计算在《雷达箔条干扰原理》一书中已有详细论述,感兴趣的读者可以参考。

虽然世界上机载红外面源诱饵已经有型号列装部队,但主要装备慢速飞机或直升机。因为诱饵投放时难以快速展开,在慢速飞机或直升机上投放时,诱饵展开时与载机的距离较小,可以对红外成像制导导引头造成有效干扰。但如果在战斗机等高速飞机上投放,可能会由于空气阻力较大而在未能形成较大面积时就已经与载机脱离,其图像不能与载机图像连接在一起,此时就难以对成像导引头造成有效干扰,干扰效能不明显。如何在此阶段有效发挥干扰能力,不仅需要设计师优化红外面源诱饵的散开特性,还需要通过多高度、不同速度投放试验,最终确定好合适的投放时间和展开时间后才能在高速飞机上推广。

7.1.4.2 多点源红外诱饵

多点源红外诱饵主要是一个诱饵在投放后能够形成多个诱饵,且诱饵的红外辐射强度不一致(与前面提到的"冷—热"式诱饵相似),可有效提升传统红外诱饵的干扰效能。它的干扰机理是,由于单个红外诱饵已经难以对抗第三代红外点源制导导弹和第四代红外成像制导导弹,只有多发成组、多组投放,使导引头视场内存在多个假目标,才能有效提升干扰效能。因此,通过一个诱饵变两个、三个诱饵,且诱饵辐射强度不一致,多个诱饵连续投放,将极大增大导引头的抗干扰压力,而弹载计算机能力有限,从而大幅提高干扰概率。而飞机能够加装的红外诱饵数量有限,通过这种方式相当于增加了机载红外诱饵数量,因此是一种快速提高飞机对抗红外制导导弹能力的有效途径。

多点源红外诱饵的运动规律、红外辐射特性等与7.1.3节所述相似,在此不再赘述。

但是需要关注的是,如果诱饵辐射强度下降太明显的话,在红外成像制导导弹进入成像状态后,本来单枚传统诱饵还可以由于辐射强度高而使像斑扩大、影响导引头跟踪点,改成小诱饵后,如果失去此能力,将可能不能对抗成像状态,因此,必须保留其中一个小诱饵的高辐射强度,或者传统诱饵与多点源诱饵一起投放才能解决此问题。

7.1.4.3　红外伴飞诱饵

红外伴飞诱饵主要是在投放后,能够利用自身动力、滑翔组件在载机运动方向上伴随飞行一定距离,且红外辐射特性与载机相差不大的诱饵。它的干扰机理是,对于有运动鉴别抗干扰措施的导引头而言,其投放初期与载机运动特征类似,红外辐射特性也没有突变,使导弹难以区分真假目标,加上多发连续投放、载机机动,可以极大提高干扰概率;对于红外成像制导导弹,在其点源制导阶段,此种措施同样可以增大其抗干扰难度。

红外伴飞诱饵的运动规律与机载火箭弹类似,已有成熟论述,在此不再赘述。

红外伴飞诱饵的设计难点是,机载诱饵一般垂直于载机航向投放,诱饵投放后必须面临调整姿态、改变速度方向这一阶段,对于载机而言,如果这个阶段诱饵没有调整好,可能发生影响载机飞行安全的事故,需要特别谨慎、小心设计和大量试验验证。

7.2　强光诱饵干扰

空地导弹红外成像末制导实质上是红外景象匹配制导,利用导(炸)弹上红外传感器获得目标周围景物图像,得到导(炸)弹相对目标的偏差,形成引导指令,将导(炸)弹引向目标。

与其他辅助制导措施如激光雷达、毫米波雷达、半主动式激光制导相比,采用红外成像末制导是实现精确导引的低成本且有效的措施。红外成像末制导还有受干扰的可能性较小、易与弹体捷联的优点。

导引头一般采用被动式红外成像探测方式,对固定目标如建筑物、机场跑道、桥梁、舰船等及其周围红外辐射进行探测并成像,并将图像传送给弹上计算机并与预存图像相关,得到方位和俯仰偏差,控制弹体的姿态和运动方向。系统一般在弹体离目标 5~20km 内开始启动,直至命中目标。系统由红外光学系统、红外焦平面阵列、信号和图像处理电路以及相应的机械系统组成。红外制导系统功能框图如图 7.34 所示。

对于空地红外制导导弹,目前多采用激光干扰的对抗方法,对抗手段技术复杂,研制成本高。针对此问题,本节讨论一种采用强光红外诱饵对抗红外制导武器的新思路,能够以较低的成本实现有效干扰,且设计合理时还可以实施支援防护。

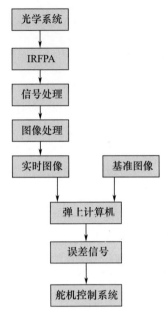

图 7.34　红外制导系统功能框图

7.2.1　强光对成像系统的干扰阈值试验与干扰距离分析

国内外已陆续开展了激光损伤 CCD 光电探测器方面的试验研究,取得了大量成果,分别测量了热熔融阈值、光学击穿阈值、直接破坏阈值,但大多限于对 CCD 探测器单元本身进行损伤,很少对 CCD 探测器安装镜头组成探测系统开展干扰与损伤试验,对目前广泛应用的中波制导的干扰与损伤试验也缺乏深入研究。从美国反卫星试验看来,上百万瓦的激光未能使探测器损伤,而 200W 的激光也能对探测器实现饱和干扰,说明探测器的饱和范围很宽。为了研究强光干扰的可行性和使用方法,需要给出干扰距离和干扰阈值,因此,对此开展了相关试验和分析。

7.2.1.1　实验室试验

1) 试验的可类比性

采用现有 3～5μm 红外热像仪模拟红外导引头进行干扰效果的验证,试验过程中使红外热像仪的状态与红外成像导引头的状态基本一致,包括温度响应范围、视场角、帧频等,观察并记录不同能量激光(3～5μm)在红外热像仪内所形成的光斑样式及变化情况,根据试验得到结论。

典型导弹红外成像导引头探测器为凝视焦平面阵列,其主要技术指标如下:

(1) 探测器阵列形式为 256 ×256 元;

（2）帧频为 100Hz；

（3）光学增益为 $10^6 \sim 10^8$；

（4）视场角为 $3° \sim 4°$。

因此模拟用红外热像仪探测器也应该为凝视焦平面阵列。红外热像仪与成像导弹位标器主要技术指标对比如表 7.1 所列。

表 7.1　红外热像仪与成像导弹位标器的技术指标对比

指标类别	成像导弹位标器	红外热像仪
工作波段	$3.5 \sim 5\mu m$（InSb）	$3.7 \sim 4.8\mu m$（MCT）
帧频	$80 \sim 120$Hz	$50 \sim 400$Hz 可调
光学孔径	$100 \sim 120$mm	100mm
阵列形式	256×256 元	256×256 元
探测器 D^* 峰值	1×10^{12} Jones（cm·Hz$^{1/2}$/W）	5.6×10^{11} Jones（cm·Hz$^{1/2}$/W）

探测器的各项指标如下：

（1）阵列形式为 256×256 元；

（2）填充因子 $>80\%$；

（3）光谱范围为 $3 \sim 5\mu m$；

（4）f 数为 $f/2$；

（5）信号响应为 7mV/K；

（6）NETD <25mK；

（7）非均匀性 $\leqslant 10\%$ RMS；

（8）邻近串扰（光学和电子）的典型值为 1%；

（9）阵列可用性（NETD $<1.5 \times$ NETD 平均值）$>99\%$。

激光具有能光束质量好、发散角小、能量集中等特点，因此用来干扰红外成像导引头，可以以小的输出功率使红外成像导引头探测器输出信号饱和，致使其无法识别目标图像，从而实现对红外成像导引头的干扰。

干扰源采用激光，可以较准确测试其光学系统前照度，可以反推强光诱饵的干扰强度。

2）试验原理示意图（图 7.35）

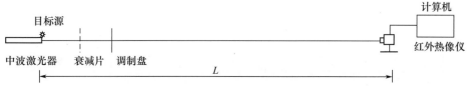

图 7.35　试验原理示意图

图7.35中,L为激光器与红外热像仪之间的距离(单位为 m)。

3）试验设备

干扰阈值试验具体采用的试验设备如表7.2所列和图7.36所示。

表7.2　干扰阈值试验采用的试验设备

器材名称	主要技术指标	数量
红外热像仪	视场角:3° 帧频:60/50Hz 探测器:MCT 256×256 元 FPA 光谱范围:3.7~4.8μm	1
图像采集卡	OK-M10M	1
计算机	戴尔4550	1
激光功率计	EPM2000	1
功率计探头 PM3	波段:0.19~11μm 最大能量:0.01mW~2W	1
中波红外激光器	波长:4.0μm 平均功率:1W 模式:TEM00 发散角:3~10mrad 可调 光束直径:1.0mm	1
衰减片	抛光锗片 直径:25mm	1

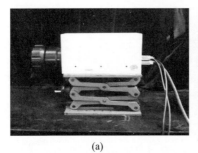

(a)　　　　　(b)

图7.36　能量阈值测试所采用热像仪与激光器

7.2.1.2　试验过程及现象

1）试验过程

（1）按照图7.35搭建试验系统,测量距离 L；

（2）在激光光路中加入所有衰减片；

（3）遮挡光路,打开激光器的控制开关,使激光器开始工作,同时测试激光器输出功率；

（4）打开遮挡,观察并记录红外热像仪图像状态；

（5）关闭激光电源；

（6）打开目标源,使目标源与激光源的距离尽量近,在热像仪中观察,使其基本位于同样位置,观察并记录红外热像仪图像状态；

（7）打开激光电源；

（8）改变衰减片数目,观察并记录红外热像仪图像状态；

（9）打开调制盘电源,记录不同调制频率时红外热像仪图像变化情况；

（10）调整热像仪温度响应范围,观察并记录红外热像仪图像状态；

（11）将热像仪置于转台之上,使热像仪镜头位于转台中心,当热像仪旋转时,激光干扰光束始终照射热像仪镜头；

（12）调整转台角度,以顺时针和逆时针旋转,记录激光对热像仪无干扰效果时的角度,同时记录热像仪状态。

2）试验现象

导弹在跟踪目标时所采用的边缘跟踪算法、矩心跟踪算法精度与目标图像的形状、大小有直接关系,在目标图像受干扰时会产生较大的跟踪误差。如果被保护目标图像位于"溢出"图像内,目标图像的形状、强度就会被湮没,这样就会对导弹的制导精度产生严重影响。制导精度受影响程度主要取决于湮没面积与导引头图像面积的比值。同等干扰辐射功率下,在导弹接近目标的过程中,因为照度与距离平方成反比,湮没区域的大小与照度成正比,所以湮没区域会越来越大,具体对导弹杀伤概率影响的定量计算可参见第 8 章。

图 7.37 为干扰光斑对应导引头视场为 1°圆视场,在 5km 时对应范围为 85m 左右,远远超过导弹杀伤半径。在导弹接近目标的过程中,其湮没面积还会快速增大直到饱和。图 7.38 显示了干扰时载流子溢出像斑和 AGC 失去自动控制能力后的现象。图 7.39 显示了干扰点在导引头视场外的情况,试验结果表明,视场外 2°左右时,由于光学系统的影响,依然有较好干扰效果。

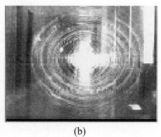

(a)　　　　　　　　　　(b)

图 7.37　红外焦平面阵列光生载流子溢出图像

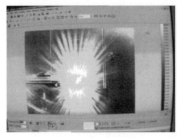 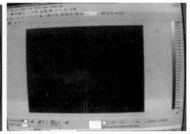

(a)干扰时载流子溢出图像　　　(b)干扰时AGC造成的黑屏现象

图 7.38　导弹模拟器干扰效果图

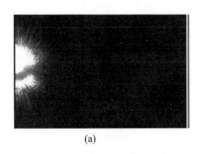 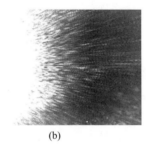

(a)　　　　　　　　　(b)

图 7.39　视场外(边缘)不同入射角度干扰效果图

7.2.1.3　外场试验

中红外强光80m距离外场干扰试验：以末制导模拟器(中波红外热像仪,图7.40)为干扰对象进行了 80m 距离的干扰试验,试验设备同上。同时进行了6.8km长波干扰试验。

(a)　　　　　　　　　(b)

图 7.40　中波激光干扰效果图(80m)

干扰激光器能量为 0.5W 左右,从图 7.40 干扰图像中可以看到,以干扰激光出射点为中心,发生了较大面积的光生载流子溢出现象,光生载流子光斑覆盖了周围其他目标图像。随着干扰激光能量的增加,光生载流子覆盖的面积也在逐渐增大,使热像仪无法得到出光点附近真实的目标图像,充分证明了采用这种强光干扰方式是十分有效的(图中的干扰激光照度为 $25\mu W/cm^2$ 左右,湮没区域为 2° 圆视场)。

6.8km 干扰试验:由于中波段激光器的功率较小,不能进行更远距离的中波干扰试验,采用长波 CO_2 激光器与原理样机配合,以长波红外热像仪(图 7.41)为干扰对象进行了距离为 800m、6.8km 的干扰试验。800m 时激光器输出的平均功率为 1W 左右,干扰效果图如图 7.42 所示;6.8km 时激光器输出的平均功率为 17W 左右,干扰效果图如图 7.43 所示。在两次干扰试验中,均出现了黑屏现象。800m 试验时,目标与背景的对比度明显降低;6.8km 时激光功率相对较小,干扰照度只有 800m 试验时的 1/10,虽然也出现了黑屏现象,目标和背景有些模糊,但依然能够区分。

图 7.41　长波红外热像仪

(a)

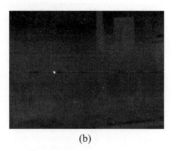
(b)

图 7.42　800m 长波激光干扰效果图

从干扰图像中可以看出,实施干扰后目标与背景的信杂比减小,随着激光器能量的增加,目标与背景的对比度也逐渐下降。

试验证明,激光光束能够在热像仪探测器上形成远大于自身直径的激光光斑。这是因为,红外热像仪的工作原理是接收目标的红外信号并在一帧的时间内进行电荷积累,随图像不同位置的热辐射强度不同,不同位置的探测器件在一帧时间内

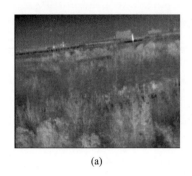
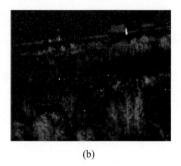

(a)   (b)

图 7.43   6.8km 长波激光干扰效果图

所积累的电荷量不同,形成响应信号,然后由读出电路将阵列探测器的积累电荷(信号)顺序读出,经放大后送入视频显示器。当某个像元接收的能量超过器件所能积累的最大电荷数时,多余的电荷就会向周围扩散,造成对周围像元成像的影响。能量越高,扩散的电荷越多,影响的范围就会越大。因此,利用强光对红外成像制导进行干扰是可行的。

增加光能量,溢出光斑随能量的增加而扩大。当能量达到 $0.82\mu W/cm^2$ 时,热像仪开始出现圆形光环,能量越高,光环越亮,背景越模糊,人眼无法识别。

能量越高,干扰效果越明显。根据光的干涉原理,由于热像仪镜头为汇聚系统,因此可简化为一个凸透镜。由于镜头本身的不均匀性,当激光在远距离照射到镜头表面时,可视为平行光入射,因此,可形成等厚干涉,即常说的牛顿环。而光能量越强,干涉效果越好。

当干扰光源位于成像器件视场内时,干扰光源对成像器件都能够形成一定影响。当干扰光源位于成像器件视场外时,如果光源能量达到一定程度,在一定范围内,仍能够形成一定影响。虽然干扰光源位于成像器件的视场外,但由于干扰光束一直位于成像器件的光学镜头,光束经光学系统的折射以及反射等光学效应进而成像器件,形成干扰。

7.2.1.4 试验数据分析及结论

根据对抗原理,以干扰末制导模拟器(带 AGC 的中波红外热像仪)为试验对象进行了近距离试验,得出了不同干扰能量(功率)密度、不同干扰入射角度、视场内/外干扰分别与干扰效果的关系。通过大量的干扰阈值试验,得出的干扰阈值统计值具有普遍意义和典型性。干扰会聚到某一光学传感器像素上的激光功率(能量)密度为

$$W_0 \propto \left(\frac{DD_0}{nd\lambda}\right)^2 \cdot E \cdot \frac{1}{L^2} \tag{7.21}$$

根据 LOWTRAN7 计算,3 ~ 5μm 激光在中等气象条件下的平均透过率如表 7.3 所列。

表 7.3　3 ~ 5μm 激光在中等气象条件下的平均透过率

角度/(°)	距离/km			
	20	5	10	15
0 水平	0.5025	0.3051	0.1917	0.1227
5 仰角	0.5206	0.3433	0.2524	0.2073
10 仰角	0.5415	0.4061	0.3611	0.3411
15 仰角	0.5642	0.4756	0.4506	0.4386

根据式(7.21),要使 3km 距离的照度达到 1μw/cm^2 以上,需要红外强光诱饵的辐射强度为 90kW/sr,考虑到大气吸收衰减,则红外强光诱饵的辐射强度需要 120kW/sr 以上,反推饱和距离为 1km 左右。

根据导弹红外成像导引头的工作特点,一般在距离目标 3km 处开始干扰,使导引头大范围搜索目标时即开始干扰,使导引头位标器始终处于搜索状态,锁定不了目标,并且在 1km 距离使导引头饱和,可以达到较好的干扰效果。

7.2.2　干扰系统及其干扰方法

7.2.2.1　干扰系统组成及功能指标

干扰系统主要由两部分组成:告警与引导设备和干扰设备,两个子系统协同工作。告警与引导设备为干扰系统提供来袭导弹的位置与速度等信息,干扰设备根据来袭导弹信息,向导弹来袭方向发射火箭弹(携带强光弹),在火箭弹飞到有效距离和位置时,即充分接近导弹并处于导弹视场内,火箭弹投放强光弹,强光弹燃烧,对来袭导弹进行干扰,如图 7.44 所示。

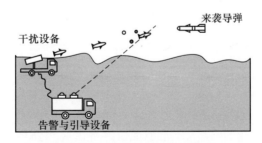

图 7.44　系统组成和干扰示意图

1) 告警与引导设备

在探测设备对来袭导弹进行探测、识别、跟踪后,向干扰设备提供来袭导弹的方位、俯仰等详细信息。引导干扰设备根据所提供信息,调整设备瞄准来袭导弹,对其进行干扰。

(1)告警设备及技术指标:红外告警的功能包括探测并识别威胁导弹,确定威胁导弹的详细特征,并向所保护的平台发出警报。对威胁目标特征的识别必须可靠,以免出现虚警;告警器的反应时间要短,以使所保护的平台有足够的时间采取相应的对抗措施。告警设备主要由探测器、光学系统、伺服转台、信号处理电路和电源组成,如探测器采用 480×6 长波红外制冷器件,告警设备技术指标如下:

① 波段为 8~12μm;

② 告警距离 >20km;

③ 方位范围为 360°;

④ 俯仰范围为 30°;

⑤ 俯仰瞬时视场为 10°;

⑥ 扫描周期为 2s;

⑦ 虚警率 <1 次/h;

⑧ 探测概率 >98%。

(2)引导设备及技术指标:引导设备主要由探测器、光学系统、伺服转台、信号处理电路和电源组成,探测器采用 320×256 中波红外制冷器件,引导设备技术指标如下:

① 波段为 3~5μm;

② 告警距离为 20km;

③ 方位范围为 360°;

④ 俯仰范围为 30°;

⑤ 瞬时视场为 2.5°;

⑥ 调转时间为 1s;

⑦ 跟踪精度为 1mrad。

2)干扰设备

干扰设备使用火箭弹携带强光弹的方式对来袭导弹进行干扰,干扰设备主要由火箭弹、火箭弹发射系统、发射指挥系统和发射车组成,如图 7.45 所示。

3)火箭干扰弹及强光载荷

火箭弹是强光载荷的平台,是能否将强光诱饵运送到导弹视场内的关键,因此,需要详细分析其弹道、运动规律。

火箭弹的运动遵循六自由度弹道模型所描述的规律,但由于火箭弹出炮口的速度低,在初始弹道段上仍有火箭推力作用,造成了火箭弹弹道的特殊性;在火箭

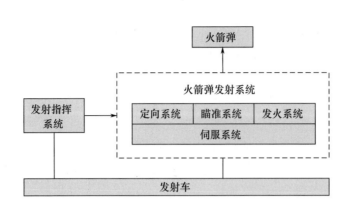

图 7.45　干扰火箭系统组成图

发动机工作结束点之后,即在被动段上火箭弹的弹道特性与枪炮外弹道就一致了,但由于火箭的初始扰动较大,主动段又有推力作用,使射弹散布较大。影响火箭弹散布的因素除了与扰动源本身大小有关外,还取决于很多弹道参量和结构参量,如:炮口的转速、角加速度、推力加速度,尾翼张开时间、尾翼大小等。这些参数的变化,对各种扰动因素引起散布的影响,有时是一致的,而有时又是相反的,例如:就尾翼火箭弹而言,尾翼的增加是稳定力矩的增加,可使起始扰动、推力偏心、动不平衡等引起的散布有所减小;反之,尾翼的增加又会使阵风所引起的散布有所增加。其他参数也存在类似的情况,因而这些参数的确定,必须综合进行考虑,采用优化设计的办法。就主要矛盾散布而言,可选择总散布最小为目标函数,再取适当的约束,可得出经优化的合理参数值,以指导火箭弹的设计。

强光载荷需要加装在火箭弹战斗部内,每一枚强光弹都是一个完整的作战单元,应包含引信、壳体、燃烧剂等。打开战斗部壳体是释放强光弹的前提条件。目前有以下几种开舱方法。

（1）打开战斗部前端,强光弹向前抛出;

（2）打开战斗部后端,强光弹向后抛出;

（3）横向裂开,强光弹横向散开。

较小弹径的火箭弹,战斗部内的强光弹数较少,可用前端或后端打开的抛撒方式。当弹径大、强光弹数较多时,采用横向裂开的开舱方式有利于强光弹的撒布。无论采用哪种方法开舱,都需要动力。常用的开舱动力有火药燃气推动、爆炸管驱动以及爆炸切割等。

为了充分发挥强光弹的干扰作用,希望强光弹能够均匀分布且在干扰范围内互相衔接,以达到最佳的干扰效果。但这种理想目标很难实现,需要合理地选择抛撒方式和设计抛撒机构,对强光弹的分布做优化调整和控制才可能达到最优效果。

　　强光弹的排列主要是指在战斗部横截面上的排列。因为战斗部的最大直径在总体设计时已经选定,而轴线方向则没有大的限制,可根据需要增减。强光弹在横截面上的排列应考虑如下几点。

　　(1)尽可能多装强光弹,提高横截面的充满系数;

　　(2)质量偏心小;

　　(3)有利于开舱和对称抛撒;

　　(4)与其他机构相互协调;

　　(5)加工、装配简单方便。

　　假设强光弹直径为 d'_s,它们放在隔舱的孔穴内,二穴间隔为 t;则强光弹相当直径 $d_s = d'_s + t$。战斗部壳体内径为 D_i,轴心的爆管或者抛撒机构占据位置的直径为 D_0。于是,强光弹的排列是在 D_0 和 D_i 构成的圆环内的排列,如图 7.46 所示。

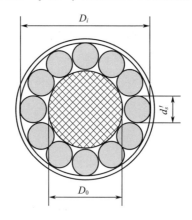

图 7.46　强光弹在火箭弹中的排列

　　若火箭弹的弹径为 122mm,去除火箭弹弹壳厚度 D_i 为 120mm,d'_s 取 24mm,那么每发火箭弹能携带 12 枚强光弹。每枚强光弹的有效燃烧时间为 4～5s,如果每组双枚发射,那么每发火箭弹能最多可提供 30s 的干扰时间。

　　在火箭弹中还需要可编程定时器设备,控制强光弹的投放时间。

　　4)火箭弹发射系统

　　火箭武器包括各种火箭弹与它们的发射装置以及发射指挥系统和运弹车组成,而火箭弹发射系统由定向系统、瞄准系统、发火系统和伺服系统四大部分组成,又把定向系统、瞄准系统和发火系统的组合称为发射架。火箭弹装于定向器内,定向器长度大于火箭弹的全长,发射时火箭弹沿定向器滑行而离开发射装置[12]。

　　火箭炮技术已经非常成熟,如图 7.47 所示,可通过改装轮式自行火箭炮作为发射系统。

图 7.47　轮式火箭炮

7.2.2.2　影响强光弹效果的因素

1）高度效应分析

强光弹的辐射强度和有效燃烧时间的地面静态特性参数,与实际作战使用时的动态特性参数有较大的差别。随着强光弹投放的高度不同,其特性参数将有改变。从理论上可以看到,大气密度和压力是高度的函数,所以在不同的高度下,强光弹燃烧速率是不同的。压力减小,燃烧速率也将减小,燃烧速率的减小直接导致诱饵燃料燃烧率的下降,最终使强光弹的能量释放速率下降。然而,当强光弹处于高空时,强光弹的燃烧速率因诱饵弹的前表面经受阻滞压力的影响,反而有可能增加部分高速表面的燃烧速率,这使得高度对强光弹辐射强度和有效燃烧时间的影响呈现出非线性的特性。

2）速度效应分析

强光弹的辐射强度和有效燃烧时间除受高度影响外,还受到飞行速度的影响。一般而言,强光弹的辐射强度随气流速度的增大成指数地急剧下降。速度效应是确定比辐射强度的重要修正参量,静态状态下测定的比辐射强度与实际飞行的动态状态下的比辐射强度要大 10~20 倍。红外制导导弹在动态条件下攻击目标,在确定导弹抗干扰的比辐射强度值时,必须应用经高度效应和速度效应曲线修正过的比辐射强度值为依据。

3）弹道密度分析

强光弹的弹道密度,是指在诱骗红外制导导弹时,保持在导弹视场内强光弹的平均数量。从干扰效果要求,弹道密度越大,对红外制导导弹的干扰作用就越大,但是弹道密度越大,要求载弹平台携带的强光弹的数量就越多,这与载弹平台的有效载荷有矛盾。因此,从实际作战出发,一般保持强光弹的弹道密度为 2~4。

7.2.2.3　强光弹典型使用流程

设火箭弹的飞行速度为 500m/s,导弹亚声速飞行速度为 300m/s,它们相向飞行。告警设备在 20km 外发现来袭导弹,引导设备调整方向对其跟踪;干扰设备调整方向瞄准来袭导弹用时约为 3s,火控计算机对来袭导弹弹道、火箭弹弹道、强光弹弹道计算分析,设定火箭弹上定时投放装置;火箭弹发射后,弹上计时器开始计时;在火箭弹距离导弹 3km 时,开始投放强光弹;发射车火控计算机不断计算导弹、火箭弹弹道,不断调整发射架的俯仰方位角和定时投放装置,实现对来袭导弹持续干扰。图 7.48 为强光弹抛撒效果示意图。

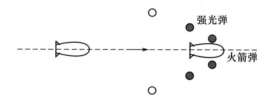

图 7.48　强光弹抛撒效果示意图

7.2.3　强光弹有关指标分析

7.2.3.1　强光弹可达到的辐射强度分析

根据对强光弹的红外辐射特性和时间特性的分析可知,强光弹燃烧时的辐射强度取决于配方药剂的组成以及质量燃烧速度。比辐射能是单位质量的药剂燃烧后产生的辐射能量,由药剂的组成确定。红外辐射强度与比辐射能和质量燃烧速度之间的关系可表示为

$$I = E_m \cdot v_m \tag{7.22}$$

式中:I 为红外辐射强度;E_m 为比辐射能;v_m 为质量燃烧速度。

当强光弹药柱恒定燃烧时,其质量燃烧速度可表示为

$$v_m = \frac{W}{t} = \pi r^2 \rho \frac{L}{t} \tag{7.23}$$

式中:W 为药柱质量;t 为燃烧时间;ρ 为药柱密度;r 为药柱半径;L 为药柱长度。

强光弹药柱燃烧过程中红外辐射强度是在药柱燃烧产物温度从最大值下降到与环境相同的时间内燃烧药剂质量与其比辐射能之乘积,可表示为

$$I = E_m \cdot \int_0^t v_m \mathrm{d}t$$

$$= E_m \cdot \pi r^2 \rho v \int_0^t \mathrm{d}t \tag{7.24}$$

式中:v 为药柱的线燃烧速度,$v = L/t$。

当药柱的线燃烧速度、比辐射能以及燃烧时间确定后,根据式(7.23)和式(7.24)即可计算出强光弹药柱燃烧时的红外辐射强度。表 7.4 是对粒度为 10μm 的 PTFE 和 120μm 的 Mg 以 50:50(质量)的比例混合后压制成密度为 1.80 ×

10^{-3}g·mm^{-3}的药柱在不同直径燃烧时红外辐射强度的计算结果。

表 7.4　红外辐射强度的计算结果

D/mm	L/mm	I/(W/sr)	药柱的比辐射能、线燃烧速度和冷却时间分别为
23	23.6	110.3	121.33J·g^{-1}·sr^{-1}、1.025mm·s^{-1}和 1.20s
32	24.3	208.9	

强光弹的辐射强度与药柱的质量呈线性关系,因此为了达到 120kW/sr 的辐射强度,可根据试验结果增加药剂质量。

7.2.3.2　强光弹起燃时间设计

红外制导导弹的红外光学系统视场角较小,在约 3°的圆锥角内,要使强光弹能起到干扰作用,必须要求强光弹所产生的有效辐射强度能尽早出现在红外制导导弹的视场内。当考虑到强光弹的发射初速度和气动阻力以及发射时对投放平台(火箭弹)自身安全的条件下,红外干扰弹的起燃时间通常在约 0.5s 内达到最大辐射强度的 80%。图 7.49 和图 7.50 是某红外强光弹小样的静态辐射强度随时间变化曲线和动态辐射强度随时间变化曲线。

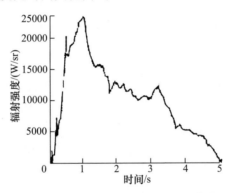

图 7.49　静态辐射强度随时间变化曲线

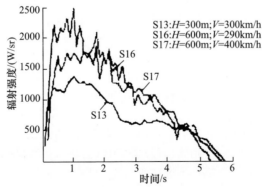

图 7.50　动态辐射强度随时间变化曲线

如果按上述3°红外制导导弹视场角,火箭弹与导弹的相对距离3km时抛射强光弹计算,红外制导导弹的视场直径近150m;红外诱饵的发射初速约为30~40m/s,因此能保证强光弹干扰最大的辐射强度值出现在红外制导导弹的视场范围内。

7.2.3.3　强光弹有效燃烧时间设计

与强光弹的起燃时间相联系的是强光弹的有效燃烧时间,有效燃烧时间主要取决于使强光弹干扰逗留在红外制导导弹视场内的时间长短。

显然,理论上,强光弹在导弹的视场内逗留的时间越长,导弹要采用的抗干扰方案就越复杂,干扰成功率就越高。但实际上,并非强光弹的有效燃烧时间越长越好,因为要求过分长的有效燃烧时间,将增加强光弹装药的体积、质量,并且在超出红外制导导弹的视场后,就失去了实际的干扰效果。红外强光弹的有效燃烧时间一般可取3~5s,且离散性不能太大。

7.2.3.4　强光弹弹体设计

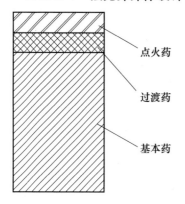

图7.51　药柱结构简图

强光弹的弹形可以设计成圆柱体形和长方体形,但根据投放装置的设计要求,需要将强光弹设计成圆柱形,以便安置在投放装置中,如图7.51所示。

强光弹由铝外套管、强光弹药柱、保险与起爆装置和塑料底帽组成。保险与起爆装置通过惯性闭锁机和触膛销确保安全性。抛射时强光弹加速时惯性闭锁机工作,弹脱离管套时触膛销工作,加速和脱离必须在强光弹点火之前按顺序进行。强光弹抛射与点火由电爆管完成,它固定在套管底座的开口内。电爆管一旦接收到发火指令即刻点火,并推动保险与起爆装置,然后强光弹药柱脱离铝管套,此时触膛器作用,诱饵被点燃。最后铝管套和电爆管空壳仍留在散布器内。

7.2.4　强光弹配方设计需要关注的重点

强光弹同样可以采用烟火剂类红外诱饵的配方设计,主要由氧化剂、燃烧剂和黏合剂等成分组成。其中,常用镁(Mg)、聚四氟乙烯(PTFE)作为核心组成。在燃烧过程中,其辐射基本覆盖了红外波段,能够满足强光弹使用需求,图7.52为采用镁加聚四氟乙烯红外诱饵剂燃烧后的辐射光谱。

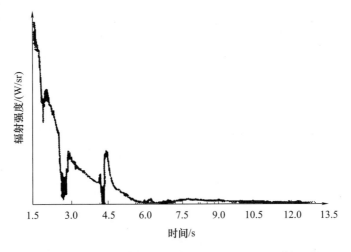

图 7.52 镁加聚四氟乙烯红外诱饵剂燃烧后的辐射光谱

为了进一步扩展其波长范围,可以在强光弹中加装添加剂。例如,掺入四氯化钛,利用红外诱饵剂燃烧产生的热量,使四氯化钛气化而发射出可覆盖 $8 \sim 12\mu m$ 波长范围的辐射。

空中运动状态下燃烧的强光弹,一部分是发光区,另一部分是燃烧的烟雾,只有发光区形成的红外辐射才真正构成对红外制导导弹的干扰。

强光弹中镁/聚四氟乙烯红外诱饵剂的红外辐射性能由多种条件确定,但主要取决于药剂的配比、燃烧速度、燃烧温度以及燃烧产物组成等因素。

7.2.4.1 辐射特性与不同配比的关系

镁/聚四氟乙烯的燃烧速度与其导温系数密切相关,导温系数越大,各点达到同样温度的速度越快,燃烧速度越高;燃烧速度越高,单位时间内产生的辐射体越多;辐射体越多,其辐射强度也就越大。

导温系数 α 可用下式表示:

$$\alpha = \frac{\lambda}{\rho \cdot c_p}$$

式中:λ 为热导率;ρ 为密度;c_p 为比定压热容。

假设镁粉与聚四氟乙烯充分混合,药剂的热导率和比定压热容可以表示为

$$\lambda = \frac{\lambda_{Mg} \cdot \lambda_{PETFE}}{\xi_{Mg} \cdot \lambda_{PTFE} + \xi_{PTFE} \cdot \lambda_{Mg}}$$

$$c_p = \xi_{Mg} \cdot C_{pMg} + \xi_{PTFE} \cdot \lambda_{pPTFE}$$

式中:ξ_{Mg}、ξ_{PTFE} 为药剂中镁、聚四氟乙烯的比例。

其中镁和聚四氟乙烯的热导率、比定压热容及密度如表 7.5 所列。

表7.5　镁和聚四氟乙烯的热导率 λ、比定压热容 c_p 及密度 ρ

	$\lambda/(J/m \cdot s \cdot K)$	$c_p/(J/kg \cdot K)$	$\rho/kg \cdot m^{-3}$
镁(Mg)	165.1	1.00×10^3	1.75×10^3
聚四氟乙烯(PTFE)	0.24	1.05×10^3	2.15×10^3

随着镁在药剂中含量的增加,药剂的导热系数快速提高,而比热容基本不变,因此药剂的导温系数显著增加,燃烧速度迅速提高。有关试验表明,导温系数、燃烧速度与镁含量的关系如图7.53所示,两者的变化趋势基本相同。

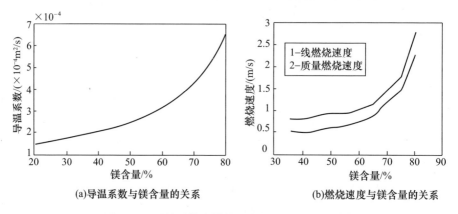

(a)导温系数与镁含量的关系　　(b)燃烧速度与镁含量的关系

图7.53　导热系数和燃烧速度与镁含量的关系图

镁和聚四氟乙烯能完全反应的理论比例是33:67,此时燃烧的温度也最高,但产物中的碳可被氧气氧化而降低甚至失去辐射作用。提高镁的比例可以使镁过量,从而消耗掉燃烧空间内的氧气,将碳保护起来,避免被氧化从而提高辐射强度。通过小样试验,从图7.54中可以看出,镁的含量在50%时中红外和远红外的辐射强度最大,分别是66.10W/sr和5.60W/sr。

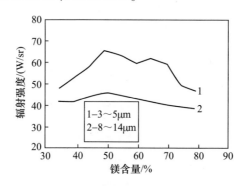

图7.54　辐射强度与镁含量的关系

7.2.4.2   不同配比影响辐射特性的原因分析

根据热力学原理,在高温低压下烟火药的燃烧气体可以看做理想气体,并假设反应系统为绝热体系,由 n 个组分组成的整个系统的自由能 $F(n)$ 等于该系统中各组分的自由能之和,即

$$F(n) = \sum_{i=1}^{n} \left[n_i \left(\frac{F^0}{RT} \right)_i + N_n \ln p + n_i \ln \frac{n_i}{N} \right] \tag{7.25}$$

式中:F^0 为物质的标准自由能;n_i 为第 i 种组分的摩尔数;N 为系统总摩尔数;p 为系统总压力;R 为气体常数;T 为系统温度。

当反应体系达到平衡时,自由能最小。因此,在一定温度、压力条件下,可得到既能使该体系的自由能最小,又能符合质量守恒定律的一组组分值,这组组分值即为该条件下的平衡组分。

将从红外辐射强度为零到基本不变所需时间设为达到稳定燃烧所需时间,可以认为在这个时间段内产生的气体体积即为燃烧时火球的体积。

镁/聚四氟乙烯在无氧环境下燃烧的主要产物的计算结果如表 7.6 所列,所列出的四种产物占总量的 99% 以上,它们是产生红外辐射的主要物质。

表 7.6   不同配比下主要燃烧产物的百分含量

PTFE : Mg	主要燃烧产物的百分含量/%				火球体积 /(10^{-3} m³)
	C	MgF	MgF$_2$	Mg	
65 : 35	14.76	9.79	71.94	1.44	4.78
60 : 40	14.36	16.11	63.02	6.37	4.33
55 : 45	13.21	14.04	58.42	14.33	4.43
50 : 50	12.01	12.56	53.26	22.17	4.19
45 : 55	10.81	9.87	48.96	30.36	4.44
40 : 60	9.61	5.57	45.53	38.99	4.53
35 : 65	8.41	0.65	43.13	47.79	4.53
30 : 70	7.21	0	37.37	55.38	4.84
25 : 75	6.00	0	31.14	62.82	4.16
20 : 80	4.80	0	24.91	70.26	3.83

假设在燃烧过程中与火球体积相同的空气中的氧气均匀地参加了反应,并且在反应过程中,由于燃烧气体的膨胀,环境中的氧气不能渗入到燃烧反应区中。氧气首先与燃烧产物中的镁反应生成 MgO,然后才与碳反应生成 CO。计算结果如表 7.7 所列,在计算氧气含量时设环境温度为 25℃,大气压为 1.013×10^5 Pa。

表 7.7　氧气参加反应后的计算结果

PTFE∶Mg	产物质量(不考虑 O_2)		O_2 的质量/g	与 Mg 反应需 O_2 量/g	剩余量 O_2/g	与剩余 O_2 反应 C 量/g
	C/g	Mg/g				
65∶35	1.40	0.14	1.31	0.09	1.22	0.91
60∶40	1.36	0.61	1.19	0.41	0.78	0.59
55∶45	1.25	1.36	1.22	0.91	0.31	0.23
50∶50	1.14	2.11	1.15	1.14		
45∶55	1.03	2.88	1.22	1.92		
40∶60	0.91	3.70	1.24	2.47		
35∶65	0.80	4.54	1.24	3.03		
30∶70	0.68	5.26	1.33	3.51		
25∶75	0.58	5.97	1.14	3.98		
20∶80	0.46	6.67	1.05	4.45		

　　根据表 7.6 和表 7.7 的计算结果,就可以计算出大气环境下最终产物中各主要组分的量,计算结果如表 7.8 所列。

表 7.8　燃烧产物中主要组分的含量

PTFE∶Mg	各组分的含量				
	C	MgF	MgF_2	MgO	Mg
65∶35	0.49	0.93	6.83	0.23	0
60∶40	0.77	1.53	5.99	1.02	0
55∶45	0.91	1.33	5.55	2.27	0
50∶50	1.14	1.19	5.06	2.88	0.38
45∶55	1.03	0.94	4.65	3.05	1.05
40∶60	0.91	0.53	4.33	3.10	1.84
35∶65	0.80	0.06	4.10	3.10	2.68
30∶70	0.68	0	3.55	3.33	3.26
25∶75	0.58	0	2.96	2.85	4.26
20∶80	0.46	0	2.37	2.63	5.09

　　我们要注意的是,当镁的含量超过 33∶67 完全反应的理论比例后,剩余的镁将先于 C 原子与空气中的氧发生氧化反应生成 MgO。因此,随药剂中镁含量的增加,MgF 和 MgF_2 呈现下降趋势,MgO 呈增加趋势。而 MgF 与 MgO 的标准生成热分别是:$\Delta H_{MgF_2} = 1124.20kJ/mol$,$\Delta H_{MgO} = 606.66kJ/mol$,因此最终产物中 MgF_2 的含量将随着镁含量的增加而减少,从而减少了释放的热量,降低了燃烧温度。同

时,从表7.8可见,在考虑了空气中氧的作用后,燃烧产物中C的量在PTFE：Mg = 50：50时最大,药剂燃烧时的中、远红外辐射强度最大值也出现在PTFE：Mg = 50：50。因此,可以确定,在产物的红外辐射中,C起决定作用,过量镁的加入,只是为了使C不被氧化,起保护作用;MgO、MgF和MgF$_2$的辐射作用较小,而Mg基本上不产生红外辐射。

7.2.4.3 燃烧速度与镁的粒度及其比表面积的关系

试验中发现,在固定药剂配比的条件下,镁的粒度及其比表面积对诱饵的燃烧速度有直接的影响,在此对其关系进行理论分析。

1）镁/聚四氟乙烯药柱的燃烧模型

根据燃烧理论,含有氧化剂与燃烧剂均匀混合颗粒的燃烧是粒状扩散燃烧,属于层状燃烧,在氧化剂粒度远远小于燃烧剂粒度的条件下,Mg/PTFE红外诱饵剂的燃烧模型如图7.55所示。燃烧过程分以下几个步骤:①混合物吸收热量;②聚四氟乙烯气化分解,生成C$_2$F$_4$等,燃烧剂镁外层熔化、气化;③熔化、气化的镁与聚四氟乙烯的分解产物C$_2$F$_4$反应生成MgF$_2$;④镁与氟化镁颗粒被排向气相区,其中镁在气相区继续燃烧(氧化剂充足条件下),接着进行下一层燃烧;⑤如果氧化剂不足,则镁与空气中的氧气继续反应。

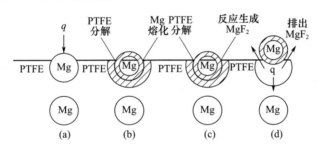

图7.55 Mg/PTFE红外诱饵剂的燃烧模型

根据上面讨论的燃烧过程,在计算镁/聚四氟乙烯药柱的燃烧速度时需要考虑以下三个反应步骤:①热量向包覆层内传递,聚四氟乙烯气化分解;②热量向镁传递,镁颗粒熔化;③聚四氟乙烯气化分解产物C$_2$F$_4$向熔化的镁中扩散,并与镁进行反应。

根据表7.6中的数据可知,镁的导热系数要远远大于聚四氟乙烯的导热系数,镁达到温度均匀所需时间要远远小于聚四氟乙烯所需时间,因此可以忽略第二个反应过程;由于镁与C$_2$F$_4$的反应速度很快,同样也可以忽略该反应的反应时间;在整个反应过程中,控制步骤是第一步和第三步。

2）燃烧时间的计算

聚四氟乙烯气化分解时间:由于在凝聚相反应区和气相反应区的交界面的燃

烧温度变化较小,可以认为对聚四氟乙烯层的加热热源是常热流密度;每一个镁颗粒都包覆着 δ 厚度的聚四氟乙烯,两个镁颗粒之间有 2δ 厚度的聚四氟乙烯;在聚四氟乙烯层中,其周长要远远大于厚度;因此可以设定对聚四氟乙烯层的热传导是常热流密度下,半无限大物体内部的传热问题。

通常,在 t_δ 时刻,物体的过余温度接近于零,即物体内部温度接近热源温度时的深度,称为渗透厚度,可用近似的分析解法得到它们的关系为

$$\delta = \sqrt{12at_\delta} \tag{7.26}$$

式中:a 为导温热系数。

对于指定渗透深度 δ,根据式(7.26),可得到渗透时间为

$$t_\delta = \frac{\delta^2}{12a} \tag{7.27}$$

聚四氟乙烯气化分解产物的扩散时间:在凝聚相反应区内,聚四氟乙烯气化分解,镁外层熔化、部分气化,聚四氟乙烯分解产物与外层熔化、气化的镁反应,此时的反应控制步骤是聚四氟乙烯的分解产物向熔化的镁内部扩散速度。扩散时间可表示为

$$t_{\text{diff}} = \frac{l^2}{D} \tag{7.28}$$

式中:l 为扩散深度;D 为扩散系数。

假设镁颗粒均匀地从外向内燃烧,对于直径为 d 的镁颗粒,其反应深度计算如下(镁过量):

$$\frac{4}{3}\pi \left(\frac{d}{2} - l \right)^3 = (1 - \eta_{\text{Mg}}) \frac{4}{3}\pi \, (d/2)^2 \tag{7.29}$$

式中:η_{Mg} 为镁的燃烧效率;L 为扩散深度;d 为镁颗粒直径。

扩散时间为

$$t_{\text{diff}} = \left[0.5d \left(1 - \sqrt[3]{1 - \eta_{\text{Mg}}} \right) \right]^2 / D \tag{7.30}$$

式中:η_{Mg} 为镁的燃烧效率;D 为扩散系数;d 为镁颗粒直径。

假设镁颗粒与聚四氟乙烯包覆层的排列如图 7.56 所示。

单位体积内(1m^3)镁颗粒的数量为

$$n = \frac{\rho_{\text{Mg}}/\rho_{\text{PTFE}} \cdot \xi_{\text{Mg}}/\rho_{\text{Mg}}}{4\pi \cdot (d/2)^3 / 3} \tag{7.31}$$

式中:η_{Mg} 为镁的燃烧效率;ξ_{Mg} 为药剂中镁的比例;$\rho_{\text{Mg}}/\rho_{\text{PTFE}}$ 为镁、聚四氟乙烯密度比值;ρ_{Mg} 为镁颗粒的密度;d 为镁颗粒直径。

单位长度上镁颗粒的数量为 $n_l = \sqrt[3]{n}$,单位为个/m。

单个镁颗粒与其包覆层聚四氟乙烯的燃烧时间 t_s 等于热量向聚四氟乙烯包覆层的渗透时间 t_δ 与聚四氟乙烯分解产物 C_2F_4 向镁的扩散时间 t_{diff} 之和,即 $t_s = 2t_\delta +$

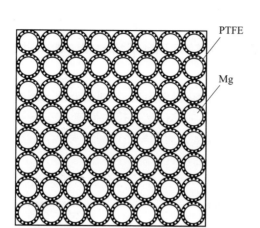

图 7.56 镁颗粒与聚四氟乙烯包覆层的排列

t_{diff}。单位长度(lm)的燃烧时间是 $t = n_l \cdot t_s$。因此药柱的燃烧速度是 $v = 1/t$。代入相关公式,得到燃烧速度的计算公式为

$$v = 1/t = \left\{ \sqrt[3]{\frac{\rho_{\text{Mg}}/\text{PTFE} \cdot \xi_{\text{Mg}}/\rho_{\text{Mg}}}{4\pi \cdot (d/2)^3/3}} \cdot \left\{ \frac{(0.11d\,\xi_{\text{PTFE}}/\xi_{\text{Mg}})^2 \cdot \rho_{\text{PTFE}} \cdot C_{\text{PTFE}}}{6\,\lambda_{\text{PTFE}}} + \right. \right.$$

$$\left. \left. 0.5d \cdot \left[1 - \sqrt[3]{1 - 0.48\,\frac{1-\xi_{\text{Mg}}}{\xi_{\text{Mg}}}} \right]^2 / D \right\} \right\}^{-1} \tag{7.32}$$

式中:ρ_{Mg} 和 ρ_{PTFE} 为镁、聚四氟乙烯密度比值;ξ_{Mg} 和 ξ_{PTFE} 为药剂中镁、聚四氟乙烯的比例;ρ_{Mg} 和 ρ_{PTFE} 为镁颗粒、聚四氟乙烯的密度;C_{PTFE} 为聚四氟乙烯的比热容;λ_{PTFE} 为聚四氟乙烯的导热系数;d 为镁颗粒直径;D 为扩散系数。

分析燃烧速度公式(7.32),由于镁的导热系数远远大于聚四氟乙烯的导热系数,因此提高药剂中的镁含量,燃烧速度也相应增加;在固定镁与聚四氟乙烯配比的条件下,燃烧速度与镁的平均粒径成反比,与其比表面积成正比。

如果用不同粒度的镁粉和平均粒径为 $10\,\mu\text{m}$ 的聚四氟乙烯按 $60:40$ 的比例混合,压制成直径为 20mm 的药柱,将相关数据代入燃烧速度的计算公式中,可计算出不同镁粒度下的燃烧反应速度,计算结果如表 7.9 所列。

表 7.9 不同粒度镁粉对药剂线燃烧速度的影响

颗粒尺寸/μm	比表面积/($\times 10^{-4}/(\text{m}^3 \cdot \text{g}^{-1})$)	燃烧时间/s	燃烧速度/(mm/s)
52	66.12	10.3	2.17
61	56.37	12.6	1.85
74	46.46	15.2	1.53
96	35.82	19.7	1.18

7.3　抗人工干扰与红外诱饵干扰技术的主要发展方向和思路

随着红外诱饵弹、红外干扰机的出现,空间滤波和光谱滤波技术已不能解决抗人工干扰的问题,必须寻求其他的抗干扰技术措施和方法[13]。20 多年来,国内外抗人工红外干扰技术主要发展方向和思路可归纳为以下四点。

1)取消调制盘,采用脉冲位置体制

第一、第二代红外导弹的导引头采用带调制盘的调幅、调频等信号调制方式。到第三代红外导弹,多数导引头改变调制方式为脉冲调制后,一般可以取消调制盘,通过光机扫描,使像点光斑按一定的规律扫过单元或多元探测器,经过光电转换后产生一系列电脉冲串信号,这些脉冲信号包含的信息量更大。当红外诱饵弹与目标分离到一定角度差时,目标脉冲和干扰脉冲也将分离开来,这为分辨目标与干扰提供了可能。这种体制采用限幅电路或者幅度归一电路后,一般不受红外调制干扰机的干扰,但需要增加抗红外诱饵的电子装置。图 7.57 为工程上采用的两种典型脉冲位置体制的红外探测器光敏面和目标像点扫描轨迹示意图。在导引头线性跟踪范围内,每个扫描周期,左边为双脉冲,右边为四脉冲。如果扫描周期和脉冲宽度相同,那么右边信号的占空比比左边大 1 倍,要分辨导引头视场内的多个红外诱饵技术难度就要大一些。

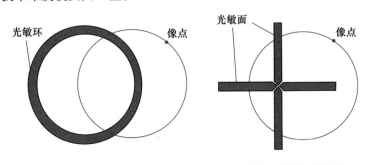

(a)单元环形圆锥扫描系统　　(b)四元十字形圆锥扫描系统

图 7.57　两种典型脉冲位置体制的红外探测器光敏面和目标像点扫描轨迹示意图

在脉冲位置调制方式下,对背景和环境红外辐射干扰,可采用自适应脉宽鉴别技术去消除,而要对抗红外诱饵弹干扰,能够采用的技术手段主要有三种。

(1)幅度鉴别技术。为了把红外导弹迅速引开,以达到保护飞机自身的目的,载机投放的红外诱饵弹的辐射强度一般要比飞机的辐射强度大得多,约为十几倍甚至几十倍。在飞机发动机的工作状态基本不变的前提下,导引头接收到飞机的红外辐射信号强度的变化应该是有规律而且连续增长的。当红外导弹与被攻击的飞机有一定的距离时,投放出诱饵弹时刻,导引头视场接收的红外能量变化规律将被打破,那么可利用微分检测技术、能量突跳检测技术等手段检测到信号强度迅速增加,以此判别导引头视场内是否存在红外诱饵干扰。若有红外诱饵干扰,则导引头转入抗干扰状态,当诱饵与目标的脉冲信号分离后,导引头可以根据脉冲信号的幅度大小来鉴别目标和干扰(简单地说,大脉冲是干扰,小脉冲是目标),不受诱饵干扰的欺骗,始终跟踪目标。

(2)波门和预测技术。红外诱饵弹从飞机上投放出来后,是一个燃烧的火团,在空中受到空气阻力和重力的作用,减速较快,其运动很快滞后于目标,而飞机目标的运动规律则比较平稳且连续。那么,弹上的电子设备能够按照目标具有的运动规律推算出下一时刻的目标位置,产生预测指令使导引头前推,或者设置波门。在波门打开时接收目标脉冲,而将干扰脉冲拒之门外,使导引头连续跟踪目标,直至诱饵弹排除导引头视场,从而实现了抗干扰的目的。

(3)弹上计算机技术。使用弹上计算机技术来抗干扰,基本原理还是上面两条。但是计算机具有很高的运算和逻辑判断能力,而且具有很强的记忆功能,因而它比模拟电路处理信息信号更方便,功能更强,判断更精确,体积更小,可靠性更高。当红外诱饵弹的干扰战术发生较大变化时,可以通过改变导引头抗干扰软件设计,或使用发射前可重新编程等技术手段,使导引头具有很强的应变能力和适应能力,可以应对不断发展变化着的红外诱饵干扰。

2)双色技术和双波段技术

由于红外诱饵弹体积较小,为了获得很高的辐射强度,只能采取提高燃烧温度的措施。诱饵弹燃烧时的温度一般为 2000 ~ 3300℃,这就决定了诱饵弹在近红外、可见光甚至紫外波段都具有比较强的能量,而飞机目标在近红外,特别是在可见光和紫外波段的能量就比较弱(飞机本身基本上不辐射紫外能量,但是要反射太阳光中的紫外能量)。根据目标与诱饵光谱分布的这个差异或特点,在导引头内设置两个能敏感不同波段能量的探测器。

比如,红外/紫外双色技术,有一个红外探测器,一个紫外探测器,分别敏感红外能量和紫外能量,通过两种信号的特征和双色比,很容易判断出红外诱饵和目标,也就是说识别红外诱饵的概率比幅度鉴别更高,从而为排除干扰奠定了很好的技术基础。双色技术有时也称为"比色技术"。美国的"毒刺"- RMP 便携式防空导弹即采用了该项技术。

再如,双波段技术,导引头有两个红外探测器,一个敏感中红外能量,一个敏感近红外能量。由于红外诱饵与飞机目标的燃烧和辐射温度差别很大,同样可以根据红外诱饵与飞机目标在两个红外波段内的辐射分布特性的差异来区分目标和干扰。双波段技术有时也称为"比温技术"。具体应用有俄罗斯的"针"式便携式防空导弹。导引头检测出有红外诱饵弹干扰,就转入"干扰态"工作,然后对两路脉冲信号进行乘除处理,通过逻辑运算,就可将红外诱饵弹干扰去掉,把飞机目标的信号检出。

"针"式导弹抗红外诱饵干扰的基本原理和信号处理过程如图 7.58 所示。

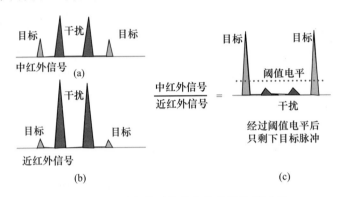

图 7.58　双波段抗干扰技术的信号处理过程

3)"玫瑰花"扫描技术

"玫瑰花"或"玫瑰线"扫描技术是一种"准成像"或"亚成像"技术,虽然还是点源制导体制,但是与普通的点源制导系统有了很大的区别。它以很小的视场去扫描一个大视场,从而有效地解决了灵敏度与捕获视场之间的矛盾。这种方案的瞬时视场很小,最小可做到 2mrad(0.1°左右),相应的探测器光敏面就可以做得很小,从而降低了器件的噪声,探测灵敏度大大提高。

"玫瑰花"扫描实际上是由两个反向旋转的圆锥扫描光学系统合成而得到,两者旋转频率具有最小公约数,满足一定条件,即可完成覆盖导引头跟踪视场的扫描。

图 7.59 是一种双色玫瑰扫描导引头的光学扫描图案示意,与美国的"毒刺"-RMP便携式防空导弹的导引头相似。

该双色导引头在抗红外诱饵弹干扰方面主要采取了自适应脉宽鉴别、自适应幅度鉴别、红外/紫外双色比率鉴别、外推预测和自适应波门等技术措施。在较远距离时,目标仍然是一个点,还需要用双色技术来鉴别和排除干扰;但是近距离时,当目标像接近充满导引头视场时,还可采用"准成像"手段来区分目标和干扰。

当红外导弹射击空中目标时,飞行弹道后段目标的视线角速度已经较小,此时红外导引头的失调角也很小,目标像点基本处于视场中心附近,每一帧玫瑰扫描的脉冲数可达 10 多个。如果此时目标投放红外诱饵弹,导引头正常启动抗红外诱饵

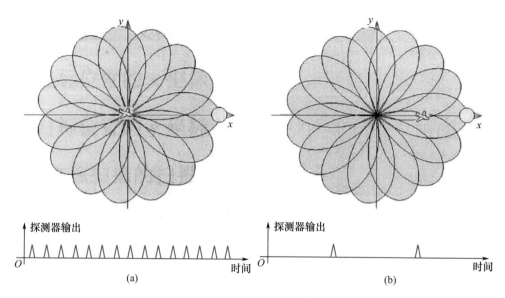

图 7.59　玫瑰扫描图案示意

干扰的功能,利用外推预测技术措施继续跟踪目标,当诱饵弹与目标分离后,再利用自适应波门套住目标进行精密跟踪,那么随着诱饵弹远离目标,其高脉冲信号将迅速减少,最终将诱饵弹干扰排除导引头视场,然后恢复常态精密跟踪。

"随着失调角的增大,信息脉冲迅速减少"是玫瑰扫描技术在抗干扰方面的很大优势,另一大优点是能够分辨视场内的多个目标,这对于攻击多机编队飞行的战斗机非常有用,而带调制盘的红外导引头则很难做到这点。但是,玫瑰扫描技术实现起来难度较大,特别是对正转反转双马达的转速同步性要求很高,因此未能在多个型号中推广。

4)成像技术和 CCD 技术

红外成像技术和 CCD 技术已经成熟应用于空空导弹、空地导弹和部分高端地空导弹中,但对便携式地空导弹而言,尚未得到大量应用。

在国外,如美国、日本、英国、法国、德国等,其红外成像制导技术已达到实用阶段,个别型号已采用这两项技术来对抗人工红外干扰。如美国的"幼畜"空地导弹、"标枪"反坦克导弹和"响尾蛇"-9X 空空导弹;英国的"阿斯拉姆"ASRAAM空空导弹;欧洲合作的"彩虹"-T 空空导弹;日本的"凯科"便携式地空导弹等。红外成像制导技术又分为扫描成像和凝视成像两类,后者发展最为迅速,且正在向红外双色成像发展,前途光明。

而便携式地空导弹中,采用成像技术或 CCD 技术将使导引头的成本大幅度上升,这对于需要大量采购和广泛使用的便携式防空导弹来说是否值得,确实需要认真考虑和权衡。美国陆军原计划在 2004 年左右,采用 128×128 元的红外凝视成像技术来改造"尾刺"–RMP 导弹的红外导引头,预先研究工作进展很好,但是因为所需经费较大,2003 年初美国国会就停止了该项目拨款。但是随着红外探测器件、CCD 器件的成熟和价格降低,其应用很快在便携式地空导弹中推广。

7.4 本章小结

本章对红外诱饵的设计、应用、干扰原理以及相关指标的分析进行了介绍。

首先,介绍了机载红外诱饵干扰的原理和特点,对红外点源和成像制导导弹的干扰原理进行了分析,给出了红外诱饵的特性与数学模型。其次,介绍了强光弹干扰的原理和工程实现方法,分析了强光对成像系统的干扰阈值试验与干扰距离、干扰系统及其干扰方法,提出了红外强光弹有关指标设计的思路,强光弹配方设计等。最后,提出了抗人工干扰与红外诱饵干扰技术的主要发展方向和思路。

参考文献

[1] 时家明,路远. 红外对抗原理[M]. 北京:解放军出版社,2002.

[2] 赵非玉,马春孝,卢山,等. 机载红外诱饵技术的发展[J]. 舰船电子工程,2012,3(32):20–23.

[3] 淦元柳,蒋冲,刘玉杰,等. 国外机载红外诱饵技术的发展[J]. 光电技术应用,2013,6(28):13–17.

[4] 王永仲. 现代军事光学技术[M]. 北京:科学出版社,2003.

[5] 候印鸣. 综合电子战[M]. 北京:国防工业出版社,2000.

[6] 赵霜,方有培. 红外成像制导及其干扰技术[J]. 红外与激光工程,2006,10(35):197–201.

[7] 康大勇,高俊光,胡琥香,等. 红外双色复合制导对抗技术[J]. 光电技术应用,2009,5(24):14–16.

[8] 李永,尹庆国. 面源红外诱饵辐射特性测试研究[J]. 光电技术应用,2015,3(30):74–78.

[9] KOCH E C. 2006–2008 Annual Review on Aerial Infrared Decoy Flares [J]. Propellants Explos. Pyrotech,2009,5(34):6–12.

[10] 吴涛,陈磊. 成像式红外诱饵弹技术的发展[J]. 舰船电子工程,2010,30(5):31–34.

[11] 王馨. 面源红外诱饵技术特征及材料组分研究[J]. 光电技术应用,2007,22(3):13–17.

[12] 姚昌仁,张波. 火箭导弹发射装置设计[M]. 北京:北京理工大学出版社,1998.

[13] 金培进,何辉,张学武,等. 红外诱饵干扰效能分析[J]. 光电技术应用,2006,2(21):67–69.

第 8 章

红外对抗作战效能 评估与测试方法

实战是检验红外对抗装备效能的最有效方法,但是在条件不具备的情况下,只能退而求其次,在数学和物理方法中寻找手段。

红外对抗作战效能评估可以采用数学评估方法、数字仿真方法、半实物仿真方法、外场试验方法、实弹对抗方法等。根据武器系统研制的不同阶段可采用不同的方法,以检验对抗装备的效能。无论采用什么方法,明确有效性的评估准则和效能度量,都是首先要解决的问题。

红外对抗设备的技术指标直接影响对抗效果,指标参数的测试是科研过程中不可或缺的环节,遇到的问题是,红外对抗设备指标类型多样,单一、通用的测试设备往往满足不了装备研制的需要,有些测试设备需要特殊研制,本章介绍了几种常用的试验测试设备。

外场试验时,试验场景的设计要有典型性,试验边界条件要有普适性,作战对象的选用要有代表性。

本章总结了我们通常使用的两种试验评估系统,以便于读者举一反三。

8.1 作战效能评估方法

红外对抗包括红外干扰、红外隐身防护和红外侦察告警三个方面,每个方面的作战有效性应有不同的度量准则。红外隐身防护和红外侦察告警的作战效果较易评估,可以通过采集作战对象和对抗措施的技术能力参数得到直接的结果。而干扰效果则需要深入研究作战对象的信息流、技术能力、战术能力才能够进行评估,因此本节重点讨论干扰效果的评估准则。

红外干扰作战效能是指对各种干扰手段作用于被干扰对象所产生的效果进行评估,因此要考虑干扰手段、干扰对象、实施干扰的环境和评估准则四方面的要素。干扰效果指的是在干扰作用下对被干扰对象的破坏、损伤效应,而不是干扰设备本身的性能指标。因此,应该从被干扰对象的角度出发,以干扰作用下被干扰对象与干扰效应相关的关键性能的变化为依据评估干扰效果。

(1) 干扰手段是指干扰的类型、性能、战术指标等。例如,红外定向对抗系统的指标及作战过程,红外诱饵的指标、作战过程等。

(2) 干扰对象是指弄清被干扰对象的性能、工作原理、战术指标、红外干扰对其可能产生的影响。如点源红外制导武器、红外成像制导武器的性能、工作原理、战术指标、红外干扰对其可能产生的影响等。

(3) 实施干扰的环境和评估准则是指约定统一的干扰环境和评估检测条件,便于对同类光红外干扰手段的有效性进行比较。

被干扰对象接受干扰后所产生的影响主要表现在以下几个方面。

(1) 被干扰对象因受到干扰使其系统的信息流发生恶化。如信噪比下降、虚假信号产生、信息中断等。

(2) 被干扰对象技术指标的恶化。如跟踪精度、跟踪角速度、制导精度、探测距离和灵敏度等指标的下降。

(3) 被干扰对象战术性能的恶化。如脱靶量增加、命中率降低等。

从干扰有效性度量的角度来看,若用上述三种干扰效果来评估干扰的有效性,可以通过使用不同的评估置信度区分出不同的评估层次[1]。

8.1.1 试验评估方法

用试验方法对干扰效果进行评估,离不开效果的测试和评估两个基本过程,如图 8.1 所示。

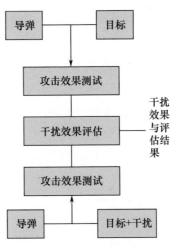

图 8.1　干扰效果评估图

试验在有、无干扰两种情况下分别从相应的干扰效果测试中获得数据。但是,根据试验目的、手段、方法的不同,最终得到的干扰效果评估结果的可信度差别很大。下面对几种干扰效果的试验评估方法做一介绍和对比分析。

1) 实弹打靶法

实战无疑是评估干扰效果最准确、最可信的方法。最理想的状态当然是投入战场使用,从战场上取回数据,给出干扰效果评估结果。但战场环境往往是很难得的,而且难以从敌方获取必需的数据。因此,只能采用实弹打靶法,它需要将目标置于模拟战场环境中(对军舰、坦克等目标,由于其运动速度较慢,对导弹的攻击效果影响较小,可采用不动的靶模拟)。通过发射实弹进行试验,并根据试验数据,给出干扰效果评估结果,这种方法虽然真实,但是费用也很昂贵,适用于产品定型试验。

2) 实物动态测试法

实物动态测试法把导弹的飞行和目标的机动过程用某种经济可行的方法代替,但是仍然能体现出或基本体现出实弹攻击过程。可以通过对导弹进行改装,除去战斗部,加装记录设备来获得大量的试验数据,可把它们作为科研过程中的一项试验,为设备研制提供参考。

3) 实物静态测试法

实物静态测试法把导弹和目标的机动过程忽略,只对导弹的寻的器进行测试,并依据评估准则给出干扰效果评估结果。该方法是在不具备以上两种试验条件时可以采用的试验方法,这种方法可在外场或实验室内进行。

4) 全过程数字仿真法

全过程数字仿真法是在建立导弹、目标、干扰数学模型的基础上,在计算机上对导弹的整个攻击过程(包括目标的机动过程)进行仿真,并根据各种状态下多次仿真的结果,按一定评估准则、评价干扰效果作为计算机仿真。该方法有很多优点,数学模型的建立是至关重要的。

5) 全过程半实物仿真法

在具备一定实物(或模拟实物)的条件下,可用实物代替全过程数字仿真的某些计算机仿真环节,其余环节仍采用计算机仿真,以软、硬结合的方法来实现对干扰效果的评估,称为全过程半实物仿真。由于此方法有实物的参与,因此关键在于仿真软件的实时性。

6) 寻的器干扰效果仿真法

从干扰对象方面看,干扰效果评估的层次可分为寻的器级和导弹级。该方法依然采用计算机仿真的方法,从寻的器的层次给出干扰效果评估结果。它所需条件较低,一般只需了解寻的器的物理模型和参数,从理论上说,它就是实物静态测试整个过程的仿真,因此其评估准则与实物静态测试方法相同。如果数学模型建立得足够准确,颗粒度足够精细,可使评估的置信度接近实物静态测试方法的水平。表8.1给出了几种干扰效果评估方法的特点。

表8.1　几种干扰效果评估方法特点比较表

方法特点	实弹打靶法	实物动态测试法	实物静态测试法	全过程数字仿真法	全过程半实物仿真法	寻的器干扰效果仿真法
评估的置信度	最高	较高	一般	一般	一般	较低
条件	局部的战场条件或靶场条件;足够多的实弹可以使用	至少有一枚样弹;有套干扰设备;有形成导弹和目标的相对运动条件	至少有一枚该导弹的导引头;有目标或模拟;外场或试验条件;有一套干扰设备	了解导弹的各种制导机理和参数;对目标和背景的特性要掌握;了解干扰设备的模型和参数;了解导弹的攻击过程和干扰手段实施方法	在全过程仿真法的基础上,在一种或几种环节用硬件来代替	寻的器的模型和参数;目标和背景的特性和参数;干扰设备的模型和参数
技术实现难度	容易	容易	比较容易	极大	较大	适中
经费投入	极大	较大	适中	小	适中	最小
场地及实验室要求	战场或靶场	靶场或实验室	外场或实验室	具有小型机或工作站的计算机房	专用实验室	具有工作站和微机的计算机房
评估周期	可长可短足够次数来统计	较短	最短	最长	较长	适中
评估的层次	全要素全过程	全要素全过程	寻的器级	全要素全过程	全要素全过程	寻的器级

8.1.2　数学评估方法

关于干扰效果的数学评估方法有很多,在此介绍三种方法[2-3]。

8.1.2.1　利用导弹单发命中概率来度量干扰效果的方法

单发命中概率表示单发导弹的脱靶量 ρ 落在以目标为中心,以杀伤半径 R 为半径的圆内的概率,即 $\rho \leqslant R$ 的概率。单发命中概率的大小取决于导引误差(实际弹道与运动学弹道的偏差)的分布规律,导引误差服从正态分布。

现取一通过目标质心 O,垂直于导弹与目标的相对速度矢量 $\bar{V}_{MT}$ 的平面 YOZ,导弹在该平面上的弹着点 (Y, Z) 是一个按正态分布的二维随机变量,其散布的概率密度为

$$p(y,z) = \frac{1}{2\pi\,\sigma_y\,\sigma_z} e^{-\frac{(y-m_y)^2}{2\sigma_y^2}} e^{-\frac{(z-m_z)^2}{2\sigma_z^2}} \tag{8.1}$$

式中：m_y 和 m_z 为平均弹着点的坐标，它与目标之间的距离 ρ_0 是系统误差；σ_y，σ_z 为弹着点沿 y 轴方向和 z 轴方向上的均方差。

用极坐标 (ρ,θ) 替换笛卡儿坐标 (y,z)，令 $\sigma = \sqrt{\sigma_y\,\sigma_z}$，则

$$\begin{cases} y = \rho\sin\theta \\ z = \rho\cos\theta \end{cases} \quad \begin{cases} m_y = \rho\sin\theta_0 \\ m_z = \rho\cos\theta_0 \end{cases} \tag{8.2}$$

而 $\rho = \sqrt{m_y^2 + m_z^2}$ 为散布中心到目标的距离，于是利用雅可比行列式，有

$$\begin{aligned}
p(\rho,\theta) &= |J|p(y,z) \\
&= \begin{vmatrix} \dfrac{\partial_y}{\partial_\rho} & \dfrac{\partial_z}{\partial_\rho} \\[2mm] \dfrac{\partial_y}{\partial_\theta} & \dfrac{\partial_z}{\partial_\theta} \end{vmatrix} p(y,z) \\
&= \rho \cdot \rho(y,z) \\
&= \frac{\rho}{2\pi\sigma^2} - e^{\frac{\rho^2 + \rho_0^2 - 2\rho\rho_0\cos(\theta-\theta_0)}{2\sigma^2}}
\end{aligned} \tag{8.3}$$

从式 (8.3) 可以得到脱靶量的分布密度函数为

$$p(\rho) = \int_0^{2\pi} p(\rho,\theta)\,\mathrm{d}\theta = \frac{\rho}{\sigma^2} - e^{\frac{\rho^2+\rho_0^2}{2\sigma^2}} \mathbf{I}_0\left(\frac{\rho\rho_0}{\sigma^2}\right) \tag{8.4}$$

式中：$\mathbf{I}_0\left(\dfrac{\rho\rho_0}{\sigma^2}\right)$ 为零阶第一类变形的贝塞尔函数。

从式 (8.4) 可知，脱靶量是遵循广义瑞利分布的，即

$$R = \frac{\rho}{\sigma}A = \frac{\rho_0}{\sigma} \tag{8.5}$$

则

$$p(R) = \sigma p(\rho) = R_e^{-\frac{R^2 + A^2}{2}} \mathbf{I}_0(R,A) \tag{8.6}$$

若导弹杀伤半径为 ρ_d，则引进 $\rho_d/\sigma = R_d$，称为相对杀伤半径。于是导弹的命中概率为

$$\begin{aligned}
P(R \leqslant R_d) &= \int_0^{R_d} R_e^{-\frac{R^2+A^2}{2}} \mathbf{I}_0(R,A)\,\mathrm{d}R \\
&= \int_\delta^\infty R_e^{-\frac{R^2+A^2}{2}} \mathbf{I}_0(R,A)\,\mathrm{d}R - \int_{R_d}^\infty R_e^{-\frac{R^2+A^2}{2}} \mathbf{I}_0(R,A)\,\mathrm{d}R \\
&= e^{-\frac{\delta^2 A^2}{2}} \sum_{n=0}^\infty \left(\frac{\delta}{A}\right)^n \mathbf{I}_n(\delta \cdot A) - e^{-\frac{R_d^2 A^2}{2}} \sum_{n=0}^\infty \left(\frac{R_d}{A}\right)^n \mathbf{I}_n(R_d,A)
\end{aligned} \tag{8.7}$$

当 δ 很小时,有

$$P(R) \approx \mathrm{e}^{-\frac{A^2}{2}}\left(\frac{\delta}{A}\right)^0 \mathbf{I}_0(\delta A) - \mathrm{e}^{-\frac{-R_d^2+A^2}{2}}\sum_{n=0}^{\infty}\left(\frac{R_d}{A}\right)^n \mathbf{I}_n(R_d A)$$

$$\approx \mathrm{e}^{-\frac{A^2}{2}} - Q(AR_d) \tag{8.8}$$

式中:$Q(AR_d)$ 为 Q 函数。

若导弹未受干扰,可以有 $\rho_0 = 0$,则

$$A = 0, \mathbf{I}_0\left(\frac{\rho_0 \rho}{\sigma^2}\right) = 1 \tag{8.9}$$

此时的单发命中概率用 P_1 表示为

$$P_1 = P(\rho \leqslant \rho_d) = 1 - \mathrm{e}^{-\frac{\rho_d^2}{\sigma^2}} \tag{8.10}$$

若导弹受到干扰而出现了导弹散布中心与目标中心不重合的情况($\rho_0 \neq 0$,这是系统误差),但对纯属偶然误差的弹着点分布的方差 σ 无影响,导弹的单发命中概率以 P_1' 表示为

$$P_1' = \left[\mathrm{e}^{-\frac{\rho_0^2}{2\sigma^2}} - Q\left(\frac{\rho_0 \rho_d}{\sigma^2}\right)\right] \tag{8.11}$$

可见 $P_1' < P_1$,由于导弹受到干扰,其单发命中概率降低。为了用这个客观现象定量地评估干扰效果,可以引用下列各个表达式。

$\Delta P = P_1 - P_1'$,以单发命中概率的下降值作评估干扰效果的参数;

$\beta = \dfrac{P_1 - P_1'}{P_1}$,以单发命中概率的相对下降值或下降率来评估干扰效果;

$\eta = \dfrac{P_1'}{P_1}$,称为效率系数,它反映了导弹在有干扰和无干扰条件下命中一目标所需弹数之比,$0 < \eta < 1$。

8.1.2.2 相空间统计法

相空间统计法是一种多样本统计法,只要有足够数量的样本,就可得到置信度高的评估结果。

设无干扰时导弹的单发命中概率为 P_0,因有干扰介入,本应命中的目标而无法命中,其概率即为干扰成功概率,以 P_v 表示,而原本无法命中的目标反而被命中的概率设为 P_F。

于是干扰介入后,导弹的单发命中概率 P_J 满足:

$$P_J = P_0(1 - P_V) + P_F(1 - P_0) \tag{8.12}$$

所以,干扰成功概率为

$$P_V = 1 - \frac{P_J}{P_0} + \frac{P_F}{P_0}(1 - P_0) \tag{8.13}$$

一般情况下,P_J 很小,所以 P_V 可近似表达为

$$P_V = 1 - \frac{P_J}{P_0} \tag{8.14}$$

式中:P_J 和 P_0 可以用多样本试验测得。

设单发导弹的杀伤半径为 R,则凡脱靶量 $\rho \leqslant R$ 均认为命中目标。所以可以用脱靶量分布来评估干扰效果,而脱靶量分布可以通过直方图统计的方法得到。

假定导弹未受干扰时的脱靶量分布概率密度以 $P_0(\rho)$ 表示;导弹受干扰后的脱靶量分布概率密度以 $P_J(\rho)$ 表示;当脱靶量为 ρ 时,导弹对目标的杀伤概率以 $P_K(\rho)$ 表示。

$P_0(\rho)$ 与 $P_J(\rho)$ 如图 8.2 所示。

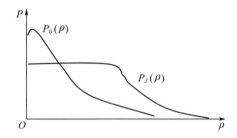

图 8.2　导弹受干扰前后脱靶量分布示意图

导弹受干扰前后的杀伤概率分别为

$$\begin{cases} P_{K0} = \displaystyle\int_0^R P_0(\rho) P_K(\rho) \, \mathrm{d}\rho \\ P_{KJ} = \displaystyle\int_0^R P_J(\rho) P_K(\rho) \, \mathrm{d}\rho \end{cases} \tag{8.15}$$

则干扰成功概率为

$$P_V = 1 - \frac{P_{KJ}}{P_{K0}} = 1 - \frac{\displaystyle\int_0^R P_J(\rho) P_K(\rho) \, \mathrm{d}\rho}{\displaystyle\int_0^R P_0(\rho) P_K(\rho) \, \mathrm{d}\rho} \tag{8.16}$$

8.1.2.3　时间统计法

相空间统计法需要有足够多的样本,付出的代价太大。而对同一型号同一批生产的导弹,其脱靶量分布可以认为是相同的。因此可以把导弹跟踪目标的过程看作具有普遍性的平稳随机过程,可用时间统计代替相空间统计,也就是通过延长导弹跟踪时间来代替多枚导弹的试验。

设导弹在跟踪过程中的航迹误差函数为

$$\delta(t) = U_p(t) - U_F(t) \tag{8.17}$$

式中：$U_p(t)$ 为运动学理论航迹；$U_F(t)$ 为实际航迹。

如果在导弹攻击的 t_i 时刻，导弹的引信被引爆，则 $\delta(t_i)$ 就是此发导弹的脱靶量，通过试验方法得到 $\delta(t)$ 函数，再把 $\delta(t)$ 函数采用直方图统计方法映射到相空间，就可得到此批导弹脱靶量分布函数，如图 8.3 所示。

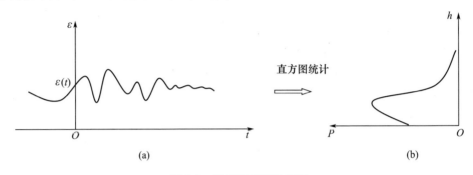

图 8.3　映射原理图示意图

利用时间统计法的关键，是如何通过延长导弹跟踪时间，利用导弹头提供的可测信号来统计脱靶量分布。

8.1.3　模拟仿真评估

8.1.3.1　开展数字模拟仿真评估的目的

红外对抗数字模拟仿真评估主要用数字方法模拟和检验红外对抗装备或系统的战术技术性能，也可以对作战对象的目标特性、背景特性进行数字模拟。通过对红外对抗信息化数字模拟评估功能、系统组成、工作原理和经济效益进行分析和评估，得出使用数字模拟技术可以缩短对抗装备的研制周期、优化装备的作战性能和节约研制经费。

红外对抗数字模拟仿真评估主要应用于以下几个方面：复杂电磁环境来袭目标特征（位置、属性、进攻时刻）远距离获取和处理；满足饱和攻击对抗的地面大区域重要目标的防护，针对新型制导武器的飞机、舰船、地面装甲车辆、卫星等军事平台自卫；光电情报快速处理、目标精确引导和新型多波段干扰源；战术激光武器；光电对抗设备的功能归一化和系统综合集成等。

检验光电对抗武器装备的侦察和攻击效果的主要手段是建立高逼真度的作战目标环境，且能够有效验证和体现武器装备和技术的各项能力。通过建立数字仿真评估环境，对系统对抗、红外对抗、激光对抗、无源对抗进行准确评估，统筹规划，完成机载、舰载等平台任务设备的试验条件，从而丰富体系对抗的试验平台及外场复杂光电环境模拟[5]。

建设的方法：在大量测试试验/仿真计算的基础上，建立对干扰效果进行定量计算的评估模型，进行定量评估计算，对干扰效果评估模型和有关参数可进行调整与计算。干扰效果分析与评估主要包括参数的生成与修改、人机交互界面、干扰效果评价准则、定量评估模型等，从而为装备研制和作战效能评估提供数学和物理基础准备。

红外对抗数字模拟仿真评估系统主要用来检验装备和系统的战术技术性能，对作战对象的目标特性进行模拟，构建典型的作战应用环境及作战想定，以演示系统在实战时的应用表现，并可作为评价系统的战术应用性能以及为研制下一代装备提出战技指标的参考依据。

建立红外对抗数字化评估环境目的之一，是对光电对抗系统在实际作战条件下的干扰效能进行分析与定量评估。红外对抗系统主要作战对象是精确制导武器，而无论从经济性还是可行性而言，都难以进行多批次实弹对抗试验来检验/评估系统干扰效果，因此在武器系统的论证、设计、集成和试验阶段，都需要建立一个环境对其战术应用的干扰效能进行评估，其结果也可辅助用户进行作战使用分析。

建立红外对抗数字化评估环境目的之二，是可在提出系统研制总要求的阶段辅助论证分析其主要的战术技术指标。系统的研制总要求是指导系统设计、研制、试验的基本依据，其中最重要的组成部分——战术技术指标，既要符合用户的需求，也必须符合技术现状。因此，如果能在此阶段建立一个以当前技术水平为基础的仿真模型，并将其放在实际作战场景、作战想定中进行仿真推演，考察其战术应用情况，则在此基础上提出的主要战术技术指标将显得更加有的放矢，对于用户的论证单位和系统的研制单位而言，也可提供一个重要的沟通、参考平台。

建立光电对抗信息化评估环境目的之三，是可用于系统作战应用的模拟演示，以直观展示出系统在实际作战条件下的对抗过程和对抗结果，通过协同设计，可作为体系对抗、平台对抗仿真系统的一个有机组成部分。

8.1.3.2　数字模拟仿真评估的功能

对抗效能信息化数字模拟评估是结合多种作战环境、不同作战对象，对研制装备的作战效能进行定性和定量的数字分析，从战术、战役等不同层面提出检验装备技术性能的判据和准则，寻找装备技术的差距和不足，为装备优化设计和可持续发展提供依据和基础。针对敌导弹、观瞄设备、致毁武器作战对象的具体特点，通过情报搜集处理、建立情报数据库、半实物仿真等条件的建设，进一步确定外军作战对象系统薄弱环节和脆弱性，研究对抗设备系统的体系结构、组成，优化干扰资源，合理配置，统一进行干扰控制，明确最佳干扰时机和作战方式，进行干扰效果预测，为开展具体装备研究提供指导和引领作用。

对系统复杂、功能多样化的系统，如何进行干扰效果检验？对不同光电制导导弹和光电侦察设备的干扰效果如何？怎样才能兼顾对多种作战对象有效对抗？尤其是在不同的气候条件、运动条件、不同体制的制导方式下，只能在较接近实战的数字仿真环境条件下，才能对对抗效果进行较准确的评估和性能评价。

只有建立对抗模拟与干扰效果测试系统，才可以较准确地检验告警系统、跟踪瞄准系统、多波段干扰系统、不同干扰信号结构的作战性能；只有建立对抗模拟与干扰效果测试系统，才能以较小的代价，对武器系统使用时的边界条件做出合理的判断；只有建立对抗模拟与干扰效果测试系统，才能积累大量的试验数据，为武器的优化设计和未来新出现的制导方式提出新的干扰方法，提高应对突发状况出现的变化和准备能力。建立基于信息化的数字模拟效能评估环境，是目前可行且有效的主要方法。

该效能评估坏境主要通过实际装备进行真实或缩比条件的室外评估作为样本，得出普适性的研究结论；数据分析处理评估环境用于汇集、统计、处理、分析在内外场获得的测试数据并得出子系统级及系统级评估结论。数字模拟评估系统只有利用较逼真的作战对象检验，才能得到真实的对抗效果，该系统与导弹和观瞄设备评估系统互相检验和验证。红外对抗作战对象种类较多，探测方式较多，使用的波段较多，再加上采用了多种扫描方式和抗干扰方式，目标提取和识别算法又特别多，因此需要对大量的作战对象进行分类。选择具有典型代表性的目标，并提供对目标受干扰后的相关信号、图像、力学量和飞行特征的支撑环境，对单一装备的干扰效能进行评测。将各种体制对抗目标装载在地面平台上，利用如大型转台的方式模拟导弹的运动状态，对受干扰前后的导弹位标器信号进行采集、分析和处理，得到导弹受干扰后的导引信号变化情况，也能够较接近实战的技术数据。

与外场实装对抗试验相比，建设该系统具有以下特点：同时对抗多种体制导弹和多种红外侦察设备；同时进行多路数据采集，可以实时和事后进行数据分析；可多次重复使用；数据再现能力强；可在不同气象条件下开展试验，成本相对低廉。

8.1.3.3 数字模拟仿真评估系统组成及工作原理

数字模拟仿真评估系统用于对红外对抗系统的主要战术技术性能、作战对象的目标特性进行数字模拟，构建典型的作战应用环境及作战想定，以演示对抗系统在实战时的应用表现，实现软件测试、数据处理和数据管理，并可作为评价对抗系统的战术应用性能以及提出下一代系统战术技术指标的参考依据。

数字模拟仿真评估系统主要由系统战术应用模拟评估模块、作战想定推演模块、高速移动平台自卫效果定量评估模块、红外制导导弹大回路数字模拟模块、测量与仿真数据处理模块、自动测试模块和试验数据管理模块组成，如图8.4所示。

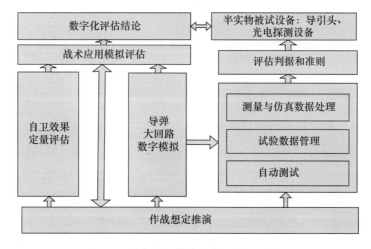

图 8.4　数字模拟仿真评估系统组成框图

（1）作战想定推演模块：在需求开发与验证过程中，根据不同的研究任务，将所涉及的作战实体及其整个作战过程进行虚拟实现，使研究结果更直观、更科学。根据任务需求加载战场环境，通过总体架构进行调控和任务分配，各作战实体按接收指令进行交互，并将结果上报进行作战效能评估。在需求开发与验证过程中依赖于环境的逼真度，全面真实的作战环境，会使需求开发与验证的结果更可靠。作战应用场景开发环境由空间作战应用场景开发环境、临近空间作战应用场景开发环境、天空作战应用场景开发环境和地面作战应用开发环境等组成。

（2）高速移动平台自卫效果定量评估模块与红外制导大回路数字模拟模块：实现有针对性的理论研究和试验验证，使基于作战应用的需求开发与验证更充分，研究结果更实用。基于作战的应用模式设计环境由预警作战应用和光电对抗作战应用组成。根据对国内导弹静态和动态测试数据而建立起来的评估模型，利用对国内外导弹有关动力、速度、发动机、气动加热、尺寸等特征的对比分析，计算国外各种典型导弹的光电辐射特征，为装备设计提供目标参数，为跟踪瞄准提供精确位置，为干扰信号设计提供设计依据。利用对国内外典型空空/地空导弹有关载机平台运动速度、导弹发动机种类、巡航速度、过载、机动速度等特征的比对分析，计算国外各种类型导弹的运动特性，为告警/跟踪瞄准系统的评估设计提供目标参数。对点源制导、红外亚成像制导、红外成像制导、红外/紫外复合制导等工作体制的导弹进行归类分析，为干扰系统的算法设计提供对抗目标参数。在以上数据的基础上，以典型的作战想定按时间轴建立作战态势推演模型，演示对抗双方的作战过程，作为干扰效果评估的基本依据。

（3）试验数据管理模块：基于标准应用程序，可以快速为试验部门、数据利用部门提供定制的数据管理应用平台,系统围绕"试验"业务中心实现对数据的全生命周期管理。试验作为军工产品的关键环节,要求越来越高。而试验数据的高效管理和高效利用、试验采集数据的实时监控和指挥、试验数据的有效采集、试验环境的实时监控、试验业务的综合展示能力,都成了制约试验质量、节约试验成本的重要因素。

8.1.3.4　数字模拟仿真评估系统工作流程

信息化数字模拟评估系统的测试、建模、仿真、模拟以及运行和数据处理流程,如图8.5所示。

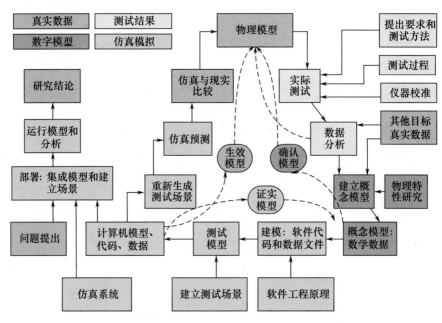

图 8.5　数字模拟仿真评估系统工作流程图

8.1.4 典型实施实例

本实例是采用数学评估的方法对红外点源制导、红外成像制导进行干扰的有效性评估。

8.1.4.1　评估判据

红外对抗的干扰效果体现在被干扰的空空和地空导弹性能的变化上,由于工作原理、组成结构、使用方式和使用目的不同,对不同被干扰对象的干扰效果评估指标和干扰效果等级划分存在根本差别,即有不同的评估判据。为此,我们需要分别研究红外干扰对点源红外制导系统和红外成像制导系统两类导弹的干扰效果评估判据。

干扰效果评估判据是进行干扰效果评估所必需的依据,在确定了干扰效果评估据后,通过检测实施干扰后被干扰对象评估指标的量值并与阈值比较,便可以确定干扰是否有效以及干扰效果的等级。

若实施干扰后导弹的制导信号发生紊乱,离轴角信号相位发生严重变化或基本不可提取,失去制导信息,则判定干扰有效。

若实施干扰后导弹的离轴角相位未发生严重变化,只发生幅值变化,则需要进行定量分析。本小节中,我们采取利用导弹杀伤概率来评估干扰系统干扰能力的方法。从理论上分析,要得到导弹受干扰后攻击目标的杀伤概率,应该大量记录不同情况下导引头从开始受干扰到最终攻击目标的整个过程的导引头误差数据、目标实际空间(或角度)误差数据、导弹速度、攻击角度等试验数据,结合具体导弹的制导率,进行全程半实物仿真模拟,这样才能得出导弹最终攻击目标时的杀伤概率为多少。在条件受局限的情况下,本实例给出了一种在静态、固定测试距离处测试干扰系统对导引头杀伤概率影响程度的计算方法,可以作为评估导引头受干扰程度的评估判据。

8.1.4.2 对红外点源制导导引头干扰效果定性判别方法

对红外点源制导导引头进行地面静态固定距离干扰时,若实施干扰后导弹的制导信号发生紊乱,离轴角信号相位发生严重变化或基本不可提取,失去制导信息,则判定干扰有效。若实施干扰后导弹的离轴角相位未发生严重变化,只发生幅值变化,则可按照下面所述方法进行干扰等级定量判断。

8.1.4.3 对红外点源制导导引头干扰效果定量判据准则

1)判据准则

制导武器弹着点的脱靶量和制导精度是反映其战术性能的关键指标,对制导武器的干扰直接影响其脱靶量和制导精度,所以对制导武器干扰效果的评估指标可以选为脱靶量或制导精度,通过检测制导武器受干扰后其脱靶量或制导精度的变化情况来评估干扰效果[4-5]。

正常情况下(即未实施干扰时)制导武器的制导精度问题:

设靶平面上目标的位置矢量为 r_0,制导武器弹着点的位置矢量为 $r_i (i = 1, 2, \cdots, n)$,$n$ 为有效试验次数,于是平均脱靶量矢量为

$$\delta r = r - r_0 \tag{8.18}$$

其中

$$r = \frac{1}{n} \sum_{i=1}^{n} r_i \tag{8.19}$$

式(8.19)为平均弹着点的位置矢量。

平均脱靶量即为制导误差的系统误差。对于系统误差,只要解决了其来源和变化规律,通常可以采取一定措施加以消除或修正,这时有$\delta_r = 0$,即有$r = r_0$。制导误差的随机误差通常用标准差表示,利用贝塞尔公式,可得标准差为

$$S = \sqrt{\frac{1}{n-1}\sum_{i=1}^{n}(r_i - r)^2} = \sqrt{\frac{1}{n-1}\sum_{i=1}^{n}(r_i - r_0)^2} \tag{8.20}$$

在系统误差已消除或修正的情况下,即可利用式(8.20)计算制导精度。

设未实施干扰时制导武器的制导精度为S_0,实施干扰后脱靶量大小为δ_r,研究制导精度和干扰后脱靶量的变化情况,可判断何种情况为有效干扰,何种情况为无效干扰。

除此之外,还研究实施激光干扰后制导武器的脱靶量相对于制导武器对被保护目标的杀伤半径的大小为依据来评定干扰是否有效或确定干扰效果等级。在实际使用中,激光干扰设备对制导武器的干扰是一个高度动态的过程,在这一动态过程中,影响干扰效果的因素非常复杂,所以干扰效果有很大随机性。因此在实用过程中重要的不是某一次干扰效果如何,而是在一定使用条件下有多大把握对特定目标实现有效干扰,即干扰概率,统称干扰成功率。

本小节中,干扰成功率是将干扰情况下、一定时间内的导弹杀伤概率进行加权平均,根据此加权平均值下降到某种程度进行计算的。

将干扰系统对点源制导导引头的干扰效果由弱到强划分为以下4个干扰级别。

(1)将导弹杀伤概率加权平均值下降为原来的80%以上时,导弹干扰成功率为0.18(0.9×0.2)以下,为一级干扰,即初级干扰。

(2)将导弹杀伤概率加权平均值下降为原来的80%~50%时,导弹干扰成功率为0.19~0.45(0.9×0.5),为二级干扰,即普通干扰。

(3)将导弹杀伤概率加权平均值下降为原来的50%~20%时,导弹干扰成功率为0.46~0.72(0.9×0.8),为三级干扰,即严重干扰。

(4)将导弹杀伤概率加权平均值下降为原来的20%以下时,导弹干扰成功率为0.72以上,为四级干扰,即严重干扰。

2)干扰效果计算方法

下面以典型大型机为模拟保护目标,设该机长30m,翼展38m,高10m;导弹典型杀伤半径$s = 7m$,导弹在未受干扰时的杀伤概率为0.9。以下计算均以干扰距离为3km作为典型值进行计算。

测试时,首先测出导弹偏转角度和导弹Φ角信号电压U_ϕ之间的关系,根据导弹受干扰后得到的Φ角信号电压U_ϕ判定导引头偏转角度,以0.2°为步长计算导

引头每个偏转角度对应的导弹杀伤概率,对开始干扰后 10s 内导引头杀伤概率做加权平均值 P_a 计算。对每个距离处三次试验得到的 P_a 再进行算术平均,然后用 P_a 判定干扰系统在该距离处的干扰等级。

干扰情况下导弹杀伤概率 P_a 加权平均值为

$$P_a = (N_0 \cdot P_0 + N_{0.2} \cdot P_{0.2} + N_{0.4} \cdot P_{0.4} + \cdots + N_{3.0} \cdot P_{3.0})/(N_0 + N_{0.2} + N_{0.4} + \cdots + N_{3.0})$$

$$(8.21)$$

式中:P_0 为导引头受干扰后偏转角度为 0° 时的杀伤概率;$P_{0.2}$ 为导引头受干扰后偏转角度为 0.2° 时的杀伤概率;$\cdots P_{3.0}$ 为导引头受干扰后偏转角度为 3.0° 时的杀伤概率;N_0 为导引头受干扰后偏转角度为 0° 的次数;$N_{0.2}$ 为导引头受干扰后偏转角度为 0.2° 的次数;$\cdots N_{3.0}$ 为导引头受干扰后偏转角度为 3.0° 的次数。

导弹受干扰后的杀伤概率计算公式为

$$\begin{cases} P = \xi \cdot 0.9 \\ \xi = (\xi_x \cdot \xi_y) \end{cases} \qquad (8.22)$$

式中:P 为导弹受干扰后的杀伤概率;ξ 为干扰后与干扰前导弹的杀伤概率比值;ξ_x 为干扰后与干扰前导弹在 x 方向的杀伤概率比值;ξ_y 为干扰后与干扰前导弹在 y 方向的杀伤概率比值;0.9 为不加干扰时导弹典型杀伤概率。

将得到的导弹杀伤概率加权平均值 P_a 与干扰判据准则对比来确定干扰等级。

3）导弹杀伤概率比值计算方法

（1）不加干扰时。在 x 方向,设目标长度 $L = 30\text{m}$,导弹杀伤半径 $s = 7\text{m}$,导弹杀伤目标的空间概率分布为

$$P_{N0x} = \frac{1}{\sqrt{2\pi}\,\sigma_{0x}} \mathrm{e}^{-\frac{x^2}{2\sigma_{0x}^2}} \qquad (8.23)$$

式中:σ_{0x} 为导弹在 x 方向的均方差。

只有落到 $[-L/2-s, L/2+s]$ 范围内的导弹才会杀伤目标,其概率分布示意图如图 8.6 所示。

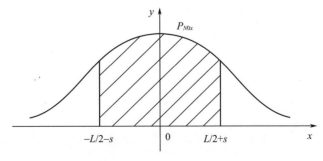

图 8.6　x 方向导弹杀伤概率分布示意图(不加干扰)

图 8.6 中阴影部分的积分就是导弹的杀伤概率 P_{h0}，即

$$\int_{-L/2-s}^{L/2+s} P_{N0x} \mathrm{d}x = P_{h0} \tag{8.24}$$

将式(8.23)代入得

$$\mathrm{erf}\left(\frac{\sqrt{2}}{2} \frac{L/2+s}{\sigma_{0x}}\right) = P_{h0} \tag{8.25}$$

式中：erf 为误差函数。

在不加干扰的情况下，导弹典型杀伤概率 $P_{h0} = 0.9$。用数值法可以解出

$$\frac{\sqrt{2}}{2} \frac{L/2+s}{\sigma_{0x}} = 1.163 \tag{8.26}$$

在 x 方向上的分布均方差为

$$\sigma_{0x} = 13.4\mathrm{m} \tag{8.27}$$

目标的高度为 10m，同理可求出在 y 方向上的分布均方差为

$$\sigma_{0y} = 7.3\mathrm{m} \tag{8.28}$$

（2）施加干扰后。在对导弹进行干扰后，导弹杀伤目标的空间概率分布的均方差发生了改变，使得导弹杀伤目标的空间概率分布曲线变得更加低平，示意图如图 8.7 所示。图 8.7 中斜线区域表示的是受干扰后，导弹处在这些区域中的概率为 0.9，网格区域表示的是此时目标被杀伤的概率。

理论上，导引头偏移目标的方向应该是知道的，但导引头输出信号并不能直接给出具体的方向。因此，本方法假设导引头偏移的角度是随机的，如此，在 x、y 方向都有可能，都需要进行计算。在考核评估时，以考核条件最为严格的方式——假设导引头全部在 x 方向偏移，进行干扰效果判别。

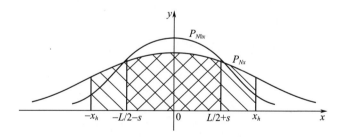

图 8.7　x 方向导弹杀伤概率分布，不加干扰与加干扰比较

设干扰后与干扰前的杀伤概率比为 ξ，参照式(8.24)、式(8.25)有

$$\mathrm{erf}\left(\frac{\sqrt{2}}{2} \frac{L/2+s}{\sigma_x}\right) = \xi P_{h0} \tag{8.29}$$

式中：σ_x 为干扰情况下的均方差。

可求出不同命中区间下的导弹的杀伤概率比值,如表 8.2 所列。

表 8.2　导弹偏转角度与 x、y 方向的杀伤概率比值 ξx、ξy 对应表

导弹偏转角度/(°)	x 方向的命中区间/m	x 方向的杀伤概率比值 ξx	y 方向的命中区间/m	y 方向的杀伤概率比值 ξy
0	−22 ~ 22	1	−12 ~ 12	1
0.2	−32.47 ~ 32.47	0.8166	−22.47 ~ 22.47	0.6892
0.4	−42.94 ~ 42.94	0.6674	−32.94 ~ 32.94	0.5011
0.6	−53.42 ~ 53.42	0.5576	−43.42 ~ 43.42	0.3896
0.8	−63.89 ~ 63.89	0.4765	−53.89 ~ 53.89	0.3176
1.0	−74.37 ~ 74.37	0.4149	−64.37 ~ 64.37	0.2676
1.2	−84.84 ~ 84.84	0.3670	−74.84 ~ 74.84	0.2311
1.4	−95.32 ~ 95.32	0.3287	−85.32 ~ 85.32	0.2033
1.6	−105.80 ~ 105.80	0.2974	−95.80 ~ 95.80	0.1814
1.8	−116.28 ~ 116.28	0.2715	−106.28 ~ 106.28	0.1637
2.0	−126.76 ~ 126.76	0.2497	−116.76 ~ 116.76	0.1492
2.2	−137.25 ~ 137.25	0.2311	−127.25 ~ 127.25	0.1370
2.4	−147.74 ~ 147.74	0.2150	−137.74 ~ 137.74	0.1266
2.6	−158.23 ~ 158.23	0.2010	−148.23 ~ 148.23	0.1177
2.8	−168.72 ~ 168.72	0.1887	−158.72 ~ 158.72	0.1100
3.0	−179.22 ~ 179.22	0.1778	−169.22 ~ 169.22	0.1032

8.1.4.4　对红外成像制导导引头干扰效果定性评估方法

若干扰系统对导引头干扰后,使导引头失去对目标的锁定跟踪,则判定干扰有效。

若导引头受到干扰后,未失去对目标的锁定跟踪,则按照下面所述方法来判别干扰效果。

8.1.4.5　对红外成像制导导引头干扰效果定量判据准则

1)判据准则

在对红外成像制导导引头进行干扰时,其干扰效果的判据准则同样采用 8.1.4.3 节所述方法,将干扰系统对红外成像制导导引头的干扰效果由弱到强划分。

2)干扰效果计算方法

首先需要明确的是,根据理论分析[6],单发导弹攻击矩形目标时的杀伤概率为导弹在 x 方向的杀伤概率和导弹在 y 方向的杀伤概率的乘积,即

$$P_a = P_x \cdot P_y$$

式中:$P_x = X_h/L$,为 X 方向导弹杀伤概率,X_h 为导弹在 X 方向的杀伤区间,L 为红外成像系统视场在 3km 处对应的空间长度;$P_y = Y_h/H$,为 Y 方向导弹杀伤概率;Y_h 为导弹在 Y 方向的杀伤区间,H 为红外成像系统视场在 3km 处对应的空间高度。

由于红外成像制导导弹可给出攻击时目标的二维图像,因此可以利用导引头瞬时跟踪/偏移目标的程度来计算此时导弹对目标的杀伤概率。

对计算方法的简单描述方法:在不加干扰时,导弹正常情况下是按一定概率 P 直接攻击目标所在区域的;而在施加干扰后,导引头接收到的目标图像将变大,且图像中心偏移目标中心,此时,导弹攻击变大后的图像区域的概率仍为 P,这就造成导弹攻击真实目标所在区域的概率下降,具体值可以通过计算得到;然后根据判据准则即可得到此种条件下干扰系统对导引头的干扰效果。

计算时,设被保护目标长 30m、高 10m,导弹杀伤半径为 7m,导弹未受干扰时典型杀伤概率为 0.9,测试距离为 3km。

3) 导弹杀伤概率比值计算方法

(1) 不加干扰时。在 x 方向,目标长度 $L = 30$m,导弹杀伤半径 $s = 7$m,导弹杀伤目标的空间概率分布为

$$P_{N0x} = \frac{1}{\sqrt{2\pi}\,\sigma_x} e^{-\frac{x^2}{2\sigma_x^2}} \tag{8.30}$$

式中:σ_x 为导弹在 x 方向的均方差。

只有落到 $[-L/2 - s, L/2 + s]$ 范围内的导弹才会杀伤目标,其概率分布示意图如图 8.8 所示。

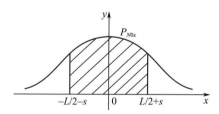

图 8.8　x 方向导弹杀伤概率分布示意图(不加干扰)

图 8.8 中阴影部分的积分就是导弹的杀伤概率 P_{h0},即

$$\int_{-L/2-s}^{L/2+s} P_{N0x}\,\mathrm{d}x = P_{h0} \tag{8.31}$$

将式(8.30)代入式(8.31),得

$$\mathrm{erf}\left(\frac{\sqrt{2}}{2}\frac{L/2 + s}{\sigma_{0x}}\right) = P_{h0} \tag{8.32}$$

式中:erf 为误差函数。

在不加干扰的情况下,导弹典型杀伤概率 $P_{h0}=0.9$。用数值法可以解出:

$$\frac{\sqrt{2}}{2}\frac{L/2+s}{\sigma_{0x}}=1.1631 \qquad (8.33)$$

则

$$\sigma_{0x}=13.37\text{m} \qquad (8.34)$$

目标的高度为 10m,同理可求出在 y 方向上的概率分布均方差为

$$\sigma_{0y}=7.30\text{m} \qquad (8.35)$$

(2)施加干扰后。在对导弹进行干扰后,导弹杀伤目标的空间概率分布均方差发生了改变,使得导弹杀伤目标的空间概率分布曲线变得更加低平,而且曲线的中心点发生了质心偏移 x_0,如图 8.9 所示。图 8.9 斜线区域 $[x_{h-},x_{h+}]$ 表示的是受干扰后,导弹处在这些区域中的概率为 0.9,网格区域 $[-L/2-s,L/2+s]$ 表示的是此时目标被杀伤的概率。

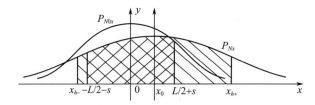

图 8.9　x 方向导弹杀伤概率分布,不加干扰与加干扰比较

这样的概率分布曲线为

$$P_{Nx}=\frac{1}{\sqrt{2\pi}\sigma_x}\mathrm{e}^{-\frac{(x-x_0)^2}{2\sigma_x^2}} \qquad (8.36)$$

设干扰后与干扰前导弹对目标的杀伤概率比为 ξ,参照式(8.31)和式(8.32),有

$$\frac{1}{2}\mathrm{erf}\left(\frac{\sqrt{2}}{2}\frac{L/2+s-x_0}{\sigma_x}\right)+\frac{1}{2}\mathrm{erf}\left(\frac{\sqrt{2}}{2}\frac{L/2+s+x_0}{\sigma_x}\right)=\xi P_{h0} \qquad (8.37)$$

式中: σ_x 为干扰情况下的均方差。

根据导引头输出的图像,可得到干扰后图像大小、图像中心偏移量 x_0,进而可根据误差函数得到此时导引头对目标的杀伤概率。从图 8.9 中也可以看出,图像变大,导弹对目标的杀伤概率下降;图像中心偏移,导弹对目标的杀伤概率也下降。图像中心偏移量为红外成像系统受干扰后光斑质心位置与红外成像系统视场重心位置之差在视场方向 3km 处的对应距离。表 8.3 ~ 表 8.5 给出了中心偏移不同数值时,导弹杀伤概率比值对应的命中区间。在评估时,只需要查找受干扰后导弹命中区间即可查到对应的导弹杀伤概率比值,从而给出干扰等级。

表 8.3　中心偏移量为 0 时杀伤概率比值与命中区间对应表

杀伤概率比值 ξ	x、y 方向的均方差/m		x、y 方向的杀伤区间/m	
	σ_x	σ_y	x_h	y_h
0.9	13.37	7.30	$-22 \sim 22$	$-12 \sim 12$
0.81	16.79	9.16	$-27.61 \sim 27.61$	$-15.06 \sim 15.06$
0.72	20.36	11.11	$-33.49 \sim 33.49$	$-18.27 \sim 18.27$
0.63	24.54	13.38	$-40.36 \sim 40.36$	$-22.01 \sim 22.01$
0.54	29.77	16.24	$-48.97 \sim 48.97$	$-26.71 \sim 26.71$
0.45	36.80	20.07	$-60.54 \sim 60.54$	$-33.02 \sim 33.02$
0.36	47.03	25.65	$-77.35 \sim 77.35$	$-42.19 \sim 42.19$
0.27	63.73	34.76	$-104.83 \sim 104.83$	$-57.18 \sim 57.18$
0.18	96.68	52.74	$-159.03 \sim 159.03$	$-86.74 \sim 86.74$
0.09	194.45	106.07	$-319.86 \sim 319.86$	$-174.47 \sim 174.47$
0	∞	∞	∞	∞

表 8.4　中心偏移量为 1m 时杀伤概率比值与命中区间对应表

杀伤概率比值 ξ	x、y 方向的均方差/m		x、y 方向的杀伤区间/m	
	σ_x	σ_y	x_h	y_h
0.9	13.34	7.23	$22 \sim 24.00$	$12. \sim 14$
0.81	16.76	9.10	$-27.64 \sim 29.64$	$15.11 \sim 17.11$
0.72	20.34	11.06	$-33.55 \sim 35.55$	$18.37 \sim 20.37$
0.63	24.52	13.35	$-40.45 \sim 42.45$	$22.17 \sim 24.17$
0.54	29.76	16.21	$-49.09 \sim 51.09$	$26.92 \sim 28.92$
0.45	36.79	20.05	$-60.68 \sim 62.68$	$33.29 \sim 35.29$
0.36	47.03	25.64	$-77.57 \sim 79.57$	$42.57 \sim 44.57$
0.27	63.74	34.76	$-105.13 \sim 107.13$	$57.71 \sim 59.71$
0.18	96.68	52.73	$-159.47 \sim 161.47$	$87.56 \sim 89.56$
0.09	194.62	106.15	$-321.02 \sim 323.02$	$176.27 \sim 178.27$
0	∞	∞	∞	∞

表 8.5　中心偏移量为 3m 时杀伤概率比值与命中区间对应表

杀伤概率比值 ξ	x、y 方向的均方差/m		x、y 方向的杀伤区间/m	
	σ_x	σ_y	x_h	y_h
0.9	13.03	7.23	$22 \sim 28$	$-12 \sim 18$
0.81	16.51	9.10	$27.88 \sim 33.88$	$-15.59 \sim 21.59$

（续）

杀伤概率比值 ξ	x、y 方向的均方差/m		x、y 方向的杀伤区间/m	
	σ_x	σ_y	x_h	y_h
0.72	20.14	11.06	34.00 ~ 40.00	−19.28 ~ 25.28
0.63	24.36	13.35	41.11 ~ 47.11	−23.53 ~ 29.53
0.54	29.62	16.21	50.00 ~ 56.00	−28.80 ~ 34.80
0.45	36.68	20.05	61.92 ~ 67.92	−35.82 ~ 41.82
0.36	46.94	25.64	79.24 ~ 85.24	−45.98 ~ 51.98
0.27	63.67	34.76	107.48 ~ 113.48	−62.51 ~ 68.51
0.18	96.64	52.73	163.12 ~ 169.12	−95.02 ~ 101.02
0.09	194.60	106.15	328.48 ~ 334.48	−191.50 ~ 197.50
0	∞	∞	∞	∞

8.2　红外对抗测试系统

8.2.1　测试分类与测试要求

1）测试对象

测试对象主要包括：各种军用平台，如飞机、舰船、装甲车辆等；光电制导武器，如地空、地地、空地、空空、空舰以及巡航导弹、反坦克导弹、炮弹和战场激光辐射等。

通过对各种威胁对象的研究、测量和分析，对各种平台和导弹的辐射进行测试，收集整理数据，并与现有装备进行比对分析，再通过知识管理及相应的数据分析软件，建立威胁对象数据库，为告警、跟踪瞄准方案提供理论依据和设计依据。通过对复杂的天空、地物、海洋自然源背景和人工辐射源进行监测和分析，为光电探测系统提供设计输入和使用边界条件，抑制杂散辐射，采取必要技术措施，提高设备在复杂光电环境下的探测能力，提高设计水平。

通过对各种干扰设备技术指标的测试，包括辐射强度信息、能量信息、光谱信息、干扰信号结构信息、图像信息、图像光谱信息等几类，为干扰设备作战能力评估提供基本数据。

通过测试，对飞机、导弹、舰船的红外特性、大气传输特性等技术形成支撑；对大气扰动测量技术、自适应光学技术、陆海空天背景散辐射测量与估算、人工辐射源的分析与处理技术、背景滤除技术等形成支撑；对数据融合技术、背景抑制技术、系统一体化与快速处理技术形成支撑。

2）测试指标分类

与红外对抗有关的测试指标主要包括红外辐射功率与辐射能量类、光谱类、图像类、图像光谱类以及辐射信号结构类等。红外辐射功率与辐射能量类包括辐射强度、光谱辐射强度、激光功率、激光单脉冲能量。同时,为检验探测类设备的灵敏度、成像质量等指标,还需要各种模拟辐射源。一般采用室内模拟测试,有时需要用到等比缩微测试方法,同时结合大气传输软件辅助,比推出外场测试结果[7]。典型的测试指标分类和典型仪器设备如表8.6所列。

表8.6　典型的测试指标分类和典型仪器设备

测试指标	单位	测量范围	波段/μm	典型测试仪器
红外辐射强度	瓦/球面度(W/sr)	毫瓦至几千瓦	1~3、3~5、8~12	红外辐射计/红外热像仪
红外光谱辐射强度	瓦/球面度·微米(W/sr·μm)	毫瓦至几千瓦	1~3、3~5、8~12	红外光谱辐射计
激光功率	瓦(W)	毫瓦至几万瓦	~1、2.7、3.8~4.3、9~11	激光功率计
激光能量	焦耳(J)	毫焦至千焦	~1、2.7、3.8~4.3、9~11	激光能量计
红外光谱	瓦/微米(W/·μm)	纳米级分辨力	1~3、3~5、8~12	光栅光谱仪、傅里叶光谱仪、瞬时光谱仪
红外图像	帧	320×240 640×480	1~3、3~5、8~12	红外热像仪
光谱图像	帧	多光谱、高光谱、超光谱	1~3、3~5	成像光谱仪

红外干扰信号结构包括红外辐射强度、红外光谱亮度、光谱分布、强度空间分步等光学参数,包括启动时间、干扰持续时间、干扰占空比等时间特性参数,包括干扰功率(能量)以及随时间变化情况等参数。其主要设计依据是干扰对象的调制(扫描)频率、灵敏度、敏感谱段、光学系统特性、信号处理方式及作战应用特点等。此外,还受背景特性、被保护目标特性的影响,因此,干扰理论研究涉及基础知识面较广,信号结构设计需要考虑的边界条件较复杂。

3）红外对抗技术对测试仪器的基本要求

红外对抗测试仪器很难从市场上选择成熟的产品,一般都需要定制、集成或者根据需要由研究人员进行研发。与其他光电仪器类似,都是从主观发展为客观光学测试,也就是用光电探测器(包括单元探测器和焦平面阵列)来取代人眼这个主观探测器,提高了测试精度和测试效率;用激光这个单色性、方向性、相干性、稳定性都极好的光源来取代常规光源,获得方向性极好的实际光线,用于各种光学测量上;从光机结合的模式向光机电算一体化的模式转换,实现测量与控制的自动化、智能化;要求测量的量限范围和波段范围不断扩大,量限将向大范围、高精度,大能量、超微弱两头扩展;要求测量的准确度越来越高。

从功能上说,红外测试技术的发展主要有以下 9 点。

(1) 从静态测量发展为动态测量;

(2) 从逐点测量发展为全场测量;

(3) 从宏观测量发展到微观测量;

(4) 从低速度测量发展成快速的、具有存储、记录功能的测量;

(5) 亚微米级、纳米级的高精度光学测量;

(6) 带存储功能的全场动态在线测量;

(7) 快速、高效的三维(3D)测量;

(8) 闭环式光电测试技术,实现光电测量与控制的一体化、自动化、智能化;

(9) 适合特殊的平台安装要求。

随着傅里叶光学、激光技术、光波导技术、数字技术、计算机技术,以及二元光学(Binary Optics)和微光学(Micro Optics)的发展,光学测试技术正走向微型化、集成化、经济化、自动测量化,而处理器的高速发展使得光学测试的实用性越来越高。

8.2.2　威胁与背景特征测试

对光电威胁对象目标特性和背景环境特性的测试,是红外对抗系统装备研究的重要内容之一。通过对复杂的天空、地物、海洋等自然源背景和人工辐射源进行监测和分析,为光电探测系统提供设计输入和使用边界条件,抑制杂散辐射,采取必要技术措施,提高设备在复杂光电环境下的探测能力,提高设计水平。一方面,红外探测战术指标的实现严重依赖环境的变化,受环境条件影响大,因此对光电复杂电磁环境的认识程度,往往是装备设计和研发的重要边界条件。另一方面,激光干扰装备的性能发挥,会受到大气湍流、热晕、抖动、折射、散射的影响,在装备设计之前综合考虑路径效应的影响[8]。实现多波段成像光谱仪对目标光谱细微特征识别,对新型武器平台光电自卫系统提供支撑。只有充分了解目标与背景的光学特性,才能设计高性能的红外系统,有效提高目标探测识别能力,充分发挥红外系统在武器装备中的作用。

对探测对象、干扰设备的辐射和光谱进行实时检测,明确某干扰时刻的对抗状态,记录干扰过程数据,提供信标和模拟干扰信号,可比较和替代对抗装备的干扰样式。在干扰实装设备不具备测试条件时,模拟干扰信号状态,监测波段包括可见光、红外,特殊波长干扰激光,具备对典型环境的远场目标模拟条件。能够对目标、干扰和背景的光谱进行检测,明确某个干扰时刻和干扰条件。能够进行目标远场模拟、具备对目标的承载和随动功能,测试设备最好具备机动能力。能够对选定区域的目标(包括大目标、小目标和点目标)和背景进行红外辐射特性的定量分析处理,外场定量测量误差小于 10% 是最低要求。定量分析处理目标和背景的红外辐射亮度和红外辐射温度分布;定量分析处理背景的红外辐射温度分布;定量分析处理目标与背景的红外辐射温差和红外辐射亮度对比度;分析处理目标的红外辐射强度及其变化情况。

红外对抗装备的效能的发挥,除了装备自身的技术指标外,与对抗对象抗干扰性能、保护平台辐射特征和环境背景辐射特性息息相关。对其进行试验的红外辐射监测可为装备的效能发挥、适用条件以及性能优化提供定性和定量数据。

几种外场典型测试设备的功能和用途如表 8.7 所列。

表 8.7 外场典型测试设备的功能和用途

仪器类别	用途	任务需求	技术指标	市售现状	特点
辐射强度实时检测设备	检测导弹发动机辐射强度,被保护平台辐射强度,干扰装备干扰信号辐射强度	红外告警、红外跟踪瞄准、干扰功率设置	具备测试量程调整功能,视场调节范围:几度至十几度,可实时定标和背景滤除	具备 $3 \sim 5\mu m$ 固定视场监测手段,无法进行实时定标,致使外场测试精度无法保证	视场与光学增益按需求调整,可对目标快速变化的平台和导弹尾焰进行测试,进行宽谱段的细分检测
近红外光纤瞬时光谱仪	天空背景和近红外波段干扰光谱监测	近红外光谱定量分析	红外诱饵、被保护平台以及导弹尾焰光谱测试	不具备	毫秒级光谱产生和记录
中波红外瞬时光谱仪	导弹主发动机和二级发动机以及气动加热中波红外辐射光谱监测	中波红外告警和跟踪瞄准对象精细谱段快速分析	成像光谱中远程探测、告警精细谱段选择	具备滤光片轮式光谱仪,波段窄,扫描时间超过 1min	满足发动机燃烧时间 2s 内提供若干个光谱图的要求,可监测发动机和气动加热瞬态变化情况
长波红外瞬时光谱仪	导弹主发动机和二级发动机以及气动加热长波红外辐射光谱监测	长波红外告警和跟踪瞄准对象精细谱段快速分析	成像光谱中远程探测、告警精细谱段选择	机械扫描,单元探测器,波段窄,扫描时间长	满足发动机燃烧时间 2s 内提供若干个光谱图的要求,可监测发动机和气动加热瞬态变化情况
外场红外动态模拟源	用于干扰装备和对抗对象相互光路对准,可外场环境下自适应恒定辐射,检验探测设备灵敏度	探测距离提升、高探测概率和低虚警率算法研究	红外跟踪瞄准和红外导引头引导	具备中波 30W/sr 的目标源,可模块化组合	无法根据外界环境调整辐射强度,温漂误差大,造成装备试验结果准确度极差

（续）

仪器类别	用途	任务需求	技术指标	市售现状	特点
成像光谱仪	测试目标的三维光谱	反伪装、烟幕测试	全波段是必要的	可见光近红外产品丰富	中波及长波红外测量
配试监测吊舱	平台搭载试验和记录	具备综合测试功能，跟踪瞄准功能	可根据需求进行自由组合	无法找到可用产品	具备信息记录和传输功能

8.2.3　测试系统功能和组成

红外对抗测试中，一般需要在短时间内将目标的各种有价值的特征提取出来，因此，建立一套可同时进行多维度测试的系统是很有必要的。内场或者实验室内的测试仪器与其他专业仪器设备的通用性差异不大，这里主要介绍外场测试手段和条件。

红外对抗外场测试系统主要包括以下几个方面的功能：光电对抗威胁目标与战场环境的特征采集与测量功能、光束捷变试验与大气传输处理数据检索功能、图像/强度/光谱的综合分析处理功能、对抗目标特性知识储备与管理功能。

通过辐射计、红外热像仪等对导弹、战斗机、无人机等光电威胁目标的发动机尾焰、飞机蒙皮的红外辐射、热学特征等进行数据收集；采用光谱仪对威胁对象的光谱特征进行测量；采用光电跟瞄/测距经纬仪等仪器对光电威胁目标的动力学特征进行数据收集；采用高性能处理平台与专业软件对图像、光谱特征建模，借助图谱处理软件进行数据分析、建模，实现可扩充更新和知识管理。

采用成像光谱探测技术，以光谱图像或数据立方体形式采集空间信息和光谱信息，对复杂地物背景等特定产生红外杂散光辐射的物体进行信息采集，建立不同地域、海域和天空背景的数据库；采用可用于机载的光电环境观测吊舱，得到空地背景辐射特性，并利用软件进行综合分析，将多次采集的数据进行存储和归纳整理。

一般外场红外对抗测试系统主要由多通道可变增益红外辐射计、多种波长红外热像仪、红外热成像光谱辐射仪、长波红外光谱热像仪、瞬时红外光谱仪、光电环境观测吊舱、图像/强度与光谱综合处理软件、光电对抗目标属性知识管理设备、大气传输测试处理及检索平台等组成。典型的外场红外测试系统功能和组成如图 8.10 所示。

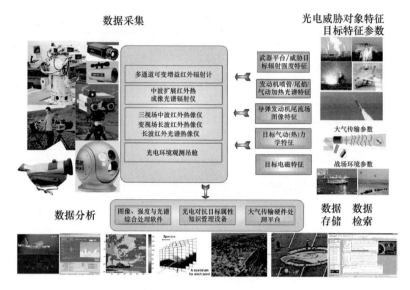

图 8.10　典型的外场红外测试系统功能和组成

8.2.4　常用红外对抗测试设备

8.2.4.1　多通道可变增益红外辐射计

1）功能

红外辐射计是对红外目标进行辐射强度和辐射亮度进行测试的工具。在此，主要对导弹发射主发动机尾焰进行无间断连续测试，在远距离对导弹气动加热辐射进行测试，为告警、跟踪瞄准系统射击提供依据。该设备与红外模拟源配合，还可以对大气的传输特性进行测试。

2）组成

设备由可见光瞄准系统、红外测试系统、微腔黑体定标系统和数据处理系统组成。多通道可变增益红外辐射计如图 8.11 所示。

（1）可见光瞄准系统由可见光镜头、高清 CCD、图像处理板卡和同轴伺服瞄准系统组成；

（2）红外测试系统由红外变焦镜头、机械扫描调至盘、红外探测器、前置放大器、模数变换、数据采集等组成；

（3）微腔黑体定标系统由平行光反射镜、折返镜、微腔黑体及温度控制器、伺服系统组成。

通过可见光摄像机将被测目标置于红外辐射计视场内，并检测动目标的运动情况，通过可设置的红外镜头的增益，将目标辐射转变成探测器可放大的交流信

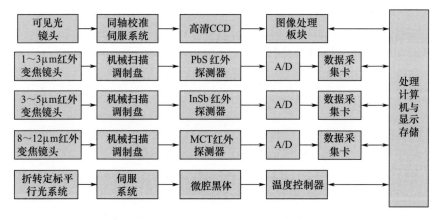

图 8.11　多通道可变增益红外辐射计

号,再通过 A/D 变换转换成数字信号进行记录和存储。每次测量之前进行定标时,设备内置微腔黑体,可以较精确控制黑体的温度,通过光学系统转化成覆盖全部光学口径的平行光,对系统进行定标,被测目标的辐射数据与标准源比对,得出辐射强度的绝对值。

3）主要技术指标

（1）测试波段为 $1 \sim 3\mu m$、$3 \sim 5\mu m$、$8 \sim 12\mu m$；

（2）增益调整范围为 60dB；

（3）测试精度为 1% 量程；

（4）调制频率为 $30 \sim 300Hz$；

（5）滤光片截止深度为 3%；

（6）精细波段数 >6 个；

（7）同轴精度优于 1°；

（8）定标时间为每个波段小于 10min；

（9）黑体温度为 $373 \sim 673K$；

（10）黑体温度精度为 0.1K；

（11）滤光片截止深度优于 5%。

4）使用方法

（1）检查仪器,连接电路,固定探测器的位置,并将各测量部件相对探测器安装在光具座上,先采用图 8.12 所示方法定标。

（2）将探测器制冷并将其引线焊接到前置放大器上,外加偏置电压。

（3）黑体的光阑孔位于黑体腔体的正前方,用以规范黑体辐射孔的面积,使光阑孔中心与探测器中心在同一水平线上。

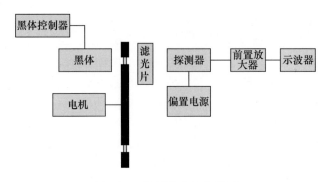

图 8.12　辐射计定标布置图

（4）打开温度控制器使黑体保持在不同温度,分别换用不同口径的光阑孔,不同距离时,记录下辐射计的响应数据、电压值和计算出接受面的辐照度,画出标定曲线,确定辐射计的电压响应率。

（5）定标后的辐射计,可利用线性关系,算出待测光源 $3\sim5\mu m$ 辐射波段的辐射强度。

（6）根据波形输出进行数据记录和误差分析。

（7）为了准确测量,需要测量多组数据。

8.2.4.2　红外热像仪

1）功能

红外热像仪主要有完成目标探测、红外特征图像提取、温度分布测量等功能,是一种高空间分辨力、高温度分辨力的红外测试设备。

2）组成

根据功能的复杂程度和技术实现的需要,将红外热像仪的功能分成两大部分:一部分在热像仪本机上完成;另一部分在计算机上完成。这样设计可以大大降低系统复杂程度,提高系统的稳定性和可扩充性。

热像仪本机部分是系统的主体部分,完成系统大部分的功能。其主要由中波红外成像镜头、探测器、信号读出电路、信号处理板等部分组成。中波红外成像镜头聚焦场景的红外辐射能量,成像在探测器的焦平面上;探测器完成光电转换,将收集到的红外辐射能量分布转换成电信号的二维分布;连接板为探测器提供基准电压,并将光电信号串行输出;信号读出电路主要完成光电信号的模数转换等功能;信号处理板主要完成数字图像的基本处理如非均匀性校正、图像降噪和 PAL 制视频输出、数字图像输出等功能。另外,本机部分还有探测器制冷机驱动模块、电源转换模块、镜头调焦模块等部分。

系统的另一部分主要是数字信号采集板和热图像分析软件。信号采集板将热像仪输出的低电压差分信号(Low Voltage Differential Signaling, LVDS)数字图像采集到计算机内存中,然后由热图像分析软件对图像进行分析处理,完成定点测温、图像电子变焦等用户提出的全部功能。红外热像仪组成框图如图 8.13所示。

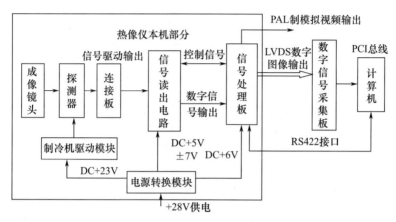

图 8.13　红外热像仪组成框图

3)主要技术指标

(1)探测波段为 3～5μm;

(2)光学视场角为 12°×8°;

(3)调焦范围为 3m～∞;

(4)角分辨力≤0.5mrad;

(5) F 数≤2;

(6)帧频为 50～120Hz 可调;

(7)NETD≤25mK;

(8)像元数为 640×512。

8.2.4.3　红外瞬时光谱仪

1)功能

红外瞬时光谱仪主要用于测试目标连续谱段内的光谱辐射,是一种深入研究目标红外辐射特性的专业设备,具有高速、高光谱分辨能力、高精度的特点。

2)组成

设备包括红外发射谱快速测量光谱仪、数据采集模块、便携式加固计算机及数据存储及处理软件、供电电源、校正设备和定标设备。其中校正设备包括高温黑体辐射源、校正软件;定标设备包括高、低温黑体辐射源、单色仪、积分球、定标软件。其组成框图如图 8.14 所示。

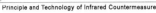
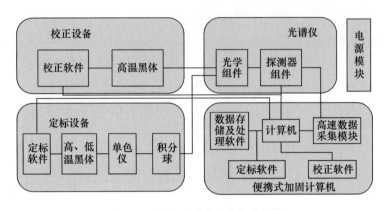

图 8.14　红外瞬时光谱仪组成框图

红外瞬时光谱仪主要包括物方准直镜、狭缝、滤光片、准直镜、反射式衍射光栅、会聚成像镜、探测器组件等。本实例以 480×6TDI 探测器为核心组件。

3）红外瞬时光谱仪工作原理

被探测物体光线由物方透镜会聚后经狭缝、滤光片和准直镜再会聚到反射式衍射光栅,经分光后由会聚成像镜到探测器组件将光信息转换为电信息,信息由 Camlink 接口上传到高速图像采集模块,由加固计算机进行记录和处理。

反射式衍射光栅依据瑞利判据光栅的色分辨能力为

$$A = \frac{\lambda}{\Delta \lambda} = mN \tag{8.38}$$

式中:λ 为色散的中心波长;$\Delta \lambda$ 为波长差,也就是光栅能分辨的最小波长差;m 为光栅衍射级次;N 为对应的光栅线数。

对于中波红外 3.7~4.8μm,取中间波长为 4.25μm,当波长差为 5nm 时计算光栅的色分辨能力为 850,设计选择一级衍射光谱即 $m=1$,则光栅线数 N 为 850。

探测器空间布局上 480 分为两组,240 在纵轴上无像元缝隙,保证了在光谱范围内的光谱连续性。该探测器采用 6 像元 TDI 积分方式工作以提高探测能力,提高信噪比。像元布局图如图 8.15 所示。

探测器采用 TDI 延时积分方式进行曝光,提高对弱小信号的探测能力的同时也保证了成像速度,一列 480 成像速度为 200μs 即 5000×480/s,有每秒生成 5000 组波段内 480 个光谱的能力。当考虑横向视场精度时可以只设置一组 240×6 工作,扫描光谱速度不变,但波段数减小到 240 个。每个光谱点转换为 14bits 的数字信号经由 Camlink 接口传输到高速数据采集模块,由便携式加固计算机进行存储和分析处理。

为保证探测器的工作精度,需要对探测器进行非均匀性校正。校正设备包括高

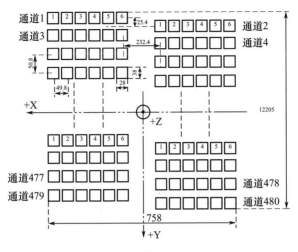

图 8.15   像元布局图

温黑体以及控制软件。探测器组件应有相应的校正软件,以便计算校正系数,并在加固计算机控制下可以选择应用和存储。红外瞬时光谱仪校正设备如图 8.16 所示。

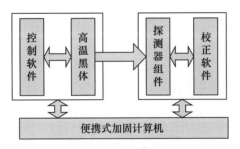

图 8.16   红外瞬时光谱仪校正设备

光谱定标的目的是确定各通道光谱中心波长位置、光谱分辨力及系统的光谱采样间隔。本设备采用波长扫描法进行定标,其定标设备如图 8.17 所示。

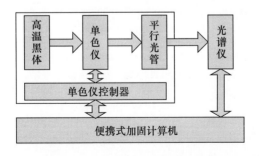

图 8.17   红外瞬时光谱仪定标设备

单色仪以一定的扫描步长在仪器的光谱范围进行扫描,光谱仪连续记录输出数据及其相对应的波长,可得到每个像素的波长-数字量值曲线,是一个近似于高斯曲线的波形。对其进行高斯拟合,就可以求出每个通道光谱分辨力和中心波长。中心波长定义为最大数字量值所对应的波长,光谱分辨力定义为光谱响应最大值下降1/2时的波长范围。光谱采样间隔是另外一个衡量光谱仪光谱分辨力的物理量,用两个相邻波段的中心波长差来定义。

4) 主要技术指标

(1) 光谱范围为 3.7 ~ 4.8 μm;

(2) 波段数为 240、480 可选;

(3) 波段带宽(光谱分辨力)为 5nm;

(4) 纵向瞬时视场为 0.1mrad;

(5) 横向瞬时视场为 0.07mrad;

(6) 纵向总视场为 1.8°;

(7) 横向总视场为 0.04°(对于 240 × 6),0.11°(对于 480 × 6);

(8) 像元数为 480;

(9) 光谱采集时间为 200μs;

(10) 光谱响应动态范围 > 40dB;

(11) 具备光谱校正和定标功能。

8.2.4.4 红外成像光谱仪

1) 功能

红外成像光谱仪主要以成像的方式测试面目标连续谱段内的光谱辐射,也是一种深入研究目标红外辐射特性的专业设备,具有高空间分辨力、高光谱分辨力、较高的波数测量精度、高辐射计量灵敏度的特点。

2) 组成

红外成像光谱仪的主要组成部分为 FIRST 超级光谱成像仪主机、外场加固计算机以及其内配置的数据采集板卡和数据处理软件几大部分,其他附件为交直流变换电源、主机包装箱和三脚架等。其原理组成框图如图 8.18 所示,其主要组成部分及附件配置如图 8.19 所示。

其中,FIRST 超光谱成像仪主机主要组成包括以下七大部分。

(1) 精密的机械结构;

(2) 主控电子电路;

(3) 迈克尔逊型光学干涉仪;

(4) 高速数据采集系统;

(5) 加热子系统;

（6）双黑体标定源；

（7）可见光宽视场 CCD 摄像机。

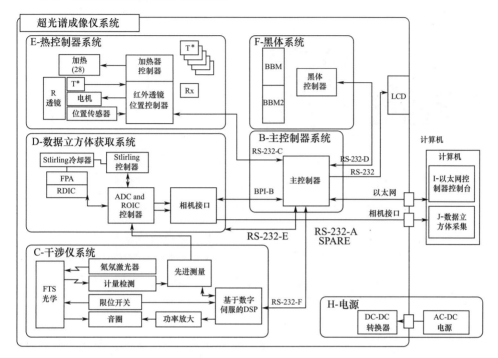

图 8.18 红外成像光谱仪的原理组成框图

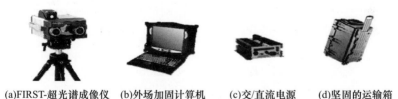

(a)FIRST-超光谱成像仪　(b)外场加固计算机　(c)交/直流电源　(d)坚固的运输箱

图 8.19 红外成像光谱仪的主要组成部分及附件配置

3）技术特点

（1）高空间分辨力。因为应用红外焦平面探测器,可以对空间景物进行高空间分辨力成像,能够对目标进行整体成像,测量其每一个部分的红外光谱辐射强度。

（2）高光谱分辨力。通过控制动镜的移动速度,可以调节干涉仪的光学调制频率,也就可以调节整个仪器的光谱分辨力。一般来说,仪器的光谱分辨力可在 $0.25 \sim 150 \mathrm{cm}^{-1}$ 之间任意选择设定。如果使用稳定频率参比配置,还可以生成无误差的校正曲线,进而完成高精度的光谱标定。图 8.20 为目标和背景的红外辐射光谱测量结果示意图。

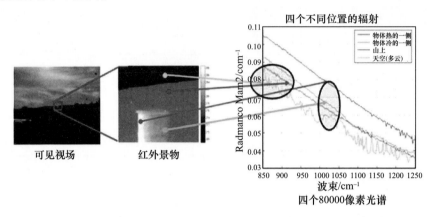

图 8.20 Hyper-Cam-MW-E 测量目标和背景的红外辐射光谱示意图

（3）较高的波数测量精度。干涉仪内的激光光路能够准确地测出傅里叶变换光谱仪中的动镜位移量，因此两个干涉光束之间的光程差可以精确地测量出来。精确的位移让干涉仪精确地变化，不需要的波虽然也进入探测器，但是进行傅里叶变换成光谱时是能够识别的，从而计算的光谱波数有很高的精确度，一般可达到 3%，给定量分析提供了有利条件。

（4）高辐射计量灵敏度。辐射计量灵敏度也称为"信噪比"，是用来形容或描述传感器检测微弱信号的能力。灵敏度通常用噪声等效光谱辐射（Noise Equivalent Spectral Radiance，NESR）来描述，它依据的几个设计因素包括仪器的光通量、空间分辨力及光谱分辨力、测量时间、系统噪声强度等。图 8.21 为噪声等效光谱辐射测量值。

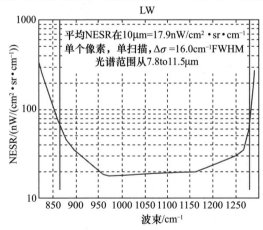

图 8.21 Hyper-Cam-LW 系统的噪声等效光谱辐射

（5）高辐射计量精度。为了保持优良的辐射计量精度,系统可以配置高温和低温两个黑体定标源,可定期自动地进行自身校正。

4）主要技术指标

典型红外成像光谱仪有 Hyper – Cam 系列便携式系列,共有三个型号:FIRST – LW,光谱测量范围为 $8 \sim 11 \mu m$;FIRST – MW,光谱测量范围为 $3 \sim 5.5 \mu m$;FIRST – MW – E,光谱测量范围为 $1.5 \sim 5.5 \mu m$。FIRST – LW 和 FIRST – MW – E 组合起来可覆盖从近红外到长波红外的整个大气窗口范围,如图 8.22 所示。

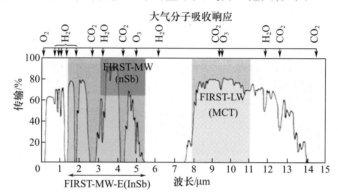

图 8.22　Hyper – Cam 系列便携式红外光谱辐射仪所覆盖的光谱范围

8.2.4.5　光电环境观测吊舱

1）功能

光电环境观测吊舱主要用于在机载环境下对目标、环境进行跟踪、测量,具有视场大、灵敏度高、可对动目标实施测量、测量精度高等特点。

2）组成

吊舱主要由光电稳定平台、红外探测器、可见光 CCD、中心控制器、电气接口、视频接口等组成,各功能单元均集成于光电稳定平台内,如图 8.23 所示。为了方便人员控制吊舱,另有一台手动控制台可以对吊舱进行有线控制。

吊舱的机电结构和外形示意图如图 8.24 和图 8.25 所示。

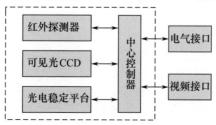

图 8.23　吊舱组成示意图

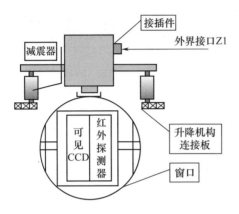

图 8.24　吊舱的机电结构组成示意图

图 8.25　光电稳定平台外形图

3）主要技术指标

（1）作用距离：红外对汽车的跟踪距离不小于 5km；可见光对人的发现距离不小于 5km；

（2）工作波段为可见光、3 ~ 5μm；

（3）工作范围：方位 360°；俯仰不小于 10° ~ – 110°；

（4）角速度为最大 60°/s；

（5）角加速度为最大 50°/s²；

（6）红外探测器 NETD ≤ 25m·K；

（7）红外探测器视场：宽视场不小于 13.8° × 11°；窄视场不大于 2.45° × 1.93°；

（8）红外探测器帧频为 50 帧、100 帧二档可手动选择；

（9）红外探测器积分时间为非定量测量时使用自动增益控制；定量测量时用固定值；

（10）CCD 水平分辨力为 460 电视行；

（11）CCD 视场为 1.79° ~ 55°；

（12）温度分辨力为 1℃；

（13）最小跟踪目标像面尺寸为 3 × 3 像素；

（14）跟踪方式为相关跟踪、重心跟踪；

（15）记录时间 ≥ 1h；

（16）可在给定红外探测器工作参数下对其进行定标，提供红外探测器光电响应函数，将红外探测器输出的红外图像转换成红外辐射图像，红外辐射定标精度优于 5%；

（17）可对选定区域的目标（包括大目标、小目标和点目标）和背景进行红外辐射特性的定量分析处理，定量测量精度优于 10%。

4）热像仪定标原理

　　由于红外成像仪观测输出信号电压主要是同目标辐射温度、探测器的积分时间有关，而且同红外成像仪温度有关。因此，为了使配试吊舱红外成像仪具有定量测量目标与背景红外辐射特性的热像仪，应在实验室对有不同温度和不同积分时间的红外成像仪，测定其输出电压同黑体辐射温度的关系。信号电压主要是同目标辐射温度之间的关系，其定标曲线如图 8.26 所示。

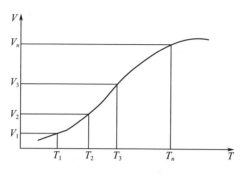

图 8.26　热像仪的定标曲线

　　热像仪工作波段 $\Delta\lambda$ 很窄时，热像仪输出电平 $N_i(T)$ 同黑体温度 T 的关系为

$$N_i(T) = \frac{1.1910 \times 10^8}{\lambda_0^5} \frac{1}{\mathrm{e}^{\frac{14388}{\lambda_0 T}} - 1} R(\lambda_0) \Delta\lambda \tag{8.39}$$

　　对于热像仪工作波段不是很窄时，热像仪输出电平同黑体温度 T 的关系利用与式（8.39）类似的下述指数函数可得到最佳拟合效果：

$$N_i(T) = \frac{A}{C\mathrm{e}^{\frac{B}{T}} - 1} \tag{8.40}$$

　　热像仪定标问题本质上是一个非线性最小二乘问题，这在数学上可以采用基于优化的拟合过程进行求解。热像仪定标问题可以描述为：求解最佳的系数估计 A, B 和 C，使得在不同的黑体测量温度 T_i 根据式（8.40）计算得到的输出电平 $\widehat{N}_l$ 与实际测量的输出电平 N_i 之间的差值最小。这对应着需要求解下列无约束非线性优化问题。

$$\begin{cases} \text{对于测量值 } T_i, N_i (i = 1, 2, \cdots, N) \\ \text{寻找最佳估计系数}: A, B, C \\ \text{使得 } \min \sum_{i=1}^{N} (N_i - \widehat{N}_l)^2 \\ \text{其中}: \widehat{N}_l = A / (C\mathrm{e}^{\frac{B}{T}} - 1) \\ A \in [A_{\min}, A_{\max}], B \in [B_{\min}, B_{\max}], C \in [C_{\min}, C_{\max}] \end{cases} \tag{8.41}$$

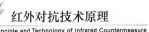

对于式(8.41)给出的问题,可以有多种数学解法来求得最优估计值,但需要有计算机算法辅助,有兴趣的读者可以参考相关数学书籍。

5)红外辐射亮度、辐射强度的计算

国内尚未研究制定出有关热像仪外场测量目标红外辐射特性的方法标准,因而在外场对同一目标,用不同型号的热像仪甚至用同一型号的热像仪,由不同人员测量和分析处理,得到的目标红外辐射亮度和红外辐射强度相差较大,对小目标红外辐射强度测量有时相差几倍,甚至几十倍。

为了探讨较为可行、可信、准确的热像仪测量目标红外辐射特性的方法,有关单位、研究人员进行了十分有益的研究、分析,也形成了非常好的研究成果。利用该方法,在实践中,我们获得了较高的测量准确度,能够以总误差 10% 的精度提供对面目标、点目标红外辐射亮度的测量,在获取距离的情况下即可得到目标的红外辐射强度。

该方法与吊舱配合,能够对导弹、飞机等运动目标实施全程测试,对于获取目标在不同情况下的红外辐射特性有着非常便利的应用。

8.2.5 两种外场集成测试系统

8.2.5.1 红外观瞄对抗模拟系统

红外观瞄对抗模拟系统可模拟机载、舰载、车载红外侦察和观瞄设备,工作波段包括近红外、中红外和长波红外,能够替代外军普遍装备的军用热像仪、微光夜视仪、测距设备、红外前视、红外搜索跟踪和红外成像光谱仪等设备,可评估对抗设备对同类外军装备的干扰效能。

目前红外观瞄设备大量应用,探测种类和手段不断丰富,抗干扰能力不断提高,对红外对抗不断提出新的挑战。其主要包括中波、长波红外光电观瞄设备以及新一代的微光夜视设备、激光测距机等。

1)红外观瞄设备

在飞机(包括无人机)、舰船和坦克/装甲车等作战平台上,普遍装备有红外前视(FLIR)系统、微光夜视仪和红外热像仪等光电观瞄设备。在最近几次战争中,无论是平台与平台之间、单兵与单兵之间还是在整个战场上,红外观瞄设备都占有绝对信息优势。这期间,红外侦察和夜视侦察起到了至关重要的作用,许多信息都是通过它们获取的。

据资料表明,20世纪90年代末期,美国国防部每年用于平台侦察装备的采购、研究和发展费用约超过10亿美元,并每年以25%的速度速增。随着国际形势缓和,美国国防预算大幅度削减,许多军事装备的研究发展和采购费用削减,但红外侦察费用反而逐年增加。这说明美国国防部对平台侦察装备非常重视。并且美国军方认为,夜战是今后常规战争的重要组成部分,美国要在 21 世纪继续保持这方面的优势就必须加强红外和夜视侦察装备的投资。

因此,为赢得信息作战的主动,研究对抗红外观瞄设备的对抗技术和对抗装备,对降低敌方侦察设备的威胁具有重要意义。

通过整理外军侦察设备的具体参数,我们发现,在红外侦察设备中,无论是红外热像仪、红外前视系统还是红外搜索跟踪系统,中波、长波红外侦察已经占大多数。外军典型的红外侦察设备如表 8.8 所列。

表 8.8　外军典型红外侦察设备

型号、名称	简　介	载　机	研制国家
AT FLIR 机载侦察吊舱	目标捕获热像仪采用 640×480 元中波红外焦平面阵列,导航热像仪采用中波红外焦平面阵列,2002 年服役,共生产 574 套	F/A－10E/F "超级大黄蜂"	美国
凝视 SAFRE	采用 320×240 元或 640×480 元 InSb,中波,典型条件下识别距离:对坦克 7km,对 42m 长舰艇 >40km	美国、荷兰、西班牙、丹麦的多种飞机	美国
SADAⅢ	采用 640×480 元中波红外凝视阵列	美国"阿帕奇"直升机	美国
导弹探测传感器	256×256 元中波 HgCdTe,1997 年交付第 1 台产品,供红外定向对抗使用	美国 C－130 运输飞机、英国"海王"直升机	美国
SIM 系统改进计划	InSb 中波焦平面阵列,2000 年前装备 170 套	C－130 运输机	美国
凝视热像仪	采用 640×480 元 InSb 中波焦平面阵列,防区外探测能力:13 海里(约 24km)以上	舰载	美国
战略武器侦察红外传感器	采用 Amber 公司(美)256×256 元 InSb 中波焦平面阵列	机载	美国

2) 微光夜视观瞄设备

由于夜视技术的特殊性,使得夜视技术从一开始就受到各国国防军事部门的青睐,夜视设备一出现即被安装在各种武器和军用车辆、飞机、坦克及侦察工具上,用于实际战争中。夜视设备真正使部队突破夜幕障碍、获得夜战自由。第一次世界大战后,美国率先开始重视夜视技术,几乎每年都以上亿美元的巨额投资用于研制各种夜视器材。到了 20 世纪 80 年代,美军把夜视器材当作高技术兵器,认为夜视器材的迅速发展对未来战争的模式和战争进程将产生深刻的影响,因而更加不惜花费巨资进行研制和开发。部分夜视设备如表 8.9所列。

表 8.9　美军部分夜视设备

类　型	型　号	类　别	备　注
单兵观测与枪支瞄准	AN/PVS－14（MNVD）	微光夜视	三代"顶膜"技术,目前美军装备最先进的单筒眼镜
	AN/PVS－7	微光夜视	
	AN/PVS－17（MNVS）	微光夜视	三代或四代、特种作战部队和海军陆战队所选用
	AN/PVS－12A	微光夜视	
	AN/PSQ－20（ENVG）	微光夜视与红外夜视	对距离 150m 以上人员目标的识别率为 80%,在距离 300m 也达到了 50%。热成像仪在8～12μm 的红外波段工作
	AN/PVS－15	微光夜视	望远镜
班组瞄准具	AN/TVS－5	AN/PVS－15	三代
潜水单目镜	AN/PVS－18	AN/PVS－15	
微光电视	NV－100	微光电视	
坦克驾驶仪	AN/VV52	微光夜视	
飞行员夜视镜	AN/AVS－6	微光夜视	双管双目,20 世纪 80 年代末装备
	AN/AVS－7D	微光夜视	1996 年装备
	AN/AVS－8	微光夜视	

　　1980—1990 年,用于研制夜视器材的总投资竟高达 70 亿～80 亿美元。从目前的发展水平来看,美军的夜视器材,无论是数量还是质量,均在世界范围内处于领先地位。除此之外,俄罗斯、英国、德国、法国、意大利、荷兰等国也从 20 世纪 60 年代开始相继加强了夜视器材的基础研究和典型产品的试制工作,使这些国家的军队普遍地获得了较为先进的夜视器材。诺斯罗普·格鲁曼公司和 ITT 工业公司同时赢得美国陆军金额分别为约 2 亿美元和 1.4 亿美元的合同,负责为士兵提供夜视设备。美国陆军将总共采购 370486 个 AN/PVS－14 单目夜视装置,34300 个 AN/PVS－7 夜视镜以及相关的备用像增强管。这些夜视装置可用来提高士兵的态势感知能力,并提高在恶劣的观察条件下的能见度。而新型夜视设备 ENVG 除了具备微光夜视外还增加了长波红外探测,增加了观测距离与灵敏度。

　　2008 年,英国国防部(MoD)授予 ITT 公司夜视分部一份总价值达 2300 万美元的合同,购买头盔夜视系统(HMNVS)。HMNVS 是 AN/PVS－14 型的英军型号。

　　"拥有黑夜"是美国的战略思想,谁拥有制夜权,谁就会赢得战争的主动。打击夜视器材,减弱敌方的夜视能力,越发显得重要。我国周边国家已经装备了多种先进的夜视仪等。山地作战和巷战是未来的军事冲突的重要作战模式,这些装备将在这些作战形式中发挥重要作用,甚至将会改变整个战场态势。夜视设备的扩散,各国、恐怖分子等都拥有夜视器材(二代),对边境以及未来登陆、巷战等存在很大的威胁。

国外研究主要集中在微光夜视技术方面,微光夜视技术是目前夜战武器装备中使用最广泛的技术,微光夜视系统是利用夜天光在景物上的反射光进行工作的。如图 8.27 所示,夜天光覆盖了可见、近红外和短波红外波段,其峰值和主要辐射能均在短波红外波段,该波段的辐射能是可见和近红外波段之和的数十倍。

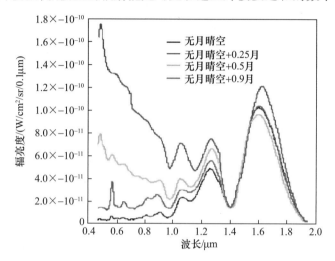

图 8.27　夜天光光谱辐射曲线

充分利用夜天光资源,提高像传感器光敏面的光谱响应以及与夜天光的匹配率,一直是微光夜视技术发展的原动力和奋斗目标。

微光夜视系统主要分为直接观察型微光夜视仪和间接观察型微光电视。微光夜视技术主要包括微光夜视系统总体技术和微光夜视器件设计和工艺研究,核心是微光像增强器的研究。像增强器主要由光阴极输入窗、电子光学系统和荧光屏输出窗组成,通过三个环节实现目标图像的亮度增强,即光阴极将系统接收到的低能辐射图像转变成为电子图像;通过电子光学系统使电子图像加速聚焦成像同时获得能量增强;荧光屏将得到倍增的电子图像再次转换为可见的光学图像,如图 8.28 所示。其发展历程代表了微光夜视技术的发展。

图 8.28　像增强器

微光像增强器经历了从零代→一代→二代→超二代→三代→超三代→四代的发展，主要技术特征与性能参数如表8.10所列。图8.29为常见四类光阴极量子效率光谱分布曲线。

表8.10 微光夜视器件技术特征与性能参数

代次	主要技术特征	主要技术指标		时 间
		灵敏度/(μA/lm)	分辨力(lp/mm)	
零代主动微光夜视	红外变像管/探照灯 Ag-O-Cs 光阴极和单级二电极像管技术	80	20	20世纪40年代
一代微光夜视	多碱光阴极光纤面板输入输出窗倒像式像管像管耦合技术	200	28	20世纪60年代
二代微光夜视	多碱光阴极微通道板 MCP像管技术(倒像式和近贴式)	225	32	20世纪70年代
三代微光夜视	GaAs光阴极MCP带防离子反馈膜微通道板近贴式像管	800~1600	32~60	20世纪80年代~90年代
超二代微光夜视	高灵敏度多碱阴极MCP	500~700	32~50	20世纪90年代
超三代微光夜视	高灵敏度GaAs光阴极低噪声MCP微光管	1600~1800	64	20世纪90年代
四代微光夜视	高灵敏度GaAs光阴极无膜MCP、自动电子快门	2000~3000	64~90	20世纪90年代
超二代微光	高灵敏度多碱阴极自动电子快门	700~900	64	2002年

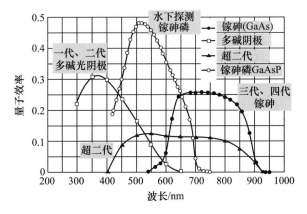

图8.29 常见四类光阴极量子效率光谱分布曲线

基于多碱光阴极的一代、二代微光夜视光谱响应范围可覆盖整个可见光谱和750~800nm的近红外波段，灵敏度达到200~300μA/lm，暗电流约为10^{-16}A/cm^2，多碱光阴极无论是S-20、S-25或是Super S-25，都是正电子亲和势(PEA)光阴极；而负电子亲和势(NEA)的砷化镓(GaAs)光阴极比多碱阴极具有更高的量子效率，光谱响应范围为可见光到近红外,特别是在近红外波段有较高的响应,可工作的近红外光谱到 920nm,暗电流约为 $10^{-16}A/cm^2$,灵敏度提高到 $1800\mu A/lm$。光阴极和铟镓砷的光谱响应与夜空辐射匹配率如图 8.30 所示。

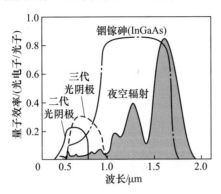

图 8.30　光阴极和铟镓砷的光谱响应与夜空辐射匹配率

从图 8.30 可以看出,三代 GaAs 光阴极的光谱响应与夜空辐射的匹配率大约是二代多碱光阴极的 3 倍。InGaAs 的光谱响应与夜空辐射的匹配率大约是三代 GaAs 光阴极的 10 倍,大约是二代多碱光阴极的 30 倍。

(1) 零代微光夜视技术。20 世纪四五十年代最早出现的像管以 Ag - O - Cs 光阴极、电子聚焦系统和阳极荧光屏构成静电聚焦二极管为特征技术的像管被称为"零代变像管"。其阴极灵敏度典型值为 $60\mu A/m$,将来自主动红外照明器的反射信号转变为光电子,电子在 16kV 的静电场下聚焦,能产生较高的分辨力($57 \sim 71p/mm$),但是体积、质量比较大,增益很低。

(2) 一代微光夜视技术。一代微光夜视技术在 20 世纪 50 年代出现,成熟于 20 世纪 60 年代。伴随着高灵敏度 Sb - K - Na - Cs 多碱光阴极(1955 年)、真空气密性好的光纤面板(1958 年)、同心球电子光学系统和荧光粉性能的提升等核心关键技术的突破,真正意义上的微光夜视仪开始登上历史舞台。它的光阴极灵敏度高达 $180 \sim 200\mu A/m$,一级单管可实现约 50 倍亮度增益。

由于采用光纤面板作为场曲校正器改善了电子光学系统的成像质量和耦合能力,使得一代微光单管三级耦合级联成为可能,使亮度增强 10^4 倍以上,实现了星光照度($10^{-3}Lx$)条件下的被动夜视观察,因而一代微光夜视仪也称为"星光镜"。

1962 年,美国研制出三级级联式像增强器(PIP - I 型)(图 8.31),并制成以 PIP - I 型像增强器为核心部件的第一代微光夜视仪,即所谓的"星光镜"AN/PVS - 2,如图 8.32 所示 1965—1967 年装备部队,曾用于越南战场。其典型性能为:光阴极灵敏度不小于225μA/m,分辨力不小于30lp/mm,增益不小于10^4,噪声因子为1.3。

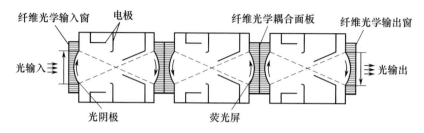

图 8.31　第一代像增强器(三级级联式像增强器)

图 8.32　AN/PVS-2

　　第一代微光夜视技术属于被动观察方式,其特点是隐蔽性好、体积小、质量小、图像清晰、成品率高,便于大批量生产,缺点是怕强光、有晕光现象。

　　(3) 二代微光夜视技术。1962 年前后通道式电子倍增器——微通道板(MCP)的研制成功,为微光夜视技术的升级提供了基础。经过长期探索,第二代微光夜视仪于1970 年研制成功,它以多碱光阴极、微通道板、近贴聚焦为技术特征。二代近贴式和倒像式 MCP 如图 8.33 所示。

　　尽管仍然使用 Sb-K-Na-Cs 多碱光阴极,但随着制备技术的不断改进,光阴极灵敏度(大于 240μA/m)和红外响应得到大幅提升。一片 MCP 便可实现 $10^4 \sim 10^5$ 的电子增益,使得一个带有 MCP 的二代微光管便可替代三个级联的一代微光管,并利用 MCP 的过电流饱和特性,从根本上解决了微光夜视仪在战场使用时的防强光问题。二代管自 20 世纪 70 年代批量生产以来,现已形成系列化,与三代管一起成为美国、欧洲等发达国家装备部队的主要微光夜视器材。其典型性能为:光阴极灵敏度为 225 ~ 400μA/m,分辨力不小于 32 ~ 36lp/mm,增益不小于 10^4,噪声因子为 1.7 ~ 2.5。

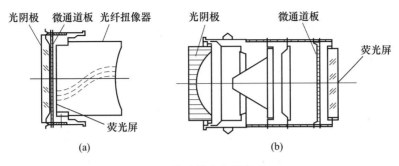

光阴极　微通道板　光纤扭像器

荧光屏

(a)

光阴极　　　　微通道板

荧光屏

(b)

图 8.33　二代近贴式和倒像式 MCP

（4）三代微光夜视技术。第三代微光夜视器件的主要技术特征是高灵敏度负电子亲和势光阴极、低噪声长寿命高增益 MCP 和双冷铟封近贴。三代管保留了二代管的近贴聚焦设计，并加入了高性能的 GaAs 光阴极，其量子效率高、暗发射小、电子能量分布集中、灵敏度高。为了防止管子工作时的例子反馈和阴极结构的损坏，在 MCP 输入端引入一层 Al_2O_3 或 SiO_2 防离子反馈膜，大大延长了使用寿命，如图 8.34、图 8.35 所示。

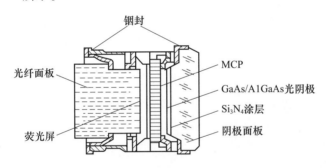

铟封

光纤面板

MCP

GaAs/A1GaAs光阴极

Si_3N_4涂层

荧光屏

阴极面板

图 8.34　第三代微光夜视器件

图 8.35　AN/PVS－7

其典型性能为:光阴极灵敏度为 $800 \sim 2000 \mu A/m$,分辨力不小于 $48lp/mm$,增益为 $10^4 \sim 10^5$,寿命大于 7500h,视距较二代管提高了 50% ~ 100%。三代微光夜视仪的优势是灵敏度高、清晰度好、体积小、观察距离远,但工艺复杂、技术难度大、造价昂贵,限制了其大规模批量化使用,整体装备量与二代管相当。

(5) 超二代微光夜视技术。"超二代微光夜视技术"借鉴了三代管成熟的光电发射和晶体生长理论,并采用先进的光学、光电检测手段,使多碱阴极灵敏度由二代微光的 $225 \sim 400 \mu A/m$,提高到 $600 \sim 800 \mu A/m$,实验室水平可达到 $2000 \mu A/m$。同时扩展了红外波段响应范围(达到 $0.95 \mu m$),提高了夜天光的光谱利用率,分辨力达到 $38lp/mm$,噪声因子下降 70%,夜间观察距离较二代提高了 30% ~ 50%。

整体性能与三代管相当,做到先进性、实用性、经济性的统一。同时,超二代技术正由平面近贴管向曲面倒像管发展,探测波段继续延伸,性能将会进一步提高,有可能解决主被动合一、微光与红外融合的问题,具有极大的发展潜力和广泛的应用前景。

(6) 四代微光夜视技术。四代微光夜视技术的核心技术包括去掉防离子反馈膜或具有超薄防离子反馈膜的 MCP 和使用自动门控电源技术的 GaAs 光阴极。经过工艺技术的改进,四代管的阴极灵敏度达 $2000 \sim 3000 \mu A/m$,极限分辨力达 $60 \sim 90lp/mm$,信噪比达 25 ~ 30dB,且改进了低晕成像技术,在强光($10^5 lx$)下的视觉性能得到增强。

图 8.36 AN/PVS – 14

诺斯罗普·格鲁曼公司的利顿电光系统分部根据"Omnibus V"夜视合同向用户提供 AN/PVS – 7E 无膜四代微光夜视眼镜、AN/PVS – 14 单(双)目微光夜视眼镜、AN/AVS – 6 飞行员夜视眼镜和 AN/PVS – 17 微光夜瞄镜等夜视产品,如图 8.36 所示。预计未来 10 年内 PVS – 7/14 夜视镜的总产量将达到 162500 具,产值将超过 7 亿美元。

2009 年 6 月,ITT 公司在美国陆军的支持下,成功试制了数字增强型夜视镜 ENVG(D) 的原理样机,如图 8.37 所示。ENVG(D)用数字传感器——MCP CMOS(the Micro Channel Plate Complimentary Metal – Oxide Semiconductor)取代了传统的像增强器,将微光增强数字视频与热红外视频实现实时融合,如图 8.38 所示,将单兵作战人员及战场指挥人员的通信连接起来,建立数字战场网络,可将任意终端的数字图像导入数字战场网络共享,极大增强了战场态势感知能力,是美国陆军与 ITT 公司投入 4 亿美元力推的未来战场技术。

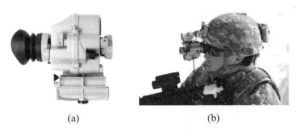

(a)　　　　　　　　　　(b)

图 8.37　数字增强型夜视镜 ENVG

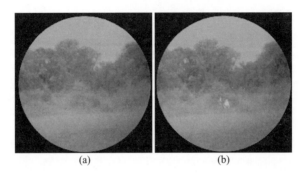

(a)　　　　　　　　　　(b)

图 8.38　ENVG 单路微光与叠加红外图像的彩色融合效果

由加拿大 GSCI 公司开发的微光/热红外融合夜视成像系统 DSQ - 20 "QUADRO"（图 8.39），采用（超二代或超三代）像增强器和长波非制冷热像组件（探测器阵列规模 160 × 120），并配备近红外激光照明设备，可手持或头盔使用。其图像如图 8.40 ~ 图 8.42 所示。

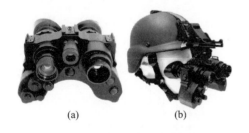

(a)　　　　　　　　　　(b)

图 8.39　DSQ - 20 彩色夜视仪

图 8.40　夜视图像

图 8.41　红外图像

图 8.42　混合后的图像

微光夜视技术的发展离不开光阴极、光纤面板、微通道板、封接材料等核心材料的技术突破。随着微机械加工技术、半导体技术、电子处理技术的不断发展,微光夜视技术已突破传统微光像增强器的技术范畴,形成一些新的技术动态和发展方向,主要有以下四种。

(1) 新一代高性能微光夜视技术。以无防离子反馈膜的体导电玻璃 MCP 和使用自动门控电源技术的 GaAs 光阴极为特征的四代微光夜视技术代表了当前传统微光像增强器领域的主要发展方向,即大视场、高清晰、远视距、长寿命、全天候、多功能等方向发展,也对基础原材料提出了更高的要求:宽光谱响应、高动态范围、高分辨力、高信噪比、低缺陷等。

(2) 微光与红外融合夜视技术。从应用环境上来看:微光夜视可以应用于山区、沙漠等热对比度小的环境,而红外夜视在雾霾、雨雪等低能见度环境下具有明显优势,可见二者互有利弊、互相补充、不可替代,研究微光与红外融合技术是当前夜视技术的重要发展方向之一。

(3) 数字化微光夜视技术。把微光像增强器通过光纤光锥或中继透镜与 CCD 或 CMOS 等固体视频型图像传感器耦合为一体,实现微光图像转变为数字图像传输。

(4) 全固体微光夜视技术。传统的微光像增强器属于电真空器件,对元件气密性和真空封结技术要求严苛,生产工艺复杂、合格率低、成本很高。随着科学技术的发展,一种新型的全固体微光夜视技术悄然兴起,并迅速成为国内外研究热点,代表了微光夜视技术的未来发展趋势。

CCD 固体像传感器,由于硅材料的光谱响应、量子效率与夜天光的匹配率均高于三代光阴极,因而有人提出 CCD 就是第四代微光像传感器,包括背照 CCD、前照 CCD 和深耗尽层 CCD 等。几种典型的微光 CCD 量子效率曲线图如图 8.43 所示。

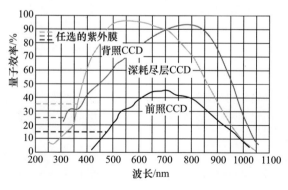

图 8.43　几种典型的微光 CCD 量子效率曲线图

2000 年,美国传感器公司推出了 InGaAs 短波红外焦平面列阵微光像传感器,由于 InGaAs 的光谱响应与夜天光的匹配率比 Si 高了近 1 个数量级,其量子效率曲线图如图 8.44 所示,InGaAs 在 1.55μm 的辐射灵敏度约为 1000mA/W,而 GaAs 光阴极约为 60mA/W、是目前最理想、最有发展前景的微光像传感器。

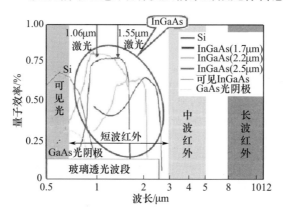

图 8.44　InGaAs 光谱响应量子效率曲线图

国内在微光夜视方面经历了一代、二代、二代半,正向更高的技术水平发展。

3) 系统组成

红外观瞄模拟系统组成框图如图 8.45 所示。

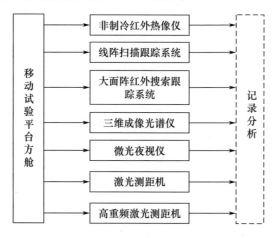

图 8.45　红外观瞄模拟系统组成框图

系统由移动试验平台方舱、承载各种光电观瞄设备模拟装置的转台、非制冷红外热像仪、线阵扫描跟踪系统、大面阵红外搜索跟踪系统、三维成像光谱仪、微光夜视仪、激光测距机、高重频激光测距机和控制与信号记录设备等组成。

系统将所有的光电观瞄系统安装在一个转台上,对光电观瞄模拟系统的干扰效果测试方法比较烦琐,没有固定的光电观瞄干扰模拟系统架设安装设备,无法调整光电观瞄干扰模拟系统的瞄准方位。为了使导引头能够准确对准干扰源,与转台一起构成一套反馈系统,使光电观瞄干扰模拟系统光轴能够准确对准目标,方便对光电观瞄干扰模拟系统的干扰效果测试,省时省力,且测试结果准确性相对较高。因此,为实时得到有效干扰数据和方便测试,并准确测试评估干扰设备对光电观瞄干扰模拟系统的干扰效果,采用专门的对抗模拟与干扰效果测试系统是非常必要的。

该检验系统的特点如下:

(1)同时对抗多种光电观瞄模拟装置;

(2)同时进行多路数据采集,可以实时和事后进行数据分析;

(3)可多次重复使用;

(4)数据再现能力强;

(5)可移动,可在不同的气象条件下开展试验;

(6)成本相对低廉。

建立光电观瞄干扰模拟系统,通过干扰模拟系统模拟不同强度、不同位置等干扰源对光电观瞄干扰模拟系统的干扰效果,并分析、比较干扰前后的图像(信号)等,进而建立可靠的评估准则,这些工作的开展将大大降低试验成本,为现场试验的实施提供有效的参考数据。

4)模拟系统主要技术指标

红外观瞄对抗模拟系统的主要技术指标如表 8.11 所列。

表 8.11 红外观瞄对抗模拟系统的主要技术指标

序号	名称	主要技术指标
1	三代微光夜视仪	视场:9°,视度调节范围为 3~6 屈光度,方位调节范围为 360°,俯仰调节范围为 −30°~40°,照度为 $3 \times 10^{-2} \sim 3 \times 10^{-3}$ lx,轴上分辨力为 0.4mrad
2	非制冷红外热像仪	工作波段为 8~14μm,320×240 元,NETD 优于 120mK
3	激光测距机	工作波长为 1.06μm,测距距离大于 8km,最小测距为 500m,重频为 2Hz,光瞄显示方式为 CCD
4	高重频激光测距机	工作波长为 1.06μm 或 1.57μm,水冷,测距距离大于 15km,重频为大于 12.5Hz,多目标测试能力为 3 个,激光发散角为 0.7mrad
5	大面阵红外搜索跟踪子系统	工作波段为 3~5μm,640×480 元,探测距离大于 50km,跟踪精度优于 0.5mrad
6	线阵扫描跟踪子系统	480×6 元中波红外,对飞机探测距离优于 40km,精度优于 1mrad
7	三维成像光谱仪	谱段数大于 100 个,红外成像,具备反伪装侦察功能
8	移动试验平台方舱	方舱尺寸为 10m×3m×2.5m,载重为 10t,具备高压供气环境,具备环境检测记录功能

目前,红外成像系统可分为两种类型:光机扫描型和非扫描型(凝视型)。光机扫描型红外成像系统借助光机扫描器使单元探测器依次扫过景物的各部分,形成景物的二维图像。非扫描型(凝视型)红外成像系统就是利用多元探测器面阵,使探测器中的每个单元与景物的一个微面元对应,因此可取消光机扫描。热释电红外成像系统和凝视型红外成像系统就属于这种类型。从工作波段上看,主要有 $3 \sim 5 \mu m$ 和 $8 \sim 12 \mu m$ 两个波段,其中长波凝视型红外观瞄设备采用非制冷红外热像仪,长波线阵红外设备采用跟瞄传感器来模拟。另外,多光谱成像技术已应用到光电观瞄设备中,采用三维光谱成像仪替代其多光谱成像设备。

微光夜视仪观瞄模拟设备:微光夜视仪是利用目标反射的星光或月光被动成像,因此隐蔽性好。特别是采用微通道板技术后,不仅图像的亮度增益数高,而且整机体积小、质量小,同时还可抑制强光干扰,很适合于部队的夜间作战需要。在近年武装冲突中运用得越来越广泛,其中,美军就曾多次在空对地侦察等行动中使用微光夜视设备。

目前,微光夜视已经从第一代发展到第四代。美国官员称,四代管扩大了徒步士兵和驾驶员使用像增强器的范围。二代管在满月到 1/4 月条件下工作,三代管使我们能在星光下观察,四代管采用门控电源和低晕圈,不仅能在云遮星光的极暗条件下有效工作,而且能在包括黄昏和拂晓的各种光照条件下工作。

将各种体制光电观瞄设备装载在地面平台上,利用车载大型转台的方式模拟跟踪转台的运动状态,对受干扰的光电观瞄设备图像(信号)信息进行采集、分析和处理,得到光电观瞄设备受干扰后的图像(信号)情况,也能够较接近实战的技术数据。其优点是试验设备的可重复利用,代价相对很低廉。图 8.46 是一种典型的红外观瞄试验检测系统外观图。

图 8.46　一种典型的红外观瞄试验检测系统外观图

8.2.5.2　红外导弹导引头模拟测试系统

1) 红外制导导弹的威胁

随着光电子技术的发展,红外制导已经逐渐发展成为对地攻击主流制导方式。20 世纪 80 年代后期迅速发展的第三代、第四代红外成像导引技术代表了当前红外导引技术发展的趋势。目前有多种导弹采用中波红外成像末制导,如美国的 AGM - 84A 改进型"捕掠叉"反舰导弹、AGM - 114、AGM137、AGM - 142、AGM - 129B、先进巡航导弹 ACM、超声速巡航导弹(SCM)、"天鹰"导弹、英法联合研制的远程精确制导武器(APTGD)、"暴风阴影"SCALP 巡航导弹等。对新研制的和最近装备的空地导弹的归纳整理发现,随着中波 InSb 器件和中波 MCT 器件的成熟,越来越多的导弹采用中波红外成像制导,中波红外成像制导已成为导弹制导技术的发展趋势。

1991 年海湾战争以后,各军事强国加快了中波成像制导武器的研制步伐,美国在海湾战争中试用的"斯拉姆"(SLAM)空地导弹 AGM - 84E 于 1993 年批量装备,AGM - 130A 于 1992 年装备,"海尔法"改进型导弹于 1995 年投入使用,"标枪"(Javelin)反坦克导弹于 1996 年装备。英国装备的中波红外成像制导导弹"飞马座"(Pegasus)和常规装备防区外导弹(CASOM)以及先进近程空空导弹(AS-RAAM)分别于 1994 年展出和 1999 年装备。法国的常规中程空地导弹(ASMP - C)以及远程精确制导武器(SCALP)都在 20 世纪末开始装备。另外,美国、英国、法国等非常重视新型红外成像制导导弹的研制,如美国的 AGM137、AGM - 142、AGM - 129B 远程巡航导弹等。

美国在不断研究新型制导武器的同时,还加紧了对库存武器的更新,例如,JDAM 炸弹在 2003 年实施了加装红外成像末制导的改装计划,使其 CEP 降低到 1m 以内。

此外,电视制导作为一种光电制导手段,也广泛应用于多种对地攻击和反舰、反坦克导弹上。美国从 20 世纪 80 年代开始研制了"海尔法""幼畜"空地导弹和 GBU - 15V 电视制导炸弹,后又研制了"斯拉姆"空地导弹和 AGM - 130 电视制导炸弹等。美国在最近的第二次海湾战争中大量使用了电视制导与其他制导方式相结合的复合制导导弹,给伊拉克以沉重的打击。俄罗斯对电视制导武器的研究也极为重视,先后研制成功 kh - 59、kh - 59M、KAB - 500KR 等电视制导武器。而西欧如英、法两国由于其雄厚的光电子技术及高水平的军事技术,先后出现了"海狼""马特尔""标枪"等电视制导导弹,并先后在近年的局部战争中应用。外军部分采用中波红外探测的导弹和炮弹如表 8.12 所列。

表 8.12 外军部分采用中波红外探测的导弹和炮弹

型号	简介	研制、生产国家
"哈姆"(HARM) Block Ⅳ/Ⅲ空面导弹	射频被动雷达/中波红外,2003 年生产,美、德合作	TI 公司[美] BGT 公司[德]
"捕鲸叉"AGM - 84E 空面导弹	主动射频雷达/中波红外成像 + GPS,1990 年投入使用	道格拉斯[美]

（续）

型号	简　介	研制、生产国家
ARAMIS 空地导弹	被动射频/红外,2006 年后装备部队,德、法合作	BGT 公司[德]
RBS15MK3 远程反舰导弹	射频雷达/红外成像 + GPS,2000 年批量生产	萨伯动力公司[瑞典]
空面导弹用宽视场共形导引头	共形雷达导引头可与双谱带红外寻的器一同封装。着眼于使用神经网络处理,使红外寻的器从地面杂波中捕获低对比度目标。完成设计并进行了试验	美国空军
AGM－114A"海尔法"反坦克导弹	3.4～4.0μm,32×32 元、64×64 元、128×128 元 InSb	美国
"海尔法"改进型	256×256 元中波红外	美国
"铜斑蛇"Ⅱ型制导炮弹	红外成像/半主动激光复合制导,红外采用 512×512 元 PtSi(中红外)	马丁[美]
SADARM 末制导反装甲灵巧弹药	毫米波/中红外	霍尼韦尔[美]
SMART－155 末制导炮弹	毫米波/中红外	GINS[德]
TACED	毫米波/红外双色毫米波/红外成像,德、法合作	汤姆逊[法]
AGM－130 远距离投射炸弹	洛克威尔 256×256 元中波红外 MCT	
ARAMIGER 智能化增程反辐射导弹	被动射频/红外成像,2006 年后装备	BGT 公司[德]
"标枪"反坦克导弹	64×64 元中波 MCT	

2）红外导弹导引头对抗模拟测试系统组成

红外导弹导引头对抗模拟测试系统是结合现实作战环境、不同作战对象,对研制装备的作战效能进行定性和定量分析的测量系统,从战术、战役等不同层面提出检验装备技术性能的判据和准则,寻找红外对抗装备技术的差距和不足,为优化设计和装备可持续发展提供依据。

针对红外导弹、红外光学传感器系统的具体特点,通过情报搜集处理、建立情报数据库、创造半实物仿真等条件,可确定红外导弹系统薄弱环节和脆弱性,研究对抗设备系统的体系结构、组成,优化干扰资源,合理配置,统一进行干扰控制,明确最佳干扰时机和作战方式,进行干扰效果预测。

导引头模拟系统由各种体制红外导引头模拟器(空空导弹、空地导弹和反坦克导弹、巡航导弹等以及评估激光攻击效应物光电传感器及光学材料)及其控制系统、对视跟瞄设备、干扰源、红外目标辐射源、大负荷转台等组件组成。导引头模拟器及跟瞄设备安装在大负荷转台上,通过转动转台的方位俯仰使跟瞄设备及导引头模拟器瞄准红外目标源,用干扰源(模拟各种干扰信号结构和干扰波长)对导弹导引头模拟器进行干扰,导弹导引头模拟器通过各控制机柜实时输出其受干扰后的信息信号,通过同时记录采集多路(至少 32 路信号)分析导引头模拟器输出的信息信号,评估干扰设备对导弹导引头模拟器的干扰效果。系统组成框图如图 8.47 所示,系统示意图如图 8.48 所示。

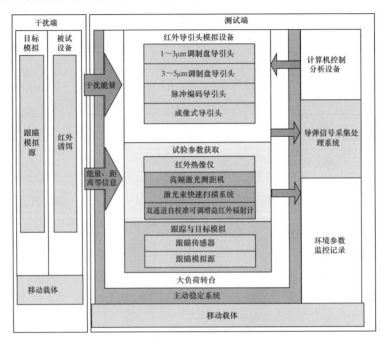

图 8.47　红外导弹导引头对抗模拟测试系统组成框图

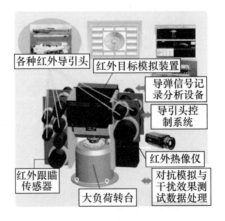

图 8.48　红外导弹导引头对抗模拟测试系统示意图

　　导引头可加装多个,例如,1 号导引头模拟器与第三代红外制导导引头水平相当,具备双波段抗干扰功能;2 号导引头模拟器性能与 ASRAAM、IRIS、A – DATER

水平相当,具备先进的成像制导功能;3 号导引头模拟器是空对地的典型代表,具备多模制导功能;巡航导弹末制导模拟器采用人在回路中的红外成像制导和自动目标识别(ATR)的红外成像制导以及景象匹配制导等制导方式;反坦克导弹导引头模拟器能够模拟"陶""米兰""霍特"等三点式导引法的制导方式;激光损伤效应评估器材与检测设备、光学晶体损伤效应试验器材系列与探伤设备,可选择抗毁伤性能与外军导弹装备上采用的类似部件。

　　系统中的转台、信号记录设备、红外跟瞄设备可采用市售设备,所有设备采用试验平台方舱装载,并提供供电和供气设备。将所有的导引头装载在一个转台上,对导弹导引头模拟器的干扰效果测试调试过程将大大简化,可准确调整导弹导引头模拟器的瞄准方位,利用光电跟瞄传感器使导引头能够准确对准干扰源,与转台一起构成一套反馈系统,使干扰源和干扰对象相互瞄准,方便对红外导引头的干扰效果测试。对抗模拟与干扰效果测试系统中采用了大负荷转台,其承载能力较大,可以同时安装多个导弹导引头模拟器,并可以根据需要调整导弹导引头模拟器的瞄准方向,使干扰系统可以同时对各种红外导引头模拟器进行干扰测试,提高了系统对红外导引头模拟器的干扰效果测试效率和测试结果的准确性。

　　系统选用的导弹导引头与外军导弹型号的对应关系如表 8.13 所列。

表 8.13　导弹导引头与外军导弹型号的对应关系

序号	设备	主要指标	对应型号
1	1 号导引头模拟器	3.8～5.5μm,3.0～3.8μm,14 + 1 元探测器,作用距离 20～40km	意大利阿斯派德、美国 AIM - 120
2	2 号导引头模拟器	红外成像,双波段,256×256 元自动目标识别,光谱鉴别、图像鉴别抗干扰	法国 MICA - SRAAM、英国先进近距空空导弹 ASRAAM、南非 A - DARTER
3	3 号导引头模拟器	制导体制为红外、激光指令复合制导,作用距离大于 8km,精度 CEP 小于 5m	"海尔法"系列
4	成像型空地导弹(巡航弹)模拟器	工作波段为 3～5μm,制导体制为制冷红外成像,自动目标识别,捷联惯导	"战斧"系列 AGM - 109、"雄风"2 - E、AGM - 86/129
5	景象匹配制导	64×64 元,工作波段为可见光、近红外,DSMAC 算法,角精度优于 2mrad	"战斧" AGM - 109(BLOCK - 3/4)、"雄风"2 - E
6	反坦克导弹模拟器	红外测角仪波段为 2.5～4μm,线控,抗干扰,探测距离优于 4km	"TOW""MILAN""HOT"

　　该检验系统的特点:同时对抗多种体制导弹;同时进行多路数据采集,可以实时和事后进行数据分析;可多次重复使用;数据再现能力强;可移动,可在不同的气象条件下开展试验;成本相对低廉。

由于光电对抗系统作战对象是外军的精确制导导弹,因此在对外军导弹制导体制和抗干扰性能分析的基础上,选择具有典型性体制相当的导弹作为试验目标,具有一定的普适性和广泛性。

3) 系统功能

建立新体制导弹光电导引头模拟系统,才可以较准确地检验告警系统、跟踪瞄准系统、多波段干扰系统、不同干扰信号结构的作战性能;只有建立新体制导弹光电导引头模拟系统,才能以较小的代价,对武器系统使用时的边界条件做出合理的判断;只有建立新体制导弹光电导引头模拟系统,才能积累大量的试验数据,为武器的优化设计和未来新出现的制导方式提出新的干扰方法,提高应对突发状况和新型制导措施的能力。

(1) 模拟第三代具备优秀抗干扰性能的空空导弹。主要用来检验红外干扰机、红外定向对抗系统、面源红外诱饵等对先进红外制导导弹的干扰效果,制导波段涵盖中波红外。模拟器由红外导引头模拟器、控制系统、供电系统、数据采集系统、气源洁净设备、制冷设备等组成。多路信号同时输出和记录,由基准信号提供时间基准。

导引头模拟器控制系统能够通过为导引头提供所需的电源、气源和控制指令,对导引头输出的信号进行转接,并输出原始状态信号供外部检测。要求导引头位标器对目标有比较高的探测能力,反应速度快,具有比较快的跟踪速度,对恶劣环境具有较好的适应能力。

(2) 模拟导弹对空中飞机等作战目标的截获、跟踪、输出信息信号等工作过程。在光电对抗试验中,用于检测对抗系统或设备的干扰效果。可模拟具备抗干扰能力的第四代成像型空空导弹,检验定向干扰信号结构对目前主要军事强国的新型导弹的干扰效果。模拟器具有典型性,具有大离轴角作战能力。可对攻击目标与背景进行成像探测,并运用双光谱鉴别措施,通过自动图像处理、目标识别,可鉴别传统的红外诱饵等干扰源,抗干扰能力强。导引头模拟器控制系统能够通过为导引头提供所需的电源、气源和控制指令,对导引头输出的信号进行转接,并输出原始状态信号供外部检测。设备能稳定输出试验所需的各种信号。要求导引头位标器对目标有比较高的探测能力,红外成像可在外部显示器上显示和存储,可用于机载红外对抗系统干扰信号的优化设计、验收试验的效果评估等。

(3) 成像型空地导弹(巡航弹)模拟器。主要用来检验空地红外成像制导武器的对抗效果,包括对图像、自动增益放大器、跟踪信号、舵机信号的检验和分析,对干扰产生的制导误差进行定量分析。由导引头模拟器、图像采集和记录、信号采集记录、制冷设备、电源设备等组成。用于红外对抗系统干扰信号的优化设计、验收试验的效果评估等。

在巡航导弹飞行过程中,利用惯性导航等手段,按预定路线飞行,在距离攻击目标 20km 左右时,巡航导弹启动 DSMAC 或红外成像末制导措施,对目标逐渐精确定位,识别瞄准点后,锁定目标并跟踪,在离目标几千米远时巡航导弹爬升,达到一定攻击角,然后向目标俯冲,直到击中目标。

　　研究巡航导弹末制导的工作体制、探测、识别目标的算法,从而分析其薄弱环节,寻找干扰突破口,对光电对抗系统和设备的研制具有重要意义。这是干扰信号设计与效果评估所必需的最基础的设计研究环节,这一研究活动过程中,需进行大量的干扰试验,而成像型空地导弹(巡航弹)模拟器是试验的合作目标——干扰对象。通过大量的干扰试验,不断改进和优化干扰信号和干扰设备的具体设计,使其达到最佳效果。

　　在红外干扰系统靶场试验验收过程中,成像型空地导弹(巡航弹)模拟器被用来检验干扰效果,根据其在干扰前、后图像信息的变化情况,通过测量、统计、分析,得出干扰有效性的量化指标数据。

　　(4)景象匹配制导区域相关器模拟器。数字式景象匹配区域相关器(DS-MAC)安装的带像增强器的 CCD 摄像机获取修正点景物的光学图像,然后与存储在弹上的基准图像相关,估计出的位置修正值通过卡尔曼滤波器修正并校准导航系统。在巡航导弹末制导段,DSMAC 离目标约 11 ~ 13km 处开始工作,并在整个末段飞行阶段只对惯导系统进行两次修正。巡航导弹任务规划系统预先精心选择 2 ~ 3 个修正点并为每个修正点准备一个二进制基准地图,基准地图的横向尺寸能覆盖横向制导误差和弹体运动误差,而沿航向的尺寸只大到足以保证摄像机获得三个与基准地图重叠的遥感景象。

　　巡航导弹所使用的数字景象匹配区域相关器也需要为每个要探测的区域景象事先备好参考基准图,并将它们存储在相应的位置上。在制作基准图时,其横向尺寸要考虑到制导误差和弹体运动的误差对景象范围所造成的影响,基准图应大于要探测的区域的景象范围。

　　(5) 空地导弹模拟器。空地导弹发射前,首先将欲攻击目标的红外特征图像装定在导弹的计算机存储器中,其图像可由侦察飞机的红外相机拍摄下来,包括目标附近导引头视场内各种物体的热辐射的微小差别。导引在 INS(GPS 辅助)后,在距离目标一定的范围内,开启红外末制导系统,对目标进行搜索和捕获,与预装的目标图像进行比对,或者实时传回红外图像,一旦目标位置被确定,末制导导引头便开始跟踪目标。在跟踪后,摄像头摄取目标的红外图像并进行预处理,得到数字化目标图像,经图像处理和图像识别,得出目标信息,跟踪机构按预定的跟踪方式跟踪目标图像,并送出摄像头的瞄准指令和引导指令信息,使弹精确地飞向预定目标。

　　空地红外成像末制导一般由光学系统、放到焦平面上的多元探测器和处理电路等组成。光学系统接收目标的红外辐射,并在导弹内部形成数字图像信号。现役导弹的红外导引头以红外焦平面阵列器件为主,当较强激光连续辐照导引头红外焦平面阵列进行干扰时,会产生光生载流子溢出现象。

导弹在跟踪目标时所采用的边缘跟踪算法、矩心跟踪算法精度与目标图像的形状、大小有直接关系。

(6) 反坦克导弹模拟器。反坦克导弹一般用于步兵或直升机,是坦克的主要杀手,在最近几次战争中发挥了很大作用。反坦克导弹一般采用三点式红外导引方法,在导弹尾部安装了热辐射装置,利用导弹测角仪对目标和导弹进行探测,解算目标在飞行过程中与目标形成的偏差,纠正导弹的飞行弹道直至命中目标。对反坦克导弹的干扰主要采用干扰机压制干扰和烟幕冲淡干扰。模拟装置主要包括测角仪和导弹信标源两大部分。测角仪包含光学系统、光学探测器、目标调制器、目标解算单元和控制指令输出单元等部分,此外,还包括探测器制冷设备和供电设备以及显示设备、音响设备等。

8.3 红外对抗外场试验评估实例

在本节中,我们将根据项目试验验证目的,通过分析红外定向对抗系统组成和主要战术技术指标要求,以及国内现有技术条件,明确可以进行外场试验试飞的方法,并对试验效果评估准则、评估方法进行研究,提出试验结果评估判据。之所以选择红外定向对抗系统为例,是因为红外定向对抗系统主要包括导弹逼近告警分系统、精确跟踪瞄准分系统、激光干扰分系统、信息处理分系统(综合处理器及显示控制器)、地检和校准分系统,是红外对抗中组成最复杂、涉及指标测试种类最多、对抗时间最短、对抗效果最具典型性[9-10]。

作为一种军事装备,红外定向对抗系统所涉及的战术技术指标多达几十个。但由于大部分技术指标都采用通用方法进行考核,因此不在本节中讨论,本节主要对系统主要指标的试验方法进行讨论,包括告警距离、跟踪瞄准距离、跟瞄精度、干扰距离、干扰功率、系统反应时间等。

8.3.1 试验验证总体方法的选择

1) 概述

在项目进行试验验证过程中,需要遵循"地面内场检测—地面外场试验—飞行验证试验—地面导引头对试"的顺序进行试验,并通过这些试验验证干扰系统的技术体制是否可行、主要战技指标要求是否达到。

试验的总体思想：首先，在地面用不同导引头对干扰系统的干扰能力进行测试，确认干扰系统是否可以进行试飞试验；然后，进行空中试飞试验，利用红外辐射定量测试设备记录干扰系统在测试点处的干扰光的红外辐射强度；最后，在地面利用红外辐射定量测试设备记录的数据，通过调整干扰光功率或试验距离，将空中试飞时测试点处的干扰光复现，进而用不同导引头进行对试，考核干扰系统的干扰能力。

2）告警试验方法的确定

下面介绍国内外对于告警系统的试验方法。

（1）导弹实弹打靶试验方法。本方法采用空空/地空导弹实弹攻击装载干扰系统的空中/地面平台，以此检验干扰系统的告警距离参数。

但根据现有的资料分析，在进行导弹实弹打靶空中试验时，主要采用的导弹为地空导弹，且攻击对象以无人直升机或空中轨道车为主。采用空空导弹作为试验对象，或者用导弹实弹攻击有人飞机/改装无人机的试验方法均未见报道。

干扰系统在空中平台的试验方法：将装载了干扰系统的无人直升机或轨道车悬挂于两座山之间的钢缆索道上，使其从一端向另一端快速运动，同时在一定距离处向其发射地空导弹。

干扰系统在地面平台的试验方法：将干扰系统放置于地面高塔上，配以红外目标，从一定距离外向其发射地空或空空导弹。

本方法的优点：干扰系统在空中的试验可形成动对动的测试环境，在地面的试验则便于进行较为精确的拉距测试，两种情况下的告警对象均为导弹实弹。

本方法的缺点：干扰系统装载的平台速度不够（空中悬挂于索道上，地面一般固定），与实战条件仍有差距，一般作为验证或演示试验。

（2）模拟导弹试验方法。本方法所采用的模拟导弹包括导弹辐射模拟器和无导引头的试验火箭，从干扰系统装载平台区分，也存在空中和地面两种类型，下面分别简述其试验方法和优缺点。

① 空中试验方法。若采用导弹辐射模拟器模拟导弹，则此时干扰系统一般装载于有人飞机上，导弹辐射模拟器则放置于地面或者装在直升机上，并产生可调制的红外/紫外辐射模拟飞行中的导弹，并在照射飞机上干扰系统过程中动态改变辐照度以模拟导弹对其的攻击过程。本方法的优点是：试验组织较为方便，干扰系统装载平台为有人飞机，试验安全性较高，成本也较低。缺点是：导弹工作过程中的辐射情况有较大的不确定性，而且存在运动过程中由于弹体遮挡引起辐射特性变化等情况，导弹辐射模拟器无法完全模拟上述特征。

若采用无导引头的试验火箭模拟导弹，则此时干扰系统一般装载于靶机上，从地面向靶机所在方位发射模拟地空导弹的试验火箭，在火箭发动机关机后自动启动其上的制动系统，使火箭减速并最终形成自由落体，以保护靶机和其上的干扰系统。本方法的优点是：告警对象为运动的火箭，干扰系统装载平台为有人飞机，与实战条件最为接近；且火箭上制动系统的存在可提高试验的安全性，靶机和干扰系统可重复使用，这方面的成本也有所降低。缺点是：告警对象并非导弹实弹，试验组织难度较大；装备了制动系统的试验火箭需要专门设计，技术含量较高。

若采用空中发射对地攻击火箭弹的方法，则此时干扰系统可加装于有人机上，攻击机在有人机后面对地靶发射空地火箭弹以形成模拟导弹攻击目标机的态势。采取本方法的前提条件是，事先需在地面对空空导弹和采用的空地火箭弹发动机工作辐射特性进行测量，将得到的两种弹辐射数据进行比对，以确定干扰系统对两种目标告警距离之间的比例关系，作为火箭弹模拟空空导弹等效缩比试验的重要依据。本方法与国外发射试验火箭的方法类似，其优缺点也类似，主要的不同在于：国外是地面发射，本方法是在空中发射；国外的试验火箭装有空气制动系统，发动机熄火后可自动减速，而本方法则采用空地火箭弹向地靶攻击的方式，这两种方式均可确保目标机及其上干扰系统的安全；本方法采用的空地火箭弹为制式装备，不需进行特殊改造。

② 地面试验方法。在地面试验方法中，仅有用导弹辐射模拟器模拟导弹的试验方法。此时干扰系统一般放置于地面，有时装载在飞机模拟转台（可产生方位、俯仰的运动从模拟飞机运动姿态）上，导弹辐射模拟器则装于火箭撬上，可沿轨道向干扰系统快速运动以模拟导弹的攻击过程。

本方法的优点是：试验组织较为方便，可进行多次距离不同的战术性能测试试验。由于同样采用导弹辐射模拟器，缺点与空中试验方法类似，而且干扰系统并未装载于飞机平台上，与实战条件差别较大。

从上述分析可知，任何一项试验都需要动用大量的人力、物力、财力，国内目前可以顺利组织进行的是地面导弹发射试验和空地发射火箭弹试验。就试验效果而言，空中发射空地火箭弹的试验方法最为合适。但由于本项目中的告警设备属于演示验证样机，不具备加装到快速飞机的条件，而慢速飞机又难以和攻击机协同，难以组织这样的试验。因此，本项目确定利用地面发射导弹的方法来对干扰系统进行考核。

3）干扰试验方法的确定

（1）国外试验方法。为了验证红外定向对抗系统技术是否可行，必须在全动态条件下进行试验验证。国外在红外定向对抗系统研制过程中，随着项目的发展，逐步开展了如下试验：

首先，开始技术验证、系统集成、地面试验等工作，主要在实验室进行激光与热像仪、导引头之间的对试。然后，将干扰系统与假目标放置在架高的钢索上，在静态条件下,用系统与导引头进行对试。进而,将红外定向对抗系统加装在直升机上,将直升机连接在高架上的钢索上,并以一定速度在钢索上移动直升机,使系统在动态条件下与导引头进行对试。最后,发射便携式导弹攻击钢索上按一定速度移动的直升机,用实弹进行干扰效果检验。

（2）干扰试验方法的确定。由于全动态对抗试验对场地要求较高,在难以找到合适场地进行试验时,可以使用飞机来进行。

载机的选择原则:一定能够模拟红外定向对抗系统实战时载机的环境条件;满足红外定向对抗系统装机要求;改装较方便。

由于红外定向对抗系统的质量、功耗等均不高,不必用大型飞机进行试飞,因此,可以选用小型运输机或直升机进行试飞。

在试验最终阶段中,干扰系统需与指定的红外制导导引头进行对试。但是,如果将指定的导引头均装机进行空中对试试验,则存在导引头配套设备装机繁杂、飞机改装次数增多、对飞机供电要求较高、飞行架次较多等问题。

因此,可采取在空中实时记录测试系统接收的干扰信号,在地面准确复现后再与导引头进行对试的试验方法。即测试系统实时记录双机在空中不同距离时测试系统处的干扰光照度,在地面同样距离或一定距离下,通过调整干扰光功率重现测试系统在空中时的干扰光照度,然后再与导引头进行对试,对试结果应相当于直接考核干扰系统在空中对真实红外导引头的实际干扰能力。

本试验方法的主要优点是:可在地面随时量化复现空中各阶段试验过程和数据,与任意导引头进行对试后可得到该导引头进行空中试飞的试验结果,具有试验数据可重复使用、飞机改装量大大减少、试飞架次大幅降低等特点,并且容易组织,是合适、有效的试验方法。

8.3.2　测试系统组成和基本要求

为了完成上述试验,需要研制配套的测试系统。根据上述总体试验方法要求,测试系统应包括下列设备:配试吊舱、外场目标模拟器、红外增强器、热像仪、热像仪数据记录设备、导引头、导引头数据记录设备等。

其中,外场目标模拟器负责模拟导弹的红外辐射特征;红外增强器作为导弹攻击目标。

1）功能要求

对测试系统的主要功能需求如下:

（1）具有红外点源导引头、红外成像导引头的制导特征;

（2）能够实时记录各导引头的输出信号;

（3）能够在外场进行静态、动态测试;

（4）能够模拟导弹被动段（发动机关机）的红外辐射；

（5）能够自动跟踪模拟源；

（6）能够实时记录、事后计算干扰光的辐射照度。

2）技术要求

（1）配试吊舱：采用8.2.4.5节所述吊舱，技术指标同上。

（2）导引头干扰效果评估系统。采用中波点源红外导引头及其控制设备、中波制冷热像仪（模拟红外成像导引头，采用8.2.4.2小节所述热像仪）为干扰系统的干扰对象，根据导引头干扰效果评估准则研制干扰效果评估软件，组成导引头干扰效果评估系统。

（3）外场目标模拟器。

① 采用电加热式辐射源；

② 电压为28V；

③ 电功率≤1800W；

④ 体积≤400mm×300mm×300mm；

⑤ 质量≤15kg；

⑥ 发散角为60°锥角；

⑦ 3~5μm波段的辐射强度在20~60W/sr间可调，8~12μm波段的辐射强度在20~40W/sr间可调。

（4）红外增强器。

① 短波红外辐射强度为70W/sr左右；

② 中波红外辐射强度为60W/sr左右。

（5）其他设备。试验数据采集记录设备主要以可实时记录的多通道示波器为主。

试验改装车包括两辆越野车。其中：一辆试验车，一辆测试车。试验车上加装红外增强器、红外定向对抗系统（简称干扰系统）、试验数据采集记录设备等；测试车上加装所有的测试系统。两辆车均可在荒漠、丘陵条件下以30~60km/h的速度持续行驶。

试验飞机采用两架小型运输机。其中：一架试验机，一架配试机。试验机上加装干扰系统、电台等；配试机上加装外场目标模拟器、配试吊舱、电台等。

8.3.3 红外对抗地面外场试验

1）地面静态试验

该项试验在外场进行。其主要包括以下战技指标的测试试验：跟踪距离、干扰距离。

（1）试验条件。如图 8.49 所示将干扰系统、红外增强器部署在高处，将配试吊舱、外场目标模拟源、导引头、热像仪及数据记录设备部署在一辆车上（配试车），各参试设备摆放情况应模拟干扰系统对抗真实导弹的作战场景。试验前通过热像仪观测，尽量使导引头视场内无明显热点源。

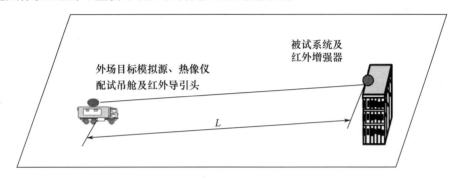

图 8.49　地面静态试验布局示意图

（2）试验方法。所有设备正常工作后，操纵干扰系统锁定外场目标模拟源；遮挡干扰系统，使配试吊舱、热像仪、导引头锁定红外增强器；打开遮挡物，记录跟瞄分系统、配试吊舱红外探测器、热像仪输出的图像序列，记录导引头输出的跟踪信号、离轴角信号和 AGC 电压信号；在要求的距离处考核跟瞄分系统跟踪距离指标。在一定距离范围内进行多点拉距试验，并在每个点进行不同入射角情况下的干扰试验，检查干扰分系统的详细能力；在一定距离内进行多点拉距试验，检查跟瞄分系统的详细能力。

（3）试验结果处理。分析跟瞄分系统输出的图像序列或脱靶量信息，从设备光轴偏移外场目标模拟源中心的程度上判断系统的光电跟瞄精度；分析配试吊舱红外探测器、热像仪输出的图像序列和导引头输出的跟踪信号和离轴角信号，根据干扰准则判断干扰分系统的干扰能力。

2）地面动态试验

该项试验在外场进行。其主要目的是在地面检查干扰系统对运动目标的作战能力，主要检查干扰系统光电跟瞄精度、相干光干扰距离。

（1）试验条件。与地面静态试验相同。

（2）试验方法。试验过程与地面静态试验相似。试验时，要求配试车在一定距离处开始以一定速度向干扰系统相向行驶，并记录地面静态试验要求的各试验数据和两车的 GPS 数据。

（3）试验结果处理。试验数据分析与地面静态试验类似。通过分析多个地点的试验数据，检查干扰系统对运动目标的跟瞄能力和干扰能力。

3）地面导弹试验

该项试验在有条件的试验基地进行。其主要考核导弹逼近告警分系统的告警距离。

（1）试验条件。场地条件：要求试验区域平整开阔，有安全保障条件。

按图 8.50 所示分别设置导弹发射点和测试点，其中测试点 1 和测试点 2 各放置一个告警头及其记录设备，测试点 2 设置在 $(L_1 + X)\,\mathrm{km}$ 处，L_1 根据指标要求取值。

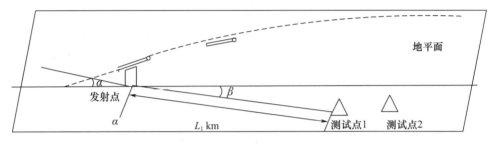

图 8.50 地面导弹试验布局示意图

（2）试验方法。首先，试验设备开机工作，进行时间校准；然后，依次发射导弹，直至发射完毕；同时，记录每发导弹发射时测试点 1 和测试点 2 的干扰系统告警情况并录取有效数据。如果位于测试点 2 的干扰系统能对该发导弹进行告警，则将测试点 2 的位置相对发射点远离 0.5km；否则，将其位置相对发射点靠近 0.5km。

（3）试验结果处理。如果测试点 1 对所有导弹均能够告警，则认为干扰系统告警距离达标。

测试点 2 最后所在的位置与发射点之间的距离为本次试验得到的干扰系统在地面的最大告警距离。如果测试点 2 在两点之间来回移动，则以近距离点为最大告警距离点。

如果在外场进行对抗试验时，被试设备与中波导引头、红外成像制导设备分别进行对试，其中，红外成像制导设备用热像仪替代。试验条件与地面静态试验条件要求类似，试验时，通过调整导引头在干扰光束内的位置和距离，重现空中双机不同距离时配试吊舱处的干扰光照度，然后对各导引头进行干扰效果评估。

8.3.4 红外对抗飞行验证试验

该项试验在外场进行。

试验目的：利用两架飞机，在真实的机载环境中模拟导弹和飞机平台的相对运动、距离变化和环境条件等的动态特征，对干扰系统进行全动态试验验证。

其中,加装干扰系统及其控制设备、记录设备、GPS 记录设备、配电系统的飞机称为试验机,加装配试吊舱及其手动控制台、红外图像序列及 GPS 记录设备、红外增强器及其控制器、配电系统等设备的飞机称为配试机。

试验分为三个阶段:第一阶段为装机后测试及适应性试飞,主要验证干扰系统、测试系统的装机适应性;第二阶段为地面试验机对空中配试机测试试验,即试验机停放在地面,配试机在空中飞行,检查干扰系统对空中动目标的告警、跟瞄及干扰能力;第三阶段为双机空中对试试验,实时记录干扰系统各项试验数据和测试系统接收的干扰信号,检查干扰系统在机载平台上的告警、跟瞄和干扰能力。

1) 系统装机后测试及适应性试飞试验

试验机、配试机加改装干扰系统、测试系统后,需要进行严格的校准试验和适应性试飞试验,既要保证设备安装安全、到位、可靠,又要通过试验使飞行员、测试人员获得试验经验。

(1) 试验条件。试验机、配试机各 1 架次,试验前对航线进行详细规划。

(2) 试验方法。飞机进入平飞状态后,设备加电进行如下检查:检查飞机飞行操纵性、稳定性等性能;检查系统装机后的主要功能和性能是否正常,与载机航空电子设备之间的电磁兼容性;检查各参试部门的引导指挥、通信控制、数据录取和保障能力是否达到试飞的要求等。

(3) 试验结果处理。根据飞机飞行中的真实情况,判断载机的电磁兼容性和系统各设备性能等。

2) 地面试验机对空中配试机测试试验

该项试验用于检验干扰系统加装飞机后,对空中动目标的告警、跟瞄、干扰能力。只有满足使用要求才能进行后续试飞试验。

(1) 试验条件。地面试验机对空中配试机测试示意图如图 8.51 所示。

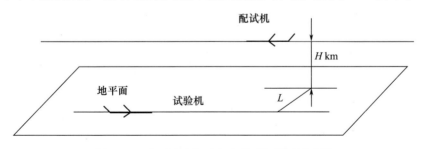

图 8.51　地面试验机对空中配试机测试示意图

(2)试验方法。试验前,首先要进行详细的航线规划,使得双机空中对试时,干扰机能够处于配试机上外场目标模拟源的照射空域;一旦试验条件满足,双机即开始记录试验数据,直至试验条件不再满足或试验数据已经满足分析要求。

分别按迎头、尾后两种方式进行对试。试验时,试验机停在地面,配试机在空中按航线飞行,相互锁定并开始干扰试验后,记录配试吊舱输出的可见、红外试验图像序列,干扰系统告警分系统输出的告警信息、跟瞄分系统输出的试验图像序列、双机 GPS 数据等试验数据,根据这些试验数据检查双机能否相互持续稳定跟踪,干扰系统导弹逼近告警分系统、跟瞄分系统、干扰分系统能否对空中动目标进行告警、精确跟瞄和干扰。

(3)试验结果处理。根据干扰系统告警数据和时统信息,判断告警分系统能否实时、准确对外场目标模拟源进行正确告警;根据干扰系统跟瞄分系统的图像序列或脱靶量,从外场目标模拟源偏离视场中心的程度分析跟瞄分系统跟瞄精度能否满足指标要求;根据配试吊舱输出的红外试验图像序列,检查相干光干扰分系统是否能够对目标实施定向干扰;根据试验情况适时提出后续试验方法的改进意见和干扰系统的改进意见。

3)双机空中对试试验

双机空中对试试验主要是在全动态、一定程度模拟实弹攻击载机的环境下考核干扰系统的作战能力。

(1)试飞条件。双机空中对试试飞航线示意图如图 8.52 所示。

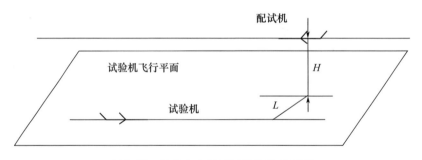

图 8.52　双机空中对试试飞航线示意图

(2)试验方法。双机起飞进入航线后,分别按迎头、尾后两种方式进行对试试验,分别检查干扰系统在全动态下对空中动目标的告警、跟瞄和干扰能力。

(3)试验结果处理。试验结束后,分析各数据,评估干扰系统在机载环境下,导弹逼近告警分系统对动目标的告警能力、跟瞄分系统对动目标的跟瞄能力、干扰分系统对动目标的干扰能力。

8.3.5　红外对抗试验现象与分析

试验完成后,要对外场试验、试飞的现象进行总结、分析,对红外定向对抗的机理进行探讨、分析,并对整个试验进行总结。

1）试验概述

在试验安排上，按照"地面内场检测—地面外场试验—飞行验证试验—地面导引头对试试验"的顺序依次开展各项试验。同时规定，只有在通过每项试验规定的试验要求后才能进行后续试验，目的是不把干扰系统遇到的问题带到下一个环节。

其中，地面内场检测、地面导弹试验结果不在本小节中详述。

2）地面静态试验、地面动态试验结果及分析

（1）红外点源导引头试验现象及分析。由于红外点源导引头受干扰的试验现象基本一致，这里只给出两组典型数据进行分析。

该红外点源导引头输出的信号有 4 个，从上至下依次为：第 1 路信号为音响信号，第 2 路信号为 r3 信号，第 3 路信号为 AGC 信号，第 4 路信号为跟踪信号。

音响信号代表导引头是否发现目标。如果输出的信号为规则的二次包络，则表示已经发现目标，可以解锁锁定目标。

r3 信号代表导引头光轴偏离弹轴的角度，用与基准电压的偏移量来进行计算。如果输出的信号在基准电压附近略有起伏，表示目标就在弹轴延长线附近，由于进行试验时我们要将目标调整在弹轴延长线上，因此此时就代表导引头未偏离目标；如果输出的信号在偏离基准电压较大的地方略有起伏或起伏较大，表示导引头已经偏离目标较大角度；如果输出信号为直线，则表示导引头未能探测到目标（导引头设计时已经规定，只要导引头跟踪目标，就必须有一定的误差信号，否则当目标正好与弹轴一致时，目标将落入导引头正中心的盲点上，给导引头造成很大的输出误差，进而影响导弹控制）。

AGC 信号代表导引头内部自动增益控制电路所采取的自动增益大小。目标越强，AGC 值越小；目标越弱，AGC 值越大。

跟踪信号代表导引头是否正常跟踪目标。如果输出的信号是规律的带尖峰的方波，则表示正常跟踪目标；如果信号紊乱，则表示不能正常跟踪目标。

在试验距离 X 为 1km 处，激光器输出功率 Y 为 1W，点源导引头干扰试验结果如图 8.53 所示。

图 8.53（a）记录了一种干扰现象：

在第 1 部分，干扰光关闭，在这之前干扰光是打开的。此时，音响信号有二次包络形状，代表导引头可探测到目标；r3 信号起伏不大且维持在较低位置，代表导引头偏转角度不大且稳定；AGC 信号较高且平稳，代表导引头视场内没有强辐射源；跟踪信号较为规律，代表导引头能够跟踪目标。

在第 2 部分，干扰光打开。此时，音响信号失去二次包络形状，代表导引头不

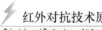

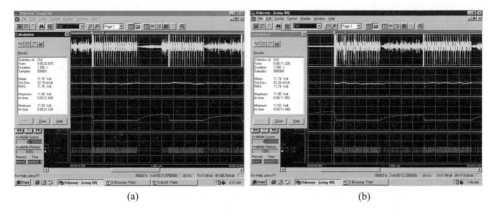

(a)   (b)

图 8.53　点源导引头干扰试验结果

能稳定探测目标;r3 信号有明显起伏,并在干扰光即将关闭时达到最大,表示导引头离轴角变化较大,并在即将关闭干扰光前达到最大后又降低了一点;AGC 信号很低,表示导引头收到的辐射很强且已超出 AGC 电路的控制能力;跟踪信号紊乱,代表导引头失去稳定跟踪目标能力。

在第 3 部分,干扰光关闭。此时,AGC 信号逐渐变大,代表导引头由于不能正常探测到视场内的真实目标,只能探测到较弱的背景辐射,正在逐渐增强导引头的灵敏度;由于 AGC 信号逐渐变大,使得导引头开始能够探测目标,因此音响信号也由无逐渐增大并开始恢复,并在第 4 部分开始前探测到目标;r3 信号由基准电压附近直线逐渐过渡到开始有起伏,表示导引头已经探测到目标;跟踪信号由无到有,并在音响信号有二次包络后出现规则的跟踪信号,表示导引头探测到目标后即开始正常跟踪目标。

第 4 部分与第 2 部分类似。

第 5 部分与第 3 部分类似,只是导引头重新探测到目标所耗的时间很短。

图 8.53(b)记录了另一种干扰现象:

在第 1 部分,干扰光关闭,在这之前干扰光是打开的。此时,音响信号无包络,r3 信号无起伏,跟踪信号一直归零,代表导引头未能探测、跟踪到目标。

第 2 部分与图 8.53(a)中的第 2 部分相同。

第 3 部分与图 8.53(b)中的第 3 部分相同。

第 4 部分与第 2 部分类似。

第 5 部分与第 3 部分类似。

在试验距离 X 为 2km 处,激光器输出功率 Y 为 2W,点源导引头干扰试验结果如图 8.54 所示。

图 8.54 记录的试验现象基本一致:

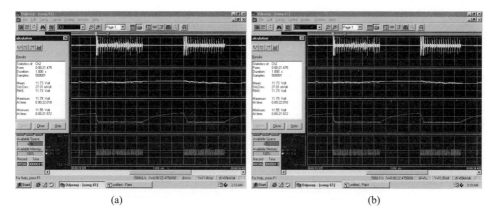

(a) (b)

图 8.54　点源导引头干扰试验结果

在干扰光关闭时,导引头基本不能探测到目标,离轴角也基本不变。

在干扰光打开时,音响信号、r3 信号、跟踪信号都紊乱,表明导引头不能稳定跟踪目标。

从上述两个距离处的试验现象对比分析,可以得到如下结论:

① 被亮度很高的干扰光照射后,导引头将难以快速恢复到初始状态,灵敏度下降明显。试验距离较短时,有时导引头可在干扰光关闭后重新探测、跟踪目标,有时则不能探测、跟踪目标;在试验距离较长时,导引头基本不能再探测到目标。从原理来看,这是由于干扰光采用激光时,其亮度较目标亮度高两个数量级以上,使得导引头饱和,且在干扰光关闭后不能快速达到高灵敏的平衡状态。干扰光很强的结论也可以从 AGC 信号得到:干扰光打开时,导引头都处于最小增益状态。

② 干扰光关闭后,导引头是否能重新探测到目标也与刚关闭干扰光时导引头所处状态有关。解锁后导引头的特点之一是:若视场内突然失去目标,则导引头将在视场内进行搜索,不恢复到 0°状态。但为什么干扰光关闭时导引头有时不能重新探测到目标呢? 这除了第一个原因外,还因为干扰光关闭时导引头离轴角较大,偏离了目标所在区域,则导引头就不再形成对目标的跟踪。而此时干扰光在照射导引头时,由于导引头光学系统内部的反射、散射效应,亮度很高的干扰光仍可以使导引头在刚刚偏离干扰源后依然能够接收到干扰信号,形成有效干扰。这一点从干扰光对热像仪的干扰效果可以看出来,在干扰光以 2°照射热像仪时,干扰光就处于热像仪视场边缘,此时的干扰效果反而会达到最佳状态。

③ 对于点源导引头,干扰光的强度并不是使导引头失去目标跟踪能力的唯一原因。我们在试验中曾用很低功率的干扰光在规定的距离处也对点源导引头进行了有效干扰。这是因为导引头属于调整盘体制,只要能够将调制后的干扰信息输

红外对抗技术原理

Principle and Technology of Infrared Countermeasure

入到其处理设备中,必将对导引头处理设备造成干扰。如果干扰信息与导引头本身的调制信息产生大范围重叠,则将造成严重干扰。

(2) 红外热像仪试验现象及分析。由于红外热像仪受干扰的试验现象基本一致,这里只给出两组典型数据进行分析。

在试验距离 1km 处,激光器输出功率 1W,热像仪光轴与干扰光束之间的夹角分别为 0°、1°、2°、3°时,红外热像仪干扰试验结果如图 8.55 所示。

在试验距离 2km 处,激光器输出功率 2W,热像仪光轴与干扰光束之间的夹角分别为 0°、1°、2°、3°时,红外热像仪干扰试验结果如图 8.56 所示。

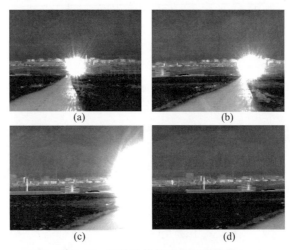

图 8.55 红外热像仪干扰试验结果

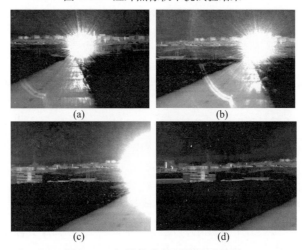

图 8.56 红外热像仪干扰试验结果

590

热像仪视场约为 4°,从图 8.55 和图 8.56 可以看出,当激光照射在热像仪视场内时,干扰效果较好,干扰效果完全取决于探测器收到的激光能量。当激光以 2°入射角照射在热像仪上时,正好处于热像仪上视场边缘,干扰效果达到了最佳。这是因为此时激光有部分直接照射在探测器上;有部分照射在热像仪光学系统内壁,引起多次小角度掠射,使得探测器接收到大量反射、散射的激光。由于激光功率较高,反射、散射的激光照射到探测器上也能够引起像元饱和,从而使光斑扩大,造成更为明显的干扰效果。

3）空中试验、试飞试验结果及分析

地面试验机对空中配试机试飞和双机空中对试试验结果类似,其中空中试验中配试吊舱记录的试验图如图 8.57 所示。

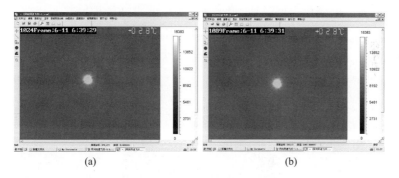

图 8.57　空中试验中配试吊舱记录的试验图

（1）试验结果机理分析。红外定向对抗系统的干扰光源主要采用中波红外光源,同时,为了对抗双色红外制导导弹,有的系统还输出短波红外激光作为另一路干扰光。下面主要讨论当采用中波红外激光作为干扰光源时,红外定向对抗系统对导引头的干扰原理。短波导引头目前仍主要采用点源探测器。

红外定向对抗系统的激光光源一般采用高重频光源,并在其输出信号上加上二次调制,使其成为可干扰多种导引头的干扰信号。

① 对抗第二、三代红外制导导弹的干扰原理。红外导引头将同时接收到目标的正确信号和干扰光的调制信号,由于干扰光具有脉冲调制特征,导引头处理电路在处理接收到的信号时将难以区分,从而在误差信号中引入了虚假信号,造成导引头跟踪虚假目标,进而脱靶。

② 对抗第四代红外成像制导导弹的原理。在功率不是很高的激光照射到光电探测器上时,主要与探测器发生热效应。我们知道,光电探测器正常工作时,接收到光信号后激发出可导电的光电子和空穴,改变探测器的电学参数（如电动势、电阻、电荷等）,从而产生相应的电信号。由于激光是功率密度很高的光源,当激

光照射到探测器上时,随着激光辐射功率的逐渐提高,将使探测器发生如下变化:一方面使得激光像点所在的像元产生的电子饱和并发生溢出,使得周围像元的电子也开始饱和、溢出;另一方面,探测器吸收的光能有部分开始转化为热能,并使得制冷机不能及时把多余的热能转移,造成探测器局部温度升高,既降低探测灵敏度,又影响周围像元。

在此现象中,亮斑面积与激光功率有着正比关系,激光功率稳定时,光斑面积也基本稳定。这是因为探测器在制冷机、读出电路等的共同作用下,可以很快达到稳定状态,使得激光对探测器的影响保持在一定范围。因此,表现出来的现象就是激光功率加大,光斑变大;激光功率降低,光斑变小。实际应用时,随着导弹距离飞机越来越近,照射到导引头上的激光能量也越来越大,从而使导引头成像探测器输出的图像不断产生变化。现象是:激光像点处的亮点开始扩展变大,首先扩展为亮斑,进而使得全视场都处于白屏状态,探测器因而失去目标探测能力,造成导弹脱靶,达到成功干扰的目的,基本过程如图 8.58 所示。

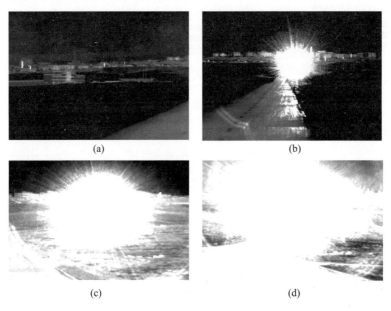

(a)

(b)

(c)

(d)

图 8.58　红外定向对抗系统在不同距离对红外热像仪的干扰效果图

图 8.58(a)是没有干扰时红外热像仪输出的正常图像,图 8.58(b) ~ 图 8.58 (d)是逐渐缩短试验距离时(照射到热像仪上的激光功率密度逐渐增大)热像仪输出的图像。从图 8.58 中可以明显看出,随着距离的接近,热像仪逐渐失去目标辨别能力,直至完全失去目标。

(2)试验现象中的干扰机理分析。对调制盘式导引头干扰时对抗距离变化对干扰基本没有影响的机理分析:非相干型红外干扰机对导弹导引头实施有效干扰的一个基本条件是干扰光功率密度应不低于被保护目标的光功率密度,而定向干扰系统中,激光在导引头处激光功率密度远远大于载机在导引头处的辐射功率密度,因此,即使激光功率明显下降也仍大于载机辐射,从而可以实施有效干扰,这也是定向干扰系统能够在较远距离有效对抗红外制导弹的物质基础。

对红外热像仪干扰机理分析:在热像仪干扰试验中,首先,只有当导引头前辐射照度达到一定程度时才能进行干扰,否则就成为目标的红外增强器了;当激光功率达到能够实施干扰后,热像仪上就能很快形成大面积光斑,从而影响成像导引头的跟瞄误差(图像跟踪系统对小目标的跟踪误差要小于对大目标的跟踪误差,这一点在第4章干扰效果判据中也已经体现)。对此现象,我们认为这是由于激光在热像仪探测器单元处的辐射照度超过其探测极限,从而产生了溢出电荷而造成的,因此,溢出电荷的多少就直接反映在光斑的大小上。试验中,热像仪前激光辐射照度越大,光斑面积就越大,这与我们的结论是一致的。

对成像导引头的干扰效果分析:对于成像导引头而言,一旦干扰激光对其实施干扰,目标原来的形状等信息立刻丢失,只能对干扰激光形成的大面积光斑进行跟踪;同时,尽管导引头可以进行 AGC 控制等抗干扰手段,但受限于导弹发射后探测器积分时间等重要参数难以实时调整、弹载计算机处理能力有限等条件,仍难以对形成的大面积光斑进行有效抑制,从而被有效干扰。

8.4　本章小结

在本章中,我们系统性地介绍了红外对抗作战效能评估与测试方法。第一,介绍了红外对抗作战效能评估方法,包括试验评估方法、数学评估方法以及红外对抗数字模拟仿真评估的架构,给出了干扰效果评估判据与实施方法的实例。第二,重点阐述了红外对抗测试系统分类、测试要求、测量光电威胁目标与背景特征的意义以及红外对抗测试系统功能和组成,介绍了通常使用的典型红外对抗测试设备和两种外场集成测试系统。第三,通过机载红外对抗产品的试验过程实例,列举了典型的外场试验评估方法,包括试验验证总体方法的选择、测试系统组成和要求、地面外场试验、飞行验证试验和地面导引头对试,并且对验证有效性等效性分析,对干扰现象及分析。

参考文献

[1] 高卫,黄惠明,李军. 光电干扰效果评估方法[M]. 北京:国防工业出版社,2006.

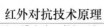
［2］王东风,易明,等. 对空导弹导引头干扰效果判据与度量分析［J］. 第十五届光电对抗与无源干扰学术年会 – 光电对抗技术国防科技重点实验室 – 2008 年度学术会议,2008:48 – 60.

［3］PRZEMIENIECKI J S. 防御分析数学方法导论［M］. 中国航空工业第 613 研究所第六研究室,译. 美国空军技术学院,1998.

［4］徐南荣,卞南华. 红外辐射与制导［M］. 北京:国防工业出版社,1997.

［5］姚连兴,等. 热像仪外场测量目标红外辐射特性的方法［J］. 目标与环境特性"十五"研究成果论文集,2006:22 – 28.

［6］刘京郊. 光电对抗技术与系统［M］. 北京:中国科学技术出版社,2004.

［7］ZISSIS G J,WOLFE W L. 红外手册［M］. 红外与激光技术编辑组,译. ［出版者不详］,1980.

［8］SPARROW E M,CESS R D. Radiation heat transfer［M］. McGraw – hill Book Company,1978.

结　束　语

随着新军事技术革命的到来,现代高科技战争已逐步形成以全时空战场态势感知信息为主导、精确打击为主要攻击手段的陆海空天一体化作战模式,电子战和精确打击在现代战争中发挥着决定性的作用,而其中的主要功能如态势感知、指挥决策传感器、武器控制和精确打击等越来越依赖于红外装备与系统。红外对抗技术在军事上用于对敌红外预警探测、红外情报侦察、红外跟瞄火控、红外制导等多个环节的对抗,红外对抗技术在当前及未来一段时间内,主要是使敌在情报侦察、预警感知、跟踪定位、制导及火力打击等环节减低或丧失能力进而使敌在战争中的整体或其中某一环节作战能力减弱或丧失,红外对抗技术在军事上有着广泛的应用前景。

本书从红外对抗技术的基本概念出发,对红外对抗技术的内涵、国内外最新研究发展状况进行了深入分析;聚焦红外对抗领域,涉及主要内容包括红外告警技术、红外跟踪瞄准技术、对红外制导信号干扰技术、红外定向干扰技术、高能红外激光对抗技术、红外诱饵技术、红外测试与效能评估技术等方面,既有基础理论研究,又有大量科研实践工作,是经过多年科研积淀而成的领域专著。本书相关著述内容既是国内外军事装备科学研究的热点,又体现和凝练了近些年国内红外对抗领域的最新科研成果,部分成果具有国际先进技术水平,尤其在红外对抗信号级干扰、作战效能评估准则和方法等方面的研究具有原创性和创新性,有较高的学术价值和实用价值。红外对抗是电子对抗的重要组成部分。近20年来,红外对抗技术发展速度很快,既是平台自卫、地面防护的需要,也是提升联合作战能力和非对称战略威慑能力的需要。红外对抗技术发展本身就是一种创新,是提升体系作战能力的关键一环,对改变战场态势和游戏规则具有颠覆性的作用。

本书力求理论与工程实践相结合,突出理论性、系统性和实用性,适合从事信息对抗、网络对抗、光电对抗、红外技术、光学工程、信号检测与处理等领域的科研人员阅读,也可为高等院校研究生、广大军事院校的指战员提供学习参考。

主要缩略语

ABL	Airborne Laser	机载激光(系统)
ACM	Advanced Cruise Missile	先进巡航导弹
ACTD	Advanced Concept Technology Demonstration	先进概念技术演示
AGC	Automatic Gain Control	自动增益控制
ALL	Airborne Laser Lab	空基激光实验室
ALTB	Airborne Laser Test Bed	机载激光器试验平台
AOC	Association of Old Crows	老乌鸦协会
ATFLIR	Advanced Targeting Forward Looking Infrared Pod	先进瞄准前视红外吊舱
ATIRCM	Advanced Threat Infrared Counter Measures	先进威胁红外对抗(系统)
ATL	Airborne Tactical Laser	先进战术激光武器(系统)
ATP	Acquisition Tracking and Pointing	捕获、跟踪、瞄准
ATR	Automatic Target Recognition	自动目标识别
AWACS	Airborne Warning and Control System	机载预警及控制系统
BFOG	Brillouin – scattering Fiber Optic Gyroscope	布里渊光纤陀螺
BQ	Beam Quality	光束质量
BST	Beam Superimposing Technology	光束叠加技术
CAMIL	Compact Active Mirror laser	紧凑有源反射镜激光器
CAS	Compound Axis Servomechanism	复合轴系统
CCD	Charge – Coupled Device	电荷耦合器件
CCEPSL	Conduction Cooled End – Pumped Slab Laser	传导冷却端面泵浦固体板条激光器板条激光器
CIRCM	Common Infrared Counter Measures	通用红外对抗(系统)
COIL	Chemical Oxygen Iodine Laser	氧碘化学激光器
COTS	Commercial Off The Shell	商用货架
CRT	Cathode Ray Tube	阴极射线管
DAIRS	Distributed Aperture Infrared System	分布孔径红外态势感知系统
DIRCM	Directional Infrared Counter Measures	定向红外对抗(系统)
DMD	Digital Micromirror Device	数字微镜阵列
DSMAC	Digital Scene Matching Area Correlation	数字式景象匹配区域相关器

DSP	Defense Support Program	国防战略支援计划
ECLIPSE	Economic Compact Lightweight Pointer – Tracker System	经济紧凑轻型瞄准跟踪系统
ECU	Electronic Control Unit	电子控制单元
EKV	Exoatmospheric Kill Vehicle	外大气层动能杀伤拦截器
EODAS	Electro Optical Distributed Aperture System	光电分布式孔径系统
EOTS	Electro Optical Target System	光电瞄准系统
FASCODE	Fast Atmospheric Signature Code	快速大气信息码
FEL	Free Electron Laser	自由电子激光器
FLIR	Forward Looking Infrared	前视红外(系统)
FPA	Focal Plane Array	焦平面阵列
FSM	Fast Steering Mirror	快速控制反射镜
FT	Fourier Telescope	傅里叶望远镜
GEO	Geostationary Earth Orbit Satellites	地球静止同步轨道卫星
GLTA	Guardian Laser Turret Assembly	守卫者激光转塔组件
GPS	Global Positioning System	全球定位系统
HEL TD	High Energy Laser Technology Demonstrator	高能红外激光技术验证系统
HELLADS	High Energy Liquid Laser Area Defense System	高能激光领域防卫系统
HELSTF	High Energy Laser Systems Test Facility	高能激光系统测试设备
HEO	Highly Elliptical Orbit Satellites	大椭圆轨道卫星
HITRAN	High Spectrum Resolution Transmission	高频谱分辨力传输
IED	Improvised Explosive Device	简易爆炸装置
IFOG	Interference Fiber Optical Gyro	干涉型光纤陀螺
IGBT	Insulated Gate Bipolar Transistor	绝缘栅双极型晶体管
INS	Inertial Navigation System	惯导导航系统
IPM	Intelligent Power Module	智能功率模块
IRFPA	Infrared Focal Plane Array	红外焦平面阵列
IRMWS	Infrared Missile Warning System	导弹逼近告警系统
IRST	Infrared Search/Track System	红外搜索跟踪系统
JDAM	Joint Direct Attack Munition	联合直接攻击弹药
JHPSSL	Joint High Powered Solid State Laser	联合高功率固体激光器
JSOW	Joint Stand Off Weapon	联合防区外武器
LADS	Low – Altitude Detection System	激光区域防御系统
LAIRCM	Large Aircraft Infrared Counter Measures	大型飞机红外对抗(系统)
LAWS	Laser Weapon System	激光武器系统
LCLV	Liquid Crystal Light Valve	红外液晶光阀投射系统
LEO	Low Earth Obit Satellites	低轨预警卫星
LOWTRAN	LOW Resolution Transmission	低频谱分辨力传输算法软件
LSAW	Laser Supported Absorptive Wave	激光支持的吸收波

LSCW	Laser Supported Combustion Wave	激光支持的燃烧波
LSDW	Laser Supported Detonation Wave	激光支持的爆轰波
LUT	Lookup Table	查找表
LVDS	Low Voltage Differential Signaling	低电压差分信号
LWIR	Long Wave Infrared Rays	长波红外
MANPADS	Man Portable Air Defense System	便携式防空系统
MANTA	MANPad Threat Avoidance System	便携式防空威胁对抗系统
MBE	Molecular Beam Epitaxy	分子束外延设备
MEMS	Micro – Electro – Mechanical System	微机电系统
MGT	Mobile Ground Terminal	移动地面终端
MIRA	Mediumwave Infrared Register Array	中波红外探测阵列
MIRACL	Mid – Infrared Advanced Chemical Laser	中红外高级化学激光器
MLD	Maritime Laser Demonstration	海上激光演示(系统)
MOCVD	Metallo Organic Chemical Vapor Deposition	金属有机气相外延沉积
MODTRAN	Moderate Resolution Transmission	中频谱分辨力传输算法软件
MOPA	Master Oscillator Power – Amplifier	主振荡功率放大
MOSA	Modular Open System Architecture	模块化开放式系统架构
MOSFET	Metal Oxide Semiconductor Field Effect Transistor	金属半导体场效应晶体管
MTBF	Mean Time Between Failure	平均无故障时间
MUSIC	Multi Spectral Infrared Countermeasure	多光谱红外对抗(系统)
MWIR	MediumWave Infrared Rays	中波红外
NA	Numerical Aperture	数值孔径
NEP	Noise Equivalent Power	等效噪声功率
NESR	Noise Equivalent Spectral Radiance	噪声等效光谱辐射
NET	Noise Equivalent Target	等效噪声目标
NETD	Noise Equivalent Temperature Difference	噪声当量温度差
NIIRS	National Imagery Interpretability Rating Scale	国家图像解译度等级
NMD	National Missile Defense	国家导弹防御系统
NUC	Non Uniformity Correction	非均匀性校正
OGS	Ocean Ground Station	海外地面站
OPA	Optical Phased Array	光学相控阵
OPO	Optical Parametric Oscillator(s)	光参量振荡(器)
PID	Proportion Integration Differentiation	比例积分微分
PV	Photo Voltaic(photoelectric detector)	光伏型(光电探测器)
PWM	Pulse Width Modulation	脉宽调制
PZT	Piezoelectric Transition	压电陶瓷驱动器
QCL	Quantum Cascade Laser	量子级联激光器
QPM	Quasi Phase Matching	准相位匹配

RCS	Radar Cross Section	雷达散射截面
RFOG	Resonator Fiber Optic Gyroscope	谐振型光纤陀螺
RM	Relay Mirror	中继镜
RMS	Root Mean Square	均方根值
RTT	Rapid Technology Transition	快速技术转化项目
SAFCS	Small Arm Force Control System	小型武器火控系统
SBIRS	Space – based Infrared System	天基红外预警系统
SBS	Stimulated Brillouin Scattering	受激布里渊散射
SCM	Strategic Cruise Missile	超声速巡航导弹
SIRST	Shipboard Infrared Safeguard System	舰载红外警戒系统
SLBD	Sea Lite Beam Director	"海石"光束定向器
SLTA	Small Laser Transmitter Assembly	小型激光发射组件
SNR	Signal Noise Ratio	信号噪声比(信噪比)
SOG	Singlet Oxygen Generator	单重态氧发生器
SPM	Self Phase Modulate	自相位调制
SRS	Stimulated Raman Scattering	受激拉曼散射
SSHCL	Solid State Heat Capacity Laser	固体热容激光器
STSS	Space Tracking and Surveillance System	空间跟踪与监视系统
TADIRCM	Tactical Aircraft Directed Infrared Countermeasure	战术飞机红外定向对抗系统
TDI	Time Delay Integration	时间延迟积分
TERCOM	Terrain Contour Matching	地形匹配
THEL	Tactical High – Energy Laser	战术高能激光
TMD	Tactical Missile Defense	战术导弹防御(系统)
TNR	Threshold Noise Ratio	阈值信噪比
UXO	Unexploded Ordnance	未爆弹药
VCA	Voice Coil Actuator	音圈电机
VIDIC	Visible – to – Infrared Dynamic Image Converter	可见光—红外动态图像转换器

内 容 简 介

　　红外对抗技术是电子对抗的关键组成部分,是信息化战争的重要内容。红外对抗技术以红外精确制导武器和红外侦察设备为作战对象,经过 20 多年的发展,取得了一批重要的创新性成果。

　　本书总结和反映了我国科研工作者在该领域取得的令人瞩目的进展,全书共分为 8 章,包括红外对抗技术的基本内涵、对目标红外辐射的告警技术、对红外目标辐射的跟踪瞄准技术、对红外制导系统的信号级干扰技术、红外定向干扰技术、针对红外传感器的强激光损伤及防护技术、红外诱饵干扰技术以及红外对抗装备与作战效能评估方法等内容。本书着力开展红外对抗技术的基本概念、基础原理以及实现方法的系统性介绍,按照实际作战中的对抗过程和国内外研究现状以及技术发展趋势,重点突出关键技术的原理性论述。

　　本书编著的目的是为从事红外探测、红外跟踪瞄准及红外干扰系统及应用技术的科研人员、大专院校研究生,提供了解本领域的专业基础、技术进展和发展趋势的参考。对抗技术发展十分迅速,本书介绍的红外对抗技术内容与电子战发展一样,随着探测技术、信息处理技术的发展而不断调整结构,结果不断丰富和提高。因此,本书只是阐述了目前红外对抗较前沿的技术进展,没有试图追求完整的对抗体系,只是力求对基础知识、基本原理、基本概念和国内外的最新研究成果有一定的介绍,在若干专业技术领域有一定的深入,并保持二者的均衡以兼顾不同的读者需求。

　　本书具有一定的学术水平,其中有许多理论和思想具有一定的创新性,红外告警、红外跟踪瞄准、广角和定向红外干扰机、红外激光对抗、红外干扰效能的数学评估方法等部分属于长期科研实践活动中积累的经验知识,本书在学科上居一定的领先地位,填补了国内红外对抗基础科学理论图书的空白,是在工程技术理论方面有一定突破的应用科学专著,也是对国防科技和武器装备发展具有较大推动作用的专著。

Infrared countermeasure technology is not only a key component of electronic countermeasure but also an important part of information warfare, aiming at infrared precision guided weapons and infrared reconnaissance equipment. After more than 20 years of development, it has achieved a number of important innovative results.

The book summarizes and reflects the remarkable progress made by domestic researchers in this field and is divided into eight chapters, including the basic connotation of infrared countermeasure technology, the alarm technology for infrared radiation, the tracking and pointing technology of infrared radiation , signal – level interference technology for infrared guidance systems, infrared directional interference technology, strong laser damage and protection technology for infrared sensors, infrared ammunition technology, infrared passive interference technology, and infrared countermeasure equipment and battle effectiveness evaluation methods. The book focuses on the systematic introduction of basic concepts, basic principles and implementation methods of infrared countermeasure technology. According to the countermeasure process in actual combat , the research status at home and abroad and the development trend of technology, the paper highlight the principle discussion of key technologies.

The purpose of this book is to provide reference for researchers, college graduates engaged in infrared detection, infrared tracking and pointing, infrared interference systems and application technology to let them understand the professional foundation, technological progress and development trends in this field. The development of countermeasure technology is very rapid and infrared countermeasure technology is the same as that of electronic warfare. With the development of detection technology and information processing technology, the structure is constantly adjusted, and the results are continuously affluent and enhanced. Therefore, this book only expounds the current technological progress of infrared countermeasures not attempting to pursue a complete confrontation system. It only seeks to introduce basic knowledge, basic principles, basic concepts and the latest research results at home and abroad and has a certain depth on technical field to meet the needs of different readers.

The book has a certain academic level, many of which have certain innovations in theory and ideas. Infrared warning, infrared tracking and pointing, wide – angle, directional infrared jammers, infrared laser countermeasures, mathematical evaluation methods of infrared interference efficiency, etc are empirical knowledge accumulated in long – term scientific research. The book has a certain leading position in the discipline, filling the blank of the domestic basic science theory books of infrared countermeasure. It is not only an applied science monograph with a certain breakthroughs in engineering technology theory, but also a monograph which has a greater impetus on the development of the national defense science and technology and weapons equipment .